普通高等教育“十三五”规划教材
应用型本科食品科学与工程类专业系列教材

食品微生物学

刘绍军　岳晓禹　主编
孙纪录　主审

中国农业大学出版社
·北京·

内 容 简 介

本教材主要内容包括微生物学的发展简史，原核微生物、真核微生物和非细胞微生物的基本概念、基本结构和基本特性，微生物的营养与生长繁殖，微生物的能量代谢、合成代谢、分解代谢及应用，微生物遗传变异与诱变育种应用，微生物的生态，微生物在食品工业中的应用，食品腐败变质与食品保藏，微生物免疫技术应用等。本书可作为食品类专业高级应用型人才培养适用教材，也可供食品企业管理人员、科技工作者参考。

图书在版编目（CIP）数据

食品微生物学/刘绍军，岳晓禹主编. —北京：中国农业大学出版社，2020.6
ISBN 978-7-5655-2365-6

Ⅰ.①食… Ⅱ.①刘…②岳… Ⅲ.①食品微生物—微生物学—高等学校—教材 Ⅳ.①TS201.3

中国版本图书馆 CIP 数据核字（2020）第 098465 号

书　　名 食品微生物学
作　　者 刘绍军　岳晓禹　主编

策划编辑 梁爱荣　赵　中　　　　**责任编辑** 梁爱荣
封面设计 郑　川
出版发行 中国农业大学出版社
社　　址 北京市海淀区圆明园西路 2 号　　　　**邮政编码** 100193
电　　话 发行部 010-62818525，8625　　　　读者服务部 010-62732336
编辑部 010-62732617，2618　　　　出　版　部 010-62733440
网　　址 http://www.caupress.cn　　　　**E-mail** cbsszs@cau.edu.cn
经　　销 新华书店
印　　刷 涿州星河印刷有限公司
版　　次 2020 年 7 月第 1 版　　2020 年 7 月第 1 次印刷
规　　格 889×1194　16 开本　17.25 印张　490 千字
定　　价 59.00 元

应用型本科食品科学与工程类专业系列教材
编审指导委员会委员

（按姓氏拼音排序）

编写人员

主　编　刘绍军　河北科技师范学院

岳晓禹　河南牧业经济学院

副主编　傅海庆　福建农林大学金山学院

王荣荣　信阳农林学院

薛霖莉　山西农业大学信息学院

周　强　福建师范大学闽南科技学院

张　静　武夷学院

李朝旭　三元食品股份有限公司

胡海霞　内蒙古农业大学职业技术学院

参　编　薛宝玲　内蒙古农业大学职业技术学院

侯爱香　湖南农业大学

朱艳平　新乡学院

郭晓帆　湖北工程学院

刘贵巧　河北工程大学

王虹玲　沈阳工学院

岳　锋　新乡学院

任佑华　湖南农业大学

张海宁　洛阳师范学院

文英会　河南牧业经济学院

辛　婷　河南牧业经济学院

出版说明

随着世界人口增长、社会经济发展、生存环境改变，人类对食品供给、营养、健康、安全、美味、方便的关注不断加深。食品消费在现代社会早已成为经济发展、文明程度提高的主要标志。从全球看，食品工业已经超过了汽车、航空、信息等行业成为世界上的第一大产业。预计未来 20 年里，世界人口每年将增加超过 7300 万，对食品的需求量势必剧增。食品产业已经成为民生产业、健康产业、国民经济支柱产业，在可预期的未来更是朝阳产业。

在我国，食品消费是人生存权的最根本保障，食品工业的发展直接关系到人民生活、社会稳定和国家安全，在国民经济中的地位和作用日益突出。食品工业在发展我国经济、保障人们健康、提高人民生活水平方面发挥了越来越重要的作用。随着新时代我国工业化、城镇化建设和发展特别是全面建成小康社会带来的巨大的消费市场需求，食品产业的发展潜力巨大。

展望未来食品科学技术和相关产业的发展，有专家指出，食品营养健康的突破，将成为食品发展的新引擎；食品物性科学的进展，将成为食品制造的新源泉；食品危害物发现与控制的成果，将成为安全主动保障的新支撑；绿色制造技术的突破，将成为食品工业可持续发展的新驱动；食品加工智能化装备的革命，将成为食品工业升级的新动能；食品全链条技术的融合，将成为食品产业的新模式。

随着工农业的快速发展，环境污染的加剧，食品中各种化学性、生物性、物理性危害的风险不同程度地存在或增大，影响着人民群众的身体健康与生命安全以及国家的经济发展与社会稳定；同时，各种与食物有关的慢性疾病不断增长，对食品的营养、品质和安全提出了更高的要求。

鉴于以上食品科学与行业的发展状况，我国对食品科学与工程类的人才需求量必将不断增加，对食品类人才素质、知识、能力结构的要求必将不断提高，对食品类人才培养的层次与类型必将发生相应变化。

2015 年教育部 国家发展改革委 财政部发布《关于引导部分地方普通本科高校向应用型转变的指导意见》（教育部 国家发展改革委 财政部 2015 年 10 月 21 日 教发［2015］7 号。以下简称《转型指导意见》）。《转型指导意见》提出，培养应用型人才，确立应用型的类型定位和培养应用型技术技能型人才的职责使命，根据所服务区域、行业的发展需求，找准切入点、创新点、增长点。抓住新产业、新业态和新技术发展机遇，以服务新产业、新业态、新技术为突破口，形成一批服务产业转型升级和先进技术转移应用特色鲜明的应用技术大学、学院。建立紧密对接产业链、创新链的专业体系。按需重组人才培养结构和流程，围绕产业链、创新链调整专业设置，形成特色专业集群。通过改造传统专业、设立复合型新专业、建立课程超市等方式，大幅度提高复合型技术技能人才培养比重。创新应用型技术技能型人才培养模式，建立以提高实践能力为引领的人才培养流程和产教融合、协同育人的人才培养模式，实现专业链与产业链、课程内容与职业标准、教学过程与生产过程对接。

为了贯彻落实《转型指导意见》精神，更好地推动应用型高校建设进程，充分发挥教材在教育教学中的基础性作用，近年来中国农业大学出版社就全国高等教育食品科学类专业教材出版和使用情况深入相关院校和教学一线调查研究，先后 3 次召开教学研讨会，总计有 400 余人次近 200 名食品院校专家和老师参加。在深入学习《转型指导意见》《普通高等学校本科专业类教学质量国家标准》（以下简称《教学质量国家标准》）和《工程教育认证标准》（包括《通用标准》和食品科学与工程类专业《补充标准》）的基础上，出版社和相关院校形成高度共识，决定建设一套服务于全国应用型本科院校教学的食品科学与工程类专业系列教材，并拟定了具体建设计划。

历时4年，“应用型本科食品科学与工程类专业系列教材”终于与大家见面了。本系列教材具有以下几个特点：

1. 充分体现《转型指导意见》精神。坚持应用型的准确类型定位和培养应用型技术技能型人才的职责使命。教材的编写坚持以“四个转变”为指导，即把办学思路真正转到服务地方经济社会发展上来，转到产教融合、校企合作上来，转到培养应用型技术技能型人才上来，转到增强学生就业创业能力上来。强化“一个认识”，即知识是基础、能力是根本、思维是关键。坚持“三个对接”，即专业链与产业链对接、课程内容与职业标准对接、教学过程与生产过程对接，实现教材内容由学科学术体系向生产实际需要的突破和从“重理论、轻实践”向以提高实践能力为主转变。教材出版创新，要做到“两个突破”，即编写队伍突破清一色院校教师的格局，教材形态突破清一色的文本形式。

2. 以《教学质量国家标准》为依据。2018年1月《普通高等学校本科专业类教学质量国家标准》正式公布（以下简称《标准》）。此套教材编写团队认真对照《标准》，以教材内容和要求不少于和低于《标准》规定为基本要求，全面体现《标准》提出的“专业培养目标”和“知识体系”，教学学时数适当高于《标准》规定，并在教材中以“学习目的和要求”“学习重点”“学习难点”等专栏标注细化体现《标准》各项要求。

3. 充分体现《工程教育认证标准》有关精神和要求。整套教材编写融入以学生为中心的理念、教学反向设计的理念、教学质量持续改进的理念，体现以学生为中心，以培养目标和毕业要求为导向，以保证课程教学效果为目标，审核确定每一门课程在整个教学体系中的地位与作用，细化教材内容和教学要求。

4. 整套教材遵循专业教学与思政教学同向同行。坚持以立德树人贯穿教学全过程，结合食品专业特点和课程重点将思想政治教育功能有机融合，通过专业课程教学培养学生树立正确的人生观、世界观和价值观，达到合力培养社会主义事业建设者和接班人的目的。

5. 在新形态教材建设上努力做出探索。按课程内容教学需要，按有益于学生学习、有益于教师教学的要求，将纸质主教材、教学资源、教学形式、在线课程等统筹规划，制定新形态教材建设工作计划，有力推动信息技术与教育教学深度融合，实现从形式的改变转变为方法的变革，从技术辅助手段转变为交织交融，从简单结合物理变化转变为发生化学反应。

6. 系列教材编写体例坚持因课制宜的原则，不做统一要求。与生产实际关系比较密切的课程教材倡导以项目式、案例式为主，坚持问题导向、生产导向、流程导向；基础理论课程教材，提倡紧密联系生产实践并为后续应用型课程打基础。各类教材均在引导式、讨论式教学方面做出新的尝试。

希望“应用型本科食品科学与工程类专业系列教材”的推出对推进全国本科院校应用型转型工作起到积极作用。毕竟是“转型”实践的初次探索，此套系列教材一定会存在许多缺点和不足，恳请广大师生在教材使用过程中及时将有关意见和建议反馈给我们，以便及时修正，并在修订时进一步提高质量。

中国农业大学出版社

2020年2月

前　　言

教育部 国家发展改革委 财政部《关于引导部分地方普通本科高校向应用型转变的指导意见》(教发［2015］7号）明确指出：当前，我国已经建成了世界上规模最大的高等教育体系，为现代化建设做出了巨大贡献。但随着经济发展进入新常态，人才供给与需求关系深刻变化，面对经济结构深刻调整、产业升级加快步伐、社会文化建设不断推进，特别是创新驱动发展战略的实施，高等教育结构性矛盾愈加突出，同质化倾向严重，毕业生就业难和就业质量低的问题仍未有效解决，生产服务一线紧缺的应用型、复合型、创新型人才培养机制尚未完全建立，人才培养结构和质量尚不适应经济结构调整和产业升级的要求。

我国高校食品类本科专业食品科学与工程和食品质量与安全两个专业设置院校最多、学生数量最大，其人才培养目标是具有食品科学与技术（食品质量与安全）基本理论、基本知识和基本技能的高级人才。经过多年的改革与发展，食品类专业已经构建了自身的课程体系，为本专业的转型发展奠定了良好的基础。食品微生物学是食品类专业重要的核心课程，在食品类专业课程体系向应用型转变的改革中，《食品微生物学》的编写对应用型本科院校食品类专业意义重大。

本教材编者中有全国多所地方高校从事食品微生物学教学科研工作的专业教师，也有大型食品企业具有多年工作经验的专业技术人员，本教材针对应用型人才的培养目标选取教学内容、设计教学方法、提出教学建议，为食品类专业应用型人才培养提供可靠的教学资源。

本教材的第1章由刘绍军、李朝旭编写，第2章由张静、薛宝玲、王虹玲编写，第3章由岳晓禹、辛婷编写，第4章由薛宝玲、朱艳平、任佑华编写，第5章由周强、郭晓帆、张海宁、胡海霞、刘绍军编写，第6章由薛霖莉编写，第7章由刘绍军、胡海霞、侯爱香、文英会编写，第8章由刘绍军、刘贵巧、李朝旭编写，第9章由王荣荣编写，第10章由傅海庆、刘贵巧编写，第11章由岳锋、朱艳平、刘贵巧编写，本教材的统稿等工作由刘绍军完成。

由于水平所限，书中难免存在缺点和不足，望广大读者批评指正。

编　者

2020年1月

目　　录

CHAPTER 1

第1章 绪论

教学目标：

1. 掌握微生物的概念和生物学特征；

2. 了解微生物学的发展简史以及食品微生物学的研究内容与任务。

重点难点：

1. 微生物的概念；

2. 微生物的特点。

建议学时：

2 学时。

1.1 微生物的概念和特点

1.1.1 微生物的概念

微生物（microorganism，microbe）是指一类形体微小（小于 0.1mm）、结构简单、肉眼看不见的单细胞、多细胞或没有细胞结构的微小生物的总称。

划分微生物的标准仅仅是形态和大小，故其成员极广，包括没有细胞结构不能独立生活的病毒、亚病毒（类病毒、拟病毒、朊病毒等），具有原核细胞结构的细菌（真细菌和古细菌）、放线菌、蓝细菌、支原体、立克次氏体和衣原体，以及具有真核细胞结构的真菌（酵母、霉菌、蕈菌等）、显微藻类、原生动物等。

1.1.2 微生物的生物学特点

在整个生物界，各种生物的形体大小相差极大。微生物是指形体长度小于 0.1 mm 的所有生物。与其他生物相比，它们不仅个体微小，而且很多方面都具有显著的特点。总体来说，微生物具有如下特点：

1. 个体微小，结构简单

微生物个体非常小，它们的大小通常以 μm（1 μm＝10^{-3} mm）或 nm（1 nm＝10^{-3} μm）表示。一个球菌直径只有 0.1～1.0 μm，而最小的病毒仅由 3599 个核苷酸组成的 RNA 分子构成。每克细菌的个数可达 10^{9}～10^{10} 个。微生物形体微小，结构简单，其个体的比表面积大，如果把人的比表面积值定为 1，则大肠杆菌的比表面积值竟高达 30 万。这样大的比表面积是微生物与其他大型生物在许多关键生理特征上存在较大区别的原因之一。

微生物结构也相对简单，原核生物都是单细胞，真核生物中的真菌则有些是单细胞，有些是简单的多细胞。而病毒只是由核酸和蛋白质外壳组成无细胞结构的生命个体，甚至一些更简单的微生物只有核酸或蛋白质。

2. 分布广，种类多

微生物因为其个体小、重量轻，可以到处传播，达到“无孔不入”的地步。所到之处只要条件适合它们就可以迅速繁殖。地球上除了火山中心区域外，上到几万米的高空、下到几千米的深海，无论是土壤、大气、河流、海洋、湖泊、平原、高山、盐湖、沙漠、冰川，还是动植物的体内外，甚至 90℃以上的温泉、－80℃的极地都可以寻觅到微生物的踪影，可见微生物分布之广。微生物虽然分布广，但是分布的密度是不一样的，它随着外界环境的变化而变化。一般有机质含量多的地方，微生物种类和数量就多（如 1 g 肥沃的土壤中微生物数量可达几十亿个，因此有人说土壤是微生物的大本营），而营养缺乏、条件恶劣的地方，微生物的种类和数量就显著减少。

微生物种类非常多，这表现在微生物的代谢类型多、代谢产物多、微生物总数多等方面。

微生物的生理类型之多是动植物所不及的。微生物可分解天然气、石油、纤维素。微生物有着多种代谢方式，如一些细菌的光合作用、自养菌的化能自养型、合成各种复杂的有机物的能力、各种复杂的有机物的分解能力等。同时微生物还有着不同的抗逆能力以及独特的繁殖方式。

微生物产生的代谢产物种类非常多。微生物究竟能产生多少代谢产物，至今很难全面统计，现在已知大肠杆菌（*Esherichia coli*）能产生 2000～3000 种蛋白质。到 1984 年为止，人们找到的抗生素有 9000 多种，其中微生物产生的抗生素占 97％。

微生物的种类也非常多。目前已发现的微生物种类 50 万～300 万种，随着分离培养方法的改进和研究工作的深入，微生物的新种不断被发现，仅真菌每年就发现 1500 个新种。

二维码 1-1 土壤中的微生物

3. 适应性强，易变异

微生物对外界环境条件的适应能力很强，几乎是无“孔”不入、无“微”不至。它又善于随“机”应变，而使自己得到保存。有些微生物在自己外表添上保护层，提高了对外界环境的抵抗能力。例如，肺炎双球菌细胞表面带有荚膜，可以抵抗白细胞的吞噬作用。但微生物最擅长的本领是能及时形成休眠细胞，长期进入休眠状态。例如细菌的芽孢、放线菌的分生孢子、真菌的各种孢子等。这些孢子比营养体更具有抵抗外界不良环境的能力。一般能存活数月或数年，甚至几十年。当外界条件十分恶劣时，虽然大部分个体都被淘汰，但仍有少数“顽固分子”会发生某种变异而生存下来。

微生物之所以能够延续后代，除数量极其庞大外，善“变”也是一个十分重要的原因。在生产实践中常利用这个特点来诱变育种。例如，人们利用物理或化学因素对微生物进行诱变，从而改变它的遗传特性，使之适应于生产条件，满足人们提高产量或简化工艺的需要。1943 年分离得到的青霉素产生菌，发酵单位只有 20 U/mL，通过多年来的不断选育，发酵单位已超过 10000 U/mL。又如灰黄霉素的产生菌经过选育后，产量提高 50%～100%。酱油生产用的米曲霉，经紫外线诱变选育后，制曲的时间由原来的 2 d 缩短为 1 d。反之，在某些条件下，微生物变异也会与人类的意愿背道而驰，优良菌种会朝坏的方向变异，生产性能迅速退化，甚至使生产受到巨大损失。

4. 生长快，代谢强

微生物生长繁殖速度非常之快，一些细菌在最适条件下，每隔 20～30 min 就可繁殖一次，一昼夜就是 72 代，理论上讲一个细胞在理想条件下经过 24 h，就可以繁殖 4 万亿个（约重 4722 t）。事实上，由于种种客观条件限制，细菌指数分裂速度只能维持数小时，因而在液体培养基中，细菌数量只能达到 10^8～10^9 个/mL。这种巨大的繁殖能力为我们利用微生物进行科学研究和工业化生产提供了有利条件，如用微生物生产等量的蛋白质比植物快 500 倍，比动物快 2000 倍。但对于危害人畜和植物的病原微生物和造成食品腐败变质的微生物来说，它们的这种特性会给人类带来极大的麻烦甚至严重的危害。

由于微生物的比表面积大，所以与外界环境的接触面特别大，这非常有利于微生物通过体表吸收营养和排泄废物，使它们的“胃口”十分庞大。而且，微生物的食谱又非常广泛，凡是动植物能利用的营养，微生物都能利用，大量动植物不能利用的物质，甚至剧毒的物质，微生物照样可以视为“美味佳肴”。如大肠杆菌在合适条件下，每小时可以消耗相当于自身重量 2000 倍的糖。我们可以利用微生物这个特性，发挥“微生物工厂”的作用，使大量基质在短时间内转化为有用的化工、医药产品或食品，为人类造福。也可以使有害物质转化为无害物质，甚至变废为宝。

由于微生物的“食谱”广杂，对营养的要求一般不高，因而培养基原料来源广泛。许多不易被人和动植物利用的农副产品或工业废料等可用来培养微生物。这样不仅解决了培养微生物的原料问题，而且为“三废”处理找到了出路，做到了资源综合利用，从而大大提高了经济效益。另外，大多数微生物生长条件温和，一般能在常温常压下进行生长繁殖和新陈代谢等各种生命活动。不需要复杂、昂贵的设备，比化学法具有明显的优越性。另外，培养微生物不受季节和气候的影响，可以常年进行工业化生产。

微生物的这些特点，使它们变得“神通广大”，在生物界中占据了特殊的位置。同时，微生物在自然界物质循环过程中也起到了重要的作用。可以说没有微生物就没有我们今天洁净的世界。

微生物不仅广泛地被用于生产实践，而且成了进行生物科学研究的理想材料，推动了生命科学研究的发展。特别是在新技术革命的浪潮中，微生物更是受到了人们的重视，被优先得到开发和利用，微生物工程作为生物工程的突破口而得到迅速发展。

1.2 微生物学的发展简史

微生物学就是研究微生物在一定条件下的形态结构、生理生化、遗传变异以及进化、分类、生态等生命活动规律及其应用的一门学科。随着学科的不断发展已经形成了基础微生物学和应用微生物学两大领域。

人类对于微生物的利用，虽然起源甚早，但人类发现微生物的存在却是在显微镜的发明之后。直到 16 世纪，荷兰人列文虎克首先看到微生物，微生物学才作为一门学科开始起步和发展。微生物学的发展经历了如下几个时期：

1.2.1 人类对微生物的认识和利用——史前时期

在这个时期，人们在生产与日常生活中已经积累了不少关于认识和利用微生物的经验，并且应用这些经验创造财富，减少和消灭病害。如中国民间早已广泛应用的酿酒、制醋、发面、腌制酸菜泡菜等。古埃及人也早已掌握制作面包的技术。这些都说明在此时期人类已经自发地学会在食品加工中控制和利用微生物活动的规律。积肥、沤粪、翻土压青、豆类作物与其他作物的间作轮作，是人类在农业生产实践中控制和利用微生物生命活动规律的生产技术。种痘预防天花是人类控制和应用微生物生命活动规律在预防疾病保护健康方面的宝贵经验。尽管当时这些经验和方法在人们的生产生活中起到了重要作用，但只是朴素的认识和应用，没有上升为理论，微生物学科尚未形成，这个时期称为史前时期。

1.2.2 微生物的启蒙时代——形态学期

16 世纪列文虎克（Leeuwenhock，1632—1723）首次制成了放大 200～300 倍的显微镜（图 1-1）。他利用自制的显微镜观察了不同的物质，包括雨水、污水、血液、体液、辣椒水、腐败物质、有机质浸出液、酒、醋、黄油、牙垢等物质，并在其中看到各种微小生物，他称之为“微动体”。

列文虎克把他在显微镜下所观察到的“微动体”描绘成图。根据他所绘的图，可以断定他确实看到了原生动物、球菌、杆菌及螺旋菌等，并于 1714 年出版了《安东尼·列文虎克所发现的自然界的秘密》一书，为微生物的存在提供了有力的证据。他除了发现微生物外，还看到了游动的精子和红细胞。当时除列文虎克外，其他人磨制透镜的技艺还都不高，所以直到列文虎克发现“微动体”100 年以后，自然科学家才开始采用各种显微镜来观察列文虎克所发现的各种“微动体”。在这一时期，他们都集中精力寻找各种微生物，并进行微生物的鉴定工作。至于微生物活动引起的发酵作用和微生物能诱发疾病，是当时科学界不能理解的。在

安东尼·列文虎克

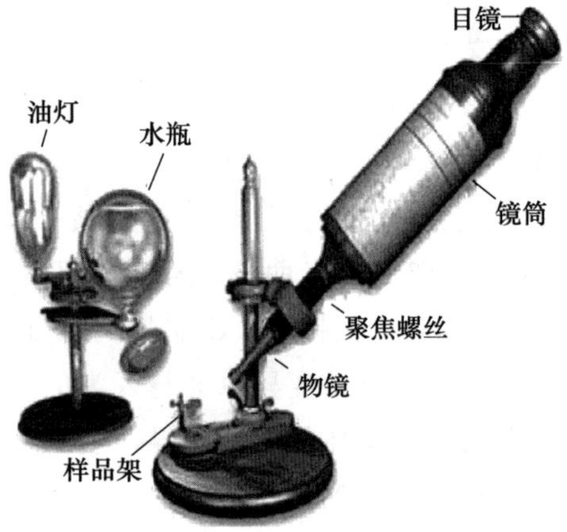

虎克自制的显微镜

图 1-1 列文虎克及其自制的显微镜

这段时间里，荷兰动物学家穆勒（Miller，1730—1784）对微生物进行了观察，并做了分类。他描述了许多类型的微生物，并将细菌和原生动物区分到不同的分类地位。艾伦贝格（Ehrenberg，1795—1876）给微生物做了详细的分类，并将细菌与许多微生物分开。显微镜发明以后，许多学者继续观察记载了多种微生物，但是奠定微生物学基础的，还是在列文虎克以后大约 200 年的巴斯德和柯赫2 人。

1.2.3 微生物学的奠基时代——生理学期

微生物学的建立和发展是 19 世纪 50 年代开始的。当时法国伟大的微生物学家巴斯德（Pasteur，1822—1895）经过对微生物的长期研究，不仅在理论方面做出了贡献，而且在实用方面也有重大进展，很多研究成果都造福于人类。巴斯德的工作不

仅为微生物学的发展奠定了理论基础，而且为微生物的研究提供了实验方法。他对微生物学的贡献，正如基米里亚捷夫在纪念“路易·巴斯德”一文中所写的，“伟大的科学家，我们现在来追悼他，他的一生给人类生活带来了史无前例的影响……他的工作在人类最早的三门应用科学中都引起了变革”。现将巴斯德在工、农、医三门应用科学中所做的贡献简述如下：

(1) 在工业方面　巴斯德解决了酒类变质的问题，显著降低了当时法国由于酒类变质给酿造业带来的重大损失。为了解决这一问题，他进行了一系列试验，结果证明，在含糖溶液中所发生的酒精发酵是由酵母菌引起的，酒的变质（变酸、变黏）是杂菌污染的结果。同时把含有杂菌的酒溶液经适当加温处理（60℃），可杀死其中不耐热的微生物。这样的加温杀菌法，后来称为巴氏杀菌法。直到现在，这种杀菌法还广泛应用于酿造酒、醋、酱油以及牛奶、果汁等食品的杀菌工艺中。巴斯德还研究了牛奶变酸（乳酸发酵）、醋的制造（醋酸发酵）、丁酸发酵等，他认为不同发酵是由不同的微生物引起的，没有微生物的存在，发酵是不能进行的。巴斯德的研究，把人类对微生物的研究从主要研究微生物的形态转移到研究微生物的生理代谢途径上来，从而奠定了微生物学的生理学基础。

(2) 在农业方面　巴斯德解决了蚕的微粒子病，挽救了法国当时的养蚕业，他的理论在俄国学者施列辛格、维诺格拉得斯基（发现了微生物中新的营养类型——自养微生物）的著作中得到了发展。

(3) 在医学方面　巴斯德研究了几种对人和牲畜危害很大的疾病，如鸡霍乱、牛和羊的炭疽病、人的狂犬病，并发现了引起这些病害的病原体。有一次他用室温下培养多天的鸡霍乱病原体，接种到健康的鸡体中，结果和一般的接种情况不同，被接种老病原体的鸡并没有生病。从此他认识到在培养较长的时间后，毒力较强的病原体致病能力会丧失，用这种无毒的病原体接种，能引起寄主的免疫反应。

牛和羊的炭疽病也是当时流行的严重病害，他试用培养较长时间的老病原体像处理鸡霍乱一样做预防接种，结果没有成功。他后来发现在42～43℃高温下培养的炭疽病原体会丧失致病能力。他用这种丧失致病能力的病原体接种了25头羊，另外取25头羊不做预防接种，隔几周后，同时用毒力强的病原体接种两组羊，结果经过预防接种的羊全部活着，而未经预防接种的羊全部死亡。他肯定了种痘法能预防炭疽病，并加以推广，使曾经一度让牛、羊大量死亡的炭疽病几乎绝迹。

当时对人类生命危害很大的一种病是由狂犬传染的恐水病，又称狂犬病，巴斯德知道这是一种传染性疾病，但是无法分得这个病原体（现在知道是一种病毒），他后来经过多次试验，终于发现了“固定毒疫苗”，利用这种疫苗保护了被狂犬咬伤的人，挽救了无数人的生命，并创造了免疫学原理和预防接种的方法。

继巴斯德之后，德国医生柯赫（Robert Koch，1843—1910）对病原的研究也做出了卓越的贡献，其重大成果之一是发明分离和纯化细菌的方法，包括划线接种法和平板培养法。巴斯德虽然认识了病原体，但对病原菌的单细胞分离尚未进行，这使他对病原菌的形态和生理生化特征的研究都受到限制。而柯赫把细菌分离纯化后，就可进一步弄清疾病和病原菌之间的关系。科赫创立了病害的病原菌学说。巴斯德虽然成功地防治了炭疽病，但最终证实炭疽病的病原为炭疽杆菌，搞清这个细菌的生活史以及其形态、生态和其他特征的工作，是由柯赫完成的。

由于他们在微生物学科发展中的贡献，巴斯德（图1-2）和科赫（图1-3）被称为微生物学的两位奠基人。

图1-2　巴斯德

图 1-3　科赫

1.2.4　微生物学发展的新阶段——分子生物学阶段

在上一时期的发展基础上，20 世纪初至 40 年代末，微生物学开始进入了酶学和生物化学研究时期，生物化学和生物遗传学都是在这一时期被发现和创立的，并在 40 年代末形成了一门研究微生物基本生命活动规律的综合学科——普通微生物学。20 世纪 50 年代初，随着分子生物学的创立和发展，对微生物的研究进入分子生物学水平。1953 年华特生（J. D. Watson）和克里克（F. H. Crick）发现了细菌脱氧核糖核酸长链的双螺旋构造。1961 年加古勃（F. Jacab）和莫诺德（J. Monod）提出了操纵子学说，指出了基因表达的调节机制和其局部变化与基因突变之间的关系，即阐明了遗传信息的传递与表达的关系。1977 年，C. Weose 等在分析原核生物 16S rRNA 和真核生物 18S rRNA 序列的基础上，提出了可将自然界的生命分为细菌、古菌和真核生物三域（domain），揭示了各生物之间的系统发育关系，使微生物学进入到成熟时期。在这个成熟时期，从基础研究来讲，在三大方面深入到分子水平来研究微生物的生命活动规律：①研究微生物大分子的结构和功能，即研究核酸、蛋白质、生物合成、信息传递、膜结构与功能等。②在基因和分子水平上研究不同生理类型微生物的各种代谢途径和调控、能量产生和转换，以及严格厌氧和其他极端条件下的代谢活动等。③分子水平上研究微生物的形态构建和分化、病毒的装配、微生物的进化、分类和鉴定等，在基因和分子水平上揭示微生物的系统发育关系。尤其是近年来，应用现代分子生物技术手段，将具有某种特殊功能的基因做出了组成序列图谱，以大肠杆菌等细菌细胞为工具和研究对象进行了各种各样的基因转移与克隆等开拓性研究。在应用方面，开发菌种资源、发酵原料和代谢产物，利用代谢调控机制和固定化细胞、固定化酶进行发酵生产，提高发酵工程的经济效益。应用遗传工程组建具有特殊功能的“工程菌”，把研究微生物的各种方法和手段应用于动、植物和人类研究的某些领域。这些研究使微生物学研究进入一个崭新的时期。

1.3　食品微生物学的研究内容及发展

1.3.1　食品微生物学及研究对象

微生物学的内容十分广泛。从基础理论研究的角度来讲，微生物学可分为普通微生物学、微生物生理学、微生物遗传学、微生物分类学、微生物免疫学、微生物生态学等分支学科。从研究对象的种类角度来讲，微生物学可分为细菌学、真菌学、病毒学等分支学科。从应用角度来讲，微生物学可分为工业微生物学、农业微生物学、医用微生物学、食品微生物学、石油微生物学、畜牧微生物学、海洋微生物学、环境微生物学、土壤微生物学等分支学科。

食品微生物学（food microbiology）就是专门研究微生物与食品之间关系的一门学科。它是微生物学的一个重要分支，是一门综合性学科，融合了普通微生物学、工业微生物学、医学微生物学、农业微生物学和食品有关的部分，同时又渗透了生物化学、机械学和化学工程的有关内容。食品微生物学是食品科学类专业的专业基础课，学习这门课的目的是使学生打下牢固的微生物学基础，熟练掌握食品微生物学实践技能。食品微生物学所研究的内容包括：①研究与食品有关的微生物的活动规律；②研究有益微生物，为人类制造食品；③研究如何控制有害微生物，防止食品发生腐败变质；④研究检测食品中微生物的方法，制定食品的微生物指标，从而为判断食品的卫生质量提供科学依据。

1.3.2 食品微生物学的发展

食品是人类赖以生存的最重要的物质条件。食品微生物学伴随着人类发展的进程而不断得到发展。虽然很难知道人类何时才了解食品中微生物的存在和作用，但有许多证据表明在作为一门科学的微生物学形成之前已有这方面的知识。在食品收集时期，人类就遇到了食品腐败和食物中毒问题。远在8000年前开始的食品生产时期，就发生了由食品引起的疾病传染和由不适当的贮藏方法而引起的食品快速腐败问题。公元前6000年左右，人类已经掌握了酿酒和食物保藏的技术。埃及人在公元前3000年就食用牛奶、白脱油和乳酪。在公元前3000—前1200年，犹太人已经把来自死海的盐用于食品保藏，中国人和希腊人已经食用咸鱼，这种腌制技术以后又传至罗马。与此同时，又出现了用油贮藏食品的方法。公元前1000年，罗马人创造了用雪保藏食品的方法，并发明了一种新的食品保藏方式——烟熏肉技术。公元943年，法国记载了由麦角中毒而引起的4万多人死亡的事件，但当时还不清楚引起死亡的毒素是由麦角真菌产生的。1658年，埃·柯彻（Kircher）检查腐败的尸体、肉体、牛奶和其他物质时，看到了被他称之为肉眼看不见的“小虫”。然而，由于缺乏细致的描述，因而他的发现未被广泛接受。1765年，斯帕蓝沙尼（Spallanzani）证明了煮沸1 h并加以封闭的牛肉汁仍然是无菌的，从而完成了证明生命自然发生学说不能成立的实验，同时也为制造罐头提供了理论根据。1837年，施沃恩（Sohwann）改进设计装置，进一步证明微生物不是自然发生的，同时指出发酵与微生物有关系。然而令人遗憾的是，没有一个人能把他们的结果应用到实际中去。1795年，罐头已经问世。1810年法国糖果制造商阿帕特（Appert）获得了用罐头保藏食品的专利权。第一个意识到和懂得食品中微生物的存在和作用的人是巴斯德，他在1837年证明了牛奶变酸是由微生物所引起的，大约在1860年他首次利用加热杀死酒中腐败微生物。以后，随着人类生产生活的发展，食品微生物学作为一门学科不断得到发展和深入。用微生物制造的食品陆续出现，如酒、饮料、味精、面包等。由于微生物本身含有大量的蛋白质，营养丰富又容易培养，近年来已作为新的食品资源而得到开发。杀菌效果和保藏方法不断改进有利于提高食品的质量，使食品腐败进一步得到控制。在食品安全方面，许多国家相继制订和颁布了不同食品中的微生物指标，加强了对成品和半成品中的有害微生物的检验。相关部门经常对食品进行有害微生物方面的检查，保证了食品的质量和安全。

二维码 1-2 传统酿酒工艺　　二维码 1-3 发酵食品

食品微生物学的科学研究和教育工作，在我国也在不断发展壮大。国家和地方省市相关研究机构，专门研究食品微生物学的理论和应用问题，把食品制造和食品安全作为一个重要的研究课题，提到前所未有的高度，国际性学术会议或专题讨论经常举行，科研成果不断出现。按国家专业建设标准，食品微生物学作为一门专业核心课程列入教学计划，这对深入开展食品微生物学的研究，加快食品工业的发展，为国家培养出更多的专业人才起到重要作用。

研究食品微生物是为科研和生产服务，希望通过这门课的教学能够更好地利用有益微生物，控制有害微生物，为人类生产出更安全的优质食品。

思考题

1. 什么是微生物？微生物包括哪些种类？
2. 微生物有哪些特点？有什么实际意义？
3. 为什么说巴斯德和科赫是微生物学的奠基人？
4. 食品微生物学的研究内容是什么？

CHAPTER 2

第2章 原核微生物

学习目标：

1. 掌握细菌的大小和形态特征；
2. 掌握细菌的基本结构和特殊结构；
3. 掌握细菌生长繁殖的规律；
4. 了解细菌与食品的关系；
5. 了解放线菌的生物学特性及用途。

重点难点：

1. 细菌的细胞结构；
2. 细菌的生长繁殖规律。

建议学时：

4 学时。

原核微生物是指一类不具有细胞核膜，只有核区和裸露 DNA 的原始单细胞生物，核区内只有一条双螺旋结构的脱氧核糖核酸构成的染色体。原核微生物主要包括细菌、放线菌、蓝细菌、支原体、衣原体、立克次氏体、螺旋体等。

细菌是原核微生物的一大类群，在自然界分布极广，种类繁多，与人类生产和生活极其密切，是微生物学的主要研究对象。细菌和放线菌的细胞结构在原核微生物中具有代表性，而且近年来研究得较为深入，被人们利用的也较多，故作为本章的重点进行介绍。

2.1 细菌的大小和形态

2.1.1 细菌的大小

细菌细胞一般非常小，必须借助显微镜才能观察到，细菌的大小通常要使用放在显微镜中的显微测微尺测量。细菌的长度单位为微米（μm）。如果观察细胞构造或更小的微生物时，用更小的单位纳米（nm）或埃（Å）来表示。

球菌的大小用直径表示，杆菌和螺旋菌的大小用宽度×长度表示。螺旋菌的长度指的是其自然弯曲状态的长度，不是其真正的长度，细菌细胞大小见表 2-1。

虽然细菌的大小差异较大，但一般都不超过几微米，大多数球菌的直径在 0.20～1.25 μm；杆菌一般为（0.20～1.25）μm×（0.30～8）μm；产芽孢的杆菌比不产芽孢的杆菌大；螺旋菌一般为（0.30～1）μm×（1～5）μm。

细菌不同个体之间有较大差异，测量时固定和染色方法的不同，都可能导致结果不一致。一般在干燥和固定过程中，细菌细胞明显收缩，测量结果往往只能得到近似值。有关细菌大小的记载常常是平均值或代表值。

表 2-1　几种细菌细胞的大小

细菌细胞		直径/μm	长度/μm	宽度/μm
球状细菌	尿素微球菌（*Micrococcus ureae*）	1.0～1.5		
	金黄色微球菌（*Micrococcus aureae*）	0.8～1.0		
	乳链球菌（*Streptococcus lactis*）	0.5～0.6		
	最大八叠球菌（*Sarcina maxima*）	4.0		
	圆褐固氮菌（*Azotobacter chroococcum*）	4.0～6.0		
	旋动泡硫菌（*Thiophysa volutans*）	7.0～8.0		
杆状细菌	普通变形杆菌（*Proteus vulgaris*）		0.5～4.0	0.4～0.5
	大肠杆菌（*Escherichia coli*）		1.0～2.0	0.5
	德氏乳杆菌（*Lactobacillus delbrueckii*）		2.8～7.0	0.4～0.7
	枯草杆菌（*Bacillus subtilis*）		1.2～3.0	0.8～1.2
	巨大芽孢杆菌（*Bacillus megatherium*）		3.0～9.0	1.0～2.0
螺旋状细菌	霍乱弧菌（*Vibrio cholerae*）		1.0～3.0	0.3～0.6
	红色螺菌（*Spirillum rubrum*）		1.0～3.2	0.6～0.8
	迂回螺菌（*Spirillum volutans*）		10～20	1.5～2.0

二维码 2-1　个体最大与最小的细菌

另外，影响菌体形态变化的因素同样也影响细菌的大小，除少数例外。一般幼龄菌比成熟菌或衰退菌大得多，但宽度变化不明显。如枯草杆菌培养 4 h 的细胞比培养 24 h 的细胞长 5～7 倍。细菌大小还可能与代谢产物的积累或培养基中渗透压的增加有关。

2.1.2 细菌的形态

虽然细菌种类繁多，但细菌是单细胞原核生

物，具有一定的基本细胞形态并保持恒定，因此其形态具有生物学特征。在形态学上呈球形或卵圆形的细菌称为球菌，圆柱形的细菌称为杆菌，弯曲的杆菌通常称为螺旋菌，即基本形态为球状、杆状、螺旋状三大类。在自然界存在的细菌中，杆菌最为常见，球菌次之，螺旋菌最少。此外，近年来还陆续发现少数其他形态的细菌，如肾形、三角形、方形和圆盘形的细菌。

二维码 2-2　其他形态的细菌

1. 球菌

球菌（coccus）呈球形或近似球形，有的呈矛头状或肾状。由于繁殖时细菌细胞分裂方向和分裂后细菌粘连程度及排列方式常保持一致，这种排列方式在分类学上很重要。可分为以下几种（图 2-1）。

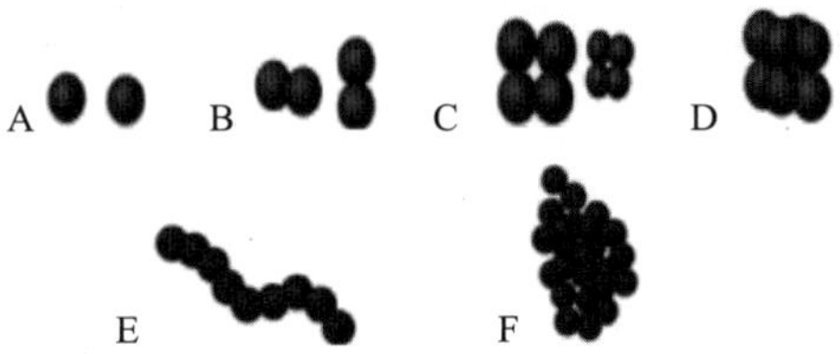

图 2-1　球菌的形态及排列方式

A. 单球菌　B. 双球菌　C. 四联球菌
D. 八叠球菌　E. 链球菌　F. 葡萄球菌

单球菌　菌体分裂沿一个平面进行，分裂后的新个体分散、单独存在，如尿素微球菌（*Micrococcus ureae*）。

双球菌　菌体分裂沿一个平面进行，分裂后的新个体成双、成对排列，如肺炎双球菌（*Diplococcus pneumoniae*）、脑膜炎奈瑟菌（*Neisseria meningitidis*）（旧称脑膜炎双球菌）。

链球菌　菌体分裂沿一个平面进行，分裂后的新个体成链状排列，如嗜热链球菌（*Streptococcus thermophilus*）、乳链球菌（*Streptococcus lactis*）。

四联球菌　菌体分裂沿两个相互垂直的平面进行，分裂后的新个体每 4 个排在一起，呈“田”字形，如四联微球菌（*Micrococcus tetragenus*）。

八叠球菌　菌体分裂沿 3 个互相垂直的平面进行，分裂后的新个体每 8 个排在一起，呈立方体状，如尿素八叠球菌（*Sarcina ureae*）。

葡萄球菌　菌体分裂沿几个不规则的平面进行，分裂后的新个体若干个堆积在一起，而呈葡萄状排列，如金黄色葡萄球菌（*Staphylococcus aureus*）。

2. 杆菌

杆菌（bacillus）是细菌中种类最多的类型。工农业生产中所用到的细菌大多是杆菌，如生产淀粉酶和蛋白酶的枯草芽孢杆菌（*Bacillus subtilis*），生产发酵型乳制品的保加利亚乳杆菌（*Lactobacillus bulgaricus*），生产食醋的恶臭醋酸杆菌（*A. rancens* AS 1.41）、许氏醋杆菌（*A. schutzenbachii*），生产味精的北京棒杆菌（*Corynebacterium pekinense*）等。

各种杆菌的大小、长短、弯度、粗细差异较大。有的杆菌呈圆柱状，有的甚至呈丝状，称为长杆菌。有的较短，呈椭圆形近似球状，称为短杆菌。菌体的形态多数呈直杆状，也有的菌体微弯。菌体两端多呈钝圆形，少数两端平齐（如炭疽杆菌），也有两端尖细（如梭杆菌）或末端膨大呈棒状（如白喉杆菌）。一般来说，同一种杆菌的粗细比较稳定，长度常因为培养时间及培养条件的不同而有所变化。大多数杆菌中等大小，长 2～5 μm、宽 0.3～1 μm。大的杆菌如炭疽杆菌，（3～5）μm×（1.0～1.3）μm，小的如野兔热杆菌，（0.3～0.7）μm×0.2 μm。

杆菌细胞常常沿一个平面分裂，排列一般分散存在，无一定排列形式，偶有成对或链状，个别呈特殊的排列如栅栏状或 V、Y、L 字样（图 2-2）。杆菌的形状与排列仅有一定的分类鉴定意义。

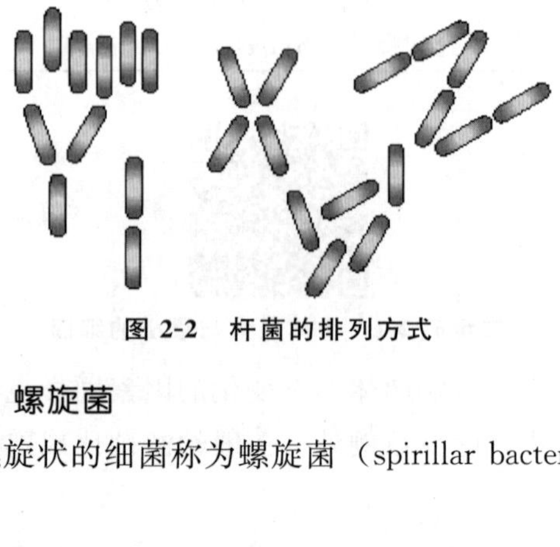

图 2-2　杆菌的排列方式

3. 螺旋菌

螺旋状的细菌称为螺旋菌（spirillar bacterium）。

根据其弯曲情况分为弧菌和螺旋菌（图 2-3）。

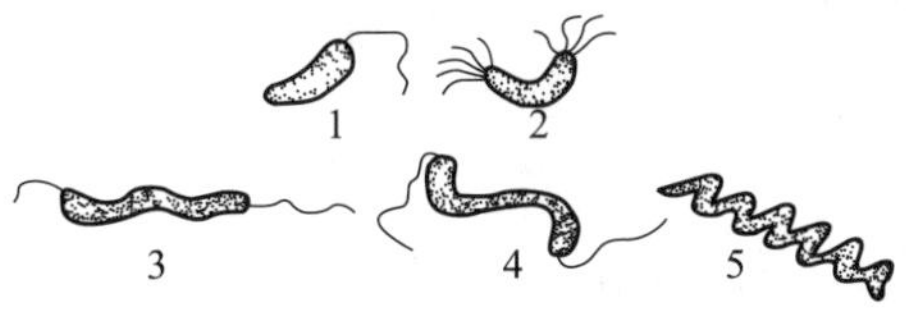

图 2-3 弧菌和螺旋菌的形态

1-2. 弧菌；3-5. 螺旋菌

弧菌　菌体螺旋不满一圈，呈弧形或逗号形。如霍乱弧菌（*Vibrio cholerae*）。

螺旋菌　菌体较为坚硬，有数个弯曲。螺旋的数目和大小因种而异，有的菌体较短，螺旋紧密；有的较长，呈现较多螺旋和弯曲。如硝化螺菌（*Nitrospira*）、幽门螺旋杆菌（*Helicobacter pylori*）、梅毒密螺旋体（*Treponema pallidum*）。

细菌的形态并不是一成不变的，由于环境条件的影响，如温度、培养时间、培养基的组成与浓度发生变化，均可引起细菌形态的改变。一般说来，各种细菌在幼龄时和适宜的环境条件下的形态较为典型，如生长条件适宜时培养 8～18 h。细菌衰老时、在陈旧培养物中、环境中含有不适合细菌生长的物质（如药物、抗生素、抗体、过高的盐分等）时，细菌常常出现不规则的形态，呈梨形、气球状、丝状等，不易识别。这些原因导致的形态异常往往是暂时的，在一定条件下可恢复。因此，在观察细菌时，必须注意因条件影响而引起的形态变化。

2.2　细菌的细胞结构

细菌细胞的结构分为一般结构（基本结构）和特殊结构两部分（图 2-4）。一般结构指任何一种细菌都具有的结构，包括细胞壁、细胞膜、细胞质及原核等。特殊结构指某些种类细菌才有或在特殊环境下才形成的细胞结构，包括荚膜、鞭毛、菌毛和芽孢等，是细菌分类鉴定的重要依据。

2.2.1　细菌的一般结构

1. 细胞壁

细胞壁（cell wall）是在细菌菌体最外层的一种坚韧、略具弹性的结构。细胞壁约占细胞干重的10%～25%，厚度一般在 10～80 nm。采用质壁分离和适当的染色方法可在光学显微镜下观察到细胞壁；在电子显微镜下细胞壁清晰可见，并可测知其厚度。

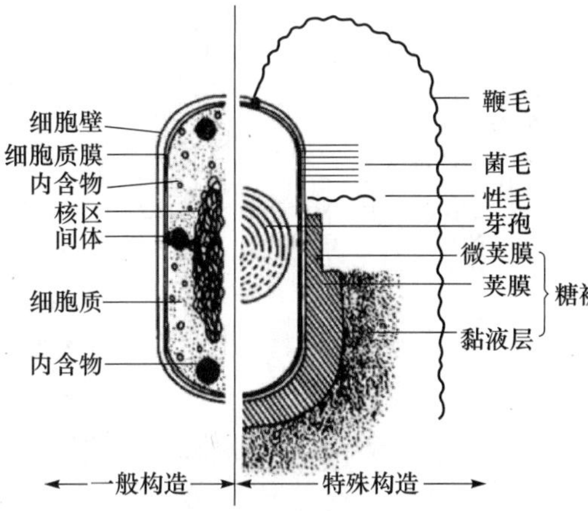

图 2-4 细菌细胞构造模式图

1）细胞壁的主要功能

细胞壁的功能与其成分和结构有关。主要有：①维持细胞外形。失去细胞壁后，各种形状的细菌都将变成球形。细菌在一定范围的高渗溶液中，原生质收缩，出现质壁分离现象，但细菌仍维持原来的形状。②保护细胞免受外界因素的损伤。在一定范围的低渗溶液中，原生质吸收水膨胀，但菌体不会破裂。革兰氏阳性菌和革兰氏阴性菌都可以抵抗一定的渗透压。③鞭毛运动必需的支点，具鞭毛的细菌失去细胞壁后不能运动。④阻挡有害物质进入。如革兰氏阴性细菌细胞壁可阻挡相对分子质量超过 800 的抗生素透入。⑤与细菌的抗原性、致病性以及对噬菌体的敏感性有关。细胞壁上带有多种抗原决定簇，决定了细菌菌体的抗原性。

2）细胞壁的结构

细菌细胞壁的主要成分为肽聚糖，这是原核微生物特有的成分。还结合有磷壁酸、脂多糖、脂蛋白等成分。

细胞壁的基本骨架是由肽聚糖（peptidoglycan）层构成，每个肽聚糖单位由三部分组成：①氨基糖，它含有 N-乙酰葡萄糖胺（N-acetylglucosamine，NAG）和 N-乙酰胞壁酸（N-acetylmuramic acid，NAM）两种氨基糖（图 2-5），这两种氨基糖直接相连或通过四肽尾和氨基酸肽桥间接相连形成长链；②连接到 NAM 羧基的四肽链，含 *D*-谷氨酸、*D*-丙氨酸、*L*-丙氨酸和二氨基庚二酸（m-DAP）或 *L*-赖氨酸；③5 分子的甘氨酸或其他氨基酸肽形成肽桥。

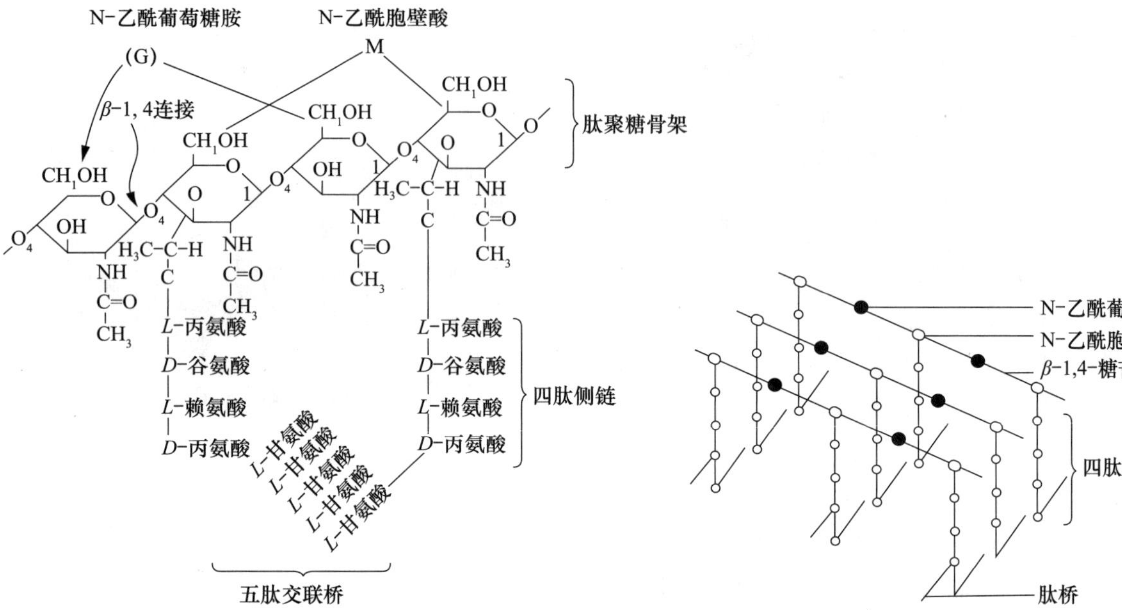

图 2-5　革兰氏阳性细菌肽聚糖结构

3）细胞壁的分类

（1）革兰氏染色法　革兰氏染色（Gram stain）是丹麦医生革兰氏（Hans Christian Gram）于 1884 年采用一系列染色程序（表 2-2）对细菌染色，结果因显色不同可将细菌区分为两类，分别称为革兰氏阳性菌和阴性菌。

表 2-2　革兰氏染色程序和结果

步骤	方法	结果	
		革兰氏阳性菌（G^+）	革兰氏阴性菌（G^-）
初染	草酸铵结晶紫　1～2 min	紫色	紫色
媒染	碘液　1 min	紫色	紫色
脱色	95%乙醇　30 s	保持紫色	脱去紫色
复染	番红或复红　1～2 min	紫色	红色

细菌对于革兰氏染色的不同反应，主要是由于它们的细胞壁成分和结构不同。G^+ 其细胞壁较厚，肽聚糖网层次多且交联致密，故遇脱色剂乙醇处理时，会因失水而使网孔缩小，再加上它不含类脂，故乙醇处理不会溶出缝隙，因此能把结晶紫和碘的复合物牢牢地留在壁内，使其保持紫色。G^- 因其细胞壁较薄，外膜层类脂含量高，肽聚糖层薄且交联差，遇脱色剂乙醇后，以类脂为主的外膜迅速溶解，这时薄而松散的肽聚糖网不能阻挡结晶紫和碘复合物的溶出，因此细胞褪成无色。经番红等红色染料复染，就使 G^- 细菌呈红色，而 G^+ 细菌仍保持最初的紫色。

采用革兰氏染色技术可以将细菌细胞壁区分为两种类型：革兰氏阳性（G^+）和革兰氏阴性（G^-）。这两大类细菌细胞壁的化学组成和结构有很大差异（图 2-6、表 2-3）。

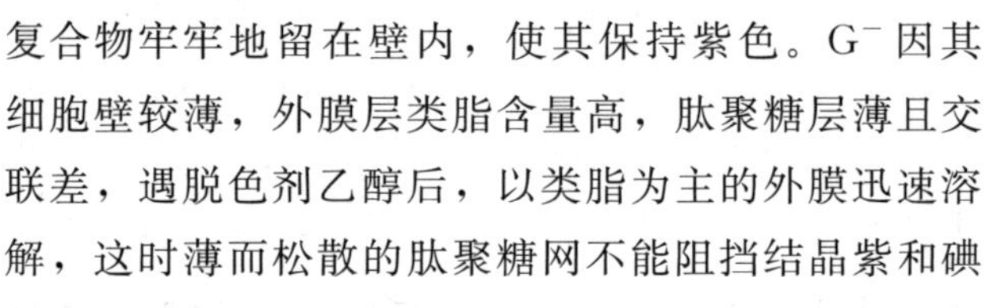

图 2-6　G^+ 细菌与 G^- 细菌细胞壁构造的比较

表 2-3 G^+ 细菌与 G^- 细菌细胞壁的比较

性质		G^+	G^-	
			外膜	内壁层
结构	厚度（nm）	20～80	8～10	2～3
	层次	单层	多层	
	肽聚糖关系	多层，75%亚单位交联，网络紧密	单层，25%～30%亚单位交联，网络松散	
	与细胞膜关系	不紧密	紧密	
组成	肽聚糖	层次多，含量高，占细胞壁干重的50%～80%	层次少，含量低，占细胞壁干重的10%～20%	
	磷壁酸	有（特有的）	无	
	二氨基庚二酸	无	无	有
	脂多糖、脂蛋白	无	有（特有的）	无
对青霉素的敏感度		敏感	不敏感	

（2）革兰氏阳性细菌的细胞壁　G^+ 细菌细胞壁较厚，20～80 nm，化学成分简单，一般含有90%的肽聚糖和10%的磷壁酸。

肽聚糖层致密，多达20层，同细胞膜的外层紧密相连，并通过四肽侧链和五肽间桥相交联，交联度高，形成编制紧密，质地坚硬，机械强度很大的多层的三维空间网格状结构。如金黄色葡萄球菌为典型的革兰氏阳性细菌，肽聚糖层75%交联，构成的三维空间网络坚韧致密。

在肽聚糖三维网络结构之间，还穿插着大量磷壁酸（teichoic-acid）也称胞壁质（murein）。它是一种链状有机物，有的与肽聚糖分子间共价结合，称壁磷壁酸；有的则交联在壁内侧的细胞膜上，然后贯穿肽聚糖层，另一端则伸在细胞壁外，称膜磷壁酸（脂磷壁酸）。磷壁酸是甘油和核糖醇的聚合物，通常以糖或氨基酸的酯而存在。由于磷壁酸带负电荷，它在细胞表面能调节阳离子浓度；磷壁酸对自溶素有调节功能，阻止细胞壁过度降解和壁溶。磷壁酸在细胞表面构成了有利于噬菌体吸附受体的位点；是细胞壁深层的一种抗原，构成革兰氏阳性细菌表面抗原的主要成分；磷壁酸还保证革兰氏阳性致病菌与其宿主间的粘连。

（3）革兰氏阴性细菌的细胞壁　G^- 细菌细胞壁比 G^+ 细菌细胞壁薄，10～15 nm，但结构较复杂。其细胞壁有两层结构，分外膜（outer membrane）和肽聚糖层。在细胞壁和细胞质膜之间有一个明显的空间，称为壁膜间隙（periplasmic space）。

外膜　位于细胞壁的最外层，呈不规则波浪形，厚8～10 nm，由脂多糖（lipopolysaccharide，LPS）、磷脂双分子层与脂蛋白组成，因含有脂多糖，故常称脂多糖层。脂多糖是革兰氏阴性细胞壁特有的成分。磷脂双分子层与细胞膜的脂双分子层十分相似，只是其中还含有几种蛋白，如脂蛋白、通透蛋白。有些蛋白具有通孔作用（porin），调控外界分子进入细胞；有的蛋白分子可以作为噬菌体的受体；许多 G^- 细菌对高等生物有致病性是由LPS的成分决定的，它的毒性组分常称为内毒素（endotoxins）。

肽聚糖层　称内壁层，埋在外膜层之内，厚度仅为2～3 nm，由1～2层肽聚糖网状分子组成的薄层。典型的革兰氏阴性细菌大肠杆菌仅有单层。G^- 细菌肽聚糖层只有30%交联，比较疏松，其网状结构不及革兰氏阳性菌坚固。肽聚糖的单体结构与 G^+ 细菌基本相同，只是短肽中的 *L*-赖氨酸被二氨基庚二酸（m-DAP）取代，并与相邻肽链中第4个氨基酸（*D*-甘氨酸）以肽键直接连接起来（图2-7）。

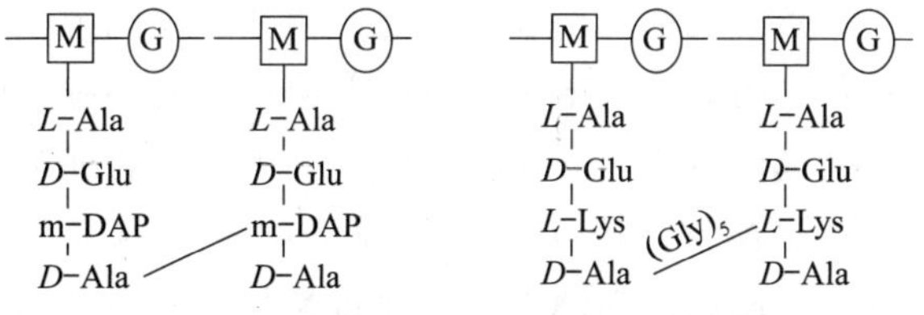

图 2-7 大肠杆菌（左）和金黄色葡萄球菌（右）肽聚糖短肽及连接方式比较

肽聚糖层和外膜的内层之间通过脂蛋白连接起来。

壁膜间隙　G^- 细菌细胞壁的外膜与细胞质膜之间存在明显的壁膜间隙，一层薄的肽聚糖处于其间，肽聚糖层和细胞质膜之间的间隙较宽，肽聚糖层至外膜之间的间隙较窄。大肠杆菌的壁膜间隙宽度为 12～15 nm，呈胶冻态。其间含有三类蛋白质：水解酶，催化食物的初步降解；结合蛋白，启动物质转运过程；化学受体（chemoreceptor），在趋化性中起作用的蛋白。

虽然细胞壁是细菌的重要结构，但在特殊情况下也可发现细胞壁缺损或无细胞壁的细菌，称为细胞壁缺陷细胞。①原生质体（protoplast）：人工条件下用溶菌酶除尽原有的细胞壁，或青霉素抑制细胞壁的合成后，所剩下的仅由细胞膜包裹着的细胞，一般由革兰氏阳性菌形成。②球形体（spheroplast）：指用同样方法处理，仍有部分细胞壁物质未除去而剩下的部分，一般由革兰氏阴性菌形成。③L 型细菌：专指在实验室或宿主体内通过自发突变而形成的遗传稳定的细胞壁缺损菌株。④支原体：在长期进化过程中形成的、适应自然生活条件的无细胞壁的原核微生物。

2. 细胞膜

细胞膜又称细胞质膜（cytoplasmic membrane），简称质膜（plasma membrane），约占细胞干重的 10%，厚 5～10 nm，是紧贴在细胞壁内侧、包围着细胞质的柔软、脆弱、富有弹性的半透性薄膜。细胞膜主要由磷脂（占 20%～30%）、蛋白质（占 50%～70%）以及少量的糖类（占 1.5%～10%）组成。原核生物的细胞膜上一般不含胆固醇等固醇，这是与真核生物的重要区别（支原体除外）。

采用质壁分离、选择性染色、原生质体破裂的方法可在光学显微镜下观察到细胞膜的存在。在电子显微镜下观察细菌细胞的超薄切片，细胞膜呈两暗夹着一明的三层结构。目前普遍认同的细胞膜的结构是 Singer 和 Nicolson 于 1972 年提出的细胞膜液态镶嵌模型（图 2-8）。该模型的中心内容是细胞膜具有流动性和镶嵌性。要点为：①基本结构为磷脂双分子层，每个磷脂分子有一个亲水性的头部和两条长链脂肪酸组成的疏水尾部，亲水性头部向外，疏水性尾部向内，从而使两层磷脂分子整齐排列，构成细胞膜的主体。②蛋白质以不同程度镶嵌在磷脂双分子层中，整合蛋白（又称内嵌蛋白）存在于膜的内部或由一侧嵌入膜内或穿透全膜做横向移动（犹如沉浸于海洋的“冰山”移动），周边蛋白（又称边缘蛋白、膜外蛋白）存在于膜的内侧或外侧表面做横向运动（“漂浮”运动）。③磷脂双分子层通常呈液态，而蛋白质无规则地漂流在磷脂的海洋当中，执行其相应的生理功能。

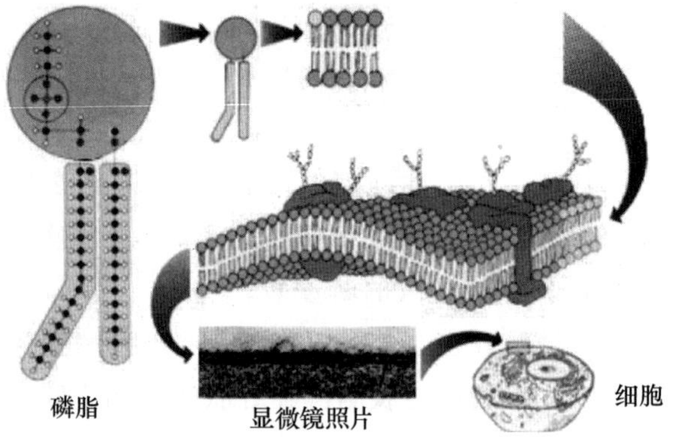

图 2-8　细胞膜的结构模式图

细胞膜的基本功能是具有选择吸收性，控制物质的吸收与排出，对性质各异的物质采取不同的机制来运输，包括扩散和主动运输等方式。细胞膜维持了细胞内正常的渗透压。细胞膜与呼吸作用和磷酸化作用的细胞能量平衡相联系，是产生能量代谢的主要场所。在大多数细菌中，电子转移系统和呼吸酶类位于质膜中。细胞膜是合成细胞壁和荚膜的基地。细胞膜与鞭毛的运动有关，因为鞭毛基体着生于细胞膜上，并提供其运动的能量。

3. 中体

由细胞膜内陷褶皱形成的管状、层状或囊状结构，称中体（mesosome）、间体或中间体，以革兰氏阳性菌（G^+）尤为明显，每个细胞含一至数个。着生部位可在表层或深层，其中酶系发达是能量代谢的场所，且中体在细菌细胞分裂时与细胞壁隔膜的合成及核的复制有关。

4. 细胞质

细胞质（cytoplasm）是细胞膜内除核区外的无色、透明、黏稠状的物质和一些颗粒物质的总称，是细菌细胞的基础物质，其基本成分是水、蛋白质、核酸和脂类，也含有少量的糖和无机盐类。

细胞质具有生命物质所有的特征，含有丰富的酶系，是营养物质合成、转化、代谢的场所，可不断地更新细胞内的结构和成分，使细菌细胞不断地进行新陈代谢。由于细菌细胞质中富含的核糖核酸，其含量可达固形物的15%～20%，所以嗜碱性强，易被碱性和中性染料所着色，尤其是幼龄菌。老龄菌细胞中核糖核酸常被作为氮和磷的来源而被利用，核酸含量减少，故着色力降低。

5. 核区

核区（nuclear region）是原核生物特有的无核膜包裹、无固定形态的原始细胞核，又称拟核、原核、核质体等。它没有核膜、核仁，为一个巨大的、紧密缠绕的、环状双链 DNA 丝状结构。一般静止期时呈球状、棒状或哑铃状，由于核分裂在细胞分裂之前进行，所以在生长迅速的细菌细胞中有两个或四个核，生长速度低时只有一个或两个核。核区具有绝大多数的遗传信息，在遗传中起重要作用，是细菌生长发育、新陈代谢和遗传变异的控制中心。

在很多细菌细胞中存在着染色体外的遗传因子，为环状 DNA 分子，分散在细胞质中能进行自我复制，称为质粒（plasmid）。而附着在染色体上的质粒叫附加体。每个菌体可含有 1 个或多个质粒，每个质粒可以有几个甚至 50～100 个基因。质粒携带着遗传信息，一般质粒携带的基因是细菌细胞的次级代谢基因，决定了许多代谢产物的产生。质粒的存在与否对细菌的生存无关。质粒可自我复制、稳定遗传，随细菌繁殖在子代细胞中代代相传，质粒在细胞中有时可自行消失，但没有质粒的细菌不能自行产生。质粒在基因工程的研究中是重要的基因载体工具之一。

6. 核糖体

核糖体（ribosome）是分散在细胞质中核糖核蛋白的颗粒状结构，由核糖核酸（RNA）与蛋白质组成，其中 RNA 约占 60%，蛋白质占 40%，常以单个游离或链状多聚核糖体状态分布在细菌细胞质中，其沉降系数为 70S（其中大亚基 50S，小亚基 30S），是细胞合成蛋白质的场所。细胞内核糖体数量多少随菌体生长速度而异，当细菌生长旺盛时，每个菌体可有（1.0～7.0）$\times 10^4$ 个，生长缓慢时只有约 2 000 个。一般每个细胞平均含量 1.5×10^4 个核糖体。细胞内核糖体有些以三个甚至上百个串联在一起存在，称为多聚核糖体。

7. 细菌细胞的内含物

细菌细胞的内含物包括：气泡和颗粒状内含物。颗粒状内含物如异染粒、聚-β-羟基丁酸、多糖类贮藏物（肝糖粒和淀粉粒）、脂肪粒、硫滴（硫粒）、液泡等（图 2-9）。

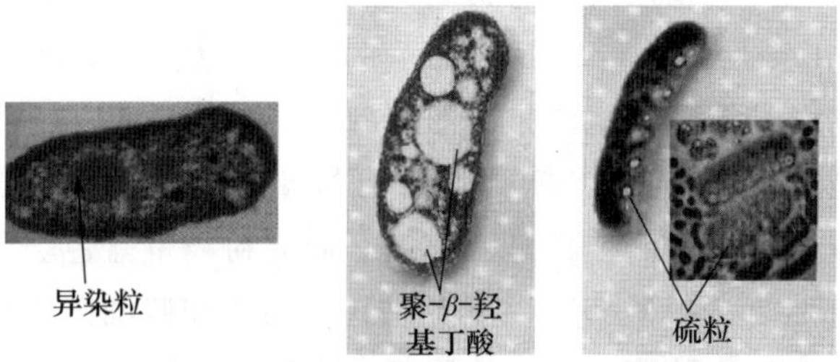

图 2-9 几种细菌细胞内的颗粒状内含物

1）气泡

气泡（gas vacuole）是由蛋白质膜构成的充满气体的泡状物，是某些水生细菌贮存气体的结构。有些细菌细胞质中含有几个或多个气泡。气泡可调节细胞比重，加大菌体的浮力，使其漂浮在合适的水层中，以适应它们对环境条件（光线、氧气）的不同需要。气泡还可以吸收空气，空气中的氧气可供代谢需要。

2）颗粒状内含物

很多种类细菌细胞内含有各种较大的颗粒，是由不同化学成分累积而成的不溶性颗粒，大多为细胞贮藏物。颗粒的种类常因菌种而异。颗粒的多少随菌龄及培养条件的不同有很大变化。在某些营养物质过剩时，细菌就将其聚合成各种贮藏颗粒；当营养缺乏时，它们又可被分解利用。某些颗粒状贮藏物的形成可避免不适宜的 pH 和渗透压的危害。颗粒状内含物的主要种类有以下几种。

（1）异染粒　异染粒是普遍存在的贮藏物，其主要成分是多聚偏磷酸盐，可贮存磷元素和能量，降低渗透压。因用蓝色染料（如亚甲蓝或甲苯胺蓝）染色后不呈蓝色而呈紫红色，故而得名异染粒。当培养基中缺磷时，异染颗粒又可作为磷的补充来源。棒状杆菌和某些芽孢杆菌常含有异染粒。

（2）聚-β-羟基丁酸　聚-β-羟基丁酸是一种存在于许多细菌细胞质内，属于类脂性质的碳源类贮藏物，易被苏丹黑染色。聚-β-羟基丁酸是碳源与能源性贮藏的物质，能起到降低细胞渗透压的作用。一些细菌如巨大芽孢杆菌、根瘤菌、固氮菌、肠杆菌的细胞内均含有聚-β-羟基丁酸的颗粒。目前还发现与聚-β-羟基丁酸类似的物质，称为聚羟基脂肪酸酯。

（3）多糖类贮藏物　多糖类贮藏物包括肝糖粒（glycogen）（又称糖原）和淀粉粒（granulose）。它们是细菌细胞内主要的碳源和能源贮藏物质，都是α-1,4 或α-1,6 糖苷键的葡萄糖聚合物。用稀碘液染色时，肝糖粒呈红褐色，而淀粉粒呈蓝色。肠道细菌常积累糖原，而多数其他细菌和蓝细菌则以淀粉粒为贮藏物质。培养环境中的碳氮比高，会促进碳素颗粒状贮藏物质的积累。

（4）脂肪粒　脂肪粒折光性较强，可用苏丹Ⅲ（Sudan Ⅲ）染成红色。随着细菌的生长，细菌体内脂肪粒的数量也会增加，当细胞破裂后脂肪粒会游离出来。

（5）硫滴　硫滴又称硫粒，是硫元素的贮藏体，是某些化能自养型硫细菌的硫源和能源的贮藏物。当环境中含有较高含量的 H_2S 时，把 H_2S 氧化成硫，在体内积累起来，形成大分子折光性很强的硫滴，并在此过程中获得能量。当环境中 H_2S 不足时，又可把硫进一步氧化成硫酸盐，并获得能量。如紫色硫细菌和贝氏硫细菌等常含有硫滴。

（6）液泡　细菌细胞处于幼龄期时，细胞质在细胞内均匀分布；当细菌细胞衰老时，许多细菌细胞质内就会出现液泡。其主要成分是水和可溶性盐类，被一层含有脂蛋白的膜包围。液泡的功能主要是调节渗透压，当环境中渗透压高时，液泡就会收缩甚至消失。

总之，细菌的种类不同所含的内含物也不同。同种细菌在不同的发育阶段或在不同的环境中，内含物的数量和成分也可不同。但是，同一菌种在相同的环境下一般含有相同的内含物，这一点有助于细菌的鉴定。

2.2.2　细菌的特殊结构

1. 鞭毛

某些细菌从体内长出纤细呈波状的丝状物，称为鞭毛（flagella），其数目为一至数十条，是细菌的运动器官。鞭毛长度可超过菌体若干倍，一般为 10～20 μm，甚至 70 μm，直径为 0.01～0.02 μm，其主要成分为蛋白质，有少量的多糖或脂类。采用鞭毛染色法可在光学显微镜下观察到鞭毛，也可在电子显微镜下直接观察。另外，可在暗视野中，观察水浸片或悬液标本细菌有无规则运动判断细菌有无鞭毛；也可使用半固体琼脂穿刺培养，从菌体生长扩散情况也可以初步判断细菌是否具有鞭毛。

鞭毛由鞭毛丝、鞭毛钩、基体（又称基础小体）三个部分组成（图 2-10）。鞭毛丝又称螺旋丝，呈纤丝状，由球状鞭毛蛋白亚基螺旋缠绕而成的中空管状结构。鞭毛钩又称钩形鞘，是连接鞭毛丝和基体的一个弯曲筒状部分，由蛋白质亚基组成。基体是由若干个盘状物，即“环”组成。由于 G^+ 细菌和 G^- 细菌细胞壁结构不同，构成基体的盘状物也不同，G^- 细菌由 L 环和 P 环、S 环和 M 环两对环组成，而 G^+ 细菌只有 S 环和 M 环一对环组成。

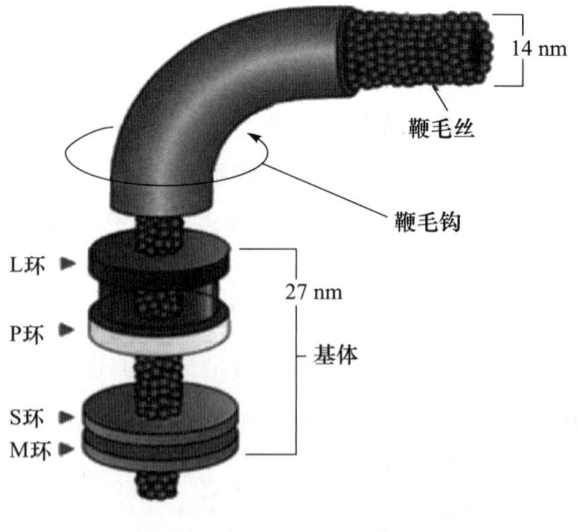

图 2-10　G^- 细菌鞭毛构造示意图

大多数的球菌不生鞭毛；杆菌中有的生鞭毛，有的不生鞭毛；弧菌与螺旋菌都生鞭毛。鞭毛着生的位置、数目是细菌种的特征，根据鞭毛在菌体表面着生的位置与数目，可将鞭毛的着生方式分为下列几种（图 2-11）。

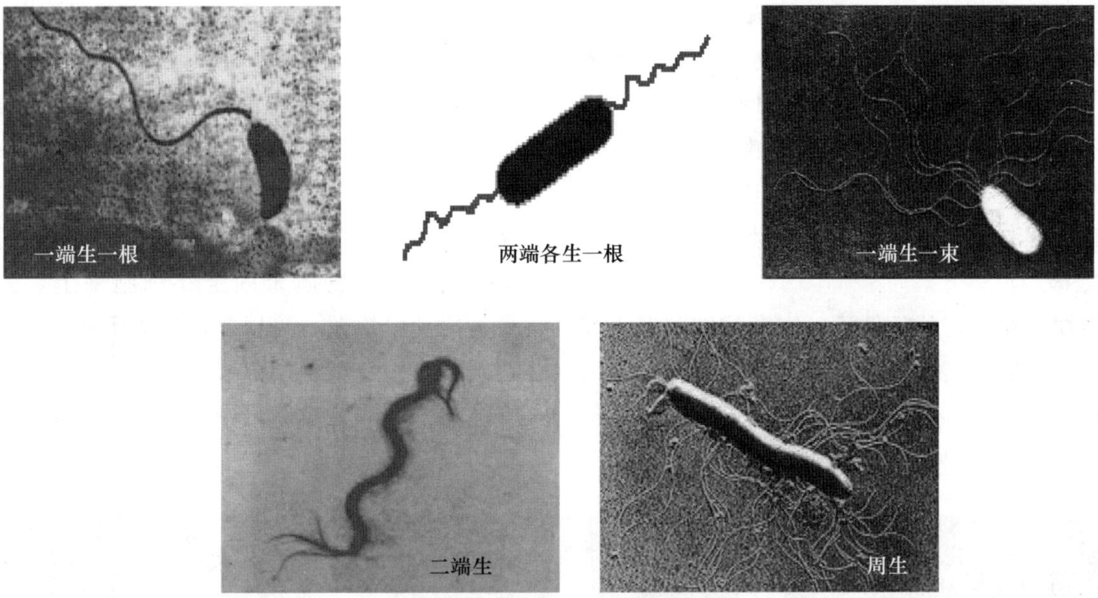

图 2-11　细菌鞭毛的位置和数量

（1）单生　在菌体的一端着生一根鞭毛的偏端单生鞭毛菌，如霍乱弧菌（*Vibrio cholerae*）。在菌体两端各着生一根鞭毛的两端单生鞭毛菌，如鼠咬热螺旋体（*Spirochaeta morsus muris*）。

（2）丛生　在菌体一端着生一丛鞭毛的偏端丛生鞭毛菌，如铜绿假单胞杆菌（*Pseudomonas aeruginosa*）。在菌体两端各着生一丛生鞭毛的两端丛生鞭毛菌，如红色螺菌（*Spirillum rubrum*）。

（3）周生　在菌体周身着生很多根鞭毛，如枯草杆菌（*Bacillus subtilis*）、大肠杆菌（*Escherichia coli*）等。

鞭毛主要的化学成分是鞭毛蛋白，它与肌球蛋白、纤维蛋白属于同类物质，所以鞭毛的运动可能与肌肉收缩相似。

鞭毛是细菌的运动器官，有鞭毛的细菌在液体中借鞭毛运动，其运动方式依鞭毛着生位置与数目不同而不同。鞭毛可以推动菌体以 20～80 μm/s 的速度高速前进，单毛菌和丛毛菌多做直线运动，运动速度快，有时也可轻微摆动。周毛菌一般呈不规则运动，而且常伴有活跃的滚动。鞭毛的运动功能实现了原核生物的趋性。生物体对某环境中的不同物理、化学或生物因子做有方向性的应答运动，称为趋性。鞭毛运动的趋性根据引起运动的环境因子，分为趋向性、趋避性、趋化性、趋光性、趋氧性及趋磁性等。

鞭毛虽然是某些细菌的特征，但在一些不良的环境条件下，如培养基成分的改变、培养时间过长、过于干燥、芽孢形成、防腐剂的加入等都会使细菌丧失生长鞭毛的能力。

有些细菌的表面生长着比鞭毛更细、短直、中空、数量较多的蛋白质丝状物，称为菌毛或纤毛（pili 或 fimbriae）（图 2-12）。菌毛的结构比鞭毛简单，没有基体结构，着生在细胞膜上，穿过细胞壁后伸展于体表，直径 3～10 nm。每个细菌有 250～300 条菌毛。菌毛具有使菌体附着于物体表面的功能，细菌借助菌毛可牢固地黏附于宿主的呼吸道、消化道和泌尿生殖道等黏膜上，进一步定植和致病。有的种类还可使同种细胞相互粘连而形成浮在液体表面上的菌膜和浮渣等群体结构。有菌毛的细菌以 G^- 致病菌居多，少数 G^+ 细菌上也着生有菌毛。

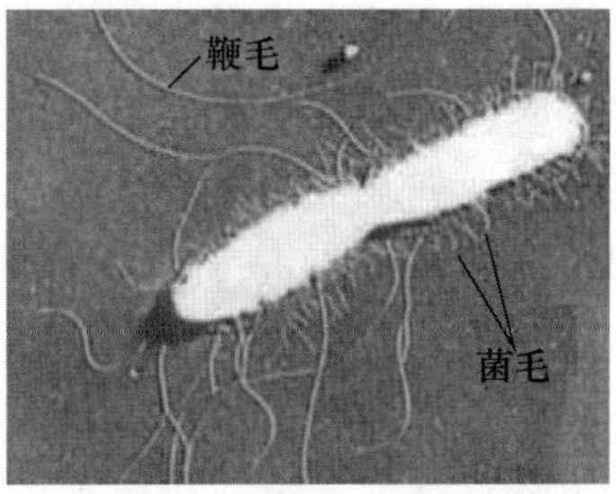

图 2-12　细菌的菌毛

还有的细菌具有构造和成分与菌毛类似的毛状物，称为性菌毛或性毛（sex-pili 或 F-pili），如大肠杆菌。性菌毛比菌毛稍长，数量比菌毛少，只有一根或几根。一般见于G^-细菌的雄性菌株上，其功能是在细菌接合交配时向雌性菌株传递遗传物质。有的性菌毛还是 RNA 噬菌体的特异性吸附受体。

2. **糖被**

某些细菌在一定的条件下，在菌体细胞壁表面形成的一层厚度不定的松散透明的黏液物质，称为糖被（glycocalyx）。糖被按其有无固定层次及层次厚薄又可细分为四种类型：荚膜（capsule）、微荚膜（microcapsule）、黏液层（slime layer）和菌胶团（zoogloea）（图 2-13）。某些细菌分泌的具有一定的形态、相对稳定、具有固定层次附着于细胞壁外的一层较厚的黏液性物质，称为荚膜，一般厚度可达 0.2 μm，通常每个细胞外包围一个荚膜。当黏液性物质较薄，厚度小于 0.2 μm 时，称为微荚膜。当黏液性物质未固定在细胞壁上，无明显边缘，比荚膜松散，可以扩散到周围环境中，称为黏液层。当多个细菌的荚膜相互融合，多个细胞被包围在一个共同的荚膜之中，称为菌胶团，如动胶菌属的细菌。

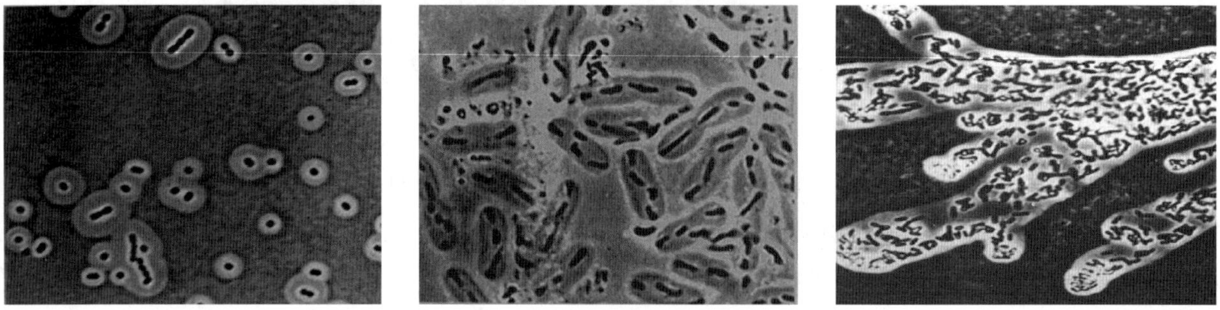

荚膜　　黏液层　　菌胶团

图 2-13　各类细菌的糖被

糖被折光率很低，不易着色，必须通过特殊的荚膜染色方法才可以在光学显微镜下观察到。一般用负染色法，使背景和菌体着色，而荚膜不着色，使之衬托出来。

糖被主要成分为水、多糖或多肽聚合物，含水量约 90%。糖被的形成除受遗传因素决定外，也与环境条件有密切关系。有些细菌生长在碳源丰富而氮源缺乏的培养基上容易形成荚膜，如肠膜明串珠细菌（*Leuconostoc mesenteroides*）只有在含糖量高、含氮量低的培养基中才能产生荚膜。炭疽芽孢杆菌（*Bacillus anthracis*）只有在寄主体内或二氧化碳分压较高的环境中才形成荚膜，在人工培养基上不形成荚膜。形成荚膜的细菌也不是整个生活期内都形成荚膜，如某些链球菌在生长前期形成荚膜，后期则消失；肺炎双球菌在生长缓慢时形成荚膜。

糖被虽然不是细菌的主要结构，通过突变或用酶处理，失去糖被的细菌仍然能正常生长，但糖被也有一定的作用：①保护菌体。糖被可使细菌的抗干燥能力增强，一些动物致病菌的糖被可保护其不易被白细胞吞噬；防止噬菌体的吸附和裂解；作为屏障，可保护细菌免受重金属离子的毒害。②贮藏养料。在营养缺乏时细菌可直接利用糖被中的物质。③堆积某些代谢产物。某些细菌由于糖被的存在而具有毒力，如具有荚膜的肺炎双球菌毒力很强，当失去荚膜时，则失去毒性。④黏附物体表面。有些细菌能借糖被牢固地贴附在牙齿表面，发酵糖类产酸，腐蚀牙齿珐琅质层，引起龋齿。

产荚膜的细菌在固体培养基上形成的菌落通常表面湿润、有光泽、呈黏液状，称光滑型（S 型）菌落。不产荚膜的细菌形成的菌落通常表面干燥、粗糙，称粗糙型（R 型）菌落。

3. **芽孢**

某些细菌当生长到一定时期繁殖速度下降，菌体的细胞原生质浓缩，在细胞内形成一个圆形、椭圆形或圆柱形的厚壁结构，对不良环境具有较强抗性的休眠体称为芽孢（spore）（图 2-14）或内生孢子（endospore）。未形成芽孢之前的菌体称为繁殖体或营养体。带有芽孢的菌体称为孢子囊。

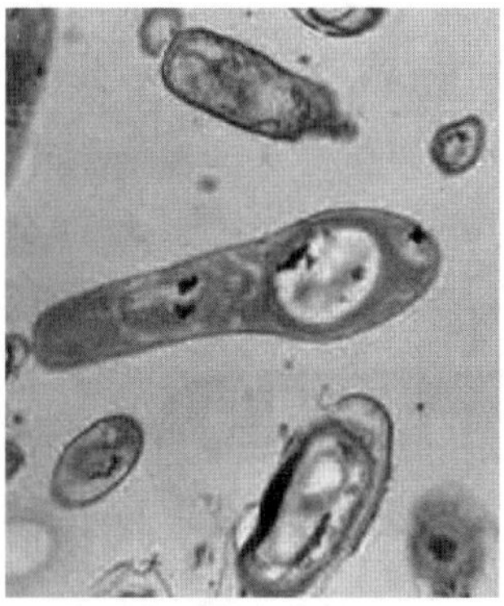

图 2-14 细菌的芽孢

芽孢有较厚的壁和高度折光性，难以着色，为了便于观察常常采用特殊的染色方法——芽孢染色法，才可以在光学显微镜下观察到。

能产生芽孢的细菌大多为杆菌，只有少数的球菌和螺旋菌可形成芽孢。能否形成芽孢是细菌菌种的特征，受其遗传物质决定，还受一定的环境条件影响。大多数芽孢杆菌是在营养缺乏、温度不适宜生长或代谢产物积累等不良条件下，在衰老的细胞体内形成芽孢。但有的菌种相反，需要在营养丰富、适宜温度的条件下形成芽孢，如苏云金芽孢杆菌（*Bacillus thuringiensis*）在营养丰富、温度和通气等适宜条件时，在幼龄细胞中大量形成芽孢。

各种细菌芽孢形成的位置、形状与大小因菌种不同而异，是细菌鉴定的重要依据。有的芽孢位于细胞的中央，有的芽孢位于顶端，还有的位于中央与顶端之间（图 2-15）。芽孢位于中央，直径大于细菌的宽度时，细胞呈梭状，如丙酮丁醇梭菌（*Clostridium acetobutylicum*）。芽孢位于细菌细胞顶端，直径大于细菌的宽度时，细胞呈鼓槌状，如破伤风梭菌（*Clostridium tetani*）。芽孢直径小于细菌细胞宽度，则细胞不变形，如常见的枯草芽孢杆菌（*Bacillus subtilis*）、蜡状芽孢杆菌（*Bacillus cereus*）等。

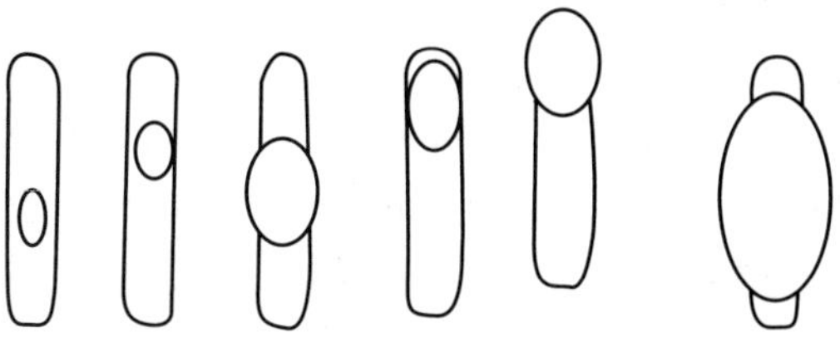

图 2-15 芽孢的位置、形状与大小

成熟芽孢一般具有以下结构（图 2-16）：①孢外壁（exosporium）。位于芽孢的最外层，有的芽孢无此层，主要成分是脂蛋白和少量氨基酸，透性差。②芽孢衣（spore coat）。层次多，一般 3～15 层，主要成分为疏水性角蛋白，对溶菌酶、蛋白酶和表面活性剂具有很强的抗性，对多价阳离子的透性很差。③皮层（cortex）。在芽孢中占有很大体积，主要成分为芽孢肽聚糖和 2,6-吡啶二羧酸钙盐（DPA-Ca），皮层的渗透压很高。④核心（core）。由芽孢壁、芽孢膜、芽孢质和核区四部分构成。芽孢壁含有肽聚糖，可发展成新细胞的细胞壁；芽孢膜含有磷脂，可发展成新细胞的细胞膜；芽孢质含有 DPA-Ca、核糖体、RNA 和酶类；核区含有 DNA。

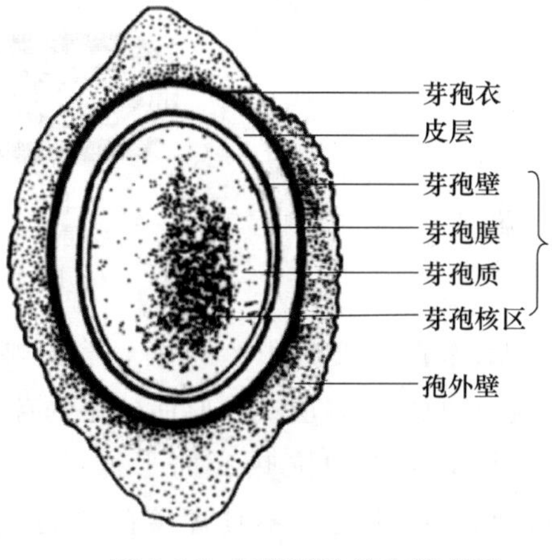

图 2-16 细菌芽孢结构模式图

细菌形成芽孢包括一系列复杂过程。根据电子显微镜的观察，芽孢有形成包含着下述一系列复杂过程（图 2-17）。①形成轴丝。在营养细胞内，核物质聚集，形成一个位于细胞中央的轴丝状结构。②形成隔膜。在细胞一端的细胞膜内陷，向中心延伸，产生隔膜，将细胞分成大小两部分，轴丝状结构也同时被分为两部分。③形成前孢子。细胞中较大部分的细胞膜围绕较小部分延伸，直至将较小的部分完全包围到较大的部分中为止，这个具有双层膜结构的细胞称为前孢子（forespore）。④形成皮层。

在前孢子的双层膜之间形成芽孢肽聚糖和 DPA-Ca 的复合物，部分芽孢细菌在前孢子的外面开始形成孢外壁。⑤形成芽孢衣。在皮层外进一步形成以特殊蛋白质为主的芽孢衣。⑥芽孢成熟。芽孢合成过程全部完成，此时芽孢具有了很强的抗热性和特殊结构。⑦芽孢的释放。芽孢囊壁（产芽孢菌的营养细胞的外壳）溶解，释放出成熟的芽孢。

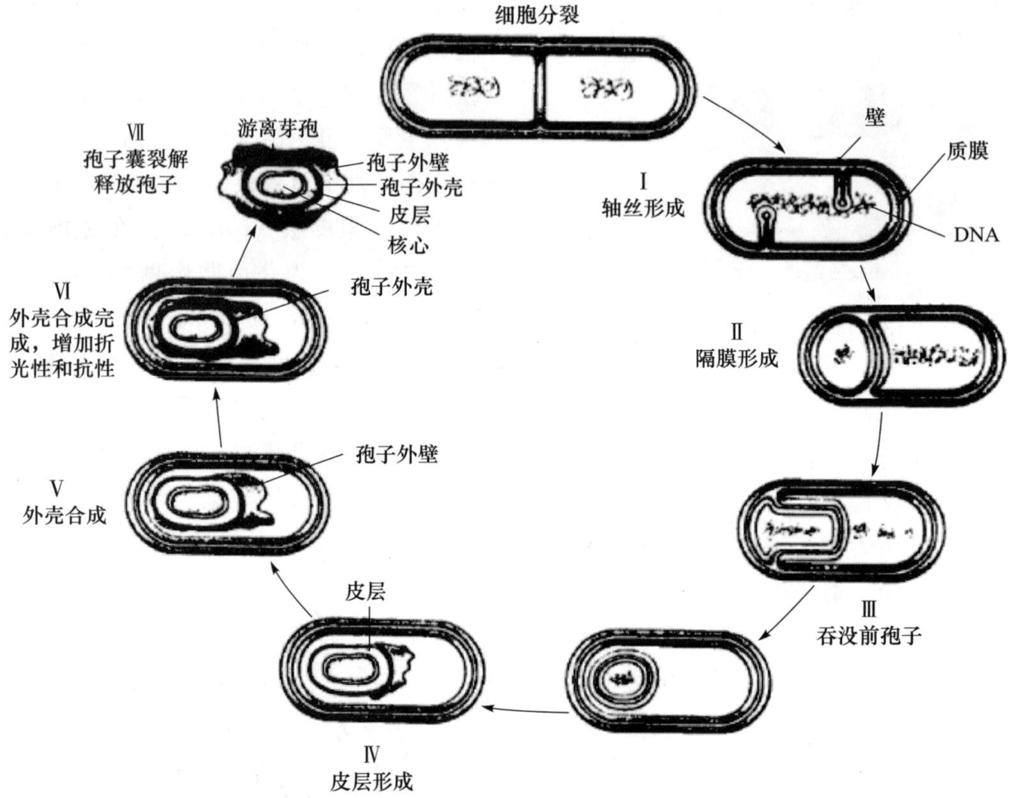

图 2-17　细菌芽孢形成过程

芽孢含水量低，仅为 40%左右，含有特殊的 DPA-Ca、耐热的酶、多层次、厚而致密的芽孢衣，这些都使其具有极强的抗热、抗干燥、抗辐射、抗化学药物和抗静水压等不良环境的能力。芽孢休眠能力超强，在普通环境下可保持活力数年、数十年，甚至更长的时间。芽孢尤其耐高温，如破伤风梭菌的芽孢在沸水中可存活 3 h，肉毒梭状芽孢杆菌的芽孢在 pH 7.0 的 100℃水中煮 8 h 后才能致死。目前，对于芽孢的耐热机制有两种解释：①芽孢中含有独特 DPA-Ca；②渗透调节皮层膨胀学说。

二维码 2-3　细菌芽孢耐热性的机理

芽孢在营养、水分、温度等条件适宜时即可萌发。芽孢萌发开始时，首先吸收水分、盐类和其他营养物质而体积胀大，折光率降低，染色性增强，释放 DPA，耐热性消失，酶活性和呼吸强度提高。孢子壁破裂而通过中部、顶端或斜上方伸出新菌体。最初新菌体的细胞质比较均匀，没有颗粒、液泡等，以后逐渐出现细胞内含物，菌体细胞亦恢复正常代谢。芽孢是细菌的休眠体，一个细胞内只形成一个芽孢，一个芽孢萌发也只产生一个营养体。

少数芽孢杆菌在形成芽孢的同时，还可以在细胞内形成一个呈菱形、方形或不规则形状的碱溶性蛋白晶体，成为伴孢晶体（或 δ-内毒素），如苏云金芽孢杆菌（*Bacillus thuringiensis*）。该晶体对鳞翅目、双翅目和鞘翅目等 200 多种昆虫和动植物线虫有毒杀作用，对人畜安全，对害虫的天敌和植物无害，作为生物杀虫剂已大量生产。

2.3　细菌的生长与繁殖

微生物生长是代谢的结果，当合成代谢超过分解代谢时，单个细胞物质量增加，表现为个体重量和体积增大，这就是生长。当个体生长达到一定程度时，细胞开始出现数量的增多，这就是繁殖。可以说生长是繁殖的基础，繁殖则是生长的结果。

2.3.1　微生物生长的概念

微生物生长是细胞物质有规律的不可逆增加导致细胞体积增大的生物学过程，这是微生物个体生长的定义。当微生物生长到一定阶段，由于细胞结构的复制与重建，并通过特定方式产生新的生命个体，即引起个体数量增加，这是微生物的繁殖。微生物的生长是一个逐步发生的量变过程，而繁殖是一个产生新生命个体的质变过程。在高等生物中，生长与繁殖这两个过程可以明显分开，但在低等生物中，特别是在单细胞的微生物世界里，由于个体微小，生长与繁殖这两个过程是紧密联系又很难划分的过程，因此在讨论微生物生长时，往往将这两个过程放在一起讨论，这样微生物生长又可以定义为在一定时间和条件下细胞数量的增加，这是微生物群体生长的定义。

2.3.2　微生物的生长规律

研究微生物的生长规律，需要从研究微生物的个体生长和群体生长两个方面着手。

1. 微生物的个体生长和同步生长

以细菌为例介绍微生物的个体生长和同步生长。细菌细胞个体极其微小，对其个体生长进行研究较为困难。目前对细菌的个体生长进行研究主要有两种方法，一是利用电子显微镜观察细胞的超薄切片；二是采用同步培养方法，同步培养能使群体中处于个体生长的不同阶段的细胞转变成能同时进行生长或分裂的群体细胞。以同步培养方法使群体细胞处于同一生长阶段，并同时进行分裂的生长方式称为同步生长。同步培养细胞常被用来研究在单个细胞上难以研究的生理与遗传特性和作为工业发酵的种子，它是一种理想的材料。

用一般培养方法获得的细胞通常是不完全同步的细胞，就是同步培养方法获得的同步细胞经几次传代之后，也会出现不同步的现象。如何使不同步转变为同步，以及如何使同步细胞能较长时间地保持同步，这是同步培养中要研究的课题。

同步培养方法很多，可归纳为机械法与环境条件控制技术两类。

1）机械法

这是一类根据微生物细胞在不同生长阶段的细胞体积和质量不同或根据它们同某种材料结合度不同的原理设计出来的方法。其中常用的有以下几种方法。

（1）离心法　将不同步的细胞培养物悬浮在不被这种细菌利用的不同梯度糖溶液里，通过离心将不同细胞密度梯度分布成不同的细胞带，每一细胞带的细胞大致是处于同一生长期的细胞，然后分别将它们取出进行培养，就可以获得同步细胞。

（2）过滤分离法　将不同步的细胞培养物通过孔径大小不同的微孔滤器，从而将大小不同的细胞分开，分别将滤液中的细胞取出进行培养，获得同步细胞。

（3）硝酸纤维素滤膜法　根据细菌能紧紧结合到硝酸纤维素滤膜上的特点，将细菌悬液通过垫有硝酸纤维素滤膜的过滤器，然后将滤膜颠倒过来，再将培养基流过滤器，以洗去未结合的细菌，然后将滤器放在适宜条件下培养一段时间，其后再将培养基流过滤器，这时新分裂产生的细菌被洗下，分别收集并通过培养获得同步细胞。

图 2-18（a）、（b）分别为硝酸纤维素滤膜法和离心法获得同步细胞的步骤。

2）环境条件控制技术

这类技术是根据细菌生长与分裂对环境因子要求不同的原理设计的一类获得同步细胞的方法。

（1）温度控制　最适生长温度有利于细菌生长与分裂，不适宜温度如低温不利于细菌生长与分裂。通过适宜与不适宜温度的交替处理之后，通过培养可获得同步细胞。

（2）培养基成分控制　培养基中的碳、氮源或生长因子不足，可导致细菌缓慢生长直至生长停止。因此将不同步的细菌在营养不足的条件下培养一段时间，然后转移到营养丰富的培养基里培养，能获得同步细胞。另外也可以将不同步的细胞转接到含有一定浓度的、能抑制蛋白质等生物大分子合成的化学物质如抗生素等的培养基里，培养一段时间后，再转接到完全培养基里培养也能获得同步细胞。

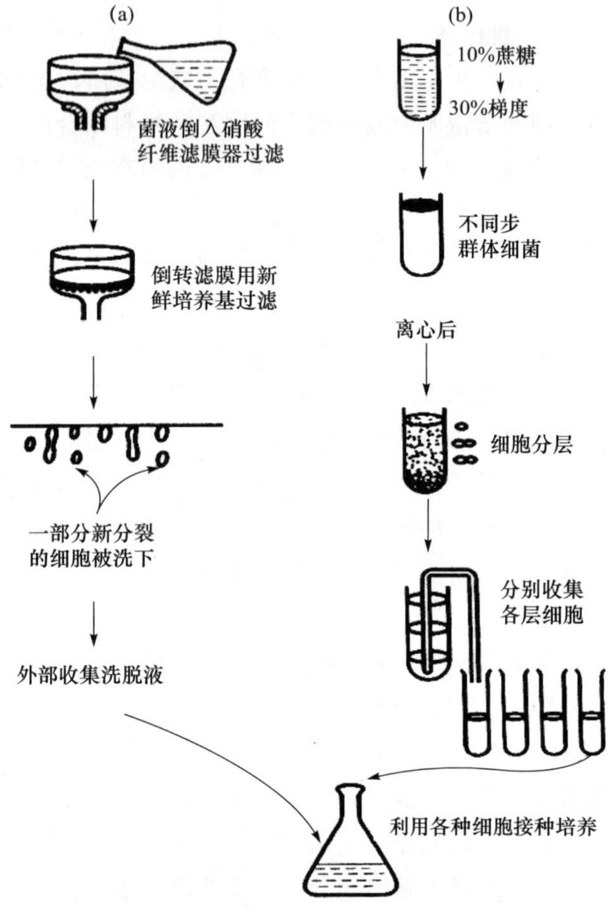

图 2-18　硝酸纤维素滤膜法和离心法获得同步细胞的步骤

环境条件控制获得同步细胞的机理还不完全了解。有可能是这种处理导致细胞内某些物质合成，而这些物质的合成和积累可导致细胞分裂，从而获得同步细胞。

2. 细菌的群体生长及其规律

作为单细胞生物，细菌个体细胞的生长时间一般很短，很快就进入繁殖阶段，即细菌的群体生长阶段，细菌群体的生长表现为细胞数目或群体细胞物质的增加。细菌的工业发酵过程就是细菌群体细胞新陈代谢的过程，因此研究细菌群体生长的规律对于发酵工业生产具有重要的指导意义。

1）细菌的生长曲线

如将少量细菌纯培养物接种到新鲜的液体培养基中，在适宜的条件下培养，定期取样并测定单位体积培养基中的菌体（细胞）数，可发现开始时群体生长缓慢，后逐渐加快，进入一个生长率相对稳定的高速生长阶段，随着培养时间的延长，生长达到一定阶段后，生长速率又表现为降低的趋势，随后出现一定的细胞数目相对稳定的阶段，最后转入细胞的衰老死亡。如用坐标法作图，以培养时间为横坐标，以计数获得的细胞数的对数为纵坐标，可得到一条定量描述液体培养基中微生物生长规律的实验曲线，该曲线则称为生长曲线（图 2-19）。

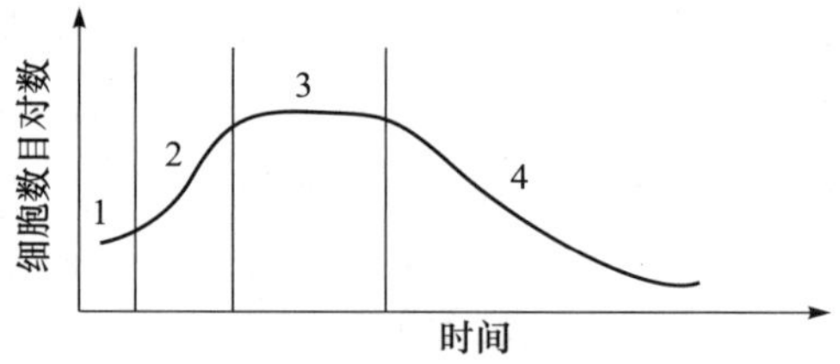

图 2-19　细菌的生长曲线

1. 调整期；2. 对数期；3. 稳定期；4. 衰亡期

细菌生长曲线可划分为四个时期，即调整期、指数期、稳定期和衰亡期。生长曲线表现了细菌细胞及其群体在新的适宜的理化环境中，生长繁殖直至衰老死亡的动态变化过程。生长曲线各个时期的特点，反映了所培养的细菌细胞与其所处环境间进行物质与能量交流，以及细胞与环境间相互作用与制约的动态变化。深入研究各种单细胞微生物生长曲线各个时期的特点与内在机制，在微生物学理论研究与应用实践上都有着十分重大的意义。

（1）调整期（lag phase）　细菌接种至培养基后，对新环境有一个短暂适应过程（不适应者可因转种而死亡）。此期曲线平坦稳定，因为细菌繁殖极少。调整期长短因种类、接种菌量、菌龄以及营养物质等不同而异，一般为 1～4 h。此时期细菌体积增大，代谢活跃，为细菌的分裂增殖合成储备充足的酶、能量及中间代谢产物。生物制药中常通过加入酶激活剂如镁离子等缩短调整期。

（2）对数期（logarithmic phase）　又称指数期。此期生长曲线上活菌数直线上升。细菌以稳定的几何级数极快增长，可持续几小时至几天不等

（视培养条件及细菌代时而异）。此期细菌形态、染色、生物活性都很典型，对外界环境因素的作用敏感，因此研究细菌性状以此期细菌为最好。抗生素的作用对该时期的细菌效果最佳。

（3）稳定期（stationary phase）　该期的生长菌群总数处于平坦阶段，但细菌群体活力变化较大。由于培养基中营养物质消耗、毒性产物（有机酸、H_2O_2 等）积累 pH 下降等不利因素的影响，细菌繁殖速度逐渐下降，相对细菌死亡数开始逐渐增加，此期细菌增殖数与死亡数渐趋平衡。细菌形态、染色、生物活性可出现改变，并产生相应的代谢产物如外毒素、内毒素以及抗生素等。此时可形成芽孢。

（4）衰亡期（decline phase）　随着稳定期发展，细菌繁殖越来越慢，死亡菌数明显增多。活菌数与培养时间呈反比关系，此期细菌变长、肿胀或畸形衰变，甚至菌体自溶，难以辨认其形。生理代谢活动趋于停滞。故陈旧培养物上难以鉴别细菌。

体内及自然界细菌的生长繁殖受机体免疫因素和环境因素的多方面影响，不会出现像培养基中那样典型的生长曲线。掌握细菌生长规律，可有目的地研究控制病原菌的生长，发现和培养对人类有用的细菌。

2）测定原理

将细菌接种到一只具有侧壁试管的三角烧瓶内的培养液中，在适宜的培养温度和良好的通气状态下，定时取出此三角烧瓶，用“721”分光光度计测定菌浓度（光密度值，OD 值），并将所得结果与相对应的培养时间绘制出坐标图，就可获得该菌的生长曲线。此测定法的优点是不改变菌液体积并用同一培养容器的正常生长条件下，连续读取 OD 值，故不但可测出细菌生长曲线，还可比较同一菌株在不同的培养基和培养条件下的生长规律。

3）测定步骤

（1）菌液培养　在菌株的斜面培养物上挑取一环菌苔，接种至肉汤培养基中，37℃静置培养 12 h 左右，此菌液即为种子培养液。

（2）分装培养液及校正零点　用无菌移液管吸取 25 mL 培养基加至有侧臂试管的三角烧瓶中。将未接种的培养液倾入其侧臂试管中，并在光电比色计上调节零点。即使光电比色计上的 OD 值在零点上。

（3）接种及零时测定　用移液吸管吸取 2.5 mL 种子培养液到接种瓶中，并充分摇匀。将刚接种的培养液倾入侧臂试管中，测定光电比色计 OD 值。此时的读数为接种后菌种生长曲线中的零时读数值。

（4）培养及生长量测定　将零时测定后的三角烧瓶立即放入恒温摇床上振荡培养，培养温度为 37℃，摇床的频率为 100 次/min 左右（温度和频率可随时调节）。在培养中，应每隔 30 min 从摇床上取下三角烧瓶，将菌液倾入侧臂试管中，并在光电比色计上读取 OD 值。记录每次所测得的数据。在每次测定时，均要用空白对照管的培养液来校正光电比色计的零点。

（5）绘制生长曲线　以测定的时间为横坐标，菌数的对数（OD 值）为纵坐标，在半对数坐标纸上描点绘图，所得的曲线即为被测量菌在实验条件下的生长曲线。

微生物的生长曲线，反映了一种微生物在一定的生活环境（如试管、摇瓶、发酵）中的生长繁殖和死亡规律。它既可作为营养物和环境因素对生长繁殖影响的理论研究指标，也可作为调控微生物生长代谢的依据，以指导微生物生产实践。

3. 微生物的生长曲线对生产实践的指导意义

掌握微生物的群体生长繁殖规律对生产菌种的选择和发酵生产过程的控制具有十分重要的作用。

1）调整期与发酵生产过程

调整期的长短与生产菌种的菌龄、接种量以及培养基成分有直接的关系。使用对数期菌龄的微生物作为生产“种子”，调整期较短；如使用调整期或衰亡期菌龄的微生物作为生产“种子”，则调整期较长。接种量大，调整期较短；接种量小，调整期较长。培养基成分丰富的，调整期较短；培养基成分与种子培养基一致，调整期较短。

2）对数期与发酵生产过程

对数期的菌体细胞是研究代谢、生理的良好材料；是增殖噬菌体的最适宿主菌龄；是发酵生产中用作“种子”的最佳种龄；也是革兰氏染色菌种鉴定的最佳时期。

3）稳定期与发酵生产过程

稳定期是发酵生产中以菌体为终产品的最佳收

获期。某些代谢产物特别是次生代谢产物发生在此阶段，某些细菌的芽孢也发生在此阶段，故又称为代谢产物合成期；对稳定期的理论研究导致了连续培养原理的提出和工艺技术的改进。

4）衰亡期与发酵生产过程

衰亡期与菌种的遗传特性有关，有些细菌的培养要经历所有的生长时期，几天以后死亡，有些细菌培养几个月乃至几年以后仍然有一些活的细胞。衰亡期的形成与菌体是否产生芽孢有关，产芽孢的细菌更易于幸存下来。衰亡期的形成与营养物质的消耗和有毒物质的生成有关，补充营养和能源，以及中和环境毒性，可以减缓死亡期细胞的死亡速率，延长菌的存活时间。

2.3.3 细菌的繁殖

细菌一般以无性繁殖为主，是简单的二均裂殖，即一个细胞通过对称的二分裂，形成两个形态、大小和构造完全相同的子细胞，故在细菌分类上属于裂殖菌。一般细菌均进行横分裂。细菌的裂殖分三个阶段：核分裂、形成横隔、子细胞分离。

1. 核分裂

细菌分裂前进行 DNA 复制，形成两个原核。随着菌体生长，原核彼此分开，菌体中部的细胞膜从外向中心做环状推进，然后闭合而形成一个垂直于细胞长轴的细胞质隔膜，把细胞质和原核都分两部分。

2. 形成横隔

随着细胞膜向内延伸，细胞壁也向内延伸，最后闭合形成横隔壁，将细胞质隔膜分成两层，随后细胞壁横隔也分成两层，形成两个子细胞。

3. 子细胞分离

前两个过程完成后，两个子细胞即开始分离，形成两个完全独立的新细胞。

细菌分裂后常有不同的排列方式。球菌分裂方向不同，分裂后的排列方式有单球菌、双球菌、四联球球、八叠球菌、葡萄球菌、链球菌等；杆菌分裂面与长轴垂直，分裂后的排列方式有单生、双生、链状、栅栏状、“八”字形等。分裂后的两个子细胞形态和大小相同，称为同形分裂；两个子细胞形态和大小不同，称为异形分裂。异形分裂常出现在陈旧的培养基中。

细菌除无性繁殖外，经电子显微镜观察及遗传学研究证明，也存在有性结合，但其有性结合频率极低。

2.3.4 细菌菌落特征

所谓菌落，是指由一个菌体细胞或同种的几个菌体细胞接种在固体培养基上，在适合的环境条件下，菌体生长繁殖后的无数个个体组成，肉眼可见，具有一定形态特征的群体。细菌菌落特征因种而异，是细菌分类鉴定的依据之一。许多菌落连成一片称为菌苔，如果菌落是由一个菌体繁殖形成，此菌落就是一个纯种细胞群。

1. 细菌在固体培养基上的培养特征

不同种类的细菌，其菌落特征有所不同，如表面形状（圆形、不规则形、假根状）、表面状况（光滑、褶皱、龟裂状、同心环状）、隆起形状（扁平、合状、脐状、乳头状）、边缘情况（整齐、波状、裂叶状、锯齿状）、表面光泽（闪光、金属光泽、无光泽）、质地（硬、软、黏、脆、油脂状、膜状），以及菌落大小、颜色、透明程度等方面存在差异。

细菌的菌落特征，既受菌种遗传性的制约，同时也受环境条件的影响，同一种细菌常因培养基成分和培养时间、温度不同，群落特征也有变化。但同一种细菌在同一条件下培养形成的菌落特征具有一致性，这是菌种鉴定的重要依据。

细菌的菌落一般呈现湿润、较光滑、较透明、较黏稠、质地均匀、菌落正反面或边缘与中央部位的颜色一致、易挑取等特征。细菌菌落的特征与细菌个体的形态、生理特性有关，例如，球菌的菌落通常是较小、较厚、边缘圆整的半球状菌落；具有荚膜的细菌所形成的菌落表面光滑、透明、呈蛋清状，称光滑型（S 型）菌落；不具有荚膜的细菌所形成的菌落表面粗糙，称粗糙型（R 型）菌落；具有鞭毛的细菌菌落大而薄、平坦、边缘多缺（甚至为树根状）。

此外，细菌的群体生长状态还可通过在试管斜面上划线接种经培养所形成的培养物来鉴别。

2. 细菌在半固体培养基上的培养特征

用穿刺接种技术将细菌接种在含 0.3%～0.5%琼脂的半固体培养基中培养，可根据细菌的生长状态判断细菌的呼吸类型、有无鞭毛和能否运动。如果细菌在穿刺线周围扩散生长，即为有鞭毛、能运动的细菌；如果只沿穿刺线上生长，即为无鞭毛、不运动的细菌；如果细菌在培养基的表面即穿刺线的上部生长，即为好氧菌；如果沿整条穿刺线生长，即为兼性厌氧菌；如果在穿刺线底部生长，即为厌氧菌。

二维码 2-4 细菌菌落

3. 细菌在液体培养基中的培养特征

细菌在液体培养基中的特征，因其细胞特征、相对密度、运动能力、与氧气关系不同而有所不同。如在液体表面形成菌膜、菌环或菌醭，有的使液体变浑浊，有的产生絮状沉淀，有的产生气泡、色素等。

2.4 常见的食源性病原细菌

2.4.1 沙门氏菌属

沙门氏菌属是细菌性食物中毒中常见的病原菌，食物中毒原因是食用了含有大量活菌的食品。沙门氏菌食物中毒的发病率较高，占总食物中毒的40%～60%。沙门氏菌的分布遍及自然界，在人、动植物、土壤、冰雪、食物中均有存在。沙门氏菌污染肉类食物的概率很高，健康畜禽肠道中沙门氏菌的检出率为2%～15%，鸭、鹅等水禽及其蛋类带菌率30%～40%，病猪肠道中沙门氏菌的检出率高达70%，健康人类粪便中沙门氏菌检出率0.02%～0.03%，腹泻患者粪便中沙门氏菌的检出率8.6%～18.8%。除引起食源性肠道传染病的伤寒沙门氏菌（*S. typhi*）、副伤寒沙门氏菌（*S. paratyphi*）外，引起感染性食物中毒的沙门氏菌主要有猪霍乱沙门氏菌（*S. choleraesuis*）、鼠伤寒沙门氏菌（*S. typhimurium*）、肠炎沙门氏菌（*S. enteritidis*）、汤卜逊沙门氏菌（*S. thompson*）。

1. 生物学特性

沙门氏菌为两端钝圆的短杆菌，菌体长2～5 μm，宽0.7～1.5 μm，无荚膜和芽孢，除鸡白痢沙门氏菌（*S. pullorum*）、鸡伤寒沙门氏菌（*S. gullinarum*）外都具有周身鞭毛，能运动，大多数具有菌毛，能吸附于宿主细胞表面或凝集豚鼠红细胞。需氧及兼性厌氧菌。在营养琼脂培养基上生长良好，培养24 h后，形成中等大小、圆形、表面光滑、无色半透明、边缘整齐的菌落，其菌落特征与大肠杆菌相似（无粪臭味）。沙门氏菌在水中可生存2～3周，冻土中可过冬，咸肉中生活75 d；100℃立即死亡，70℃加热5 min死亡。

2. 常见引起中毒的食品

引发沙门氏菌中毒的食品主要是各种肉类、鱼类、蛋类和乳类，其中肉类占多数。沙门氏菌特别适宜在蛋白质含量较高的食品中生长繁殖，因此沙门氏菌食物中毒多因摄食了受污染的动物性食品。植物性食品很少出现沙门氏菌食物中毒事件，但美国2009年发生了因花生酱受到沙门氏菌污染而导致的食物中毒，44个州发生疫情，636人感染，9人死亡。

3. 感染剂量

食入含有大量活菌（带菌量在 2×10^5 CFU/g以上）的食品。

4. 中毒症状

沙门氏菌进入人的肠道后大量繁殖，使肠黏膜发炎，菌体释放内毒素引起机体中毒。多见急性胃肠炎型，潜伏12～24 h后，头疼、恶心、呕吐、腹痛、腹泻、体温38℃以上、畏寒。

2.4.2 致病性大肠埃希菌

大肠埃希菌广泛存在于人和动物的肠道中，属于肠道的正常菌群，通常不致病。部分菌株对人有致病性，当人体抵抗力下降或食入被大量致病性大肠杆菌活菌污染的食品时，便会发生食物中毒。目前已知的致病性大肠杆菌根据致病机制可分为五种类型：产肠毒大肠埃希菌（ETEC）、肠道出血性大肠埃希菌（EHEC）、肠道侵袭性大肠埃希菌（EIEC）、肠道致病性大肠埃希菌（EPEC）和肠集聚性黏附大肠埃希菌（EAggEC）。产肠毒大肠埃希菌是婴幼儿和旅行者腹泻的病原菌，可产生肠毒素；肠道出血性大肠埃希菌不产生肠毒素，不具有侵入细胞的能力，但可产生志贺样毒素，有极强的致病力，主要感染5岁以下儿童；肠道侵袭性大肠埃希菌较少见，大人和儿童都可能感染，不产肠毒素，能侵入小肠黏膜上皮细胞并在其中生长繁殖；肠道致病性大肠埃希菌是引起流行性婴儿腹泻的病原菌，不产肠毒素，但可产生一种与痢疾志贺样大肠杆菌类似的毒素；肠集聚性黏附大肠埃希菌能引起婴儿持续性腹泻，不侵袭细胞，细菌通过菌毛黏附于肠黏膜上皮细胞，在细胞表面凝集，阻止液体吸收，并产生毒素。

1. 生物学特性

大肠埃希氏菌为革兰氏阴性短杆菌，菌体长度1～3 μm，宽度0.5 μm。周身鞭毛，能运动，无芽孢。能发酵多种糖类产酸、产气，是人和动物肠道中的正常栖居菌，婴儿出生后即随哺乳进入肠道，与人终身相伴，约占粪便干重的1/3。对热的抵抗力较其他肠道杆菌强，55℃加热60 min或60℃加热15 min仍有部分细菌存活。在自然界的水中可存活数周至数月，在温度较低的粪便中存活更久。

2. 污染来源及常见引起中毒的食品

大肠杆菌可随粪便排出污染水源、土壤，受污染的水源、土壤及带菌者的手均可直接污染食物或通过食品容器再污染食品。主要由动物性食品引起食物中毒，如各类熟肉食品、蛋及其制品、生牛乳及其制品、汉堡包、乳酪等，其次为蔬菜、水果、鲜榨果汁等。中毒原因主要是食品未经彻底加热或加工过程中交叉污染。

3. 感染剂量（ETEC）

婴儿非常低，成人10^6～10^9个菌体细胞。

4. 中毒症状

（1）急性胃肠炎型：主要由产肠毒素大肠埃希菌引起，潜伏期10～15 h，水样腹泻，腹痛、恶心，体温38～40℃。

（2）急性菌痢型：主要由肠道侵袭性大肠埃希菌引起，潜伏期48～72 h，胃部痉挛性疼痛、水样腹泻，重者出现血样腹泻，发热。

（3）出血性肠炎型：主要由肠道出血性大肠埃希菌引起，潜伏期3～4 d，表现为突发性剧烈腹痛和便血，重者出现溶血性尿毒症。

2.4.3 志贺菌属

志贺菌属是一类革兰氏阴性杆菌，是人类细菌性痢疾最为常见的病原菌，通称痢疾杆菌。细菌性痢疾又称志贺菌病，是发展中国家的多发病，严重危害着人们的健康，尤其是儿童的生长发育。据1994—1997年的监测资料表明，我国年报告病例在60万～85万，发病率居甲乙类传染病之首，病死率为0.04%～0.07%。志贺菌属包括4个种：痢疾志贺菌（*S. dysenteriae*）、宋内志贺菌（*S. sonnei*）、鲍氏志贺菌（*S. boydii*）、福氏志贺菌（*S. flexneri*），其中痢疾志贺菌是导致典型细菌型痢疾的病原菌，人类是唯一的患者和带菌者，引起食物中毒的主要是宋内志贺菌和福氏志贺菌。

1. 生物学特性

志贺菌菌体长2～3 μm，宽0.5～0.7 μm，无芽孢，无荚膜，无鞭毛。多数有菌毛。为兼性厌氧菌，能在普通培养基上生长，形成中等大小、半透明的光滑型菌落。志贺菌在自然界中生活能力较差，阳光下30 min可杀死，耐寒，冰块中存活3个月，10～37℃水中存活30 d，10～25℃粪便中存活10 d，在牛乳、果蔬、饮料中可生存1～2周，污染的用具、衣物可带菌数月之久。该菌加热到60℃经10～30 min即可死亡。

2. 常见引起中毒的食品

志贺菌食物中毒通过粪口途径传播，在食品加工企业、集体食堂、饮食行业的从业人员中，痢疾患者或健康带菌者的手是造成食品污染的主要原因。沙拉、凉拌菜是常见的引发志贺菌食物中毒的食物。

3. 感染剂量

10个菌体细胞。

4. 中毒症状

痢疾的潜伏期长短不一，最短的数小时，最长的8 d，多数为2～3 d。志贺菌具有强烈的内毒素，作用于肠壁，出现腹痛、里急后重、典型的脓血黏液便，发热，甚至中毒性休克等。

2.4.4 葡萄球菌属

葡萄球菌广泛分布于空气、土壤、水、餐具、患有化脓性皮肤病、急性上呼吸道炎症和口腔疾病的病人。健康人的咽喉、鼻腔、皮肤、头发经常有产肠毒素的菌株，经口、呼吸道、密切接触等均为该菌的传播途径。健康人的带菌率达20%～30%，上呼吸道感染者鼻腔带菌率可达80%。

葡萄球菌中金黄色葡萄球菌致病力最强，可产生肠毒素、杀白细胞素、溶血素等毒素，引起食物中毒的是肠毒素。肠毒素作用于胃肠黏膜，引起充血、水肿甚至糜烂等炎症变化及水与电解质代谢紊乱，出现腹泻，同时刺激迷走神经的内脏分支引发反射性呕吐。

1. 生物学特性

葡萄球菌呈球形或稍呈椭圆形，直径1.0 μm左右，排列成葡萄状。无鞭毛，不能运动。无芽孢，除少数菌株外一般不形成荚膜。营养要求不高，在普通培养基上生长良好，在含有血液和葡萄糖的培养基中生长更佳，需氧或兼性厌氧，少数专性厌氧。28～38℃均能生长，致病菌最适温度为37℃，pH 4.5～9.8，最适pH为7.4。在肉汤培养基中24 h后呈均匀浑浊生长，在琼脂平板上形成圆形凸起，边缘整齐，表面光滑，湿润，不透明的菌落。不同种的菌株产生不同的色素，如金黄色、白色、柠檬色，色素为脂溶性。葡萄球菌在血琼脂平板上形成的菌落较大，有的菌株菌落周围形成明显的完全透明溶血环（β溶血），也有不发生溶血者。溶血性的菌株大多具有致病性。葡萄球菌对干燥、冷冻等外界环境耐受力强于其他无芽孢菌，在干燥衣物上可存活3～6个月，能在10%～15%氯化钠或高糖浓度的食品中繁殖。对热有较强的抵抗力，70℃需1 h方可灭活，80℃需30 min。

2. 常见引起中毒的食品

乳及乳制品、腌制肉、鸡蛋及蛋制品、各类熟肉制品和含有淀粉的食品等，其次为含乳的冷冻食品。

3. 感染剂量

1 mg毒素。

4. 中毒主要症状

为急性胃肠炎症状，潜伏期2～4 h，恶心、反复剧烈呕吐，呕吐物中多有胆汁、黏液和血，伴有腹部痉挛性疼痛，腹泻为水样便，一般不发烧。

2.4.5　副溶血性弧菌

副溶血性弧菌是一种嗜盐性细菌，广泛存在于近海岸的海水、海底沉积物和鱼类、贝类等海产品中。副溶血性弧菌对食品的腐败作用很强，能很快使鱼贝类海产品的鲜度下降。当食物被污染后，在较高温度下存放，就会引起该菌的大量繁殖，食用前不加热或加热不彻底，大量活菌进入人体就可引起食物中毒。

1. 生物学特性

革兰氏染色阴性，兼性厌氧菌，为多形态杆菌或稍弯曲弧菌。菌体长1～2 μm，宽0.3～0.7 μm，单端鞭毛。最适宜的培养条件：温度为30～37℃，含盐量2.5%～3%，pH为8.0～8.5。对酸较敏感，当pH为6以下即不能生长，在普通食醋中1～3 min即死亡。在固体培养基上菌落常隆起，呈圆形，表面光滑，湿润。在3%～3.5%盐水中繁殖迅速，每8～9 min为一周期。在无盐的条件下不生长，氯化钠浓度高于10%不繁殖。对高温抵抗力小，50℃ 20 min、65℃ 5 min或80℃ 1 min即可被杀死。本菌对常用消毒剂抵抗力很弱，可被低浓度的酚和煤酚皂溶液杀灭。

2. 常见引起中毒的食品

副溶血性弧菌主要污染海产品或盐腌渍品，如螃蟹、乌贼、章鱼、带鱼等，其次为蛋品、肉类和蔬菜，多因食物容器或砧板污染所引起，海港及鱼店附近的苍蝇带菌率也很高。

3. 感染剂量

食入含有大量活菌（10^6 CFU/g）的食品。

4. 中毒症状

致病物质主要有耐热性溶血素（溶血性、细胞毒性、心脏毒性）、脂多糖和脲酶（与腹泻有关）。各类人群均可感染，以青壮年为主，其病急骤，一般为6～10 h，最短者仅1 h，主要症状表现为：腹痛、腹泻、呕吐和发烧。

2.4.6　单核增生李斯特菌

单核增生李斯特菌是一种革兰氏阳性不产芽孢、不耐酸的杆菌，存在于土壤和腐烂的植物中，动植物食品、人畜排泄物、污水和青贮饲料中均可检出。该菌在4℃冰箱保存的食物中也能生长繁殖，是冷藏食品引起食物中毒的主要病原菌之一。单核增生李斯特菌能产生一种溶血素性质的外毒素，引起人和动物的脑膜炎、败血症。一般健康人不易感染，老人、儿童、孕妇、免疫力低下的人属于易感人群。孕妇感染累及胎儿及新生儿，导致流产、早产、死产，死亡率达70%。

1. 生物学特性

单核增生李斯特菌为短杆菌，菌体长1～2 μm，宽0.5 μm，常呈“V”字形排列。无芽孢，一般不形成荚膜，但在营养丰富的环境中可形成荚膜，该菌有4根周生鞭毛和1根端生鞭毛，但周毛易脱落。营养要求不高，兼性厌氧，最适在含有二氧化碳的微需氧环境中生长，生长温度范围－1.5～45℃，最适温度为30～37℃，能在普通冰箱冷藏室生长，是一种典型的耐冷性细菌，同时还具有耐盐性。碱和盐抵抗力强，60～70℃经5～20 min可杀死，70%酒精5 min、2.5%石炭酸、2.5%氢氧化钠、2.5%福尔马林20 min可杀死此菌。

2. 常见引起中毒的食品

主要有乳及乳制品、肉制品、水产品以及蔬菜、水果，尤其是在冰箱中保存时间过长的乳制品和肉制品最常见。该菌是食品中的低温菌，冰激凌、牛乳、乳酪、生菜沙拉等冷藏食品及即食食品皆有可能存在。

3. 感染剂量

健康的人对李斯特菌有较强的抵抗力，食入含有大量活菌（$\geqslant 10^6$ CFU/g）的食品才会感染。婴儿、老人、孕妇、采用免疫抑制治疗的患者等免疫力低下人群易感。

4. 中毒症状

（1）侵袭型　潜伏期2～6周，李斯特菌有嗜神经性质，患者表现以神经症状最为明显，易患脑膜炎、脑脊髓炎、败血症、脓毒血症。起病急，发热（39℃以上），意识障碍、昏迷、肢体麻痹以及小脑功能障碍，死亡率高，容易留下共济失调、失语、眼球麻痹、肢体瘫痪等后遗症。感染李斯特菌的孕妇常表现出宫内感染并可发生早产、流产、死胎，预后险恶。产下婴儿常于24～72 h死亡。少数症状轻的病人仅有流感样表现。

（2）腹泻型　潜伏期8～24 h，腹痛、腹泻、发热。

2.4.7　变形杆菌

变形杆菌属肠杆菌科，为革兰氏阴性杆菌，是我国常见的细菌性食物中毒的病原菌之一，引发食物中毒的变形杆菌主要为普通变形杆菌（*P. vulgaris*）和奇异变形杆菌（*P. mirabilis*）。变形杆菌是腐败物寄生菌，自然界中广泛分布，水、土壤、腐败有机物中以及动物肠道中都有存在，是一种条件致病菌。生肉尤其是动物内脏的变形杆菌带菌率较高，在食品烹调加工过程中，要防止生熟食通过加工工具、容器交叉污染。如果被变形杆菌污染的食品在较高温度下存放较长的时间，食用前未加热或加热不彻底，食用后即引起中毒。变形杆菌常与其他腐败菌共同污染生食品，使生食品发生感官上的改变，但熟肉制品被变形杆菌污染通常无感官性状的变化，极易被忽视而引起中毒。

1. 生物学特性

变形杆菌菌体长1.0～3.0 μm，宽0.4～0.6 μm，两端钝圆，细胞形态呈明显的多形性，可为杆状、球杆状、球形、丝状等，无芽孢，有周生鞭毛。需氧或兼性厌氧，营养要求不高，在4～7℃即可生长繁殖，属低温菌，适宜生长温度为10～43℃。在固体培养基上普通变形杆菌和奇异变形杆菌常扩散生长，形成一层波纹薄膜，称为迁徙生长现象，在血琼脂平板上有溶血现象。对热抵抗力不强，60℃加热5～30 min即可杀死。

2. 常见引起中毒的食品

主要是动物性食品，特别是熟肉及内脏的熟制品，豆制品、凉拌菜和剩饭等也引起过中毒。

3. 感染剂量

食入含有大量活菌（$\geqslant 10^5$ CFU/g）的食品。

4. 中毒症状

可产生肠毒素，化学成分为蛋白质和碳水化合物的复合物，具有抗原性。潜伏期为12～16 h，短者1～3 h，长者60 h。主要表现为恶心、呕吐，发冷、发热，头晕、头痛、乏力，脐周边阵发性剧烈绞痛。腹泻为水样便，常伴有黏液、恶臭，一日数次。病程较短，1～3 d可以恢复，很少有死亡。

2.4.8　肉毒梭状芽孢杆菌

肉毒梭状芽孢杆菌是一种厌氧产芽孢的革兰氏阳性杆菌，在自然界广泛分布，土壤、霉变的干草，畜禽类粪便中均存在，可引起严重的毒素型食物中毒。肉毒梭菌产生的外毒素——肉毒毒素（神经麻痹毒素）是目前已知的化学毒物与生物毒素中毒性最强烈的一种，其毒力比氰化钾强一万倍。不及时治疗，死亡率达 70%。根据毒素的抗原性将其分为 A、B、C（1、2）、D、E、F 和 G 七个型别，与毒素型别对应，肉毒梭菌也分为同样的七个型别。A、B、E、F 四型毒素对人有不同程度的致病性。

1. 生物学特性

肉毒梭菌为直或微弯的杆菌，菌体长 4.4～8.6 μm，宽 0.8～1.3 μm。周生鞭毛，芽孢卵圆形，次端生，无荚膜。菌体 80℃ 20 min 或 100℃ 10 min 灭活，芽孢可耐受 100℃ 煮沸数小时，120℃ 5 min，180℃干热 5～15 min 灭活。A 型毒素 80℃ 30～60 s 失活，B 型毒素 80℃ 15 s 失活，E 型更弱。肉毒梭菌适于生活在 25～37℃，产生毒素的最适温度为 20～35℃，pH 6.0～8.2。当温度高于 55℃或低于 15℃，pH 小于 4.5 或 pH 大于 9 时，肉毒梭菌不能繁殖和形成毒素。

2. 污染来源及常见引起中毒的食品

肉毒梭菌污染来源主要是土壤、被泥土污染的粮食、蔬菜、水果、肉、鱼等。凡食用染有肉毒梭菌的原料在厌氧状态下制造或保存的食物，尤其发酵过程或腐烂变质的食品，若不经加热直接供餐，就有引起食物中毒的危险。常引起中毒的食品主要为家庭自制的发酵豆、谷类食品，如豆豉、腐乳、面酱；其次为肉类和罐头食品，如香肠、罐头肉、罐头鱼等。

3. 感染剂量

几纳克毒素。

4. 中毒症状

肉毒中毒潜伏期一般为 1～7 d，进入肠道后，毒素被体内的胰蛋白酶活化释放出神经毒素，引起肌肉麻痹、神经功能不全。潜伏期 24 h，致死率 84%，潜伏期 72 h，致死率 55%。

（1）前期症状　疲倦无力、头痛、走路不稳、食欲不振，随后出现胃肠症状。

（2）特异症状　最早出现眼肌功能障碍如视力减弱、眼睑下降等，随后是对称性颅神经损害症状：视力模糊、张目困难、后颈部疼痛、抬头困难等；继续发展出现呼吸肌麻痹症状，导致死亡。患者一般体温正常，意识清楚。

2.5　放线菌

放线菌（actinomycetes）是一类主要呈菌丝状生长和以孢子繁殖的陆生性较强的原核生物，因菌落呈放射状而得名。放线菌的细胞结构和细胞壁组成成分与细菌相似，革兰氏染色呈阳性，但在形态上分化为菌丝和孢子，主要以外生孢子进行繁殖，培养特征与真菌相似。

大多数放线菌的生活方式为腐生，少数寄生。腐生型的放线菌在自然界的物质循环中起着重要作用，寄生型的放线菌则可引起人和动植物的疾病。放线菌在自然界中分布广泛，主要存在于含水量较低、有机质丰富的中性或偏碱性土壤中，数量可达 10^5～10^6 个/g，多数种类能产生土腥味素（geosmins），而使土壤带有特殊的泥腥味。此外，在空气、河流、湖泊和海洋中放线菌也有一定的分布。

放线菌与人类的关系十分密切，对人类最突出的贡献是能够产生大量的、种类繁多的抗生素。到目前为止、医药、农业生产上使用的大多数抗生素都是由放线菌生产的，如链霉素、金霉素、卡那霉素、庆大霉素、井冈霉素、土霉素等；近年来筛选到的许多新生化药物包括抗癌剂、酶抑制剂、抗寄生虫剂等都是放线菌的次生代谢产物；放线菌还是许多酶、维生素等的产生菌，如我国使用的菌肥“5406”就是由泾阳链霉菌（*Streptomyces jingyangensis*）生产的；此外，放线菌在甾体转化、石油脱蜡和污水处理中也有重要应用。

少数的放线菌能够引起人和动植物的病害，如人畜皮肤病、肺炎、脑膜炎、足菌病以及植物病害（如马铃薯和甜菜的疮痂病）等。放线菌具有特殊的土霉味，易使水和食品变质。有的放线菌能破坏棉毛织品、纸张等，给人类造成经济损失。

2.5.1　放线菌的形态与构造

1. 典型放线菌——链霉菌的形态和构造（图 2-20）

链霉菌属是典型放线菌的代表，与人类关系最为密切。其个体形态为单细胞多核的分枝丝状体，菌丝直径（<1 μm），与细菌相似。细胞壁含胞壁酸和二氨基庚二酸（DPA），不含几丁质和纤维

素，绝大多数为革兰氏染色阳性。菌丝由于形态与功能的不同分为3类。

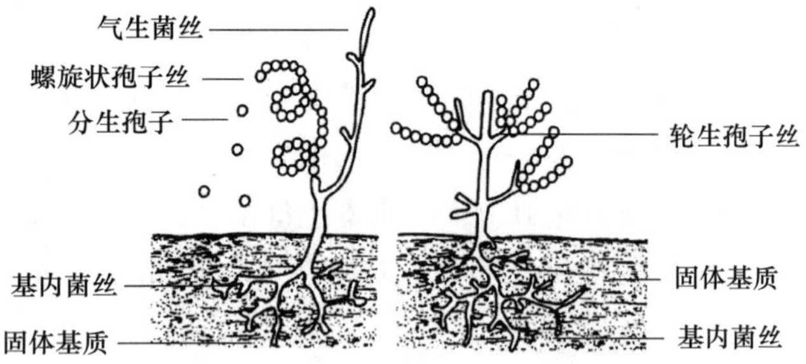

图2-20 链霉菌的形态、构造模式图

1）基内菌丝

又称营养菌丝或初级菌丝。当链霉菌孢子落在固体培养基表面并萌发后，向培养基表面和内部伸展形成的色浅、较细（直径0.2～1.2 μm）的基内菌丝，其主要功能是吸收营养物质和排泄代谢废物。基内菌丝一般无隔膜，能多次分枝，无色，或能产生水溶性或脂溶性色素，从而使培养基质或菌落底层带有特征性的颜色。

2）气生菌丝

又称二级菌丝。是基内菌丝发育到一定时期，长向培养基外，向空气中生长的菌丝。直径比基内菌丝粗，为1.0～1.4 μm。形状有直形、弯曲或分枝状。有些类群可产生色素，显微镜下色泽较深。

3）孢子丝

又称繁殖菌丝或产孢丝，由气生菌丝逐步成熟时分化而成。孢子丝的形态和排列方式随种而异，有直形、波曲形、钩形及螺旋形等，是重要的分类特征。螺旋的数目、旋转方向、疏密程度等都是种的特征。孢子丝的排列方式有交替着生、丛生和轮生等（图2-21）。

孢子丝生长到一定阶段形成孢子。孢子形态多样，有球形、椭圆形、柱形、梭形、半月形等。同一个孢子丝上分化出的孢子的形状、大小有时会不一致，因此，不能将其作为鉴定菌种的唯一依据。孢子表面纹饰在电镜下清晰可见，表面呈光滑、褶皱、疣、刺或鳞片状。一般直形或波曲形的孢子丝，其孢子表面均呈光滑状；若为螺旋状孢子丝，表面则有的光滑，有的带刺或带毛；放线菌的孢子常带色素，且颜色丰富，呈白、黄、灰、红、蓝、绿等。成熟的孢子堆颜色在一定的培养基和培养条件下较稳定，是菌种鉴定的重要特征。

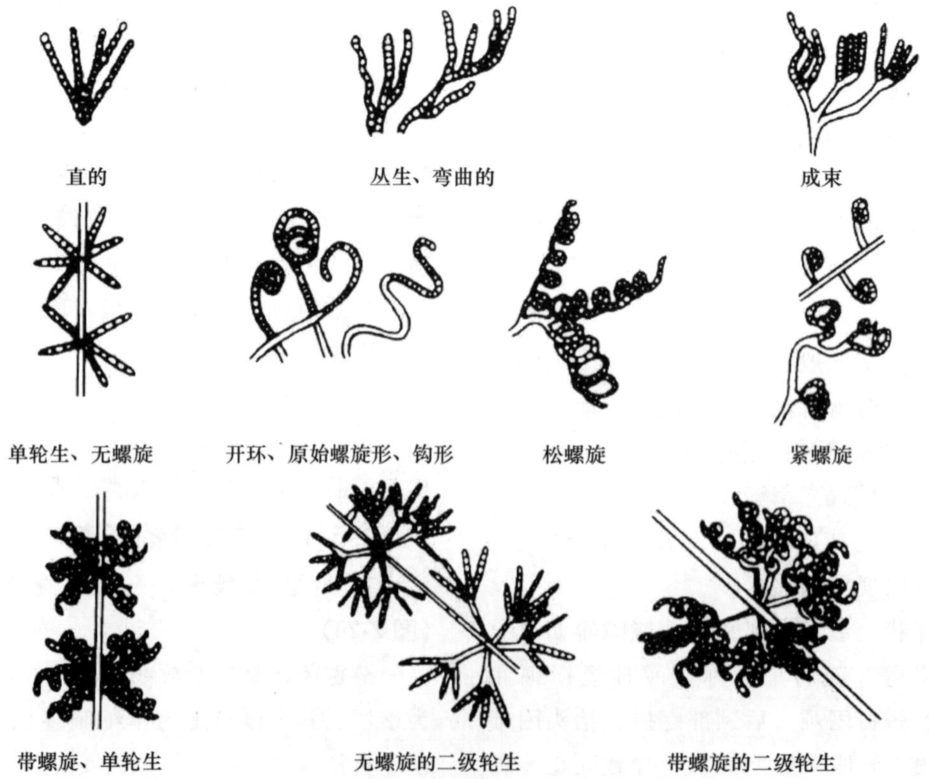

图2-21 放线菌孢子丝的各种类型

2. 其他放线菌所特有的形态和构造

1）基内菌丝会断裂成大量杆菌状体的放线菌

诺卡氏菌属（*Nocardia*）为代表的原始放线菌具有分枝状、发达的营养菌丝，但多数无气生菌丝。当营养菌丝成熟后，会以横隔分裂方式突然产生形状、大小较一致的杆菌状、球菌状或分枝杆菌状的分生孢子。

2）菌丝顶端形成少量孢子的放线菌

在菌丝顶端形成一个至多个孢子。包括在基内菌丝顶端产生一个孢子，但不形成气生菌丝的放线菌，如小单孢菌属（*Micromonospora*）；在基内菌丝上不形成孢子而仅在气生菌丝顶端形成2～4个孢子的放线菌，如小双孢菌属（*Microbispora*）和小四孢菌属（*Microtetraspora*）；既在气生菌丝又在基内菌丝顶端形成2～10个孢子的放线菌，如小多孢菌属（*Micropolyspora*）。

3）具有孢囊并产生孢囊孢子的放线菌

孢囊链霉菌属（*Streptosporangium*）的放线菌具有由气生菌丝的孢子丝盘卷而成的孢囊，长在气生菌丝的主丝或侧丝的顶端，内部产生多个无鞭毛的孢囊孢子。

4）具有孢囊并产生游动孢子的放线菌

气生菌丝不发达，在基内菌丝上形成孢囊，内含许多呈盘曲或直行排列的球形或近球形的孢囊孢子，上面着生一至数根端生或周生鞭毛，可运动，如游动放线菌属（*Actinoplanes*）。

2.5.2　放线菌的繁殖

放线菌主要以分生孢子或孢子囊孢子进行无性繁殖。液体培养时，常以菌丝断裂方式进行繁殖。

1. 分生孢子

分生孢子由气生菌丝特化的孢子丝发育而成，经电镜超薄切片观察发现孢子丝的分裂以横隔分裂的方式进行：①细胞膜内陷，再由外向内逐渐收缩，最后形成一完整的横隔膜，从而把孢子丝分割成许多分生孢子，此为主要分裂方式；②细胞壁和质膜同时内陷，再逐步向内缢缩，形成横隔壁，最终断裂成一串孢子。诺卡氏菌属常以此种方式繁殖，如图2-22所示。

2. 孢子囊孢子

有些放线菌菌丝盘卷形成孢子囊，其间产生横隔，形成孢子，当孢子囊成熟后，囊破裂释放出大量孢子，如链孢囊菌和游动放线菌属中的一些微生物，如图2-23所示。

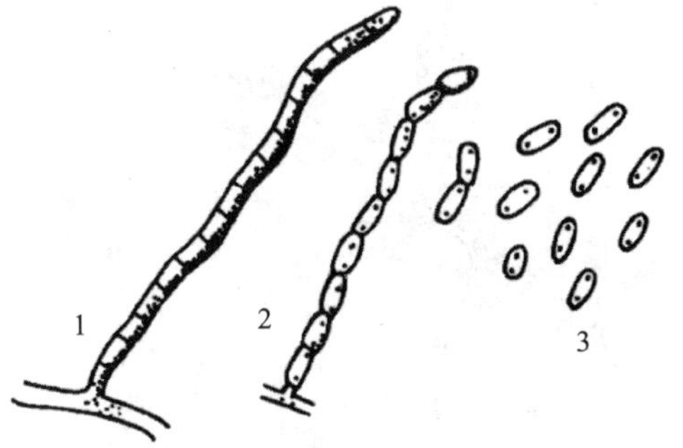

图2-22　横隔分裂形成孢子的过程

1. 孢子丝中形成横隔；2. 沿横隔断裂形成孢子；3. 成熟的孢子

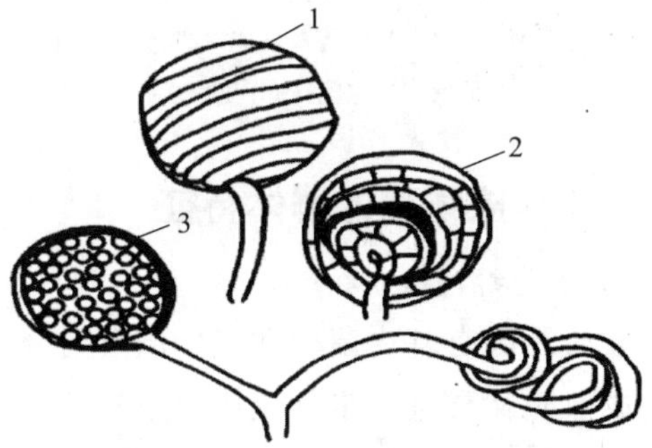

图2-23　粉红链孢霉（*Streptosporangium*）孢子囊形成过程

1. 孢子囊形成初期；2. 孢子囊继续生长，囊内形成横隔；3. 成熟孢子囊，孢囊孢子不规则排列

3. 菌丝断裂

放线菌常见的繁殖方式之一，一般发生在液体培养中。由于震荡、机械搅拌等因素的作用，常常导致菌丝断裂成小的片段，形成新菌丝体。工业发酵生产抗生素时，放线菌就以此方式大量繁殖。

4. 其他方式

有些放线菌在基内菌丝特化的孢子梗上形成单个着生的球形或椭圆形的孢子，如小单孢菌属的放线菌。

放线菌的孢子具有较强的耐干燥能力，但不耐高温，60～65℃处理10～15 min便会失去生活能力。

2.5.3　放线菌的生活史

以链霉菌为例，描述放线菌的发育周期。孢子在适宜的条件下开始萌发，生出1～3个芽管；芽管逐渐伸长，并长出分枝；分枝越来越多，形成营养菌丝体，即基内菌丝体；基内菌丝发育到一定阶段，向培养基外部延伸，形成气生菌丝体；气生菌丝体发育到一定阶段，形成孢子丝；孢子丝以一定方式形成孢子，进入下一个发育周期，周而复始。见图 2-24。

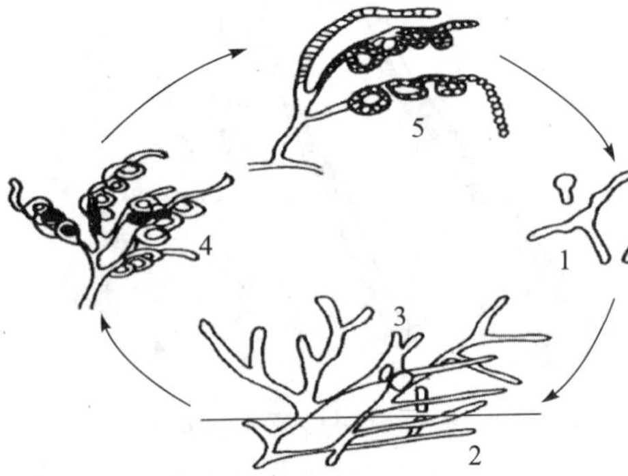

图 2-24 放线菌的生活史

1. 孢子萌发；2. 基内菌丝体；3. 气生菌丝体；4. 孢子丝；5. 孢子丝分化形成孢子

2.5.4 放线菌的群体特征

1. 固体培养特征

多数放线菌有基内菌丝和气生菌丝的分化，气生菌丝成熟时又会进一步分化成孢子丝并产生成串的干粉状孢子，于是就使放线菌产生与细菌有明显差别的菌落：干燥、不透明、表面呈致密的丝绒状，上有一薄层色泽鲜艳的干粉；菌落和培养基的连接紧密，难以挑取；菌落的正反面颜色常不一致，并常有辐射状皱褶等。由于菌丝和孢子常具色素，使菌落正面、反面呈不同的颜色。

少数原始的放线菌如诺卡氏菌属（*Nocardia*）等缺乏气生菌丝或气生菌丝不发达，因此其菌落外形与细菌极其相似，结构松散并易于挑取。

2. 液体培养特征

放线菌在液体培养基内进行摇瓶培养时，菌丝交织形成珠状菌丝团，小型菌丝团悬浮于液体培养基中，大型菌丝团则沉于瓶底，此外，液面与瓶壁交界处常生长着一圈菌苔，培养基清而不浑。

二维码 2-5 土壤中放线菌的分离与纯化

2.5.5 常见放线菌的代表属

1. 链霉菌属

链霉菌属（*Streptomyces*）是放线菌中种类最多的一属。具有发育良好的菌丝体，菌丝体分枝，无隔膜，多核。孢子丝可呈直形、波曲和螺旋形，螺旋形又分为开环钩状、原始螺旋形、松螺旋和紧螺旋。孢子丝可形成分生孢子，孢子丝的形状、排列方式、孢子表面饰纹因种而异，是链霉菌属分种的重要表型特征。

抗生素主要由放线菌产生，而其中 90% 由链霉菌属产生。该属可产生 1000 多种抗生素，用于临床的已超过 100 种。常用的抗生素如链霉素（streptomycin）、土霉素（terramycin）、抗肿瘤的丝裂霉素（mitomycin）、博来霉素（bleomycin），抗结核的卡那霉素（kanamycin），抗真菌的制霉菌素（fungicidin），能有效防治水稻纹枯病的井冈霉素（validamycin）等都是链霉菌的次生代谢产物。此外，该属的种还可产生多种抗生素、维生素、酶和酶抑制剂。

2. 诺卡氏菌属

诺卡氏菌属（*Nocardia*）又称原放线菌属（*Proactinomyces*），属中的多数种只有基内菌丝，没有气生菌丝或在基内菌丝表面覆盖极薄一层气生菌丝。该属的突出特点是在培养 15 h 至 4 d 内，菌丝体产生横隔膜后突然全部断裂成长短相近的杆状、球状或带叉的杆状体，以此可复制成新的多核的菌丝体。

该属产生多种抗生素，如对结核分枝杆菌（*Mycobacterium tuberculosis*）和麻风分枝杆菌（*Mycobacterium leprae*）有特效的利福霉素（rifomycin），对原虫子病毒有作用的间型霉素（formycin），对革兰氏阳性菌有作用的瑞斯托菌素（ristocetin）等。此外，有些诺卡氏菌还可用于石油脱蜡、烃类发酵及污水处理中分解腈类化合物。

3. 小单胞菌属

小单孢菌属（*Micromonospora*）菌丝体纤细，直径 0.3～0.6 μm，只形成基内菌丝，不形成气生菌丝，在基内菌丝上长出许多分枝小梗，顶端着生一个孢子，临床上常用的庆大霉素就是由该属的绛红小单胞菌（*Micromonospora purpurea*）和棘孢小单胞菌（*Micromonospora echinospora*）产生的。该属产生抗生素的潜力很大，且有的种还能积累维生素 B_{12}。

4. 放线菌属

放线菌属（*Actinomyces*）菌丝直径小于 1 μm，有横隔，可断裂成“V”形或“Y”形体，不形成气生菌丝，也不产生孢子，通常为厌氧或兼性厌氧。放线菌属多为致病菌，可引起人畜疾病。如衣氏放线菌（*A. israelii*）可引起人后腭骨肿瘤和肺部感染；牛型放线菌（*A. bovis*）可引起牛颚肿病。该菌的生长需要较丰富的营养，通常在培养基中需要加入血清或心、脑浸汁等。

5. 链孢囊菌属

链孢囊菌属（*Streptosporangium*）能形成孢子囊和孢囊孢子，有时还可形成螺旋孢子丝。基内菌丝分枝较多，但横隔很少，气生菌丝成丛、散生或同心环排列。很多种可产生广谱抗生素，如粉红链孢囊菌（*Streptosporangium roseum*）产生的多霉素（polymycin）可抑制革兰氏阳性菌、革兰氏阴性菌、病毒等，对肿瘤也有一定的抑制作用；绿色链孢囊菌（*Streptosporangium viridogriseum*）产生的绿菌素（sporaviridin）对细菌、霉菌、酵母菌都有一定的抑制作用；西伯利亚链孢囊菌（*Streptosporangium sibiricum*）产生的西伯利亚霉素对肿瘤具有抑制作用。

6. 游动放线菌属

游动放线菌属（*Actinoplanes*）通常在水中的叶片上生长。没有或极少产生气生菌丝，营养菌丝有分枝。以孢子囊孢子繁殖，孢子通常略有棱角，并有一至数个发亮小体和几根端生鞭毛，能运动，这是该属最突出的特点。

思考题

1. 比较原核微生物和真核微生物的异同点。
2. 细菌有哪几种形态？
3. 什么是革兰氏染色？其原理和关键是什么？它有何意义？
4. 比较革兰氏阳性菌和革兰氏阴性菌细胞壁的成分和构造。
5. 细菌细胞结构包括一般结构和特殊结构，试说明这些结构的特点及其生理功能。
6. 鞭毛的着生方式是怎样的？如何证实细菌是否存在鞭毛？
7. 芽孢有何特殊生理功能？其抗性机理是什么？芽孢抗逆性强的特点在科研和生产中有何意义？
8. 细菌生长量的测定方法有哪些？
9. 微生物生长曲线是怎样的，各时期有哪些特点？
10. 微生物的生长曲线对生产实践的指导意义有哪些？
11. 试述放线菌的形态结构。
12. 了解利用放线菌生产抗生素的工艺流程。

二维码 2-6 放线菌与人类的关系

HAPTER 3

第3章 真核微生物

学习目标：

1. 掌握真核细胞微生物与原核细胞微生物的区别；
2. 掌握酵母菌和霉菌的形态结构、繁殖方式和生活史；
3. 了解真菌与食品的关系。

重点难点：

1. 真核微生物的细胞结构；
2. 酵母菌和霉菌的繁殖方式。

建议学时：

4 学时。

真核微生物是一类具有真正细胞核，核膜与核仁分化的较高等的微生物，其细胞质中具有线粒体和内质网等细胞器。真核微生物包括真菌、单细胞藻类和原生动物。

真菌细胞形态少数是单细胞，多数为具有分支的丝状体，具有完整的、典型的细胞核，能进行有丝分裂，繁殖方式主要靠无性孢子和有性孢子。一般把真菌分为三类：单细胞的酵母菌、单细胞或多细胞的霉菌和产生子实体的蕈菌。

3.1　概述

真核微生物（eukaryotic microorganism）是指具有由明显核膜、核仁和染色质（体）构成的典型的细胞核，能进行有丝分裂，细胞质中含有线粒体等多种细胞器的一大类微生物（图 3-1）。真核微生物与原核微生物的比较见表 3-1。

表 3-1　原核微生物与真核微生物的比较

细胞结构	原核微生物	真核微生物
细胞壁	由肽聚糖、其他多糖、蛋白质和糖蛋白组成	通常由多糖组成，包括纤维素
质膜	不含固醇	含固醇
核糖体	70S	80S（线粒体和叶绿体中的核糖体为 70S）
具有单位膜的细胞器	无	有几种细胞器
呼吸系统	在部分质膜和内膜中	在线粒体中
光合色素	在内膜或绿色体中，无叶绿体	在叶绿体中
细胞核	拟核	完整的核
核仁	无	有
DNA	通常为一个环状大分子，也存在质粒中	同组蛋白结合，存在于染色体中

真核微生物包括真菌、显微藻类和原生动物。其中真菌是最重要的真核微生物，包括单细胞的酵母菌和丝状的霉菌以及产生子实体的蕈菌。

真菌的主要特点：①无叶绿素，不能进行光合作用，营养方式为异养吸收型；②只有少数类群是单细胞，一般都具有发达分支的菌丝体；③细胞壁多数含几丁质；④有性细胞分化，以产生大量无性和有性孢子进行繁殖。

真菌与人类和工农业生产有着密切的关系。酿酒、做馒头或面包发酵的酵母，酒曲的曲种（根霉），做豆腐乳的毛霉和红曲霉，味美可口的蘑菇、银耳、木耳、猴头，作为中药的虫草、茯苓、灵芝等都是人类有用的真菌。但也有不少真菌会给人带来危害，如食物的腐败变质、人类的一些疾病和植物的病害也是由它们引起的。少数真菌产生的毒素如黄曲霉毒素能使人致癌。

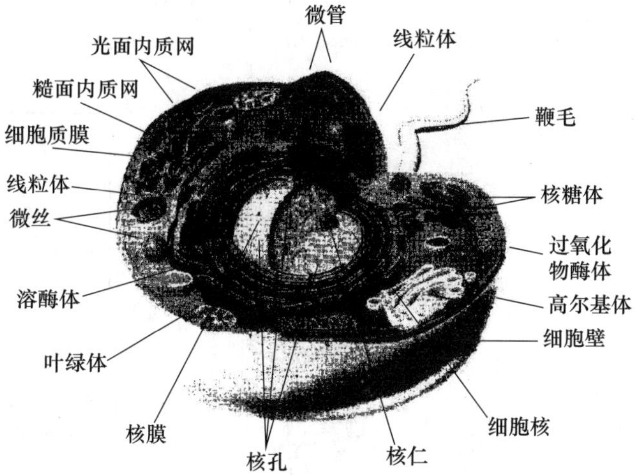

图 3-1　真核微生物细胞结构模式图

3.2　酵母菌

酵母菌泛指能发酵糖类的各种单细胞真菌。通常以芽殖或裂殖进行无性繁殖，极少数可通过产子囊孢子进行有性繁殖。

3.2.1　分布及与人类的关系

在自然界中，酵母菌分布很广，主要生长在含糖较高的偏酸环境中，如水果、蔬菜、蜜饯、植物叶子的表面和果园的土壤中，也称为“糖菌”。此外，由于不少酵母菌可以利用烃类物质，故在油田和炼油厂附近的土壤中也能分离到利用烃类的酵母菌。

酵母菌与人类关系密切。可以认为它是人类的“第一种家养微生物”。酵母菌在食品、酿造、医药工业等方面占有重要地位。千百年来，人们几乎离不开酵母菌，例如酒类的生产，馒头和面包的制作。随着近代科学技术的发展，酵母菌在发酵工业上的应用越来越广，如可以生产甘油、甘露醇、维生素、各种有机酸和酶制剂等，并可提取核酸、辅酶A、细胞色素C、ATP、麦角固醇、谷胱甘肽等贵重药品。

酵母菌也给人类带来危害。腐生型酵母菌能使食物、纺织品和其他原料腐败变质，少数嗜高渗透压酵母菌如鲁氏酵母（*Saccharomyces rouxii*）、蜂蜜酵母（*Saccharomyces mellis*）可使蜂蜜、果酱败坏；有的是发酵工业的污染菌，能使发酵产量降低或产生不良气味。某些酵母菌还是人类的致病菌。如白假丝酵母（*Candida albicans*）可引起皮肤、黏膜、消化道、呼吸道及泌尿系统等多种疾病。

3.2.2 酵母菌的形态特征

酵母菌为单细胞真核微生物，其形态多样，通常有球形、卵圆形、圆柱形、柠檬形。某些生长旺盛的酵母菌由于出芽生殖的速度很快，子母细胞尚未脱离又继续长芽，呈藕节状细胞，形似霉菌菌丝，为了区别于霉菌的菌丝，称为假菌丝。酵母菌的细胞形态如图3-2所示。

酵母菌的细胞比细菌大（约10倍），通常为(1～5)μm×(5～30)μm，用普通光学显微镜即可看到。酵母菌的形态与大小因培养条件和菌龄不同而有所变化。一般成熟的细胞大于幼龄细胞，液体培养的细胞大于固体培养的细胞。

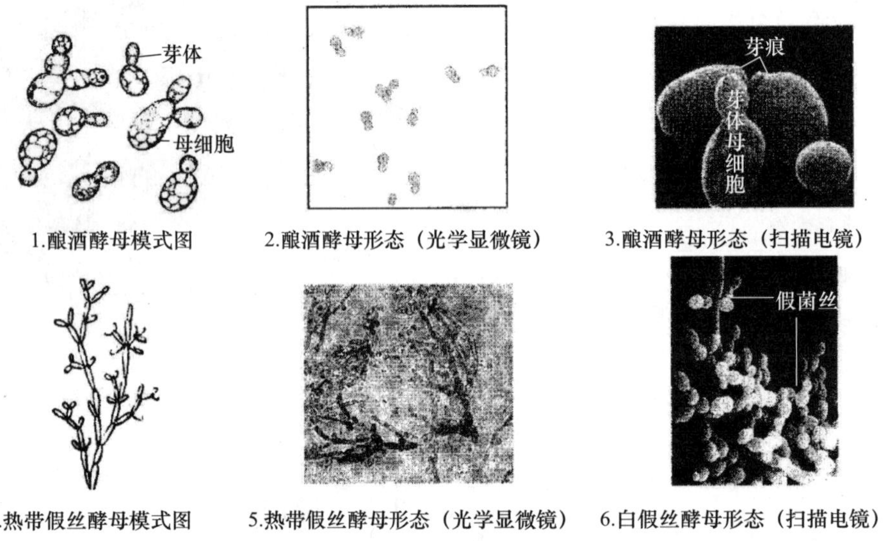

图3-2 酵母菌的细胞形态

1-3. 酿酒酵母（卵圆形）；4-6. 热带假丝酵母和白假丝酵母（假菌丝）

3.2.3 酵母菌的细胞结构

酵母菌具有典型的真核细胞结构，有细胞壁、细胞膜、细胞质、细胞器、细胞核以及内含物等（图3-3）。

1. 细胞壁

酵母菌的细胞壁厚25 nm，约占细胞干重的25%，是一层坚韧的结构。幼龄酵母菌的细胞壁与细胞膜均较薄，老龄酵母菌的细胞壁与细胞膜均较厚。酵母菌细胞壁的坚韧性较细菌细胞壁稍差。

酵母菌细胞壁可分三层。外层是甘露聚糖，占40%～45%；中间层是蛋白质，占10%，其中有些是与甘露聚糖相结合的各种酶（聚糖酶、蔗糖酶、酯酶等）；内层是葡聚糖，占35%～45%，是维持细胞壁强度的主要成分。此外，还含有酯类(3%～8%)、少量几丁质（1%～2%），这是同细菌细胞的主要区别之一（图3-4）。

酵母菌用蜗牛消化酶破壁后获得酵母菌原生质体。用玛瑙螺的胃液制得的蜗牛消化酶是一种含有纤维素酶、葡聚糖酶、蛋白酶、酯酶和几丁质酶等30多种酶的复合酶，它对酵母菌的细胞壁具有良好的水解作用。

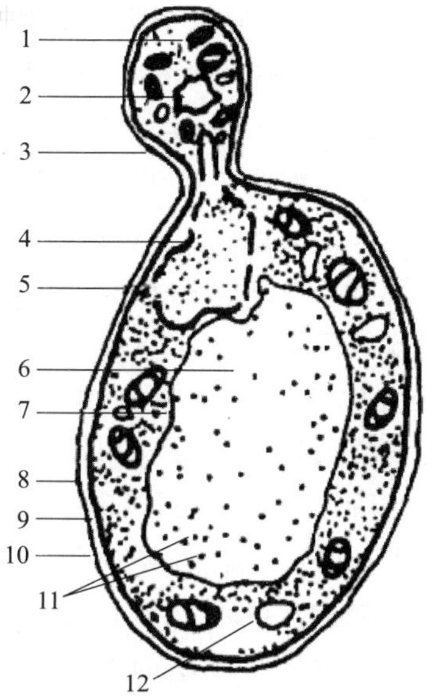

图 3-3　酵母菌细胞结构模式图

1. 线粒体；2. 芽体液泡；3. 芽体；4. 细胞核；5. 核膜孔；6. 液泡；7. 液泡膜；8. 芽痕；9. 细胞膜；10. 细胞壁；11. 液泡颗粒；12. 储藏颗粒

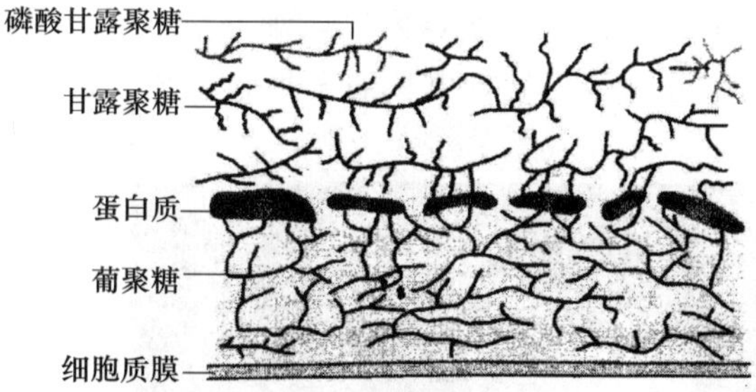

图 3-4　酵母菌细胞壁的化学结构模式图

2. 细胞膜

酵母菌等真核生物的细胞膜结构、成分与原核生物细胞相似，都是磷脂双分子层构成的选择性半透膜，其间镶嵌着蛋白质。酵母菌细胞膜的磷脂双分子层上还镶嵌着原核生物所不具备的物质——固醇。酵母菌细胞膜所含的固醇，主要是麦角固醇和酵母固醇。麦角固醇在紫外光照射下可转化为维生素 D，也可能对增加细胞膜的强度有一定作用。

酵母菌细胞膜的主要功能有：选择性吸收营养物质，排出代谢废物；是某些大分子物质合成或作用的场所；调节渗透压等。

3. 细胞质及内含物

酵母菌细胞质是一种透明、黏稠、流动性的胶体溶液。幼龄细胞的细胞质较黏稠而均匀，着色好；老龄细胞的细胞质出现液泡和多种贮藏物，着色不均匀。细胞质含有丰富的酶、各种内含物以及中间代谢产物等，所以细胞质是细胞代谢活动的重要场所；同时还赋予细胞一定的机械强度。

细胞质中的贮藏物以颗粒状态存在，如异染颗粒、肝糖粒、脂肪粒等。异染颗粒是酵母菌细胞的重要成分之一，幼龄阶段较少，但老龄阶段常累积成较大团块，其成分主要是多聚偏磷酸盐和其他无机磷酸盐，其次还有少量脂肪、蛋白质和核酸。

细胞质中有一些细胞器，如液泡、线粒体、核糖体、内质网、高尔基体、溶酶体、微体等。

在酵母细胞质中，常含有一个或几个液泡。液泡往往在细胞的中老熟期出现，其多少和大小作为衡量细胞成熟的标志。液泡内含有一些水解酶及聚磷酸、类脂、中间代谢物和金属离子等，起着营养物和水解酶类的贮藏库的作用，同时还有调节渗透压的功能。

线粒体是酵母菌细胞的重要细胞器。在有氧条件下，酵母菌细胞内会形成许多线粒体，它富含参与电子传递的载体、氧化磷酸化的酶类和三羧酸循环的酶系。因此，它是酵母菌进行能量代谢的场所，是细胞的能量仓库。它的主要功能是进行氧化磷酸化。

核糖体是一种无膜包裹的颗粒状细胞器，具有合成蛋白质的功能，主要成分是蛋白质（约 40%）和 RNA（约 60%）。

内质网是由膜组成的腔道构成复杂的内膜系统，其网状结构是互相连通的，表面有大量核糖体的称为粗面内质网，是合成酶和蛋白质的场所，同时可能是细胞内外的沟通渠道。

4. 细胞核

酵母菌为真核微生物，细胞质中具有明显完整的细胞核。幼龄细胞核呈圆形，一般位于细胞的中央，但在老龄细胞中，由于液泡的增大往往被挤在一边，呈肾形。酵母菌细胞核由核膜、核质与核仁组成。核膜上有许多核孔，是核质与细胞质之间交换的选择性通道，可允许大分子和小颗粒通过。核仁的主要成分是 RNA 和蛋白质，

rRNA 就是在核仁内合成的。核质的主要成分是染色体，它是细胞核的主要结构物质，其主要成分是 DNA，还有组蛋白，核染色体携带酵母菌的全部基因，在细胞代谢、繁殖和遗传中起着极为重要的作用。

3.2.4 酵母菌的繁殖

酵母菌的繁殖方式有多种类型，主要以无性繁殖为主，有的进行有性繁殖。繁殖方式对酵母菌的鉴定极为重要。酵母菌的几种有代表性的繁殖方式如下：

繁殖方式
- 无性繁殖
  - 芽殖：各属酵母菌都存在
  - 裂殖：少数酵母菌、裂殖酵母属
  - 产无性孢子：
    - 节孢子：地霉属
    - 掷孢子：掷孢酵母属
    - 厚垣孢子：白假丝酵母
- 有性繁殖（形成子囊孢子或接合孢子）：酵母属、接合酵母属

1. 无性繁殖

1）芽殖（budding）

芽殖是酵母菌的最普遍的繁殖方式，各属酵母菌都存在。酵母菌成熟时，细胞核附近的液泡产生一根小管，同时在细胞表面生出一个小突起。接着小管穿过细胞壁进入突起，然后母细胞核分裂成两个，一个核留在母细胞内，另一个核随母细胞的部分原生质进入小突起内，小突起逐渐增大，而成为芽体。最后，当芽体长到母细胞大小一半时两者相连部分收缩，使芽体与母细胞分开，成为新细胞而独立生活（图 3-5），子细胞脱离后，在母细胞上留下的痕迹即芽痕（bud scar），而在子细胞上相应的留下一个蒂痕（birth scar）。如果此时为酵母菌生长旺盛期，且环境条件适宜，子细胞在脱离母细胞前又继续长出新芽，如此继续芽殖，这样可以形成许多成串的细胞群，称为酵母菌的假菌丝如白假丝酵母（图 3-6）。

2）裂殖

裂殖是少数酵母菌的繁殖方式，其过程类似细菌的二分裂法。如裂殖酵母属的八孢裂殖酵母（*Schizosaccharomyces octosporus*），其裂殖过程是母细胞先延长，核分裂为二，细胞中央出现隔膜，将细胞分为两个具有单核的子细胞（图 3-7）。

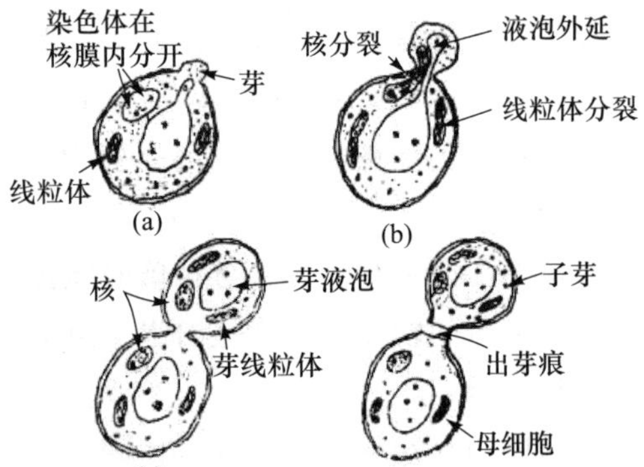

A. 酵母菌出芽生殖模式图

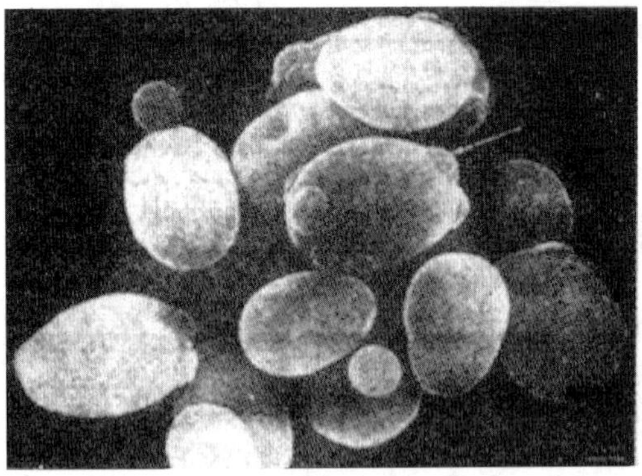

B. 酿酒酵母的扫描电子显微镜照片

图 3-5 酵母菌出芽生殖

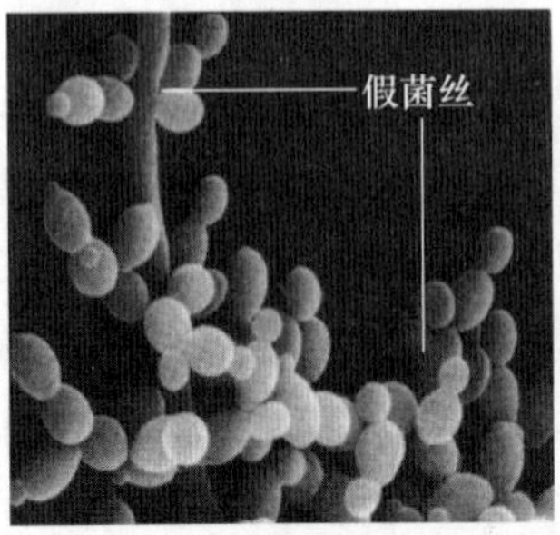

图 3-6 白假丝酵母

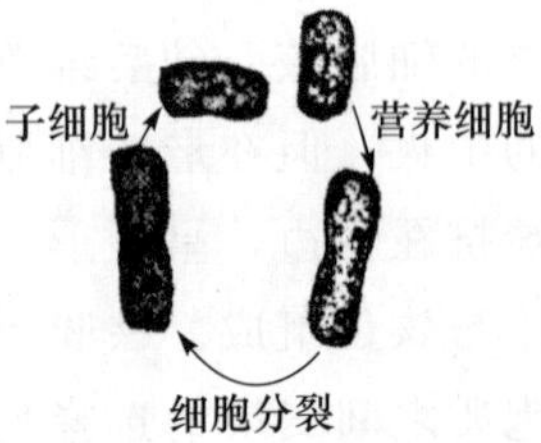

图 3-7 酵母菌裂殖方式

3）无性孢子繁殖

有些酵母菌可形成一些无性孢子进行繁殖。这些无性孢子有掷孢子（ballistospore）（图 3-8）、厚垣孢子（chlamydospore）（图 3-9）和节孢子等。如掷孢酵母属等少数酵母菌产生掷孢子，这种孢子是卵圆形的营养细胞生出的小梗上形成的。孢子成熟后通过一种特有的喷射机制将孢子射出而繁殖。此外，有的酵母菌还能在假菌丝的顶端产生厚垣孢

子，如白假丝酵母菌等。

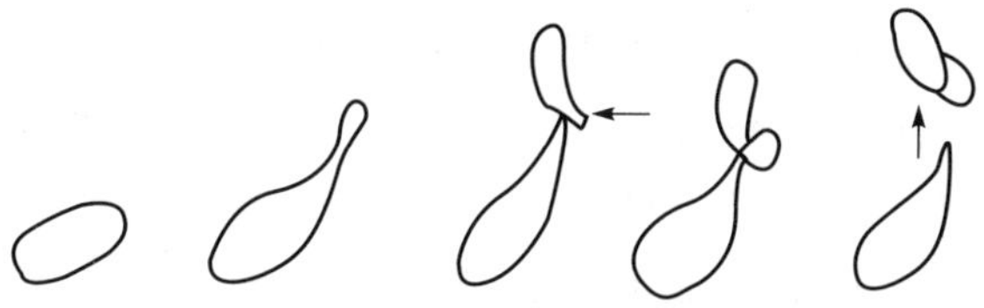

图 3-8　酵母菌掷孢子的形成与射出过程

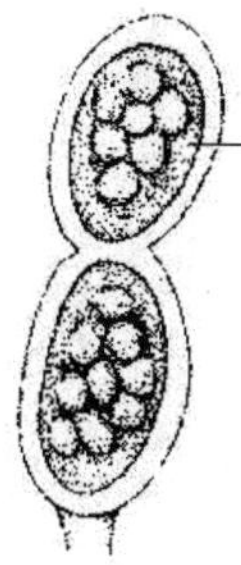

图 3-9　厚垣孢子模式图

2. 有性繁殖

经过两个不同性细胞接合而产生新个体的过程称为有性繁殖。酵母菌有性繁殖为接合生殖。凡能进行有性繁殖产生子囊孢子的酵母菌称为真酵母。尚未发现有性繁殖的酵母菌称为假酵母。有性繁殖过程一般分为三个阶段，即质配、核配和减数分裂（图 3-10）。

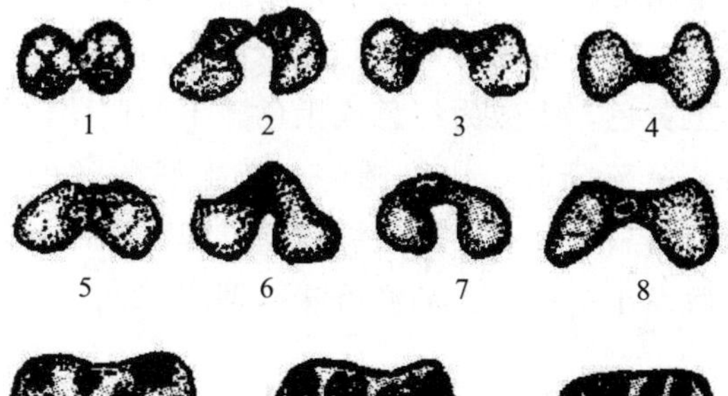

图 3-10　酵母菌子囊孢子的形成过程

1-4. 两个细胞结合；5. 结合子；6-9. 核分裂；10-11. 核形成孢子

质配是两个不同性别的细胞的原生质融合在同一细胞中，而两个细胞核并不结合，每个核的染色体数都是单倍。核配即两个核结合成一个双倍体的核。减数分裂则使细胞核中的染色体数目又恢复到原来的单倍体。

当酵母菌细胞发育到一定阶段，邻近的两个性别不同的具有单倍体核的酵母菌营养细胞各自伸出一根管状原生质突起，随即相互接触，接触处的细胞壁溶解，融合成通道，两个细胞的细胞质由通道结合进行质配，两个单倍体核也在此进行核配，形成双倍体接合子细胞。双倍体细胞可以以出芽方式形成双倍体营养细胞，进行多代的生长繁殖。通常二倍体营养细胞较大，且生命力强，故发酵工业多采用双倍体细胞进行生产。在一定条件下双倍体核进行减数分裂，形成 4 个或 8 个子核（一般形成 4 个子核），每一子核与其附近的原生质一起，在其表面形成一层孢子壁后，就形成了一个子囊孢子，而原有的接合子细胞就成了子囊。子囊孢子的数目可以是 4 个或 8 个，因种而异，子囊及子囊孢子是酵母菌分类鉴定的依据。

3. 酵母菌的生活史

生活史是指上一代个体经过一系列生长发育产生下一代个体的全部过程。不同酵母菌的生活史不同（图 3-11）。有的营养体只能以单倍体形式存在，如八孢裂殖酵母；有的只能以双倍体形式存在，如路德酵母（*Saccharomycodes ludwigii*）；有的营养体既可以单倍体形式也可以双倍体形式存在，如酿酒酵母（*Saccharomyces cerevisiae*）。

（1）单倍体型　如八孢裂殖酵母在生活史中单倍体阶段较长，二倍体细胞不能独立生活，故二倍体阶段很短。其过程要点为：单倍体营养细胞通过裂殖进行无性繁殖形成营养细胞。两个营养细胞在合适条件下接触后发生质配，然后立即核配，两个单倍体细胞核（n）合成二倍体核（$2n$）。二倍体核（$2n$）细胞阶段很短，不能独立生活，通过减数分裂形成包含 4 个或 8 个单倍体子囊孢子的子囊，子囊破裂，释放子囊孢子。

（2）双倍体型　如路德酵母在生活史中，单倍体不能独立生活，仅以子囊孢子形式存在于子囊中，单倍体阶段较短，双倍体阶段较长。其过程要点为：单倍体子囊孢子在孢子囊内成对接合，发生质配和核配后形成二倍体的子囊孢子。二倍体细胞子囊孢子萌发，穿破子囊壁，为二倍体营养细胞。二倍体的营养细胞可独立生活，通过芽殖方式进行无性繁殖，此阶段较长。在二倍体营养细胞内的核进行减数分裂，营养细胞成为子囊，其中形成4个单倍体的子囊孢子，单倍体时期只能以子囊孢子形式存在，故不能独立生活。

（3）单双倍体型　如酿酒酵母，其单倍体营养细胞和二倍体营养细胞都可进行出芽繁殖，整个生活过程一般以出芽繁殖为主，特定条件下进行有性繁殖。其生活史的全过程：子囊孢子在合适的条件下出芽产生单倍体营养细胞。单倍体细胞不断进行出芽繁殖。两个不同性别的单倍体营养细胞相互接触、融合发生质配，在质配后发生核配，形成接合子细胞即二倍体营养细胞。二倍体营养细胞并不立即进行核分裂，而是不断进行出芽繁殖，成为二倍体营养细胞。在特定条件下，二倍体营养细胞细胞核经减数分裂后形成4个或8个子核，每一子核被周围原生质包围形成子囊孢子，原接合子细胞即成为子囊，子囊破裂释放出单倍体子囊孢子。

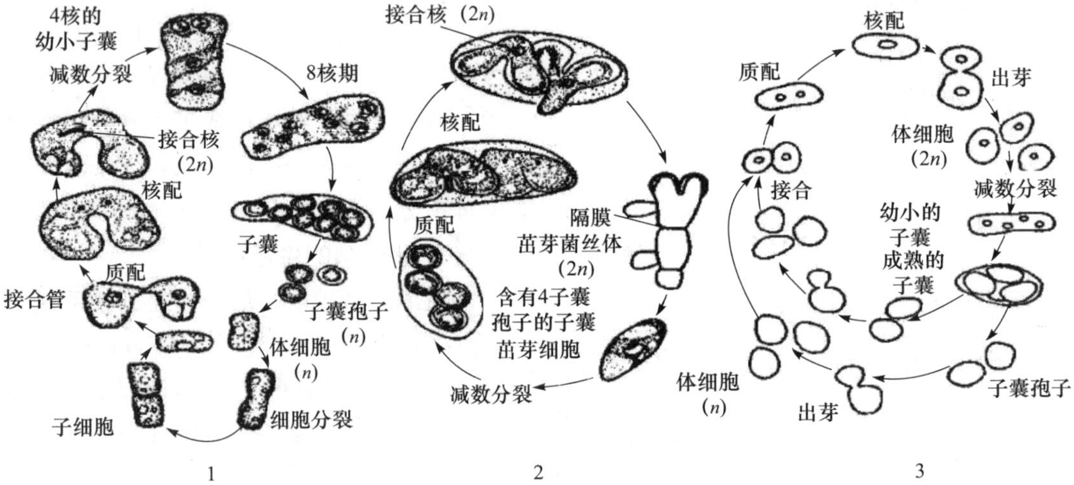

图 3-11　酵母菌生活史

1. 八孢裂殖酵母　2. 路德酵母　3. 啤酒酵母

3.2.5　酵母菌的群体培养特征

1. 固体培养

酵母菌在固体培养基上形成类似细菌的菌落，一般菌落表面湿润、透明、光滑、易挑起、菌落质地均匀，正反面、边缘与中央部位的颜色一致。酵母菌细胞比细菌大，细胞内颗粒较明显，细胞间隙含水量相对较少，不能运动，故菌落较大而厚、外观较稠、较不透明。菌落颜色较单一，多数为乳白色、土黄色，少数为红色或黑色。不产假菌丝的酵母菌，菌落隆起，边缘圆整；产生假菌丝的酵母菌，菌落扁平，表面及边缘粗糙。酵母菌的菌落一般会散发出一股悦人的酒香味（图 3-12）。

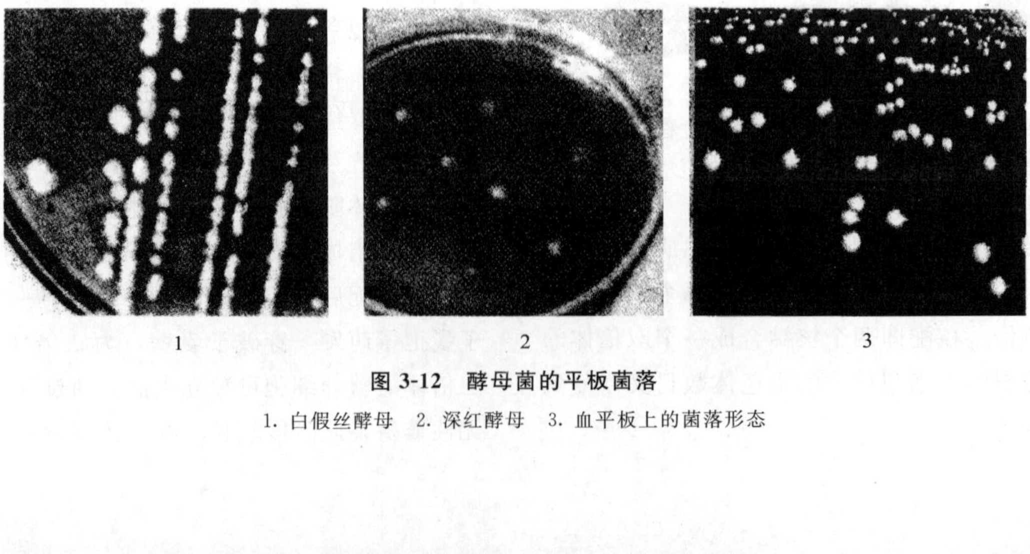

图 3-12　酵母菌的平板菌落

1. 白假丝酵母　2. 深红酵母　3. 血平板上的菌落形态

菌落的颜色、光泽、质地、表面和边缘特征都是酵母菌菌种鉴定的依据。

2. 液体培养

不同酵母菌在液体培养基中生长情况不一。有的在液体培养基底部生长，易于凝集沉淀（工业发酵将易凝集沉淀、发酵度较低的酵母称下面酵母）；有的在液体培养基中均匀生长，清亮培养液变为浑浊；有的则在液体表面生长，形成菌膜或菌醭（工业发酵将发酵度较高，浮在液面的酵母称为上面酵母）。菌醭形成与厚薄等特征也具一定分类意义。

3.2.6　食品中常见的酵母菌

酵母菌在自然界中普遍存在，主要分布于含糖质较多的偏酸性环境中，如水果、蔬菜、花蜜和植物叶子上，以及果园土壤中。石油酵母较多地分布在油田周围的土壤中。酵母菌大多为腐生。生长最适温度为25～30℃。食品工业上常用的酵母菌有以下几种：

1. 酵母菌属（*Saccharomyces*）

细胞圆形、椭圆形、腊肠形。发酵能力强，主要产物为乙醇及CO_2。主要的种有：啤酒酵母、葡萄汁酵母。

1）啤酒酵母（*S. cerevisiae*）

啤酒酵母是酵母属中应用较广泛的一个种。常用于传统的发酵行业，如啤酒、白酒、果酒、酒精、药用酵母片以及制造面包等，所以又称为酿酒酵母。啤酒酵母在麦芽汁琼脂上菌落为乳白色、有光泽、平坦、边缘整齐。其细胞为圆形、卵圆形或椭圆形，细胞单生、双生或成短串或成团。根据啤酒酵母细胞长与宽的比例，可把它们分为3组。第一组酵母的细胞多为圆形、卵圆形，长宽比例为1～2。这个组的酵母主要供生产啤酒、白酒和酒精以及面包用；第二组酵母的细胞大多是卵形或长卵形，长宽比例为2，包括啤酒酵母的一些变种，如葡萄酒酵母等菌种，一般多为供生产葡萄酒、果酒用；第三组酵母的细胞为长圆形，长宽比例大于2。这组的酵母耐高渗透压，供发酵甘蔗、糖蜜生产酒精用。在液体培养基中的生长行为有两类，工业上把发酵度较高，不易凝集沉淀，浮于上面的酵母称为上面酵母；把易于凝集沉淀，发酵度较低的酵母称为下面酵母。啤酒酵母是啤酒生产上常用的典型的上面发酵酵母。啤酒酵母的无性繁殖为芽殖，有性繁殖能形成子囊孢子。一般每个子囊内含有1～4个圆形、卵圆形的表面光滑的子囊孢子。

近几年来，还利用啤酒酵母提取核酸、麦角固醇、细胞色素C、凝血质和辅酶A等。由于酵母菌体内的维生素、蛋白质含量较高，食用安全，所以啤酒酵母作为一种单细胞蛋白（SCP）可作食用、药用和饲料用。它的转化酶可用于转化蔗糖，制造酒心巧克力。在维生素的微生物法测定中，啤酒酵母常被用于测定生物素、泛酸、硫胺素、肌醇等的含量。

2）葡萄汁酵母（*S. uvarum*）

葡萄汁酵母与酿酒酵母相似，主要的区别在于它能发酵棉籽糖和蜜二糖。葡萄汁酵母也能发酵葡萄糖、蔗糖、麦芽糖和半乳糖，不能发酵乳糖，能利用硫酸铵，不能利用硝酸钾。葡萄汁酵母常用于啤酒酿造的底层发酵，也可食用、药用或饲料用。

在麦芽汁中25℃培养3 d，细胞圆形、卵形、椭圆形或腊肠形。在麦芽汁琼脂培养基上菌落为乳白色、平滑、有光泽、边缘整齐。能产生子囊孢子，每个子囊内有孢子1～4个。孢子呈圆形或椭圆形，表面光滑。此菌发酵能力甚强，在液体培养中常出现浑浊现象。

2. 假丝酵母属（*Candida*）

细胞圆形、卵形或长形。多边出芽繁殖。细胞常连在一起，形成假菌丝。在麦芽汁琼脂培养基上菌落为乳白色、平滑、有光泽、边缘整齐或菌丝状。液体培养的能形成浮膜。能发酵葡萄糖、蔗糖。假丝酵母的蛋白质和维生素B含量都比啤酒酵母高。它能以尿素和硝酸盐作氮源，在培养基中不加其他因子即可生长。它能利用造纸工业中的亚硫酸废液，也能利用糖蜜、马铃薯淀粉和木材水解液等。因此能利用假丝酵母来处理工业和农副产品加工业的废弃物，生产可食用的蛋白质，在综合利用中很有价值。此属中有的菌能转化50%的糖成为甘油。假丝酵母也是脂肪酶的生产菌种，在工业上可用于绢纺原料的脱脂。

代表种有：产朊假丝酵母，能利用工农业废液生产单细胞蛋白；热带假丝酵母，能利用石油生产饲料酵母。

3. 汉逊酵母属（*Hansenula*）

此属酵母营养细胞的形态多样，为圆形、椭圆形、卵圆形、腊肠形等。多边芽殖，有的种类能形成假菌丝。子囊形状与营养细胞相同。子囊孢子1～4个，形状为帽形、土星形、圆形、半圆形，表面光滑。异常汉逊酵母异常变种是汉逊酵母属中一个常见的种。细胞圆形，直径4～7 μm。也有腊肠形的，直径为（2.5～6）μm×（4.5～20）μm，腊肠形中也有长达30 μm者。多边芽殖，能由细胞直接形成子囊，每个子囊内有1～4个子囊孢子，但大多数为2个。子囊孢子礼帽形，由子囊内放出后常不散开。该变种生长在麦芽汁琼脂斜面上的菌落平坦，呈乳白色、无光泽、边缘丝状。在麦芽汁中培养后，表面有白色菌醭，培养液变成浑浊，底部有菌体沉淀。不能发酵乳糖及蜜二糖。对麦芽糖及半乳糖或弱发酵或不发酸。能同化硝酸盐，氧化烃类能力亦强，能利用煤油作碳源。此属酵母多能产生乙酸乙酯，从而增加产品香味，可用于酿酒和食品工业。但由于它们能利用酒精作碳源，又能在饮料表面产生干皱的菌醭，所以又是酒精生产的有害菌。

4. 球拟酵母属（*Torulopsis*）

球拟酵母的细胞为球形、卵形或略长形。多边出芽繁殖。在麦芽汁斜面上菌落为乳白色，表面皱褶，无光泽，边缘整齐或不整齐。在液体培养基中有沉渣及酵母环出现，有时也能产生菌醭。此属酵母有一定的经济意义，有些种能产生不同比例的甘油、赤鲜醇、*D*-阿拉伯糖醇，有时还有甘露醇。在适宜条件下，能将40%葡萄糖转化成多元醇。还有的能产生有机酸、油脂等。有的能利用烃类、棉籽糖，不能发酵麦芽糖、半乳糖、乳糖、蜜二糖。不分解脂肪，能同化硝酸盐。

5. 毕赤氏酵母（*Pichia*）

细胞为椭圆形、长椭圆形或腊肠形，多端芽殖，多数种形成假菌丝。异形接合形成子囊孢子。子囊孢子椭圆形。在麦芽汁琼脂上菌落为乳白色，无光泽，边缘有细缺口。在麦芽汁中培养，培养液表面有白而皱的粗糙菌醭，底内有菌体沉淀。分解糖的能力弱，不产生酒精。能氧化酒精，能耐高或较高浓度酒精。它是酿造工业中的有害菌，常使酒类和酱油产生白花，形成浮膜，如粉状毕赤氏酵母。

6. 红酵母（*Rhodotorula*）

细胞圆形、卵形或长形。多边芽殖，有明显的红色或黄色色素。很多种因有糖被而形成黏质状菌落。本属中有较好产脂肪的菌种，可由菌体提取大量脂肪。有的种对烃类有弱氧化作用，并能合成β胡萝卜素。如黏红酵母，黏红变种能氧化烷烃生产脂肪，含量可达干生物量的50%～60%。在一定条件下还能产生α-丙氨酸和谷氨酸，产蛋氨酸的能力也很强，可达干生物量的1%。但也有几个种为人类及动物的致病菌。该属广泛地存在于自然界中。

7. 裂殖酵母属（*Schizosaccharomyces*）

细胞椭圆形、圆柱形。由营养细胞接合，形成子囊。有发酵能力，代表种为粟酒裂殖酵母，最早分离自非洲粟米酒能使菊芋发酵产生酒精。

3.3 霉菌

霉菌不是分类学上的名称，是所有小型丝状低等真菌的统称，是指凡在固体培养基上生长成绒毛状、棉絮状或蜘蛛网状的菌丝体，而不产生大型肉质子实体结构的真菌。已知霉菌约有4万种，分别属于真菌中的鞭毛菌亚门、接合菌亚门、子囊菌亚门和半知菌亚门。

霉菌在自然界分布极为广泛，土壤、空气、水域、人类或动植物体内外，可以说地球表面任何地方都可找到霉菌的孢子和菌丝。霉菌为好氧菌、兼性厌氧菌，培养温度为20～30℃，相对湿度85%，是中温菌。

霉菌也是人类认识和利用最早的一类微生物，与人类生产、生活关系极为密切。霉菌除在传统发酵中用于酿酒、制酱、食醋、酱油、腐乳外，在近代发酵工业中广泛用于生产酒精、有机酸（柠檬酸、葡萄糖酸、延胡索酸等）、抗生素（青霉素、灰黄霉素、头孢霉素等）、酶制剂（淀粉酶、蛋白酶、纤维素酶、果胶酶等）、维生素（核黄素）、麦角碱、甾体激素等。农业上用于生产发酵饲料、植物生长刺激素（赤霉素）、杀虫农药［如白僵菌

(*Beauveria*) 的孢子粉剂]、除草剂 [如感染并杀死顽固性杂草的黑腐病菌 (*Xanthomonas campestris*) 和防治菟丝子效果达 70%～95%的刺盘孢属 (*Colletotrichum*) 等]。另外，霉菌在生物防治、污水治理等方面也广泛应用。腐生型霉菌有分解复杂有机物的能力，在自然界物质转化和堆肥腐熟中发挥重要作用。霉菌在理论研究中也具有极高价值。粗糙脉孢菌在生化遗传学建立中的作用已被公认。作为基因工程受体菌，霉菌因其有很高的蛋白质分泌能力，能进行各种翻译后加工，与细菌、酵母菌相比，有更加独特的优点。

霉菌对人类也有有害的一面。霉菌是造成谷物、水果、食品、衣物、器材、工业原料木材、橡胶、皮革等发霉变质的主要微生物。全世界每年由于霉变而不能食用或饲用的谷物约达总产量的 2%，经济损失巨大。不少种类的霉菌是人类和动物的致病菌，少数种类还能产生毒素，严重威胁人畜健康，如表皮癣菌、毛癣菌引起的癣症以及黄曲霉毒素诱发的肝癌等。霉菌对植物体的病害也数不胜数，如 19 世纪马铃薯晚疫病流行时，就曾迫使爱尔兰岛居民背井离乡外出逃生。尖胞镰孢霉 (*Fusarium oxysporum*) 就是棉花枯萎病的病原菌。

二维码 3-1　疯狂的霉菌

3.3.1　霉菌的个体形态

大多数霉菌的营养体由分支和不分支的菌丝 (hypha) 组成。相互交织缠绕的菌丝，称为菌丝体 (mycelium)。在光学显微镜下，菌丝呈管状，直径为 2～10 μm，与酵母菌直径相似，但比细菌直径和放线菌菌丝粗几倍至十几倍。幼龄菌丝无色透明，老龄菌丝常呈各种色泽。

1. 菌丝的一般形态

根据菌丝中是否有隔膜，霉菌的菌丝分为两种类型 (图 3-13)：

(1) 有隔菌丝　菌丝内有隔膜，被隔膜隔开的一段菌丝就是一个细胞，整个菌丝由多细胞组成，每个细胞内含一个或多个细胞核，隔膜上有一个或多个小孔，小孔使细胞间的细胞质和营养物质自由流通和交换，每个细胞功能相同。菌丝生长时，每个细胞随之分裂，细胞数目不断增加。大多数霉菌的菌丝属于此类，如青霉属、曲霉属和木霉属等。

(2) 无隔菌丝　整个菌丝为长管状单细胞，细胞质内含多个细胞核。其生长表现为菌丝伸长、细胞质增加和细胞核分裂、增多。此为少数低等真菌菌丝的特征。如毛霉属 (*Mucor*) 和根霉属的菌丝。

霉菌菌丝可以分化。在固体培养基上，一部分菌丝伸入培养基内部吸收营养的菌丝称为营养菌丝或基内菌丝；另一部分菌丝伸出基质外向空中生长称为气生菌丝，其中一部分气生菌丝发育到一定阶段产生孢子，又称繁殖菌丝。

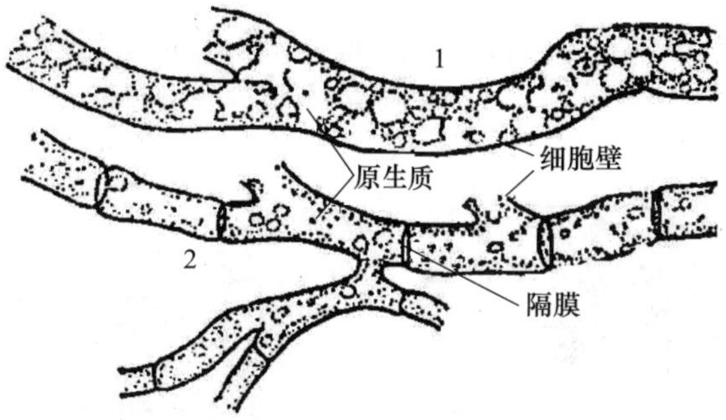

图 3-13　霉菌的菌丝

1. 无隔菌丝；2. 有隔菌丝

2. 菌丝的特化形态

为了适应环境，有些霉菌的营养菌丝演化出许多特化形态，如匍匐菌丝、假根、吸器、菌索和菌核等，以便更有效地吸收养料来满足生长和繁殖的需要。

(1) 假根 (rhizoid)　从根霉属霉菌 (*Rhizopus*) 等低等真菌匍匐菌丝与固定基质接触处分化出来的根状结构 (图 3-14)，即在菌丝下部生长的能伸入基质吸收营养物质并支撑上部的菌丝体，功能为固着和吸取养料，其形状犹如树根，故称假根。

(2) 匍匐菌丝 (stolon)　毛霉目真菌形成的具有延伸功能的匍匐状菌丝，称为匍匐菌丝。在固体基质表面上的营养菌丝分化为匍匐状菌丝，隔一段距离在其上长出假根，伸入基质，假根之上形成孢囊梗，新的匍匐菌丝不断向前延伸，以形成不断扩展的、长度无限制的菌落。

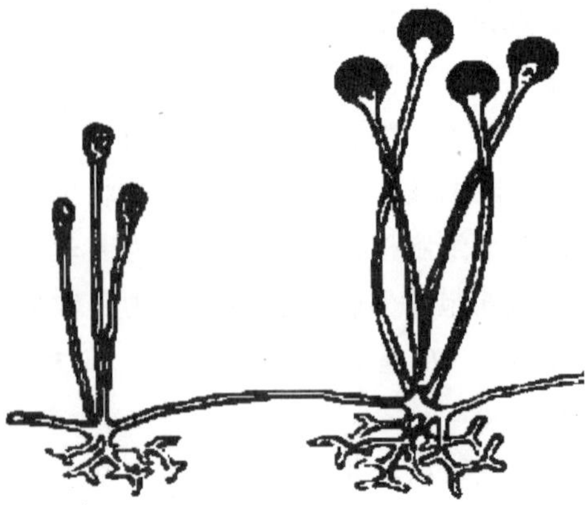

图 3-14　根霉假根和匍匐菌丝

（3）吸器（haustorium）　专性表面寄生真菌（锈菌、霜霉菌和白粉菌等），常从菌丝的某处生出球形、掌形的旁枝，侵入寄主细胞内分化成指状、球状或丝状，吸收营养物质的变态结构称为吸器（图 3-15）。

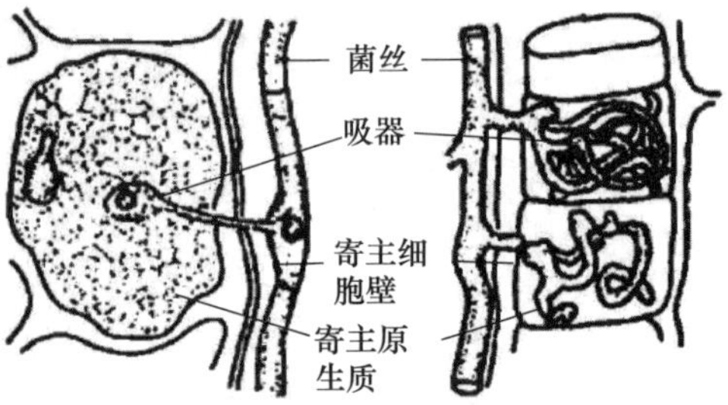

图 3-15　吸器

（4）菌核（sclerotium）　由真菌菌丝扭结形成的一种坚实的、能抵抗不良环境的块状或其他形状的一种休眠的菌丝组织。菌核在不良环境条件下可存活数年之久。菌核一般为圆形、长圆或不规则状，深色，质地硬，大小不一，大者如婴儿头，小者如鼠粪或在显微镜下才能看到。从菌核横断面可以看出，菌核外层为厚壁深色小细胞，致密，中部为薄壁浅色大细胞，疏松，有的菌核中夹杂有少量植物组织，称为假菌核。形成菌核时菌丝首先大量分枝并增加横隔，菌丝细胞逐渐变成圆桶状。许多产生菌核的真菌是植物病原菌，也有许多真菌产生有经济价值的菌核，如茯苓、猪苓、虫草等（图 3-16）。

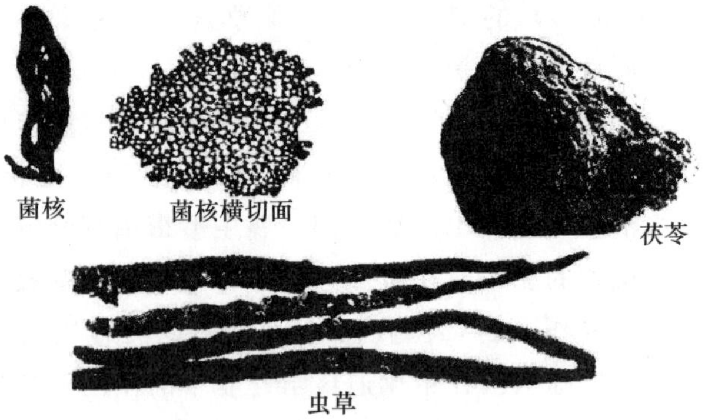

图 3-16　真菌的菌核

（5）捕捉菌丝（hyphal traps）　真菌中一些具有捕捉能力的菌种产生的特殊菌丝结构叫作捕捉菌丝，它们多数是捕捉霉目和半知菌类真菌（图 3-17），该结构可以捕捉微小动物、原生动物、根足虫和线虫等。

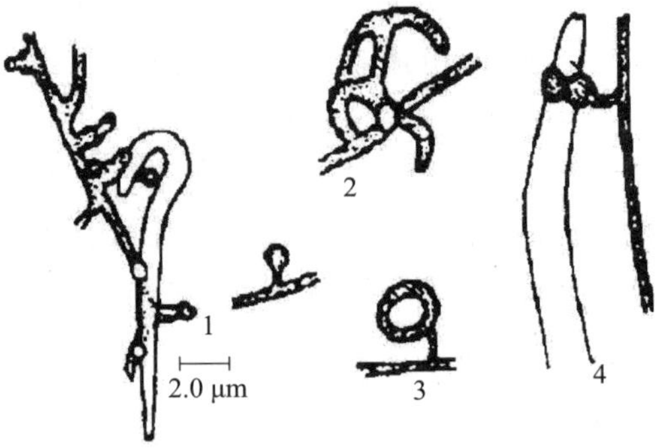

图 3-17　真菌的捕捉菌丝

1. 侧生膨大分枝的菌丝及捕捉的线虫；2. 菌网；3. 菌环；4. 菌环和被菌环卡住的线虫

3.3.2　霉菌的细胞结构

霉菌细胞由细胞壁、细胞膜、细胞质、细胞核、核糖体、线粒体和其他内含物组成。幼龄菌丝的细胞质均匀透明，充满整个细胞；老龄菌丝的细胞质黏稠，出现较大的液泡，内含许多储藏物质，如肝糖粒、脂肪滴及异染颗粒等（图 3-18）。

1. 细胞壁

除少数低等的水生霉菌细胞壁中含有纤维素外，多数霉菌细胞壁主要成分是几丁质（占细胞干重的 2%～26%），几丁质与纤维素结构相似，是由 N-乙酰葡萄糖胺分子以 β-1，4 糖苷键连接而成的多聚糖。纤维素和几丁质分别构成了低等和高等霉菌细胞壁的网状结构，类似建筑物的钢筋，使细胞壁保持坚韧；它们包埋在无定形的基质中，类似混凝土等填充物，细胞壁中还含有脂类等复杂物质。

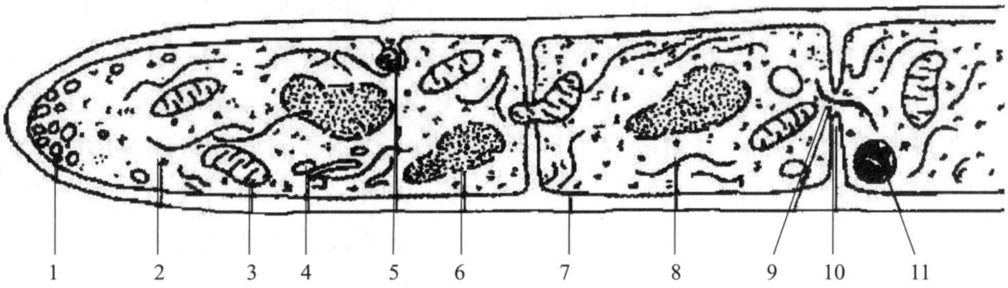

图 3-18　霉菌的细胞结构

1. 泡囊；2. 核蛋白体；3. 线粒体；4. 泡囊产生系统；5. 膜边体；6. 细胞核；
7. 细胞壁；8. 内质网；9. 隔膜孔；10. 隔膜；11. 伏鲁宁体

粗糙脉孢菌细胞壁化学组成及结构研究得最为清楚，其细胞壁结构如图 3-19 所示。最外层厚约 87 nm，由β-1,3、β-1,6 无定形葡聚糖组成，次外层是镶嵌在葡聚糖基质中的蛋白质网架，厚约 49 nm，再内层是蛋白质层，厚 9 nm，最内层是由放射状排列的几丁质微纤维与蛋白质组成的混合层，厚约 18 nm。

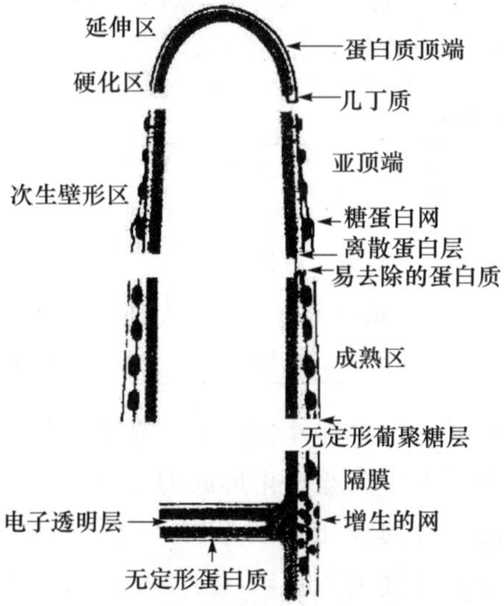

图 3-19　粗糙脉孢菌菌丝细胞壁结构

2. 细胞膜

细胞膜厚 7～10 nm，其结构与功能与酵母菌等真核细胞相似。在细胞膜与细胞壁之间还有一种由单层膜包围而成的特殊结构-膜边体。

3. 细胞核及其他细胞器

细胞核的直径为 0.7～3 μm，有核膜、核仁和染色体。核膜上有直径 40～70 nm 的核膜孔，核仁的直径约 3 nm。在有丝分裂时，核膜、核仁不消失，这是与其他高等生物的不同之处。

3.3.3　霉菌的繁殖方式

霉菌繁殖能力很强，而且方式多样。除了菌丝断片可直接发育成新的菌丝体，称为断裂增殖外，还可通过无性或有性繁殖方式产生各种孢子。菌丝结构、孢子的形成方式和特点皆为霉菌类群分类鉴定的指征。霉菌的繁殖方式见图 3-20。

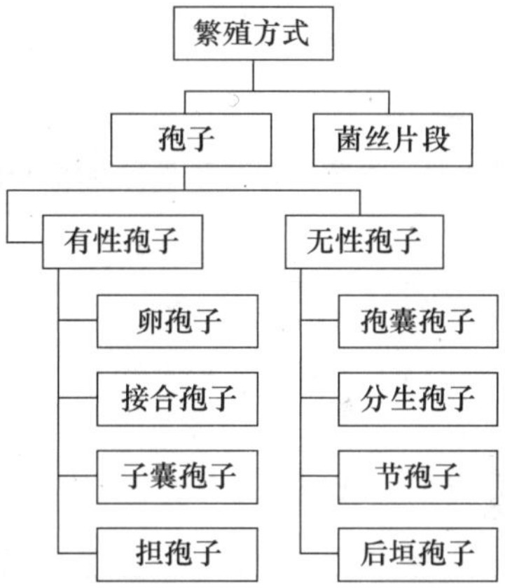

图 3-20　霉菌的繁殖方式

1. 无性繁殖和无性孢子

无性繁殖是不经过两性细胞的结合，只是通过营养细胞的分裂或营养菌丝的分化而形成同种新个体的过程。霉菌的无性繁殖可以分为 3 种类型：①菌丝断裂，是指菌丝体的断裂片段可以产生新个体，大多数真菌都能进行这种无性繁殖；②营养细胞分裂，是指营养母细胞分裂，一分为二，产生 2 个子细胞，类似细菌的二分裂；③产生无性孢子，是指菌丝分化成无性孢子，每个孢子在适宜的环境下可产生一个新个体。霉菌主要以无性孢子进行繁殖，菌丝不具隔膜的霉菌一般形成孢囊孢子，菌丝具隔膜的霉菌多数产生分生孢子。霉菌产生的孢子主要有以下 6 种类型。

(1) 节孢子 (arthrospore)　又叫粉孢子，节孢子的形成过程是：菌丝生长到一定阶段，菌丝上出现许多横隔，然后从横隔处断裂，产生许多短柱状、筒状或两端呈钝圆形的节孢子。如白地霉（*Ceotnichum candidum*）幼龄菌体多细胞，丝状，老龄菌丝内出现许多横隔膜，然后自横隔膜处断裂，形成成串的节孢子（图 3-21）。

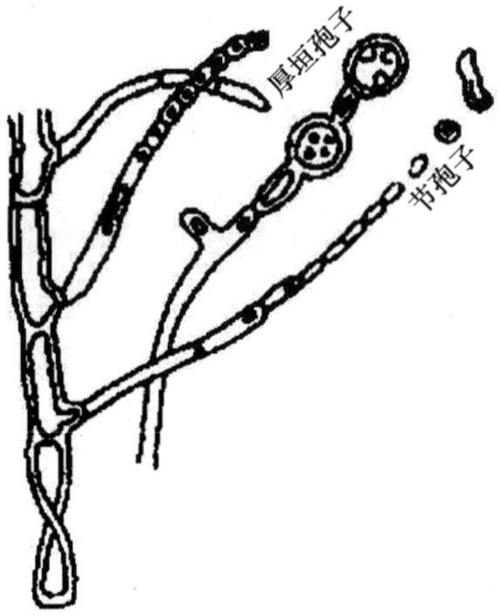

图 3-21　地霉属的节孢子和厚垣孢子

（2）孢囊孢子（sporangiospore）　是一种内生孢子，形成于囊状结构的孢子囊中，故称孢囊孢子。霉菌发育到一定阶段，气生菌丝加长，顶端细胞膨大成圆形、椭圆形或梨形的“囊状”结构。囊的下方有一层无孔隔膜与菌丝分开而形成孢子囊，并逐渐长大。在囊中的核经多次分裂，形成许多密集的核，每一核外包围原生质并产生孢子壁，形成孢囊孢子。原来膨大的细胞壁就成为孢囊壁。带有孢子囊的梗叫作孢囊梗。孢囊梗伸入孢子囊中的部分叫囊轴。孢子囊成熟后破裂，孢囊孢子扩散出来，在适宜条件即可萌发成新个体（图 3-22）。脱落孢囊孢子后在孢囊梗顶端可见囊轴或囊托。有些霉菌的孢子囊脱落后残留的部分称囊领。孢囊孢子靠气流传播，在适宜条件下萌发成新菌丝体。如黑根霉（*Rhizopus stolonifer*）、高大毛霉（*Mucor mucedo*）等。毛霉和根霉是发酵工业中常用的菌种，二者的比较见表 3-2。

表 3-2　毛霉和根霉主要特征比较

名称（属）	菌落	菌丝	无性孢子	有性孢子	主要特征	主要用途	代表菌
毛霉	棉絮状	无隔	孢囊孢子	接合孢子	孢囊梗单生或分支较少，无假根、匍匐丝、无囊托	蛋白质分解菌，制腐乳、豆豉，甾体转化	高大毛霉、鲁氏毛霉
根霉	蜘蛛网状	无隔	孢囊孢子	接合孢子	孢囊梗群生，有假根、有匍匐丝、有托囊	淀粉分解菌，产多种有机酸，甾体转化	黑根霉、米根霉

孢囊孢子按其运动方式分为两类：①具鞭毛、在水中能游动的孢囊孢子，称为游动孢子（zoospore），靠水传播，是水生霉菌的特点。②陆生霉菌所产生的无鞭毛、不能游动的孢囊孢子，又称不动孢子或静孢子，在空气中传播。

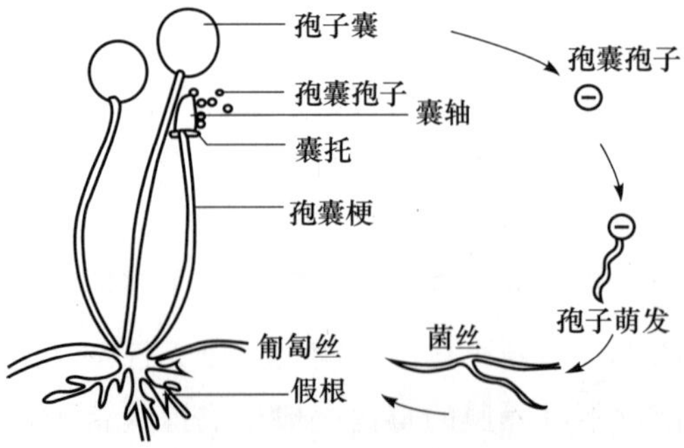

图 3-22　根霉的孢囊孢子

（3）分生孢子（conidium）　是霉菌中最常见的一类无性孢子，由菌丝分割（断裂法）或缢缩（由菌丝顶端出芽法）而形成单个或成簇的孢子，因生于细胞外，故称外生孢子，靠空气传播。分生孢子通常产生于菌丝分化形成的分生孢子梗上。根据分生孢子梗的分化程度不同，可分为两种类型：①分生孢子梗分化不明显，分生孢子着生在菌丝或分支顶端，分生孢子单生、成链或成簇，如红曲霉属（*Monascus*）和交链孢属（*Alternaria*）。②分生孢子梗分化明显，如曲霉属（*Aspergillus*）和青霉属（*Penicillium*）（图 3-23）。但两者分生孢子着生方式又有区别：青霉的分生孢子梗顶端多次分支成帚状，分支顶端着生小梗，在小梗上形成串生的分生孢子。曲霉的分生孢子梗顶端膨大形成顶囊，顶囊表面着生一层或两层以辐射状排列的柱形或瓶形小梗，小梗末端形成分生孢子链，分生孢子穗菊花状。分生孢子的形态、颜色、大小、结构、着生方式也因菌种而异，是菌种鉴定和分类的依据。青霉和曲霉是发酵工业中常使用的菌种，二者的比较见表 3-3。

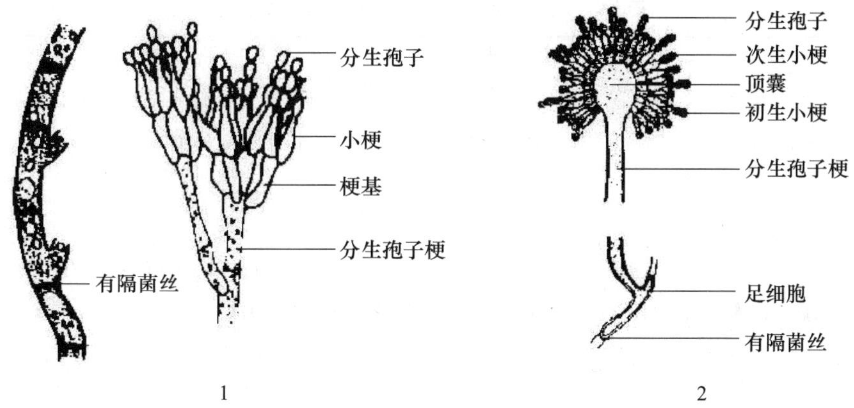

图 3-23 青霉和曲霉的分生孢子头

1. 青霉分生孢子及分生孢子梗模式图；2. 曲霉顶囊、分生孢子梗及分生孢子模式图

表 3-3 青霉和曲霉主要特征比较

名称（属）	菌落	菌丝	无性孢子	有性孢子	主要特征	主要用途	代表菌
青霉	绒毯状	有隔	分生孢子	子囊孢子（少数产）	分生孢子梗多次分支，小梗顶端串生分生孢子，分生孢子穗扫帚状，无足细胞	生产青霉素、纤维素酶、有机酸等	产黄青霉、点青霉
曲霉	绒毯状	有隔	分生孢子	子囊孢子（少数产）	分生孢子梗顶端膨大成顶囊，着生小梗及分生孢子，分生孢子穗菊花状，基部有特化的足细胞	生产果胶酶、有机酸等，也可产生对人体有害的毒素，如黄曲霉毒素等	黑曲霉、米曲霉、黄曲霉

（4）厚垣孢子（chlamydospore） 这种孢子具有很厚的壁，故又称厚壁孢子，很多霉菌能形成这类孢子。其形成过程是：在菌丝中间或顶端的个别细胞膨大，原生质浓缩、变圆，类脂物质密集，然后在四周生出厚壁或者原来的细胞壁加厚，形成圆形、纺锤形或长方形的厚垣孢子（图 3-21）。它是霉菌抵抗热与干燥等不良环境的一种休眠体，寿命较长，当条件适宜时，能萌发成菌丝体。但有的霉菌在营养丰富、环境条件正常时也形成厚垣孢子。

（5）游动孢子（zoospore） 游动孢子产生在由菌丝膨大而成的游动孢子囊内，孢子通常为圆形、洋梨形或肾形，具一根或两根鞭毛，能够游动。鞭毛的亚显微结构为“9+2”型。产生游动孢子的真菌多为水生真菌，大多数为鞭毛菌亚门的真菌。

（6）芽孢子（budding spore） 芽孢子像酵母菌发芽一样，由菌丝细胞产生小突起，随后细胞壁紧缩，突起部分脱离母细胞，形成球形芽孢子。液体培养基中培养的毛霉、根霉所形成的一种“酵母型”细胞，也属芽孢子。霉菌各种无性繁殖见图 3-24，无性孢子的比较见表 3-4。

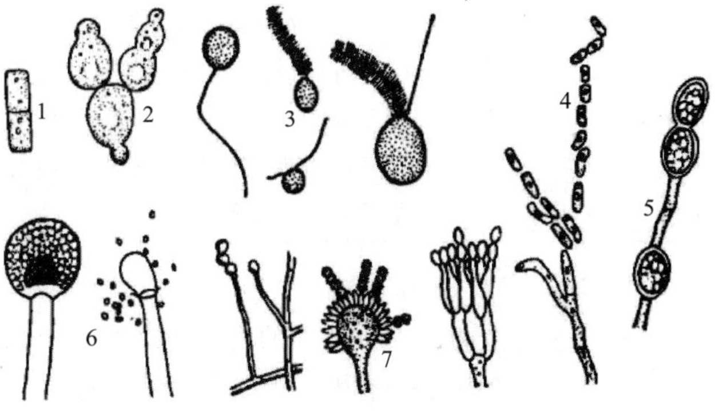

图 3-24 真菌的无性繁殖

1. 酵母菌的裂殖；2. 酵母菌的出芽繁殖；3. 游动孢子；4. 节孢子；5. 厚垣孢子；6. 孢囊孢子；7. 分生孢子

表 3-4 霉菌的无性繁殖及无性孢子的类型

孢子名称	孢子形成方式	孢子形成过程	代表菌举例（分类地位）
孢囊孢子	内生孢子	在菌丝的特化结构孢子囊内形成	毛霉、根霉（藻状菌纲、毛霉目）
游动孢子	内生孢子	有鞭毛、能游动的孢囊孢子	水霉（卵菌纲、水霉目）
分生孢子	外生孢子	由分生孢子梗顶端细胞特化而成的单个或簇生的分生孢子	曲霉、青霉（丝孢菌纲、丛梗孢目）
节孢子	外生孢子	由菌丝断裂而成的裂生孢子	白地霉（内孢霉纲、内孢霉目）
厚垣孢子	菌丝细胞浓缩	由部分菌丝细胞质变圆、浓缩、周围生出厚壁而成的厚垣孢子	总状毛霉（藻状菌纲、毛霉目）
芽孢子	菌丝细胞发芽	菌丝如发芽一样产生球状小突起	液体中培养的根霉、毛霉（藻状菌纲、毛霉目）

2. 有性繁殖和有性孢子

经过两个性细胞结合而产生新个体的过程称为有性繁殖。霉菌的有性繁殖一般分为 3 个阶段：①质配，即两个性细胞接触后细胞质融合在一起，但两个核不立刻结合，每一个核的染色体数目都是单倍的，这个细胞称双核细胞；②核配，即质配后双核细胞中的两个核融合，产生二倍体接合子核，其染色体数是双倍的；③减数分裂，即核配以后，双倍体核通过减数分裂，细胞核中的染色体数目又恢复到单倍体状态。

霉菌形成有性孢子有 3 种不同方式：①经过核配以后，含有双倍体核的细胞直接发育形成有性孢子，这种孢子的核处于双倍体阶段，它在萌发的时候才进行减数分裂，如卵孢子和接合孢子；②在核配以后，双倍体的核进行减数分裂，然后再形成有性孢子，这种有性孢子的核处于单倍体阶段，如子囊孢子；③两个性细胞结合形成合子后，直接侵入寄主组织，形成休眠体孢子囊，囊内的双核在萌发时才进行核配和减数分裂。

霉菌的有性繁殖不如无性繁殖普遍，大多发生在特定条件下，在自然条件下较少，在一般培养基上不常见。霉菌常见的有性孢子有卵孢子、接合孢子和子囊孢子。霉菌的有性繁殖及有性孢子的类型见表 3-5。

表 3-5 霉菌的有性繁殖及有性孢子的类型

孢子名称	孢子形成过程	代表菌举例（分类地位）
卵孢子（2*n*）	由大小两个不同的配子囊接合、发育而成，大子囊称藏卵器，小配子囊称雄器	卵菌纲、水霉目（同丝水霉）
接合孢子（2*n*）	两个配子囊接合后发育成接合孢子，有两种类型： （1）异宗配合：两种不同质的菌结合 （2）同宗配合：同一菌体的菌丝自行结合	接合菌纲、毛霉目（匍枝根霉、大毛霉、性殖根霉）
子囊孢子（2*n*）	子囊形成有两种类型： （1）两个营养细胞直接交配，外面无菌丝包裹 （2）在产囊丝上产生子囊，多个子囊外面被菌丝包裹，称为子囊果，又分 3 种类型：①子囊壳；②子囊盘；③闭囊壳	半子囊菌纲、内孢霉目（酵母菌） 子囊菌纲（红曲霉）

1）卵孢子（oospore）

卵孢子是由两个大小不同的配子囊（藏卵器和雄器）结合发育而成的有性孢子。其形成过程：①菌丝顶端侧生短柄，产生小型配子囊，称为雄器；柄顶端膨大，产生大型配子囊，称为藏卵器。藏卵器中分化出一至几个卵球。②雄器中的细胞质、细胞核通过受精丝进入藏卵器与卵球配合。③受精后卵球外生出厚膜，发育成卵孢子。卵孢子必须经过一个休眠期才能萌发。萌发时先形成芽管，再分化形成游动孢子囊和游动孢子。卵孢子为双倍体，许多形成卵孢子的真菌在其生命周期的大部分时间都为双倍体，只在发育雄器和卵球时才进行减数分裂。较高等的真菌有性繁殖用卵孢子方式生殖，如卵菌纲（Oomycetes）水霉目中水霉属（图 3-25）。

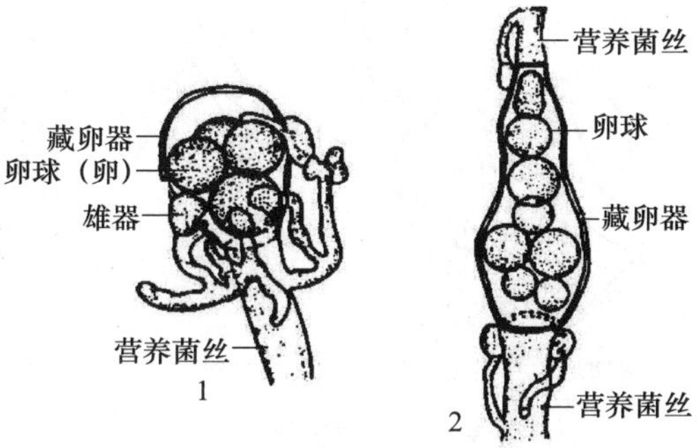

图 3-25 海滨水霉和下湾锦霉的卵孢子

1. 顶生藏卵器；2. 间生藏卵器

2）接合孢子（zygospore）

接合孢子是由菌丝长出的结构，由形态基本相似或略有不同的两个配子囊接合而成的。接合孢子形成过程：①两条相近的菌丝各自向对方伸出极短的侧枝，称为接合梗；②两个接合梗成对相互吸引，逐渐接近，直至两个接合梗接触，此期称原配子囊；③两个接合梗顶端膨大，每个梗中形成一个横隔膜，梗前端的细胞称为配子囊，含多个核，基部的细胞称为配囊柄；④随后，两个接触的配子囊在连接处膜消失，发生质配与核配，继续发育形成厚壁、色深、体大的接合孢子。接合孢子经过休眠期后，在适宜条件下萌发长成新的菌丝体（图 3-26）。接合孢子的核是二倍体，有的于接合孢子萌发前进行减数分裂，有的在萌发时进行减数分裂。

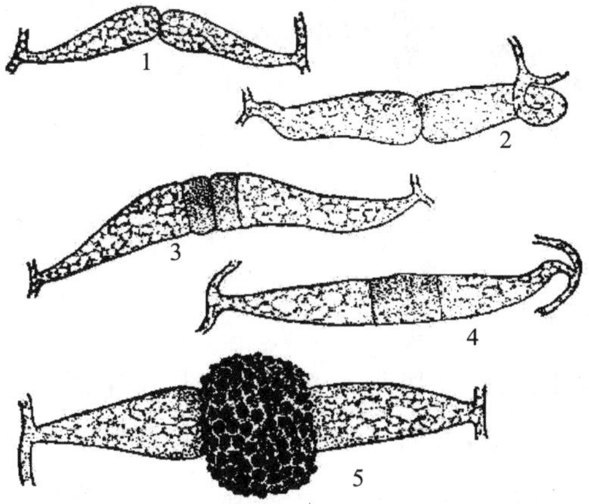

图 3-26 接合孢子的形成

1. 原配子囊； 2. 配子囊； 3，4 接合子； 5. 接合孢子

根据产生接合孢子菌丝的来源和亲和力的不同可将接合分为两种类型：①同宗接合：凡由同一个体的两个配子囊所形成的接合孢子称为同宗接合，如有性根霉（*R. sexualis*）；②异宗接合：凡由不同个体的两个配子囊所形成的接合孢子称为异宗接合，如高大毛霉、匍枝根霉等（图 3-27）。

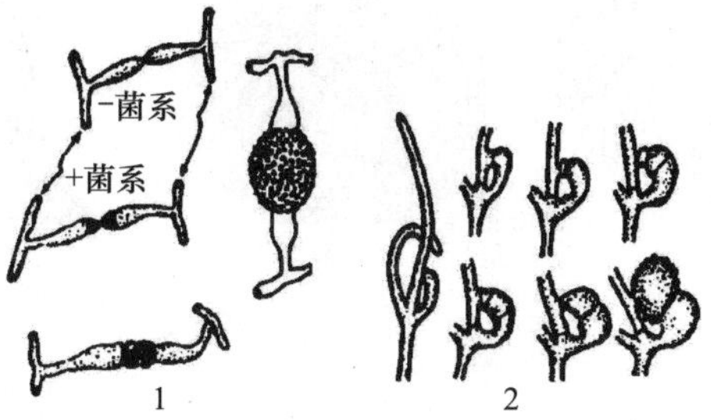

图 3-27 根霉的接合孢子

1. 异宗接合；2. 同宗接合

3）子囊孢子

在子囊中形成的有性孢子称为子囊孢子，是真菌中子囊菌的主要特征。子囊是一种囊状结构，有圆球形、棒形、圆筒形、长方形等多种形态（图 3-28）。

霉菌形成子囊孢子的过程较为复杂，先是同一菌丝或相邻的两菌丝上的两个大小和形状不同的性细胞互相接触并互相缠绕。接着两个性细胞经过受精作用后形成分枝的菌丝，称为造囊丝。造囊丝经过减数分裂，产生子囊。每个子囊产生 2～8 个子囊孢子（图 3-28）。

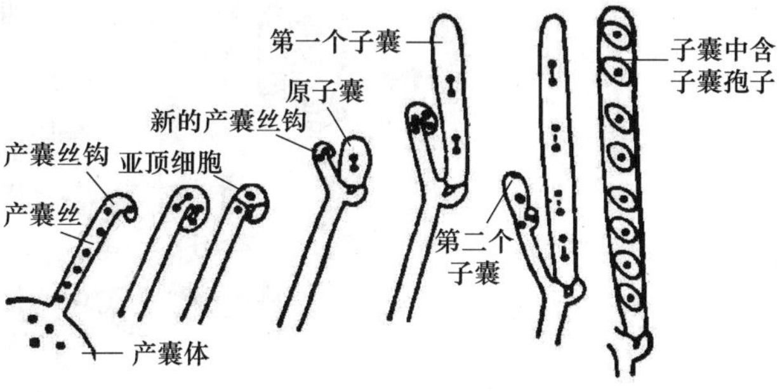

图 3-28 子囊的发育

在子囊和子囊孢子发育过程中，原来的雄器和藏卵器下面的细胞生出许多菌丝，它们有规律地将产囊丝包围，于是形成了子囊果。子囊果有三种类型：①完全封闭圆球形，称为闭囊壳；②有孔，称为子囊壳；③盘状，称为子囊盘（图 3-29）。子囊

孢子成熟后释放出来，子囊孢子的形态有很多类型（图 3-30），其形状、大小、颜色、纹饰等为子囊菌的分类依据。

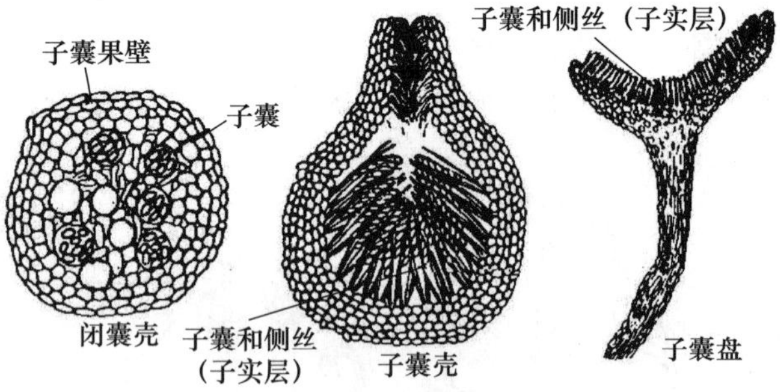

图 3-29　子囊菌的子囊果

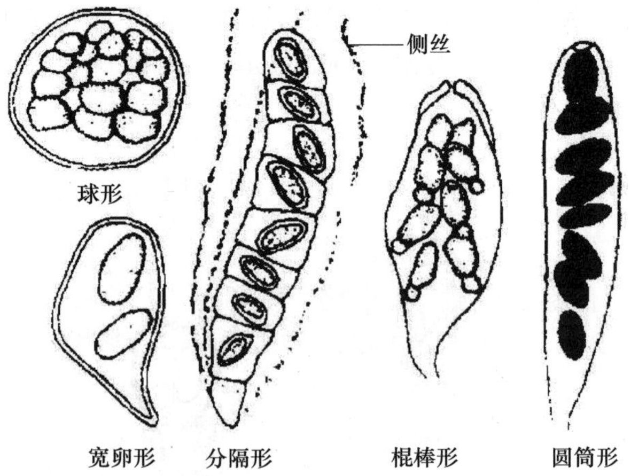

图 3-30　子囊孢子的类型

3. 霉菌的生活史

霉菌的生活史是指霉菌从一种孢子开始，经过一定的生长和发育，最后又产生同一种孢子的过程。包括无性繁殖和有性繁殖两个阶段。典型的生活史为：①霉菌的菌丝体在适宜条件下产生无性孢子，无性孢子萌发形成新的菌丝体，如此重复多次，这是霉菌生活史中的无性阶段；②霉菌生长发育后期，可能进入有性阶段，在菌丝体上形成配子囊，从而质配、核配而形成双倍体的细胞核，接着减数分裂产生单倍体的有性孢子，孢子萌发成新的菌丝（图 3-31）。

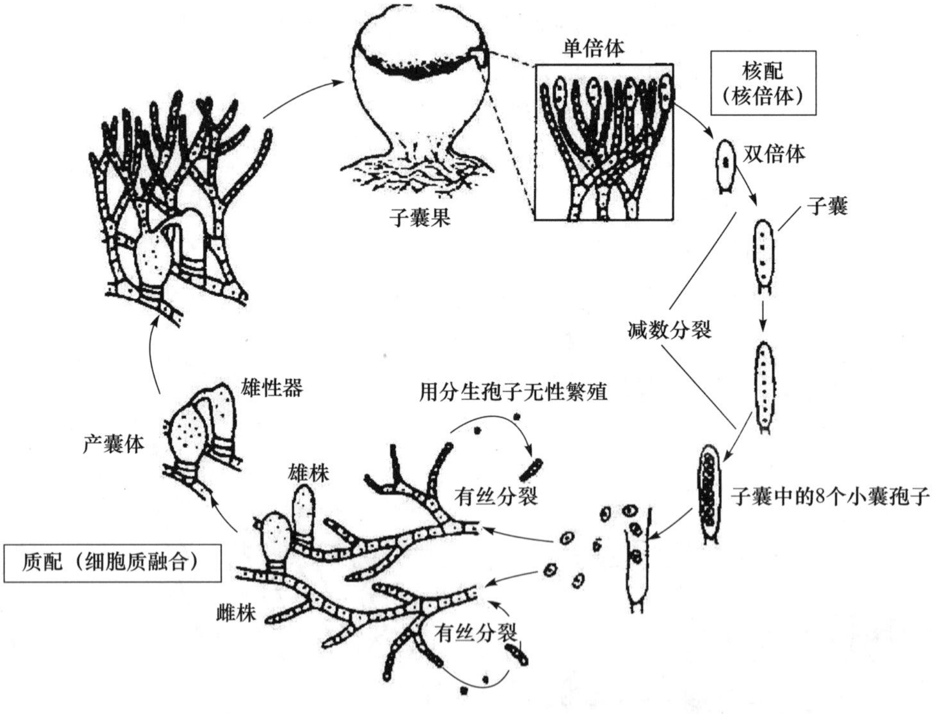

图 3-31　子囊菌的生活史

3.3.4　霉菌的群体形态

1. 菌落特征

霉菌菌落的共同特征为：①霉菌菌丝较粗且长，菌丝蔓延菌落大，比细菌和放线菌菌落大几倍到十几倍；②由分支状菌丝组成的菌落，菌落表面呈蜘蛛网状（如黑根霉菌落），或由直立菌丝组成的菌落，菌落表面呈绒毯状（如黄曲霉和产黄青霉菌落）或棉絮状（如毛霉菌落）；③固体培养基上最初形成的菌落常为白色或浅色，当菌落长出孢子后，由于各种孢子颜色、形状、构造不同，使菌落表面呈现不同的颜色和结构，如黄、绿、青、黑、红、棕、橙等，而且菌落中央与边缘往往颜色不同，中央为孢子穗的颜色，边缘为不育菌丝的颜色，另外，有些霉菌的菌丝能分泌一些水溶性色素扩散至培养基内，使培养基正反面颜色不同；④霉菌与培养基结合较牢固，接种针不易挑起；⑤培养物常有霉味。霉菌菌落常因培养基成分改变而使菌落特征发生变化，但各种霉菌在固定的培养基上形成的菌落特征是稳定的，因此，菌落特征也是鉴定霉菌的重要依据之一（图 3-32）。

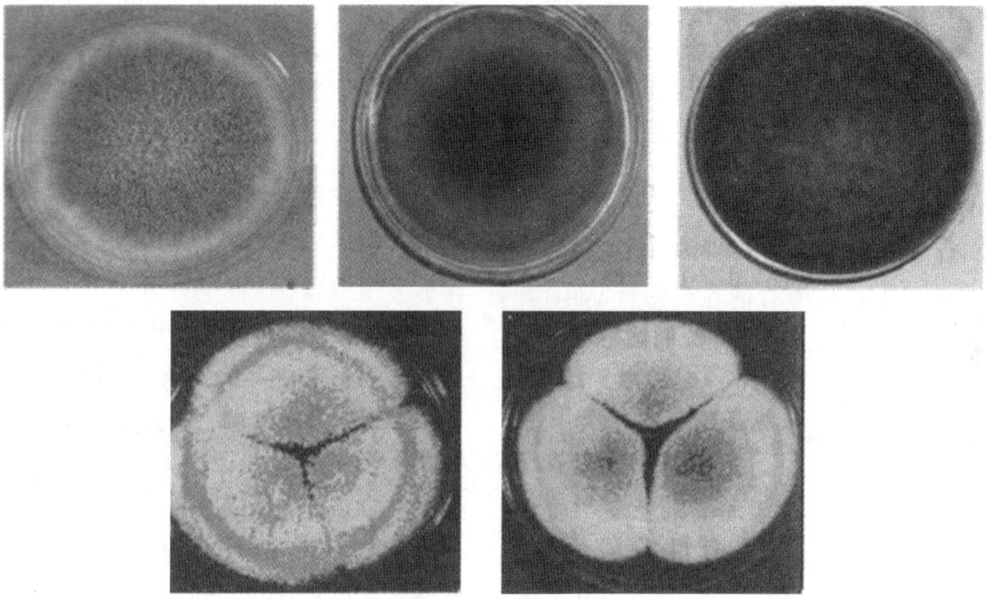

图 3-32　霉菌的菌落

2. 液体培养特征

在液体培养基中培养的霉菌，振荡培养时，菌丝呈球形生长；静止培养时，菌丝在培养液表面生长，培养液不浑浊，可据此检查培养物是否被细菌污染。

菌落特征是微生物鉴定的主要形态指征，微生物的菌落特征又与微生物细胞的形态特征密切相关。为此，将细菌、放线菌、酵母菌和霉菌的菌落与细胞形态特征简单比较（表 3-6）。

表 3-6　四大类微生物的细胞形态和菌落特征的比较

比较项目			单细胞微生物		丝状微生物	
			细菌	酵母菌	放线菌	霉菌
主要特征	细胞	相互关系	单个分散或有一定排列方式	单个分散或假丝状	丝状交织	丝状交织
		形态特征	小而均匀，个别有芽孢	大而分化	细而均匀	粗而分化
	菌落	含水状态	很湿或较湿	较湿	干燥或较干燥	干燥
		外观形态	小而突起或大而平坦	大而突起	小而紧密	大而疏松或大而致密
参考特征	菌落透明度		透明或稍透明	稍透明	不透明	不透明
	菌落与培养基结合程度		不结合	不结合	牢固	较牢固
	菌落颜色		多样	单调，一般呈乳白色，少数红或黑色	十分多样	十分多样

续表 3-6

比较项目		单细胞微生物		丝状微生物	
		细菌	酵母菌	放线菌	霉菌
参考特征	菌落正反面颜色差别	相同	相同	一般不同	一般不同
	菌落边缘	一般看不到细胞	可见球状、卵圆状或假丝状细胞	有时可见细丝状细胞	可见粗丝状细胞
	细胞生长速度	很快	较快	慢	较快
	气味	一般有臭味	多带酒香味	带有泥腥味	往往有霉味

3.3.5 食品中常见的霉菌

霉菌是真菌的一部分，在自然界中分布极广，已知的有 5000 种以上，其中有的在发酵食品中应用广泛，有的能产生有毒的霉菌毒素，可导致人类中毒甚至致癌。

1. 食品工业中应用的重要霉菌

1）曲霉属（*Aspergillus*）

曲霉菌在国民经济中有重要的作用，它包括许多发酵工业和食品加工中应用的一些重要菌种。属不整子囊菌纲，散囊菌目，散囊菌科。曲霉的菌丝体是由具有横隔的分枝菌丝构成。一般情况下，无色，老熟后可呈黑、棕、黄、绿、红等颜色。营养菌丝多匍匐生长于培养基的表面，无假根，菌丝具有横隔，为多细胞菌丝。随着培养基中匍匐菌丝分化出具有厚壁的足细胞，足细胞上便生长出直立的分生孢子梗。孢子梗的顶端膨大成顶囊，顶囊有棍棒形、椭圆形、半球形或球形。顶囊上生有辐射状的小梗，小梗成单层或双层，小梗顶端分生孢子呈串状，不同菌种的孢子，其形状、颜色、大小都不同。这些特征都是鉴定曲霉菌的重要依据。

曲霉菌具有分解有机质的能力，可应用于酿造等方面作为糖化菌种，发酵食品及酿酒工业中常应用的米曲霉及黑曲霉是较著名的曲霉。现对重要的几种曲霉介绍如下。

（1）米曲霉（*Aspergillus oryzae*） 菌落初期为白色，质地疏松，继而变为黄褐色至淡绿色，不是真正的绿色，反面无色。分生孢子头呈放射状，少数为疏松柱状。分生孢子梗约为 2 mm，壁较薄、粗糙。顶囊近球形或烧瓶形，小梗一般为单层，偶有双层，也有的单、双层同时存在于一个顶囊中。分生孢子幼时呈洋梨形或椭圆形，老龄多数变为球形或近球形，粗糙或近于光滑，培养的最适温度为 37℃。米曲霉含有多种酶类，产淀粉酶、蛋白酶的能力较强，应用于酿酒、酱及酱油的生产。一般情况下不产生黄曲霉毒素。

（2）黑曲霉（*Aspergillus niger*） 菌丛呈黑褐色，顶囊大球形，小梗双层，自顶囊全面着生。分生孢子为球形，大小为 4～5 μm，褐色色素积存于内壁和外壁间成为短棍状或块状，显得粗糙。有的菌丝产生菌核，为球形，白色，直径约为 1 mm。这类菌在自然界中分布极广，能生长于各种基质上产生糖化酶、果胶酶，可作为糖化剂广泛用于酒及酒精工业生产中。黑曲霉还能用于生产多种有机酸，如抗坏血酸、柠檬酸等。

2）根霉属（*Rhizopus*）

根霉属广泛地分布在自然界中，用途很广，它能产生大量的淀粉酶，使淀粉转化为糖，是酿酒、制醋业常用的糖化菌。但根霉常会引起粮食及其制品的霉变。

根霉与毛霉类似，菌丝为无隔单细胞，生长迅速，有发达的菌丝体，气生菌丝白色、蓬松，如棉絮状。根霉气生性强，故大部分菌丝匍匐生长在营养基质的表面。这种气生菌丝称为匍匐菌丝。匍匐菌丝生节，从节向下分支，形成假根状的基内菌丝，称为假根。假根起固定和吸收养料的作用，这是根霉的重要特征。由假根着生处向上长出直立的 2～4 根孢囊梗，孢囊梗不分支，梗的顶端膨大形成孢囊，同时产生横隔，囊内形成大量孢囊孢子。成熟后，囊壁破裂，孢囊孢子释放。孢囊孢子呈球形或卵形。根霉的有性繁殖产生接合孢子。除有性根霉为同宗结合外，其他根霉都是异宗结合。

根霉属的代表菌种有：黑根霉、米根霉、无根根霉。

（1）黑根霉（*Rhizopus nigricans*）　菌落生长初期为白色，后期为灰褐色至黑褐色。匍匐枝爬行，无色。假根非常发达，呈根状，棕褐色。孢子囊梗着生于假根处，直立，通常2～3根群生，囊托楔形。菌丝上一般不形成厚垣孢子。接合孢子呈球形，有粗糙的突起，直径为150～220 μm。此菌的最适生长温度为30℃，37℃时不能生长。有发酵乙醇的能力，但极微弱。

黑根霉能产生果胶酶，常引起水果的腐烂和甘薯的软腐。在自然界中到处都存在，尤其在长霉的食品及腐烂的瓜、果、蔬菜、甘薯中都可以找到。

（2）米根霉（*Rhizopus oryzae*）　菌落疏松或稠密，初期为白色，后期变为灰褐色至黑褐色。匍匐枝爬行，无色。假根发达，呈根状或指状分枝，褐色。孢子梗直立或稍弯曲，2～4根群生，有时膨大或分枝。囊托楔形，菌丝形成厚垣孢子，无接合孢子，发育温度为30～35℃，最适温度为37℃，41℃时不能生长。

米根霉有淀粉糖化能力、蔗糖转化能力，能产生乳酸、反丁烯二酸及微量的酒精。在我国酒药和酒曲中经常见到，在土壤、空气及其他物质中亦常见。

（3）无根根霉（*Rhizopus arrhizus*）　菌落初期为白色，后期为褐色。匍匐枝分化不明显。假根极不发达，呈短指状或无假根。孢子囊柄直立或稍弯曲，单生，较少群生，有时在孢囊梗上有囊状膨大。接合孢子呈球形，有粗糙的突起。厚垣孢子的形状、大小不一。此菌对温度的适应范围同米根霉。此菌可产生乳酸、脂肪酶等。它可发酵豆类和谷类食品。

3）毛霉属（*Mucor*）

毛霉的外形呈毛状，菌丝细胞为无横隔、单细胞组成，出现多核，菌丝呈分枝状。毛霉具有分解蛋白质的功能，如用来制造腐乳，可使腐乳产生芳香物质和蛋白质分解物（鲜味）。该菌有很强的分解蛋白质和糖化淀粉的能力，因此，常用于酒精和有机酸工业原料的糖化和发酵。另外，毛霉还常生长在水果、果酱、蔬菜、糕点、乳制品、肉类等食品上，引起食品腐败变质。现简单介绍鲁氏毛霉和总状毛霉。

（1）鲁氏毛霉（*Mucor rouxianus*）　此菌种最初是从我国小曲中分离出来的，也是毛霉中最早被用于淀粉制造乙醇的一个菌种。菌落在马铃薯培养基上呈黄色，在米饭上略带白色，孢子囊呈假轴状分枝，厚垣孢子数量很多，大小不一，黄色至褐色，无接合孢子。鲁氏毛霉能产生蛋白酶，有分解大豆的能力，我国多用来做豆腐乳。

（2）总状毛霉（*Mucor racemosus*）　菌丝呈灰白色，菌丝直立而稍短，孢子囊柄总状分枝。孢子囊呈球形，有粗糙的突起，形成大量的厚垣孢子，在菌丝体、孢子囊柄甚至囊轴上都有，形状、大小不一，光滑，无色或黄色。我国四川的豆豉就是用此菌制成。该菌能产生3-羟基丁酮，并对甾族化合物有转化作用。是毛霉中分布最广的一种，几乎在各地土壤中、长霉的材料上、空气中和各种粪便中都能找到。

4）红曲霉属（*Monascus*）

属散囊菌目，红曲科。红曲霉菌在培养基上生长时，菌丝体最初为白色，以后呈淡粉色、紫红色或灰黑色等，通常都能形成红色色素。菌丝具横隔，多核，分枝多。分生孢子着生在菌丝及其分枝的顶端，单生或成链。闭囊壳呈球形，含8个子囊孢子，成熟后子囊壁解体，孢子则留在薄壁的闭囊壳内。生长温度范围为26～42℃，最适温度为32～35℃。最适pH为3.5～5，能耐pH 2.5，耐10%（体积分数）的酒精浓度。可以利用多种糖类或酸类为碳源，能同化硝酸钠、硝酸铵、硫酸铵，而以有机铵为最好的碳源。

红曲霉能产生淀粉酶、麦芽糖酶、蛋白酶、柠檬酸、琥珀酸、乙醇等。由于能产生红色色素，可作为食品加工中天然红色色素的来源。如在红腐乳、饮料、肉类加工中用的红曲米，就是用红曲霉制作的。红曲霉的用途很多，它可用于酿酒、制醋，做豆腐乳的着色剂，并可用作食品染色剂和调味剂，它还可用作中药。

5）青霉属

青霉属十分接近曲霉，在自然界分布很广，常生长在腐烂的柑橘皮上，呈青绿色，不少种类引起食品变质，但也用来生产青霉素和有机酸等。黄绿青霉和橘青霉侵染大米后，可形成有毒的“黄变米”。产黄青霉工业上生产葡萄氧化酶或葡萄糖酸，该菌也是青霉素的生产菌。青霉菌丝与曲霉相似，是由有隔菌丝形成的白色菌丝体。青霉有无性和有性生殖两种生殖方式。

2. 常见的产毒霉菌

霉菌通过孢子繁衍，霉菌孢子普遍存在于土壤和一些腐烂植物的碎叶中。土壤中的霉菌孢子经空气、水及昆虫传播到植物上，一旦孢子接触到破裂的种子，便迅速生长，使种子出现明显的发霉现象。霉菌毒素是一类在霉菌生长过程中产生的有毒次级代谢物，在目前已知的 5 万多种菌种中，有 200 多种可产生 100 余种霉菌毒素，在这些霉菌毒素中有 14 种能致癌，其中 2 种是剧毒的致癌剂。

产毒霉菌主要包括：曲霉属、青霉属、镰刀菌属、木霉属、葡萄状穗霉菌属、头孢霉属、单端孢霉属、交链孢霉属和节菱孢属。这几类霉菌涵盖了大多数产毒菌种，下面介绍常见的曲霉属、青霉属、镰刀霉属及其他霉菌属的形态特征。

1） 曲霉属

本属的产毒霉菌主要包括黄曲霉、寄生曲霉、杂色曲霉、构巢曲霉和棕曲霉。这些霉菌的代谢产物为黄曲霉毒素、杂色曲霉素和棕曲霉毒素。曲霉属的颜色多样，而且比较稳定。营养菌丝体由具横隔的分枝菌丝构成，无色或有明亮的颜色，一部分埋伏型，一部分气生型。分生孢子梗大都无横隔，光滑、粗糙或有麻点。梗的顶端膨大形成棍棒形、椭圆形、半球形或球形的顶囊，在顶囊上生出一层或二层小梗，双层时下面一层为梗基，每个梗基上再着生两个或几个小梗。从每个小梗的顶端相继生出一串分生孢子。由顶囊、小梗以及分生孢子链构成一个头状体的结构，称为分生孢子头。分生孢子头有各种不同颜色和形状，如球形、放射形、棍棒形或直柱形等。曲霉属只少数种形成有性阶段，产生封闭式的闭囊壳。某些种产生菌核或菌核结构，少数种可产生不同形状的壳细胞。

（1）黄曲霉　属于黄曲霉群。在察氏琼脂培养基上菌落生长较快，10～14 天直径 3～4 cm 或 4～7 cm，最初带黄色，然后变为黄绿色，老后颜色变暗，平坦或有放射状沟纹，反面无色或带褐色。在低倍显微镜下观察可见分生孢子头疏松放射状，继变为疏松柱状。分生孢子梗多从基质生出，长度一般小于 1 mm。有些菌丝产生带褐色的菌核。制片镜检观察可见分生孢子梗极粗糙，直径 10～20 μm。顶囊烧瓶形或近球形，直径 10～65 μm，一般多为 25～45 μm。全部顶囊着生小梗，小梗单层、双层或单、双层同时生在一个顶囊上；梗基（6～10）μm×（4～5.5）μm。小梗（6.5～10）μm×(3～5）μm。分生孢子球形、近球形或洋梨形，3～6 μm，粗糙（图 3-33）。黄曲霉产生黄曲霉毒素，该毒素能引起动物急性中毒死亡，如长期食用含微量黄曲霉毒素的食物，能引起肝癌。

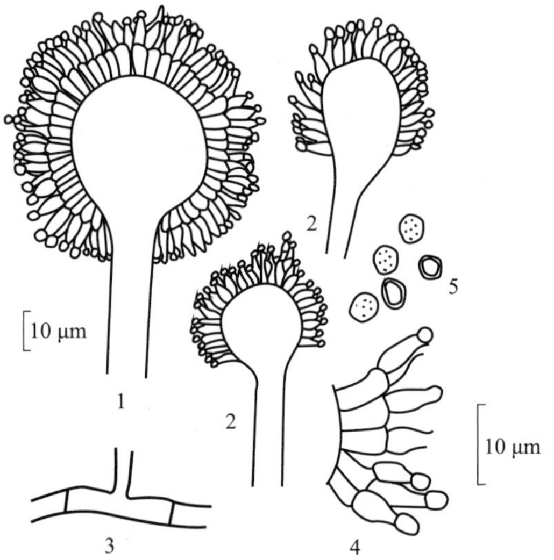

图 3-33　黄曲霉

1. 双层小梗的分生孢子头；2. 单层小梗的分生孢子头；3. 分生孢子梗的基部（足细胞）；4. 双层小梗的细微结构；5. 分生孢子

（2）寄生曲霉　亦属于黄曲霉群，8～10d 菌落 2.5～4 cm，平坦或带放射状沟纹，幼时带黄色，老后呈暗绿色，反面奶油色至淡褐色。低倍显微镜下观察见分生孢子头疏松放射状，直径 400～500 μm，分生孢子梗长短不一，一般为 200～1000 μm，制片镜检观察，见分生孢子梗光滑或粗糙，近顶囊处宽 10～12 μm，顶囊近球形或烧瓶形或杵状，直径 20～35 μm，小梗单层，（7～9）μm×(3～4)μm，排列紧密。分生孢子球形，极粗糙，具小刺，直径 3.5～5.5 μm，未报道过产生菌核。寄生曲霉的菌株都能产生黄曲霉毒素。

（3）杂色曲霉　属于杂色曲霉群。在察氏琼脂培养基上菌落生长局限，14 天直径 2～3 cm，绒状、絮状或两者同时存在。颜色变化相当广泛，不同菌系可能局部淡绿、灰绿、浅黄甚至粉红色；反面近于无色至黄橙色或玫瑰色。有的菌落有无色至紫红色的液滴。分生孢子头疏松放射状，大小为 100～125 μm。分生孢子梗长度可达 500～700 μm，宽 12～16 μm，光滑，无色或略带黄色。顶囊半椭圆形至半球形，上半部或 3/4 部位上着生小梗。小梗双层，梗基（5.5～8）μm×3 μm，小梗（5～7.5）μm×（2～2.5）μm，分生孢子球形，粗糙，直径 2.5～3 μm 或稍大。有些菌系产生球形的壳细胞（图 3-34）。杂色曲霉产生杂色曲霉素，该毒素引起肝和肾的损害，并能引起肝癌。

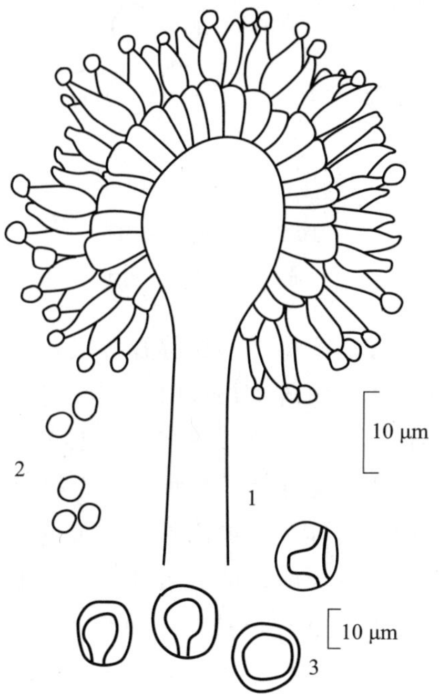

图 3-34　杂色曲霉

1. 分生孢子头；2. 分生孢子；3. 壳细胞

（4）构巢曲霉　属于构巢曲霉群。菌落生长较快，14 天直径 5～6 cm，绒状，绿色，有的菌系由于产生较多的闭囊壳而显现黄褐色，反面紫红色。分生孢子头短柱形，（40～80）μm×（25～40）μm。分生孢子梗极短，常弯曲，一般 75～100 μm，近顶囊处直径 3.5～5 μm，褐色，壁光滑。顶囊半球形，直径 8～10 μm。小梗双层，梗基（5～6）μm×（2～3）μm，小梗（5～6）μm×（2～2.5）μm。分生孢子球形，粗糙，直径 3～3.5 μm。闭囊壳球形，暗紫红色，直径 135～150 μm。子囊孢子双凸镜形，紫红色，约 5 μm×4 μm，有两个鸡冠状突起。闭囊壳外面包围着一层壳细胞，淡黄色，球形，壁厚，直径约 25 μm（图 3-35）。构巢曲霉产生杂色曲霉素。

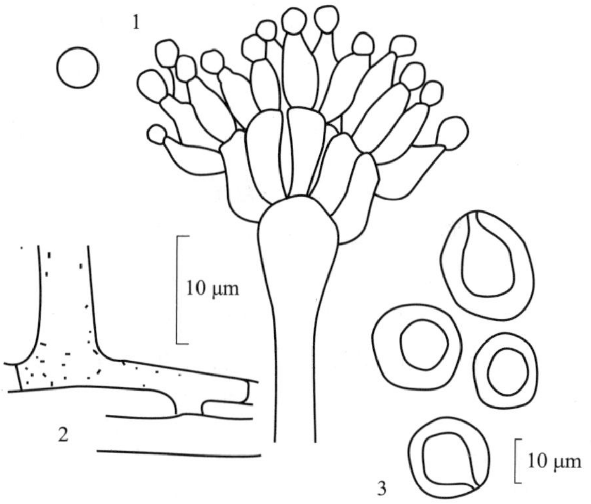

图 3-35　构巢曲霉

1. 分生孢子头；2. 足细胞；3. 壳细胞

（5）赭曲霉　属于赭曲霉群。在察氏琼脂培养基上菌落生长稍局限，10～14 天直径 3～4 cm，褐色或浅黄色，基质中菌丝无色或具有不同程度的黄色或紫色，反面呈黄褐色或绿褐色。分生孢子头幼时球形，老后分裂成 2～3 个柱状分叉。分生孢子梗长达 1～1.5 mm，直径 10～14 μm，带黄色，极粗糙，有明显的麻点。顶囊球形，直径 30～50 μm 或更大。小梗双层，自顶囊全部表面密集着生。分生孢子球形至近球形，直径 2.5～3 μm 或更大，常略粗糙。有些菌系产生较多的菌核，初期为白色，老后淡紫色，球形、卵形至柱形，直径达 1 mm（图 3-36）。赭曲霉产生赭曲霉毒素，该毒素是一种强的肾脏毒和肝脏毒。

2）青霉属

本属产毒霉菌，主要包括黄绿青霉、橘青霉、圆弧青霉、展开青霉、纯绿青霉、红青霉、产紫青霉、冰岛青霉和皱褶青霉等。这些霉菌的代谢产物为黄绿青霉素、橘青霉素、圆弧偶氮酸、展青霉

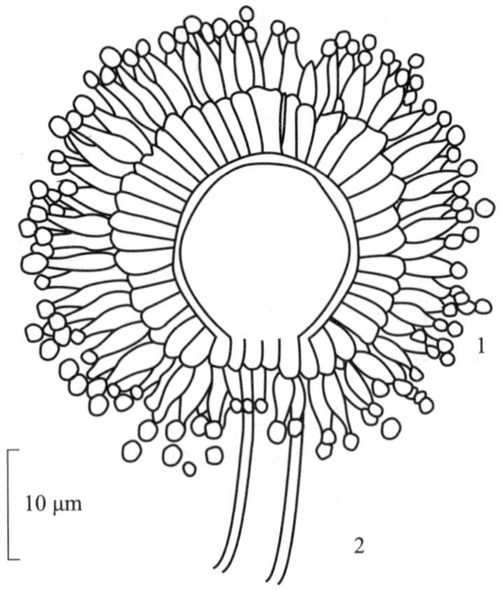

图 3-36　赭曲霉

1. 分生孢子头；2. 分生孢子梗

素、红青霉素、黄天精、环氯素和皱褶青霉素。青霉属的营养菌丝体呈无色、淡色或鲜明的颜色，具横隔，或为埋伏型或部分埋伏型部分气生型。气生菌丝密毡状、松絮状或部分结成菌丝索。分生孢子梗由埋伏型或气生型菌丝生出，稍垂直于该菌丝（除个别种外，不像曲霉那样生有足细胞），单独直立或作某种程度的集合乃至密集为一定的菌丝束，具横隔，光滑或粗糙。其先端生有扫帚状的分枝轮，称为帚状枝。帚状枝是由单轮或两次到多次分枝系统构成，对称或不对称，最后一级分枝即产生孢子的细胞，称为小梗。着生小梗的细胞叫梗基，支持梗基的细胞称为副枝。小梗用断离法产生分生孢子，形成不分枝的链，分生孢子呈球形、椭圆形或短柱形，光滑或粗糙，大部分生长时呈蓝绿色，有时呈无色或呈别种淡色，但决不呈污黑色。少数种产生闭囊壳，或结构疏松柔软，较快地形成子囊和子囊孢子，或质地坚硬如菌核状由中央向外缓慢地成熟。还有少数菌种产生菌核。

（1）黄绿青霉　又称毒青霉，属单轮青霉组，斜卧青霉系。菌落生长局限，10～12 天直径 2～3 cm，表面皱褶，有的中央凸起或凹陷，淡黄灰色，仅微具绿色，表面绒状或稍现絮状，营养菌丝细，带黄色。渗出液很少或没有，有时呈现柠檬黄色，略带霉味。反面及培养基呈现亮黄色。分生孢子梗自紧贴于基质表面的菌丝生出，一般（50～100）μm×（1.6～2.2）μm，壁光滑。帚状枝大部为单轮，偶尔有作一、二次分枝者。分生孢子链约略平行或稍散光滑或近于光滑，成链时具明显的孢隔（图 3-37）。黄绿青霉的代谢产物为黄绿青霉素，该毒素是一种很强的神经毒素。

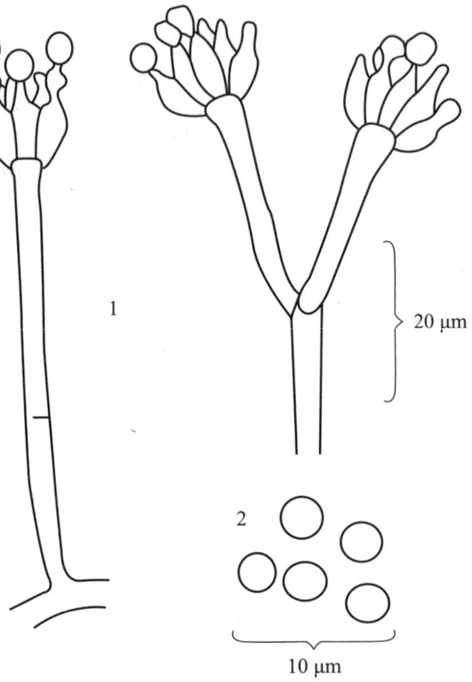

图 3-37　黄绿青霉

1. 帚状枝；2. 分生孢子

（2）橘青霉　属于不对称青霉组，绒状青霉亚组，桔青霉系。菌落生长局限，10～14 天直径 2～2.5 cm，有放射状沟纹，大多数菌系为绒状，另一些则呈现絮状，艾绿色。反面黄色至橙色，培养基颜色相仿或带粉红色。渗出液呈淡黄色。低倍显微镜下分生孢子链为明确的分散柱状。分生孢子梗大多自基质生出，也有自菌落中央气生菌丝生出者，（50～200）μm×（2.2～3）μm，壁光滑，不分枝。帚状枝由 3～4 个轮生而略散开的梗基构成，（12～20）μm×（2.2～3）μm，每个梗基上簇生 6～10 个略密集而平行的小梗，（8～11）μm×（2～2.8）μm。分生孢子呈球形或近球形，直径 2.2～3.2 μm，光滑或近于光滑（图 3-38）。橘青霉产生橘青霉素，该毒素是一种强的肾脏毒。

（3）圆弧青霉　属于不对称青霉组，束状青霉亚组。菌落生长较快，12～14 天直径 4.5～5 cm，略带放射状皱纹，老后或显现环纹，暗蓝绿色，在生长期有宽 1～2 mm 的白色边缘，质地绒状或粉粒状，但在较幼区域为显著束状。渗出液无或较多，色淡。反面无色或初期带黄色，继变为橙褐色。帚状枝不对称，紧密，常具三层分枝，50～60 μm，上生纠缠的分生孢子链。分生孢子梗大（200～400）μm×（3～3.5）μm，典型的粗糙，但也有一些菌系近于光滑。副枝（15～30）μm×（2.5～3.5）μm。梗基（10～15）μm×（2.5～3.3）μm。小梗 4～8 个轮生，（7～10）μm×（2.2～2.8）μm。分生孢子大多近球形，3～4 μm，光滑或略显粗糙（图 3-39）。圆弧青霉的代谢产物为圆弧偶氮酸，该毒素是一种强的肾脏毒。

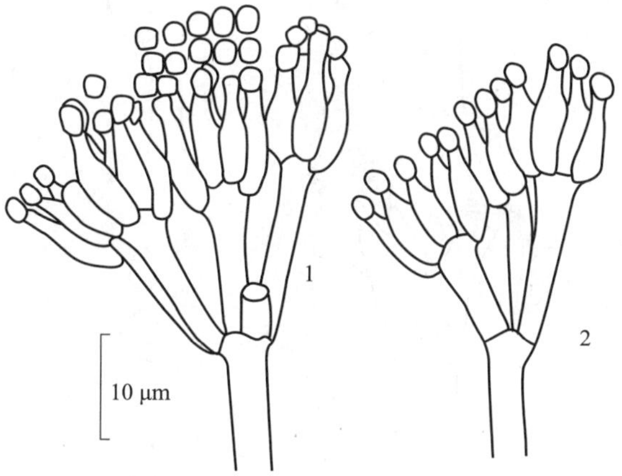

图 3-38　橘青霉

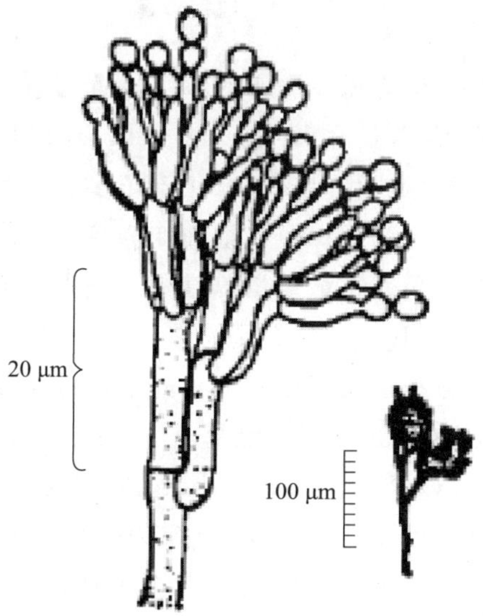

图 3-39　圆弧青霉

（4）岛青霉　属于双轮对称青霉组，绳状青霉系。在察氏琼脂培养基上菌落生长局限，致密丛状，为橙色、红色及暗绿色的混合体。反面浊橙色至红色，变至浊褐色。低倍显微镜下分生孢子链纠缠链状，分生孢子梗短，长 50～75 μm，由气生菌丝或菌丝索上生出，壁光滑，帚状枝典型对称双轮生，稍短，小梗有些骤然变尖（7～9）μm×2 μm。分生孢子椭圆形，光滑，（3～3.5）μm×（2.5～3）μm（图 3-40）。岛青霉产生黄天精和环氯素，该毒素均为肝脏毒，能引起动物的肝损害，并能引起肝癌。

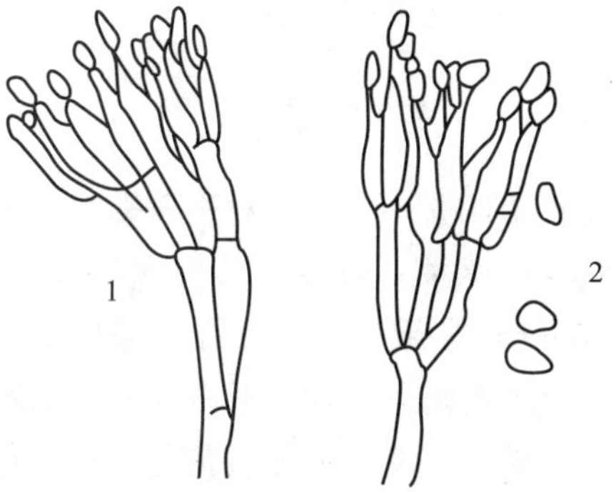

图 3-40　岛青霉

1. 帚状枝；2. 分生孢子

（5）展开青霉　又名荨麻青霉，属于不对称青霉组，束状青霉亚组。在察氏琼脂培养基上，菌落生长局限，12～14 d 直径 2～2.5 cm，大多有放射状沟纹，边缘稍凸起，表面呈现粒状，有些在边缘有明显的菌丝束，有的则呈现絮状，厚密。灰绿色至亮灰色。有的菌系产生近于无声的渗出液，气味不明显。反面暗黄色渐变为橙褐色乃至红褐色，稍扩散于培养基中。帚状枝疏松散开，可具 3～4 层分枝，其大小和复杂程度差别很大，一般 40～50 μm，极限 20～80 μm。分生孢子链略散开，长达 50～100 μm。分生孢子梗一部分单生一部分集结成束，多弯曲，壁光滑，一般（400～520）μm×（3～4）μm。副枝散开，大多（15～20）μm×（3～3.5）μm。梗基较短，大多为（7～9）μm×（3～3.5）μm。小梗短，（4.5～6.5）μm×（2～2.5）μm，8～10 个密集一簇。分生孢子椭圆形，后变为近球形，长轴 2.5～3 μm，光滑（图 3-41）。

展开青霉产生展青霉素，该毒素能引起动物中毒死亡。皮下反复注射展青霉素，可引起注射部位的肉瘤。展青霉素也是一种神经毒。

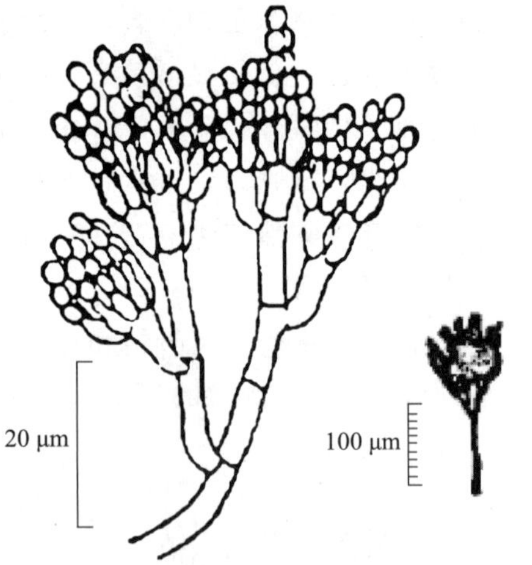

图 3-41　展开青霉

(6) 纯绿青霉　属于不对称青霉组，束状青霉亚组，纯绿青霉系。菌落生长局限，12～14 天直径 2～3.5 cm，亮绿色，有时有蓝绿色的带，紧邻于白色边缘的内侧，极厚，通常为显著的粒状，老年时变为浊褐色。反面为纯淡黄色至纯褐色。帚状枝正常的有 3 层分支，副枝及梗基常生在同一高度。分生孢子梗大部分直径 3.5～4.5 μm，有时达 6 μm，粗糙至很粗糙，小梗（7～10）μm×(2.5～3）μm。分生孢子椭圆形，达4.5μm×3.3 μm，或压球形，直径约 3.5 μm，略粗糙，呈纠缠链状或不稳定的直柱状（图 3-42）。

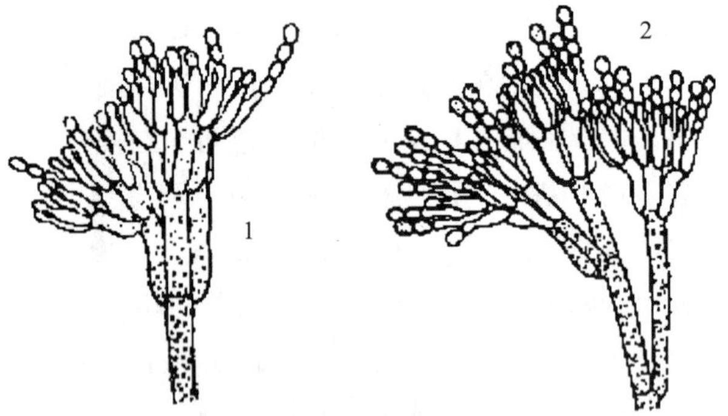

图 3-42　纯绿青霉

1. 帚状枝；2. 分生孢子

(7) 皱褶青霉　属于对称二轮青霉组，皱褶青霉系。菌落生长局限，12～14 d 直径 1.0～1.5 cm，为绒毛状至一定的絮状，浓亮继变稍灰色。反面最初无色，慢慢变为深色至橙色的点状及块状，在斜面培养时尤以边缘为然。帚状枝大部分典型，但也常常不规则。梗基长短不一，分生孢子梗光滑，直径 2.5～3 μm。小梗（10～12）μm×(1.8～2）μm。分生孢子呈椭圆形，显著的粗糙，(3～3.5）μm×(2.5～3）μm，生成纠缠链状（图 3-43）。

皱褶青霉产生皱褶青霉素，该毒素是一种肝脏毒。

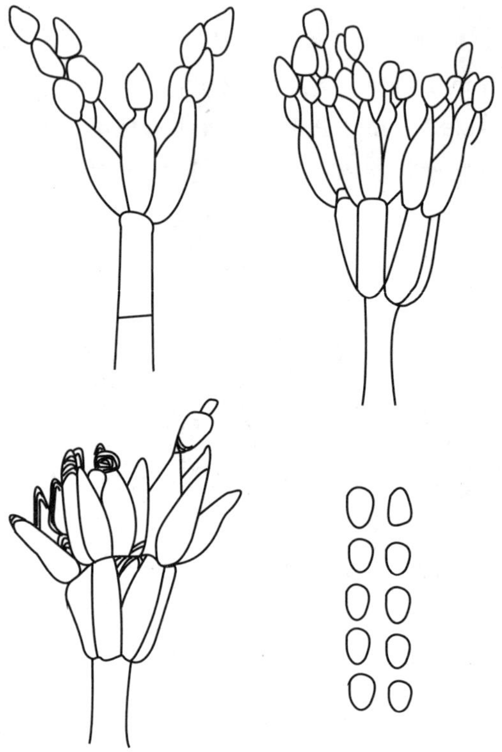

图 3-43　皱褶青霉

(8) 产紫青霉　属于对称二轮青霉组，产紫青霉系。菌落生长稍局限，12～14 天直径 1.5～2.5 cm，绒状或稍呈现絮状；孢子多，在黄色至橙红色菌丝体上为深绿色，继而变为暗绿色。反面深红色至紫红色并扩散至培养基中。分生孢子梗多自基质生出，(100～150）μm×(2.5～3.5）μm，自气生菌丝分枝而出者则较短、光滑。帚状枝为典型的双轮对称型，紧密。梗基 5～8 个轮生，（10～14）μm×(2.5～3）μm。小梗细长，端尖，4～6 个成为紧密而平行的一簇，（10～12）μm×(2～2.5）μm。分生孢子呈椭圆形至近球形，具厚壁，大多数菌系是粗糙的，偶尔光滑，(3～3.5）μm×(2.5～3）μm。生成纠缠链状（图 3-44）。

红色青霉与产紫青霉很类似，其区别在于它为较淡的灰绿色，分生孢子为光滑的球形。产紫青霉和红色青霉均产生红青霉毒素，该毒素是为肝脏毒。

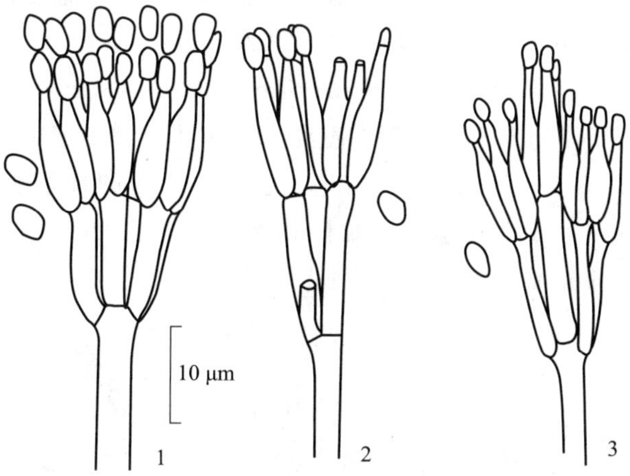

图 3-44　产紫青霉

1，2. 产紫青霉的帚状枝和分生孢子；
3. 红色青霉的帚状枝和分生孢子

3）镰刀菌属

本属的产毒霉菌主要包括禾谷镰刀菌、串珠镰刀菌、三线镰刀菌、梨孢镰刀菌、拟枝孢镰刀菌、尖孢镰刀菌、茄病镰刀菌和木贼镰刀菌等。这些霉菌的代谢产物为单端孢霉烯族化合物、玉米赤霉烯酮和丁烯酸内酯等。

在马铃薯-葡萄糖琼脂或察氏培养基上气生菌丝发达，高 0.5～1.0 cm 或较低 0.3～0.5 cm，或更低为 0.1～0.2 cm；稀疏的气生菌丝，甚至完全无气生菌丝而由基质菌丝直接生出黏孢层，内含大量的分生孢子，大多数中小型分生孢子通常假头状着生，或者假头状和链状着生兼有。小型分生孢子生于分枝或不分枝的分生孢子梗上，形状多样，卵形、梨形、椭圆形、长椭圆形、纺锤形、披针形、柱形、锥形、逗点形、圆形等。1～3 隔，通常小型分生孢子的量较大型分生孢子为多。大型分生孢子产生在菌丝的短小爪状突起上或产生在分生孢子座上，或产生在黏孢团中；大型分生孢子形态多样，镰刀形、线形、纺锤形、披针形、柱形、腊肠形、蠕虫形、鳗鱼形、弯曲、直或近乎直。顶端细胞多种形态，短啄形、锥形、钩形、线形、柱形，逐渐变窄或突然收缩。气生菌丝、子座、黏孢团、菌核可呈各种颜色，基质亦可被染成各种颜色，厚垣孢子间生或顶生，单生或多个成串或成结节状，有时也生于大型分生孢子的孢室中，无色或具有各种颜色，光滑或粗糙。

镰刀菌属的一些种，当初次分离时，只产生菌丝体，常常还需诱发产生正常的大型分生孢子以供鉴定。因此须同时接种无糖马铃薯琼脂或察氏培养基等。

（1）串珠镰刀菌　在马铃薯-葡萄糖琼脂培养基上气生菌丝呈棉絮状，蔓延，高 0.2～0.8 cm，有些菌株平铺或局部低陷，试管壁或菌落中央有一定程度的绳状或束状的趋势，气生菌丝的色泽随菌株及培养基而异；白色、浅粉色、淡紫色。基质反面为较浅的黄、赭、紫红乃至蓝色，或它们之间的颜色。野生型菌株一般产孢子良好，在气生菌丝层上有一层稍稍反光的、松散的细粉就是散落成堆的孢子。某些菌株在菌落中央产生粉红色、粉红-肉桂色的黏孢团，个别菌株则为暗蓝色，黏孢团含大量的小型分生孢子及较多的大型分生孢子。

小型分生孢子呈椭圆形、纺锤形、卵形、梨形、腊肠形，透明，单细胞或有 1～2 个隔，直或稍弯（3～14）μm×（2～4.8）μm，液体培养时较大为（9～18）μm×（2.5～6）μm。小型分生孢子成串或假头状（图 3-45）。

大型分生孢子为镰刀形、纺锤形、棍棒形、线形，直或稍弯。孢子两端窄细或粗细均一，或一端较锐，透明，壁薄，一般多为 3～6 隔，7 隔者罕见（图 3-45）。3 隔的大小平均为 36×3 μm；5 隔的大小平均为 49 μm×3.1 μm；6 隔的大小平均为（56～60）μm×（4.5～4.8）μm。

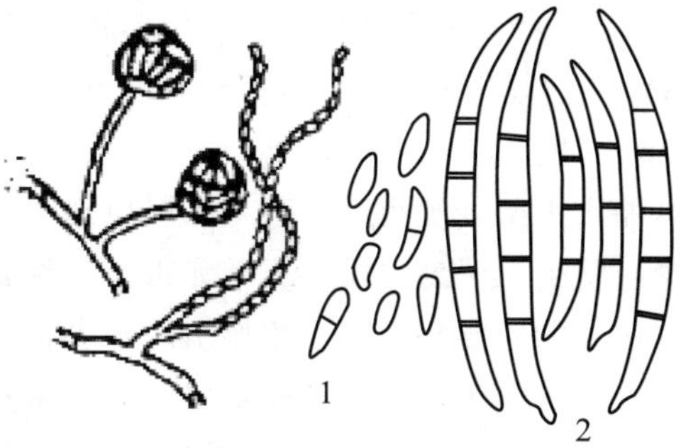

图 3-45　串珠镰刀菌

1. 小型分生孢子；2. 大型分生孢子

在马铃薯培养基上有些菌株可产生子座，呈黄色、褐色或紫色，有些菌株还可形成菌核。子囊阶段；藤仓赤霉。串珠镰刀菌主要寄生于禾谷类作物，如稻谷、甘蔗、玉米和高粱等，其代谢产物为串珠镰刀菌素和玉米赤霉烯酮。

(2) 禾谷镰刀菌　菌株在马铃薯-葡萄糖琼脂培养基上菌丝棉絮状至丝状，生长茂盛，高度可达5～7 mm。白色，然后白-洋红色或白-砖红色，中央常遗留黄色气生菌丝区。反面深洋红色或淡砖色。菌丝分枝，有隔，透明，或浅玫瑰色，直径1.5～5 μm。一般野生型菌株在培养基上不产孢子，但在菌丝中可见膨大细胞。膨大细胞为球形或卵形，顶生或间生，壁薄，透明，直径[6～12(～14)μm]。大型分生孢子近镰刀形、纺锤形、披针形、稍弯，两端稍窄细，顶端细胞末端稍尖或略钝，隔膜有或无，大多数3～5隔，极少1～2隔或6～9隔，单个孢子无色，聚集时呈红色（图3-46）。

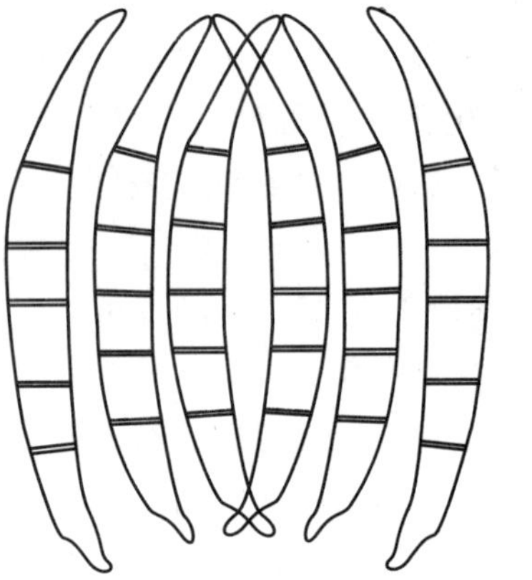

图 3-46　禾谷镰刀菌的大型孢子

大型孢子3隔（28～40）μm×(4～5) μm或(25～47) μm×(3.3～6) μm；5隔（30～55）μm×(4～5.5) μm或（28～60）μm×(3.3～6) μm；6～7隔（45～60）μm×(4.5～6) μm或（40～70）μm×(4～6.5) μm。

本种无小型分生孢子，一般无厚垣孢子，如有也极少，间生。子囊阶段：玉米赤霉。禾谷镰刀菌是赤霉病麦的主要病原菌，主要引起小麦、大麦和元麦的赤霉病，禾谷镰刀菌还可以感染玉米和水稻等，能产生T-2毒素，脱氧雪腐镰刀菌烯醇和玉米赤霉烯醇等。

(3) 三线镰刀菌　在马铃薯-葡萄糖琼脂培养基上，气生菌丝生长茂盛，棉絮状，呈白色、洋红色、红色至紫色。小型分生孢子散生在气生菌丝中或聚成假头状，梨形或柠檬形、纺锤-近披针形或稍呈镰刀形，0～1隔。大型分生孢子生于分生孢子梗座及气生菌丝中，镰状弯曲或椭圆形弯曲，隔膜很明显。3～5隔。3隔（26～38）μm×(3～4.7) μm；5隔（34～53）μm×(3～4.8) μm。

厚垣孢子呈球形，壁光滑，间生，单生或成串（图3-47）。本菌主要寄生于玉米和小麦的种子上，可产生T-2毒素，丁烯酸内酯，二乙酸藤草镰刀菌烯醇和玉米赤霉烯酮。

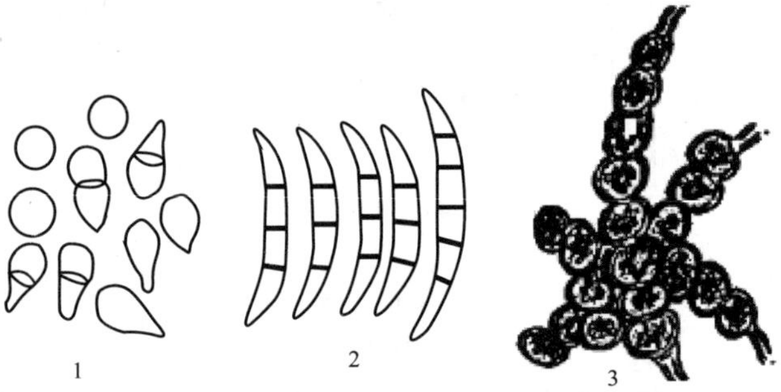

图 3-47　三线镰刀菌的大型分生孢子

1. 小型分生孢子；2. 大型分生孢子；3. 厚垣孢子

(4) 雪腐镰刀菌　在马铃薯-葡萄糖琼脂培养基上，菌落呈白色、洋桃红色、粉红色至杏黄色。菌丝呈稀疏的棉絮状、蛛丝状。生长速度：4 d后平均菌落直径超过1 cm以上，在4℃低温发育良好，培养7～10 d可检见分生孢子。分生孢子直接产生于气生菌丝中，但在某些菌株中，分生孢子可自小的分生孢子梗上生出，黏孢团呈鲑橙色、浅橙色，干时呈肉桂色。菌丝直径1.5～5 μm，瓶状小梗（7～9）μm×(2.5～3) μm。分生孢子纺锤-镰刀形至香肠形，两端渐变窄，末端钝圆，基部无隔膜，有时呈楔状，典型的有0～3隔（图3-48）。0隔（5～8）μm×(2～4) μm；1隔（9～23）μm×(2.2～4.5) μm；3隔（13～16）μm×(2.3～4.5) μm。

本菌无厚垣孢子，子座小，透明，呈粉红至砖红色，后期变为深褐色。子囊阶段：雪腐丽赤壳。雪腐镰刀菌在小麦、大麦和玉米等谷物上生长，可产生镰刀菌烯酮-X，需腐镰刀烯醇和二乙酸雪腐镰刀菌烯醇等有毒代谢产物。

(5) 梨孢镰刀菌　菌株在马铃薯-葡萄糖琼脂上，气生菌丝生长良好，蛛丝状、丝状有时带粉

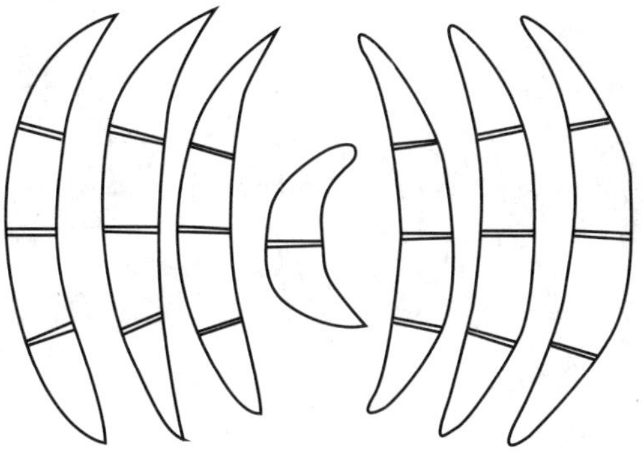

图 3-48 雪腐镰刀菌的大型分生孢子

状，高可达 7～8 mm，苍白-玫瑰色、浅粉红色-洋红色、洋红赭色。反面呈深浅不同的洋红色或浅紫洋红色。菌丝分枝，有隔，透明，直径 1.5～5 μm，菌丝及分生孢子梗的分枝常对生及轮生。小型分生孢子通常假头状着生，有时短链状，小型分生孢子球形、梨形、柠檬形、倒卵形占优势，还有椭圆形、纺锤形、窄瓜子形的小型分生孢子。0～1 隔。透明，光滑。球形孢子直径 4～8 μm，其他形状的小孢子无隔，(8～10)μm×(3～6)μm 或(5～12)μm×(2.5～8)μm。1 隔 (12～20) μm×(3～6.5) μm 或 (9～26) μm×(2.5～9) μm，大型分生孢子镰刀形、披针形、纺锤形、椭圆形弯曲或近直。隔膜不明显，少数有具乳头状突起的隔膜，2～5 隔，光滑，透明。2 隔 (15～30) μm×(2.5～5) μm；3 隔 (19～35) μm×(3.5～5.5) μm；5 隔 (30～40) μm×(4～6) μm 厚垣孢子矩圆-椭圆或似椭圆形，多数间生，少数顶生、单生或数个成串，或结节状，赭黄色（图 3-49）。梨孢镰刀菌主要寄生于谷类，可产生 T-2 毒素、新茄病镰刀菌烯醇和丁烯酸内酯等。

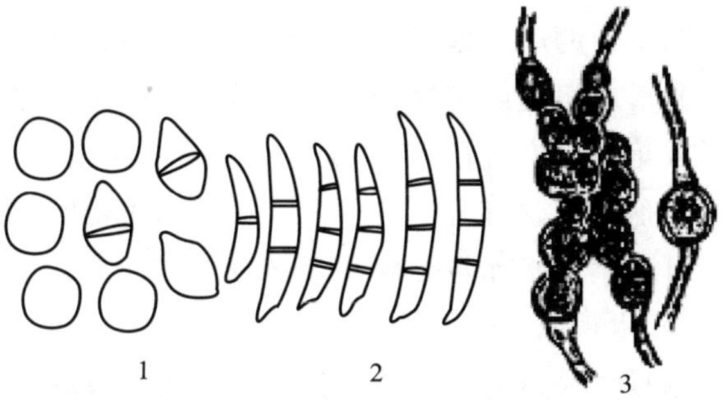

图 3-49 梨孢镰刀菌的孢子

1. 小型分生孢子；2. 大型分生孢子；3. 厚垣孢子

(6) 拟枝孢镰刀菌　在马铃薯-葡萄糖琼脂培养基上，气生菌丝生长茂盛，棉絮状，表面稍呈粉状，初为白色，很快变为樱桃红色。菌落反面呈暗紫红色。小型分生自分生孢子梗的假分枝（多芽产孢细胞）上形成，通常稍稀疏。小型分生孢子球形、梨形、椭圆形、近披针形或近镰刀形，0～1 隔。大型分生孢子产于气生菌丝或分生孢子梗座中，镰刀形、纺锤-镰刀形、披针形，弯曲，有隔膜，3～5 隔。3 隔 (22～35) μm×(3.6～4.7) μm；5 隔 (37～45) μm×(4.0～5.2) μm。厚垣孢子间生，单个或成对，结节状或成串（图 3-50）。

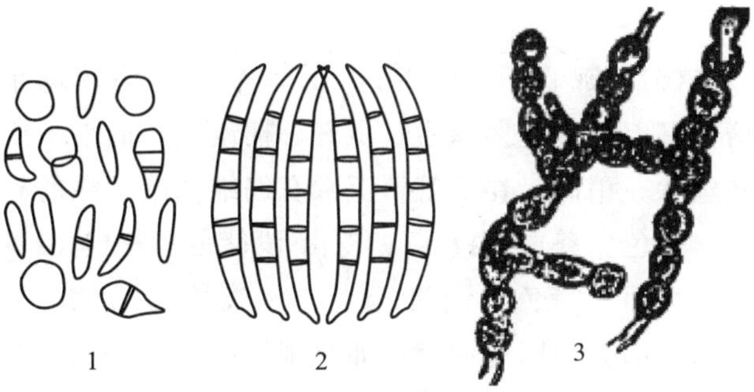

图 3-50 拟枝孢镰刀菌

1. 小型分生孢子；2. 大型分生孢子；3. 厚垣孢子

本菌主要寄生于小麦、燕麦、玉米和甜瓜等作物，能产生 T-2 毒素、丁烯酸内酯和新茄病镰刀菌烯醇。

(7) 木贼镰刀菌　在马铃薯-葡萄糖琼脂培养基上，气生菌丝生长较快，棉絮状，白色、乳黄色至褐色。缺乏真正的小型分生孢子。大型分生孢子纺锤-镰刀形、弧弓形，鳗状弯曲、抛物线形弯曲、双曲线弯曲或近于直，中央细胞明显膨大，顶端细胞窄细，成长刺或线状，隔膜明显，4～7 隔。

3 隔 (22～45) μm×(3.5～5) μm；5 隔 (40～58) μm×(3.7～5) μm；7 隔 (42～60) μm×(4～5.9) μm。厚垣孢子间生于菌丝中，成串或成结节状，有极粗的疣状突起或光滑，黄褐色或透明，单个厚垣孢子直径 6～10 μm（图 3-51）。子囊阶段：错综赤霉。木贼镰刀菌主要寄生于大豆种子和幼苗、小麦、大麦和黑麦上，能产生二乙酸熏草镰刀菌烯醇、玉米赤霉烯酮、新茄病镰刀菌烯醇和丁烯酸内酯。

1　　2

图 3-51　木贼镰刀菌的孢子

1. 大型分生孢子；2. 厚垣孢子

(8) 茄病镰刀菌　菌株在马铃薯-葡萄糖琼脂培养基上，气生菌丝生长良好，棉絮状，低平，或蛛丝状、稍高。在试管壁上常有编结成菌丝绳的趋势，白色、苍白-浅紫色、苍白-浅赭色、苍白-浅黄色。反面浅赭色、浅赭-暗蓝色、浅黄奶油色。气生菌丝的黏孢团有或无，如有则呈白、褐、黄、绿色或它们之间的颜色。

小型分生孢子假头状着生，椭圆形、卵圆形、长椭圆形、短腊肠形、逗点形，0～1 隔，光滑，(4～15) μm×(3～5) μm [变化幅度 (3～19) μm×(2～5) μm]。大型分生孢子近镰刀形、纺锤-镰刀形、纺锤-披针形、纺锤-柱形、稍弯，极个别菌株有双曲线弯曲的大型孢子，在很大距离的长度上直径相等，顶端细胞短，稍窄或变钝，隔膜有或无。大型分生孢子壁显著厚，2～7 隔，以 3 隔居多。3 隔 (17～52) μm×(4～7) μm；4～5 隔 (35～60) μm×(4.5～7) μm；6～7 隔 (45～70) μm×(5～7.2) μm。

厚垣孢子在察氏培养基上产生，顶生或间生，单细胞或双细胞，有较少数的菌株则呈短链或结节状，表面光滑或小疣状突起，浅黄赭色，或无色，单细胞的厚垣孢子通常圆形或椭圆形，直径 7～16 μm (图 3-52)。子囊阶段：红壳赤壳。茄病镰刀菌可引起蚕豆的枯萎病，还可造成多种栽培作物如花生、甜茶、马铃薯、番茄、芝麻、玉米和小麦的根腐、茎腐及果实干腐等，并能产生新茄病镰刀菌烯醇和玉米赤霉烯酮。

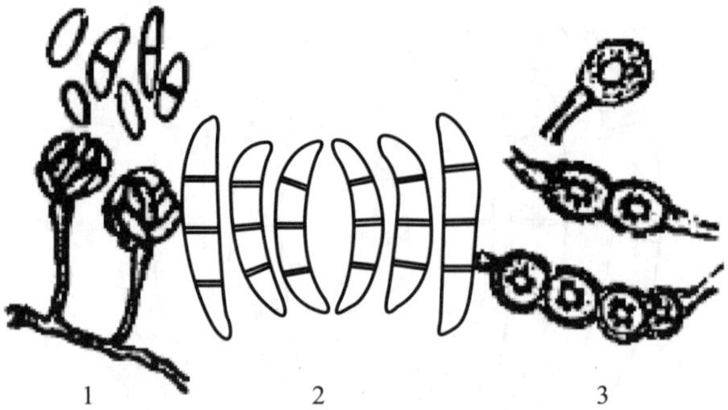
1　　2　　3

图 3-52　茄病镰刀菌的孢子

1. 小型分生孢子；2. 大型分生孢子；3. 厚垣孢子

(9) 尖孢镰刀菌　菌株在马铃薯-葡萄糖琼脂培养基上，气生菌丝生长良好，棉絮状或蛛丝状，通常白色、苍白-玫瑰色、浅奶油黄色、浅玫瑰-赤红色、浅紫或苍白-浅紫色。反面无色、浅赭色或微灰-浅紫色、浅赭-玫瑰色。气生菌丝有或无，如有则为绿-蓝黑色或其他色。直径 0.5～0.6 μm。气生菌丝有隔，分枝，透明，直径 1.5～5 μm。小型分生孢子生于气生菌丝中，假头状着生，或生于黏孢团中。小型分生孢子形状可以是椭圆形、纺锤-椭圆形、近柱形、窄腊肠形、逗点形、拟肾形、卵形，具 0～1 隔，光滑， (6～14) μm×(2～3) μm 或 (4～18) μm×(1.8～3.5) μm。大型分生孢子纺形、镰刀形、椭圆形弯曲、纺锤-柱形、稍弯，顶端细胞较长，逐渐窄细、稍尖、很尖或稍窄钝，隔膜有或无，孢壁薄，有 1～5 隔，有的多达 7 隔。

3 隔 (23～45) μm×(2.5～3.5) μm 或 (16～50) μm×(2～4.5) μm；5 隔 (30～40) μm×(3～4) μm 或 (22～55) μm×(2.2～4.8) μm；6～7 隔 (50～55) μm×(3～4) μm 或 (45～60) μm×4.8 μm。

菌丝中的厚垣孢子顶生或间生，单细胞或双细胞，光滑或粗糙或有疣状突起，单细胞的厚垣孢子圆形或矩圆形，直径为 5～16 μm (图 3-53)。

尖孢镰刀菌可寄生于玉米、小麦和大麦的种子上，可产生玉米赤霉烯酮和 T-2 毒素。

4) 木霉属

木霉生长迅速，菌落棉絮状或致密丛束状，产孢从束区常排列成同心轮纹，菌落表面颜色为不同程度的绿色，有些菌株由于产孢子不良几乎白色。

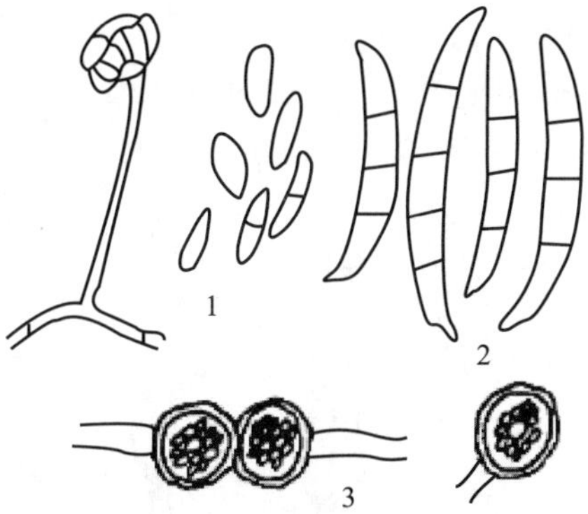

图 3-53 尖孢镰刀菌

1. 小分生孢子和假头状着生；2. 大分生孢子；3. 厚垣孢子

菌落反面无色或有色，气味有或无，菌丝透明，有隔，分枝繁复。厚垣孢子有或无，间生于菌丝中或顶生于菌丝短侧分枝上，球形、椭圆形，无色，壁光滑。分生孢子梗为菌丝的短侧枝，其上对生或互生分枝，分枝上又可继续分枝，形成二级，三级分枝，终而形成似松柏式的分枝轮廓，分枝角度为锐角或几乎直角，束生、对生、互生或单生瓶状小梗。分枝的末端即为小梗，但有的菌株主梗的末端为一鞭状而弯曲不孕菌丝。分生孢子由小梗相继生出而靠黏液把它们聚成球形或近球形的孢子头，有时几个孢子头汇成一个大的孢子头，分生孢子近球形或椭圆形、圆筒形、倒卵形等，壁光滑或粗糙，透明或亮黄绿色（图 3-54）。木霉产生木霉素、属于单端孢霉烯族化合物。

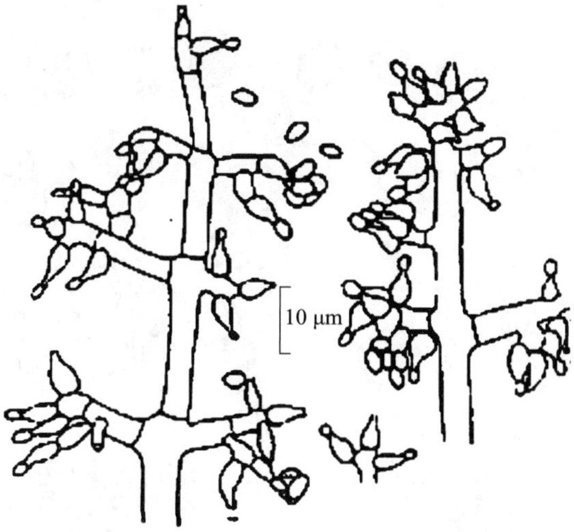

图 3-54 木霉的分生孢子梗、小梗和分生孢子

5）头孢霉属

在合成培养基及马铃薯-葡萄糖琼脂培养基上各个种的菌落类型不一，有些种缺乏气生菌丝，湿润或呈细菌状菌落，有些种气生菌丝发达，呈茸毛状或絮状菌落，或有明显的绳状菌丝索或孢梗束。菌落的色泽可由粉红至深红，白色、灰色或黄色。营养菌丝丝状有隔、有分枝，无色或鲜色或者在少数情况下由于盛产厚垣孢子而呈暗色。菌丝常编结成绳状或孢梗束。分生孢子梗很短，大多数从气生菌丝上生出，基部稍膨大，呈瓶状结构，互生、对生或轮生。分生孢子从瓶状小梗顶端溢出后推至侧旁，靠黏液把它们粘成假头状，遇水即散开，成熟的孢子近圆形、卵形、椭圆形或圆柱形，单细胞或偶尔有一隔，透明（图 3-55）。有些种具有性阶段可形成子囊壳。头孢霉能引起芹菜、大豆和甘蔗等的植物病害，它所产生的毒素属于单端孢霉烯族化合物。

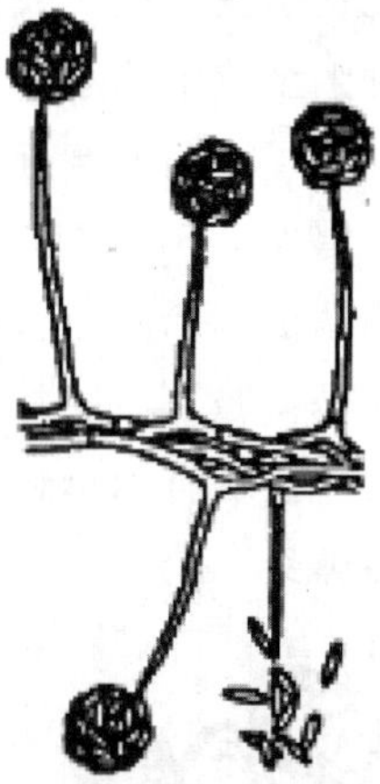

图 3-55 顶孢头孢霉的分生孢子头及分生孢子

6）单端孢霉属

本属菌落薄，絮状蔓延，分生孢子梗直立，有隔，不分枝，分生孢子 2～4 室。透明或浅粉红色，分生孢子是以向基式连续形成的形式产生的。孢子靠着生痕彼此连接成串，分生孢子梨形或倒卵形，两胞室的孢子上胞室较大，下胞室基端明显收缩变细，着生痕在基端或其一侧（图 3-56）。该类菌能产生单端孢霉素，属于有毒性的单端孢霉烯族化合物。

7）葡萄状穗霉属

葡萄状穗霉菌丝匍匐、蔓延，有隔，分枝，透

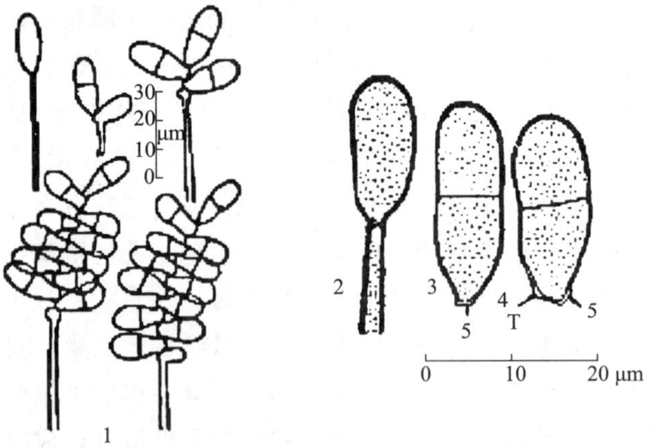

图 3-56　粉红单端孢霉

1. 分生孢子与孢子的形成顺序；2. 分生孢梗的第一个孢子的形成；3. 脱落的第一个分生孢子（S 处指着生脐）；4. 后来形成的（非第一个）分生孢子，T 处指与隔邻孢子相接触处的加厚部

明或稍有色。分生孢子梗从菌丝直立生出，最初透明然后烟褐色，规则地互生分枝或不规则分枝，每个分枝的末端生瓶状小梗，透明或浅褐色，在分枝末端单生，两个对生至数个轮生。分生孢子单个地生在瓶状小梗的末端，椭圆形、近柱形或卵形，暗褐色，有刺状突起（图 3-57）。该菌产生黑葡萄状穗霉毒素，属于单端孢霉烯族化合物，能使牲畜特别是马中毒，症状是口腔、鼻腔黏膜溃烂，颗粒性白细胞减少，死亡。接触有毒草料的人，出现皮肤炎、咽峡炎、血性鼻炎。

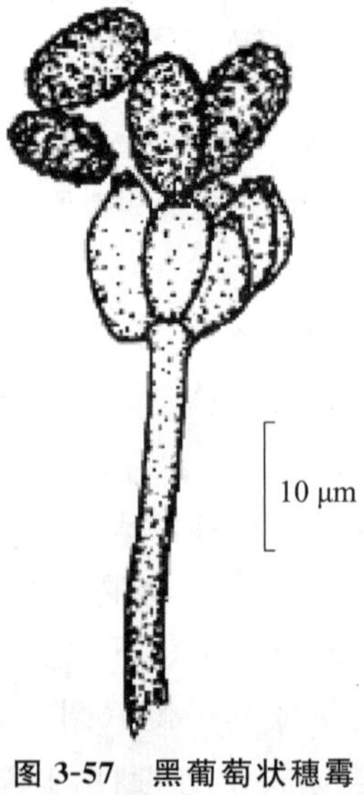

图 3-57　黑葡萄状穗霉

8）交链孢霉属

交链孢霉的不育菌丝匍匐，分隔，分生孢子梗单生或成簇，大多不分枝，较短，与营养菌丝几乎无区别。分生孢子倒棒状，顶端延长成喙状，淡褐色，有壁砖状分隔，暗褐色，成链生长，孢子的形态及大小极不规律（图 3-58）。该菌能产生 7 种细胞毒素。

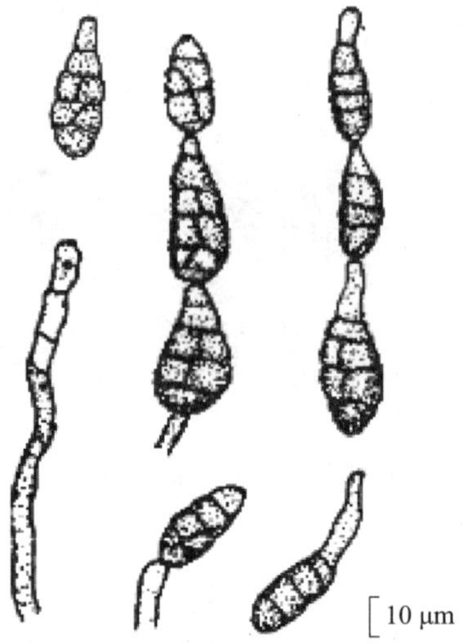

图 3-58　交链孢霉的分生孢子链

9）节菱孢霉属

在马铃薯－葡萄糖琼脂培养基上，菌落生长蔓延，5～6 d 直径达 9 cm，白色或略带黄色絮状，背面（基质菌丝）微黄至深褐。有的菌落中间呈褐色，背面黑褐色，有的菌落带粉红色，有的菌丝较稀疏，并具有大量黑色孢子团。分生孢子梗从母细胞垂直于菌丝而生出，分生孢子顶生或侧生。孢子褐色，光滑。双凸镜形、正面直径 4.0～10.0 μm，有的菌株具有腊肠孢子，褐色、光滑、大小为（10.6～14.7）μm×（4.0～5.3）μm（图 3-59）。

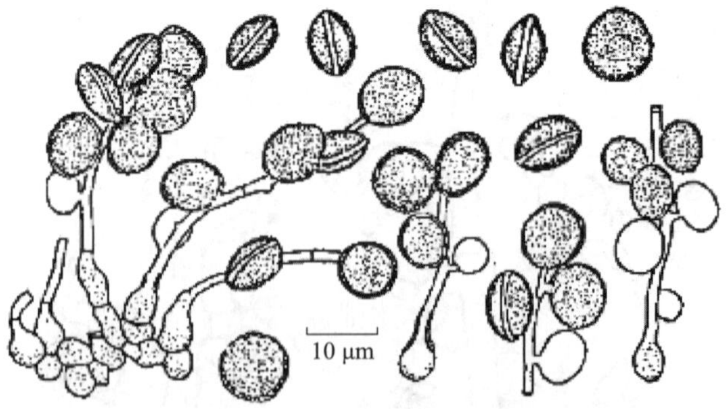

图 3-59　节菱孢霉的分生孢子链

二维码 3-2　霉菌直接镜检计数法

二维码 3-3　部分食品中的真菌数限量

3.4 蕈菌

在自然界中广泛生长着一类种类繁多的大型真菌，这类真菌能产生肉眼可见、徒手可摘的子实体。它们是属于真菌中的子囊菌门和担子菌门，其中大多数都是担子菌，只有少数是子囊菌。古代中国把这种形成子实体的大型真菌称为“蕈”，又称为蘑菇，有毒的称为毒蘑菇或毒菌。全世界有记述的毒菌有1000余种，我国已知500多种。毒蘑菇的毒素主要引起人的胃肠溶血、肝脏损害等。

在大型真菌中有一类可供人类食用，而且营养特别丰富的蘑菇称为食用菌，它与人类的关系密切。已记载的食用菌已超过2000多种，目前已利用的食用菌近400种，其中约50种已经能进行人工栽培。自然界中还有许多种类的食用菌未被发现和利用。我国已发展成为食用菌生产的一个大国，年总产量占世界的70%。生产的主要品种有双孢蘑菇、香菇、平菇、草菇、金针菇、木耳、银耳等。

近几年来已发展成为工厂化生产的有白灵菇、杏鲍菇、茶树菇、真姬菇等新品种，还有多种具有药用价值的灵芝、猴头菇、蛹虫草等也已进行规模化生产。

3.4.1 担子菌类食用菌

担子菌是真菌中最高等的一个门，具有以下特征：①子实体较大，组织分化程度较高；②担孢子着生于外面，便于传播；③双核菌丝时期，结构上能看清楚，双核菌丝与产囊丝相似；④多数没有无性阶段。担子菌和所有其他真菌的区别在于它们能产生一种孢子，称为担孢子。此外它们有特殊的产孢体，即担子，亦即双核菌丝体和特殊的锁状联合（图3-60）。

1. 担子菌的形态结构及生活史

担子菌菌体一般较大，为（3～18）cm×（4～20）cm。由于它比其他真菌都大，所以又称大型真菌。担子菌形态多种多样，但以伞状为多。伞菌一般由菌盖、菌褶、菌柄、菌环及菌托等部分组成（图3-61）。菌丝体呈须状，是营养器官。它的主要功能是分解基质，吸收营养。菌柄是菌盖的支持部分。菌盖又名菌帽，是食用的主要部分。菌盖的形态多种多样，是由其遗传特性所决定的，同时与发育条件有关（图3-62）。

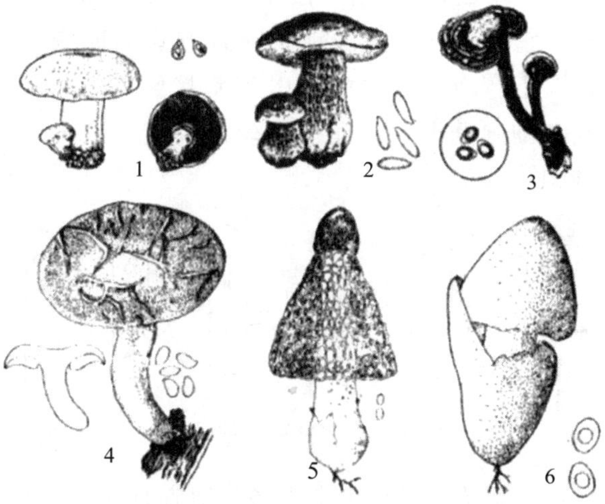

图3-60 常见的担子菌和担孢子

1. 蘑菇；2. 牛肝菌；3. 灵芝；4. 香菇；5. 竹荪；6. 草菇

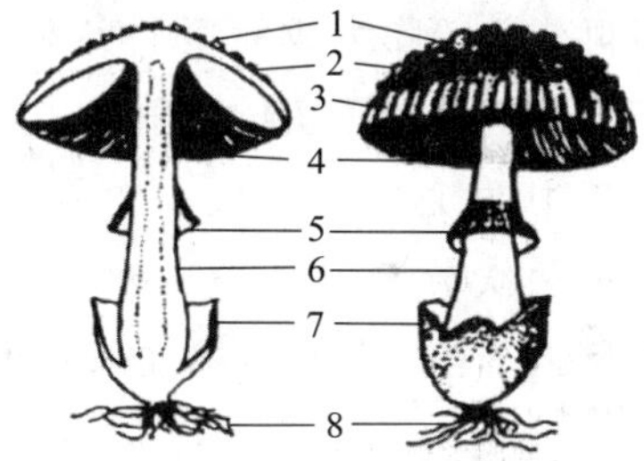

图3-61 伞菌类子实体的结构

1. 菌盖；2. 鳞片；3. 条纹；4. 菌褶；5. 菌环；6. 菌柄；7. 菌托；8. 菌丝素

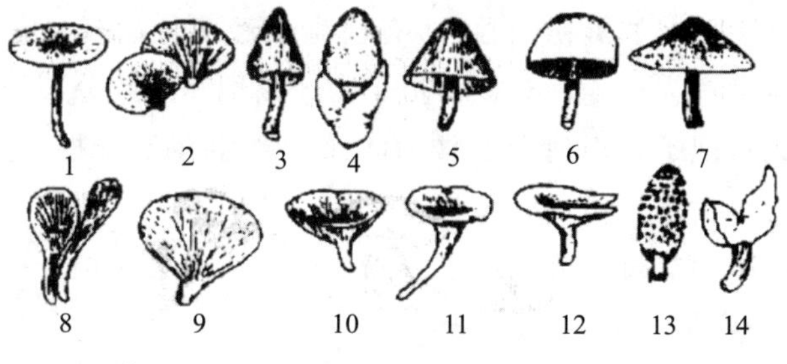

图3-62 菌盖的形态

1. 圆形；2. 半圆形；3. 圆锥形；4. 卵圆形；5. 钟形；6. 半球形；7. 斗笠形；8. 匙形；9. 扇形；10. 漏斗形；11. 喇叭形；12. 浅漏斗形；13. 圆筒形；14. 马鞍形

绝大多数担子菌菌丝发达有隔膜。在伞菌的发育过程中，其菌丝的分化分为5个阶段：

（1）形成一级菌丝　由担孢子（basidiospore）

萌发，形成由许多单核细胞构成的菌丝。

（2）形成二级菌丝　由不同性别的一级菌丝发生接合后，通过质配形成了由双核细胞构成的二级菌丝，它们通过独特的锁状联合方式形成喙状突起，向下弯曲，其顶端与母细胞接触连合，不断使双核细胞分类，从而使菌丝的尖端不断向前延伸（图 3-63）。

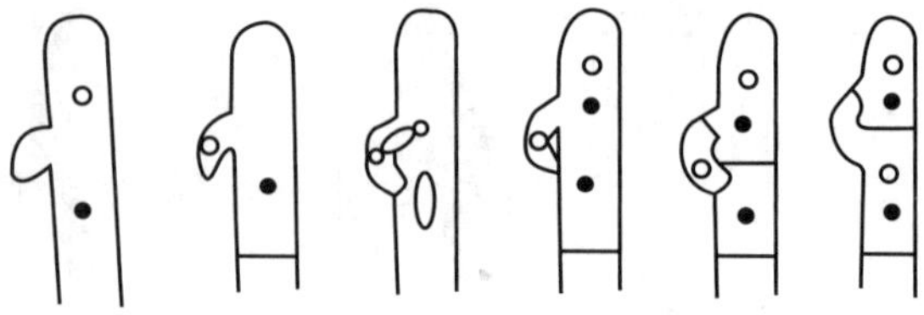
图 3-63　锁状联合的过程

（3）形成三级菌丝　在条件适宜时，大量的二级菌丝分化为多种菌丝束，称为三级菌丝。

（4）形成子实体　菌丝束在合适的条件下，在交叉的地方会形成细小的菌丝纽结，即称为原基或菇蕾，然后再分化，膨大成大型子实体。

（5）产生担孢子　子实体成熟后，双核菌丝的顶端膨大，其中两个核融合成一个新核，完成核配，新核经过两次分裂（其中一次为减数分裂），产生 4 个单倍体子核，最后在担子细胞的顶端形成 4 个担孢子。

2. 担子菌的繁殖方式

多数担子菌的无性生殖不发达或不发生。其无性孢子因种而异，有的经菌丝体断裂形成粉孢子，有的形成分生孢子或夏孢子（如锈菌目），有的进行芽殖（如黑粉菌目）。有性生殖经双核菌丝进一步发育为担子，双核在担子内经核配和减数分裂形成担孢子。担孢子通常为 4 个，着生在孢子梗上，为单倍体。担子有棒状、管状、球形，担子菌的担孢子形成过程分隔或不分隔，散生或聚集在担子果（子实体）上，见图 3-64。

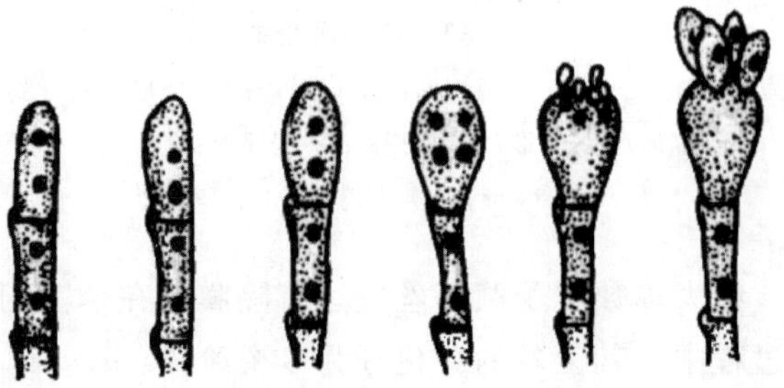
图 3-64　担孢子形成过程

担子果由双核菌丝组成，也有多种类型。担子及担子果的特征均为分类的依据。根据担子果的有无及类型，将担子菌亚门分为冬孢菌纲、层菌纲及腹菌纲。冬孢菌纲不产生担子果，包括锈菌目和黑粉菌目，均为侵染高等植物引起病害的寄生菌。层菌纲形成裸露的担子果，根据其担子是否分隔，又分为：有隔担子菌亚纲，主要有银耳目、木耳目；无隔担子菌亚纲，主要有多孔菌目、伞菌目。腹菌纲形成封闭的担子果，称为被担子果，为较高级的担子菌，如鬼笔目、马勃目等。

3. 常见的担子菌

银耳属属于银耳目，担子果胶质，无柄，分瓣，卷曲成花朵状，纯白或微黄，半透明。担子有隔，深埋于担子果表层的子实层内，大多腐生，分布普遍。银耳为滋补食品，已普遍人工培养。

木耳属属于银耳目，担子果胶质或仅表面胶质，耳状、盘状或杯状，常呈红褐色，担子有隔，埋在子实体上表层内。干后皱缩，黑褐色，如食用木耳。

多孔菌目即非褶菌目，担子果木质、革质或肉质，盘状、马蹄状或贝壳状等，无柄或有柄，柄侧生或中央生长。担子无隔。大多腐生在土壤、木材或枯枝落叶层中；少数寄生，包括某些滋补、药用种类或木材腐生菌。如猴头菌属，担子果为块状或分支，肉质，产生朝下生长的刺，此属的猴头菌是珍贵的食用菌。灵芝属，担子果木质，有柄，侧生或近中央，菌盖半圆或壳状，表面有皮壳，紫色、红色、红褐色。着生阔叶树上，常为多年生，供药用，已普遍人工栽培。多孔菌目的药用和食用菌还有猪苓、雷丸和茯苓等，另外还有多种木材腐朽菌，如层孔菌诱发许多阔叶树和果树的白色腐心病。

伞菌目，即蘑菇，包括许多食用、药用菌和毒菌，以及使木材腐朽的大型担子菌。担子果伞状，大多为肉质或近肉质，有各种颜色，菌柄生于中央或侧生。担子无隔，生于菌伞下面的菌褶或菌管中。担孢子着生在小梗上，2～4 枚，见图 3-65。成熟的担孢子被小梗强有力地弹出，因此在成熟的蘑菇周围常形成环形的蘑菇圈，见图 3-66。伞菌属，又称蘑菇属。多生于草地或林区腐败落时层下的土壤中，包括多种食用菌，少数有毒。栽培种双孢菇为优质食用菌。牛肝菌属，菌盖厚、肉质，菌柄粗实，外观常有细网纹。菌盖下面形成菌管，有小孔开口向下，管内着生担子及担孢子。美味牛肝菌可食用或药用。香菇属，菌盖半球形，后渐平展，肉质到革质，菌柄偏生到中生。本属的香菇、口蘑、鸡腿菌均为营养丰富的美味菜肴。小包菇属（或称包脚菇属）的草菇，幼嫩担子果由膜质的菌托与菌盖相连，呈蛋壳形，成熟后菌盖开展，菌柄基部残留膜质的菌托。野生于腐烂草堆中，我国南方普遍栽培，味鲜。

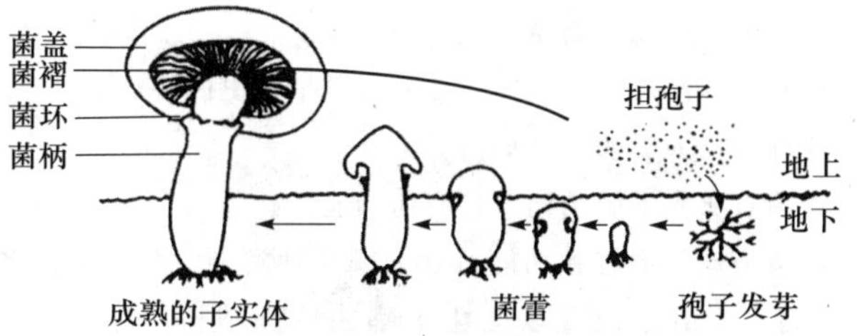

图 3-65 伞菌的典型构造和生活史

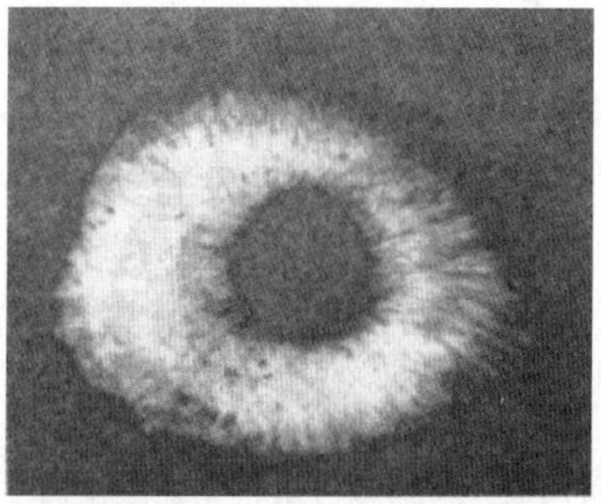

图 3-66 蘑菇圈（孢子印）

3.4.2 子囊菌类食用菌

大多数丝状子囊菌的子囊被包裹在一个由菌丝组成的包被内，形成有一定形状的子实体，称为子囊果（ascocarp）。能产生有性孢子及结构复杂的子实体，其子囊和子囊孢子的发育过程中，从原来的雌器细胞和雄器细胞下面生出许多菌丝，它们有规律地将产囊菌丝包围，形成有一定结构的子囊果。子囊果有多种类型，如著名药用真菌冬虫夏草（*Cordyceps sinensis*），其子囊果或多或少是封闭的，子囊着生在一个球形或瓶状的子囊果内，称为子囊壳（perithecia）。而羊肚菌（*Morchella* spp.）的子囊则着生在一个盘状或杯状开口的子囊果内，与侧丝平行排列在一起形成子实层，称为子囊盘（apothecia）。

3.4.3 几种重要的食用菌

1. 蘑菇属

蘑菇属（*Agaricus*）又称伞菌属。伞菌属（*Agaricus*）的担子果通常具有由白色到褐色或灰褐色的肉质菌盖，菌盖腹面有辐射状的蕈褶，在蕈褶内形成担子和担孢子。蕈柄肉质，容易与菌盖分离开，有菌环。孢子卵圆形或椭圆形。本属约有 200 个种，生于田野和林中土壤，大部分的种可食用，少数有毒。最普遍的栽培种是双孢蘑菇（*Agaricus bisporus*）。

2. 虫草属

虫草属（*Cordyceps*）真菌寄生于昆虫，把虫体变成充满菌丝的僵虫，从僵虫前端生出有柄头状或棍棒状的子座。本属最常见的是冬虫夏草（*Cordyceps sinensis*），它寄生在鳞翅目昆虫的幼虫上，被害的昆虫（如蝙蝠蛾）幼虫冬天钻入土内，夏天虫草菌从被害虫体生出一有柄的子座（即所谓的草）。子座单个，罕见 2～3 个，长 4～11 cm，基部粗 1.5～4.0 mm，向上渐细，头部不膨大或膨大成圆柱形，褐色，初期内部充实，后变中空。子囊壳椭圆形至卵形，生在子座近表面，基部稍陷于子座内。子囊产生在子囊壳内，细长。每个子囊内含有 2 个具隔膜的子囊孢子，子囊孢子透明，线状（图 3-67）。

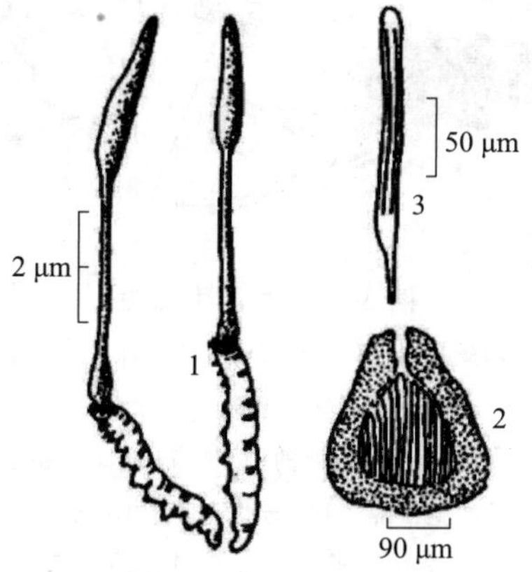

图 3-67 冬虫夏草

1. 菌核及子座；2. 子囊壳（内含子囊）；3. 子囊（内含子囊孢子）

3. 灵芝属

灵芝属（*Ganderma*）担子果一年生或多年生，木质或木栓质，有柄或无柄。菌盖表面有坚硬的皮壳，它的柄或菌盖从下端到上端都覆盖着一层坚硬的像漆一样有光泽的物质。菌盖腹面多管孔，管孔内生担子和担孢子。本属真菌是分解纤维素、木质素能力较强的一类真菌，在各种阔叶树林、针阔叶混交林的腐木上或木桩上可以找到。有的种类是重要药材，如灵芝（*Ganoderma lucidum*）、紫芝（*Ganoderma japonicum*）等。

4. 木耳属（*Auricularia*）

木耳属的担子果杯状、耳状或叶状，全部胶质或仅子实层胶质。子实层平滑，有皱褶或网格。担子圆柱形，有 3 个横隔，将担子隔成 4 个细胞，每个细胞上产生一个小梗，小梗上生担孢子。本属在我国最常见的是木耳，亦称黑木耳。黑木耳是一种营养丰富的食用菌，并且还有药用价值，是保健食品。黑木耳在我国的分布很广，北自黑龙江，南到海南岛，西自甘肃，东至福建和台湾都可生长和栽培。黑木耳是一种木材腐朽菌，能分解纤维素和木质素。由于它是一种腐生性很强的真菌，故只在死了的木头上才能生长吸取养分（图 3-68）。

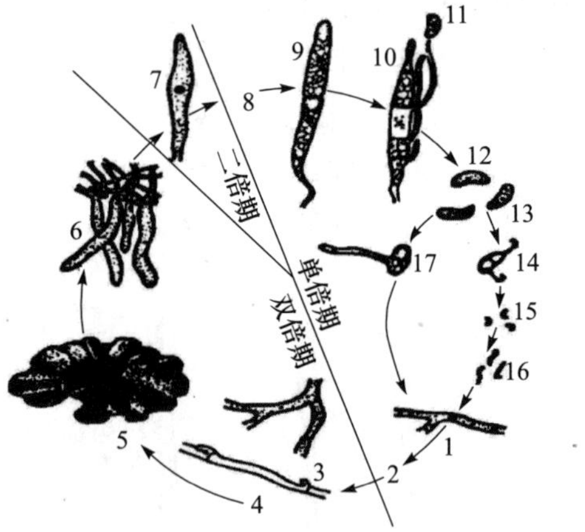

图 3-68　木耳生活史

1. 单核菌丝　2. 双核化　3. 双核菌丝　4. 锁状联合　5. 担子果　6. 幼小的双核担子　7. 核配　8. 减数分裂　9. 幼担子　10. 成熟的担子　11 和 12. 担孢子　13. 担孢子产生横隔　14. 分生孢子　15. 分生孢子脱落　16. 分生孢子萌发　17. 担孢子萌发

思考题

1. 解释下列名词：真菌、酵母菌、霉菌、丝状真菌、吸器、假根、菌核、子实体、大型真菌、质配、核配、同宗结合、异宗结合、菌丝、菌丝体、菌丝球、真酵母、假酵母、芽痕、蒂痕、真菌丝、假菌丝。
2. 列表比较细菌、放线菌、酵母菌、霉菌的个体形态、细胞结构、生殖方式等特点，如何在显微镜下区分四大类微生物？
3. 列表比较细菌、放线菌、酵母菌、霉菌的菌落特征，菌落特征与其细胞形态有何联系？如何从平板上区分四大类微生物？
4. 酵母菌有哪些细胞结构？各有何功能？
5. 酵母菌有哪几种繁殖方式？
6. 绘制酿酒酵母的生活史，并分析其生活史的特点。
7. 酵母菌与人类的关系如何？
8. 霉菌有哪些细胞结构？各有何功能？
9. 霉菌菌丝依形态和功能可划分哪几种类型？各种菌丝各有何特点？由它们可以分化出哪些特殊结构？有何生理意义？
10. 试述霉菌的无性繁殖与有性繁殖方式，列表比较霉菌的各类无性孢子和有性孢子的特点。
11. 绘制毛霉、根霉的无性孢子和有性孢子形成过程，并注明各种孢子的结构名称，列表比较毛霉和根霉形态异同和工业上的应用。
12. 绘制青霉、黄曲霉的无性孢子形成过程，并注明其分生孢子各部分的结构名称，列表比较青霉和黄曲霉形态异同和工业上的应用。
13. 举例说明细菌、放线菌、酵母菌和霉菌四大类微生物与人类的关系（工农业中的应用和理论研究意义以及对人类的危害）。

CHAPTER 4

第4章

非细胞微生物

教学目标：

1. 掌握病毒的特性、结构功能及繁殖方式；
2. 了解亚病毒的种类和特点；
3. 了解几种食源性病毒疾病。

重点难点：

病毒、亚病毒、拟病毒的概念；

病毒的繁殖方式。

建议学时：

2学时。

4.1 病毒

非细胞微生物分为真病毒和亚病毒。真病毒简称病毒，至少含有核酸和蛋白质两种组分。亚病毒又分为类病毒、拟病毒和朊病毒。类病毒只含具有独立侵染性的 RNA 组分；拟病毒只含不具有独立侵染性的 RNA 组分；朊病毒只含蛋白质这一种组分。

病毒是目前已知的最小生物。1892 年俄国科学家伊万诺夫斯基首先发现烟草花叶病的感染因子能够通过细菌通不过的微孔滤器，后来他把这种感染因子命名为滤过性病毒，简称病毒。随后牛口蹄疫病毒、细菌病毒、昆虫病毒也相继被发现。电子显微镜技术的发展，以及 X-光衍射技术和超速离心机等先进仪器的应用，使人们对病毒的研究已进入一个崭新的阶段。

病毒广泛分布在自然界，在有细胞型生物生存的地方，都可能有与其相应的病毒存在。在食品与发酵工业中，常发现病毒的污染与危害。因此，了解并掌握病毒的特性，对避免病毒为害人类，防止病毒对食品的污染，减少噬菌体对发酵工业的污染，具有重要意义。

4.1.1 病毒的生物学特性

病毒与其他细胞型微生物相比，具有以下主要特性：

(1) 个体极微小。病毒的个体称为病毒粒子，绝大多数能通过细菌过滤器，必须借助电子显微镜才能看到，常以纳米为单位来表示其大小。

(2) 无细胞结构。只是由核酸和蛋白质组成的大分子。

(3) 每种病毒只含有一种核酸，DNA 或者是 RNA。

(4) 专性细胞内寄生。大部分病毒没有酶或酶系统不完善，不能独立进行新陈代谢，不能在无生命培养基上生长，必须寄生在活的易感细胞内才能增殖。

按寄生的宿主不同，将病毒分为三类：动物病毒、植物病毒和微生物病毒。如狂犬病毒、口蹄疫病毒、鸡瘟病毒等为动物病毒；烟草花叶病毒、马铃薯黄矮病毒、玉米条纹病毒等为植物病毒；噬菌体为微生物病毒。

(5) 以复制方式增殖，依靠宿主细胞进行自我复制繁殖。

(6) 在离体条件下，只能以无生命的大分子状态存在，并可长期保持其侵染性。

(7) 对一般抗生素不敏感，但对干扰素敏感。

二维码 4-1 狂犬病毒

4.1.2 病毒的基本形态和大小

病毒的基本形态有球形、卵圆形、砖形、杆形、丝状、蝌蚪状等（图 4-1)。动物病毒多呈球形（或多面体形)，如脊髓灰质炎病毒、口蹄疫病毒、腺病毒等；但有的呈砖形，如牛痘苗病毒；少数呈子弹形，如狂犬病毒。植物病毒大多呈杆状，如烟草花叶病毒；少数呈丝状，如甜菜黄化病毒；有的呈球形，如花椰菜花叶病毒。微生物病毒多呈蝌蚪状，如噬菌体。

大多数病毒的直径在 10～300 mm。病毒大小悬殊，较大的病毒如痘病毒直径为 300 nm，较小的病毒，如口蹄疫病毒直径为 10 nm，所以，不能用普通光学显微镜观察其形态，必须用电子显微镜放大几千倍、几万倍，甚至十几万倍才能看到其基本形态。

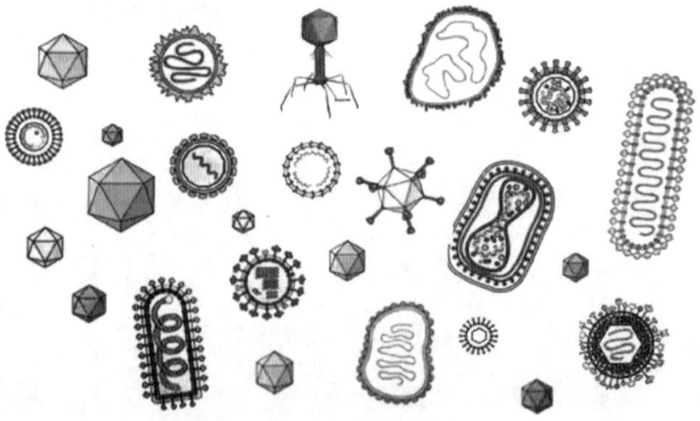

图 4-1 病毒的基本形态

4.1.3 病毒的基本结构及其功能

病毒主要由核心和衣壳两部分构成，核心与衣壳合称为核衣壳。有些病毒在核衣壳外还有一层膜称包膜（图 4-2）。结构最简单的病毒没有包膜，只由核衣壳构成，称为裸露病毒，如脊髓灰质炎病毒、腺病毒；有包膜的病毒，称为包膜病毒，如流感病毒、冠状病毒。

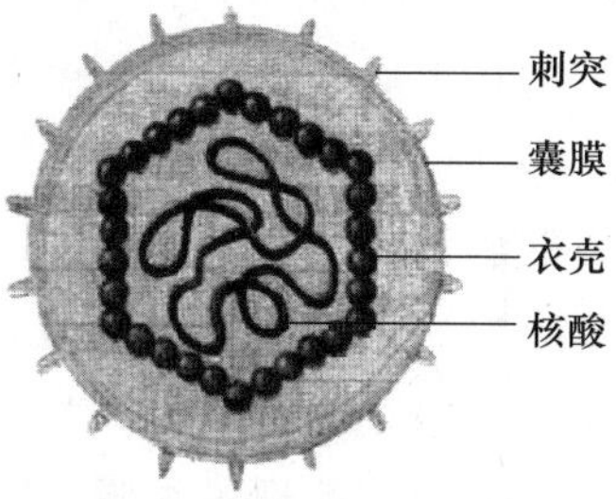

图 4-2　病毒的结构

1. 核心

1）成分

病毒核心的成分是核酸，每种病毒只含有一种核酸，DNA 或者是 RNA。含有 DNA 的病毒称为 DNA 病毒（如腺病毒、乙肝病毒），含 RNA 的病毒称为 RNA 病毒（如流感病毒、风疹病毒、脊髓灰质炎病毒）。大多数植物病毒的核酸为 RNA，少数为 DNA；动物病毒的核酸部分是 DNA，部分是 RNA；噬菌体的核酸大多数为 DNA，少数为 RNA。RNA 病毒多数为单链，极少数为双链；DNA 病毒多数为双链，少数为单链。

2）功能

核酸是病毒增殖、遗传变异与感染性的重要物质基础。大部分病毒的遗传物质为 DNA，少数 RNA 病毒能以 RNA 为遗传物质。

2. 衣壳

1）成分

包在病毒核心外的蛋白质外壳，称为衣壳。衣壳由壳粒构成，它是电镜下能看到的最小形态学单位，由一种或几种多肽链折叠而成的蛋白质亚单位构成。由于壳粒在壳体上的排列方式不同，使病毒结构呈现不同的对称形式（图 4-3）。

（1）螺旋对称型核酸是伸展开的，壳粒围绕核酸呈螺旋对称排列，如烟草花叶病毒。

（2）二十面体立体对称型核酸聚集在一起形成球状或近似球状，衣壳包绕在外面，壳粒排列呈二十面体立体对称形式，如腺病毒。

（3）复合对称型少数病毒壳粒排列较复杂，壳粒既不呈螺旋对称，也不呈立体对称，如噬菌体。

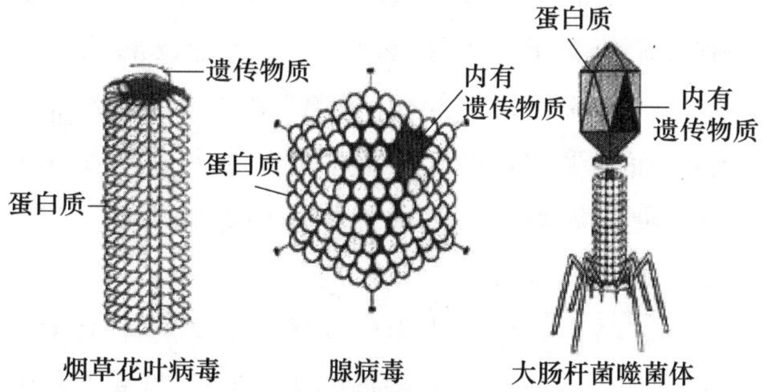

图 4-3　病毒的对称形式

2）功能

（1）保护核酸免受外界核酸酶及其他理化因子的破坏。

（2）决定病毒感染的特异性。衣壳能与宿主易感细胞表面的受体结合，使病毒核酸侵入宿主细胞内，引起宿主细胞感染。

（3）使病毒具有抗原性。衣壳蛋白是病毒的主要抗原成分，可刺激机体产生免疫应答。

3. 包膜

有些较大型病毒在核衣壳外面有一层膜状结构，称为包膜，也叫囊膜，如麻疹病毒、腮腺炎病毒。大多数有包膜的病毒呈球形（如流感病毒），但痘病毒呈砖形，狂犬病毒呈子弹形。

包膜由脂质、蛋白质和糖类组成。包膜表面形成包膜突起，称为刺突，嵌附在包膜脂质中，它是多糖与蛋白质的复合物（糖蛋白）。刺突因病毒的种类不同而异，可作为鉴定的依据。包膜中的脂质是某些病毒在宿主细胞内成熟过程中，以出芽方式穿过宿主细胞膜（少数是由核膜）释放到细胞外时所获得的宿主细胞成分。脂类构成了病毒包膜的脂质双层结构，由于病毒包膜的脂类来源于宿主细胞，其种类和含量均具有对宿主细胞的特异性，所以可决定病毒侵害宿主的特定部位。包膜具有宿主细胞膜的特性，对脂溶剂（如乙醚、氯仿、胆汁等）敏感。呼吸道病毒一般不能侵入消化道，因为该类病毒易被胆汁破坏。故包膜病毒一般不经消化道感染，而主要通过分泌物、呼吸道飞沫、血液和组织移植等途径传播疾病。糖类来自宿主细胞，蛋白质是由病毒基因组编码合成的。

刺突上含有两种酶，一种叫血凝素，形似三角形，可与宿主易感细胞表面的受体结合，使病毒吸附在宿主细胞上，还能凝集某些动物的红细胞，如脊髓灰质炎病毒、腺病毒、流感病毒、麻疹病毒等。另一种叫神经氨酸酶，形似蕈状，能破坏宿主细胞表面的受体，使包膜上的脂质易与宿主细胞膜融合，便于病毒侵入易感细胞，如流感病毒、麻疹病毒、腮腺炎病毒等。

刺突与宿主细胞表面的受体结合，使病毒黏附在靶细胞表面，并构成病毒的表面抗原与病毒的分型、致病性和免疫性等有关，赋予病毒的某些特殊功能。当包膜受到破坏时，包膜病毒也丧失了吸附和侵入宿主细胞的能力，从而丧失感染性。

4.1.4　病毒的增殖

病毒的增殖又称为病毒的复制，是病毒在活细胞中的繁殖过程。病毒没有活细胞所具备的细胞器，缺乏完整的酶系统，不能单独进行新陈代谢，必须借助宿主细胞供给原料和能量，才能在病毒核酸控制下合成新的病毒核酸和蛋白质并装配成完整的病毒颗粒，然后以一定方式释放到细胞外，再感染其他细胞。

病毒从进入宿主细胞开始，经复制成为成熟的病毒颗粒并释放到细胞外的过程称为复制周期，包括吸附、侵入、生物合成、装配与释放等五个连续的过程（图 4-4）。

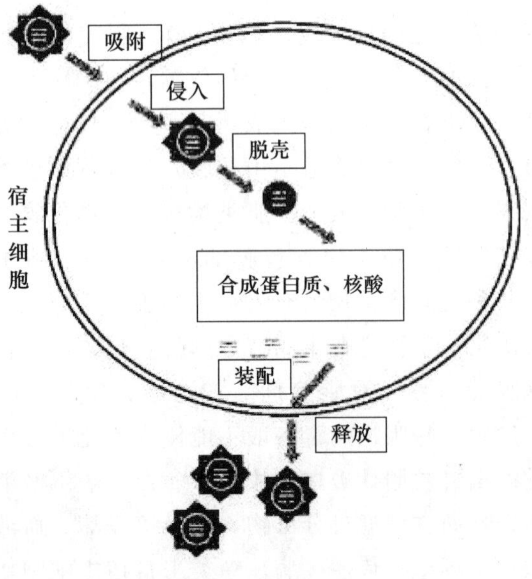

图 4-4　病毒的增殖

1. 吸附

吸附是指病毒表面蛋白质与宿主细胞的特异接受位点发生特异性结合。这是病毒感染细胞的第一步。例如，流感病毒必须通过其包膜上的血凝素与人的呼吸道黏膜柱状纤毛上皮细胞上的蛋白结合，才能感染细胞；大肠杆菌 T 系噬菌体是通过尾丝末端蛋白质吸附在大肠杆菌的细胞壁上。

2. 侵入

不同种类的病毒，侵入宿主细胞的方式不同。

（1）有包膜的病毒多数通过包膜与宿主细胞膜融合使核衣壳进入宿主细胞质内。

（2）无包膜病毒一般通过细胞膜以胞饮方式将核衣壳吞入宿主细胞。即病毒与宿主细胞表面受体结合后，细胞膜折叠内陷，将病毒包裹其中，形成类似吞噬泡的结构，使病毒原封不动地穿入细胞质内。

（3）以穿过宿主细胞膜的移位方式进入细胞，如呼肠孤病毒以完整的病毒粒子直接穿过宿主的细胞膜，进入细胞质中。

（4）大肠杆菌 T 系噬菌体吸附到宿主细胞壁上后，尾部的溶菌酶水解宿主细胞壁的肽聚糖，使之形成小孔，然后通过尾鞘收缩，将头部的 DNA 注入宿主细胞内，而蛋白质外壳及其他部分则留在宿主细胞外。

完整的病毒粒子进入宿主细胞后，必须脱去包膜或核衣壳，即所谓的脱壳。如进入宿主细胞的核衣壳，被宿主细胞释放的蛋白酶降解而脱壳，使核酸游离出来并进入宿主细胞的一定部位。多数病毒在穿入时已在细胞的溶酶体酶作用下脱壳并释放出病毒的基因组。少数病毒的脱壳较复杂，这些病毒往往是在脱衣壳前，病毒的酶已在起转录 mRNA 的作用。

3. 生物合成

此过程包括核酸的复制和蛋白质的生物合成。侵入宿主细胞中的病毒在释放核酸之后，接着借助宿主细胞的一些细胞器和宿主细胞的一些酶（以及病毒自身的少数酶）来复制病毒的核酸并合成结构蛋白及其他结构成分。除痘病毒外，多数双链 DNA 病毒在细胞核内复制 DNA，在细胞质内翻译出病毒蛋白。痘类病毒虽属 DNA 病毒，但它的

DNA 复制与衣壳蛋白的合成等均在细胞质内进行。除逆转录病毒以外，多数 RNA 病毒都在细胞质内合成病毒的全部成分。

病毒的生物合成基本步骤：转录早期 mRNA→翻译“早期蛋白”→复制子代病毒核酸转录晚期 mRNA。现以双链 DNA 病毒（痘病毒）为例介绍病毒的生物合成过程。

（1）宿主细胞内的病毒核酸，在 RNA 多聚酶的作用下合成早期 mRNA。

（2）在宿主细胞核糖体内，将早期 mRNA 翻译成病毒的早期蛋白质，如复制子代核酸所需要的 DNA 多聚酶和抑制宿主细胞正常代谢的调节蛋白质。

（3）在 DNA 多聚酶催化下，以亲代病毒 DNA 为模板，以半保留复制方式自我复制出许多子代病毒 DNA。

（4）子代 DNA 转录为晚期 mRNA，晚期 mRNA 在胞浆中翻译成病毒的晚期蛋白质，主要构成子代病毒的衣壳蛋白。其他单链 DNA 病毒、双链和单链 RNA 病毒的生物合成过程与双链 DNA 病毒基本相似，不同之处就是 RNA 病毒以 RNA 作为遗传物质复制子代 RNA 并转录 mRNA，翻译成 RNA 多聚酶及衣壳蛋白。

4. **装配**

装配就是在宿主细胞的细胞核或细胞质中，将已合成的核酸和蛋白质组装成完整的有感染性的病毒粒子。当衣壳蛋白达到一定浓度时，将聚合成衣壳并包裹大小合适的核酸而形成核衣壳。裸露病毒装配成核衣壳即为成熟的病毒粒子；包膜病毒一般是在细胞核内或细胞质内装配核衣壳，然后以出芽方式释放时再包上核膜或细胞质膜后成为成熟病毒。除痘病毒外，DNA 病毒都在细胞核内装配（如腺病毒），RNA 病毒与痘病毒在细胞质内装配（如流感病毒、脊髓灰质炎病毒）。

5. **释放**

病毒装配后，从被感染细胞内转移到细胞外的过程称为释放。裸露病毒通过细胞破裂释放，即通过宿主细胞溶解或局部破裂而释放出来，如腺病毒；包膜病毒以“出芽”方式经过细胞膜或核膜而成为成熟病毒体释放出来，如痘病毒；有的病毒是通过沿核周与内质网相通的渠道，从细胞内逐渐释放出来；有的病毒是通过细胞之间的接触或通过宿主细胞之间的“间桥”而扩散到新宿主细胞内。

4.2 亚病毒

亚病毒是一类比病毒更为简单、仅具有某种核酸不具有蛋白质，或仅有蛋白质而不具有核酸，不具有完整的病毒结构的一类微生物。亚病毒的种类主要包括类病毒、拟病毒和朊病毒。

1. **类病毒**

1971 年由美国植物病理学家 Diener 及其同事在研究马铃薯纺锤块茎病（potato spindle tuber disease）病原时发现了类病毒的存在。类病毒能通过植物表面的机械损伤侵染高等植物，利用宿主细胞中的酶类进行 RNA 的自我复制，引起特定症状或植株死亡。后又相继在菊花矮缩病（chrysanthemum stunt）、菊花绿斑病（chrysanthenum-chlorotic mottle）、柑橘剥皮病（citrusexcortis）等患病植株中分离到低分子质量的病原 RNA。

类病毒只含 RNA 一种成分，在电镜下可见到这 RNA 分子呈 50 nm 长的杆状分子。专性活细胞内寄生的分子病原体，是寄生于高等生物细胞中一类最小的新的病原体。所含核酸为裸露的环状 ssRNA，但形成的二级结构却像一段末端封闭的短 dsDNA 分子。通常由 246～375 个核苷酸分子组成，分子质量为（5～12）$\times 10^4$ u，为已知最小病毒分子质量的 1/10 左右。

根据类病毒 RNA 结构中是否含有保守区模块，将类病毒分为两个科，即马铃薯纺锤形块茎类病毒科（Pospiviroidae）和鳄梨日斑类病毒科（Avsunviroidae）。后者在其结构中没有保守区，但可实现锤头中间体的自我剪切（hammerhead-mediated self-cleavage），该属类病毒通过不对称滚环模式进行复制，基因组不编码蛋白质。根据保守区能形成的侧翼序列的类型，将马铃薯纺锤形块茎类病毒科分为 5 个属，分别是马铃薯纺锤形块茎类病毒属（*Pospiviroid*），代表种有马铃薯纺锤形块茎类病毒（Potato spindle tuber viroid）；啤酒花矮化类病毒属（*Hostuviroid*），代表种有啤酒花矮化类病毒（Hop stunt viroid）；椰子死亡类病毒属（*Cocadviroid*），代表种有椰子死亡类病毒（Coconut cadang-cadang viroid）；苹果锈果类病毒属（*Apscaviroid*），代表种有苹果锈果类病毒（Apple scar skin viroid）；锦紫苏类病毒（*Coleviroid*），代表种有锦紫苏类病毒1（Coleus blumei viroid 1）。又根据锤头中间体自我剪切的产物不同，将鳄梨日斑类病毒科分为2个属，分别是鳄梨日斑类病毒属（*Avsunviroid*），代表种有鳄梨日斑类病毒（Avocado sunblotch viroid）；桃潜花叶类病毒属（*Pelamoviroid*），代表种有桃潜花叶类病毒（Peach latent mosaic viroid）。目前已经发现的类病毒共有40余种。

类病毒对各种化学和物理因子的作用都不敏感，对酚等有机溶剂不敏感、耐热（70～75℃），以及对紫外光和离子辐射有高度抗性。对RNA酶极为敏感。因其分子质量低，高速离心稳定。

2. 拟病毒

拟病毒是包裹在动植物病毒粒子中的缺陷类病毒，病毒极其微小，仅由裸露的RNA（300～400个核苷酸）组成。拟病毒是一种环状单链RNA，寄生在病毒内，被寄生的病毒称为辅助病毒。

拟病毒必须通过辅助病毒才能复制，单独的辅助病毒或拟病毒都不能使宿主感染。所有的拟病毒的RNA都没有mRNA活性，不编码任何蛋白。拟病毒必须借助宿主细胞内依赖于RNA的RNA聚合酶以滚环方式进行复制。拟病毒首次于1981年在绒毛烟的斑驳病毒中分离到。植物中的拟病毒，例如苜蓿暂时性条斑病毒、良若斑驳病毒和地下三叶草病毒；动物病毒中的拟病毒，例如丁型肝炎病毒，其宿主是乙型肝炎病毒。

研究拟病毒的意义：①有助于探索核酸的结构与功能。拟病毒是一种低分子质量的侵染性核酸分子，因而易于进行细致的化学组分和结构分析；通过拟病毒与类病毒的结构与功能的比较，对核酸的结构与功能可能会得到更深入的了解。②有助于探索拟病毒与辅助病毒之间的相互关系。拟病毒必须依靠辅助病毒的存在才能复制，而辅助病毒的复制却不需要拟病毒的存在。拟病毒的存在可以影响辅助病毒的产量和改变辅助病毒在宿主上的症状及反应的程度。③利用拟病毒这类低分子RNA组建新的弱毒疫苗。拟病毒又可称类病毒，它与普通类病毒的差异在于它的侵染对象不是高等植物或动物，而是小小的植物病毒。根据拟病毒的存在可影响辅助病毒的产量和改变辅助病毒在宿主上的症状和反应程度的原理，有可能用它来人工组建具有防病功能的弱化疫苗。④有助于进一步探索病毒的本质和生命起源等重大生物学理论问题。

3. 朊病毒

朊病毒或称蛋白质侵染子（protein infection），是一类不含核酸的侵染性蛋白质分子，属于小型蛋白质颗粒，分子质量为（3.3～3.5）$\times 10^4$ u，约由250个氨基酸组成。朊病毒能引起宿主体内现成的同类蛋白质分子发生与其相似的构象变化而使宿主致病。其感染性很强，1 g含朊病毒的鼠脑可感染1亿只小鼠。

朊病毒由美国学者Stanley B. Prusiner于1982年研究羊瘙痒病时发现的。由于意义重大，S. B. Prusiner于1997年获得诺贝尔奖。由加拿大多伦多大学、加拿大艾伯塔大学、美国凯斯储大学和美国麦克劳夫伦研究院组成的联合研究小组在《欧洲分子生物学组织杂志》上发文称，在对疯牛病致病病毒的研究中，他们发现了一种新的朊病毒‘沙杜’（Shadoo）。这有助于研究正常朊病毒蛋白的功能、朊病毒在动物之间的传播途径以及如何导致脑细胞死亡等方面有重要意义。目前，已发现与哺乳动物脑部相关的10余种疾病都是由朊病毒引起。该类疾病包括人类的克雅氏病（Creutzfeldt-Jakob disease，CJD）、GSS综合征（Gerstmann-Straussler-Scheinker syndrome，GSS）、Kuru病以及致死性家族型失眠症（Fatal familial insomnia，FFI）、绵羊和山羊的瘙痒病（Scrapie）、牛的海绵状脑病（Bovine spongiform encephalopathy，BSE）、鹿的慢性消耗性疾病、貂的可传播性脑病（Transmissible Mink encephalopathies，TME）、猫科动物海绵状脑病（Feline Spongiform encephalopathies，FSE）以及捕获的野生反刍动物的海绵状脑病。这类疾病的共同特征是：潜伏期长，严重影响中枢神经的功能。

所有已知的朊病毒疾病，统称为可传播性海绵状脑病（Transmissible spongiform encephalopathies，TSES），也称作 prion 病，是一组罕见的以脑内出现海绵状病理改变为特征的致死性神经系统退行性疾病，目前无法治愈。食用或在饲料中加入患朊病毒疾病动物的肉或内脏，都可使动物感染。人类朊病毒传染途径包括：与病牛的接触、进食疯牛肉、医源性传染，还有大约 15%的患者为家族遗传。尽管自从 1986 年 11 月在英国发现世界上首例疯牛病以来，仅 1988 年杀掉约 370 万头感染疯牛病的牛，但这依旧未能阻止朊病毒通过食物以及化妆品等途径在人类中的传播。疯牛病在 20 世纪 90 年代初逐渐扩展到西欧，目前已经变成世界性问题。

与传统病毒不同的是，朊病毒呈淀粉样颗粒、不具有典型的病毒形态、无免疫原性、无核酸成分和由宿主细胞内的基因编码，而且其对所有杀灭病毒的物理化学因素均有抵抗力，现有的消毒方法均无效，能耐杀菌剂（甲醛）和高温（经 120～130℃处理 4 h 后仍具感染性），只有在 136℃高温和高压下消毒 2 h 才能灭活；朊病毒能够耐核辐射；对强酸强碱抵抗力强，对福尔马林、紫外线不敏感，2%～5%的次氯酸钠处理 24 h 才灭活；在 3%的过氧化氢中能够存活 1 h；朊病毒对蛋白酶 K 有抗性。

朊病毒借助食物进入消化道来侵入人体，再经淋巴系统侵入大脑。朊病毒可导致存在于宿主细胞内的一些正常形式的朊蛋白（PrP^{C}）错误折叠成具有部分蛋白酶抗性的 PrP^{Sc}，从而使宿主发病。牛身上不同部位感染朊病毒概率的高低为：牛脊髓和牛脑、内脏、骨骼部分的优质肌肉（带骨牛肉）、远离骨骼部分的优质肌肉（不带骨牛肉）。这是由于牛脊髓和牛脑是神经系统的集中区域，也是朊病毒发生作用的最终部位。牛内脏是高危区，这也正是发现朊病毒的部位。同样危险的还有绞碎的牛肉馅，这是由于其中很可能混杂了部分高危牛肉。因此，食用牛肉时应尽量避免以上朊病毒易感染的部位。另外，淋巴结也是传播朊病毒的关键。因此，检测牛肉时尽量选择朊病毒易感染的部位。

朊病毒目前并无针对性治疗。由于其结构简单，朊病毒的复制传播较细菌、病毒更快。因此，需要加快朊病毒疫苗的研制。慕尼黑大学的研究人员在感染了朊病毒的实验鼠身上发现，即使实验鼠脑组织中没有健康的蛋白质分子，依然能够很好地存活，并且他们从实验鼠的脑细胞中提取到了这种特殊物质，利用这种物质制成的疫苗，能有效地预防疯牛病，但是能否用于人类克雅氏病的预防和治疗还需要深入研究。不过，这种新的物质有可能成为抵抗疯牛病的一个突破口。2018 年美国凯斯西保留地大学研究人员利用基因技术改造大肠杆菌，使其能产生人类朊病毒，最终得到一种新的、具有高度破坏性的人类朊病毒。这是首次人工合成具有感染性的人类朊病毒，这对了解该病毒的结构和复制方式、研发治疗方法具有重要意义，将进一步推动制备朊病毒疫苗的进程。

朊病毒可以通过食用牛肉传染给人类，使人类患克雅氏病，其典型临床症状为痴呆或神经错乱、视觉模糊、平衡障碍、肌肉收缩等，病人最终会因精神错乱而死亡，并且无有效的治疗方法。因此，需要加强进口种牛、肉牛或牛肉制品中朊病毒的检测，但是目前国家标准中还未有相关标准用于种牛肉牛或牛肉中朊病毒的检测，只有关于化妆品中朊病毒的检测标准（SN/T 2206.7—2010）。因为化妆品中含有大量的牛源物质，主要包括以下几个方面：①来自牛脑、胎盘、脾脏、胸腺的细胞提取物。广泛用于护肤剂，如抗衰老霜、抗皱霜等。②牛源副产品。如胶原蛋白、弹力蛋白、明胶、油脂衍生物等，广泛应用于各种面霜、护肤品、口红、洗浴用品等。③原胶添加剂。广泛应用于各种化妆品、洗浴用品。化妆品虽然用量少，但是日积月累，可能通过皮肤黏膜小损伤的血行感染、眼睛接触的眼球感染、唇膏的消化道感染，理论上仍具有危险性。因此，有些国家和地区禁止来自疯牛病疫区生产的化妆品进口。

目前，对朊病毒的检测主要是针对脑组织、血液和脑脊液，使用的检测方法包括光学显微镜、免疫组织化学、组织印迹、电子显微技术、免疫印迹等。我国严格执行疯牛病的检验检疫政策，加上中国人有食用动物内脏的饮食习惯，很少用动物内脏作为牛的饲料。因此，疯牛病在中国传播的概率较低，被世界动物卫生组织（OIE）授予了“疯牛病风险可忽略”认证。但是，2016年和2017年中国先后解除了美国和法国牛肉入华的禁令。中国当时颁布对法国牛肉入华的禁令，是由于2000年欧洲暴发新一轮“疯牛病”危机，为避免“疯牛病”蔓延到中国境内，2001年3月27日，我国质检总局和农业部颁布此禁令，禁止进口和销售从英国、爱尔兰、瑞士、法国、比利时、卢森堡、荷兰、德国、葡萄牙、丹麦、意大利、西班牙和列支敦士登13国引进的牛肉、牛组织、脏器等为原料生产制作的食品。近年来，全球疯牛病防控水平得到有效提升。2015年，总部设在法国巴黎的OIE授予了法国“疯牛病风险可忽略”认证，标志着法国疯牛病防范工作已达到国际先进水平。因此，中国解除了此禁令。但是，由于朊病毒能够抵抗各种强理化因素，经典的病毒灭活程序在朊病毒灭活中几乎不起作用，朊病毒可在环境中长期持续存在。这就需要从源头控制该病毒，尽可能地切断或减少朊病毒的传播途径，这对防止其感染人类和其他动物具有极其重要的意义。

二维码4-2　人疯牛病

二维码4-3　化妆品微生物检测方法

4.3　病毒与实践

病毒与人类实践的关系极为密切。它们既可以引起宿主病害，危害人类健康，对畜牧业、栽培业和发酵工业带来不利的影响；又可利用它们进行生物防治、疫苗生产和作为遗传工程中的外源基因载体，直接或间接地为人类创造出巨大的经济效益和社会价值。

4.3.1　噬菌体及应用

噬菌体是感染细菌、真菌、放线菌等微生物的病毒总称。

1. 细菌的鉴定与分型

噬菌体与宿主菌的关系具有高度特异性，即一种噬菌体只能裂解一种和它相应的细菌，故可用于未知细菌的鉴定和分型。

2. 分子生物学研究的重要工具

噬菌体基因数量少，结构比细菌和高等细胞简单得多，而且容易获得大量的突变体，故广泛用于复制、转录和调节机理的研究；用于作为原核生物目的基因的载体以及噬菌体展示技术等。

3. 细菌感染性疾病的治疗

用多种噬菌体的混合制剂局部外用或口服治疗因耐抗生素而久治不愈的患者。如用绿脓杆菌噬菌体PY051治疗术后绿脓杆菌感染、福氏志贺氏菌痢疾噬菌体治疗菌痢患者以及用金黄色葡萄球菌噬菌体EW治疗呼吸道的金黄色葡萄球菌感染。但由于噬菌体过于专一，限制了噬菌体在临床上的广泛应用。

4.3.2　人类病毒病的防治

病毒性疾病是人类的主要传染病，病毒可侵犯人体不同组织器官，感染各种细胞而导致疾病。如流行性感冒、麻疹、腮腺炎、乙型肝炎、艾滋病、鼻咽癌、宫颈癌、成人T细胞白血病等。病毒性疾病的防治包括预防和治疗两个方面，其预防多依赖于各种病毒疫苗，而治疗则更多依赖于各种化学药物，如果应用得当，这两种方法都非常有效。

良好的公众健康、适当的营养和有效的个人卫生措施是预防病毒感染的重要手段。如果病毒传播的来源和途径都被消除且自然屏障都存在的话，很多病毒性疾病的发病率都可以显著降低。这些公共措施包括饮用水消毒、充分处理污水、昆虫控制、良好的医疗实践和非污染的血供等。现简要介绍病毒性疾病预防和治疗的直接方法与途径。

1. 病毒疫苗

用病毒疫苗进行预防接种，增强机体特异性的免疫力，是预防病毒感染的有效方法。例如，天花疫苗的大规模预防接种使世界卫生组织（WHO）早在1980年就宣布已在全世界范围内消灭了天花，而脊髓灰质炎疫苗的应用使全球脊髓灰质炎病例减少了99%以上，从1988年的35万多例的估计数减少到2012年报告发生的223例。

病毒疫苗可根据其存在状态和化学组成分为活疫苗、灭活疫苗、亚单位疫苗、DNA 疫苗和多肽疫苗等。对病毒疫苗而言，其安全有效性是第一位的，因为无论何种疫苗都存在一些问题和危险。活疫苗可能由于太温和而不能引起有效地免疫反应，也可能由于回复突变而致病，也可能在培养等过程中污染其他病毒。灭活疫苗则可能由于灭活不彻底导致部分病毒保留感染性而致病，也可能因为灭活处理而污染一些化学灭活剂。

二维码 4-4　预防接种疫苗是防控传染病的根本所在

2. 化学治疗

疫苗在预防某些病毒性疾病方面非常成功，然而对于已感染的个体却没有治疗效果。所以必须发展第二种抗病毒方法，即抗病毒药物，既能预防病毒感染，也能治疗病毒感染。

然而，尽管 20 世纪 50 年代早期就合成了第一个抗痘病毒的化疗药物缩胺基硫脲，但是由于开发难度巨大，抗病毒药物的总量至今很少。目前，常用的抗病毒药物主要是核苷类似物和干扰素。此外，随着对 AIDS 等的深入研究，一些蛋白酶抑制剂、逆转录酶抑制剂也成为新的抗病毒药物。

3. 免疫治疗

最早用于治疗病毒性疾病的是干扰素，目前病毒性疾病免疫治疗的主要途径有：①使用免疫调节剂（如细胞因子、抗体、抗原肽、香菇多糖、胸腺素等）或免疫细胞（如 CTL、抗原提呈细胞、NK 细胞和巨噬细胞等）；②通过体内法（*in vivo*）或体外法（*ex vivo*）等方法导入编码有治疗作用的免疫分子的基因，即免疫基因治疗；③针对病毒特异性抗原而构建的各种抗病毒疫苗，如亚单位疫苗、DNA 疫苗、多肽疫苗等。

4. 基因治疗

基因治疗就是以各种基因转移手段将野生型或正常的基因导入人体细胞（正常的或病变的），使其正常表达，并通过其转录产物或翻译产物发挥治疗作用。基因治疗的策略包括基因置换、基因修正、基因修饰、基因失活及免疫调节等多种形式，目前常用后三种，而以基因失活策略最为重要。目前病毒性疾病的基因治疗主要是艾滋病的基因治疗和病毒性肝炎的基因治疗。

4.3.3　植物病毒病的防治

大部分的作物，包括粮食作物、经济作物、蔬菜、果树、花卉等都会不同程度地被病毒侵染，所造成的损失不仅仅是产量的减少，往往还伴有质量的降低。

1. 植物病毒病发生规律及其防治原理

植物病毒病发展的速度和严重程度受多种因素影响，如毒源出处（来自种苗、田间残留物或田外野生）、病毒株系毒力、传毒媒介种类和方式、品种抗病性、侵染时寄主所处发育阶段以及气候条件等都能影响病害发生和发展的进程。在病害发生发展的全过程中环节越多，选择其薄弱环节进行干扰或阻断，成功防治的可能性越大。

2. 防治植物病毒病的措施

农业生产的植物病毒病的防治应以防重于治，以防为主方针，因地制宜地根据病害流行的薄弱环节，制定综合防治方案。主要措施简介如下：

1）种苗和检疫制度

严格执行无毒种苗和检疫制度，能有效地杜绝危险病毒随带毒种苗扩散到容易暴发病害的新区。

2）清除毒源、合理耕作

清除大田内外毒源，防治病害蔓延是综合防治中不可忽视、防重于治的重要环节。对大田、果园和园林要进行严格、科学的管理，认真控制水肥、及时中耕锄草、适时清除病株，还可以利用调节播种期避开传毒媒介最活跃的时期。

3）防治传毒媒介

在自然界中，植物病毒最重要的传播媒介是昆虫和螨类。利用化学药剂杀灭真菌、螨类、昆虫和线虫是防治病毒病非常有效的方法。可根据昆虫变态生活史和流行规律，在正确的时间和地点喷洒药物以达到最佳效果。

4）培育抗病毒品种

利用抗病品种防治病毒病既高效又简单易行。特别是随着植物基因组学和后基因组学的不断发展，以及一些重要作物基因组全序列分析的完成，将为植物基因工程提供更多的抗病毒、抗虫的目标基因。

4.3.4 昆虫病毒与生物防治

利用昆虫病毒开发生物杀虫剂有着重要的经济意义和社会效益。病毒杀虫剂是一类以害虫为寄主的病毒类群，我国从 1993 年第 1 个昆虫病毒杀虫剂——棉铃虫核型多角体病毒完成产品注册登记至今，已有十几个产品获得登记，年产量约 2000 t。昆虫病毒杀虫剂具有专一性强，对人畜安全、对环境友好、能有效地控制害虫种群密度等优点，是生物防治的研究热点。

在昆虫病毒中，杆状病毒科和呼肠病毒科是目前应用最广泛的病毒杀虫剂。杆状病毒防治害虫始于 20 世纪 30 年代初期，用核型多角体病毒防治欧洲锯蜂，从 70 年代初，杆状病毒就被作为一种安全的生物杀虫剂用于害虫防治。杆状病毒杀虫剂应用最成功的例子是巴西的豆夜蛾核型多角体病毒，它在近 100 万 hm^2 的大豆上应用。棉铃虫核型多角体病毒在中国和北美各地也有近 100 万 hm^2 的应用。据不完全统计，至今国际上已有 30 多个国家和地区开展了昆虫病毒防治工作，使 50 多种农林害虫得到了有效的防治。

4.3.5 病毒在基因工程中的应用

在基因工程中，把外源目的基因导入受体细胞并使之表达的中介体，称为载体。除原核生物的质粒外，病毒是最好的载体。某些噬菌体、动物病毒、植物病毒均能作为载体使用。

1. 噬菌体载体

1）λ噬菌体载体

λ噬菌体是迄今为止研究得最为详尽的一种大肠埃希菌双链 DNA 噬菌体。它的基因组为线状双链 DNA，大小约为 50 kb，DNA 分子两端各有由 12 个核苷酸组成的黏性末端，两者互补可形成 cos 位点。λ噬菌体载体的克隆能力大于质粒载体，可克隆大约 23 kb 的外源 DNA 片段。此外，感染宿主细胞的概率可达到 100%，远远超过质粒 DNA 的转化率（0.1%）。不足之处是插入外源 DNA 的长度必须控制在野生型 λDNA 长度的 78%～105%，否则不能被正常装配。

二维码 4-5 λ噬菌体基因组环状图谱及主要基因

2）柯斯质粒载体

柯斯质粒是由 λ 噬菌体的 cos 位点和质粒 DNA 共同构建而成的载体。因此，柯斯质粒载体既含有 λ 噬菌体的 cos 位点，又含有质粒的复制起点、抗生素抗性基因标记和多个限制酶单一位点。柯斯质粒载体兼具 λ 噬菌体和质粒的优越性，具有高容量的克隆能力，虽然本身大小只有 5～7 kb，它却可克隆 35～48 kb DNA 片段。

2. 动物病毒载体

可作为基因工程载体的动物病毒很多，目前较广泛地应用于哺乳动物细胞表达体系的载体有猴病毒 40（SV40），痘苗病毒、腺病毒、反转录病毒载体等。

1）SV40 载体

SV40 为多瘤病毒科中研究得较为透彻的一个成员。该病毒基因组为共价封闭环状双链，含有 5243 个碱基对。基因组在功能上分为早、晚期转录两个区域。早期转录贯穿整个裂解循环，表达大 T 抗原和小 t 抗原；晚期转录发生于 DNA 复制之后，表达的 VP1、VP2 和 VP3 是病毒的衣壳蛋白。

2）痘苗病毒载体

痘苗病毒是人们熟悉的一种病毒，它被人们用作疫苗根除天花病，因此痘苗病毒是真核生物基因或外源性病毒基因表达的理想载体。利用痘苗病毒作为基因表达载体的优点为：基因组很大，故可用于插入的外源基因量也较大，病毒宿主范围广；病毒在胞质中复制与增殖，无致癌性；重组痘苗病毒可作为活疫苗在人体接种。

3. 植物病毒载体

在植物病毒载体中研究得较为深入的是目前植物病毒中唯一的双链 DNA 病毒——花椰菜花叶病毒（CaMV）。CaMV 是感染十字花科作物的病毒，基因组为约 8 kb 的环状 dsDNA 分子。存在多种限制性核酸内切酶的位点。在其非必要基因区内插入外源 DNA 后，所形成的重组体仍具有侵染性。

思考题

1. 病毒的结构是怎样的?
2. 病毒的复制过程是怎样的?
3. 亚病毒的种类包括哪些? 与食品安全密切相关的是哪种亚病毒?
4. 应该采取哪些措施加强对疯牛病病原的检测?
5. 试述病毒在基因工程中的重要应用。

CHAPTER 5

第5章 微生物的营养与生长繁殖

教学目标：

1. 掌握微生物的营养需求及生理功能；
2. 掌握微生物的营养类型；
3. 掌握微生物细胞物质转运方式及特点；
4. 了解微生物培养基的类型及用途；
5. 了解微生物的培养方法和生长量测定方法；
6. 了解环境条件对微生物生长的影响。

重点难点：

1. 微生物的营养类型及其机制；
2. 微生物细胞内外物质交换方式及其机制；
3. 微生物的培养及应用；
4. 微生物生长量的测定。

建议学时：

4 学时。

5.1 微生物的营养需求

营养（nutrition）是指生物体从外部环境中摄取其生命活动必需的能量与物质，以满足其正常生长和繁殖需要的一种最基本的生理功能。所以，营养是生命活动的起始点，它为一切生命活动提供了必需的物质基础。有了营养，才可以进一步进行生长、代谢及繁殖，并为人类提供有益的代谢产物。营养物（nutrient）是指具有营养功能的物质。微生物与其他生物一样，需要不断地从外部环境中摄取所需的各类物质，在微生物学中，它还包括非常规物质形式的光辐射能。总之，微生物的营养物可为它们的正常生命活动提供结构物质、能量、代谢调节物质和必要的生理环境。

微生物的营养是微生物学的重要研究领域，主要内容是阐明微生物的营养需求、营养物质在微生物生命活动中的生理功能、微生物细胞从外界环境摄取营养的机制以及如何根据微生物的营养要求配制适宜的培养基。掌握其中的基本规律，是认识、利用和深入研究微生物的必要基础，对更自觉和有目的地选用、改造和设计符合微生物生理要求的培养基，以便进行科学研究或用于生产实践，具有极其重要的意义。

5.1.1 微生物的六大营养要素

微生物细胞的化学成分以有机物和无机物两种状态存在。有机物包含各种大分子，它们是蛋白质、核酸、类脂和糖类，占细胞干重的99%。无机成分包括小分子无机物和各种离子，占细胞干重的1%。

微生物细胞的元素由C、H、O、N、P、S、K、Na、Mg、Ca、Fe、Mn、Cu、Co、Zn、Mo等组成。其中C、H、O、N、P、S六种元素占微生物细胞干重的97%；其他为微量元素。微生物细胞的化学元素组成的比例常因微生物种类不同而异。

微生物生长所需的营养物质提供了组成微生物细胞的化学元素，即微生物生长所需的营养物质应该包含有组成细胞的各种化学元素。这些营养物质概括为提供构成细胞物质的碳素来源的碳源物质，构成细胞物质的氮素来源的氮源物质和一些含有K、Na、Mg、Ca、Fe、Mn、Cu、Co、Zn、Mo元素的无机盐。

从营养细胞的元素水平或营养要素水平来分析，微生物的营养需求不同于动物，也有别于植物，它们之间存在一定差异（表5-1）。但微生物的营养要求与摄食型的动物（包括人类）及光合自养型的绿色植物对营养物质需求一样，均存在着“营养上的统一性”。在元素水平上都需20种左右，且以C、H、O、N、P、S等6种元素为主，在营养要素水平上则在六大类的范围内，即碳源、氮源、能源、生长因子、无机盐和水。

表5-1 微生物与动物、植物营养物的比较

营养物	动物（异养）	微生物		绿色植物（自养）
		异养	自养	
碳源	糖类、脂类	糖、醇、脂、有机酸等	CO_2、碳酸盐	CO_2
氮源	蛋白质及其降解物	蛋白质及其降解物、有机氮化物、无机氮化物、N_2等	无机氮化物、N_2	无机氮化物
能源	同碳源	同碳源	氧化无机物或利用太阳能	利用太阳能
生长因子	维生素等	部分需要维生素等生长因子	不需要	不需要
无机盐	无机盐	无机盐	无机盐	无机盐
水分	水	水	水	水

1. 碳源

凡能提供微生物生长繁殖所需碳元素的营养源，称作碳源（carbon source）。微生物细胞含碳量约占干重的50%，故除水分外，碳源是微生物需要量最大的营养物，又称为大量营养物（macronutrients）。碳源物质通过复杂的化学变化构成

微生物自身的细胞物质和代谢产物，同时大多数碳源物质在细胞内生化反应过程中还能为机体提供维持生命活动的能量，但有些以 CO_2 为唯一或主要碳源的微生物（化能自养微生物）生长所需的能源则不来自 CO_2。微生物可利用的碳源范围被称作碳源谱（spectrum of carbon sources），将所有微生物作为一个整体来考察，其碳源谱极其广泛，包括有机碳与无机碳两大类（表 5-2）。

表 5-2 微生物的碳源谱

类型	元素水平	化合物水平	培养基原料水平
有机碳	C·H·O·N·X	复杂蛋白质、核酸等	牛肉膏、蛋白胨、花生饼粉等
	C·H·O·N	多数氨基酸、简单蛋白质等	一般氨基酸、明胶等
	C·H·O	糖、有机酸、醇、脂类等	葡萄糖、蔗糖、各种淀粉、糖蜜等
	C·H	烃类	天然气、石油及其馏分、石蜡油等
	C（?）	—	—
无机碳	C·O	CO_2	CO_2
	C·O·X	$NaHCO_3$、$CaCO_3$ 等	$NaHCO_3$、$CaCO_3$、白垩等

注：X 指除 C、H、O、N 外的其他一种或几种元素。

由表可知，微生物能利用的碳源大大超过了动物界或植物界所能利用的范围。凡必须利用有机碳源的微生物，就是为数众多的异养微生物；反之，凡是以无机碳源作主要碳源的微生物，则是种类较少的自养微生物。异养微生物在元素水平上的最适碳源则是“C·H·O”型。具体地说，“C·H·O”型的糖类是利用最广泛的碳源，其次是有机酸类、醇类和脂类等。在糖类中，单糖优于双糖和多糖，己糖优于戊糖，葡萄糖、果糖优于甘露糖、半乳糖；在多糖中，淀粉明显优于纤维素或几丁质等纯多糖，纯多糖则优于琼脂等杂多糖。在有机碳源中，“C·H·O·N”和“C·H·O·N·X”类虽也可被利用，但在设计培养基时，应尽量避免把这两类主要用作氮源的化合物当碳源使用。实验室常用的碳源主要有葡萄糖、蔗糖、淀粉、甘露醇、有机酸等。发酵工业中常根据微生物对营养需求的不同，利用各种农副产品如麦麸、甘薯、野生植物淀粉。另外，某些工业生产的副产品，如糖蜜也经常作为廉价碳源使用。对一切异养微生物来说，碳源又兼作能源，因此，这种碳源又被称作双功能营养物（difunctional nutrient）。

需指出的是，从简单的无机含碳化合物如 CO_2 和碳酸盐到各种各样的天然有机化合物都可以作为微生物的碳源，但不同的微生物对含碳物质的利用具有选择性，利用能力也存在差异。

2. 氮源

凡能提供微生物生长繁殖所需氮元素的营养源，称作氮源（nitrogen source）。氮是构成重要生命物质蛋白质和核酸等的主要元素，占细菌干重的12%～15%，是微生物的主要营养物。微生物能利用的氮源范围被称作氮源谱（spectrum of nitrogen source），将微生物作为一个整体考虑，微生物氮源谱十分广泛，包括有机氮与无机氮两大类（表 5-3）。

表 5-3 微生物的氮源谱

类型	元素水平	化合物水平	培养基原料水平
有机氮	N·C·H·O·X	复杂蛋白质、核酸等	牛肉膏、酵母膏、饼粕粉、蚕蛹粉等
	N·C·H·O	尿素、一般氨基酸、简单蛋白质等	尿素、蛋白质、明胶等
无机氮	N·H	NH_3、铵盐等	$(NH_4)_2SO_4$ 等
	N·O	硝酸盐等	KNO_3 等
	N	N_2	空气

微生物的氮源谱与碳源谱类似，也明显比动物或植物广泛。对于不同的微生物种类来讲，其对氮源需求也不同。如固氮菌能利用游离氮，而大多数微生物可利用无机氮及有机氮，如铵盐、硝酸盐、氨基酸等，尤其是铵盐，几乎可以被所有微生物利用。

从微生物所能利用的氮源种类来看，存在着一个明显的界限：一部分微生物是不需要利用氨基酸作氮源的，它们能把尿素、铵盐、硝酸盐甚至氮气等简单氮源自行合成所需要的一切氨基酸，因而可称为氨基酸自养型生物（amino acid autotrophs）；反之，凡需要从外界吸收现成的氨基酸作氮源的微生物，就是氨基酸异养型生物（amino acid heterotrophs）。所有的动物和大量的异养微生物属于氨基酸异养型生物，而所有的绿色植物和一部分微生物为氨基酸自养型生物。

能被微生物利用的氮源物质有蛋白质及其各类降解产物、铵盐、硝酸盐、亚硝酸盐、分子态氮、嘌呤、嘧啶、脲、酰胺、氰化物（表 5-4）。氮源物质常被微生物用来合成细胞中含氮物质，少数情况下可作能源物质，如某些厌氧微生物在厌氧条件下可利用某些氨基酸作为能源。微生物对氮源的利用具有选择性，如玉米浆相对于豆饼粉，NH_4^+ 相对于 NO_3^- 为速效氮源。铵盐作为氮源时会导致培养基 pH 下降，称为生理酸性盐，而以硝酸盐作为氮源时培养基 pH 会升高，称为生理碱性盐。实验室中常用到的氮源有硫酸铵、碳酸铵、硝酸盐、尿素、牛肉膏、蛋白胨等，而工业发酵中常采用鱼粉、蚕蛹粉、黄豆饼粉等作为氮源。

表 5-4 微生物利用的氮源物质

种类	氮源物质	备注
蛋白质类	蛋白质及其不同程度降解产物（胨、肽、氨基酸等）	大分子蛋白质难进入细胞，一些真菌和少数细菌能分泌胞外蛋白酶，将大分子蛋白质降解利用，而多数细菌只能利用相对分子质量较小其降解产物
氨及铵盐	NH_3、$(NH_4)_2SO_4$ 等	容易被微生物吸收利用
硝酸盐	KNO_3 等	容易被微生物吸收利用
分子氮	N_2	固氮微生物可利用，但当环境中有化合态氮源时，固氮微生物就失去固氮能力
其他	嘌呤、嘧啶、脲、胺、酰胺、氰化物	大肠杆菌不能以嘧啶作为唯一氮源，在氮限量的葡萄糖培养基上生长时，可通过诱导作用先合成分解嘧啶的酶，然后再分解并利用嘧啶可不同程度地被微生物作为氮源加以利用

二维码 5-1 根瘤菌及大豆根瘤形态

3. 能源

能够为微生物生命活动提供最初能量来源的营养物或辐射能，称为能源（energy source）。

对于异养微生物来讲，其碳源就是能源，因此，它们的能源谱就显得十分简单。化能自养微生物的能源十分独特，它们都是一些还原态的无机物质，例如 NH_4^+、NO_2^-、S、H_2S、H_2 和 Fe^{2+} 等。能利用这种能源的微生物都是一些原核生物，包括亚硝酸细菌、硝酸细菌、硫化细菌、硫细菌、氢细菌和铁细菌等。一部分微生物能够利用辐射能（光能）进行光合作用获得能源，称为光能营养型。

在能源中，对照碳源谱与氮源谱，某一具体营养物质可同时兼有几种营养要素功能。例如，光辐射能是单功能营养物（能源）；还原态的 NH_4^+ 是双功能营养物（能源和氮源）；而氨基酸是三功能的营养物（碳源、能源和氮源）。

4. 生长因子

生长因子（growth factor）是一类调节微生物正常代谢所必需，但不能用简单的碳源、氮源自行合成的一类有机物。它没有能源和碳源、氮源等结构材料的功能，需要量一般很少。广义的生长因子除了维生素外，还包括碱基、卟啉及其衍生物、甾醇、胺类、$C_4 \sim C_6$ 的分支或直链脂肪酸，有时还包括氨基酸营养缺陷突变株所需要的氨基酸在内；

而狭义的生长因子一般仅指维生素。

维生素是最早发现的生长因子，大多数维生素是辅酶或辅基的成分，与微生物的生长代谢关系密切。氨基酸是许多微生物所需的生长因子，其主要作用是构成核酸、辅酶及辅基。而嘌呤与嘧啶需加入到细胞后转变为核苷酸或核苷才能被微生物利用。而有些微生物不仅缺乏合成嘌呤与嘧啶的能力，且不能将它们正常结合到核苷酸上。因此，这类微生物需要额外补充核苷或核苷酸才能进行正常生长。

需指出的是，生长因子虽属一类重要的营养要素，但它们与碳源、氮源有所区别，不是所有微生物均需要从外界获取生长因子，现在按微生物从外界获取生长因子与否，将它们分为三种类型。

（1）生长因子自养型微生物　不需要从外界吸收任何生长因子，多数真菌、放线菌和不少细菌，如大肠杆菌。

（2）生长因子异养型微生物　需要从外界吸收多种生长因子才能维持正常生长。如乳酸菌、动物致病菌、支原体和原生动物。

（3）生长因子过量合成型微生物　少数微生物在其代谢活动中，能合成并大量分泌某些维生素等生长因子，因此，可作为有关维生素的发酵生产菌种。

在配制培养基（特别是种子培养基）时，一般可用生长因子含量丰富的天然物质作原料以保证微生物对它们的需要，这部分天然物质常选用酵母膏（yeast extract）、玉米浆（corn steep liquor）、麦芽汁（malt extract）或其他新鲜动植物的浸提液等。

5. 无机盐

无机盐（inorganic salt）或矿物质主要为微生物生长提供除碳、氮以外的各种元素。无机盐是微生物生长必不可少的一类营养物质，它们在机体中的生理功能主要是作为酶活性中心的组成部分、维持生物大分子和细胞结构的稳定性、调节并维持细胞的渗透压平衡、控制细胞的氧化还原电位和作为某些微生物生长的能源物质等。凡生长所需浓度在 10^{-4}～10^{-3} mol/L 的元素，可称为大量元素，如 P、S、K、Mg、Na 和 Fe 等（表 5-5）。在配制微生物培养基时，对大量元素来说，只要加入相应化学试剂即可，但其中首选的应是 K_2HPO_4 和 $MgSO_4$，因为它们可同时提供 4 种需要量最大的元素。

表 5-5　无机盐及其生理功能

元素	化合物形式（常用）	生理功能
磷	KH_2PO_4、K_2HPO_4	核酸、核蛋白、磷脂、辅酶及 ATP 等高能分子的成分，作为缓冲系统调节培养基 pH
硫	$(NH_4)_2SO_4$、$MgSO_4$	含硫氨基酸（半胱氨酸、甲硫氨酸等）、维生素的成分，谷胱甘肽可调节胞内氧化还原电位
镁	$MgSO_4$	己糖磷酸化酶、异柠檬酸脱氢酶、核酸聚合酶等活性中心组分，叶绿素和细菌叶绿素成分
钙	$CaCl_2$、$Ca(NO_3)_2$	某些酶的辅因子，维持酶（如蛋白酶）的稳定性，芽孢和某些孢子形成所需，建立细菌感受态所需
钠	NaCl	细胞运输系统组分，维持细胞渗透压，维持某些酶的稳定性
钾	KH_2PO_4、K_2HPO_4	某些酶的辅因子，维持细胞渗透压，某些嗜盐细菌核糖体的稳定因子
铁	$FeSO_4$	细胞色素及某些酶的组分，某些铁细菌的能源物质，合成叶绿素、白喉毒素所需

凡所需浓度在 10^{-8}～10^{-6} mol/L 的元素，则称微量元素，如 Cu、Zn、Mn、Mo、Ni、Sn、Se 等，微量元素在微生物的生长代谢过程中起到重要的生理调节作用（表 5-6）。需指出，微生物在生长过程中缺乏微量元素，会导致细胞生理活性降低甚至停止生长。由于不同微生物对营养物质的需求不尽相同，微量元素这个概念也是相对的。微量元素通常混杂在天然有机营养物、无机化学试剂、自来水、蒸馏水、普通玻璃器皿中，如果没有特殊原因，在配制培养基时没有必要另外添加微量元素。值得注意的是，许多微量元素是重金属，如果它们过量，就会对机体产生毒害作用，而且单独一种微量元素过量产生的毒害作用更大，因此有必要将培养基中微量元素的量控制在正常范围内，并注意各种微量元素之间保持恰当比例。

表 5-6　微量元素与生理功能

元素	生理功能
锌	存在于乙醇脱氢酶、乳酸脱氢酶、碱性磷酸酶、醛缩酶、RNA 聚合酶、DNA 聚合酶中
锰	存在于超氧化物歧化酶、柠檬酸合成酶中
钼	存在于硝酸盐还原酶、固氮酶、甲酸脱氢酶中
硒	存在于甘氨酸还原酶、甲酸脱氢酶中
钴	存在于谷氨酸变位酶中
铜	存在于细胞色素氧化酶中
钨	存在于甲酸脱氢酶中
镍	存在于脲酶中，为氢细菌生长所必需

6. 水

水是地球上整个生命系统存在和发展的必要条件。除蓝细菌等少数微生物能利用水中的氢来还原 CO_2 以合成糖类外，其他微生物并非真正把水当作营养物。但是由于水在微生物代谢活动中不可缺少，故仍应作为营养要素来考虑。

水在细胞中的生理功能主要表现为：①水是微生物细胞重要的组成成分，占鲜细胞总重的 75%～90%；②它是一种良好的溶剂，可保证几乎一切生物化学反应的进行；③它可维持各种生物大分子结构的稳定性，并参与某些重要的生物化学反应；④它还有许多优良的物理性质，诸如高比热、高汽化热、高沸点以及固态时密度小于液态等，都是保证生命活动十分重要的特性。水以自由水及结合水两种形式存在。结合水没有流动性及溶解力，微生物可利用的主要是自由水，微生物对于水的可利用性常用水分活度（water activity）来衡量。

5.1.2　微生物的营养类型

微生物种类繁多，其营养类型划分依据较多，人们常在不同层次和侧重点上对微生物营养类型进行划分。根据碳源、能源及氢供体性质的不同，可将绝大部分微生物分为光能无机自养型（photolithoautotrophy）、光能有机异养型（photoorganoheterophy）、化能无机自养型（chemolithoautotrophy）及化能有机异养型（chemoorganoheterotrophy）四种类型（表 5-7），另外，微生物的分类还有其他划分标准见表 5-8。

表 5-7　微生物的营养类型

营养类型	电子供体	碳源	能源	举例
光能无机自养型	H_2、H_2S、S 或 H_2O	CO_2	光能	蓝细菌、紫硫细菌、绿硫细菌、藻类
光能有机异养型	有机物	CO_2 及简单有机物	光能	红螺细菌
化能无机自养型	H_2、H_2S、Fe^{2+}、NH_4^+ 或 NO_2^-	CO_2	化学能	硝化细菌、硫化细菌、铁细菌、氢细菌、硫黄细菌等
化能有机异养型	有机物	有机物	化学能	绝大多数细菌和全部真核微生物

表 5-8　微生物营养类型的分类

分类标准	营养类型
以能源分	光能营养型
	化能营养型
以氢供体分	无机营养型
	有机营养型
以碳源分	自养型
	异养型
以合成氨基酸能力分	氨基酸自养型
	氨基酸异养型
以生长因子分	原养型或野生型
	营养缺陷型
以取食方式分	渗透营养型
	吞噬营养型
以取得死或活有机物分	腐生
	寄生

光能无机自养型和光能有机异养型微生物可利用光能进行生长，在地球早期生态环境的演化过程中起重要作用。化能无机自养型微生物广泛分布于土壤及水环境中，参与地球物质循环，对化能有机异养型微生物而言，有机物通常既是碳源也是能源。目前已知的大多数细菌、真菌、原生动物都是化能有机异养型微生物。需指出的是，已知的所有致病微生物都属于此种类型。根据化能有机异养型微生物利用的有机物性质的不同，又可将它们分为腐生型（metatrophy）和寄生型（paratrophy）两类，前者可利用无生命的有机物（如动植物尸体和残体）作为碳源，后者则寄生在活的寄主机体内吸取营养物质，离开寄主就不能生存。在腐生型和寄生型之间还存在一些中间类型，如兼性腐生型

(facultive metatrophy) 和兼性寄生型 (facultive-paratrophy)。

野生型菌株发生突变（自然突变或人工诱变）后，失去合成某种（或某些）对该菌株生长必不可少的物质（通常是生长因子如氨基酸、维生素）的能力，必须从外界环境获得该物质才能生长繁殖，这种突变型菌株称为营养缺陷型 (auxotroph)，其经过回复突变或重组后的菌株称为原养型 (prototroph)。营养缺陷型菌株经常用来进行微生物遗传学方面的研究。

1. 光能无机自养型

光能无机自养型又称光能自养型或光能无机营养型，这类微生物含有叶绿素或细菌叶绿素等光合色素，可将光能转变为化学能供机体直接使用，主要表现在能以 CO_2 为唯一碳源或主要碳源并利用光能进行生长，能以水、硫化氢、硫代硫酸钠等还原态无机物为氢供体，将 CO_2 固定并还原成细胞结构物质，并且伴随元素氧（硫）的释放。藻类、蓝细菌和光合细菌属于这一类营养类型。

2. 光能有机异养型

光能有机异养型又称光能异养型或光能有机营养型，这类微生物具有光合色素，不能以 CO_2 作为唯一碳源或主要碳源，它们需要以简单有机物作为碳源及氢供体，利用光能将 CO_2 还原为细胞物质。红螺属的一些细菌就是这一营养类型的代表，光能有机营养型细菌在生长时通常需要外源的生长因子。

3. 化能无机自养型

化能无机自养型又称化能自养型或化能无机营养型，这类微生物利用无机物氧化过程中放出的化学能作为它们生长所需的能量，以 CO_2 或碳酸盐作为唯一或主要碳源进行生长，利用电子供体如 H_2、H_2S、Fe^{2+}、NH_3 或 NO_2^- 等使 CO_2 还原成细胞物质。属于这类微生物的类群有硫化细菌、硝化细菌、氢细菌与铁细菌等。

4. 化能有机异养型

化能有机异养型又称化能异养营养型或化能异养型，这类微生物生长所需的能量来自有机物氧化过程放出的化学能，生长所需要的碳源主要是一些有机化合物，如淀粉、糖类、纤维素、有机酸等。一般情况下，化能有机营养型微生物里的有机物通常既是它们生长的碳源物质又是能源物质。目前在已知的微生物中大多数属于化能有机营养型：绝大多数的细菌、全部真菌、原生动物以及病毒。若是化能有机营养型微生物利用的有机物不具有生命活性，则是腐生型；若是生活在生活细胞内从寄生体内获得营养物质，离开宿主就不能生存，则是寄生型。在腐生型与寄生型之间还存在着过渡类型，即兼性腐生型和兼性寄生型。

需指出的是，无论哪种分类方式，不同营养类型之间的界限并非绝对的，异养型微生物并非绝对不能利用 CO_2，只是不能以 CO_2 为唯一或主要碳源进行生长，而且在有机物存在的情况下也可将 CO_2 同化为细胞物质。同样，自养型微生物也并非不能利用有机物进行生长。另外，有些微生物在不同生长条件下生长时，其营养类型也会发生改变，例如紫色非硫细菌 (purple nonsulphur bacteria) 在没有有机物时可以同化 CO_2，为自养型微生物，而当有机物存在时，它又可以利用有机物进行生长，此时它为异养型微生物。再如，紫色非硫细菌在光照和厌氧条件下可利用光能生长，为光能营养型微生物，而在黑暗与好氧条件下，依靠有机物氧化产生的化学能生长，则为化能营养型微生物。微生物营养类型的可变性无疑有利于提高微生物对环境条件变化的适应能力。

5.1.3 微生物营养物质的转运

营养物质能否被微生物利用的一个决定性因素是这些营养物质能否进入微生物细胞。只有营养物质进入细胞后才能被微生物细胞内的新陈代谢系统分解利用，进而使微生物正常生长繁殖。影响营养物质进入细胞主要有三个方面的因素：

其一是营养物质本身的性质。相对分子质量、溶解性、电负性、极性等都影响营养物质进入细胞的难易程度。

其二是微生物所处的理化环境条件。温度通过影响营养物质的溶解度、细胞膜的流动性及运输系统的活性来影响微生物的吸收能力；pH 和离子强度通过影响营养物质的电离程度来影响其进入细胞的能力。例如，当环境 pH 比细胞内 pH 高时，弱碱性的甲胺进入大肠杆菌后以带正电荷的形式存在，而这种状态的甲胺不容易分泌而导致细胞内甲胺浓度升高，当环境pH比细胞内pH低时，甲胺以带正电荷的形式存在于环境中而难以进入细胞，导致细胞内甲胺浓度降低；当环境中存在诱导物质运输系统形成的物质时，有利于微生物吸收营养物质；而环境中存在的代谢过程抑制剂、解偶联剂以及能与原生质膜上的蛋白质或脂类物质等成分发生作用的物质（如巯基试剂、重金属离子等）都可以在不同程度上影响物质的运输速率。

其三是微生物细胞的透过屏障（permeability barrier）。所有微生物都具有一种保护机体完整性且能限制物质进出细胞的透过屏障，渗透屏障主要由原生质膜、细胞壁、荚膜及黏液层等结构组成。荚膜与黏液层的结构较为疏松，对细胞吸收营养物质影响较小。革兰氏阳性细菌由于细胞壁结构较为紧密，对营养物质的吸收有一定的影响。与细胞壁相比，原生质膜在控制物质进入细胞的过程中起着更为重要的作用，它对跨膜运输的物质具有选择性。除原生动物外，其他各大类型微生物都是通过细胞膜的渗透和选择性吸收作用而从外界获取营养物质。根据物质运输过程的特点，可将物质的运输方式分为单纯扩散、促进扩散、主动运输及基团移位。

1. 单纯扩散

单纯扩散（simple diffusion）又称扩散，指疏水性双分子层细胞膜（包括孔蛋白在内）在无载体蛋白的参与下，单纯依靠物理扩散的方式让许多小分子、非电离分子尤其是亲水性分子被动通过的一种物质运送方式。

扩散是一种最简单的物质跨膜运输方式，为纯粹的物理过程，在扩散过程中不消耗能量，物质扩散的动力来自参与扩散的物质在膜内外的浓度差，营养物质不能逆浓度运输。原生质膜是一种半透膜，营养物质通过原生质膜上的含水小孔，由高浓度的胞外（内）环境向低浓度的胞内（外）进行扩散。物质扩散的速率随原生质膜内外营养物质浓度差的降低而减小，直到膜内外营养物质浓度相同时才达到一个动态平衡（图5-1）。

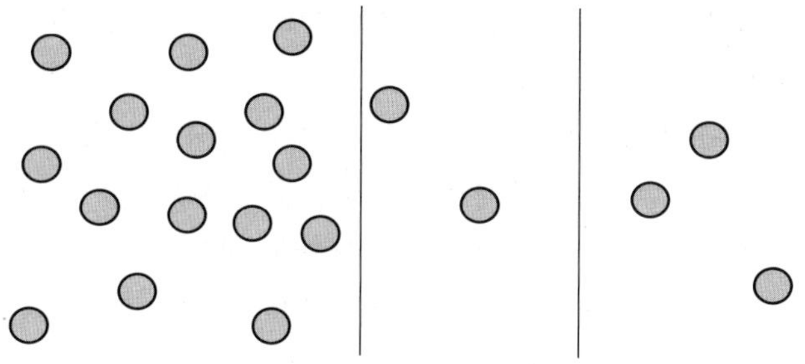

图5-1　单纯扩散模式图

由于原生质膜主要由磷脂双分子层和蛋白质组成，而且膜上分布有含水小孔，膜内外表面为极性表面，中间为疏水层，因而物质跨膜扩散的能力和速率与该物质的性质有关，相对分子质量小、脂溶性、极性小的物质易通过扩散进出细胞。扩散是非特异性的，但原生质膜上的含水小孔的大小和形状对参与扩散的营养物质分子有一定的选择性。另外，温度高时，原生质膜的流动性增加，有利于物质通过扩散进出细胞，而pH与离子强度通过影响物质的电离程度而影响物质的扩散速率。扩散并不是微生物细胞吸收营养物质的主要方式，水是唯一可以通过扩散自由通过原生质膜的分子，脂肪酸、乙醇、甘油、苯、一些气体分子（O_2、CO_2）及某些氨基酸在一定程度上也可通过扩散进出细胞。物质在扩散过程中，既不与膜上的各类分子发生反应，自身分子结构也不发生变化。

2. 促进扩散

促进扩散（facilitated diffusion）指溶质在运送过程中，必须借助存在于细胞膜上的特异性底物载体蛋白的协助，是一种不消耗能量的扩散性运动方式。

促进扩散与扩散的主要区别在于通过促进扩散进行跨膜运输的物质需要借助于载体（carrier）的作用才能进入细胞（图5-2），而且每种载体只运输相应的物质，具有较高的专一性。被运输物质与相应载体之间存在一种亲和力，而且这种亲和力在原生质膜内外的大小不同，当物质与相应载体在胞外亲和力大而在胞内亲和力小时，通过被运输物质与相应载体之间亲和力的大小的变化，使该物质与载体发生可逆性的结合与分离，导致物质穿过原生质膜进入细胞。被运输物质与载体之间亲和力大小变化是通过载体分子的构象变化而实现的。参与促进扩散的载体主要是一些蛋白质，这些蛋白质能促进物质进行跨膜运输，自身在这个过程中不发生化学变化，而且在促进扩散中载体只影响物质的运输速率，并不改变该物质在膜内外形成的动态平衡状态，运输速率与膜内外物质的浓度差成正比，被运输物质在膜内外浓度差越大，促进扩散的速率越快，不能进行逆浓度运输。但是当被运输物质浓度过高而使载体蛋白饱和时，运输速率就不再增加，这些性质都类似于酶的作用特征，因此载体蛋白也称为透过酶。透过酶大多是诱导酶，只有在环境中存在机体生长所需的营养物质时，相应的透过酶才会合成。通过促进扩散进入细胞的营养物质主要有氨基酸、单糖、维生素及无机盐等，参与运输的物质本身的分子结构不发生变化。

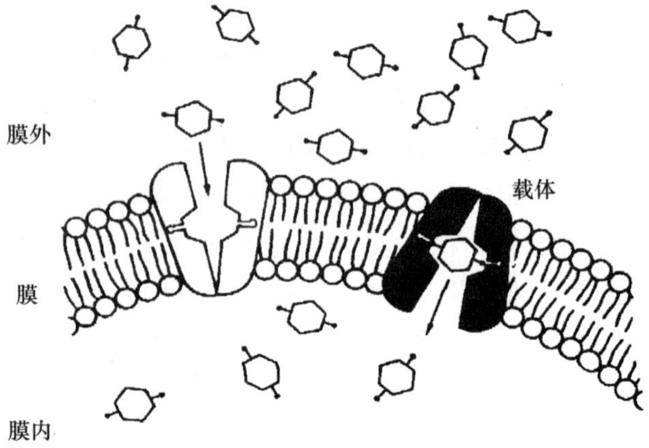

图 5-2　促进扩散模式图

3. 主动运输

主动运输（active transport）指一类须提供能量（包括 ATP、质子动势或“离子泵”等）并通过细胞膜上特异性载体蛋白构象的变化，而使膜外环境中低浓度的溶质运入膜内的一种运送方式。

主动运输需要底物载体蛋白的参与，载体蛋白通过构象的变化使底物与载体之间发生可逆性的结合与分离，进而完成相应物质的跨膜运输。与扩散及促进扩散这两种被动运输（passive transport）方式相比，主动运输的一个重要特点是在物质运输过程中需要消耗能量，而且可以进行逆浓度运输。在主动运输过程中，运输物质所需能量来源因微生物不同而不同，好氧型微生物与兼性厌氧微生物直接利用呼吸能，厌氧型微生物利用化学能（ATP），光合微生物利用光能，嗜盐细菌通过紫膜（purple membrane）利用光能。

主动运输可以逆浓度梯度运送营养物质，所以对许多生存于低浓度营养环境中的贫养菌或称寡养菌的生存极为重要。主动运输广泛存在于微生物中，通过这种方式吸收的营养物质主要有无机离子、有机离子和一些糖类（乳糖、葡萄糖、麦芽糖或蜜二糖）等。物质在进入细胞膜内后，其结构不发生性质变化，转运模式见图 5-3。

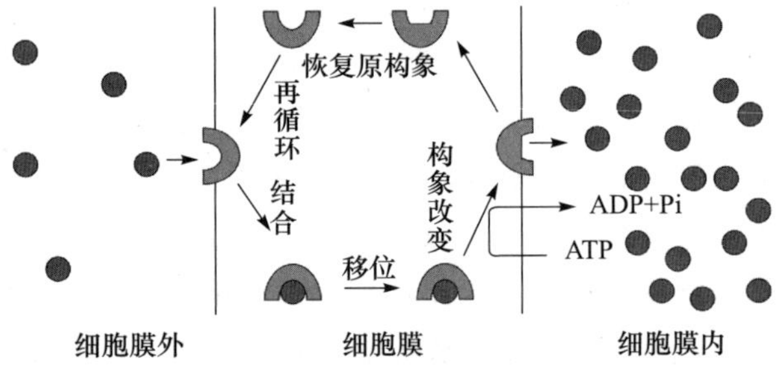

图 5-3　主动运输模式图

4. 基团转位

基团转位（group translocation）指一类既需要特异性底物载体蛋白参与，又消耗能量的一种物质转运方式。与主动运输方式的不同之处在于它有一个复杂的运输系统来完成物质的运输，而物质在运输过程中发生化学变化。

基团转位主要存在于厌氧型和兼性厌氧型细菌中，主要用于糖的运输，脂肪酸、核苷酸、碱基等也可通过这种方式运输。目前尚未在好氧型细菌及真核生物中发现这种运输方式，也未发现氨基酸通过这种方式进行运输。

在研究大肠杆菌对葡萄糖和金黄色葡萄球菌对乳糖的吸收过程中，发现这些糖进入细胞后以磷酸糖的形式存在于细胞质中，表明这些糖在运输过程中发生了磷酸化作用，其中的磷酸基团来源于胞内的磷酸烯醇式丙酮酸（PEP），因此也将基团转位称为磷酸烯醇式丙酮酸-己糖磷酸转移酶运输系统（PTS），简称磷酸转移酶系统。PTS 通常由 5 种蛋白质组成，包括酶Ⅰ、酶Ⅱ（包括 a、b 和 c 三个亚基）和一种低相对分子质量的热稳定蛋白质（HPr）。酶Ⅰ和 HPr 是非特异性的细胞质蛋白，酶Ⅱ$_a$也是可溶性细胞质蛋白，亲水性酶Ⅱ$_b$与位于细胞膜上的酶Ⅱ$_c$相结合。在糖的运输过程中，PEP上的磷酸基团逐步通过酶Ⅰ、HPr的磷酸化与去磷酸化作用，最终在酶Ⅱ的作用下转移到糖，生成磷酸糖释放于细胞质中。其具体的运送方式可分两步进行（图5-4）。

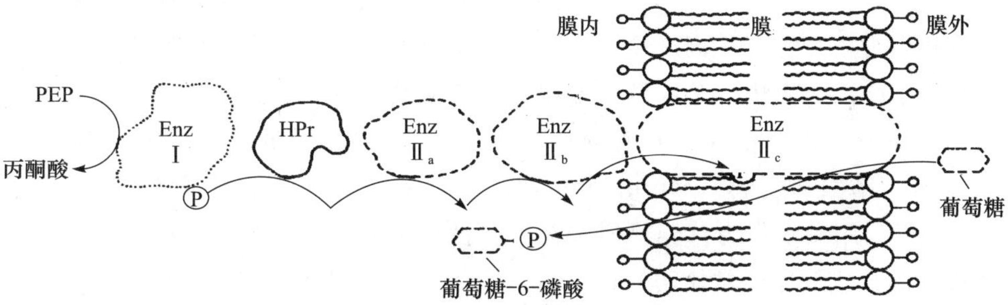

图5-4　糖分子经基团移位转移进入细胞内模式图

（1）热稳载体蛋白（HPr）的激活　细胞内高能化合物——磷酸烯醇式丙酮酸（PEP）的磷酸基团通过酶Ⅰ的作用而把HPr激活：

PEP＋HPr→Pyr(丙酮酸)＋P～HPr

HPr是一种低分子质量的可溶性蛋白，结合在细胞膜上，起着高能磷酸载体的作用。酶Ⅰ是一种可溶性细胞质蛋白。HPr和酶Ⅰ在磷酸转移酶系统中，均无底物特异性。

（2）糖经磷酸化而运入细胞膜内　膜外环境中的糖分子先与细胞膜外表面上的底物特异膜蛋白——酶Ⅱ$_c$结合，接着糖分子被由P～HPr→酶Ⅱ$_a$→酶Ⅱ$_b$逐级传递来的磷酸基团激活，最后通过酶Ⅱ$_c$再把这一磷酸糖释放到细胞质中。由上可知，酶Ⅱ共有3种，其中Ⅱ$_a$为细胞质蛋白，无底物特异性，Ⅱ$_b$和Ⅱ$_c$均为膜蛋白，它们对底物具有特异性，可通过诱导产生，因此种类很多。有关这4种运送方式的比较可见表5-9。

表5-9　4种营养物质吸收的方式及特点

比较项目	单纯扩散	促进扩散	主动运输	基团转位
特异载体蛋白	无	有	有	有
运输速度	慢	快	快	快
物质运输方向	由浓至稀	由浓至稀	由稀至浓	由稀至浓
胞内外浓度	相等	相等	胞内浓度高	胞内浓度高
运输分子	无特异性	特异性	特异性	特异性
能量消耗	不需要	不需要	需要	需要
运输后物质的结构	不变	不变	不变	改变

5.2　培养基的类型及制备方法

培养基是指由人工配制的、适合微生物生长繁殖或产生代谢产物用的混合营养基质。不论是以微生物为材料的实验研究，还是利用微生物进行的工业化生产，都必须进行培养基的配制。任何培养基都应具备微生物生长所需要的六大营养要素，且其间的比例是合适的。制作培养基时应尽快配制并立即灭菌，否则就会杂菌丛生，并破坏其固有的成分和性质。

5.2.1　培养基的类型

培养基种类繁多、种类各异，根据其成分来源、物理状态和用途可将培养基分为多种类型。

1. 按照成分不同划分

1）天然培养基

指一类利用动、植物或微生物体包括其提取物制成的培养基。培养细菌的牛肉膏蛋白胨培养基、培养酵母菌的麦芽汁培养、培养霉菌的马铃薯培养基就属于此类。这类培养基成分较复杂，生长因子含量较丰富，但常因原料来源的差异，难以确切说出其化学组成。

常用的天然有机营养物质包括牛肉浸膏、蛋白胨、酵母浸膏（表 5-10）、豆芽汁、玉米粉、土壤浸液、麸皮、牛奶、血清、稻草浸汁、羽毛浸汁、胡萝卜汁、椰子汁等，嗜粪微生物（coprophilous microorganisms）可以利用粪水作为营养物质。天然培养基成本较低，除在实验室经常使用外，也适于用来进行工业上大规模的微生物发酵生产。

表 5-10　牛肉浸膏、蛋白胨及酵母浸膏的来源及主要成分

营养物质	来源	主要成分
牛肉浸膏	瘦牛肉组织浸出汁浓缩而成的膏状物质	富含水溶性糖类、有机氮化合物、维生素、盐等
蛋白胨	将肉、酪素或明胶用酸或蛋白酶水解后干燥而成	富含有机氮化合物、也含有一些维生素和糖类的粉末状物质
酵母浸膏	酵母细胞的水溶性提取物浓缩而成的膏状物质	富含 B 类维生素，也含有有机氮化合物和糖类

天然培养基的优点是价格便宜、配制方便、营养丰富，适合实验室一般性的菌种培养，以及发酵生产中大规模培养微生物及生产微生物制品。但其成分不清楚，营养成分难以控制，进行精细的定量分析实验重现性差，往往达不到要求。

2）组合培养基

指一类按微生物培养要求精确设计后采用多种高纯化学试剂配制成的培养基，也称化学限定培养基（chemically defined medium）。例如，培养一些链霉菌的淀粉硝酸盐培养基（高氏Ⅰ号培养基），培养真菌的蔗糖硝酸盐培养基（查氏培养基）就属于此种类型。

组合培养基优点是成分精确、重现性好。与天然培养基相比其成本较高，配制较繁琐，微生物在其中生长速度较慢。一般适于在实验室用来进行有关微生物营养需求、代谢、生理、生化、分类鉴定、生物量测定、菌种选育及遗传分析等方面的研究工作。

2. 按照培养基的物理状态划分

按照培养基中凝固剂的有无及含量的多少，可将培养基划分为固体培养基、半固体培养基和液体培养基 3 种类型。

1）固体培养基（solid medium）

指一类外观呈固体状态的培养基，根据固态的性质主要可分为以下 4 种：

（1）固化培养基（solidified medium）　在液体培养基中加入一定量凝固剂，使其成为固体状态即为固化培养基。常用的凝固剂有 1%～2%琼脂（agar）、5%～12%明胶（gelatin）。理想的凝固剂应具备以下条件：不被所培养的微生物分解利用；在微生物生长的温度范围内保持固体状态，在培养嗜热细菌时，由于高温容易引起培养基液化，通常在培养基中适当增加凝固剂来解决这一问题；凝固剂凝固点温度不能太低，否则将不利于微生物的生长；凝固剂对所培养的微生物无毒害作用；凝固剂在灭菌过程中不会被破坏；透明度好，黏着力强；配制方便且价格低廉。琼脂和明胶的一些主要特征比较见表 5-11。

表 5-11　琼脂与明胶主要特征比较

内容	琼脂	明胶
常用浓度（%）	1.5～2	5～12
熔点（℃）	96	25
凝固点（℃）	40	20
pH	微酸	酸性
灰分（%）	16	14～15
氧化钙（%）	1.15	0
氧化镁（%）	0.77	0
氮（%）	0.4	18.3
微生物利用能力	绝大多数微生物不能利用	许多微生物能利用

琼脂是由藻类（海产石花菜）中提取的一种高度分支的复杂多糖。明胶是由胶原蛋白制备得到的产物，是最早用来作为凝固剂的物质，但由于其凝固点太低，而且某些细菌和许多真菌产生的非特异性胞外蛋白酶以及梭菌产生的特异性胶原酶都能液

化明胶，所以，目前琼脂是较为理想的凝固剂。在实验室中，固化培养基一般加入培养皿或试管中，制成培养微生物的平板或斜面。固化培养基为微生物提供一个营养表面，单个微生物细胞在这个营养表面进行生长繁殖，可以形成单个菌落。固化培养基常用来进行微生物的分离、鉴定、活菌计数及菌种保藏等。

（2）非可逆性固化培养基　指一类一旦凝固后不能再重新融化的固化培养基，如血清培养基或无机硅胶培养基等。后者专门用于化能自养细菌的分离和纯化。

（3）天然固态培养基　由天然固态基质直接配制成的培养基。例如，由马铃薯、小米、麸皮及米糠等制成固体状态的培养基就属于此类。又如生产食品菌的棉子壳培养基，生产酒的酒曲等。

（4）滤膜　是一种坚韧且带有无数微孔的醋酸纤维薄膜。若把滤膜制成圆片覆盖在营养琼脂或浸有液体培养基的纤维素衬垫上，就形成具有固化培养基性质的培养条件。滤膜主要对含菌量很少的水中微生物进行过滤、浓缩，然后揭下滤膜，把它放在含有适当液体培养基的衬垫上培养，待长出菌落后，就可计算单位水样中的实际含菌量。

固体培养基在科学研究和生产实践上用途广泛，可用于菌种菌落计数、分离、鉴定、选种、育种、菌种保藏、生物活性物质的生物测定、获取大量真菌孢子，以及用于微生物的固体培养及工业化生产等。

2）半固体培养基（semisolid medium）

半固体培养基中凝固剂的含量比固体培养基少，培养基中琼脂含量一般为0.5%左右。半固体培养基常用来观察微生物的运动特征、分类鉴定及噬菌体效价测定等。

3）液体培养基（1iquid medium）

液体培养基中未添加任何凝固剂。在用液体培养基培养微生物时，通过振荡或搅拌可以增加培养基的通气量，同时使营养物质分布均匀。液体培养基常用于大规模工业生产以及在实验室进行微生物的基础理论和应用方面的研究。

除以上三种类型外，脱水培养基或预制干燥培养基也被广泛应用。这类培养基含有除水分外的一切营养成分，使用时只需加入适量水分并加以灭菌、分装即可。

3. 按培养基的使用用途划分

1）基础培养基（minimum medium）

不同微生物的营养需求不尽相同，但大多数微生物所需的基本营养物质是相同的。基础培养基是指含有一般微生物生长繁殖所需的基本营养物质的培养基。牛肉膏蛋白胨培养基是最常用的基础培养基。基础培养基也可以作为一些特殊培养基的基础成分，再根据某种微生物的特殊营养需求，在基础培养基中加入所需营养物质。

2）加富培养基（enrichment medium）

加富培养基也称营养培养基，指基础培养基中加入某些特殊营养物质制成的一类营养丰富的培养基，这些特殊营养物质包括血液、血清、酵母浸膏、动植物组织液等。加富培养基一般用来培养营养要求比较苛刻的异养型微生物，如培养百日咳博德氏菌（*Bordetlla pertussis*）需要含有血液的加富培养基。加富培养基还可以用来富集和分离某种微生物，这是因为加富培养基含有某种微生物所需的特殊营养物质。用于加富的营养物质通常是被富集对象专门需要的碳源和氮源，例如富集纤维素分解菌的纤维素，富集石油分解菌的石蜡油等，该种微生物在这种培养基中较其他微生物生长速度快，并逐渐富集而占优势，逐步淘汰其他微生物，从而容易达到分离该种微生物的目的。

3）选择培养基（selective medium）

选择培养基是用来将某种或某类微生物从混杂的微生物群体中分离出来的培养基。根据不同种类微生物的特殊营养需求或对某种化学敏感性的物质不同，在培养基中加入相应的特殊营养物质或化学物质，抑制不需要的微生物的生长，有利于所需微生物的生长。

选择培养基是依据某些微生物的特殊营养需求设计的，例如，利用以蛋白质作为唯一氮源的选择培养基，可以分离产胞外蛋白酶的微生物；缺乏氮源的选择培养基可用来分离固氮微生物。另一类选择培养基是在培养基中加入某种化学物质，这种化学物质没有营养作用，对所需分离的微生物无害，但可以抑制或杀死其他微生物，例如，在培养基中加入数滴10%酚可以抑制细菌和霉菌的生长，从而在混杂的微生物群体中分离出放线菌；在培养基中加入亚硫酸铵，可以抑制革兰氏阳性细菌和绝大多数革兰氏阴性细菌的生长，而革兰氏阴性的伤寒沙门氏菌（*Salmomnella typhi*）可以在这种培养基上生长；在培养基中加入染料亮绿（brilliant green）或结晶紫（crystal violet），可以抑制革兰氏阳性细菌的生长，从而达到分离革兰氏阴性细菌的目的；在培养基中加入青霉素、四环素或链霉素，可以抑制细菌和放线菌生长，而将酵母菌和霉菌分离出来。现代基因克隆技术中也常用选择培养基，在筛选含有重组质粒的基因工程菌株过程中，利用质粒上具有的对某种（些）抗生素的抗性选择标记，在培养基中加入相应抗生素，就能比较方便地淘汰非重组菌株，以减少筛选目标菌株的工作量。

从某种意义上讲，加富培养基类似选择培养基，两者区别在于，加富培养基是用来增加所要分离的微生物的数量，使其形成生长优势，从而分离到该种微生物；选择培养基则一般是抑制不需要的微生物的生长，使所需要的微生物增殖，从而达到分离所需微生物的目的。

4）鉴别培养基（differential medium）

鉴别培养基是指一类在成分中添加能与目的菌的无色代谢产物发生显色反应的指示剂，而这种代谢产物可以与培养基中的特殊化学物质发生特征性变化，从而达到只需用肉眼判断就能方便地从近似菌落找到目的菌落的培养基。鉴别培养基主要用于微生物的快速分类鉴定，以及分离和筛选产生某种代谢产物的微生物菌种。常用的一些鉴别培养基参见表5-12。

表5-12　一些鉴别培养基

培养基名称	加入化学物质	微生物代谢产物	培养基特征性变化	主要用途
酪素培养基	酪素	胞外蛋白酶	蛋白水解圈	鉴别产蛋白酶菌株
明胶培养基	明胶	胞外蛋白酶	明胶液化	鉴别产蛋白酶菌株
油脂培养基	食用油、吐温中性红指示剂	胞外脂肪酶	由淡红色变成深红色	鉴别产脂肪酶菌株
淀粉培养基	可溶性淀粉	胞外淀粉酶	淀粉水解圈	鉴别产淀粉酶菌株
H_2S试验培养基	醋酸铅	H_2S	产生黑色沉淀	鉴别产H_2S菌株
糖发酵培养基	溴甲酚紫	乳酸、醋酸、丙酸等	由紫色变成黄色	鉴别肠道细菌
远藤氏培养基	碱性复红亚硫酸钠	酸、乙醛	带金属光泽深红色菌落	鉴别水中大肠菌群
伊红美蓝培养基	伊红、美蓝	酸	带金属光泽深紫色菌落	鉴别水中大肠菌群

最常见的鉴别培养基是伊红美蓝乳糖培养基，即EMB培养基。它在饮用水、牛奶的大肠杆菌等细菌学检查和在大肠杆菌的遗传学研究工作中有着重要的用途。

EMB培养基中的伊红和美蓝两种苯胺染料可抑制G^+细菌和一些难培养的G^-细菌。在低酸度下，这两种染料会结合并形成沉淀，起着产酸指示剂的作用。因此，试样中多种肠道细菌会在EMB培养基平板上产生易于用肉眼识别的多种特征性菌落，尤其是大肠杆菌，因其能强烈分解乳糖而产生大量混合酸，菌体表面带H^+，故可染上酸性染料伊红，而伊红与美蓝结合，使菌落染上深紫色，且从菌落表面的反射光中还可看到绿色金属闪光（似金龟子色），其他几种产酸力弱的肠道菌的菌落也有相应的棕色。

二维码5-2　EMB培养基测定水样中大肠杆菌流程

需要指出的是，以上关于选择培养基和鉴别培养基的划分只是人为的、为理解方便而定的理论标准。在实际应用时，这两种功能常常有机地结合在一起，例如，上述EMB培养基除有鉴别不同菌落特征的作用外，同时兼有抑制 G^+ 细菌和促进 G^- 肠道菌生长的作用。

5）其他培养基

除上述 4 种主要类型外，培养基按用途划分还有很多种，比如：分析培养基（assay medium）常用来分析某些化学物质（抗生素、维生素）的浓度，还可用来分析微生物的营养需求；还原性培养基（reduced medium）专门用来培养厌氧型微生物；组织培养物培养基（tissue-culture medium）含有动、植物细胞，用来培养病毒、衣原体（chlamydia）、立克次氏体（rickettsia）及某些螺旋体（spirochete）等专性活细胞寄生的微生物。尽管如此，有些病毒和立克次氏体目前还不能利用人工培养基来培养，需要接种在动植物体内、动植物组织中才能增殖。常用的培养病毒与立克次氏体的动物有小白鼠、家鼠和豚鼠，鸡胚也是培养某些病毒与立克次氏体的良好营养基质，鸡瘟病毒、牛痘病毒、天花病毒、狂犬病毒等十几种病毒也可用鸡胚培养。

5.2.2　培养基的制备方法

1. 选用及设计培养基的原则

1）明确目的并选择合适营养物质

在设计新培养基前，先要明确拟培养菌种？获取产物？用作实验室研究或是大生产用？是进行一般研究或是作精密的生理、生化或遗传学研究？是用作“种子”培养基还是发酵培养基？是生产含氮量低的发酵产物（如乙醇、乳酸、丙酮、丁醇、柠檬酸等）还是生产含氮量高的产物（如氨基酸、酶制剂、SCP 等）？根据不同的工作目的，可以设计出较好的试验方案。

总体而言，所有微生物生长繁殖均需要培养基含有碳源、氮源、无机盐、生长因子、水及能源，但由于微生物营养类型复杂，不同微生物对营养物质的需求是不一样的，因此首先要根据不同微生物的营养需求配制针对性强的培养基。自养型微生物能从简单的无机物合成自身需要的糖类、脂类、蛋白质、核酸、维生素等复杂的有机物，因此培养自养型微生物的培养基完全可以（或应该）由简单的无机物组成。例如，培养化能自养型的氧化硫硫杆菌（*Thiobacillus thiooxdans*）的培养基组成。在该培养基配制过程中并未专门加入其他碳源物质，而是依靠空气中和溶于水中的 CO_2 为氧化硫硫杆菌提供碳源。

就微生物主要类型而言，有细菌、放线菌、酵母菌、霉菌、原生动物、藻类及病毒之分，培养它们所需的培养基各不相同。在实验室中常用牛肉膏蛋白胨培养基（或简称普通肉汤培养基）培养细菌，用高氏Ⅰ号合成培养基培养放线菌，培养酵母菌一般用麦芽汁培养基，培养霉菌则一般用查氏合成培养基，几种常见培养基的组成及配置方法见表 5-13。

表 5-13　几种常见培养基的组成　　g

成分	牛肉膏蛋白胨培养基	高氏Ⅰ号合成培养基	查氏合成培养基	LB 培养基	主要作用
牛肉膏	5				碳源（能源）、氮源无机盐、生长因子
蛋白胨	10			10	氮源、碳源（能源）、生长因子
酵母浸膏				5	生长因子、氮源、碳源（能源）
葡萄糖					碳源（能源）
蔗糖			30		碳源（能源）
可溶性淀粉		20			碳源（能源）
CO_2					碳源
$(NH_4)_2SO_4$					氮源、无机盐
$NH_4H_2PO_4$					氮源、无机盐
KNO_3		1			氮源、无机盐

续表 5-13

成分	牛肉膏蛋白胨培养基	高氏Ⅰ号合成培养基	查氏合成培养基	LB 培养基	主要作用
$NaNO_3$			3		氮源、无机盐
$MgSO_4 \cdot 7H_2O$		0.5	0.5		无机盐
$FeSO_4$		0.01	0.01		无机盐
KH_2PO_4					无机盐
K_2HPO_4		0.5	1		无机盐
NaCl	5	0.5		10	无机盐
KCl			0.5		无机盐
$CaCl_2$					无机盐
S					无机盐
H_2O	1 000	1 000	1 000	1 000	溶剂
pH	7.0～7.2	7.2～7.4	自然 pH	7.0	
灭菌条件	121℃；20 min	121℃；20 min	121℃；20 min	121℃；20 min	

2）营养物质浓度及比例协调

培养基提供给微生物的营养要与其细胞组成元素协调一致，这是设计培养基时的重要参考依据。微生物细胞内各种成分间有较稳定的比例。因此，对于大多数为化能异养微生物配制的培养基当中，除水分外，碳源（兼能源）的含量最高，其后依次是氮源、大量元素和生长因子。它们之间大体上存在着 10 倍序列的递减趋势，即：H_2O＞碳源/能源＞N 源＞P、S＞K、Mg＞生长因子。

碳源与氮源含量之比即称碳氮比（C/N），严格讲来，C/N 应是指在微生物培养基中所含的碳源中的碳原子摩尔数与氮源中的氮原子摩尔数之比。控制碳氮比可以有效调节微生物的生长及代谢产物的累积。例如，在利用微生物发酵生产谷氨酸的过程中，培养基碳氮比为 4∶1 时，菌体大量繁殖，谷氨酸积累少；当培养基碳氮比为 3∶1 时，菌体繁殖受到抑制，谷氨酸产量则大量增加。再如，在抗生素发酵生产过程中，可以通过控制培养基中速效氮（或碳）源与迟效氮（或碳）源之间的比例来控制菌体生长与抗生素的合成协调。真菌需 C/N 较高的培养基（似动物的“素食”），细菌尤其是动物病原菌需 C/N 比较低的培养基（似动物的“荤食”）。一般细菌与酵母菌细胞的 C/N 约为 5∶1，霉菌细胞约为 10∶1，所有霉菌的培养基的 C/N 应较大，要求有丰富的碳源物质；细菌及酵母菌的培养基 C/N 较小，培养基中要求氮源较丰富。

另外，培养基的无机盐和生长因子的添加比例必须适当。应避免单盐离子所产生的毒害作用，以及氨基酸的不平衡影响细胞对氨基酸吸收。

3）理化条件适宜

培养基的 pH、渗透压、水活度和氧化还原电势等物理化学条件与微生物的生长关系极为密切。配制培养基时须控制理化条件在适宜的范围。

（1）pH　从整体上来看，各大类微生物都有其生长适宜的 pH 范围，如细菌为 7.0～8.0，放线菌为 7.5～8.5，酵母菌为 3.8～6.0，霉菌为 4.0～5.8，藻类为 6.0～7.0，原生动物为 6.0～8.0。但对某一具体微生物的物种来说，其生长最适 pH 范围常可跨越上述界限，一些嗜极菌尤为突出。

微生物在生长代谢过程中，由于营养基质的消耗及代谢产物的不断累积，会引起培养基 pH 的改变，如不及时调节，就会导致生长受到抑制甚至细胞死亡。为此，通常需要在培养基中添加化学物质来维持培养基 pH 的相对稳定性。一类是通过培养基成分起到调节作用，可称作 pH 的内源调节，主要有两种：①磷酸缓冲液进行调节：例如，调节 K_2HPO_4 和 KH_2PO_4 两者浓度比即可获得 pH 6.0～7.6 间一系列稳定的 pH，当两者的摩尔浓度比相同时，溶液的 pH 可稳定在 6.8。其反应原理是两者在不同酸碱条件下的相互转变。但 KH_2PO_4 和 K_2HPO_4 缓冲系统只能在一定的 pH 范围（6.4～7.2）内起调节作用。②以 $CaCO_3$ 作“备用碱”进行调节：$CaCO_3$ 在水溶液中溶解度极低，故将它加入液体或固体培养基中，并不会提高培养基的 pH。但当微生物生长过程中不断产酸时，却可溶解它，从而发挥其调节培养基 pH 的作用。但是由于它既不溶于水又是沉淀性的，故配制培养基时很难使它分布均匀，因此有时用 $NaHCO_3$ 来代替它。

与之相对应的是外源调节，这是一类根据实际需要不断从外界流加酸液或碱液，以调节培养液 pH 的方法。

（2）渗透压和水分活度　渗透压是水溶液中一个可用压力来量度的物化指标，它表示两种不同浓度的溶液间若被一个半透性薄膜隔开时，稀溶液中的水分子会因水势的推动而透过隔膜流向浓溶液，直至浓溶液所产生的机械压力足以使两边水分子的进出达到平衡为止，这时由浓溶液中的溶质所产生的机械压力，即为它的渗透压值。渗透压的大小是由溶液中所含有的分子或离子的质点数所决定的，等重的物质，其分子或离子越小，则质点数越多，因而产生的渗透压就越大。与微生物细胞渗透压相等的等渗溶液最适宜微生物的生长，高渗溶液则会使细胞发生质壁分离，而低渗溶液则会使细胞吸水膨胀，形成很高的膨压，这对细胞壁脆弱或丧失的各种缺壁细胞，例如原生质体、球状体或支原体来说，则是致命的。当然，微生物在其长期进化过程中，已进化出一套高度适应渗透压的特性，例如可通过体内糖原、PHB 等大分子贮藏物的合成或分解来调节细胞内的渗透压。据测定，G^+ 细菌的渗透压可达 20 个大气压，G^- 细菌的则可达到 5～10 个大气压。

水分活度即 A_w，是一个比渗透压更有生理意义的物理化学指标，它表示在天然或人为环境中，微生物可实际利用的自由水或游离水的含量。其定量含义为在同温同压下，某溶液的蒸气压（P）与纯水蒸气压（P_0）之比。因此，A_w 也等于该溶液的百分相对湿度值（equilibrium relative hymidity，ERH）：

$$A_w = P/P_0 = \mathrm{ERH}/100$$

各种微生物生长繁殖范围的 A_w 值在 0.60～0.998：

生长最低 A_w
- 细菌
  - 一般：0.90～0.98
  - 嗜盐菌：0.75
- 酵母菌
  - 一般：0.87～0.91
  - 高渗酵母：0.60
- 霉菌
  - 一般：0.80～0.87
  - 耐旱菌：0.60～0.75

知道了各类微生物生长的 A_w 后，不仅有利于设计它们的培养基，而且还对防止食物的霉腐具有指导意义。

（3）氧化还原电势　又称氧化还原电位，是量度某氧化还原系统中还原剂释放电子或氧化剂接受电子趋势的一种指标。一般以 Eh 表示，是指以氢电极为标准时某氧化还原系统的电极电位值。

不同微生物对其培养基的氧化还原电势有不同的要求。一般好氧菌生长的 Eh 值为 +0.3～+0.4 V，兼性厌氧菌在 +0.1 V 以上时进行好氧呼吸产能，在 +0.1 V 以下时则进行发酵产能；而厌氧菌只能生长在 +0.1 V 以下的环境中。在实验室中，为了培养严格厌氧菌，除应驱走空气中的氧外，还应在培养基中加入适量的还原剂，包括巯基乙酸、抗坏血酸（维生素 C）、硫化钠、半胱氨酸、铁屑、谷胱甘肽等，以降低它的氧化还原电势。

测定氧化还原电势值除用电位计外，还可使用化学指示剂，例如刃天青等。刃天青在无氧条件下呈无色；在有氧条件下，其颜色与溶液的 pH 相关，一般在中性时呈紫色，碱性时呈蓝色，酸性时为红色；在微含氧溶液中，则呈现粉红色。

4）注重经济节约

设计和配制培养基还应遵循经济节约的原则。特别是在工业生产中，培养基用量大，注意经济节约以降低生产成本。实际运用过程中大体可从以下几个方面去实施这一原则。以粗代精，以粗制的培养基原料代替纯净原料，例如使用糖蜜代替蔗糖，以红薯代替淀粉；以废代好，将生产中营养较为丰富的废弃物料作为微生物培养基，如豆制品厂的黄浆水可培养白地霉（*Geotrichum*）等；以纤代糖，在允许情况下，以可再生的纤维素代替淀粉或糖类原料，以降低生产成本；以烃代粮，指以石油或天然气作为碳源培养某些微生物，从而较少粮食原料的使用等。

二维码 5-3　用于致病菌检验的 4 种鉴别培养基及其鉴定结果

二维码 5-4　培养基管理规程

5.3　微生物的培养方法

微生物培养的目的不同，有的是为了增殖微生物菌体，有的是为了大量积累目标代谢产物。由于微生物的培养目的不同，所以培养方法上也就不同。微生物培养技术的发展规律是：①从实验室中少量培养发展到生产性的大规模培养；②从浅层培养发展到厚层（固体）或深层（液体）培养；③以固体培养发展到以液体培养为主；④从液体培养静止式发展到通气搅拌式；⑤分批培养发展到连续培养；⑥从以游离的微生物细胞培养发展到采用固定化细胞进行培养；⑦从单一培养发展到混合培养；⑧从利用野生菌种发展到利用变异菌株；⑨从低密度培养发展到高密度培养。根据微生物种类、培养目的、规模和资金投入的不同可以有不同形式的培养方法。现就实验室和生产实践中一些常用的微生物培养方法做一简要介绍。

5.3.1　培养过程控制

1. 分批培养

分批培养（batch culture）是指将微生物置于一定容积的培养基中，培养一段时间后，最后一次性收获的培养方法。

在分批培养中，首先配制营养液，接种菌种，然后在发酵罐中除充气外不添加任何物质。在分批培养中，既不添加新鲜培养基，也不将用完的培养基从培养容器中除去。因此，培养物的体积保持不变。对于许多研究者来说，都希望所利用的微生物能长时间地处于一种稳定的环境中，这就可以使用连续培养。例如，细菌、酵母、霉菌的培养一次性投料，一次性收获。分批培养的优点：是一种封闭的培养体系，其污染的机会很小。缺点：由于培养过程中未加入新鲜培养基，营养浓度不断下降。此外，各种有毒代谢物也在培养容器中积累。使菌体的对数生长期不可能长时间维持，产品收率低，不经济。

2. 连续培养

连续培养（continuous culture）又称开放培养，在培养器中不断补充新鲜营养物质，并及时不断地以同样的速度排出培养物（包括菌体及代谢产物，使对数生长期无限延长，保证培养器中总菌量基本不变）。

连续培养理论基础是对典型生长曲线中稳定期到来原因的认识，采取相应有效措施推迟其来临，发展出现在的连续培养技术。新鲜的无菌培养基在容器中不断加入，经微生物培养后用完的培养基以相同的速度连续除去。因此，微生物的体积和密度在培养容器中保持不变。在这种技术中，菌体在它们的对数期不断生长。这种增长被称为稳定增长。连续培养过程中通过保持恒定的稀释和流速来实现细胞密度的恒定。其优点是可根据研究者的目的，在一定程度上人为控制生长曲线中的某个时期，使之缩短或延长，或加速/降低某个时期的细胞生长速率，从而大大提高微生物培养过程的可控性并随时提供优良状态的实验材料。提高发酵工业的生产效益以及自动化水平。缺点是连续培养中菌种易退化，易染杂菌。时间不宜过长，一般数月至一年、两年，营养物的利用率低于分批培养。此法常应用于发酵工业，用于提高菌体的生产效率或提高目的产物在培养液中的含量。例如，酵母菌单细胞蛋白（SCP）的生产，乙醇、乳酸、丙酮和丁醇的发酵，用解脂假丝酵母（*Candida lipolytica*）等进行石油脱蜡，以及用自然菌种或混合菌种进行污水处理等各领域中。主要有恒化连续培养和恒浊连续培养两类。

1）恒化器法

恒化器（chemostat/bactogen）：是一种设法使培养液流速保持不变，并使微生物始终在低于其最高生长速率条件下进行生长繁殖的一种连续培养装置。该法是设法使所用培养器——恒化器

（图 5-5）进行生长繁殖的连续培养方法。

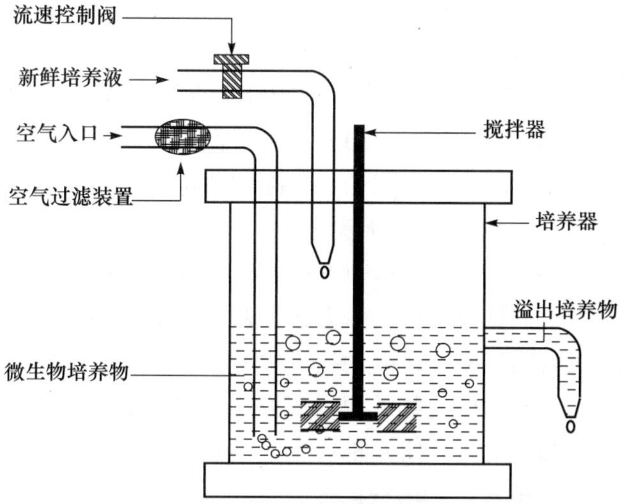

图 5-5　恒化器培养装置简图

（引自：孙军德，杨幼慧，赵春燕. 微生物学，2009）

在连续培养中，末端产物不会积累，营养物质也不会完全耗尽，因此微生物永远不会到达静止期。在恒化器中，液体培养基中含有一定的生长限制浓度的营养物质，而生长限制浓度决定了微生物的生长速度。在稳态恒化器中，极限养分的浓度保持不变，因为养分的添加速率等于生物体利用它的速率加上通过出口的流量。要检查菌体密度是否恒定，就要检查恒化器中必需营养素的浓度。如果营养物质的浓度改变了，那就表明菌体的密度在改变。此法特点是控制的对象是培养基流速，属于外控制，有限制生长因子，流速恒定，菌体均一、密度稳定，生长速率低于最高速率。产物是不同生长速率的菌体，以实验室应用为主（表 5-14）。

能作为恒化连续培养限制因子的物质很多。这些物质必须是机体生长所必需的，在一定浓度范围内能决定该机体生长速率。例如，作为氮源的氨、氨基酸；作为碳源的葡萄糖、乳酸；生长因子，无机盐等。

2）恒浊器法

恒浊器（turbidostat）是根据培养器内微生物的生长密度，并借光电控制系统来控制培养液流速，以取得菌体密度高、生长速度恒定的微生物细胞的连续培养器。恒浊培养是指通过调节培养基流速，使培养液浊度保持恒定的连续培养方法。

其原理是根据培养器内微生物的生长密度，用光电控制系统（浊度仪）来检测培养液的浊度（吸光度），并控制培养液的流速，从而在培养中保持恒定的菌体密度。如果改变微生物的生长密度，光电装置会调节培养液流速。如采用恒浊器，当浊度高时使新鲜培养基的流速加快，浊度降低则减慢培养基的流速。以此来达到恒密度的目的。此法特点是基质过量，工艺复杂，繁琐。控制的对象是菌体密度，属于内控制，培养基无限制生长因子，培养基流速不恒定，生长速率最高，产物是大量菌体或与菌体相平行的代谢产物，如乳酸、乙醇等。主要应用在生产方面（表 5-14）。

表 5-14　恒浊器与恒化器的比较

装置	控制对象	培养基	培养基流速	生长速率	产物	应用范围
恒浊器	菌体密度（内控制）	无限制生长因子	不恒定	最高速率	大量菌体或与菌体相平行的代谢产物	生产为主
恒化器	培养基流速（外控制）	有限制生长因子	恒定	低于最高速率	不同生长速率的菌体	实验室为主

（引自：周德庆. 微生物学教程. 3 版. 2011）

3. 补料分批培养

补料分批培养（fed-batch culture）又称半封闭式培养。是指先将一定量的培养液装入反应器，在适宜的条件下接种细胞，进行培养，使细胞不断生长，产物不断形成，而在此过程中随着营养物质的不断消耗，不断地向系统中补充新的营养成分，使细胞进一步生长代谢，直到整个培养结束后取出产物。

补料分批培养技术在多种类型的发酵过程中得到了广泛的应用。补料分批培养的特点就是能够调节培养环境中营养物质的浓度。在发酵过程中，一些营养物质是非常必要的，但当这些营养物质在培养基中浓度较高时，它们会抑制菌体的生长，最终停止发酵。因此，这些营养物质最初的浓度较低，在发酵过程中需要缓慢而连续地添加。

与传统分批发酵相比，补料分批发酵的优点在于使发酵系统中的基质浓度维持在低水平，可除去快速利用碳源的阻遏效应，并维持适当的菌体浓度，以减轻供氧矛盾；避免有毒代谢物的抑菌作用；减少人为操作感染。与连续发酵相比，补料分批培养不会产生菌种老化和变异等问题。

4. 高密度细胞培养

高密度细胞培养（high cell density culture，HCDC）也称高密度发酵，是指在人工条件下模拟体内生长环境，使细胞在细胞生物反应器中高密度生长，使液体培养中的细胞密度超过常规培养10倍以上，最终达到提高特定代谢产物的比生产率（单位体积单位时间内产物的产量）的目的，用于发酵生产生物制品的技术。

单位体积内细胞数量高于常规的培养模式。现代高密度细胞培养技术主要由基因工程菌（尤其是*E. coli*）生产多肽类药物（如人生长激素、胰岛素、白细胞介素类和人干扰素等）的生产实践中逐步发展起来的。提高菌体培养密度，不仅可提高产物的比生产率（单位体积单位时间内产物的产量）、减少培养容器的体积、培养基的消耗和提高下游工程中分离与提取效率，而且还可缩短生产周期、减少设备投入和降低生产成本，因此具有重要的实践价值。

高密度培养的具体方法：①选取最佳培养基成分和各成分含量，合适的C/N比也是*E. coli*高密度培养的基础；②补料。若在供氧不足时，过量葡萄糖会引起葡萄糖效应，并导致有机酸过量积累，从而使生长受到抑制。因此，补料一般应采用逐量流加的方式进行。③提高溶解氧的浓度。提高好氧菌和兼性厌氧菌培养时的溶氧量，大气中仅含21%的氧，若提高氧浓度至用纯氧去培养微生物，就可使高密度培养的水平得到提高，如有人用纯氧培养酵母菌，就可使菌体湿重达到100 g/L。④防止有害代谢产物的生成。乙酸是*E. coli*产生的对自身的生长代谢有抑制作用的产物。为防止它的生成，可采用诸如选用天然培养基，降低培养基的pH，以甘油代替葡萄糖作碳源，加入甘氨酸、甲硫氨酸，降低培养温度（37℃下降至26～30℃），以及采用透析培养法去除乙酸等。

不同菌种和同种菌种不同菌株间，在达到高密度的水平上差别极大。至今已报道过的高密度生长的实际最高纪录为*E. coli* W3110的174 g/L（湿重）和*E. coli*用于生产PHB的“工程菌”的175.4 g/L（湿重）。当然，由于微生物高密度生长的研究时间尚短，理论研究还有待深入，因此，被研究过的微生物种类还很有限，主要局限于*E. coli*和酿酒酵母（*Saccharomyces cerevisiae*）等少数兼性厌氧菌上。若进一步加强对其他好氧菌和厌氧菌高密度培养的研究，并扩大对各大类、各种生理类型微生物的深入研究，则对微生物学基础理论和有关生产实践都有很大的意义。

5.3.2 培养状态

1. 固体培养

固体培养（solid culture）就是利用固体培养基进行微生物的繁殖。固体培养在微生物鉴定、计数、纯化和保藏等方面发挥着重要作用。一些丝状真菌可以进行生产规模的固体发酵。

1）实验室常见的固体培养

有试管斜面、培养皿平板、较大型的克氏扁瓶和茄子瓶斜面。固体培养可用于菌种的分离、纯化、保藏和生产种子的制备。①平板划线法。首先用无菌的接种环挑取原始培养物后，采用划线接种的形式接种在固体培养基表面。此法简便，多用于分离细菌。②稀释倒平板法。将少量的液体培养物用涂布棒均匀地涂布在预先制备好的琼脂培养基表面，放入培养箱中恒温培养。菌体在平板表面生长；将少量液体培养物加入降温至50～60℃融化的固体培养基中，混合均匀，无菌条件下均匀倒入培养皿中，放入培养箱中恒温培养。菌体在平板表面和内部均能生长。此法既可定性，又可定量，用途广泛。以上方法适用于好氧和兼性好氧微生物的培养。对厌氧菌培养必须创造更严格的无氧环境，包括厌氧培养皿、厌氧罐、Hungate滚管技术。

2）生产中常见的固体培养

在生产实践中，将接种后的固体基质薄薄地均匀地平铺在容器的表面，这样可使好氧真菌获得充足的氧气，及时释放生长过程中产生的热量。常使用小麦麸皮等作为固体培养培养基原料。灭菌后接种。含水量控制在40%～80%（典型的液体培养基含水量在95%以上)，低含水量培养基对细菌和酵母菌生长不利，所以，固体培养被其感染的可能性降低。例如麸曲、食用菌、酱豆、米酒。

2. 液体培养

液体培养(liquid culture)就是将微生物接种到液体培养基中进行培养。由于大多数发酵微生物都是好氧性的，且微生物只能利用溶解氧，所以，培养液中需要含有无菌的较高浓度的溶解氧至关重要。一般可通过增加液体与氧的接触面积或提高氧分压来提高溶氧速率。

1) 实验室常见的液体培养

在实验室进行好氧菌液体培养的方法主要有三种。①试管液体培养。操作方便，便于贮存。此法的缺点是通气效果一般较差，仅适用于培养兼性好氧菌，以及进行微生物的各种生理生化试验。②摇瓶培养。在三角烧瓶中装入浅层培养液，其通气量与装液量、棉塞通气程度密切相关。此法一般用于兼性好氧菌的培养。摇瓶培养操作简单，同时可培养多个培养瓶，在实验室被广泛用于生理、生化、发酵、菌种筛选和种子培养等。③台式发酵罐。实验室用的发酵罐体积一般为几升到几十升。自动控制和记录装置如配置有pH、溶解氧、温度和泡沫检测电极，有加热或冷却装置，有补料、消泡和pH调节用的酸或碱贮罐及其自动记录装置，大多由计算机控制。它是实验室模拟生产实践的主要试验设备。

2) 生产中常见的液体培养

液体培养生产效率高，适于机械化和自动化，所以它是当前微生物发酵工业的主要生产方式。液体培养有静置培养和通气培养两种类型：静置培养适于厌氧菌发酵，如酒精、丙酮、丁醇、乳酸等发酵；通气发酵适于好氧菌发酵，如抗生素、氨基酸、核苷酸等发酵。

(1) 浅层培养　容器中盛装浅层液体静止培养，不采用通气搅拌的设备，完全依靠液体表面与空气接触来进行氧气交换，这是最为原始的液体培养形式。此法培养缺点是劳动强度较大，生产效率低，易污染。早期的青霉素和柠檬酸发酵曾采用过浅层培养法。当时生产1 kg青霉素就需要100万个容积为1 L的培养瓶。

(2) 发酵罐深层培养　液体深层培养的主体设备是发酵罐。发酵罐可以为微生物提供丰富而均匀的营养，良好的通气搅拌，适宜的温度和酸碱度，并能防止杂菌污染。为此，发酵罐通常配备有培养基配制系统、蒸汽灭菌系统、空气压缩过滤系统和补料系统。此法具有生产效率高、易于控制、产品质量稳定等优点，因而在发酵工业中被广泛应用。深层培养的缺点是所需设备复杂，投资大，耗费的动力较大。大型发酵罐的发酵一般需分几级进行，发酵的种子在逐级培养中扩大。罐的级数一般是根据菌体繁殖速度以及发酵罐的容积而确定的，如谷氨酸发酵多采用二级培养；而生长较慢的青霉素和链霉素生产菌种一般需要三级培养。

5.3.3 氧的控制

1. 好氧培养

好氧培养(aerobic culture)也称“好气培养”。微生物在培养时，需有氧气参与，否则就不能生长良好。在实验室中，斜面培养是利用疏松棉花塞从外界获得无菌的空气。三角烧瓶液体培养多数是通过摇床的振荡作用，使外界的空气进入瓶中。

2. 厌氧培养

厌氧培养(anaerobic culture)也称“厌气培养”。微生物在培养时，不需要氧气参加。一般可采用下列几种方法除去氧气：①降低培养基中的氧化还原电位。常将还原剂如谷胱甘肽、硫基醋酸盐等加入培养基中。②化合去氧。用焦性没食子酸、磷、好氧菌与厌氧混合培养吸收氧气，用植物组织如发芽的种子或用产生氢气与氧化合的方法除氧。③隔绝阻氧。采用深层液体培养、石蜡油封存、半固体穿刺等培养方式阻氧。④替代驱氧。用二氧化碳、氮气、真空、氢气、混合气体取代氧气。通过以上办法可以有效地去除氧气，利于厌氧菌的培养。

5.3.4 其他微生物的培养方式

1. 同步培养

同步培养(synchronous culture)使群体中不同步的细胞转变成能同时进行生长或分裂的群体细胞的一种培养方式。

利用同步培养法控制细胞的生长，使它们处于同一生长阶段，所有细胞都能同时分裂，这种生长方式叫同步生长。

用同步培养法得到的培养物叫同步培养物。同步培养物常被用来研究在单个细胞上难以研究的生理与遗传特性。也可作为工业发酵的种子，它是一种理想的材料。群体和个体行为一致，即可用研究群体的方法来研究个体水平上的问题。由于同步群体的个体差异，同步生长往往最多维持 2～3 个世代，然后又逐步变为随机生长。

2. 细胞固定化培养

细胞固定化培养（cell immobilized culture）是将植物悬浮细胞包埋在多糖或多聚化合物（如聚丙烯）网状支持物中进行无菌培养的技术。由于细胞处于静止状态，促使细胞以多细胞状态或局部组织状态一起生长，所建立的物理和化学因子就能对细胞提供一种最接近细胞体内的环境。固定化是植物细胞培养方法中一种最为接近自然状态的培养方法。

细胞固定化培养的特点：①固定化培养的细胞生长缓慢。当细胞被固定在一种惰性基质上面或里面时，与在悬浮液培养基中的细胞相比，细胞以较慢的速度生长并产生较多的次生代谢产物。有证据表明，细胞生长速度和次生代谢物积累之间存在着负相关性，因此，固定化细胞的缓慢生长有利于次生代谢物的高产。②细胞的组织化水平高。人工聚集（固定化）不仅使培养细胞的生长速度减慢，而且细胞与细胞之间的紧密接触提高了细胞的组织化水平，使其越接近于整体植株的水平，从而使培养细胞以与整体植株相同的方式对环境因子的刺激起反应，这更有利于次生代谢物的产生和积累。③易于次生代谢物的收集。目前植物细胞固定化培养体系大多是一个连续的生产体系，很容易使所要的代谢物从细胞运送到周围的介质里，并能很容易地将此化合物从营养介质里分离出来，而且固定化细胞培养体系使收集产物时对细胞不产生伤害。此外，在固定细胞上用化学处理来诱导产物的释放是相当容易进行的，这可以应用到在那些天然情况下不向外释放产物的细胞上。这一点对把次生代谢物的产量提高到最大限度是很重要的，因为它消除了反馈抑制作用。

5.4 微生物纯培养生长的测定方法

微生物既会给我们带来益处，也可能带来灾难，但不管是益处还是灾难，都不是单个微生物所能完成的。微生物要发挥作用，必须达到一定数量，微生物数量不足时无法进行生产，也无法引起食品的变质。因此在食品监测或者生产过程中测定微生物的生长繁殖情况很有必要。微生物的生长繁殖测定方法主要可以分为两种：测生长量和计繁殖数。无论是测生长量还是计繁殖数，都需要纯种微生物才有意义。

5.4.1 微生物的纯培养

纯培养（pure culture），微生物学中把在实验室条件下从一个细胞或一群相同的细胞经过培养繁殖而得到的后代称为纯培养。纯培养获得方法常用的主要有以下几种：

（1）平板划线分离法（streak plate） 用接种环以无菌操作沾取少许待分离的菌株，在无菌平板表面进行平行划线、扇形划线或其他形式的连续划线，微生物细胞数量将随着划线次数的增多而减少，并逐步分散开来，如果划线适宜的话，微生物能一一分散，经培养后，可在平板表面得到单菌落。

（2）倾注平板分离法（pour plate） 将待分离的材料用无菌生理盐水进行一系列稀释，然后取不同稀释液少许（一般是 1 mL）分别与已熔化并冷却到 46℃左右的琼脂培养基混合倒入无菌平皿中，冷凝后进行培养。如果稀释得当，在平板表面或琼脂培养基中就可出现分散的单个菌落，这样的菌落一般是由一个细胞繁殖而来的，随后挑取该单个菌落，或重复以上操作数次，就可得到纯培养。

（3）平板涂布分离法（spread plate） 先用固体培养基制成无菌平板，然后将稀释到一定程度的少量样品（一般是 0.2～0.5 mL）加到平板上，并用无菌玻璃涂棒将菌液均匀涂布到整个平板表面，经过培养后挑取单个菌落。

（4）选择性培养分离法（selective culture separation） 根据微生物的特点通过选择培养基或者

富集培养的方法培养微生物，然后挑取单菌落。例如分离蛋白酶产生菌，可在培养基中加入牛奶或酪素，蛋白酶产生菌在平板上生长会形成透明的蛋白质水解圈；分离产芽孢细菌，可以对样品进行高温处理，然后再进行培养。

(5) 单细胞挑取分离法 (single cell separation) 采用显微分离法从混杂群体中直接分离单个细胞或单个个体进行培养以获得纯培养的方法，该方法要在显微镜下进行。

以上几种方法各有优劣，其差异见表 5-15。

表 5-15 微生物纯培养获取方法及应用范围

分离方法	应用范围
平板划线分离法	常用的方法，操作快速、简便，多用于分离细菌
倾注平板分离法	较为常用的方法，但对热敏感菌及严格好氧菌不太适合
平板涂布分离法	简单易行，可以用于计数，但容易造成机械损伤
选择性培养分离法	适用于分离某些生理类型较特殊的微生物
单细胞挑取分离法	局限于高度专业化的科学研究

5.4.2 微生物生长量的测定方法

可以分为直接法和间接法。

1) 直接测定

(1) 体积测定法 又称菌丝浓度测定法。通过测定一定体积培养液中菌丝的量来反映微生物的生长状况。方法是取一定量的待测培养液（如 10 mL）放在有刻度的离心管中，设定一定的离心时间（如 5 min）和转速（如 5000 r/min），离心后，倒出上清液，测出上清液体积为 V，则菌丝浓度为 $(10-V)/10$。菌丝浓度测定法是大规模工业发酵生产上微生物生长的一个重要监测指标。这种方法比较粗放、简便、快速，但需要设定一致的处理条件，否则偏差很大，由于离心沉淀物中夹杂有一些固体营养物，结果会有一定偏差。

(2) 称干重法 可用离心或过滤法测定。一般干重为湿重的 10%～20%。在离心法中，将一定体积待测培养液倒入离心管中，设定一定的离心时间和转速，进行离心，并用清水洗涤 1～5 次，进行干燥。干燥可用烘箱在 105℃或 100℃下烘干，或采用红外线烘干，也可在 80℃或 40℃下真空干燥，干燥后称重。如用过滤法，丝状真菌可用滤纸过滤，细菌可用醋酸纤维膜等滤膜过滤，过滤后用少量水洗涤，在 40℃下进行真空干燥。称干重法较为繁琐，当获取的微生物产品为菌体时，常采用这种方法。

2) 间接测定

(1) 比浊法 对于无色单细胞微生物来说，其数量与光密度值（OD 值）在一定范围内成正比，因此可以采用可见分光光度计对微生物菌悬液进行测定，波长通常选用 450～650 nm。测量时应控制在菌浓度与光密度成正比的线性范围内，否则不准确。

(2) 生理指标法 微生物的生理指标，如氮、碳、DNA、ATP 等物质的含量，以及呼吸强度、耗氧量、酶活性、生物热等与其群体的规模呈正相关。样品中微生物数量多或生长旺盛，这些指标愈明显，因此可以借助特定的仪器如瓦勃氏呼吸仪、微量量热计等设备来测定相应的指标，常用于微生物的快速鉴定与检测。比如一种特定的微生物，每一个细胞中的 ATP 浓度几乎是一个常数，所以测定这种微生物的 ATP 含量，即可知其细胞数。

5.4.3 微生物计繁殖数的测定方法

对于计繁殖数来说，需要计算微生物的个体数目，所以计繁殖数只适用于单细胞状态的微生物或丝状微生物所产生的孢子。对于单细胞状态的细菌和酵母菌，计算个体数目；而放线菌和霉菌等丝状生长的微生物，则计算其孢子数。

计繁殖数的方法也分为直接计数法和间接计数法。

1) 直接测定微生物繁殖数

直接测定微生物繁殖数指采用计数板（细菌计数板或血细胞计数板），在光学显微镜下直接观察微生物细胞并进行计数的方法。

血细胞计数板是一块特制的玻片，其上由 4 条槽构成 3 个平台。中间较宽的平台又被一段横槽隔成两半，每一边的平台上各刻有一个方格网，每个方格网共分 9 个大方格，中间的大方格即为计数室。计数室的刻度一般有两种规格，一种是一个大方格分成25个中方格，而每个中方格又分成16小方格；另一种是一个大方格分成16个中方格，而每个中方格又分成25个小方格，但无论是哪一种规格的计数板，每一个大方格中的小方格都是400个。每一个大方格边长为1 mm，则每一个大方格的面积为1 mm^2，盖上盖玻片后，盖玻片与载玻片之间的高度为0.1 mm，所以计数室的容积为0.1 mm^3（10^{-4} mL）。使用血球计数板计数时，先要测定每个小方格中微生物的数量，再换算成每毫升菌液（或每克样品）中微生物细胞的数量。以25个中方格的计数板为例，设5个中方格中的总菌数为A，菌液稀释倍数为B，则：

1 mL 菌液中总菌数$=A/5\times25\times10000\times B$

二维码 5-5　血细胞计数板

2）间接测定微生物繁殖数

间接测定微生物繁殖数是一种活菌计数法，这是一种依据活菌在液体培养基中会使其变浑或在固体培养基上（内）形成菌落的原理而设计，最常用的是菌落计数法（colony-counting methods）。可用浇注平板（pour plate）或涂布平板（spread plate）等方法进行，此法适用于各种好氧菌或厌氧菌，这也是实验室中最为常见的一种计数方法。

（1）主要仪器设备　电子天平、超净工作台、恒温培养箱等。

（2）浇注平板法测定食品中菌落总数程序如下：

样品稀释：固体和半固体样品：称取25 g样品置盛有225 mL磷酸盐缓冲液或生理盐水的无菌均质杯内，8000～10000 r/min均质1～2 min，或放入盛有225 mL稀释液的无菌均质袋中，用拍击式均质器拍打1～2 min，制成1∶10的样品匀液。

液体样品：以无菌吸管吸取25 mL样品置盛有225 mL磷酸盐缓冲液或生理盐水的无菌锥形瓶（瓶内预置适当数量的无菌玻璃珠）中，充分混匀，制成1∶10的样品匀液。

用1 mL无菌吸管或微量移液器吸取1∶10样品匀液1 mL，沿管壁缓慢注于盛有9 mL稀释液的无菌试管中（注意吸管或吸头尖端不要触及稀释液面），振摇试管或换用1支无菌吸管反复吹打使其混合均匀，制成1∶100的样品匀液。按照上述操作制备10倍系列稀释样品匀液。每递增稀释一次，换用1次1 mL无菌吸管或吸头。

根据对样品污染状况的估计，选择2～3个适宜稀释度的样品匀液（液体样品可包括原液），在进行10倍递增稀释时，吸取1 mL样品匀液于无菌平皿内，每个稀释度做两个平皿，同时分别吸取1 mL空白稀释液加入两个无菌平皿内作空白对照。及时将15～20 mL冷却至46℃的平板计数琼脂培养基（可放置于（46±1)℃恒温水浴箱中保温）倾注平皿，并转动平皿使其混合均匀。

培养：待琼脂凝固后，将平板翻转，(36±1)℃培养（48±2）h。水产品（30±1)℃培养(72±3）h。如果样品中可能含有在琼脂培养基表面弥漫生长的菌落时，可在凝固后的琼脂表面覆盖一薄层琼脂培养基（约4 mL），凝固后翻转平板进行培养。

菌落计数：可用肉眼观察，必要时用放大镜或菌落计数器，记录稀释倍数和相应的菌落数量。菌落计数以菌落形成单位（CFU）表示。

选取菌落数在30～300 CFU、无蔓延菌落生长的平板计数菌落总数。低于30 CFU的平板记录具体菌落数，大于300 CFU的可记录为多不可计。每个稀释度的菌落数应采用两个平板的平均数。

其中一个平板有较大片状菌落生长时，则不宜采用，而应以无片状菌落生长的平板作为该稀释度的菌落数；若片状菌落不到平板的一半，而其余一半中菌落分布又很均匀，即可计算半个平板后乘以2，代表一个平板菌落数。当平板上出现菌落间无明显界线的链状生长时，则将每条单链作为一个菌落计数。

菌落总数的计算：若只有一个稀释度平板上的菌落数在适宜计数范围内，计算两个平板菌落数的平均值，再将平均值乘以相应稀释倍数，作为每克（毫升）样品中菌落总数结果。若有两个连续稀释度的平板菌落数再适宜计数范围内时，按照下列公

式计算

$$N=\frac{\sum C}{(n_1+0.1n_2)\ d}$$

式中：N 为样品中菌落数；$\sum C$ 为平板（含适宜范围菌落数的平板）菌落数之和；n_1 为第一稀释度（低稀释倍数）平板个数；n_2 为第二稀释度（高稀释倍数）平板个数；d 为稀释因子（第一稀释度）。

若所有稀释度的平板上菌落数均大于300 CFU，则对稀释度最高的平板进行计数，其他平板可记录为多不可计，结果按平均菌落数乘以最高稀释倍数计算。

若所有稀释度的平板菌落数均小于30 CFU，则应按稀释度最低的平均菌落数乘以稀释倍数计算。

若所有稀释度（包括液体样品原液）平板均无菌落生长，则以小于1乘以最低稀释倍数计算。

若所有稀释度的平板菌落数均不在30～300 CFU，其中一部分小于30 CFU或大于300 CFU时，则以最接近30 CFU或300 CFU的平均菌落数乘以稀释倍数计算。

此外，微生物数量的测定方法还有重量法、体积法和生理指标测定法以及微生物快速检测仪法等。

5.5　环境条件对微生物生长的影响

微生物生长离不开环境，生长是微生物同环境相互作用的结果。只有当外界环境条件适宜时，微生物才能进行正常的生长、繁殖。外界环境不适宜时，微生物的生命活动就会受到抑制甚至死亡。不同微生物对各种理化因子的敏感性不同，本节将介绍一些物理、化学因子对微生物生长的影响。通过对这些环境因子的作用进行分析，不仅有助于掌握微生物生长繁殖规律，而且对生产实践也有指导意义。

5.5.1　温度

温度是微生物生长的诸多重要环境因素之一。从微生物总体来看，生长的温度范围很广。可在－12～100℃或更高温度下生长，但具体到某一种微生物，则只能在有限的温度范围内生长。也就是说，不同微生物对温度的要求不同。各种微生物都有其生长繁殖的最低生长温度、最高生长温度和最适生长温度（表5-16）。

表5-16　各种微生物的生长温度范围　　℃

微生物	最低生长温度	最适生长温度	最高生长温度
根癌土壤杆菌	0	25～28	37
枯草芽孢杆菌	15	30～37	55
大肠杆菌	10	30～37	45
肺炎克氏杆菌	12	37	40
铜绿假单胞菌	0	37	42
嗜热链霉菌	20	40～45	53
酿酒酵母	1～3	28	40
黑曲霉	7	30～39	47
尖孢镰刀菌	4	15～32	40
扩展青霉	0	25～27	30

最低生长温度是指微生物能生长的温度下限。在此温度下，微生物尚能生长，但生长速度非常缓慢。除反复冻融等处理外，低温一般不易导致微生物的死亡。微生物可以在低温下较长期地保持其活力，因此，我们才有可能采用低温来保藏微生物。最高生长温度是指微生物能生长的温度上限。在此温度下，微生物仍能生长，而超过这个温度时，微生物就停止生长或死亡。最适合生长的温度称为最适生长温度，在这个温度下，微生物迅速生长。值得指出的是，最适生长温度不一定是微生物代谢的

最适温度。

二维码 5-6　嗜热微生物

5.5.2 水分

水是微生物细胞的主要成分，也是微生物生命活动的基本条件之一。一些微生物在水溶液中生活，还有一些微生物可以从培养基质表面的水膜吸收水分。空气湿度对微生物的生命活动也有很大影响。空气湿度大有利于它们的生存和传播。在酿造工业中，曲房要接近饱和湿度，促使真菌旺盛生长。在长江流域的黄梅季节，物品容易发霉，主要是由于空气湿度大和温度较高等原因。若环境过于干燥，微生物则不能生长，长期失水会导致菌体死亡。

水分对微生物的影响不仅取决于水分的含量，更重要的是其可给性。溶质浓度的高低和固体表面对水的亲和力都影响水分对微生物的可给性，环境中水的可给性一般以水分活度来表示。

5.5.3 渗透压

溶液的渗透压和水分活度有密切关系，如果溶液中的溶质浓度过高，则环境中的水对于微生物失去了可给性。纯水具有通过半透膜的渗透作用，当膜两边的溶质浓度不同时，会产生渗透压差，使水分子从溶质浓度低的一边流向溶质浓度高的一边。在微生物正常生长的情况下，细胞内溶质的浓度高于细胞外溶质的浓度，所以水分能够通过半透性的细胞质膜进入细胞内，由于细胞壁的保护作用，避免了因水分的无限流入而造成的细胞质膜破裂。高渗环境会使细胞脱水，造成生理干燥，原生质收缩引起质壁分离现象，因而能抑制大多数微生物的生长。低渗溶液能破坏去壁的细胞原生质体，使细胞吸水膨胀破裂，但一般不会对微生物的生存带来太大威胁。

人们常利用这一原理，通过加入高浓度的食盐或蔗糖，以人工造成高渗环境来保存蔬菜、肉类和水果等，防止食物腐败。常用 10%～15%食盐腌制食品或用 50%～70%的糖来加工食品，使微生物不能正常生长，达到长久保存食品的目的。但也有些微生物不仅能忍受高渗环境，而且适宜在这种条件下生活，称为嗜渗菌或嗜盐菌，如一些海洋微生物，培养它们时要加入 3.5% NaCl。极端嗜盐菌能在 15%～30%盐浓度下生活。这些微生物耐低水分活度的机制是提高细胞内溶质的浓度而从外界获得水分，其方式是从外界泵入离子或在细胞内合成某些溶质。这种调节细胞内水分的溶质称为亲和性溶质，如许多 G^- 细菌中的谷氨酸盐、耐盐细菌中的钾离子和耐渗透的酵母中的山梨醇与核糖醇，都有渗透调节作用。

5.5.4 酸碱度

环境中的氢离子浓度（即酸碱度）对微生物的生命活动有很大的影响。酸碱度通常以氢离子浓度的负对数（即 pH）来表示。

在自然界中，pH 1～11 范围内都有微生物生活，但只有很少数种类能在 pH 2 以下和 pH 10 以上生长。大多数种类生活在 pH 4～9 的环境中。要求低 pH 或高 pH 的微生物分别称为嗜酸菌和嗜碱菌。有的微生物生活在 pH 10～11 的碱湖和高碳酸钠的土壤中。一般而言，每种微生物都有最适宜的 pH 和一定的 pH 适应范围。大多数细菌、藻类和原生动物的最适宜 pH 为 6.5～7.5。有的细菌种类可在 pH 1 时生活，在中性 pH 时完全不能生长，称为专性嗜酸菌，如细菌中的硫杆菌属，古菌中的硫化叶菌属和热原体属。真菌比细菌耐酸，许多种类适于 pH 5～6 的酸性环境。

pH 对微生物的作用表现在：①影响细胞质膜对离子和养料的吸收；②影响酶的活性；③改变环境中养料的可给性或有害物质的毒性。在发酵工业中，pH 的变化常可改变微生物的代谢途径，并产生不同的代谢产物。例如，酵母菌在 pH 4.5～6 时发酵糖产生酒精，当 pH 大于 7.6 时则可同时产生酒精、甘油和醋酸。因此，调节和控制发酵液 pH 可以改变微生物的代谢方向，以获得人们需要的代谢产物。

微生物对环境中物质的代谢也能反过来改变环境的 pH。如许多细菌和真菌在分解培养基中的碳水化合物时产酸，使环境变酸，另一些微生物则在分解蛋白质时产氨，使环境变碱。因此，在配制微生物培养基时，往往不仅需要调节pH，有时还要选择适合pH的缓冲液（主要是磷酸缓冲液），或加入过量碳酸钙等方法，来维持微生物生长过程中的pH。

5.5.5　氧气和氧化还原电势

1. 氧气

自然界广泛存在的氧气对微生物具有不同的影响。分子态氧是有些微生物种类的必需生活条件，而对另一些种类则起抑制甚至毒害作用。根据微生物与氧气的关系可以分为4种不同类群：①需氧菌。需氧性微生物包括大多数细菌和古菌、几乎全部的放线菌、蓝细菌、丝状真菌和藻类。氧气是需氧性微生物呼吸链的最终电子受体，是不可缺少的生活条件。②厌氧菌。可分为专性厌氧菌和耐氧性厌氧菌两种。已知进行专性厌氧生活的微生物在自然界中很少，较常见的是一些细菌，如梭菌属及一些产甲烷古菌和硫酸还原细菌。它们只能在无氧条件下生长，原因是厌氧微生物在有氧条件下生长时会产生某些有毒的代谢产物，这些有毒代谢产物可在细胞内积累而导致细菌死亡。需氧性微生物在有氧条件下生长时进行呼吸作用的氧气被还原为水，这一过程需要依次加入4个电子，形成中间产物过氧化氢和超氧化物，它们对细胞有毒害作用。需氧性微生物具有分解毒性中间产物的酶类。过氧化氢酶和过氧化物酶能催化过氧化氢的分解，而超氧化物歧化酶能使2分子超氧化物形成1分子过氧化氢和1分子氧。厌氧性微生物细胞由于不存在上述分解有害物质的酶类，因此它们一旦接触氧气，就停止生长甚至很快死亡。此外，耐氧性厌氧菌在氧气存在时能生长，但不能利用氧气。③兼性需氧菌。包括酵母菌及一些肠道细菌，它们在有氧或无氧中都能生存。其原因是它们具有两套呼吸酶系，一套是在有氧时能以氧气作为最终电子受体进行的好氧呼吸酶系；另一套是在无氧时以代谢中间产物为受氢体进行发酵作用的酶系。④微需氧菌。属于微需氧微生物的种类不多，它们在充分通气或严格厌氧的环境中均不能生长，只能在微氧（只含2%～10%氧气）的环境中良好生长，乳酸菌就是如此。

2. 氧化还原电势

氧化还原电势（Eh）值是用电化学方法测得的电位值，以伏特（V）计量，能较全面地综合反映环境的氧化还原状况。Eh值除受通气状况或氧分压的影响外，还取决于培养基中氧化还原物质和pH等其他环境因素。当pH＝7时，完全富氧环境的Eh值最高，可达＋0.82 V，富氢环境的Eh值最低达－0.42 V。一般环境的Eh值均介于以上两个极端值之间。改善通气状况、降低pH和加入氧化性物质等能提高环境的Eh值，反之，则可以使Eh值降低。例如，在接触空气的条件下平板培养时，厌氧微生物不能生长，但如果在培养基中加入足量的强还原性物质，同样接触空气，有些厌氧微生物就能生长。其原因是在所加入的强还原性物质的影响下，即使环境中有些氧气，但培养基的Eh值也能下降到这些厌氧微生物生长所需的临界Eh值以下。

需氧菌一般在Eh值大于0.1 V时才生长，并以0.3～0.4 V为适宜。厌氧菌一般在Eh值小于0.1 V才能生长。兼性厌氧菌在两种条件下均可生长，但代谢方式各异。当Eh值小于0.1 V时进行发酵作用，而大于0.1 V时则进行呼吸作用。还可以进一步将兼性需氧菌细分为两类：一类是好氧的，在有氧时长得好些；另一类是耐氧的，它们在无氧时长得好些。

微生物的生命活动也会反过来影响和改变环境的Eh值。在一个Eh值高的氧化型环境中，常能观察到由于好氧性微生物的大量繁殖，一方面耗掉了分子氧，另一方面也会因其代谢活动而产生某些还原态中间产物（如半胱氨酸、硫化氢等），从而可以造成局部的厌氧环境，并为厌氧性微生物的生长创造了条件。

5.5.6　辐射

辐射是以电磁波的方式通过空间传递的一种能量形式。电磁波携带的能量与波长有关，波长越短，能量越高。不同波长的辐射对微生物生长的影响不同。

1. 可见光

可见光的波长为400～700 nm，它是光能自养和光能异养型微生物的唯一或主要能源。非光合性微生物虽不能利用光源，但有少数类群能表现出趋光性，如闪光须霉；另一些真菌（如蘑菇和灵芝等）在子实体和色素形成时需要散射光。不同的光合微生物含有不同的光合色素，因而利用和吸收可见光的波段也各不相同。光合微生物和许多从空气中分离的微生物常因含有光合色素或类胡萝卜色素，能消除单一态氧的破坏作用。

2. 紫外线

紫外线的波长范围是136～397 nm，是非电离辐射。紫外线有较强的杀菌和诱变作用，其最强作用波段为265～266 nm，这也是核酸的最大吸收峰波段。紫外线主要作用于细胞的DNA，能使相邻的胸腺嘧啶形成二聚体和嘧啶水合物，使DNA发生断裂和交联，而导致微生物的变异或死亡。紫外线的作用效果也取决于微生物的类群、生理状态和照射剂量，一般来说，多倍体、有色细胞、干燥细胞、分生孢子或芽孢比单倍体、无色细胞、湿细胞和营养细胞的抗性要强。紫外线的穿透能力很弱，多用于空气或器皿的表面灭菌及微生物育种的诱变剂，在照射后为避免发生光复活现象，紫外线照射及随之要进行的分离培养工作应在黑暗条件下进行。

3. 超声波

超声波是振动频率超过20000 Hz的声波。它能通过强烈的振动产生空穴作用，使细胞破裂，并导致细胞内含物外泄而死亡。超声波的破碎效果与处理功率、频率、次数、时间、微生物类型及其生理状态等因素有关。一般来说，球菌的抗性比杆菌强。病毒由于颗粒小、结构简单，对超声波也有较强的抗性。芽孢的抗逆性强，几乎不受超声波处理的影响。在实验和科研工作中，我们常用超声波来破碎细胞，以分离细胞成分或用于免疫化学的研究。由于超声处理的同时会产生大量的热，为防止细胞蛋白质等成分的变性，超声处理一般应在冰浴上进行，并进行多次短时间处理。

4. 电离辐射

X射线、γ射线、α射线和β射线等都是电离辐射。它们的共同特点是波长短、能量大，能使被照射的物质分子发生电离作用，产生游离基，这些游离基能与细胞内的大分子化合物作用，使之变性失活。α射线是带正电的氦核流，有很强的电离作用，但穿透能力很弱。β射线是带负电荷的电子流，穿透力虽大，但电离辐射作用弱。在实际应用上，X射线、γ射线是非常有效的诱变剂，尤其是γ射线，它有很强的穿透力和杀菌效应。目前已推出由放射性同位素^{60}Co产生γ射线的杀菌装置，可应用于不耐热食品、塑料制品及草炭吸附剂等的灭菌。

思考题

1. 名词解释：营养；微生物营养物；双功能营养物；促进扩散；主动运输；基团移位；培养基；加富性培养基；选择性培养基；鉴别性培养基；碳氮比。
2. 简述六大营养要素及其功能。
3. 简述四类营养方式的相同及不同点。
4. 按不同划分标准谈谈微生物不同的营养类型，并举例说明。
5. 简述微生物在培养基中生长代谢引起pH变化的表现及调节方法。
6. 什么是水分活度？试述其与微生物的关系及在实践中的应用。
7. 什么是氧化还原电势？谈谈培养严格厌氧菌及控制好氧菌过程中如何控制培养基氧化还原电势。
8. 简述配制培养基的原则。
9. 简述培养基的种类及其应用。
10. 简述EMB鉴别肠道细菌的原理。
11. 用固体培养基分离纯培养的方法有哪些？如何操作？
12. 微生物平板培养过程中，要将培养皿倒置培养，为什么？
13. 为什么纯种分离是微生物学研究的第一步？使用微生物的纯培养物有何局限？
14. 什么叫补料分批培养？有何特点？
15. 常用的连续培养方法有哪些？
16. 什么是高密度培养？如何进行高密度培养？

CHAPTER 6

第6章 微生物的代谢

教学目标：

1. 熟悉常见的微生物细胞代谢途径；
2. 掌握微生物有氧呼吸、无氧呼吸和发酵的实质；
3. 了解微生物合成代谢和分解代谢的关系；
4. 掌握微生物代谢调节的模式；
5. 掌握微生物次级代谢的概念和意义。

重点难点：

1. 微生物的物质代谢和能量代谢；
2. 微生物合成代谢和分解代谢的关系；
3. 微生物代谢调节；
4. 微生物的次级代谢。

建议学时：

4 学时。

6.1 微生物代谢概述

新陈代谢（metabolism）简称代谢，是微生物细胞与外界环境不断进行物质交换的过程，它是细胞内各种化学反应的总和。代谢作用的正常进行，保证了微生物的生长与繁殖，代谢作用一旦停止，微生物的生命活动也就停止。因此，代谢与微生物细胞生命活动和发酵产物的形成密切相关。微生物的代谢主要由分解代谢（catabolism）和合成代谢（anabolism）两个过程组成。

分解代谢是指细胞将大分子物质降解成小分子物质，并在这个过程中产生能量。一般可将分解代谢分为三个阶段（图 6-1）：第一阶段是将蛋白质、多糖及脂类等大分子营养物质降解成氨基酸、单糖及脂肪酸等小分子物质，在此阶段释放少量能量；第二阶段是将第一阶段产物进一步降解成更为简单的乙酰辅酶 A、丙酮酸以及能进入三羧酸循环的某些中间产物，这个阶段可以在有氧条件下也可以在无氧条件下进行，会产生 ATP、NADH 和 $FADH_2$ 等物质；第三阶段是通过三羧酸循环将第二阶段产物完全降解生成 CO_2，并产生 ATP、NADH 和 $FADH_2$。第二和第三阶段产生的 ATP、NADH 及 $FADH_2$，通过电子传递链被氧化，可产生大量 ATP。

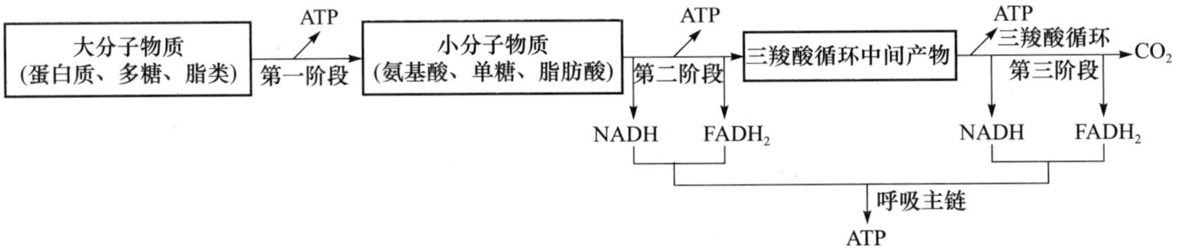

图 6-1 分解代谢三阶段

合成代谢是指细胞利用简单的小分子物质合成复杂大分子的过程，在这个过程中要消耗能量。合成代谢所利用的小分子物质来源于分解代谢过程中产生的中间产物或环境中的小分子营养物质。无论是分解代谢还是合成代谢，代谢途径都是由一系列连续的酶促反应构成的，前一步反应的产物是后续反应的底物。细胞通过各种方式有效地调节相关的酶促反应，来保证整个代谢途径的协调性与完整性，从而使细胞的生命活动得以正常进行。

根据微生物代谢过程中产生的代谢产物在微生物体内的作用不同，又可将代谢分成初级代谢与次级代谢两种类型。初级代谢是指能使营养物质转换成细胞结构物质、维持微生物正常生命活动的生理活性物质或能量的代谢。初级代谢的产物称为初级代谢产物。次级代谢是指某些微生物进行非细胞结构物质和维持其正常生命活动的非必需物质的代谢。如一些微生物积累发酵产物的代谢过程（抗生素、毒素、色素等）。次级代谢产物除了有利于这些微生物的生存外，还与人类的生产与生活密切相关，也是微生物学的一个重要研究领域。

6.2 微生物的能量代谢

一切生命活动都消耗能量，微生物细胞的主动运输、生物合成、细胞分裂、鞭毛运动、分解代谢等都要利用能量。微生物生命活动所需要的化学能都是由微生物对环境所提供的能源（或本身储存的能源）进行能量形式的转变而获得的，我们把微生物体内的这种能量转变过程称为微生物的能量代谢。研究微生物能量代谢机制，实质上就是追踪生物体如何把外界环境中多种形式的最初能源转换成对一切生命活动都能利用的通用能源 ATP。

6.2.1 化能异养型微生物的生物氧化与产能

化能异养型微生物的能量来自有机物的生物氧化。生物氧化（biological oxidation）就是发生在活细胞内的一系列产能性的氧化反应的总和，即物质在细胞内经过一系列连续的氧化还原反应，逐步分解并释放能量的过程，这是一个产能代谢过程。绝大多数微生物是化能异养型微生物，它们的能源物质是有机化合物，只能通过降解有机化合物而获得能量。葡萄糖和果糖是化能异养微生物的主要碳源和能源，因此可以认为，化能异养型微生物进行能量代谢的最基本的途径就是葡萄糖降解的途径。其能量代谢方式又根据氧化还原反应中电子受体的不同可分为发酵和呼吸两种类型。

1. 发酵

发酵（fermentation）：在生物氧化或能量代谢中，发酵是指微生物细胞在无氧条件下，将有机物氧化释放的电子直接交给底物本身未完全氧化的某种中间产物，同时释放能量，并产生各种不同的代谢产物。在发酵条件下，有机物只是部分地被氧化，因此只能释放出一小部分的能量。在发酵过程中，葡萄糖是常用的基质。生物体内葡萄糖被降解成丙酮酸的过程称为糖酵解，主要分为4种途径：EMP途径、HMP途径、ED途径和磷酸解酮酶途径。

1）EMP途径

EMP途径（embdem meyerhof parnas pathway）又称为糖酵解途径（glycolysis）或己糖二磷酸途径（hexose diphosphate pathway），它是20世纪40年代由Embdem、Meyerhof和Parnas三人提出的。整个EMP途径大致可分为两个阶段。第一阶段是葡萄糖分子转化成1,6-二磷酸果糖后，在醛缩酶的催化下，裂解成两个三碳化合物分子，这个准备阶段，要消耗2分子ATP。第二阶段是3-磷酸甘油醛氧化成1,3-二磷酸甘油酸后，经一系列酶的作用转化成丙酮酸，同时通过基质水平磷酸化产生4分子ATP以及2分子$NADH_2$。$NADH_2$可经呼吸链的氧化磷酸化产生3分子ATP，或者被用作还原反应中H^+的来源。EMP途径的反应过程分10步完成（图6-2）。

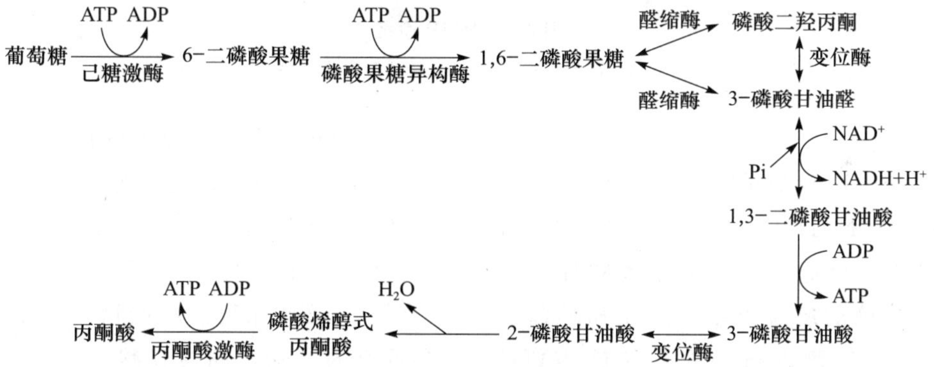

图6-2　EMP途径

总反应式：

$$C_6H_{12}O_6 + 2NAD^+ + 2ADP + 2Pi \longrightarrow 2CH_3COCOOH + 2NADH + 2H^+ + 2ATP + 2H_2O$$

EMP途径是绝大多数生物所共有的基本代谢途径，因而也是酵母菌、真菌和多数细菌所具有的代谢途径。在有氧条件下，2分子$NADH+H^+$可经呼吸链的氧化磷酸化反应产生6分子ATP，同时EMP途径与TCA循环（三羧酸循环）连接，并通过后者把丙酮酸彻底氧化成CO_2和H_2O。对于专性厌氧（无氧呼吸）微生物来说，EMP途径是产能的唯一途径。在无氧条件下，$NADH+H^+$可还原丙酮酸进一步代谢，在不同的生物体内形成的产物不同。例如在酵母细胞中丙酮酸被还原成为乙醇，并伴有CO_2的释放，而在乳酸菌细胞中丙酮酸被还原成乳酸。

2）HMP途径

HMP途径（hexose monophosphate pathway）又称为磷酸戊糖途径或磷酸-己糖途径，这是一条能产生大量$NADPH_2$形式的还原力和多种重要中间代谢物的代谢途径。HMP途径的发现，解释了EMP途径为什么不能合成RNA、DNA所必需的核糖如何从葡萄糖转化而来的问题，同时也解释了微生物为什么可以利用戊糖及其他糖类作为能源。

HMP途径可概括成三个阶段。第一阶段是葡萄糖分子通过几步氧化反应产生5-磷酸核酮糖和

CO_2。第二阶段是5-磷酸核酮糖发生同分异构化(isomerization)、表异构化（epim-erization）而分别产生5-磷酸核糖和5-磷酸木酮糖。第三阶段是上述各种磷酸戊糖在没有氧参与的条件下发生碳架重排，产生了磷酸己糖和磷酸丙糖，然后磷酸丙糖可以通过以下两种方式进一步代谢，一种方式为通过EMP途径转化成丙酮酸再进入TCA循环进行彻底氧化，另一种方式为通过果糖二磷酸醛缩酶和果糖二磷酸酶的作用而转化为磷酸己糖（图6-3）。

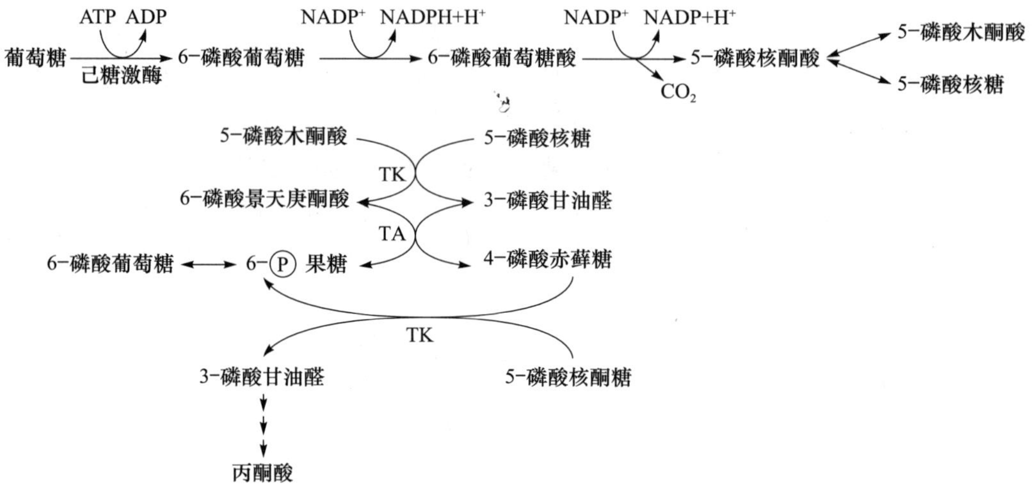

图6-3 HMP途径

TK：转羟乙醛酶 TA：转二羟丙酮基酶

总反应式：

$$6\ 葡萄糖\text{-}6\text{-}磷酸 + 12\ NADPH^{+} + 6\ H_2O \longrightarrow$$

$$5\ 葡萄糖\text{-}6\text{-}磷酸 + 12\ NADPH + 12\ H^{+} + 12\ CO_2 + Pi$$

在一定条件下，反应中产生的3-磷酸甘油醛也可通过生成葡萄糖的反应重新合成6-磷酸葡萄糖。因此，HMP途径要进行一次周转就需要6个6-磷酸葡萄糖分子同时参与。HMP途径在微生物生命活动中有着极其重要的意义，具体表现在：

（1）供应生物合成所需原料　为细胞生物合成提供大量还原力（$NADPH+H^{+}$）和各种不同长度的碳架原料。如5-磷酸核糖用于核苷酸、核酸及$NAD(P)^{+}$、FAD(FMN)、辅酶A等辅酶的合成；4-磷酸赤藓糖用于组氨酸和苯丙氨酸、酪氨酸、色氨酸等芳香族氨基酸的合成。$NADPH_2$是合成脂肪酸、类固醇等重要细胞物质的供氢体。在有氧条件下，$NADPH_2$在转氢酶的作用下，可以将氢转给NAD^{+}，生成$NADH_2$。后者经呼吸链，将电子交给氧，并由磷酸化作用产生ATP。

（2）为固定二氧化碳提供受体　固定二氧化碳的受体是1,5-磷酸核酮糖，而它是由5-磷酸核酮糖在5-磷酸核酮糖激酶的催化下产生的。

（3）可与EMP途径连接　通过6-磷酸果糖和3-磷酸甘油醛与EMP途径的连接，从而为生物合成提供更多的戊糖。

（4）产生重要发酵产物　HMP途径可产生许多重要的产物，如核苷酸、氨基酸、辅酶和乳酸（异型乳酸发酵）等。大多数好氧和兼性厌氧微生物中都有HMP途径，而且在同一微生物中往往同时存在EMP和HMP途径，单独具有EMP或HMP途径的微生物较少见，已知的仅有弱氧化醋杆菌（*Acetobacter suboxydans*）和氧化醋单胞菌（*Acetomonas oxydans*）。

3）ED途径

ED途径（entner-doudoroff pathway）又称2-酮，3-脱氧-6-磷酸葡萄糖酸（KDPG）裂解途径。ED途径是1952年Entner和Doudoroff两人在研究嗜糖假单胞菌时发现的另一条分解葡萄糖形成丙酮酸和3-磷酸甘油醛的途径。ED途径特点是葡萄糖只经4步反应即可快速获得丙酮酸，由EMP途径需经10步才能获得，是缺乏完整EMP途径的微生物所具有的一条途径。（图6-4）。

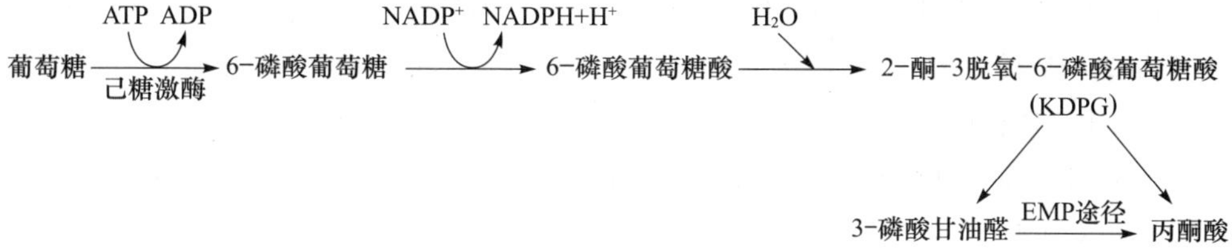

图 6-4 ED 途径

ED 途径在好氧的革兰氏阴性菌中分布较广，是少数 EMP 途径不完整的细菌，如林氏假单胞菌（*Pseudomonas lindneri*）和运动发酵单胞菌（*Zymomonas mobilis*）等降解葡萄糖的主要途径。其特点是利用葡萄糖的反应步骤简单，产能效率低，反应中有一个 6 碳的关键中间代谢物-KDPG。葡萄糖醛酸、果糖酮酸、甘露糖醛酸等都可转化成 KDPG，然后进入 ED 途径降解。KDPG 在脱水酶和醛缩酶的作用下，产生 1 分子 3-磷酸甘油醛和 1 分子丙酮酸，此步骤为 ED 途径的关键反应。然后，3-磷酸甘油醛再进入 EMP 途径转变成丙酮酸。在一些好氧革兰氏阴性菌中，如运动发酵单胞菌，其经 ED 途径所产生的丙酮酸可脱羧生成乙醛，乙醛进一步被 NADH 还原为乙醇，此种生产过程被称为细菌酒精发酵，它比传统的酵母菌酒精发酵有代谢速度高、产物转化率高、菌体生成少、代谢副产物少、发酵温度较高、不必定期供氧等优点。其缺点是容易受污染，耐乙醇力较低。

总反应式：

$$C_6H_{12}O_6+NADP^+ +NAD^+ +ADP+Pi \longrightarrow$$
$$2CH_3COCOOH+NADH+H^+ +$$
$$NADPH+H^+ +ATP$$

4）磷酸解酮酶途径

磷酸解酮酶途径的特征性酶是磷酸解酮酶，根据解酮酶的不同，把具有磷酸戊糖解酮酶的称为 PK 途径，把具有磷酸己糖解酮酶的称为 HK 途径。

（1）PK 途径（phospho-pentose-ketolase pathway） 这条途径是 HMP 的变异途径，从葡萄糖到 5-磷酸木酮糖均与 HMP 相同，然后又在这条途径的关键酶——磷酸戊糖解酮酶的作用下，生成乙酰磷酸和 3-磷酸甘油醛（图 6-5）。

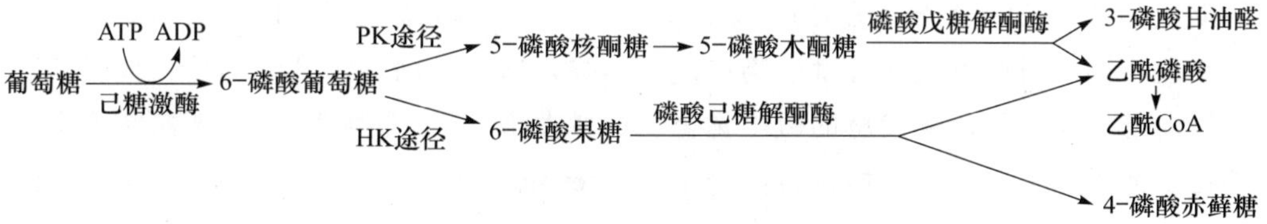

图 6-5 磷酸解酮酶途径

总反应式：

$$C_6H_{12}O_6+NAD^+ +ADP+Pi \longrightarrow$$
$$CH_3CHOHCOOH+CH_3CH_2OH+$$
$$NADH+H^+ +ATP+CO_2$$

以这条途径进行糖代谢的微生物可以利用葡萄糖和戊糖（*D*-核糖、*D*-木糖、*L*-阿拉伯糖）作为能源，但经这条途径 1 分子的葡萄糖只产生 1 分子丙酮酸，所得 ATP 也只是 EMP 途径的一半。

某些微生物是以 PK 途径作为降解葡萄糖的主要途径，如肠膜明串珠菌（*leuconostoc mesenteulides*）由于没有转酮-转醛酶系，而具有戊糖磷酸解酮酶，因此通过这条途径生成乳酸、乙醇和 CO_2。

比较 EMP 途径、HMP 途径、ED 途径和 PK 途径把 1 分子葡萄糖降解成丙酮酸的情况，见表 6-1。

表 6-1 葡萄糖经不同途径降解产物的比较

产物	EMP	HMP	ED	PK
ATP	2	1	1	1
$NADH+H^+$	2	1	1	1
$NADPH+H^+$		6	6	2
CO_2		3		1
丙酮酸	2	1	2	1

（2）HK 途径（phospho-hexose-ketolase pathway） 这条途径是 EMP 途径的变异途径，从葡萄糖到 6-磷酸果糖与 EMP 相同，然后又在这条途径的关键酶-磷酸己糖解酮酶的作用下，生成乙酰磷酸和 4-磷酸赤藓糖（图 6-5）。

5）发酵类型

葡萄糖在微生物细胞中进行厌氧分解时，可形成多种中间代谢物（图 6-6）。根据发酵产物的种类可分为乙醇发酵、乳酸发酵、丙酸和琥珀酸发酵、丁酸发酵、丙酮-丁醇发酵、混合酸与丁二醇发酵以及乙酸发酵等。这里主要讨论与 EMP、HMP、ED 与 PK 途径有关的发酵。

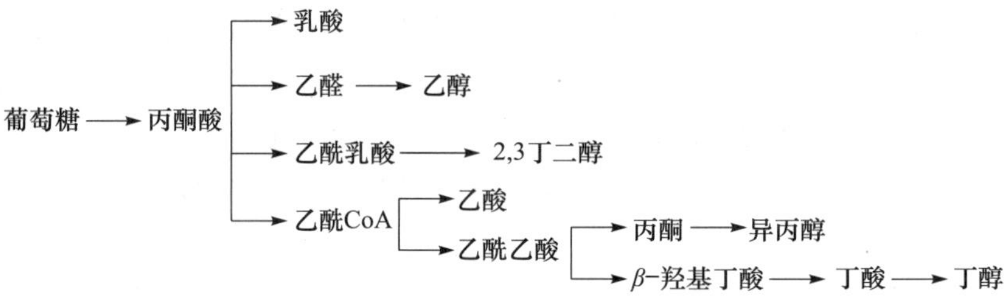

图 6-6 葡萄糖发酵的主要产物

（1）乙醇发酵 乙醇发酵是研究最早而又了解最清楚的一类发酵，是指丙酮酸在无氧条件下生成酒精的过程。乙醇发酵有同型乙醇发酵和异型乙醇发酵。

同型乙醇发酵的产物较纯，只有乙醇和 CO_2，主要生成途径有两种，即酵母菌经 EMP 途径产生乙醇和细菌经 ED 途径产生乙醇。其反应式相同，即

$$C_6H_{12}O_6+2ADP+2Pi \longrightarrow$$

$$2CH_3CH_2OH+2CO_2+2ATP$$

但它们的反应细节和乙醇分子上的碳原子来源不同，产能水平也不同。目前发现多种微生物可以发酵葡萄糖产生乙醇，能进行乙醇发酵的微生物包括酵母菌、根霉、曲霉和某些细菌。能进行酵母型乙醇发酵的微生物主要是酵母菌，如酿酒酵母。解淀粉欧文氏菌（*Erwinia amylocvora*）和胃八叠球菌（*Sarcine ventriculi*）等少数细菌也能进行酵母型乙醇发酵。

异型乙醇发酵的产物除乙醇和 CO_2 外，还有其他的一些产物，如乳酸。由肠膜明串珠菌进行的异型乙醇发酵总反应式为：

$$C_6H_{12}O_6+ADP+Pi \longrightarrow$$

$$CH_3CH_2OH+\text{乳酸}+CO_2+2ATP$$

许多乳酸细菌（见“异型乳酸发酵”）、肠道细菌（见“混合酸发酵”）和一些高温细菌，如热纤维端孢菌（*Terminasporus thermocells*）、热硫化氢梭菌（*Clostridium hermoh-ydroslfuricum*）、布民热厌氧菌（*Thermoanaerobacter brockii*）、乙醇热厌氧菌（*T. ethanalicus*）及乙酰乙基热厌氧杆菌（*T. acetoethanalicus*）等也能发酵葡萄糖经丙酮酸产生乙醇。但它们没有丙酮酸脱羧酶，而有乙醛脱氢酶，所以丙酮酸产乙醇的途径与上述酵母菌不同，它们利用乙酰 CoA 作为乙醛前体，由乙醛脱氢酶还原乙酰 CoA 为乙醛：

$$CH_3CO\sim CoA+NADH+H^+ \longrightarrow$$

$$CH_3CHO+CoA+NAD^+$$

（2）乳酸发酵 许多细菌能利用葡萄糖产生乳酸，这类细菌称为乳酸细菌。根据产物的不同，乳酸发酵有三种类型：同型乳酸发酵（homolactic fermentation）、异型乳酸发酵（heterolactic fermentation）和双歧杆菌发酵（Bifidobacterium fermentation）。代谢途径见图 6-6。

葡萄糖经 EMP 途径降解为丙酮酸，丙酮酸在乳酸脱氢酶的作用下被 $NADH_2$ 还原为乳酸。每分子葡萄糖生成 2 分子乳酸和 2 分子 ATP。总反应式：

$$CH_3COCOOH+NADH+H^+ \longrightarrow$$

$$CH_3CHOHCOOH+NAD^+$$

同型乳酸发酵是在完全厌氧的条件下进行的。产物单纯为乳酸。同型乳酸发酵细菌有乳酸乳球菌（*Lacto-cocus lactics*）、植物乳杆菌（*Lactobacilus plantarum*）、德式乳杆菌（*Lactobacillus delburckii*）、干酪乳杆菌（*Lactobacillus casei*）、保

加利亚乳杆菌（*Lactobacilus bulgaricus*）等。其发酵的基质主要是已糖，发酵过程是葡萄糖经EMP途径降解为丙酮酸后，在乳酸脱氢酶的作用下，直接被还原为乳酸，其反应式为：

$$\text{丙酮酸}+NADH+H^{+}\xrightarrow{\text{乳酸脱氢酶}}$$

$$CH_3CHO+CoA+NAD^{+}$$

异型乳酸发酵的产物除乳酸外，还产生乙醇、乙酸和CO_2等多种发酵产物。异型乳酸发酵缺乏醛缩酶和丙糖磷酸异构酶，其发酵过程：葡萄糖首先经PK途径分解为3-磷酸甘油醛和乙酰磷酸，然后它们又分别被还原为乳酸和乙醇，每分子葡萄糖产生各1分子的乳酸、乙醇、CO_2和ATP。总反应式：

$$C_6H_{12}O_6+ADP+Pi\longleftrightarrow$$

$$CH_3CH_2OH+CH_3CHOHCOOH+CO_2+2ATP$$

异型乳酸发酵细菌有短乳酸杆菌（*Lactobacillus brevis*）、肠膜明串珠菌（*Leuconostoc mesentewides*）、葡萄糖明串珠菌（*Leuconostoc dextranicum*）、番茄乳杆菌（*Lactobacillus lycopersici*）等。

双歧杆菌发酵：双歧杆菌是一形态多样的严格厌氧菌，需较高的营养条件和生长促进因子，它们主要存在于人和某些动物的肠道中。

双歧杆菌不含醛缩酶和6-磷酸葡萄糖脱氢酶，但含有6-磷酸果糖磷酸解酮酶和5-磷酸木酮糖磷酸解酮酶，其关键酶为6-磷酸果糖磷酸解酮酶。发酵过程：葡萄糖分解途径由HK途径、HMP途径以及PK途径有机结合而成，最后将葡萄糖转化为乳酸和乙酸，每2分子葡萄糖产生2分子乳酸、3分子乙酸和5分子ATP。乳酸和乙酸的这一代谢可作为双歧杆菌属鉴定的一项重要指标。

乳酸发酵被广泛地应用于泡菜、酸菜、酸牛乳、乳酪等发酵食品中，由于乳酸细菌活动的结果，积累了乳酸，抑制其他微生物的发展，使蔬菜、牛乳等得以保存，并赋予了食品特殊的风味和口感。

（3）混合酸和丁二醇发酵　许多微生物如埃希氏菌属、沙门氏菌属和志贺氏菌属中的一些细菌发酵葡萄糖生成乳酸、甲酸、乙酸、琥珀酸、乙醇、CO_2和H_2等产物。因为产物中有多种有机酸，故称混合酸发酵（mixed acids fermentation）。混合酸发酵是以EMP途径为基础的，它的多种产物是由葡萄糖分解生成的丙酮酸在多种酶的催化下生成的。混合酸发酵时，1 mol/L葡萄糖产生2.5 mol/L ATP。

大多数肠杆菌如大肠杆菌进行此类发酵，它们将丙酮酸裂解生成乙酰CoA与甲酸，甲酸在酸性条件下可以进一步裂解生成CO_2和H_2。因此，大肠杆菌发酵葡萄糖能够产酸产气。而志贺氏菌没有甲酸氢解酶，故不能使甲酸进一步裂解生成CO_2和H_2，因此，志贺氏菌发酵葡萄糖产酸不产气，这样就可以通过葡萄糖发酵实验而将大肠杆菌与志贺氏菌区别开来。

一些微生物如肠杆菌属（*Enterobacter*）、沙雷氏菌属（*Serratia*）和欧文氏菌属（*Erwinia*）中一些细菌的葡萄糖发酵产物中有大量2，3-丁二醇，少量乳酸、乙醇、H_2和CO_2等，此种发酵称丁二醇发酵（*butanediol fermentation*），见图6-7。丁二醇发酵时，1 mol/L葡萄糖产生2 mol/L ATP。

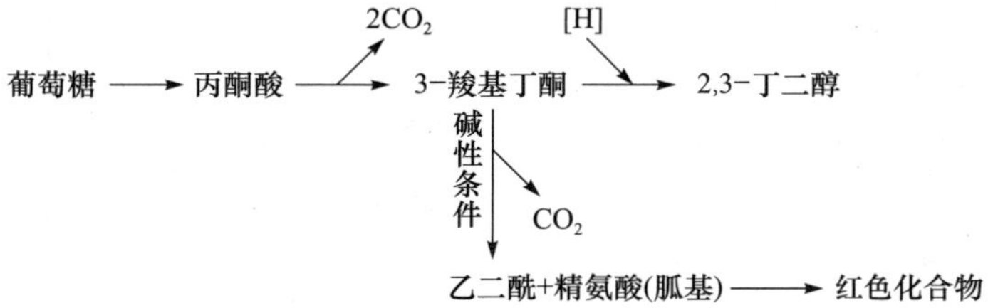

图6-7　丁二醇发酵及VP实验原理

丁二醇发酵中的中间产物3-羟基丁酮是菌种鉴定的VP试验（Vogers-Proskauertest）的物质基础。EMP途径代谢产生的丙酮酸可能通过缩合与脱羧两步反应生成3-羟基丁酮，其在碱性条件下被空气中的氧气氧化成乙二酰（双乙酰），它能与试剂中精氨酸的胍基反应生成红色化合物。产气肠杆菌产生大量3-羟基丁酮，故为VP试验阳性，而大肠杆菌产生很少或不产生3-羟基丁酮，故VP试验为阴性。

另外，通过测定大肠杆菌和产气杆菌发酵液的pH，也能将它们区分开来，产气肠杆菌产生的丁二醇是中性的，而大肠杆菌的产物中有多种有机酸，发酵液pH很低（<4.5），所以甲基红实验（methyl red test）大肠杆菌为阳性，产气肠杆菌为阴性。因此，根据混合酸和丁二醇发酵可对肠道细菌进行多项生理生化指标鉴定。

（4）丙酮-丁醇发酵　丙酮丁醇梭菌（*Clostridium acetoutylicum*）在EMP途径的基础上进行丙酮-丁醇发酵。发酵过程大致如下：丙酮酸脱羧脱氢生成乙酰CoA，乙酰CoA双双缩合成为乙酰-乙酰CoA，其中一部分脱CoA和羧基生成丙酮；而另一部分先后经还原脱水、还原脱CoA和第三次还原生成丁醇。丙酮-丁醇发酵时，1 mol/L葡萄糖产生2 mol/L ATP。

（5）醋酸发酵　醋酸细菌是参与醋酸发酵的微生物的统称。醋酸细菌是一类两端钝圆的杆状革兰氏阴性菌，单个或呈链状排列，有鞭毛，无芽孢。包括好氧性和厌氧性细菌。

好氧性醋酸细菌在有氧条件下，能将乙醇直接氧化为醋酸，其氧化过程是一个脱氢加水的过程。脱下的氢最后经呼吸链和氧结合形成水，并放出能量，总反应式为：

$$CH_3CH_2OH+O_2 \longrightarrow CH_3COOH+H_2O+493\ kJ$$

好氧醋酸细菌是发酵工业的基础。制醋原料或酒精接种醋酸细菌后，即可发酵生成醋酸发酵液供食用，醋酸发酵液还可以提纯制成一种重要的化工原料-冰醋酸。好氧醋酸细菌有醋化醋杆菌（*Acetobacter aceti*）、氧化醋杆菌（*Acetobacter oxydans*）、巴氏醋杆菌（*Acetobacter pasteurianus*）、氧化醋单胞菌（*Acetomonas odydans*）等。厌氧性细菌能通过EMP途径发酵葡萄糖，产生醋酸。总反应式为：

$$C_6H_{12}O_6+4\ (ADP+Pi) \longrightarrow 3CH_3COOH+4ATP$$

厌氧性的醋酸发酵是我国用于酿造糖醋的主要途径。厌氧醋酸细菌有热醋酸梭菌（*Clostriolium themoacidophilus*）、木醋杆菌（*Acetobacter xylinum*）等。

（6）柠檬酸发酵　柠檬酸是三羟酸循环（TCA）的一个中间体，是葡萄糖经TCA循环形成的最有代表的发酵产物，利用葡萄糖通过工业发酵可合成柠檬酸，能够积累柠檬酸的霉菌以曲霉属、青霉属和橘霉属为主。其中以黑曲霉、米曲霉、灰绿青霉、淡黄青霉、光橘霉等产酸量较高。

（7）氨基酸的发酵产能—Stickland反应　Stickland是两个氨基酸之间的一个氨基酸作为氢（电子）供体，另一个氨基酸作为氢（电子）受体时的氧化还原脱氨基反应。它是微生物在厌氧条件下将一个氢基酸的氧化脱氨与另一个氨基酸的还原脱氨相偶联的一类特殊发酵。以典型的发生在甘氨酸与丙氨酸之间的Stickland反应来说明，它们的总反应式：

$$\underset{\displaystyle NH_2}{2\overset{}{CH_2}}COOH+\underset{\displaystyle NH_2}{CH_3CH}COOH+ADP+Pi \longrightarrow 3CH_3COOH+CO_2+3NH_3+ATP$$

发生此类反应的微生物都是专性厌氧菌，如生孢梭菌（*Clostridium sporogenes*）、肉毒梭菌（*Clostridium botulinum*）等。但并不是所有的梭菌都进行Stickland反应。

表6-2是关于葡萄糖开始的各种类型发酵、发酵途径、发酵微生物以及产能情况的总结。

表6-2　由葡萄糖开始的各种类型发酵的总结

类型	途径	微生物	ATP (mol/L)/葡萄糖 (mol/L)
乙醇发酵	EMP	酿酒酵母	2
	ED	运动发酵单胞菌	1
乳酸发酵	EMP	粪肠球菌	2
	PK	肠膜明串珠菌	1
	HMP+PK	双歧杆菌	2.5
混合酸发酵	EMP	大肠杆菌	2.5
丁二醇发酵	EMP	产气肠菌	2
丙酮-丁醇	EMP	丙酮丁醇梭菌	2
厌氧性醋酸发酵	EMP	热醋酸梭菌	4

2. 呼吸

微生物在降解底物的过程中，将释放出的电子交给 NAD (P)$^+$、FAD 或 FMA 等电子载体，再经电子传递系统传给外源电子受体，从而生成水或其他还原型产物并释放出能量的过程，称为呼吸作用。其中，以分子氧作为最终电子受体的称为有氧呼吸（aerobic respiration），以氧化型化合物作为最终电子受体的称为无氧呼吸（anaerobic respiration）。葡萄糖分子降解时，如果有氧或其他外源电子受体存在，底物分子可被完全氧化为 CO_2，且在此过程中合成的 ATP 量大大高于发酵，因此，呼吸是大多数微生物用来产生能量—ATP 的一种主要方式。呼吸作用与发酵作用的根本区别在于：电子载体不是将电子直接传递给葡萄糖分子降解的中间产物，而是交给电子传递系统，逐步释放出能量后再交给最终电子受体。

1）有氧呼吸

有氧呼吸是一种最普遍和最重要的生物氧化方式，其特点是底物分解产生的氢，经完整的呼吸链递氢，最终由分子氧接受氢并产生水并释放能量。在有氧呼吸过程中，丙酮酸经三羧酸循环（tricarboxylic acid cycle，简称 TCA 循环）与电子传递链（electron transport chain）两部分的化学作用，前者使葡萄糖完全氧化成 CO_2，后者使脱下的电子交给分子氧生成水，并伴随有 ATP 生成。

对于每个经 TCA 循环而被氧化的丙酮酸分子来讲，在整个氧化过程中共释放出 3 分子的 CO_2。一个是在乙酰 CoA 形成过程中，一个是在异柠檬酸脱羧时产生，另一个是在 α-酮戊二酸的脱羧过程中，同时生成 4 分子的 $NADH_2$ 和 1 分子的 $FADH_2$。另外，琥珀酰 CoA 在氧化成琥珀酸时，产生 1 分子 GTP，随后 GTP 可转化成 ATP（图 6-8）。

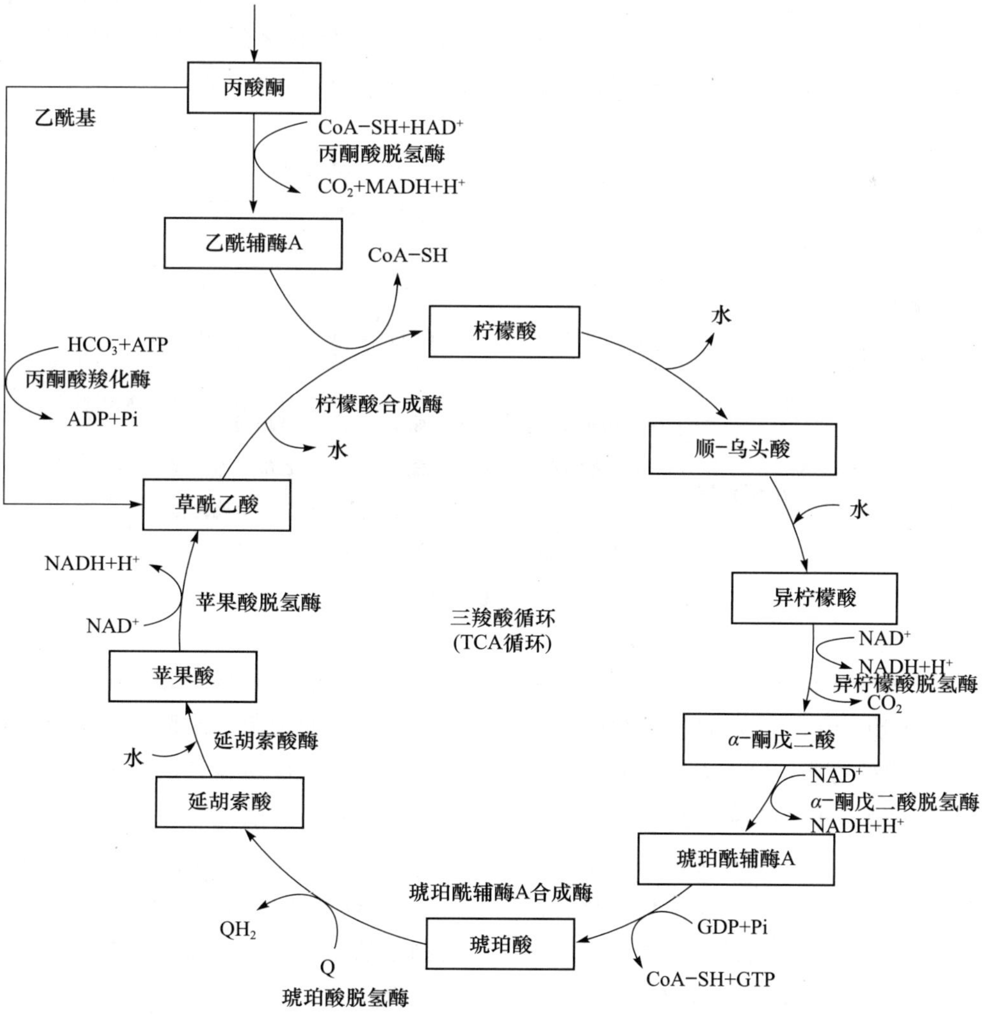

图 6-8　三羧酸循环（TCA 循环）

产生的 $NADH_2$ 和 $FADH_2$ 通过电子传递系统被氧化，每氧化 1 分子的 $NADH_2$ 可生成 3 分子 ATP，每氧化 1 分子 $FADH_2$ 可生成 2 分子 ATP。因此，丙酮酸经 TCA 循环彻底氧化后可形成 15 分子的 ATP，可为微生物的生命活动提供大量能量。

电子传递系统是由一系列氢和电子传递体组成的多酶氧化还原体系。$NADH_2$、$FADH_2$ 以及其他还原型载体上的氢原子，以质子和电子的形式在其上进行定向传递。其组成酶系存在于原核微生物的细胞质膜或在真核微生物的线粒体内膜上。这些系统具有两种基本功能：一是从电子供体接受电子并将电子传递给电子受体；二是通过合成 ATP 把在电子传递过程中释放的一部分能量保存起来（图 6-9）。

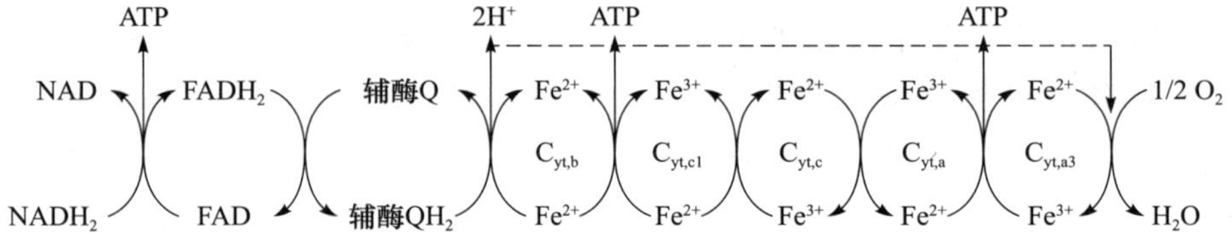

图 6-9 电子传递与 ATP 产生示意图

因此，一分子葡萄糖经糖酵解和有氧呼吸后，可彻底分解成 CO_2 和 H_2O，并产生 38 分子 ATP。

2）无氧呼吸

无氧呼吸是一类在无氧条件下厌氧和兼性厌氧微生物进行的产能效率较低的特殊呼吸。最终电子受体不是氧分子，而是以 NO_3^-、NO_2^-、SO_4^{2-}、$S_2O_3^{2-}$、CO_2 等无机含氧化合物。根据用作末端氢（电子）受体的化合物种类不同而区分为多种类型的无氧呼吸，见图 6-10。

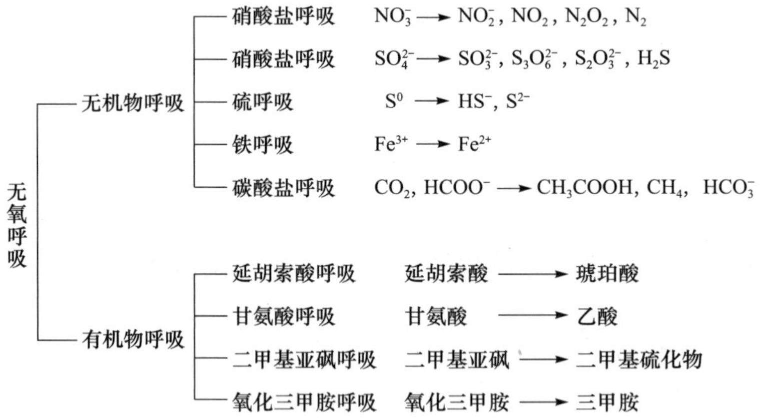

图 6-10 无氧呼吸类型

（1）硝酸盐呼吸（nitrate respiration）又称为反硝化作用（Denitrification）。硝酸盐在微生物生命活动中主要具有两种功能：第一，在有氧或无氧条件下微生物利用硝酸盐作为其氮源营养物，称为同化性硝酸盐还原作用；第二，在无氧条件下，微生物利用硝酸盐作为呼吸链的最终氢受体，称为硝酸盐呼吸或反硝化作用。能进行此呼吸的都是一些兼性厌氧微生物即反硝化细菌，如地衣芽孢杆菌、脱氮副球菌、铜绿假单胞菌以及脱氮硫杆菌等。

（2）硫酸盐呼吸（sulfate respiration）是一种由硫酸盐还原细菌（或称反硫化细菌）把经呼吸链传递的氢交给硫酸盐这类末端氢受体的厌氧呼吸。其以有机物作为氧化基质，氧化放出的电子可以使 SO_4^{2-} 逐步还原成 H_2S。如脱硫弧菌属（*Desulfovibrio*）以乳酸作为氧化基质，但氧化不彻底，最终积累的有机物是乙酸，并放出 H_2S。

$$SO_4^{2-} + 8(e^- + H^+) \longrightarrow S^{2-} + 4H_2O$$

产甲烷细菌能在氢、乙酸和甲醇等物质的氧化过程中，以CO_2作为最终的电子受体，通过厌氧呼吸最终使CO_2还原成甲烷，这就是通常所说的甲烷发酵。

$$4H_2+CO_2 \longrightarrow CH_4+2H_2O$$

硫酸盐还原细菌都是一些严格依赖于无氧环境的专性厌氧细菌，如脱硫弧菌（*Desulfovibrio desulfuricans*）、巨大脱硫弧菌（*Desulfovibrio gigas*）等。

在延胡索酸呼吸（*Fumarate respiration*）中，延胡索酸被充作无氧呼吸链的末端氢受体，而琥珀酸则是延胡索酸的还原产物，许多兼性厌氧菌，如埃希杆菌属、变形杆菌属、沙门氏菌属和克雷伯菌属等肠杆菌，以及厌氧细菌如拟杆菌属、丙酸杆菌属和产琥珀酸弧菌等都能进行延胡索酸呼吸。

6.2.2　自养菌的生物氧化与产能

自养微生物中的生物氧化与产能的类型很多、途径复杂，但无论是化能自养型菌还是光能自养型菌，在它们生命活动中最重要的反应就是把CO_2先还原成$[CH_2O]_n$水平的简单有机物，然后再进一步合成复杂的细胞物质，这是一个大量耗能和耗还原力的过程。

1. 化能自养菌的生物氧化与产能

自然界存在的一些微生物，能以无机物作为氧化的基质，并利用该物质在氧化过程中放出的能量进行生长，这类微生物就是好氧型的化能自氧微生物。它们分别属于氢细菌、硫化细菌、硝化细菌和铁细菌。这些细菌广泛分布在土壤和水域中，并对自然界物质转化起着重要的作用。

（1）氢细菌　氢细菌都是一些呈革兰氏阴性的兼性化能自养菌，它们能利用分子氢化产生的能量同化CO_2，也能利用其他有机物生长。

氢细菌：$H_2+1/2\ O_2 \longrightarrow H_2O+237.2\ kJ$

（2）硫细菌　硫杆菌能够利用一种或多种还原态或部分还原态的硫化合物（包括硫化物、元素硫、硫代硫酸盐、多硫酸盐和亚硫酸盐）作为能源。H_2S首先被氧化成元素硫随之被硫氧化酶和细胞色素系统氧化成亚硫酸盐，最后被氧化成硫酸盐，放出的电子在传递过程中可以偶联磷酸化反应产生能量。

硫细菌：$S^{2-}+2O_2 \longrightarrow SO_4^{2-}+794.5\ kJ$

（3）硝化细菌　硝化细菌是一些专性好氧的革兰氏阳性菌，大多数是专性无机营养型。铵盐（NH_4^+）和亚硝酸盐（NO_2^-）是被用作能源的最普遍的无机氮化合物，它们能被硝化细菌所氧化。硝化细菌有两种类型：一种类型是将铵盐氧化成亚硝酸盐的亚硝酸细菌，它们利用铵盐氧化过程中放出的能量生长；另一种类型是将亚硝酸盐氧化成硝酸盐的硝化细菌，它们则是利用亚硝酸氧化过程中放出的能量生长。这两类细菌往往是伴生在一起，在它们共同作用下将铵盐氧化成硝酸盐。这类细菌在自然界氮素循环中也起着重要作用。

亚硝化细菌：

$$NH_4^+ +3/2O_2 \longrightarrow NO_2^- +H_2O+2H^+ +270.7\ kJ$$

硝化细菌：

$$NO_2^- +1/2O_2 \longrightarrow NO_3^- +77.4\ kJ$$

（4）铁细菌　自然界中有些细菌能够将亚铁离子氧化为高铁离子，并利用这个过程所产生的能量和还原力同化CO_2进行自养生长，这些细菌统称为铁细菌。大部分铁细菌是专性化能自养菌。

铁细菌：

$$2Fe^{2+} +1/2\ O_2+2H^+ \longrightarrow 2Fe^{3+} +H_2O+44.4\ kJ$$

2. 光能自养菌的生物氧化与产能

光能转换是光合生物获得能量的一种主要方式。光能自养菌利用光合色素即叶绿素或细菌叶绿素、类胡萝卜素和藻胆素，吸收光能，通过光合磷酸化作用，生成可利用的能量。

光合反应是由两个光系统启动的。叶绿素可分离出两个光系统，即光系统Ⅰ（简称PSⅠ）和光系统Ⅱ（简称PSⅡ），每个光系统具有特殊的色素复合体和一些物质。前者的光能吸收峰是700 nm，后者为680 nm。关于两个光系统的光化学反应和电子传递见图6-11。

PSⅠ的光反应是长波光反应，其叶绿素分子（P700）吸收光量子被激活，释放出一个高能电子。这个高能电子传递给铁氧化还原蛋白（Fd），并使之被还原。还原的铁氧化还原蛋白在Fd-NADP$^+$还原酶的参与下，将NADP$^+$还原成NADPH$_2$，P700失去电子后带有正电荷。

PSⅡ的反应是短波光反应，其叶绿素分子（P680）吸收光量子后，释放出一个高能电子，这个高能电子先传递给辅酶Q，再经一系列电子传递物质最后传给光系统Ⅰ，使P700还原。失去电子的P680，靠水光解产生的电子来补充，并放出氧。

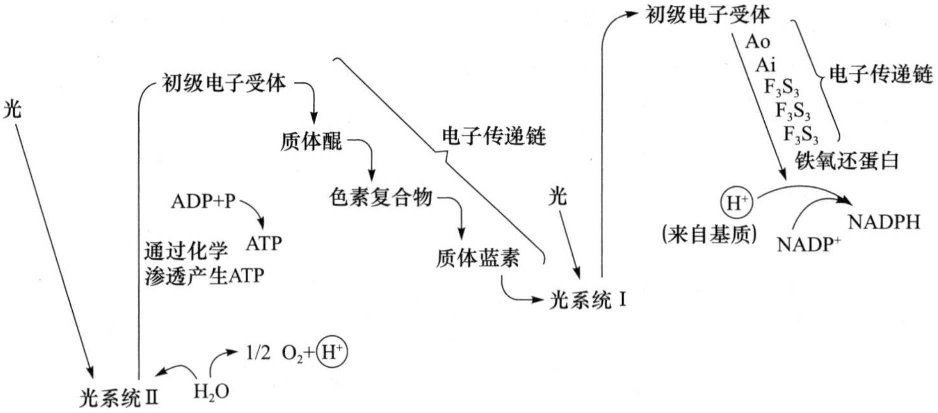

图 6-11 光和作用的电子传递途径

连接着两个光系统之间的电子传递，是由一系列互相衔接着的电子传递物质（光合链）完成。光合链中的电子传递体是质体醌（PQ）、细胞色素（Cyt）b559、细胞色素 f 和质体蓝素（PC）等。光合作用中，磷酸化和电子传递是偶联的，在光反应的电子传递过程中能产生 ATP，即叶绿素在光作用下把无机磷和 ADP 转化成 ATP，形成高能磷酸键，此称为光合磷酸化。光合磷酸化可分为环式光合磷酸化和非环式光合磷酸化两种。

光系统Ⅰ产生的电子经过 Fd 和 Cytb563 等传递后，只引起 ATP 的形成，不伴随其他反应，在这个过程中，电子经过一系列传递后降低了能位，最后经过 PC 再返回到带正电荷的 P700，电子的传递是一个闭合的回路，故称为环式光合磷酸化。光合细菌主要通过环式光合磷酸化作用产生 ATP，这类细菌主要包括紫色硫细菌、绿色硫细菌、紫色非硫细菌和绿色非硫细菌。

光系统Ⅱ所产生的电子（水光解释放出的电子），经过一系列的传递，在细胞色素链上引起 ATP 的形成，并把电子传递到光系统Ⅰ上，进一步提高能位，使 $NADP^+$ 还原成 $NADPH_2$。在这个过程中，传递不回到原来的起点，是一个开放的道路，故称为非环式光合磷酸化。蓝细菌主要通过非环式光合磷酸化作用产生 ATP、O_2 和 $NADPH_2$。综上所述，微生物在其能量代谢过程中，可通过 3 种方式产生 ATP。

（1）底物水平磷酸化（substrate level phosphorylation） 物质在生物氧化过程中，常生成一些含有高能键的化合物，而这些化合物可直接偶联 ATP 或 GTP 的合成，这种产生 ATP 等高能分子的方式称为底物水平磷酸化。底物水平磷酸化既存在于发酵过程中，也存在于呼吸作用过程中。

（2）氧化磷酸化（oxidative phosphorylation） 物质在生物氧化过程中形成的 $NADH_2$ 和 $FADH_2$，可通过位于线粒体内膜和细菌质膜上的电子传递系统，将电子传递给氧或其他氧化型物质，在这个过程中偶联着 ATP 的合成，这种产生 ATP 的方式称为氧化磷酸化。1 分子 $NADH_2$ 和 $FADH_2$ 可分别产生 3 分子和 2 分子 ATP。

（3）光合磷酸化（photophosphorylation） 绿色植物和光合微生物可将光能转变为化学能，在此过程中，光合磷酸化将光能转化为 ATP 和 NADH 形式以储存化学能。如 1 个叶绿素分子吸收光量子时，叶绿素即被激活，导致叶绿素（或细菌叶绿素）释放 1 个电子而被氧化，释放出的电子在电子传递系统的传递过程中偶联着 ATP 的合成，称为光合磷酸化。

6.3 微生物的分解代谢与合成代谢

微生物的物质代谢由分解和合成两个过程组成。分解是指细胞将大分子物质降解成简单小分子物质，并产生能量的过程。合成是指微生物利用分解代谢所产生的能量、中间产物及从外界吸收的小分子物质，合成复杂的细胞物质的过程。无论是分解还是合成，代谢途径都是由一系列连续的酶促反应构成的，前一步反应的产物是后续反应的底物。

6.3.1 分解代谢与大分子物质的降解

1. 多糖的分解

糖类物质一般不溶于水，不能直接透过微生物的细胞膜，只有经过分解后被吸收进胞内后加以利用。自然界广泛存在的糖类物质主要是多糖，包括淀粉、纤维素、半纤维素、果胶和几丁质等。

1）淀粉的分解

淀粉有直链淀粉和支链淀粉两种。直链淀粉中的葡萄糖单位以 α-1,4-糖苷键连接而成，其相对分子质量可达 6 万，有 250～300 个葡萄糖单位。支链淀粉带有分支，葡萄糖单位除以 α-1,4-糖苷键连接外，在直链与支链交接处以 α-1,6-糖苷键连接，相对分子质量在 20 万以上。在自然淀粉中，直链淀粉占 10%～20%，支链淀粉占 80%～90%。以淀粉作为生长碳源与能源的微生物，它们能利用本身合成并分泌到胞外的淀粉酶，将淀粉水解生成双糖与单糖后，被微生物吸收，然后再被分解与利用。淀粉酶包括下面几种类型。

（1）α-淀粉酶　此酶可从淀粉分子内部任意水解 α-1，4 糖苷键，但不能作用于淀粉的 α-1,6-糖苷键。水解终产物为麦芽糖、低聚糖和含 α-1,6-糖苷键的糊精，作用的结果使原来淀粉溶液的黏度下降，故称为液化型淀粉酶。许多细菌、放线菌和霉菌均能产生液化淀粉酶，枯草芽孢杆菌（*Bacillus subtilis*）通常用作 α-淀粉酶的生产菌株。

（2）β-淀粉酶　此酶从淀粉分子的非还原性末端开始作用，以双糖为单位，逐步作用于 α-1,4-糖苷键，生成麦芽糖。但它不能作用于淀粉分子中的 α-1,6-糖苷键，也不能越过 α-1,6-糖苷键去作用于 α-1,4-糖苷键，即遇到 α-1,6-糖苷键时，此酶的作用停止。水解终产物为麦芽糖和 β-极限糊精。

（3）葡萄糖苷酶　此酶也是从淀粉分子的非还原性末端开始作用，依次以葡萄糖为单位，逐步作用于 α-1,4-糖苷键，生成葡萄糖。它虽也不能作用淀粉分子中的 α-1,6-糖苷键，但能够越过 α-1,6-糖苷键去继续作用于 α-1,4-糖苷键。因此，葡萄糖苷酶作用直链淀粉后的水解终产物几乎全是葡萄糖，作用支链淀粉后的水解终产物是葡萄糖与带有 α-1,6-糖苷键的寡糖。根霉和曲霉普遍都能合成分泌葡萄糖苷酶。

（4）糖化酶　糖化酶从淀粉分子的非还原性端以葡萄糖为单位进行水解，不仅可以作用于 α-1,4-糖苷键，还可作用于 α-1,6-糖苷键，不过对后者的水解速度要慢得多。因此，不管是直链淀粉还是支链淀粉，在糖化酶作用下，最后都可被彻底水解成葡萄糖。常用米曲霉和黑曲霉生产糖化酶。

（5）异淀粉酶　此酶专门作用于淀粉分子中的 α-1,-6 糖苷键，使整个侧支切下而生成直链糊精。常用产气杆菌生产异淀粉酶。

2）纤维素的分解

纤维素是葡萄糖通过 β-1,4-糖苷键连接而成的直链大分子化合物，主要存在于植物的细胞壁，每个分子由 10000 个以上的葡萄糖残基组成，其基本构成单位是纤维二糖。只有在产生纤维素酶的微生物作用下，才被分解成简单的糖类。纤维素酶根据作用方式大致可分为三种。

（1）C_1 酶　主要作用于天然纤维素，使之转变成水合非结晶纤维素。

（2）C_x 酶　主要作用于水合非结晶纤维素。C_x 酶又分为两种类型：C_{X1} 酶是一种内切的纤维素酶，它从水合非结晶纤维素分子内部作用于 β-1,4-糖苷键，生成纤维糊精、纤维二糖和葡萄糖；C_{X2} 酶则是一种外切型纤维素酶，它从水合非结晶纤维素分子的非还原性末端作用于 β-1,4-糖苷键，逐步切断 β-1,4-糖苷键，从而生成葡萄糖。

（3）β-葡萄糖苷酶　此酶水解纤维二糖、纤维三糖及低分子的纤维寡糖成为葡萄糖。葡萄糖在需氧性纤维素微生物作用下可彻底氧化成 CO_2 与 H_2O；在厌氧性纤维素微生物作用下进行丁酸型发酵，产生丁酸、丁醇、乙酸、乙醇、CO_2、H_2 等产物。

可分解纤维素的微生物多见于腐殖土中，需氧细菌中有噬纤维素菌属（*Cytophaga*）、生孢噬纤维素菌属（*Sporocytophaga*）、纤维弧菌属（*Cellvibrio*）、纤维单胞菌属（*Cellulomonas*）等、厌氧菌以梭状芽孢杆菌属（*Clostridium*）为主。常见的高温厌氧菌为热纤芽孢梭菌（*Clostridium thermocellum*）。真菌中分解纤维素的有木霉属（*Trichoderma*）、葡萄状穗霉属（*Stachybotrys*）、曲霉属（*Aspergillus*）、青霉属（*Penicillium*）、根霉属（*Rhizopus*）、嗜热霉属

(*Thermomyces*)等。放线菌中有诺卡氏菌属(*Norcardia*)、小单胞菌属(*Micromonospora*)及链霉菌属(*Streptomyces*)等其中的某些种。

3)半纤维素的分解

半纤维素是由各种五碳糖、六碳糖及糖醛酸组成的大分子。根据其结构可概括为两类:一类是同聚糖,仅包含一种单糖,如木聚糖、半乳聚糖、甘露聚糖等;另一类是异聚糖,包括两种以上的单糖或糖醛酸,几种不同的糖同时存在于一个半纤维素分子中。

最常见的半纤维素是木聚糖,它约占草本植物干重的一半,也存在于木本植物中。真菌的细胞壁中也含半纤维素。与纤维素相比,半纤维素容易被微生物分解。但由于半纤维素的组成类型很多,因而分解它们的酶也各不相同。例如,木聚糖的水解由木聚糖酶催化,阿拉伯聚糖的水解由阿拉伯聚糖酶催化等。生产半纤维素酶的微生物主要有曲霉属、根霉属与木霉属等。半纤维素酶通常与纤维素酶、果胶酶混合使用,从而可以改善植物性食物的质量,提高淀粉质发酵原料的利用率、果汁饮料的澄清与加酶洗涤的使用效果等。

4)果胶质的分解

分解果胶的微生物主要是一些细菌和真菌,例如芽孢杆菌属(*Bacillus*)、梭状芽孢杆菌属(*Clostridium*)、曲霉属(*Aspergillus*)、葡萄孢霉属(*Botrytis*)和镰刀霉属(*Fusarium*)等都是分解果胶能力较强的菌属。

5)几丁质的分解

几丁质是真菌细胞壁和昆虫体壁的组成成分,一般的生物都不能分解与利用它,只有某些细菌(如溶几丁质芽孢杆菌)和放线菌(链霉菌)能分解与利用它。这些能分解几丁质的细菌能合成及分泌几丁质酶,使几丁质水解生成几丁二糖,再通过几丁二糖酶进一步水解生成N-乙酰葡萄糖胺。N-乙酰葡萄糖胺再经脱氨基酶作用,生成葡萄糖和氨。

2. 含氮有机物的分解

1)蛋白质的分解

蛋白质的降解分2步完成:首先在微生物分泌的胞外蛋白酶的作用下进行水解生成短肽;然后短肽在肽酶的作用下进一步被分解成氨基酸。

$$\text{蛋白质}\xrightarrow{\text{蛋白酶}}\text{多肽}\xrightarrow{\text{肽酶}}\text{氨基酸}$$

许多微生物在生长过程中,可以合成并分泌蛋白酶到胞外环境中,因而它们也就具有分解蛋白质的能力。一般是真菌分解蛋白质的能力强,并能分解天然的蛋白质,而大多数细菌不能分解天然蛋白质,只能分解变性蛋白质以及蛋白质的降解产物,因而微生物分解蛋白质的能力是微生物分类依据之一。例如某些梭状芽孢杆菌属(*Clostridium*)、芽孢杆菌属(*Bacillus*)、变形杆菌属(*Proteus*)、假单胞菌属(*Pseudomonas*)、小球藻属(*Chlorella*)、曲霉属(*Aspergillus*)、毛霉属(*Mucor*)、许多放线菌等分解蛋白质的能力强,而大肠杆菌(*E. coli*)只能分解蛋白质的降解产物,不能分解蛋白质;在细菌中,一般是革兰氏阳性菌比革兰氏阴性菌分解蛋白质的能力强。

肽酶是一类作用于肽的酶,它使多肽水解成氨基酸。根据肽酶作用部位的不同,可以将肽酶分为两种,一种是氨肽酶,它作用于有游离氨基端的肽键;一种是羧肽酶,它作用于有游离羧基端的肽键。肽酶是一种胞内酶,它在细胞自溶后释放到环境中。

在食品工业中,传统的酱制品,如酱油、豆豉、腐乳制作也都利用了微生物对蛋白质的分解作用。目前已能利用枯草杆菌(*B. subtilis*)、栖土曲霉、放线菌等微生物来生产蛋白酶,用它来进行皮革脱毛、蚕丝脱胶、蛋白胨生产,还可用作抗血栓药物等。

2)氨基酸的分解

微生物通过三种方式分解氨基酸:脱羧、脱氨和转氨。不同微生物分解氨基酸的能力不同,一般革兰氏阴性菌分解能力大于革兰氏阳性菌。

(1)脱羧作用　氨基酸在氨基酸脱羧酶作用下脱羧生成相应的胺。如酪氨酸脱羧形成酪胺、精氨酸脱羧形成精胺、色氨酸脱羧形成色胺。这些物质可以作为制定食品新鲜程度的指标。

$$\underset{\substack{|\\ NH_2}}{R{-}C{-}COOH}\xrightarrow{\text{氨基酸脱羧酶}}R{-}CH_2{-}NH_2+CO_2$$

氨基酸脱羧酶具有高度的专一性，基本上是一种氨基酸一种脱羧酶，并且只对 *L*-氨基酸起作用。

(2) 脱氨作用　有机含氮化合物经微生物作用后放出氨的生物学过程，通常称为氨化作用（ammonification）。在氨基酸脱氨作用中，由于微生物类型、氨基酸种类与环境条件不同，脱氨的方式也不同，脱氨作用主要有以下几种：

① 氧化脱氨。氨基酸在有氧条件下脱氨生成 *α*-酮酸和氨，是好氧性微生物进行的脱氨方式。

$$R-\underset{\displaystyle NH_2}{\underset{|}{CH}}-COOH+\frac{1}{2}O_2\longrightarrow R-\underset{\displaystyle O}{\underset{\|}{C}}-COOH+NH_3$$

② 还原脱氨。在无氧条件下，氨基酸经还原脱氨的方式转变成有机酸和氨。某些专性厌氧细菌，如梭状芽孢杆菌属（*Clostridium*）在厌氧条件下生长时，可以进行还原脱氨。它们常进行 Stickland 反应，在此反应中，丙氨酸、缬氨酸、亮氨酸常用作氢供体，甘氨酸、羟脯氨酸、脯氨酸则常用作对应的氢受体。

$$CH_3CHNH_2COOH+CH_2NH_2COOH+H_2O\longrightarrow CH_3COCOOH+CH_3COOH+2NH_3$$

③ 水解脱氨。氨基酸经水解产生羟酸与氨，在水解脱氨过程中同时伴随有脱羧过程，并生成一元醇、氨和二氧化碳。有些好氧性微生物可进行此种脱氨方式，如米曲霉（*Aspergillus oryzae*）可使亮氨酸水解脱氨后生成 *α*-羟基-γ-甲基戊酸。

$$(H_3C)_2CHCH_2\underset{\displaystyle NH_2}{\underset{|}{CH}}COOH+H_2O\longrightarrow (H_3C)_2CHCH_2\underset{\displaystyle OH}{\underset{|}{CH}}COOH+NH_3$$

④ 分解脱氨。氨基酸直接脱去氨基，生成不饱和酸与氨，即为分解脱氨，如在大肠杆菌内有 *L*-天冬氨酸酶，能催化 *L*-天冬氨酸分解脱氨生成延胡索酸和氨。在细菌和酵母菌中都存在这种脱氨反应，此反应为可逆反应，也是合成氨基酸途径之一。

$$HOOCCH_2CHNH_2COOH\longleftrightarrow HOOCCH=CHCOOH+NH_3$$

(3) 转氨基作用　转氨基作用是 *α*-氨基酸和酮酸间氨基的转移作用。*α*-氨基酸的 *α*-氨基在转氨酶的催化下转移至酮酸的酮基上，使原来的氨基酸生成相应的酮酸，而原来的酮酸则生成相应的氨基酸。

微生物种类不同，对氨基酸的分解方式不同，形成的产物也不同。氨基酸通过不同的途径分解后，形成 5 种产物进入 TCA 循环，它们是乙酰、*α*-酮戊二酸、琥珀酰 CoA、延胡索酸和草酰乙酸。可根据微生物对氨基酸分解作用的不同来进行菌种鉴定。吲哚实验与硫化氢实验是常用的两个鉴定实验。此外，氨基酸的分解产物对许多发酵食品，如酱油、干酪、发酵香肠等的挥发性风味组分有重要影响。

3）核酸的分解

核酸是由许多核苷酸以 3,5-磷酸二酯键连接而成的大分子化合物。

异养型微生物可以分泌消化酶类来分解食物或体外的核蛋白和核酸类物质，以获得各种核苷酸。核酸分解代谢的第一步是水解连接核苷酸之间的磷酸二酯键，生成低级多核苷酸或单核苷酸。核苷酸在核苷酸酶的作用下分解成磷酸和核苷，核苷再经核苷酶作用分解为嘌呤或嘧啶、核糖或脱氧核糖（图 6-12）。

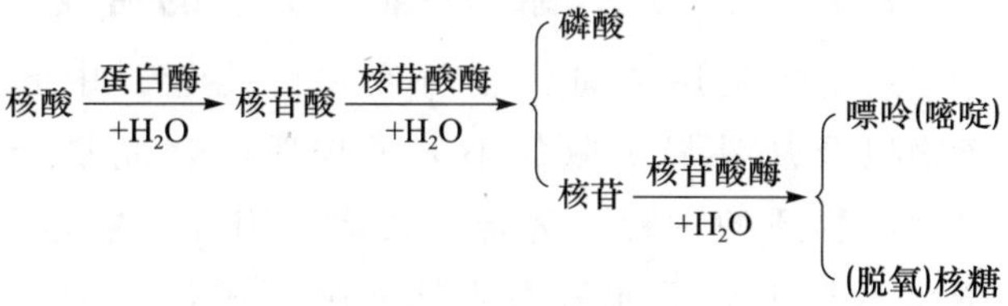

图 6-12　核酸分解途径

某些微生物能利用嘌呤或嘧啶作为生长因子、碳源和氮源。微生物分解嘌呤或嘧啶生成氨、二氧化碳、水以及各种有机酸。

3. 脂类的分解

脂类物质最具有代表性的是甘油三酯（脂肪），它是由甘油与三个长链脂肪酸通过酯键连接起来的甘油三酯。脂类物质一般不被微生物利用，但当环境中不存在其他能源与碳源物质时，许多微生物能分解利用脂肪进行生长。脂肪首先被微生物分解为脂肪酸和甘油，二者在进一步分解中释放能量。脂肪在微生物细胞合成的脂肪酶的作用下（胞外酶对胞外的脂肪作用，胞内酶对胞内的脂肪作用），水解成甘油和脂肪酸。甘油可按照图 6-13 途径进行代谢。

图 6-13　甘油的降解

脂肪酸的 β-氧化（图 6-14），在原核细胞的细胞膜上和真核细胞的线粒体内进行。若脂肪酸分子的碳原子数为偶数，最终得乙酰 CoA；若脂肪酸分子的碳原子数为奇数，则同时也得到丙酰 CoA。乙酰 CoA 直接进入 TCA 循环降解，丙酰 CoA 则经琥珀酰 CoA 进入 TCA 循环被氧化降解，或以其他途径被氧化降解。

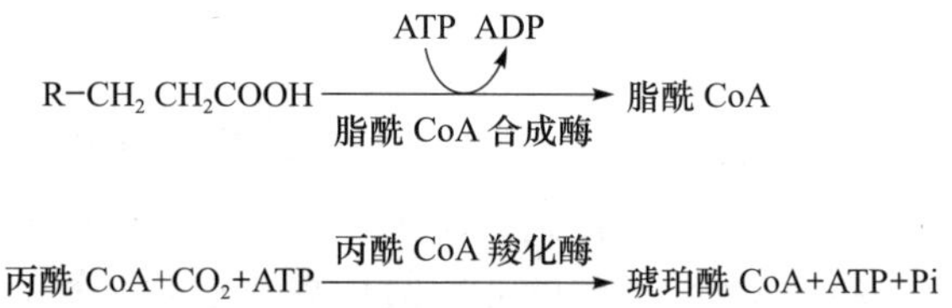

图 6-14　脂肪酸的 β-氧化

脂肪酶一般广泛存在于真菌中，假丝酵母（*Candida*）、镰刀菌（*Fusarium*）和青霉菌（*Penicillium*）等属的真菌产生脂肪酶的能力较强，而细菌产生脂肪酶的能力较弱。

6.3.2　合成代谢与生物大分子的合成

微生物利用能量代谢所产生的能量、中间产物以及从外界吸收的小分子物质，合成复杂的细胞物质的过程称为合成代谢。因此，能量、还原力与小分子前体物质是细胞合成代谢的三要素。微生物所特有的合成代谢种类很多，如二氧化碳的固定、生物固氮、细菌细胞壁肽聚糖的合成等。

1. 二氧化碳的固定

CO_2 是自养型微生物的唯一碳源，将空气中的 CO_2 同化成细胞物质的过程，称为 CO_2 的固定作用。微生物同化 CO_2 的方式主要有卡尔文循环、还原性三羧酸循环固定 CO_2、厌氧乙酰 CoA 途径和羟基丙酸途径。

1）卡尔文循环（Calvin cycle）

这个途径存在于所有化能自养微生物和大部分光合细菌。卡尔文循环同化 CO_2 的途径可划分为 3 个阶段。

（1）CO_2 的固定　3×1,5-二磷酸核酮酸＋$3CO_2$ ⟶ 6×3-磷酸甘油酸

（2）CO_2 的还原　6×3-磷酸甘油酸⟶6×3-磷酸甘油醛

（3）CO_2 受体的再生　5×3-磷酸甘油醛⟶3×1,5-二磷酸核酮糖

每循环一次，需要 3 分子 1,5-二磷酸核酮糖、3 分子 CO_2、9 分子 ATP 和 6 分子 NAD(P)H_2。合成一个已糖分子则需循环 2 次。总反应式：

$$6CO_2 + 12NAD(P)H_2 + NAD^+ + 18ATP \longrightarrow C_6H_{12}O_6 + 12NAD(P)^+ + 18ADP + 18Pi$$

2）还原性三羧酸循环固定 CO_2

这个途径存在于光合细菌和绿硫细菌中。具体反应如图 6-15 所示。

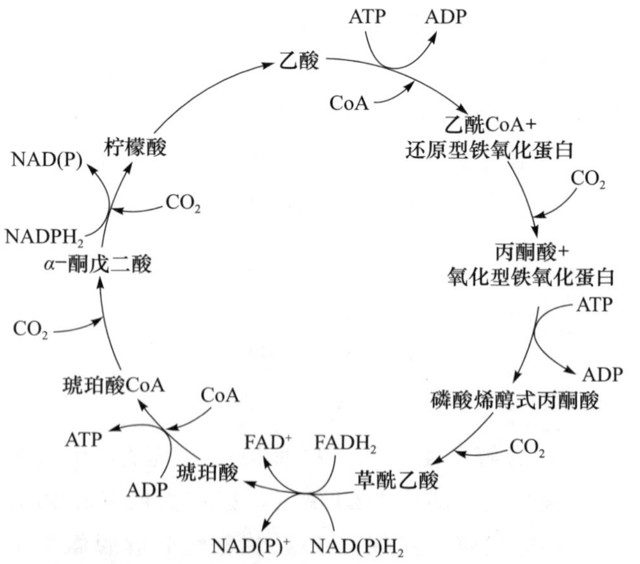

图 6-15　还原性三羧酸循环固定 CO_2

每循环一次，可固定 4 分子 CO_2，合成 1 分子草酰乙酸，消耗 3 分子 ATP、2 分子 $NADPH_2$ 和 1 分子 $FADH_2$。

3）厌氧乙酰 CoA 途径

此途径是在一些能利用氢的严格厌氧菌进行的包括产甲烷菌、硫酸盐还原菌和产乙酸菌中发现的自养微生物 CO_2 还原途径，又称活性乙途径，一次反应可固定 3 分子 CO_2。

4）羟基丙酸途径

此途径是少数绿色硫细菌在以 H_2 和 H_2S 作为电子供体进行自养生活时所特有的一种固定 CO_2 机制。总反应式为：

$$2CO_2+4[H]+3ATP \longrightarrow 草酰乙酸$$

2. 氮的固定

凡能使氮还原成氨，氨进而合成细胞内有机氮化物的微生物，均称为固氮微生物。包括细菌、放线菌和蓝细菌，约 200 个属。虽然大气中约有79%的氮气，但大多数微生物都不能利用此无机氮。

固氮反应的六要素分别是 ATP、还原力［H］及其传递载体、固氮酶、还原底物 N_2、镁离子、严格的厌氧微环境。固氮总反应式：

$$N_2+6e^-+6H^++12ATP \longrightarrow 2NH_3+12ADP+12Pi$$

3. 糖类的合成

微生物在生长过程中，单糖和多糖的合成对其生命活动十分重要。要不断地从简单化合物合成糖类，以构成细胞生长所需。

1）单糖的合成

无论自养微生物还是异养微生物，其合成单糖的途径一般都是通过 EMP 途径逆行合成 6-磷酸葡萄糖，然后再转化为其他的糖（图 6-16）。

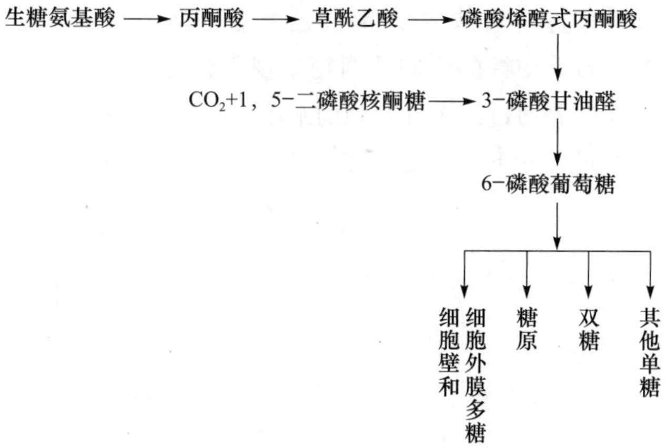

图 6-16　己糖生物合成主要途径

糖异生途径是由非糖物质合成新的葡萄糖分子的过程。糖异生途径的重要物质是磷酸烯醇式丙酮酸，它是糖酵解过程中的一种中间代谢物。磷酸烯醇式丙酮酸可在不同于糖酵解途径中的酶作用下，逆向合成 6-磷酸葡萄糖。糖异生途径中所需的磷酸烯醇式丙酮酸主要由草酰乙酸脱羧而得，而草酰乙酸是三羧酸循环中的一个重要中间产物。

2）肽聚糖的合成

肽聚糖组成细菌和放线菌细胞壁骨架结构是异型多糖，它由很多称为胞壁肽（二糖五肽）的基本单位构成。

各类细菌肽聚糖的合成过程基本相同，根据反应发生的部位，一般可以分成 3 个阶段：

第一阶段：合成肽聚糖的前体物质——“park”核苷酸。此反应在细胞质中进行，分 2 步完成。

（1）由 6-磷酸葡萄糖合成 N-乙酰葡萄糖胺和 N-乙酰胞壁酸（图 6-17）。

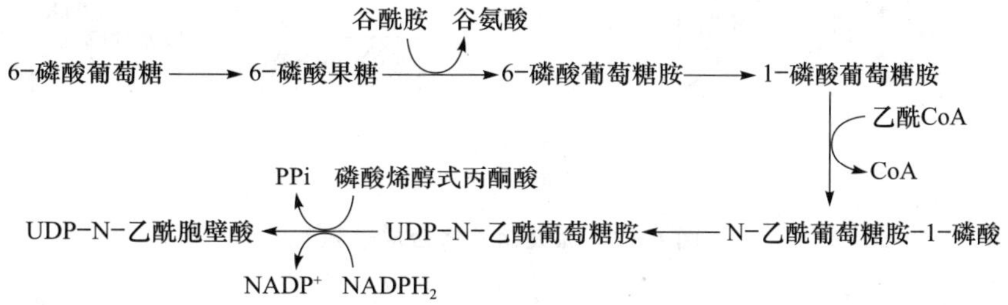

图 6-17　6-磷酸葡萄糖合成 N 乙酰葡萄糖胺和 N-乙酰胞壁酸

（2）由 N-乙酰胞壁酸合成 UDP-N-乙酰胞壁酸五肽即“park”核苷酸，（图 6-18）在此过程中，每加入一个氨基酸，需要消耗 1 分子 ATP，用于氨基酸的活化。

第二阶段：由“park”核苷酸合成肽聚糖单体。此反应在细胞膜中进行，要使在细胞质中合成的亲水性化合物“park”核苷酸穿过疏水的细胞膜至膜外，必须依靠一种称为类脂载体（十一异戊烯磷酸，它可通过磷酸基与UDP-N-乙酰胞壁酸分子的磷酸基相接，使糖的中间代谢物呈现很强的疏水性，从而能顺利通过疏水性很强的细胞膜）的物质来运送。具体过程如下：类脂载体与“park”核苷酸接合后，进一步接上N-乙酰葡萄糖胺和甘氨酸五肽桥（如果是金黄色葡萄球菌的肽聚糖合成，则有5个甘氨酸接到短肽的*L*-Lys上），最后把肽聚糖单体插入细胞壁生长点处。肽聚糖合成单体过程见图6-19。

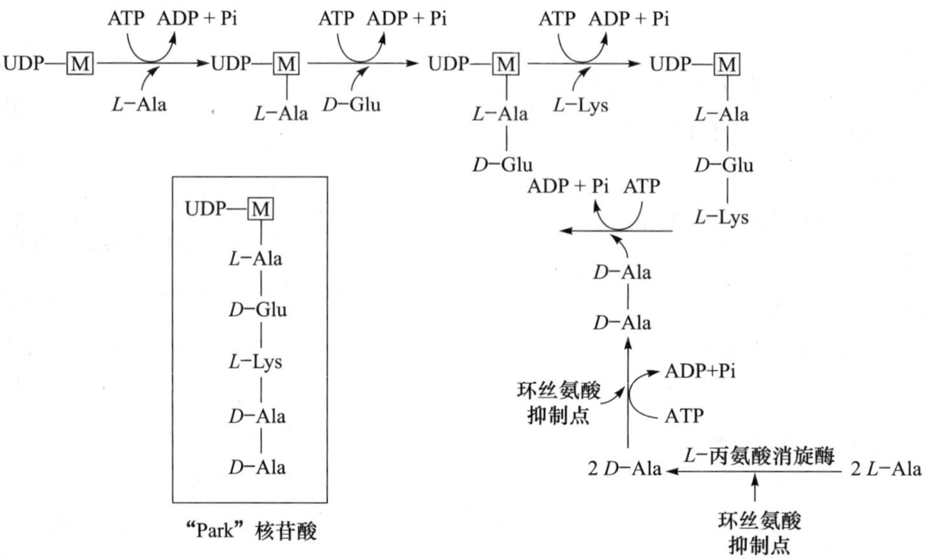

图 6-18 金黄色葡萄球菌由N-乙酰胞壁酸合成“Park”核苷酸过程

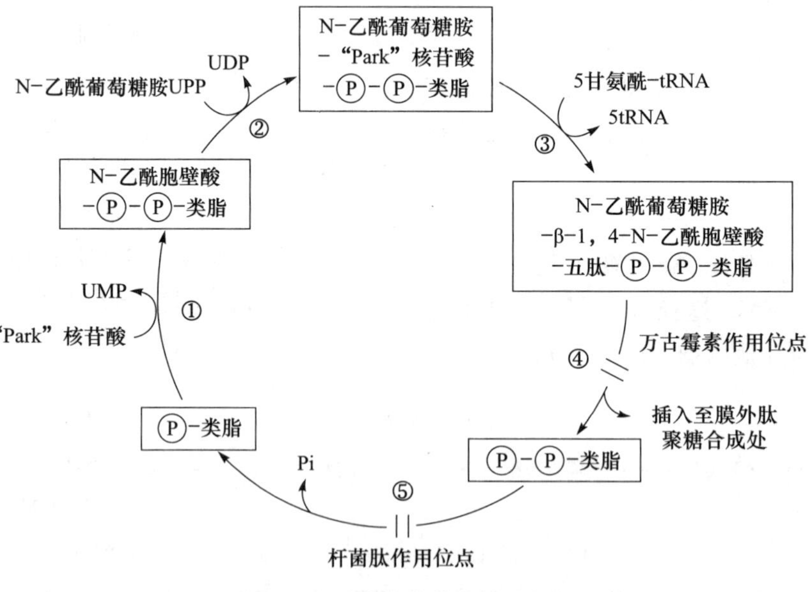

图 6-19 肽聚糖单体合成过程

第三阶段：合成完整的新的肽聚糖。此反应在膜外完成。革兰氏阴性细菌中，一般是由一条肽链的第4个氨基酸的羧基与另一条肽链的第3个氨基酸的自由氨基之间以肽键的方式连接；革兰氏阳性细菌中，是在相应位置上通过肽桥连接。一些抗生素能抑制细菌细胞壁的合成，但是它们的作用位点和作用机制是不同的。现概述如下：

（1）衣霉素　它的结构与十一异戊烯磷酸载体结构相似，因此它能够阻止N-乙酰葡萄糖转移到十一异戊烯-P-P-N-乙酰胞壁酰五肽上，从而抑制十一异戊烯二糖五肽的形成。

（2）环丝氨酸　由于环丝氨酸与*D*-丙氨酸结

构相似，因此它能够作为 *D*-丙氨酸的拮抗物而影响 *D*-丙氨酰-*D*-丙氨酸二肽的合成，进而影响“park”核苷酸的合成。

（3）万古霉素　可抑制肽聚糖分子的延长。

（4）杆菌肽　由于杆菌肽能够与十一异戊烯-P-P 络合，因此抑制了焦磷酸酶的作用，也就阻止了十一异戊烯磷酸载体的再生，从而使肽聚糖的合成受阻。

（5）β-内酰胺类抗生素（青霉素、头孢霉素）　对革兰氏阳性菌敏感。青霉素是肽聚糖单体五肽尾末端的 *D*-氨酰-*D*-丙氨酸的结构类似物，它们两者可相互竞争转肽酶的活力中心。当转肽酶与青霉素结合后，因前后两肽聚糖单体间的肽桥无法交联，因此只能合成缺乏正常机械强度的缺损“肽聚糖”，从而形成了细胞壁缺损的细胞。

4. 氨基酸的合成

多数微生物能够合成自身所需要的各种氨基酸，有的微生物甚至可以过量积累某种氨基酸，也有些微生物不能合成某些氨基酸。在各氨基酸合成中，主要包括两个方面的问题：氨基酸碳骨架的合成以及氨基的结合。合成氨基酸的碳骨架来自糖代谢产生的中间产物，而氨有以下几种来源：①直接从外界环境获得；②通过体内含氮化合物的分解得到；③通过生物固氮作用合成；④由硝酸还原作用合成。另外，在合成含硫氨基酸时，还需要硫的供给。

微生物体内合成氨基酸主要有 3 种方式：氨基化作用、转氨基作用、前体转化。

（1）氨基化作用　α-酮酸与氨反应形成相应的氨基酸称为氨基化作用，包括还原性氨基化反应、直接氨基化反应和酰胺化反应。氨基化作用是微生物同化氨的主要途径。

$$\alpha\text{-酮戊二酸}+NH_3+NADPH_2 \xrightarrow{\text{谷氨酸脱氢酶}} \text{谷氨酸}+H_2O+NADP^+$$

（2）转氨基作用　转氨基作用是指在转氨酶（氨基转移酶）催化下，使一种氨基酸的氨基转移给酮酸，形成新的氨基酸的过程。转氨作用普遍存在于各种微生物细胞内，是氨基酸合成代谢和分解代谢中极为重要的反应。转氨酶的辅酶是磷酸吡哆醛。一般来说，微生物能合成与全部氨基酸相对应的各种 α-酮酸，因此通过转氨基作用可以合成全部氨基酸。

$$\text{谷氨酸}+\text{草酰乙酸} \xrightarrow{\text{转氨酶}} \text{天冬氨酸}+\alpha\text{-酮戊二酸}$$

（3）前体转化　20 种氨基酸除了可以通过上述途径合成氨基酸以外，还可通过糖代谢的中间产物，如 3-磷酸甘油醛、4-磷酸赤藓糖、草酰乙酸、3-磷酸核糖焦磷酸等，经一系列的生化反应而合成。经前体合成的氨基酸见表 6-3。

5. 脂肪酸的合成

微生物细胞及细胞膜中的脂类都是由自身合成的，即利用乙酰 CoA 与 CO_2 等物质合成脂肪酸。脂肪酸的合成需对热对酸都稳定的酰基载体蛋白（ACP）。首先乙酰 CoA 与 CO_2 通过乙酰 CoA 羧化酶催化生成丙二酰 CoA，再经过转移酶作用转到 ACP 上，生成丙二酰-ACP。脂肪酸链是周期性地逐步延长，每一个周期增加 2 个碳原子，每次增加的 2 个碳原子均由丙二酰-ACP 提供，并放出 1 个 CO_2（图 6-20）。

图 6-20 中，C 的下标表示脂肪酰-ACP 中脂酰基中含碳原子的数字，C_n 表示起始的脂肪酰-ACP，C_3 表示丙二酰 ACP，C_{n+2m} 表示合成终产物对应的脂肪酰-ACP。

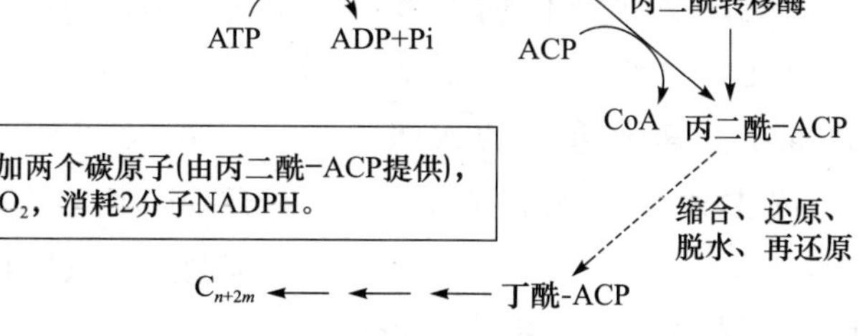

图 6-20　脂肪酸的合成途径

6.4 微生物的初级代谢和次级代谢

微生物细胞内的代谢有初级代谢和次级代谢两种类型，它们既有区别，又相互联系。初级代谢的关键性中间产物往往是次级代谢的前体物质，因此，次级代谢是建立在初级代谢基础上的。大多数微生物的生命合成途径和分解途径都是相同的，但同一途径在不同的微生物中可能受不同方式调节，而且有种族特异性。

6.4.1 微生物的初级代谢

初级代谢是指微生物从外界吸收的碳源、氮源和能源等高分子物质，通过分解代谢和合成代谢，生成维持生命活动所需要的物质和能量的过程。这一过程的产物，如单糖、氨基酸、脂肪酸、核苷酸以及由这些化合物聚合而成的高分子化合物（如多糖、蛋白质、酯类和核酸等），即为初级代谢产物。

初级代谢产物都是微生物营养性生长所必需的，初级代谢产物合成的差错会导致细胞死亡。因此，初级代谢调节至关重要。微生物细胞的代谢调节方式很多，其中调节代谢酶的方式最为重要，它包括两个方面：一是“细调”，即调节的是酶分子的活性，是在酶化学水平上发生的；二是“粗调”，调节的是酶分子的合成量，这是在遗传学水平上发生的。在细胞内这两种调节方式密切配合、协调进行，以达到最佳调节效果。

6.4.2 微生物的次级代谢

次级代谢是指微生物在一定的生长时期，以初级代谢为基础，合成一些对微生物生命活动无明确功能的物质的过程。这一过程的产物，即为次级代谢产物。

次级代谢产物大多是一类分子结构比较复杂的化合物，大多数分子中都含有苯环，它与微生物生长、繁殖无关，但许多次级代谢产物具有重要的生物效应，因此，次级代谢产物的生成和应用也日益受到重视，其中重要的次级代谢产物包括维生素、抗生素、毒素、激素、生物碱、色素等。

（1）维生素（vitamin） 某些微生物在特定的条件下合成远远超过产生菌本身正常需要的那部分维生素，如丙酸细菌、芽孢杆菌和某些链霉菌与耐高温放线菌在培养过程中可积累维生素 B_{12}，某些醋酸细菌能过量合成维生素 C，各种霉菌不同程度地积累核黄素等。

（2）毒素（toxin） 有些微生物在代谢过程中，能产生某些对人或动物有毒害的物质，称为毒素。微生物产生的毒素有细菌毒素和真菌毒素。

细菌的外毒素是细菌在生长过程中不断分泌到菌体外的毒性蛋白质，主要由革兰氏阳性细菌产生，其毒力较强，如破伤风痉挛毒素、白喉毒素、肉毒毒素等。大多数外毒素均不耐热，加热至70℃毒力即被破坏。

真菌毒素是指存在于粮食、食品或饲料中由真菌产生的能引起人或动物病理变化或生理变化的代谢产物。目前已知的真菌毒素有数百种，有 14 种能致癌，其中 2 种是剧毒致癌剂，它们是由部分黄曲霉菌（*Aspergillus flavus*）产生的黄曲霉毒素 B_1 和由某些镰刀霉（*Fusarium* spp.）产生的单端孢烯毒素 T2。

（3）激素（hormone） 某些微生物能产生刺激动物生长或性器官发育的物质，称为激素。目前已发现微生物能产生 15 种激素，如赤霉素、细胞分裂素、生长素等。

（4）色素（pigment） 许多微生物在生长过程中能合成不同颜色的色素。有的在细胞内，有的分泌到细胞外，色素是微生物分类的一个依据。微生物所产生的色素，根据它们的性状区分为水溶性和脂溶性色素。水溶性色素：如绿脓菌色素、蓝乳菌色素、荧光菌的荧光色素等；脂溶性色素：如八叠球菌属（*Sarcina*）的黄色素、灵杆菌（*Bacterium prodigiosuwm*）的红色素等。有的色素可用于食品，如红曲霉属（*Monascus*）的红曲色素。

（5）生物碱（alkaloid） 一些霉菌可合成生物碱，如麦角生物碱，其在临床上主要用于防止产后出血、治疗交感神经过敏、周期性偏头痛和降血压等疾病的药物。

（6）抗生素（antibiotic） 抗生素是由某些微生物合成或半合成的一类次级代谢产物或衍生物，是能抑制其他微生物生长或杀死它们的化合物，抗生素主要是通过抑制细菌细胞壁合成、破坏细胞质膜、作用于呼吸链以干扰氧化磷酸化、抑制蛋白质和核酸合成等方式来抑制微生物的生长甚至将它们杀死。因此，抗生素是临床上广泛使用的化学治疗剂。

6.5 微生物代谢调节

微生物的代谢调节一般都是通过对酶的调控来实现的，主要包括对酶活性的调节和酶合成的调节。

6.5.1 酶活性的调节

酶活性调节是指一定数量的酶，通过其分子构象或分子结构的改变来调节其催化反应的速率。这种调节方式的特点是迅速、及时并且效果显著。酶活性调节的方式主要有激活和抑制两种。

1. 酶活性的激活

酶的激活有两种类型，即前体激活和补偿激活。最常见的酶活性的激活是前体激活，它常见于分解代谢途径，即代谢途径中后面的反应可以被该途径较前面的一个产物所促进。如粪链球菌（*Streptococcus faecalis*）的乳酸脱氢酶活性被前体物质1,6-二磷酸果糖所促进。粗糙脉孢霉的异柠檬酸脱氢酶的活性，可以被柠檬酸所激活（图6-21）。

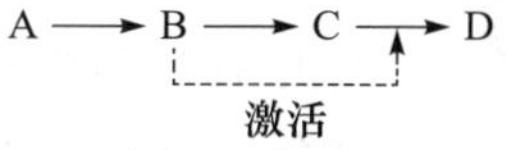

图 6-21 酶活性的激活

2. 酶活性的抑制

酶活性的抑制主要是反馈抑制，它主要表现在某代谢途径的末端产物（即终产物）过量时，这个产物可反过来直接抑制该途径中第一个酶的活性，促使整个反应过程减慢或停止，从而避免了末端产物的过多累积。反馈抑制具有作用直接、效果快速以及当末端产物浓度降低时又可重新解除等优点。

1）直线代谢途径中的反馈抑制

这是一种最简单的反馈抑制类型。如大肠杆菌在合成异亮氨酸时，当异亮氨酸过多时，可抑制途径中第一个酶—苏氨酸脱氢酶的活性，从而使α-酮丁酸及其后一系列中间代谢物都无法合成，最终导致异亮氨酸合成的停止（图6-22）。

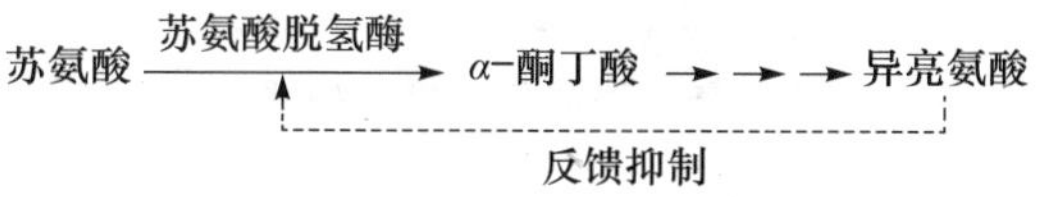

图 6-22 酶活性的抑制

2）分支代谢途径中的反馈抑制

在有两种或两种以上的末端产物的分支代谢途径中，调节方式较为复杂。为避免在一个分支上的产物过多同时不影响另一分支上产物的供应，微生物有多种调节方式，包括同工酶反馈抑制、协同反馈抑制、累积反馈抑制、顺序反馈抑制和合作反馈抑制。

（1）同工酶反馈抑制　同工酶（isoenzyme）是指能催化同一种化学反应，但其酶蛋白本身的分子结构组成却有所不同的一组酶。同工酶调节的特点：在分支途径中第一个酶有几种不同的结构，每一分支代谢产生的终产物只对一种同工酶具有反馈抑制作用，只有当几种终产物同时过量时，才能完全阻止反应的进行，见图6-23。

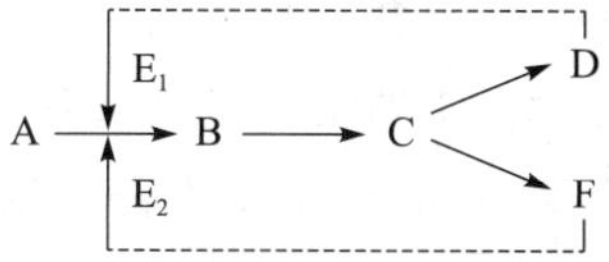

图 6-23 同工酶反馈抑制模式图

如在大肠杆菌的赖氨酸和苏氨酸合成中，同工酶天冬氨酸酶Ⅰ和天冬氨酸酶Ⅲ可分别被苏氨酸和赖氨酸所抑制。见图6-24。

（2）协同反馈抑制　在分支代谢途径中，几种末端产物同时都过量时，才对途径中的第一个酶具有抑制作用。若某一末端产物单独过量则对途径的第一个酶无抑制作用，见图6-25。如多黏芽孢杆菌（*Bacillus polymyxa*）的天冬氨酸激酶受终产物苏氨酸和赖氨酸协同反馈抑制，这种抑制在苏氨酸或赖氨酸单独过量存在时并不会发生。

图 6-24 大肠杆菌中天冬氨酸合成的同工酶调节

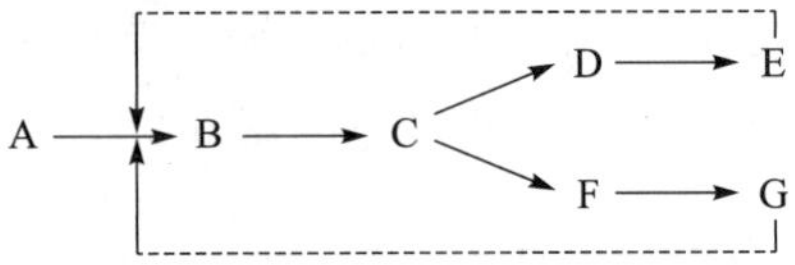

图 6-25 协同反馈抑制模式图

（3）累积反馈抑制　在分支代谢途径中，任何一种末端产物过量时都能对共同途径中第一个酶起抑制作用，而且各种末端产物的酶起抑制作用互不干扰。当各种末端产物同时过量时，它们的抑制作用是累加的，见图 6-26。

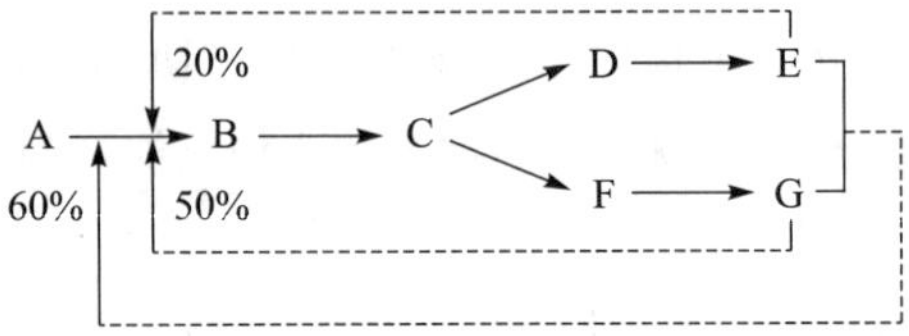

图 6-26 累积反馈抑制模式图

（4）顺序反馈抑制　分支代谢途径中的两个末端产物，不能直接抑制代谢途径中的第一个酶，而是分别抑制分支点后的反应步骤，造成分支点上中间产物的积累，这种高浓度的中间产物再反馈抑制第一个酶的活性。因此，只有当两个末端产物都过量时，才能对途径中的第一个酶起到抑制作用，见图 6-27。枯草芽孢杆菌合成芳香族氨基酸的代谢途径就采取这种方式进行调节。

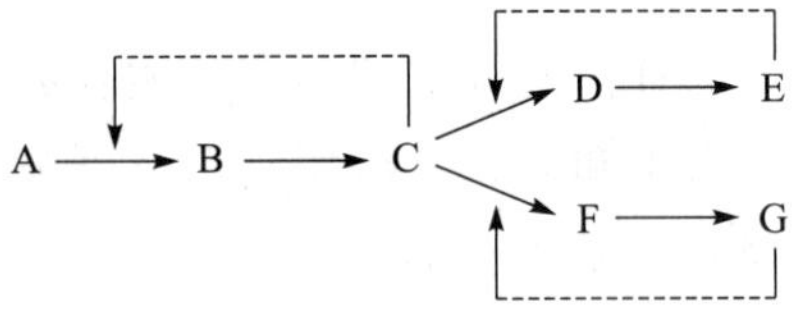

图 6-27 顺序反馈抑制模式图

（5）合作反馈抑制　与协同反馈有类似的地方，但在此体系中，终端产物还有较弱的独立控制作用。因此，当所有的终端产物同时过剩时，会导致其抑制的程度比终端产物各自过量时的总和更大。

6.5.2 酶合成的调节

酶合成的调节是一种通过调节酶的合成进而调节代谢速率的调节机制，这是一种在基因水平上的代谢调节。酶的合成占主导地位，它包括酶的诱导和阻遏。

1. 诱导（induction）

诱导是指促进酶生物合成的现象。酶可分为组成酶（constitutive enzyme）和诱导酶（induced enzyme）两类。组成酶是细胞固有的酶类，其合成是在相应的基因控制下进行的，它不因分解底物或其结构类似物的存在而受影响，如 EMP 途径的有关酶类。诱导酶是细胞为适应外来底物或其结构类似物而临时合成的一类酶。例如，大肠杆菌在以乳糖为碳源时，每个细胞含约 3000 个 β-半乳糖苷酶分子，但当乳糖不存在时，该酶的分子低于 3 个。能促进诱导酶产生的物质称为诱导物（inducer），它可以是该酶的底物，也可以是底物类似物或底物前体物质。例如 β-半乳糖苷酶的诱导物除了正常底物乳糖外，异丙基-β-*D*-硫代半乳糖苷（isopropylthiogalactoside，IPTG）也可诱导该酶的合成，且诱导效果比乳糖高。若在大肠杆菌培养基中加入 IPTG，其 β-半乳糖苷酶的活力可提高 1000 倍。诱导包括底物诱导和中间产物诱导 2 种类型。

1）底物诱导

最典型的例子是大肠杆菌利用乳糖诱导合成 β-半乳糖苷酶的过程。如果有葡萄糖存在，野生型大肠杆菌不利用乳糖，在每个细胞中只含有 5 个分子的 β-半乳糖苷酶。然而，如果将野生型大肠杆菌放入只有乳糖作为唯一碳源的培养基中，在 1～2 min 后它们合成大量 β-半乳糖苷酶，达到每个细胞约 5000 个分子的水平。这样，诱导出的 β-半乳糖苷酶将乳糖水解成能直接作为碳源的产物，进入己糖分解途径：

$$乳糖 + H_2O \xrightarrow{\beta\text{-半乳糖苷酶}} 葡萄糖 + 半乳糖$$

如果这时把被诱导的细胞再转移到只含葡萄糖而不含乳糖的新鲜培养基里，β-半乳糖苷酶的进一步合成就立即停止，先前诱导出的半乳糖苷酶的活性迅速降低到非常低的水平，这就是底物的诱导作用。因此，诱导酶只有当需要时才产生，这可以节约使用氨基酸和代谢能量。

2）中间产物诱导

代谢途径中在其前或其后的酶反应产物可诱导某些分解代谢酶。犬尿氨酸诱导色氨酸的分解就是一例（图 6-28）：

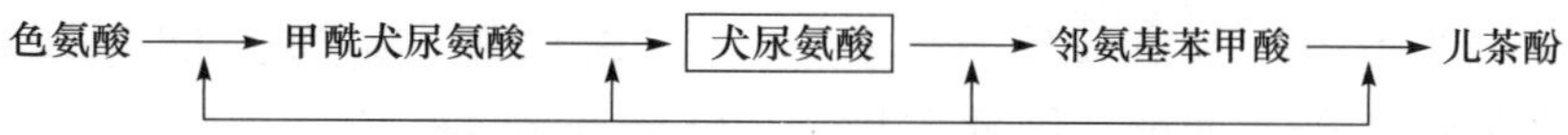

图 6-28　中间产物诱导

2. 阻遏（repression）

阻遏即阻碍酶生物合成的现象。微生物在代谢过程中，当代谢途径中某末端产物过量时，可通过反馈阻遏作用来阻碍代谢途径中包括关键酶在内的一系列酶的生物合成，从而控制代谢的进行和减少末端产物的合成，这有利于生物体节省有限的养料和能量。阻遏包括末端产物阻遏和分解代谢物阻遏两种类型。

1）末端产物阻遏（end-product repression）

指由某代谢途径末端产物的过量累积而引起的反馈阻遏，是一种较为重要的反馈阻遏，它帮助细胞内各种物质维持在适当的浓度。如大肠杆菌可以从天冬氨酸出发，经过一系列反应，生成终产物赖氨酸。如果这些赖氨酸没有用于合成细胞的蛋白质或分泌到细胞外，必然造成细胞内赖氨酸过量积累，于是，过量的赖氨酸便阻遏了天冬氨酸酶的合成，从而使赖氨酸产量降低。当赖氨酸浓度降低到一定水平后，上述阻遏作用被解除，天冬氨酸又可转化为赖氨酸；当赖氨酸浓度再升高到一定程度时，阻遏可再次发生。微生物细胞就是这样，通过终产物浓度变化来控制酶的合成，从而保证细胞内各种物质维持在适当的浓度。

2）分解代谢物阻遏（catabolite repression）

指细胞内同时存在两种同类分解底物（如两种碳源或两种氮源）时，利用快的那种分解底物会阻遏利用慢的那种底物的有关酶合成的现象。现在知道，这种现象并非由于快速利用的碳源（或氮源）本身直接作用的结果，而是通过碳源（或氮源）在其分解过程中所产生的中间代谢物所引起的阻遏作用。如大肠杆菌在含有乳糖和葡萄糖的培养基上生长时，优先利用葡萄糖，并在葡萄糖耗尽后才开始利用乳糖，这就产生了在两个对数生长期中间隔开一个生长延滞期的“二次生长现象”（biphasic growth）。其原因是，葡萄糖分解的中间代谢产物阻遏了分解乳糖酶系的合成，这一现象又称葡萄糖效应。在含氮化合物的分解代谢中也有这种现象，如铵盐和精氨酸作为氮源同时存在时，铵盐被优先利用，而分解精氨酸的酶系合成受到阻遏而不被利用。分解代谢物阻遏的生理意义为：微生物只有在第一种可被利用的物质耗尽后才利用第二种物质，产生分解第二种物质的酶系。不必让大量的代谢能量消耗在合成那些效果不大的酶系上，这是对酶合成诱导的一种调节作用。

二维码 6-1　动态调控元件及其在微生物代谢工程中的应用

6.6　微生物代谢调控在食品发酵工业中的应用

在食品发酵工业中，可运用人为代谢调节，积累所需代谢产物。一般改变微生物代谢调节的方式有三种：改变细胞膜的通透性；采用物理化学诱变，获得营养缺陷型菌种；选育抗反馈调节的突变株。

6.6.1　改变细胞膜的通透性

微生物的细胞膜对于物质的通透性具有选择性，细胞内的代谢产物不能随意通过细胞膜而分泌到细胞外。一些代谢产物累积在细胞内，而过量的代谢产物就会通过反馈抑制作用而控制代谢产物的进一步合成。如果能够改变细胞膜通透性，使代谢产物不断地分泌到细胞外，就能解除终产物的反馈抑制作用，增加发酵产量。

例如在谷氨酸发酵中，如果将生物素浓度控制在亚适量，可以增加谷氨酸棒杆菌（*Corynebacterium glutamicum*）细胞膜的通透性，使谷氨酸不断地分泌到细胞外，由于解除了过量谷氨酸对谷氨酸脱氢酶的反馈抑制，所以提高了谷氨酸产量。

生物素影响细胞膜通透性的原因，是由于它是脂肪酸生物合成中乙酰 CoA 羧化酶的辅基，此酶可催化乙酰 CoA 羧化并生成丙二酸单酰 CoA，进而合成细胞膜磷脂的主要成分-脂肪酸。因此，控制生物素的含量就可以影响细胞膜的成分，从而改变细胞膜的通透性。反之，如果培养基内生物素含量丰富，乙酰 CoA 羧化酶的活性正常，使细胞合成完整的细胞膜，结果限制了谷氨酸向细胞外分泌，产生了末端产物的反馈抑制作用，进而影响谷氨酸的进一步合成。

应用谷氨酸生产菌油酸缺陷型菌株在限量添加油酸的条件下，也能使谷氨酸不断地分泌到细胞外，提高谷氨酸产量，这是因为油酸是含单烯的不饱和脂肪酸，它是细菌磷脂的重要脂肪酸。如果是油酸缺陷型菌株，由于它不能合成油酸，结果就影响了细胞膜的完整性，增加了细胞膜的通透性，提高了谷氨酸产量。

6.6.2 采用物理化学诱变，获得营养缺陷型菌种

1. 选育营养缺陷型突变株

在氨基酸发酵生产中，多数利用营养缺陷型菌株，如利用谷氨酸棒杆菌高丝氨酸缺陷型菌株进行赖氨酸发酵。赖氨酸是通过分支途径合成的，它的前体是天冬氨酸。天冬氨酸先经天冬氨酸激酶催化，生成天冬氨酸磷酸，再经一系列反应，最后合成 3 个产物：苏氨酸、甲硫氨酸和赖氨酸。其中苏氨酸和赖氨酸协同反馈抑制共同途径的第一个酶——天冬氨酸激酶的活性。如果使用高丝氨酸缺陷型菌株，由于该菌株高丝氨酸脱氢酶缺陷，因此丧失了合成高丝氨酸的能力，也就不能合成苏氨酸，从而也解除了对天冬氨酸激酶的协同反馈抑制，这样就能大量合成赖氨酸（图 6-29）。

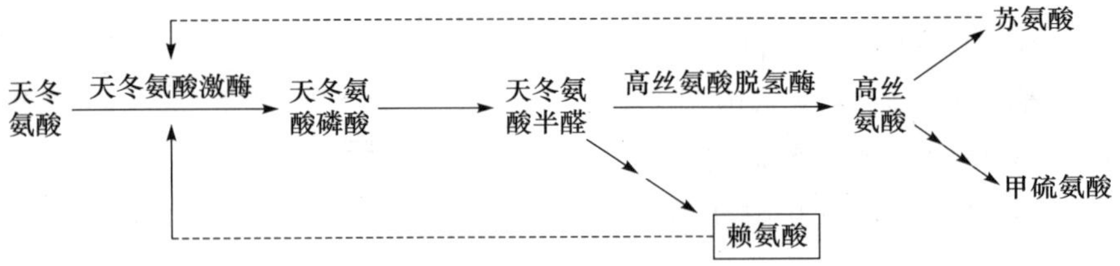

图 6-29 高丝氨酸缺陷菌株合成赖氨酸

2. 选育营养缺陷型回复突变株

营养缺陷型回复突变是对一个由于突变失去某一遗传性状的菌株再次进行诱变，使其能够回复其原有的遗传性状的一种育种方法。实践证明，当菌株的某一基因发生突变后，该基因所编码的酶就因结构改变而失活。经过回复突变后，该酶的活性中心结构可以复原，而调节部位的结构常常没有恢复，即可得到具有酶活力、同时反馈抑制已全部或部分解除的突变株。

3. 选育渗透缺陷型突变株

渗透缺陷型是一种不完全缺陷型，此突变使微生物的某一酶活力下降但不完全丧失。渗透缺陷型菌株只能够少量地合成某种代谢终产物，不会造成终产物对该途径酶的反馈抑制，也不会影响中间代谢产物的积累。

6.6.3 选育抗反馈调节的突变株

解除微生物的代谢调控，使发酵产物积累的另一个方法是选育抗反馈调节的突变株，这种突变株也称为抗代谢类似物变异株。

微生物生长时常需要一些代谢物如氨基酸、维生素、嘌呤和嘧啶化合物等用于细胞的生物合成。如果将这些代谢物的结构类似物（抗代谢物）添加到培养基内，它可以和正常的代谢物竞争同一酶系，因此使微生物不能够再将正常的代谢物用于细胞的生物合成，使菌体不能正常生长。如果将菌体诱变，获得在抗代谢物的同时也能够正常生长的突变株，则证明该突变株的有关酶系对某抗代谢物已不敏感了。在一般情况下，该突变株的有关酶系对相应的代谢物也不敏感了，这样也就解除了某些代谢物对有关酶系的反馈抑制和阻遏。例如：利用苏氨酸和异亮氨酸的结构类似物 α-氨基-β-羟基戊酸（简称 AHV）培养钝齿棒杆菌（*Corynebacterium crenatum*）时，由于 AHV 干扰了该菌株的高丝氨酸脱氢酶、苏氨酸脱氢酶以及二羧酸脱水酶的作用，所以该菌不能正常生长。采用亚硝基胍进行诱

变，结果获得了抗 AHV 的能够产生苏氨酸和产异亮氨酸的突变株。研究发现，这些突变株的高丝氨酸脱氢酶或苏氨酸脱氢酶和二羧酸脱水酶的结构基因发生了突变，所以不再受苏氨酸或异亮氨酸的反馈抑制，因而可大量积累苏氨酸和异亮氨酸。

二维码 6-2 应用微生物代谢调控理论的进展

思考题

1. 名词解释：呼吸链；发酵；同型乳酸发酵；异型乳酸发酵；生物氧化；呼吸；环式光合磷酸化；非环式光合磷酸化；底物水平磷酸化；氧化磷酸化；光合磷酸化；氨化作用；"park" 核苷酸；初级代谢；次级代谢；微生物代谢与调控。
2. 微生物细胞为什么要代谢？其代谢能量来自何处？
3. 微生物体内葡萄糖被降解的主要途径有几种？各有什么特点？
4. 什么是发酵？什么是呼吸？两者的主要区别在哪里？
5. 列表比较有氧呼吸、无氧呼吸和发酵的异同点，并举例说明。
6. 何谓乳酸发酵？乳酸发酵有哪两条途径？产物各是什么？
7. 酵母菌在厌氧条件下的乙醇发酵是否会因培养基中有亚硫酸氢钠而改变？为什么？
8. 什么是 Stickland 反应？并举例说明。
9. 微生物在其能量代谢过程中，可通过哪几种方式获得 ATP？它们各有什么特点？举例说明。
10. 能抑制细菌细胞壁合成的抗生素有哪几种？它们的作用位点和作用机制是什么？
11. 举一例重要的中间代谢物，说明物质分解代谢和合成代谢的交叉关系。
12. 试问初级代谢途径与次级代谢途径之间有何联系。
13. 微生物细胞是如何进行代谢调节的？主要方式有哪些？有何特点？
14. 分别简述柠檬酸、乳酸、醋酸和酒精发酵的代谢机制。
15. 试述微生物发酵在工业生产中所占的重要地位，并列表指出在工业生产中的重要微生物代谢产物。

HAPTER 7

第7章 微生物的遗传变异和育种

教学目标：

1. 掌握微生物遗传变异的类型；
2. 掌握常见的微生物产生变异的原理；
3. 掌握常规微生物育种的方法和筛选的手段；
4. 掌握基因工程的操作流程。

重点难点：

1. 微生物育种的方法及注意事项；
2. 微生物常规诱变技术；
3. 基因工程常规流程。

建议学时：

6学时。

遗传（heredity 或 inheritance）和变异（variation）是生物体最本质的属性之一。所谓遗传，讲的是亲子间的关系，指生物的上一代将自己的一整套遗传因子传递给下一代的功能，它具有极其稳定的特性。

由于微生物有一系列非常独特的生物学特性，因而在研究现代遗传学和其他许多重要的生物学基本理论问题中，微生物成了最热衷的研究对象。这些生物学特性包括：①个体的体制极其简单；②营养体一般都是单倍体；③易于在成分简单的组合培养基上大量生长繁殖；④繁殖速度快；⑤易于累积不同的中间代谢物或终代谢物；⑥菌落形态特征的可见性与多样性；⑦环境条件对微生物群体中各个体作用的直接性和均一性；⑧易于形成营养缺陷型；⑨各种微生物一般都有相应的病毒；⑩存在多种处于进化过程中的原始有性生殖方式等。

对微生物遗传规律的深入研究，不仅促进了现代分子生物学和生物工程学的发展，而且还为育种工作提供了丰富的理论基础，促使育种工作向着从不自觉到自觉，从低效到高效，从随机到定向，从近缘杂交到远缘杂交等方向发展。在微生物育种工作上最有代表性的例子就是 50 年来对青霉素生产菌进行诱变、选育及其卓越的成果了。

7.1 遗传变异的物质基础

遗传变异有无物质基础以及何种物质可承担遗传变异功能的问题，是生物学中的一个重大理论问题。围绕这一问题，曾有过种种推测和争论。1883—1889 年间，Weissmann 提出了种质连续理论，并认为遗传物质是一种具有特定分子结构的化合物。到了 21 世纪初，发现了染色体并提出了基因学说，使得遗传物质的范围缩小到染色体上。通过化学分析进一步表明，染色体是由核酸和蛋白质这两种长链状高分子组成的。由于其中的蛋白质可由千百个氨基酸单位组成，而氨基酸通常又有 20 多种，经过它们的不同排列和组合，可以演变出的蛋白质数目几乎可达到一个天文数字，而核酸的组成却简单得多，一般仅由 4 种不同的核苷酸组成，它们通过排列和组合只能产生较少种类的核酸，因此，当时认为决定生物遗传型的染色体和基因，其活性成分是蛋白质。只是到 1944 年后，由于连续利用微生物这一有利的实验对象进行了三个著名的实验，才证实了核酸尤其是 DNA 才是遗传变异的核心。

1. 转化实验

最早进行转化（transformation）实验的是 F. Griffith，他以肺炎链球菌又称肺炎双球菌（*Streptococcus pneumoniae*）作为研究对象。肺炎链球菌是一种球形细菌，常成双或成链排列，可使人患肺炎，也可使小鼠患败血症而死亡。肺炎链球菌有许多不同的菌株，有荚膜者是致病性的，它的菌落表面光滑（smooth），所以称 S 型；有的不形成荚膜，无致病性，菌落外观粗糙（rough），故称 R 型。Griffith 共进行了以下几组实验：

1）动物实验（图 7-1）

小鼠→注射活 R 型菌或热 S 型菌→小鼠存活

小鼠→注射活 S 型菌→小鼠致病死亡

小鼠→注射 R 型菌＋热死 S 菌→小鼠致病死亡→抽血分离→得到活的 S 型菌

2）细菌培养试验（图 7-2）

热杀死的 S 型菌→培养→不生长

活 R 型菌→平皿培养→长出 R 型菌

热死 S 型菌＋活 R 型菌→长出大量 R 型菌＋少量 S 型菌

3）S 型菌的无细胞抽提液试验

活 R 型菌＋S 型菌的无细胞抽提液培养→长出大量 R 型菌＋少量 S 型菌

这些实验说明，加热杀死的 S 型细菌，在其细胞内可能存在一种转化物质，它能通过某种方式进入 R 型细胞，并使 R 型细胞获得稳定的遗传性状。

1944 年，Avery 等从热死的 S 型肺炎链球菌中提纯了可能作为转化因子的各种成分，并在离体条件下进行了转化实验：

首先从活的 S 菌中抽提各种细胞成分（DNA、蛋白质、荚膜多糖等），再对各组分进行转化试验。从试验结果中可知，只有 S 型细菌的 DNA 才能将肺炎链球菌的 R 型转化为 S 型。而且，DNA 纯度越高，转化效率也越高，直到只取用纯 DNA 的

6×10^{-8} g 的量时，仍有转化能力。这就说明，S 型菌株转移给 R 型菌株的，绝不是某一遗传性状（在这里是荚膜多糖）的本身，而是以 DNA 为物质基础的遗传因子。

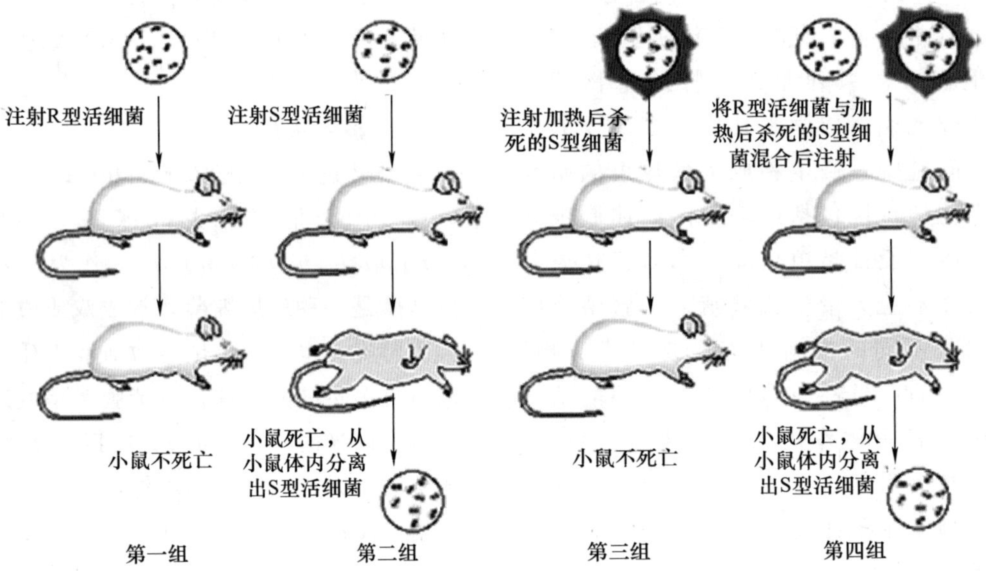

图 7-1　动物试验

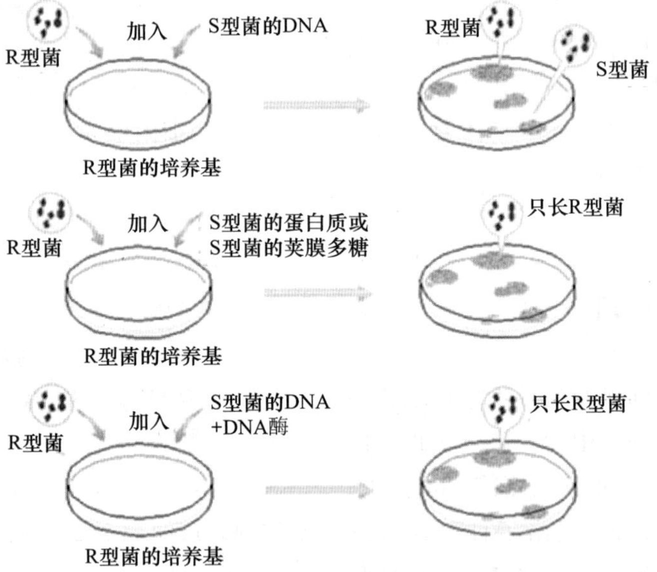

图 7-2　细菌培养试验

2. 噬菌体感染实验

1952 年 Hershey 等发表了证明 DNA 是噬菌体的遗传物质基础的著名实验——噬菌体感染实验。

首先，他们将大肠杆菌培养在以放射性 $^{32}PO_4^{3-}$ 或 $^{35}SO_4^{2-}$ 作为磷源或硫源的组合培养基中。结果，可以获得含 ^{32}P-DNA（噬菌体核心）的噬菌体或含 ^{35}S-蛋白质（噬菌体外壳）的两种实验用噬菌体。接着，他们做了以下两组实验（图 7-3、图 7-4）。

从以上两组实验中可清楚地看到，在噬菌体的感染过程中，其蛋白质外壳未进入宿主细胞。进入宿主细胞的虽只有 DNA，但经增殖、装配后，却能产生一大群既有 DNA 核心又有蛋白质外壳的完整噬菌体颗粒。这就有力地证明，在其 DNA 中，含有包括合成蛋白质外壳在内的整套遗传信息。

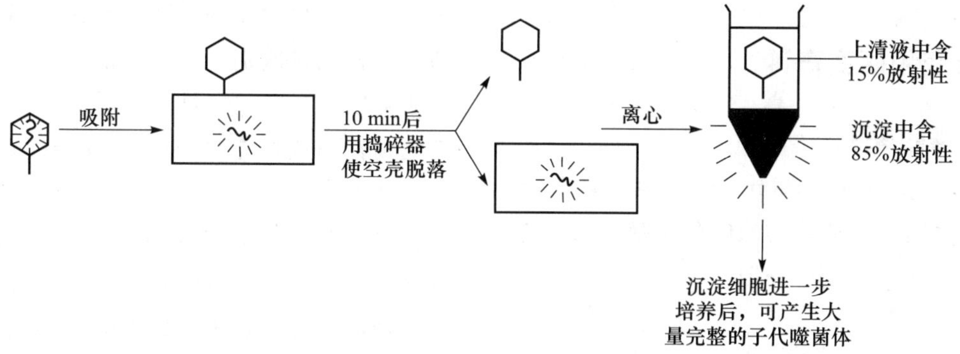

图 7-3　用含 ^{32}P-DNA（核心）的噬菌体作感染实验

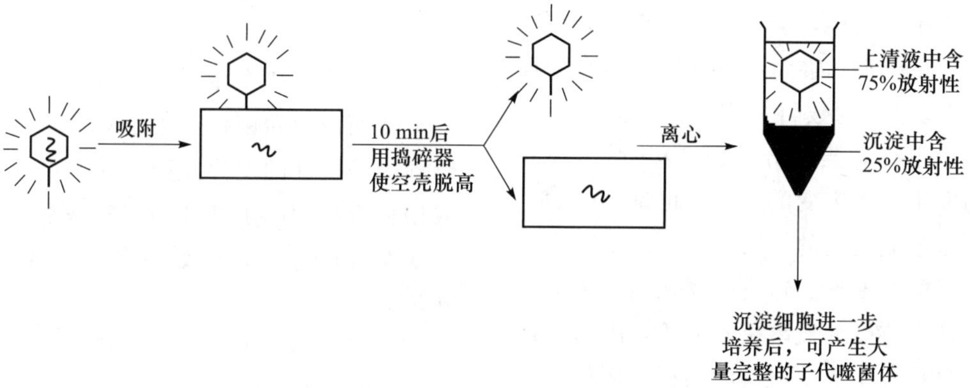

图 7-4　用含 ^{35}S-蛋白质（外壳）的噬菌体做感染实验

3. 植物病毒的拆开与重建实验

为了证明核酸是遗传物质，Fraenkel-Conrat 用含 RNA 的烟草花叶病毒（TMV）进行了著名的植物病毒重建实验。在第 4 章中，我们已介绍过 TMV 的结构。将 TMV 放在一定浓度的苯酚溶液中振荡，就能将它的蛋白质外壳与 RNA 核心相分离。分离后的 RNA 在没有蛋白质包裹的情况下，也能感染烟草并使其患典型症状，而且在病斑中还能分离出正常病毒粒子。当然，由于 RNA 是裸露的，所以感染频率较低。在实验中，还选用了另一株与 TMV 近缘的霍氏车前花叶病毒（HRV，Holmes ribgrass mosaic virus）。整个实验的过程和结果见图 7-5。

从图 7-5 可以看出，当用 TMV 的 RNA 与 HRV 的蛋白质外壳重建后的杂合病毒去感染烟草时，烟叶上出现的是典型的 TMV 病斑。再从中分离出来的新病毒也是未带有任何 HRV 痕迹的典型 TMV 病毒。反之，用 HRV 的 RNA 与 TMV 的蛋白质外壳进行重建时，也可获得相同的结论，这就充分说明，在 RNA 病毒中，遗传的物质基础也是核酸，只不过是 RNA 罢了。至此，一个共同的结论已确信无疑了：只有核酸才是负荷遗传信息的真正物质基础。

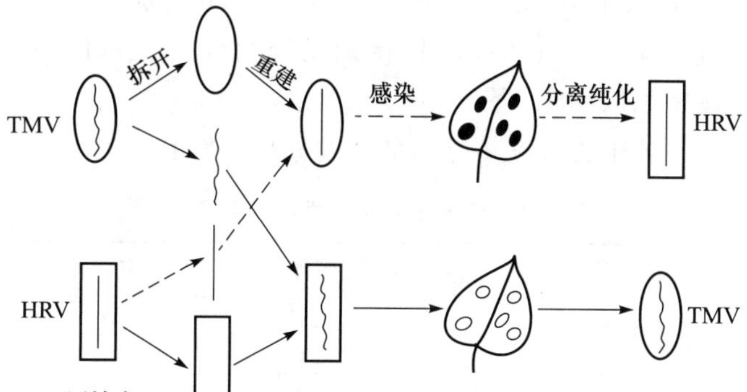

图 7-5　TMV 重建实验示意图

二维码 7-1　遗传物质在细胞中的存在方式

7.2 基因突变和诱变育种

7.2.1 基因突变

基因突变（gene mutation）简称突变，是变异的一种，指生物体内遗传物质的分子结构突然发生的可遗传的变化。突变率一般在 $10^{-9}\sim10^{-6}$。

1. 突变率

每一细胞在每一世代中发生某一性状突变的概率，称突变率。例如，突变率为 10^{-8} 的，即指该细胞在一亿次细胞分裂中，会发生一次突变。突变率也可以用每一单位群体在每一世代中产生突变株（mutant，即突变型）的数目来表示。例如，一个含 10^8 个细胞的群体，当其分裂为 2×10^8 个细胞时，即可平均发生一次突变的突变率也是 10^{-8}。

突变一般是独立发生的。某一基因发生突变不会影响其他基因的突变率。这表明要在同一细胞中同时发生两个基因突变的概率是极低的，因为双重突变型的概率只是各个突变概率的乘积。例如，假如一个基因的突变率是 10^{-8}，另一个基因的突变率是 10^{-6}，则同一细胞发生这两个基因双重突变的概率为 10^{-14}。

由于突变的概率一般都极低，因此，必须采用上述检出选择性突变株的手段，尤其采用检出营养缺陷型的回复突变株（back mutant 或 reverse mutant）或抗性突变株特别是抗药性突变株的方法来加以测定。

若干细菌某一性状的突变率见表 7-1。

表 7-1 若干细胞某一性状的突变率

菌名	突变性状	突变率
大肠杆菌	抗 T_1 噬菌体	3×10^{-8}
	抗 T_3 噬菌体	1×10^{-7}
	不发酵乳糖	1×10^{-10}
	抗紫外线	1×10^{-5}
金黄色葡萄球菌	抗青霉素	1×10^{-7}
	抗链霉素	1×10^{-9}
伤寒沙门氏菌	抗 25 μg/L 链霉素	5×10^{-6}
巨大芽孢杆菌	抗异烟肼	5×10^{-5}

2. 突变类型

突变的类型很多，这里先从实用的目的出发，按突变后极少数突变株的表型是否能在选择性培养基上生长加以鉴别区分。凡能用选择性培养选择出来的突变型，称选择性突变株（selective mutant），反之则称非选择性突变株（non-selective mutant）。现表解如下：

（1）营养缺陷型（auxotroph） 某一野生型菌株（wild type strain）由于发生基因突变而丧失合成一种或几种生长因子的能力，因而无法在基本培养基上正常生长繁殖的变异类型，称为营养缺陷型。它们可在加有某生长因子的基本培养基平板上选出。

（2）抗性突变型（resistant mutant） 由于基因突变而使原始菌株产生了对某种化学药物或致死物理因子抗性的变异类型。它们可在加有相应药物或用相应物理因子处理的培养基平板上选出。抗性突变型普遍存在，例如对各种抗生素的抗药性菌株等。

（3）条件致死突变型（conditional lethal mutant） 某菌株或病毒经基因突变后，在某种条件下可正常地生长、繁殖并实现其表型，而在另一种条件下却无法生长、繁殖的突变类型，称为条件致死突变型。温度敏感突变株（temperature-sensitive mutant，Ts）是一类典型的条件致死突变株。例如，大肠杆菌的某些菌株可在 37℃ 下正常生长，却不能在 42℃ 下生长等。又如，某些 T_4 噬菌体突变株在 25℃ 下可感染其大肠杆菌宿主，而在 37℃ 却不能感染等，产生 Ts 突变的原因是突变引起了某些重要蛋白质的结构和功能的改变，以致在某特定的温度下能发挥其功能，而在另一温度（一般为较高温度）下则无功能。

（4）形态突变型（morphological mutant） 指由于突变而产生的个体或菌落形态所发生的非选择性变异。前者可影响孢子有无、孢子颜色、鞭毛有无或荚膜有无的突变等，后者可引起菌落表面光滑、粗糙、噬菌斑的大小或清晰度等的突变等。

（5）抗原突变型（antigenic mutant） 指由于基因突变而引起的抗原结构发生突变的变异类型。具体类型很多，包括细胞壁缺陷变异（*L* 型细菌等）、荚膜变异或鞭毛变异等。有关抗原的内容可参看第 10 章。

（6）产量突变型　通过基因突变而获得的在有用代谢产物产量上高于原始菌株的突变株，称为产量突变型，也称高产突变株（high producing mutant）。由于产量性状是由许多遗传因子决定的，因此，产量突变型的突变机制是很复杂的，产量的提高一般也是逐步累积的。这类突变在生产实践上异常重要。从提高产量的角度来看，产量突变型实际上有两类，一类是某代谢产物的产量比原始亲本菌株有明显的提高，可称为“正变株”（plus-mutant）；另一类是产量比亲本菌株有所降低，即称“负变株”（minus-mutant）。正如前面所述，产量突变株一般是不能通过选择性培养基筛选出来的。

3. 突变的特点

整个生物界，由于它们遗传物质的本质都是相同的，所以显示在遗传变异的特点上也都遵循着同样的规律，这在基因突变的水平上尤为明显，以下拟以细菌的抗药性或抗噬菌体的特性为例，来说明基因突变的一般规律。

细菌产生抗药性可通过三条途径，即基因突变、抗药性质粒（R因子）的转移和生理上的适应性。这里要讨论的只是基因突变，它有以下7个特点。

（1）不对应性　指突变的性状与引起突变的原因间无直接的对应关系。这是突变的一个重要特点，也是容易引起争论的问题。例如，细菌在含青霉素的环境下，发现了抗青霉素的突变体；在紫外线的作用下，发现了抗紫外线的突变体；在较高的培养温度下，发现了耐高温的突变体等。表面上看来，会认为正是由青霉素、紫外线或高温的“诱变”，才产生了相对应的突变性状。事实恰恰相反，这类抗性都可通过自发的或其他任何诱变因子诱发后获得。这里的青霉素、紫外线或高温实际上仅是起着淘汰原有非突变型（即敏感型）个体的作用。如果说它有诱变作用（例如上述的紫外线），也绝非只专一地诱发抗紫外线这一种变异，而是还可诱发任何其他性状的变异。乍一听，这一结论似乎难以符合事实，而且要证实这一结论的实验也难以设计，但三个著名经典实验，早已巧妙地证明了上述的结论是确凿的。

（2）自发性　各种性状的突变，可以在没有人为的诱变因素处理下自发地产生。

（3）稀有性　自发突变虽可随时发生，但其突变率却是极低和稳定的，一般在10^{-9}～10^{-6}（表7-2）。

（4）独立性　突变的发生一般是独立的，即在某一群体中，既可发生抗青霉素的突变型，也可发生抗链霉素或任何其他药物的突变型，而且还可发生其他任何性状的突变型。某一基因的突变，既不提高也不降低其他任何基因的突变率。例如，巨大芽孢杆菌（*Bacillus megaterium*）抗异烟肼的突变率是5×10^{-5}，而抗氨基柳酸的突变率是1×10^{-6}，对两者具有双重抗性的突变率是8×10^{-10}，这正好近乎两者的乘积。这就指出两个基因突变是独立的，即说明突变不仅对某一细胞是随机的，而且对某一基因也是随机的。

（5）诱变性　通过诱变剂的作用，可以提高上述自发突变的概率，一般可提高10～10^5倍。不论是通过自发突变或诱发突变（诱变）而获得的突变株，其间并无本质上的差别，因为诱变剂仅起着提高诱变率的作用。

（6）稳定性　由于突变的根源是遗传物质结构上发生了稳定的变化，所以产生的新的变异性状也是稳定的、可遗传的。

（7）可逆性　由原始的野生型基因变异为突变型基因的过程，称为正向突变（forward mutation），相反的过程则称为回复突变或回变（back mutation或reverse mutation）。实验证明，任何性状都可发生正向突变，也都可发生回复突变。

4. 基因突变的自发性和不对应性

在各种基因突变中，抗性突变最为常见。但在过去很长一段时间中对这种抗性产生的原因争论十分激烈。一种观点认为，突变是通过适应而发生的，即各种抗性是由其环境（指其中所含的抵抗对象）诱发出来的，突变的原因和突变的性状间是相对应的，并认为这就是“定向变异”，也有人称它为“驯化”或“驯养”。另一种看法则认为基因突变是自发的，且与环境是不相对应的。

二维码7-2　基因突变的自发性和不对应性的证明实验

5. 基因突变的机制

基因突变的原因是多种多样的，它可以是自发的或诱发的，诱变又可分为点突变和畸变。它们的各种具体类型概括如下：

1）诱变机制

凡能提高突变率的任何理化因子，都可称为诱变剂（mutagen）。诱变剂的种类很多，作用方式多样。即使是同一种诱变剂，也常有几种作用方式。以下拟从遗传物质结构变化的特点来讨论几种有代表性的诱变剂的作用机制。

（1）碱基的置换（substitution） 对 DNA 来说，碱基的置换属于一种染色体的微小损伤（microlesion），一般也称点突变（point mutation）。它只涉及一对碱基被另一对碱基所置换。置换又可分为两个亚类，一类叫转换（transition），即 DNA 链中的某个嘌呤被另一个嘌呤或是一个嘧啶被另一个嘧啶所置换；另一类叫颠换（transversion），即一个嘌呤被另个嘧啶或是一个嘧啶被另一个嘌呤所置换（图 7-6）。

对某一具体诱变剂来说，既可同时引起转换与颠换，也可只具其中的一种功能。根据化学诱变剂是直接还是间接地引起置换，可把置换的机制分成以下两类来讨论。

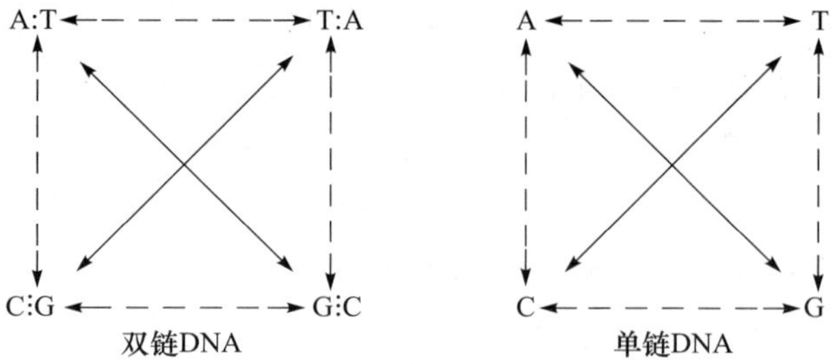

图 7-6 碱基的置换

（实线为对角线，代表转换；虚线为纵横线，代表颠换）

① 直接引起置换的诱变剂。它们是一类可直接与核酸的碱基发生化学反应的诱变剂，不论在机体内或是在离体条件下均有作用。它的种类很多，例如亚硝酸、羟胺和各种烷化剂（硫酸二乙酯，甲基磺酸乙酯，N-甲基-N′-硝基-N-亚硝基胍，N-甲基-N-亚硝基脲，乙烯亚胺，环氧乙酸，氮芥等）。它们可与一个或几个核苷酸发生化学反应，从而引起 DNA 复制时碱基配对的转换，并进一步使微生物发生变异。在这些诱变剂中，除羟胺只引起 G：C→A：T 外。其余都是可使 G：C↔A：T 发生互变的。能引起颠换的诱变剂很少，只是部分烷化剂才有（参阅表 7-2）。

表 7-2 若干诱变剂的作用机制及诱变功能

诱变因素	在 DNA 上的初级效应	遗传效应
碱基类似物	掺入作用	AT ⇌GC 转换
羟基	与胞嘧啶起反应	GC→AT 转换
亚硝酸	A、G、C 的氧化脱氨作用	AT ⇌GC 转换
	交联	缺失
烷化剂	烷化碱基（主要是 G）	AT ⇌GC 转换
	烷化磷酸基团	AT→TA 颠换
	丧失烷化的嘌呤	GC→CG 颠换
	糖-磷酸骨架的断裂	巨大损伤（缺失、重复、倒位、易位）
吖啶类	碱基之间的相互作用（双链变形）	码组移动（＋或－）
紫外线	形成嘧啶的水合物	GC→AT 转换
	形成嘧啶的二聚体	码组移动（＋或－）
	交联	
电离辐射	碱基的羟基化和降解	AT ⇌GC 转换
	DNA 降解	码组移动（＋或－）
	糖-磷酸骨架的断裂	巨大损伤（缺失、重复、倒位、易位）
	丧失嘌呤	
加热	C 脱氨基	CG→TA 转换
Mu 噬菌体	结合到一个基因中	码组移动

现以亚硝酸为例来说明碱基转换的分子机制。亚硝酸可使碱基发生氧化脱氨作用，因为它能使腺嘌呤（A）变成次黄嘌呤（H），并使胞嘧啶（C）变成尿嘧啶（U），从而发生转换。它也可使鸟嘌呤（G）变成黄嘌呤（X），但这时不能引起转换。以下仅举其中的 A→H 而引起的转换反应（图 7-7）。

由亚硝酸引起的使 A:T 转换成 G:C 过程的简式见图 7-8，从图 7-8 中可以看出转换过程的几个环节：a. 腺嘌呤经氧化脱氨后变成烯醇式次黄嘌呤（He）；b. 由 He 通过自发产生的互变异构效应而形成酮式次黄嘌呤（Hk）；c. DNA 双链第一次复制，结果 Hk 因其在 6 位上含有酮基，故只能与在 6 位上含有氨基的胞嘧啶（C）配对；d. DNA 双链的第二次复制，这时其中的 C 按常规与 G 配对，因而最终实现了转换。这一过程的反应细节见图 7-9。

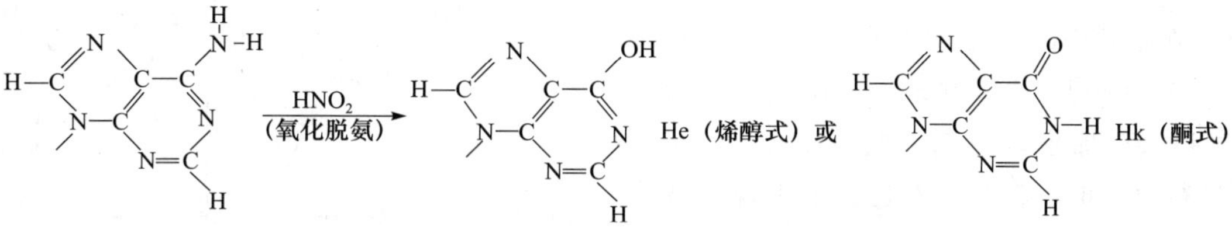

图 7-7　亚硝酸使腺嘌呤氧化脱氨形成雌黄嘌呤

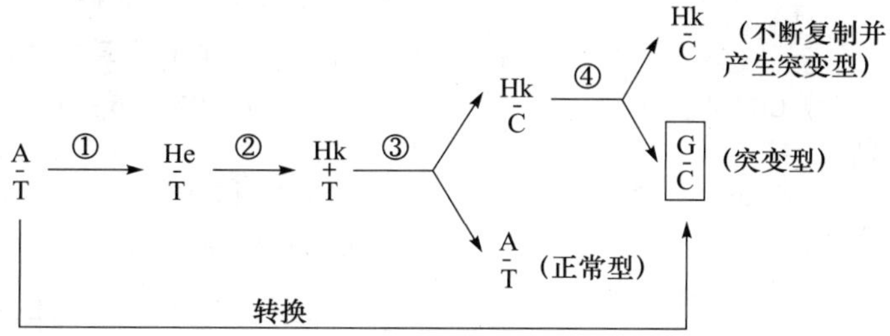

图 7-8　由亚硝酸引起的 A:T→G:C 转换过程（简式）

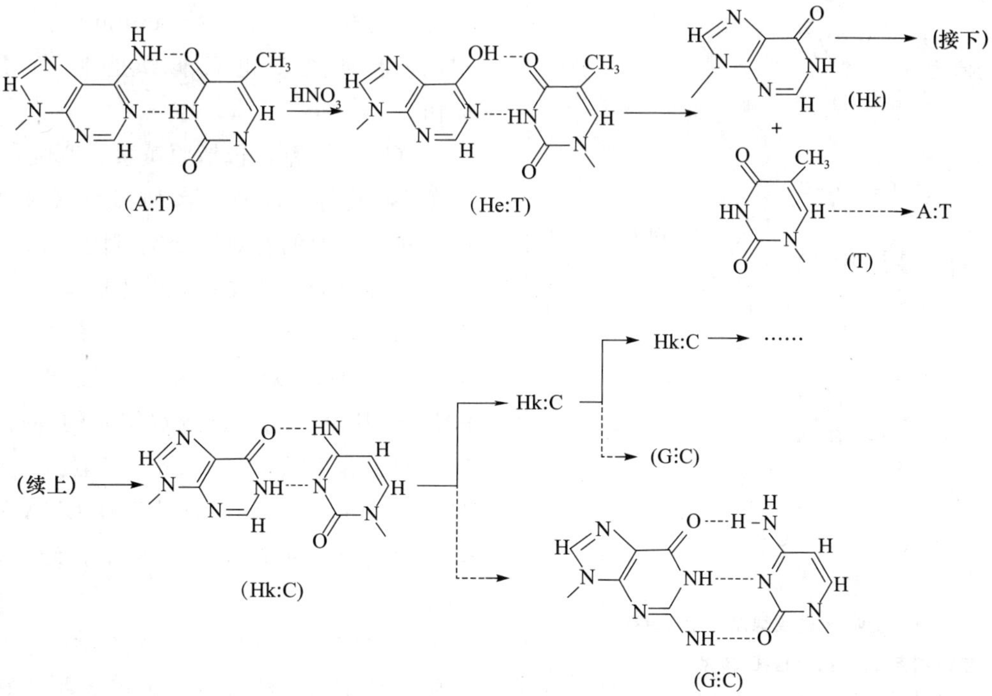

图 7-9　由亚硝酸引起的 A:T 转换成 G:C 的反应细节

② 间接引起置换的诱变剂。引起这类变异的诱变剂都是一些碱基类似物，如5-溴尿嘧啶（5-BU）、5-氨基尿嘧啶（5-AU）、8-氮鸟嘌呤（8-NG）、2-氨基嘌呤（2-AP）和6-氯嘌呤（6-CP）等。它们的作用是通过活细胞的代谢活动掺入DNA分子中后而引起的，故是间接的。现以5-BU为例来加以说明。

5-BU是胸腺嘧啶的代谢类似物。当把某一微生物培养在含5-BU的培养液时，细胞中有一部分新合成的DNA的T就被5-BU所取代。5-BU一般以酮式状态存在于DNA中，因而仍可正常地与腺嘌呤配对［图7-10（2）］，这时并未发生碱基对的转换。有时5-BU会以烯醇式状态出现在DNA中，于是当DNA进行复制时，在其相对位置上出现的就是鸟嘌呤，而不是原来的腺嘌呤［图7-10（3）］，因而引起了碱基对从原来的A:T变至G:C的转换［图7-10（1）］。

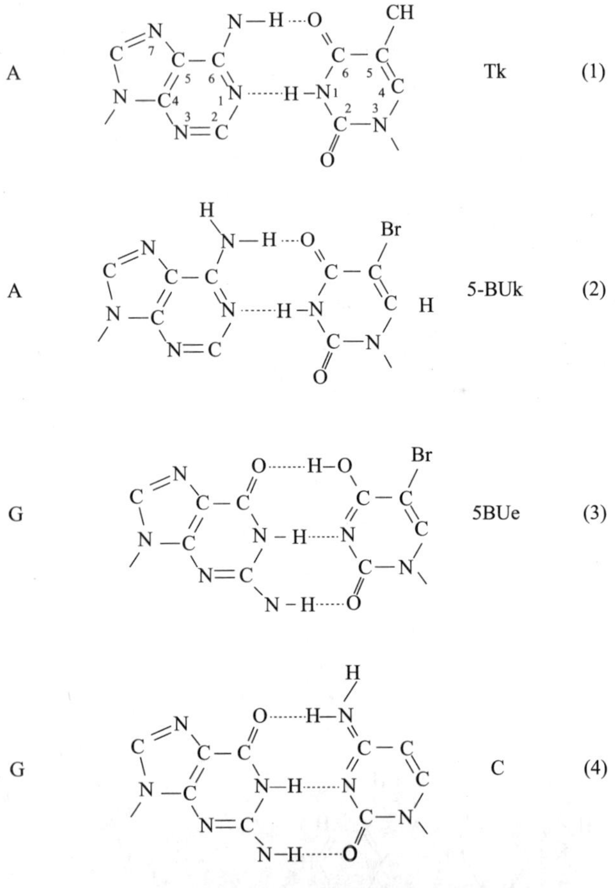

图7-10　5-BU在以酮式或烯醇式状态存在时引起的A:T→G:C转换

5-BUk为酮式的5-BU；5-BUe为烯醇式的5-BU

从图7-11（2）中，还可看到5-BU的掺入引起的G:C回复到A:T的过程。通过这两个图示，就很容易理解为什么同一种诱变剂既可造成正向突变，又可使它产生回复突变的原因了。另外，也可以知道，为什么像5-BU这类代谢类似物只有对正在进行新陈代谢和繁殖着的微生物才起作用，而对休止细胞、游离的噬菌体粒子或离体的DNA分子却不起作用。

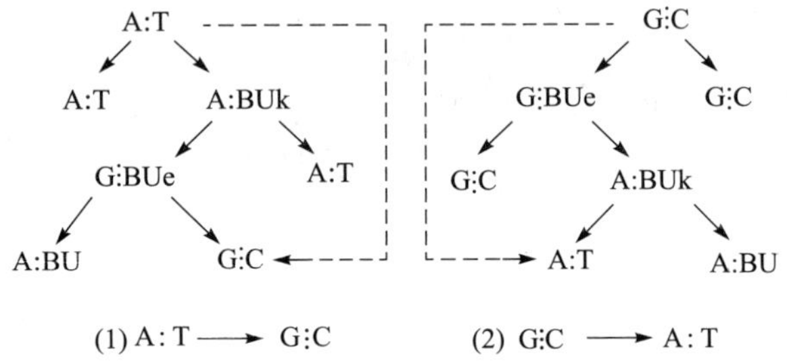

图7-11　5-BU掺入后DNA分子的三次复制过程及其可能引起的碱基对转

5-BUk为酮式的5-BU；5-BUe为烯醇式的5-BU

（2）移码突变（frame-shift mutation 或 phase-shift mutation）　指诱变剂使DNA分子中的一个或少数几个核苷酸的增添（插入）或缺失，从而使该部位后面的全部遗传密码发生转录和转译错误的一类突变。由移码突变所产生的突变株，称为移码突变株（frame shift mutant）。与染色体畸变相比，移码突变也只能算是DNA分子的微小损伤。

吖啶类染料，包括原黄素、吖啶黄、吖啶橙和α-氨基吖啶等，以及一系列称为ICR类的化合物，都是移码突变的有效诱变剂（图7-12）。

吖啶类化合物的诱变机制至今还不很清楚。有人认为，由于它们是一种平面型三环分子，结构与嘌呤-嘧啶对十分相似，故能嵌入两个相邻DNA碱基对之间，造成双螺旋的部分解开（两个碱基对原来相距0.34 nm，当嵌入一个吖啶分子时，就变成0.68 nm），从而在DNA复制过程中，会使链上增添或缺失一个碱基，结果就引起了移码突变。

由吖啶类化合物诱发的移码突变及其回复突变可图示如下（双线部分代表正常密码子，单线部分表示不正常）：

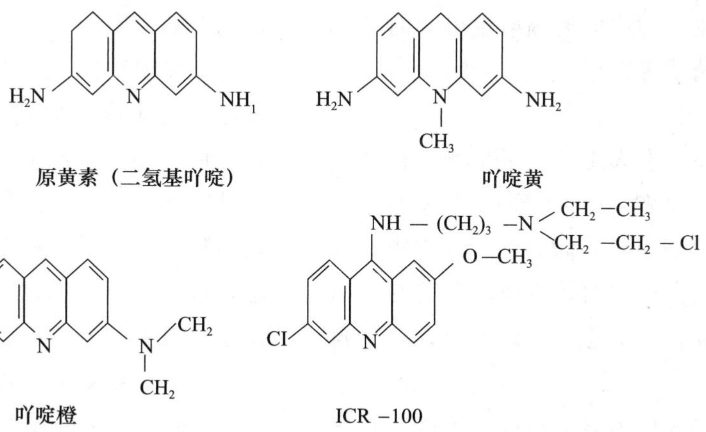

图 7-12 能诱发移码突变的几种代表性化合物

正常 DNA 链上的三联密码子：

第三个密码子中增添一个碱基后的三联密码子：

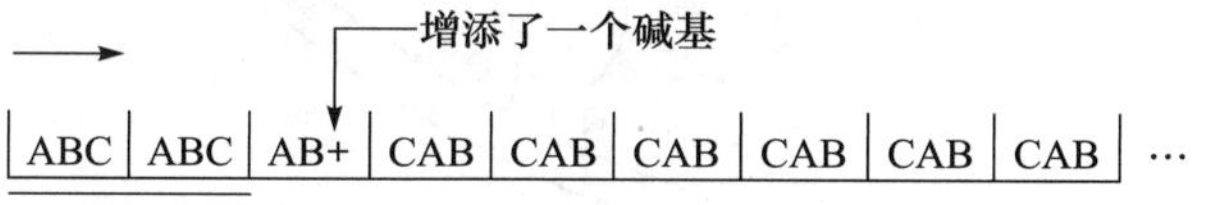

在第二个密码子上缺失一个碱基 A 后引起的变化：

增添一个碱基和缺失一个碱基后，其后的密码子又恢复正常：

增添三个碱基后，只引起一段密码子不正常：

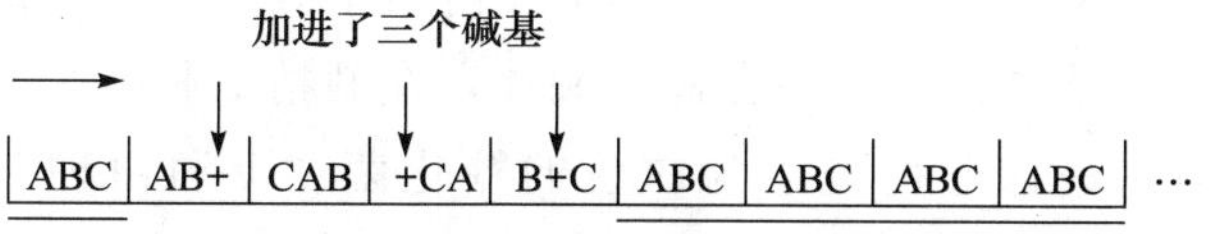

如缺失三个碱基，也只引起一段密码子不正常：

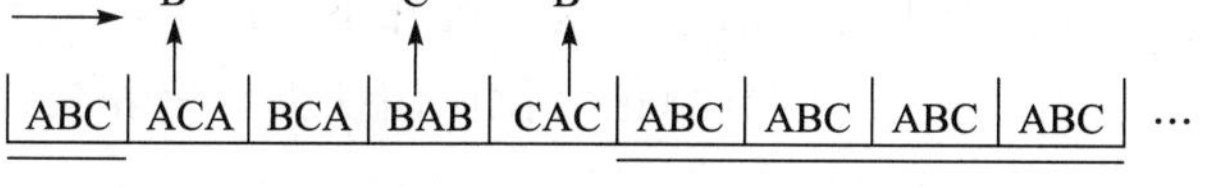

由此可见，在 DNA 链上增添或缺失一、二或四、五个碱基时，均可引起移码突变，而增添或缺失三或六个时，则不影响读码，只引起短的缺失或增添（插入）。

（3）染色体畸变（chromosomal aberration） 某些理化因子，如 X 射线等辐射及烷化剂、亚硝酸等，除了能引起点突变外，还会引起 DNA 的大损伤（macrolesion）——染色体畸变，它既包括染色体结构上的缺失（deletion）、重复（duplication）、插入（insertion）、易位（translocation）和倒位（inversion），也包括染色体数目的变化。

染色体结构上的变化，又可分为染色体内畸变和染色体间畸变两类。染色体内畸变只涉及一条染色体上的变化，例如发生染色体的部分缺失或重复时，其结果可造成基因的减少或增加；又如发生倒位或易位时，则可造成基因排列顺序的改变，但数目却不改变。其中的倒位，是指断裂下来的一段染色体旋转 180°后，重新插入原来染色体的位置上，从而使其基因顺序与其他的基因顺序方向相反；易位则是指断裂下来的一小段染色体再顺向或逆向地插入到同一条染色体的其他部位上。至于染色体间畸变，则指非同源染色体间的易位。

二维码 7-3 染色体易位

必须指出的是，染色体畸变在高等真核生物中一般很容易观察，但在微生物中，尤其在原核生物中，还是近年来才证实的。需要说明的是，许多理化诱变剂的诱变作用都不是单一功能的。例如，上述的亚硝酸就既能引起碱基对的转换作用，又能诱发染色体畸变的作用；一些电离辐射也可同时引起基因突变和染色体畸变等作用。

2）自发突变机制

自发突变是指在没有人工参与下生物体自然发生的突变。称它为“自发”，绝不意味着这种突变是没有原因的，而只是说明人们对它还没有很好的或很具体的认识而已。通过对诱变机制的研究，启发了人们对自发突变机制的思索。以下讨论几种自发突变的可能机制。

（1）背景辐射和环境因素的诱变　不少“自发突变”实质上是由于一些原因不详的低剂量诱变因素的长期综合诱变效应。例如，充满宇宙空间的各种短波辐射或高温诱变效应，以及自然界中普遍存在的一些低浓度的诱变物质（在微环境中有时也可能是高浓度）的作用等。

（2）微生物自身有害代谢产物的诱变效应　过氧化氢是普遍存在于微生物体内的一种代谢产物。它对脉孢菌（*Neurospora*）有诱变作用，这种作用可因同时加入过氧化氢酶而降低，如果在加入该酶的同时又加入酶抑制剂 KCN，则又可提高突变率。这就说明，过氧化氢很可能是“自发突变”中的一种内源性诱变剂。在许多微生物的陈旧培养物中易出现自发突变株，可能也是同样的原因。

（3）互变异构效应　在上面关于 5-BU 诱变机制的讨论中，已经知道它的作用是由于发生了酮式至烯醇式的互变异构效应而引起的。因为 A、T、G、C 四种碱基的第六位上如果不是酮基（T、G），就必是氨基（C、A），所以有人认为，T 和 G 会以酮式或烯醇式两种互变异构的状态出现，而 C 和 A 则会以氨基式或亚氨基式两种互变异构的状态出现。由于平衡一般趋向于酮式或氨基式，因此，在 DNA 双链结构中一般总是以 A:T 和 G:C 碱基配对的形式出现。可是，在偶然情况下，胸腺嘧啶也会以稀有的烯醇式形式出现，因此在 DNA 复制到达这一位置的瞬间，通过 DNA 聚合酶的作用，在它的相对位置上就不再出现常规的腺嘌呤，而是出现胸腺嘧啶；同样，如果胞嘧啶以稀有的亚氨基形式出现在 DNA 复制到达这一位置的刹那间，则在新合成 DNA 单链的与胞嘧啶相应的位置上就将是腺嘌呤，而不是往常的胸腺嘧啶。这或许就是发生相应的自发突变的原因。

必须说明的是，由于在任何一瞬间，某一碱基是处于酮式或烯醇式，还是氨基式或亚氨基式状态，目前还无法预测，所以要预言在某一时间、某一基因发生自发突变仍是不可能的。但是，人们在运用数学方法对这些偶发事件做大量统计分析后，还是可以发现并掌握其中规律的。据统计，碱基对发生自发突变的概率为 $10^{-8}\sim10^{-9}$。

（4）环出效应　即环状突出效应。有人提出，在 DNA 的复制过程中，如果其中某一单链上偶然产生一个小环，则会因其上的基因越过复制而发生遗传缺失，从而造成自发突变。图 7-13 就是环出效应的设想机制。在上链中，标记 B 处发生“环出”，故只有 A 及 C 能获得复制，从而发生自发突变。而在下链中，则复制仍正常进行。

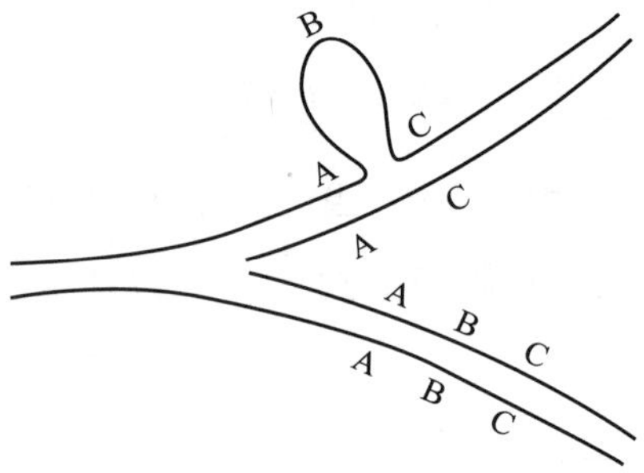

图 7-13　通过环出效应一起自发突变的设想图

7.2.2　诱变育种

1. 自发突变与育种

1）从生产中选育

在日常的大生产过程中，微生物也会以一定频率发生自发突变。富于实际经验和善于细致观察的人们就可以及时抓住这类良机来选育优良的生产菌种。例如，从污染噬菌体的发酵液中有可能分离到抗噬菌体的自发突变株；又如，在酒精工业中，曾有过一株分生孢子为白色的糖化菌“上酒白种”，就是在原来孢子为黑色的字佐美曲霉（*Aspergillus usamii*）3758 号菌株发生自发变异后，及时从生产过程中挑选出来的。这一菌株不仅产生丰富的白色分生孢子，而且糖化力比原菌株强，培养条件也比原菌株粗放。

2）定向培育优良品种

任何微生物育种工作者都希望自己能在最短的

时间内培育出比较理想的变异株，因此，定向培育是微生物工作者长期以来的理想。

定向培育一般指用某一特定因素长期处理某微生物的群体（culture population），同时不断地对它们进行移种传代，以达到累积并选择相应的自发突变株的目的。这是一种古老的育种方法。由于自发突变的频率较低，变异程度较轻微，所以用此法培育新种的过程一般十分缓慢。与诱变育种、杂交育种尤其是与基因工程等现代育种技术相比，定向培育带有守株待兔式的被动状态，除某些抗性突变外，其他的性状不是无法使用，就是要坚持相当长的时间才能奏效。

早在1881年，巴斯德曾用42℃温度去培养炭疽杆菌，经过20天后该菌丧失了产芽孢的能力，2～3月后还失去了致病力，因而可作为活菌苗使用。利用它来接种，在预防牛、羊的炭疽病方面，曾收到良好成效。目前应用极广的卡介苗（BCG vaccine），也是通过对结核分枝杆菌（*Mycobacterium tuberculosis*）进行长期定向培育而获成功的一个典型。当时，法国的A. Calmette和C. Guerin两人曾把牛型结核分枝杆菌接在牛胆汁、甘油、马铃薯培养基上，他们以坚韧不拔的毅力连续移种了230多代，前后共用了13年的时间，直至1923年才终于获得显著减毒的卡介苗。

采用梯度平板法（gradient plate）筛选抗代谢拮抗物的突变株，以提高相应代谢产物产量方面的工作，可认为是微生物定向培育技术的一大进展。例如，异烟肼是吡哆醇的代谢拮抗物（即结构类似物），两者的分子结构类似：

定向培育抗异烟肼的吡哆醇高产突变株的方法是：先在培养皿中加入10 mL的一般琼脂培养基，使皿底斜放，待凝固后，将皿底放平，再在原先的培养基里倒10 mL含有适当浓度（通过实验来决定）的异烟肼培养基，待凝。用此法浇成的琼脂平板上存在着一个由浓到稀的异烟肼的浓度梯度（图7-14）。然后在平板表面涂以大量的有关微生物例如酵母菌细胞，经培养后即可出现如图7-14（右）所示的结果。这是因为，右边是低浓度的异烟肼区域，因此长满了原始的敏感菌，而左边则是高浓度区域，故该微生物的生长受到了抑制。只有在浓度适中的部位才出现少数由抗异烟肼的细胞所形成的菌落。这类抗性菌落是由于它产生了某种自发突变，所以能抗异烟肼的抑制。根据微生物产生抗药性的原理，它们有可能产生了可分解异烟肼的酶类，也可能是通过合成更高浓度的代谢产物——吡哆醇来克服异烟肼的竞争性抑制作用。这类实验结果证明，多数突变株是因发生了后一类的突变才获得抗性的，这样，利用梯度平板法就达到了定向培育某一代谢产物高产突变株的目的。例如，在酵母菌中，通过梯度平板法曾获得吡哆醇产量比原菌株提高7倍的突变株。应用同样原理，还可获得其他种种有关代谢产物的高产菌株（表7-3）。

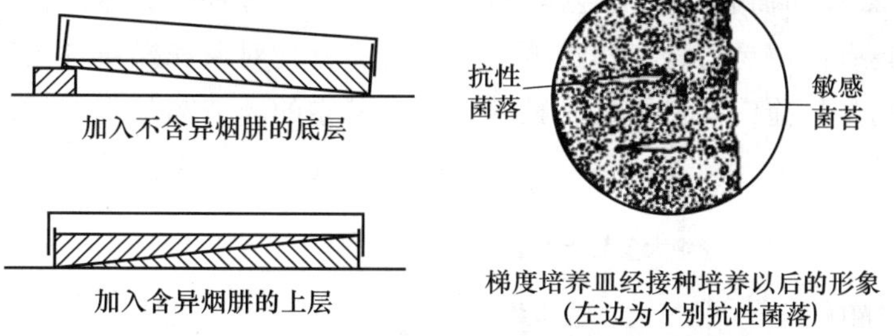

图7-14　用梯度培养皿技术定向筛选抗性突变株

表7-3　用梯度平板法定向培育若干代谢产物的高产菌株

代谢产物	产生菌	抗代谢物
肌苷	短小芽孢杆菌（*Bacillus pumilus*）	8-氮鸟嘌呤
肌苷	一种棒杆菌（*Corynebacterium* sp.）	6-巯鸟嘌呤
腺嘌呤	鼠伤寒沙门氏菌（*Salmouella typhimurium*）	2.6-二氨基嘌呤
烟碱酸	一种衣藻（*Chlamydomonas eagametos*）	3-乙酰吡啶

续表 7-3

代谢产物	产生菌	抗代谢物
色氨酸	伤寒沙门氏菌（*Salmonella typhi*）	6-甲基色氨酸
甲硫氨酸	大肠杆菌（*Escherichia coil*）	乙硫氨酸
酪氨酸	大肠杆菌（*E. coil*）	对氟苯丙氨酸
亮氨酸	鼠伤寒沙门氏菌（*S. typhi*）	三氟-*DL*-亮氨酸
吡咯叠氮（*pyrralitrin*）	金色假单胞菌（*Pseudomonas aureufaciens*）	6-氟色氨酸

2. 诱变育种

诱变育种是指利用物理或化学诱变剂处理均匀而分散的微生物细胞群，促进其突变率显著提高，然后来用简便、快速和高效的筛选方法，从中挑选少数符合育种目的的突变株，以供生产实践或科学实验之用。在上述诱变与筛选两个主要的环节中，筛选的重要性更为突出。

诱变育种具有极其重要的实践意义。当前发酵工业和其他微生物生产部门所使用的高产菌株，几乎毫无例外地都是通过诱变育种而明显提高其生产性能的。其中及突出的例子莫过于青霉素生产菌株的选育成果了（表 7-4）。

表 7-4　通过育种等措施提高了产黄青霉菌（*P. chrysogenum*）青霉素的产量

时间	菌株	来源	发酵单位（U/mL）	其他
1943 年	NRRL-1951	自霉甜瓜中筛到	100	培养基中须加玉米浆
1943 年	NRRL-1951-B25	1951 年的自发突变株	250	须加玉米浆和乳糖
1943 年	NRRL-1951-B25-X1612	B25 的 X 射线诱变株	500	正式用于工业生产中，但产黄色素
1945 年	NRRL-Q176	QL76 的紫外线诱变株	～850	1945 年起用于生产
1947 年	WIS-47-1564		～850	不产生讨厌的黄色水溶性色素
1955 年	进一步变异株		～8000	
1971 年	进一步变异株		2 万	
1977 年	进一步变异株		～5 万	
目前	进一步变异株		5 万～10 万	

诱变育种除能提高代谢产物的产量外，还可达到改进产品质量、扩大品种和简化生产工艺等目的。从方法上来说，它具有简便易行、工作进度快和收效显著等优点，故仍是目前广泛使用的一种育种手段。

1）诱变育种的基本环节

诱变育种的具体操作环节很多，且常因工作目的、育种对象和操作者的安排而有所差异，但其中最基本的环节却是雷同的。现以选育在生产实践中最重要的高产突变株为例，概括表示如下：

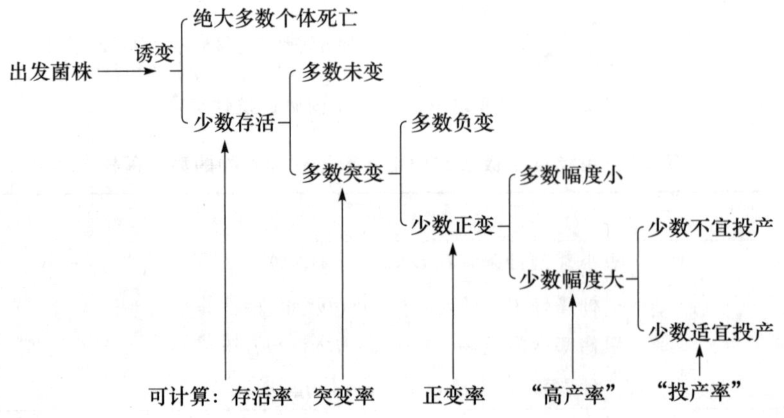

2）诱变育种工作中应考虑的几个原则

（1）选择简便有效的诱变剂 诱变剂的种类很多。在物理因素中，有非电离辐射类的紫外线、激光以及能引起电离辐射的X射线、γ射线和快中子等。化学诱变剂的种类极多，主要有烷化剂、碱基类似物和吖啶类化合物。其中的烷化剂因可与巯基、氨基和羧基等直接发生反应，所以更易引起基因突变。最常用的烷化剂有N-甲基-N-硝基-N′-亚硝基胍（NTG）、甲基磺酸乙酯（EMS）、甲基亚硝基脲（NMU）、硫酸二乙酯（DES）、氮芥、乙烯亚胺和环氧乙烷等（表7-5）。

表7-5 常用的诱变烷化剂

名称	分子式
烷基硫酸酯类（alkyl sulfate） 硫酸二乙酯（diethyl sulfate，DES）	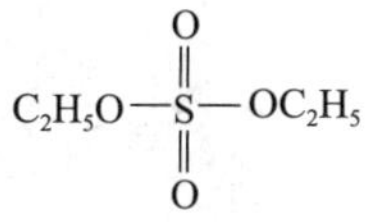
烷基磺酸烷酯类（alkyl alkane sulfonate） 甲基磺酸乙酯（ethyl methane sulfonate，EMS）	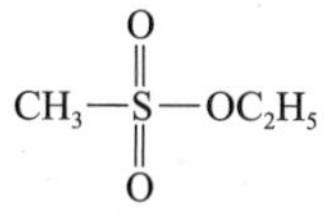
乙基磺酸乙酯（ethyl ethane sulfonate，EES）	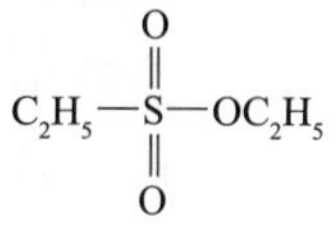
甲基磺酸甲酯（methyl methane sulfonate，MMS） 亚硝基化合物类（nitroso compounds）	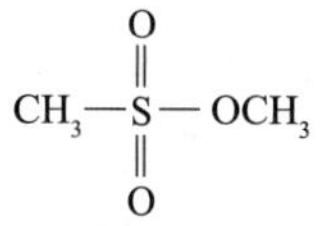
N-甲基N′-硝基-N-亚硝基胍 （N-methyl-N′-nitro-N-nitrosoguanidine，NG、NTG、MNNG）	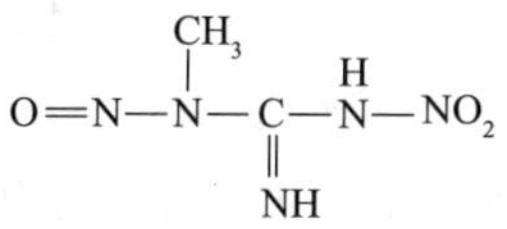
二乙基亚硝基胺（diethyl nitrosarmine，DEN）	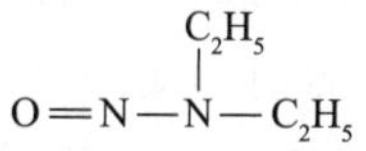
N-甲基-N-亚硝基脲 （N-methyl-N-nitrosurea）	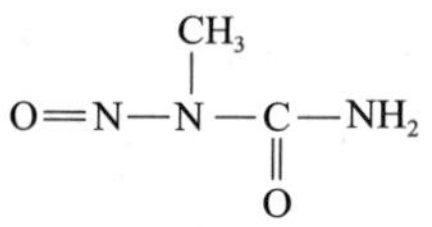

有些烷化剂例如氮芥、硫芥和环氧乙烷等除了能诱发各种点突变外，还能诱发一般只有辐射才能诱发的染色体畸变，所以它们也被称为拟辐射物质。

由于一切生物的遗传物质基础都是核酸尤其是DNA，所以，任何能改变核酸结构的因素都可引起核酸生物学功能的改变，例如会引起生物的“三致”（致突变、致畸变、致癌变）。同样，凡能引起核酸的其他功能改变的因素，一般也能引起突变。这是“生物化学统一性”法则的一个具体例证。具体地说，凡有致突变效应的因素，一般都有致癌、致畸效应，反之亦然；凡对原核生物有效的因素，一般对非细胞生物和真核生物也有效；凡能引起易检出的选择性突变的诱变因素，一般也能引起难以检出的非选择性突变；凡能引起负变的因素，一般也可引起正变；凡能引起回复突变的因素，一般也能引起正向突变；凡能诱导溶源菌裂解的因素，一般亦能引起突变等等。这样，我们就有可能利用最简单、方便和快速的生物模型来研究最复杂、繁琐、迟缓或难以检出的有关生物学问题了。20 世纪 70 年代中期所发明的利用微生物营养缺陷型的回变来检出化学致癌剂的艾姆斯试验（Ames test），就是巧妙地利用诱变剂作用共性原理的一个突出例子。

二维码 7-4　艾姆斯试验

在选用理化因子作诱变剂时，在同样效果下，应选用最方便因素；而在同样方便的情况下，则应选择最高效的因素。在物理诱变剂中，尤以紫外线为最方便，而在化学诱变剂中一般可选用诱变效果最为显著的“超诱变剂”。例如，用 NTG 处理产氨短杆菌（*Brevbacterium ammoniagenes*）、大肠杆菌某些节杆菌属（*Arthrobacter*）的菌种以及某些放线菌时，即使未经淘汰野生型菌株，也可直接得到 12%～80%的营养缺陷型菌株，而用一般诱变剂作处理时，则最多不超过百分之几。因此，NTG 就被称作“超诱变剂”。

有了合适的诱变剂，还要采用简便有效的诱变方法。紫外线的照射最为方便，一般可在没有可见光（只有红光）照射的接种室或箱体内进行。紫外灯（功率一般为 15 W）的照射距离一般为 30 cm。出于其绝对剂量较难测定，一般就以杀菌率或照射时间作为相对剂量。在上述条件下，照射时间一般不短于 10～20 s，也不会长于 10～20 min，故操作方便。常常可取 5 mL 单细胞悬液放置在直径为 6 cm 的培养皿中，在无盖条件下进行照射。为使照射更加均匀有效，最好同时用电磁搅拌器或其他方法使悬液均匀搅动。化学诱变剂的种类、浓度和处理方法尤其是中止反应的方法很多，实际工作时可参看有关书籍。这里要介绍的是几种较有效的简易处理方法，它的大致操作步骤是：先在平板表面涂上一层出发菌株细胞，然后在平板上均匀地放上几颗很小的诱变剂颗粒（也可放吸有诱变剂溶液的滤纸片），经培养后，在制菌圈的边缘挑取若干突变菌落，分别制成悬浮液，然后将其涂在一般平板表面使长出许多单菌落。最后可用影印培养法或逐个检出法（见后面“营养缺陷型的筛选”）选出突变种。

（2）挑选优良的出发菌株（original strain）　出发菌株就是用于育种的原始菌株：选用合适的出发菌株，就有可能提高育种的效率。在育种工作中，目前还只是参考一些实际经验来选用出发菌株。例如：①最好是经过生产中选育过的自发变异菌株；②采用具有有利性状的菌株，如生长速度快、营养要求低以及产孢子早而多的菌株；③由于有些菌株在发生某一变异后会提高对其他诱变因素的敏感性，故有时可考虑选择已发生其他变异的菌株作为出发菌株。例如，在金霉素生产菌株中，曾发现以分泌黄色色素的菌株作出发菌株时，只会使产量下降，而以失去色素的变异菌株作出发菌株时，则产量会不断提高；④在细菌中曾发现一类称为增变菌株的变异菌株，它们对诱变剂的敏感性比原始菌株大为提高，故更适宜作出发菌株；⑤在选择产核苷酸或氨基酸的出发菌株时，最好考虑至少能累积少量所需产物或其前体的菌株，而在选择产抗生素的出发菌株时，最好选择已通过几次诱变并发现每次的效价都有一定程度提高的菌株作为出发菌株。

（3）处理单孢子（或单细胞）悬液　在诱变育种中，所处理的细胞必须是单细胞、均匀的悬液状态。这是因为分散状态的细胞可以均匀地接触诱变剂，又可避免长出不纯菌落。

在某些微生物中，即便使用这种单细胞悬液来处理，还是很容易出现不纯的菌落，这是由于在许多微生物的细胞内同时含有几个核的缘故。有时虽已处理了单核的细胞或孢子，但由于诱变剂一般只作用于 DNA 双链中的某一条单链，故某一突变还是无法反映在当代的表型上。只有当经过 DNA 的复制和细胞分裂后，这一变异才会在表型上表达出来，于是出现了不纯菌落，这就叫表型延迟（phenotypic lag）（图 7-15）。这类不纯菌落的存在，也是诱变育种工作中初分离的菌株经传代后很快出现生产性状“衰退”的主要原因。

鉴于上述原因，故在对霉菌或放线菌进行诱变时，应处理它们的孢子；对芽孢杆菌则应处理其芽孢（因芽孢只有一个核质体，而营养体一般却有两个核质体）。

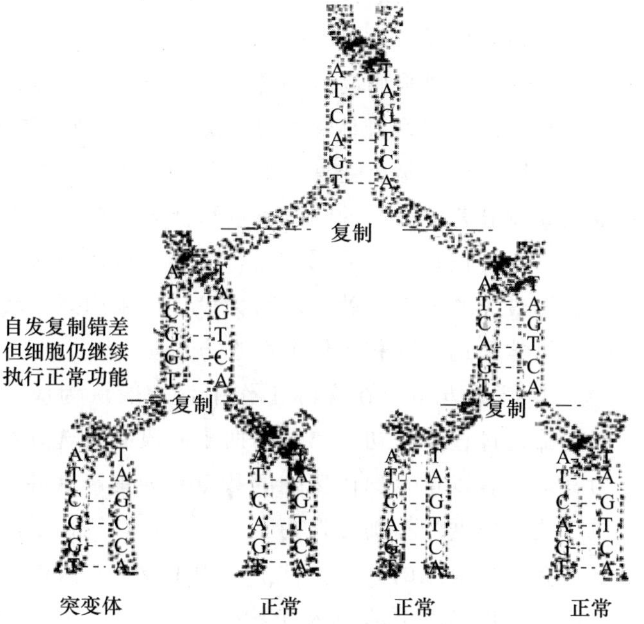

图 7-15　突变和表型延迟的分子机制

细胞的生理状态对诱变效果也会发生很大的影响。细菌一般以指数期为最好；霉菌或放线菌的分生孢子一旦形成，一般都处于休眠状态，所以培养时间的长短对孢子的影响不大，稍加萌发后的孢子则可提高诱变效率。

在实际工作中，要得到均匀分散的细胞悬液，通常可用无菌的玻璃珠来打碎成团的细胞，然后再用脱脂棉过滤。至于诱变后出现的不纯菌落，则可用适当的分离纯化方法加以纯化。

（4）选用最适剂量　各种诱变剂有不同的剂量表示方式。剂量在这里一般指强度与作用时间的乘积。化学诱变剂常以一定温度下诱变剂的浓度和处理时间来表示。在育种实践中，还常以杀菌率来作诱变剂的相对剂量。

由于诱变剂常常是用来提高突变率、扩大产量变异的幅度并使产量变异向正变的方向移动的（图 7-16）。因此，凡在提高诱变率的基础上，既能扩大变异幅度，又能促使变异移向正变范围的剂量就是合适的剂量（图 7-16c）。

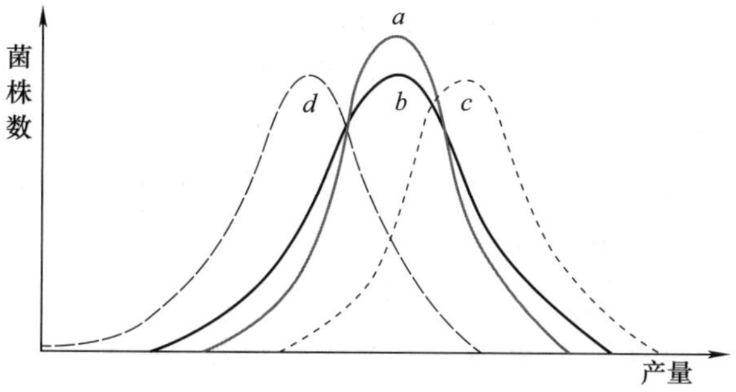

图 7-16　诱变变剂的剂量对产量变异的可能影响

a. 未经诱变剂的处理；b. 变异幅度过大；
c. 正变占优势；d. 负变占优势

要确定一个合适的剂量，常常要经过多次试验。就一般微生物而言，突变率往往随剂量的增高而提高，但达到一定程度后，再提高剂量反而会使突变率降低。根据对紫外线、X 射线和乙烯亚胺等诱变效应的研究结果的发现，正变较多地出现在偏低的剂量中，而负变则较多地出现于偏高的剂量中；还发现经多次诱变而提高产量的菌株中，更容易出现负变。因此，在诱变育种工作中，目前大家比较倾向于采用较低的剂量。例如，过去在用紫外线作诱变剂时，常采用杀菌率为 90%、99% 或 99.9%的相对剂量，而目前则倾向于采用杀菌率为 70%～75%（甚至更低 30%～70%）的相对剂量。特别是对于多次诱变后的高产菌株的育种更是如此；又如，当把大肠杆菌的抗性突变作为测定 NTG 诱变效率的指标时，发现以杀菌率为 47%的相对剂量最为合适。

（5）充分利用复合处理的协同效应（synergism）　诱变剂的复合处理常常呈现一定的协同效应，这对育种工作是很有参考价值的。复合处理有几类：①两种或多种诱变剂的先后使用；②同一种诱变剂的重复使用；②两种或多种诱变剂的同时使用。可以设想，如果能用前面讨论过的不同作用机制的诱变剂来作复合处理，可能会取得更好的诱变效果。

（6）利用和创造形成、生理与产量间的相关指标　为了确切地了解某一突变株产量性状的提高程度，必须进行大量的分析测定和统计工作，而一些形态变异虽能直接和迅速地加以观察，但又不一定与产量变异相关。如果能找到这两者间的相关性，则育种时初筛的效率就可大大提高。有人曾统计过

3484 个产维生素 B_2 的阿舒假囊酵母（*erymothecium ashbyii*）的变异菌落，发现高产菌株的形态有以下几个特点：①菌落直径呈中等大小（8～10 mm）。凡过大或过小者均为低产菌株；②色泽深黄色。凡浅黄或白色者，皆属低产菌株；③表面光滑，有大量气生菌丝覆盖。凡无气生菌丝、有放射状褶皱或菌落中心呈角状突起者，都是低产菌株；④菌落各部分呈辐射对称。凡呈扇弧形或其他不规则形状者，都为低产菌株。又如，在灰黄霉素产生菌荨麻青霉（*Penicillium urticae*）的育种中，曾发现菌落的棕红颜色变深者，则产量往往有所提高；而在赤霉素生产菌藤仓赤霉，即稻恶苗病菌（*Gibberella fujikuroi*）中，却发现菌落的紫色加深者，其产量反而下降。

形态、生理与代谢产物产量间的相关性常常可通过人们的努力而加以创造。利用鉴别性培养基的原理或其他方法就可有效地把原来肉眼所观察不到的生理性状或产量性状转化为可见的“形态”性状。例如，在琼脂平板上，通过蛋白酶水解圈的大小、淀粉酶变色圈（用碘液使淀粉显色）的大小，氨基酸显色圈（将菌落用打孔机取下，转移到滤纸上，再用茚三酮试剂显色）的大小，柠檬酸变色圈（可在厚滤纸上培养，用溴甲酚绿作指示剂）的大小，抗生素抑制圈的大小，生长因子周围某菌生长圈的大小，以及外毒素的沉淀反应圈的大小等．都可用于初筛工作中估计某菌产生相应代谢产物能力的“形态”指标。

（7）设计或采用高效筛选方案或方法　通过诱变处理，在微生物群体中会出现各种突变型个体，但其个绝大部分是负变株。要在其中把极个别的产量提高较显著的正变株筛选到手可能要比沙里淘金还难。为了花费最少的工作量，又能在最短的时间内取得最大的成效，就要求努力设计或采用效率较高的科学筛选方案相具体的筛选方法。

① 筛选方案：在实际工作中，一般认为应采用把筛选过程分为初筛与复筛两个阶段的筛选方案为好。前者以量（选留菌株的数量）为主，后者以质（测定数据的精确度）为主。例如，在工作量限度为 200 只摇瓶的具体条件下，为了取得更大的工效，有人提出以下的筛选方案：

第一轮：

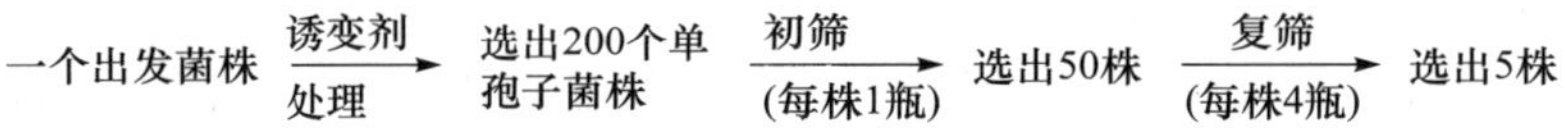

第二轮：

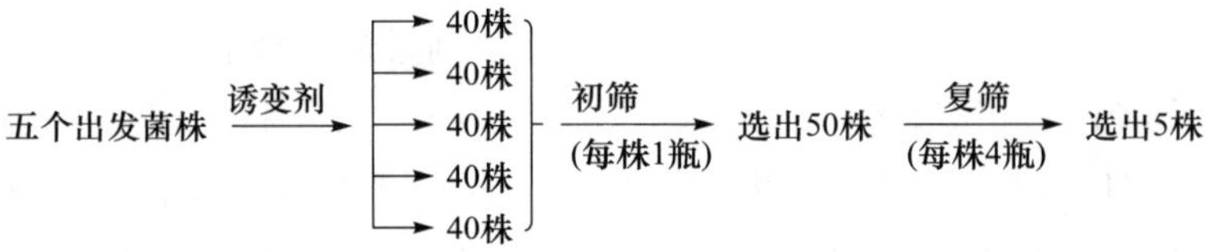

第三轮、第四轮……（都同第二轮）

以上筛选工作可以连续进行多轮，直至获得良好的结果为止。采用这种筛选方案。不仅可以通过较少的工作量而得到较好的菌株，而且还可使某些眼前产量虽不高、但有发展前途的优良菌株不致落选。

② 筛选方法：一般也可通过初筛与复筛两种方法对突变进行生产性能的测定。初筛既可在培养皿平板上进行，也可在摇瓶中进行，两者各有利弊。如在平板上进行，其优点是快速简便，工作量小，结果直观性强（例如可采用上述的变色圈、透明圈、抑制圈、生长圈或沉淀圈等方法测定某代谢产物的量）；缺点则是由于培养皿平板上的种种条件与摇瓶培养，尤其与发酵罐中进行液体深层培养时的条件有很大差别，所以有时两者结果不一致。当然，也不乏十分一致的例子。例如，在柠檬酸生产菌株宁佐美曲霉（*Adpergillus usamii*）的筛选过程中，有人把待测菌株的单孢子用特制的不锈钢多点接种器接种到浸有淀粉培养基和溴甲酚绿指示剂的厚滤纸片上，经培养后，根据黄色变色圈的直径和该菌落直径之比，就可筛选出产量较高的

菌株。

对突变株的生产性能做比较精确的定量测定工作常称复筛。一般是将微生物接种三角瓶内的培养液中作振荡培养（即摇瓶培养），然后再对培养液进行分析测定。在摇瓶培养条件下微生物在培养液内分布均匀，既能满足丰富的营养，又能获得充足的氧气（仅对好氧性微生物），还能充分排出代谢废物，因此与发酵罐的条件比较接近，所以测得的数据就更具有实际意义。此法的缺点是需要较多的劳力、设备和时间，故工作难以大量增加。

1971年，国外有人报道了筛选春雷霉素生产菌时所采用的一种琼脂块培养法。此法构思较巧妙，实验效果也较好（一年内提高产量10倍左右）。

二维码 7-5 春雷霉素生产菌的筛选

二维码 7-6 营养缺陷型突变株的筛选

7.3 基因重组

基因重组是杂交育种的理论基础。由于杂交育种选用了已知性状的供体菌和受体菌作为亲本，因此，不论在方向性还是自觉性方面，均比诱变育种前进了一大步。另外，利用杂交育种往往还可消除某一菌株在经过长期诱变处理后所出现的产量上升缓慢的现象，因此，它是一种重要的育种手段。但由于杂交育种的方法较复杂，工作进展较慢，还很难像诱变育种技术那样得到普遍的推广和使用，尤其在原核生物的领域中，应用转化、转导或接合等重组技术来培育可应用于生产实践上的高产菌株的例子还不多见。只是到了70年代后期，由于原生质体融合技术获得巨大的成功后，才使重组育种技术获得了飞速的发展。

7.3.1 真核生物的基因重组

在真核微生物中，基因重组主要有有性杂交、准性杂交、原生质体融合和转化等形式，现以有性杂交和准性杂交为例加以介绍。

1. 有性杂交

杂交是在细胞水平上发生的一种遗传重组方式。有性杂交，一般指性细胞间的接合和随之发生的染色体重组，并产生新遗传型后代的一种育种技术。凡能产生有性孢子的酵母菌或霉菌，原则上都可应用与高等动、植物杂交育种相似的有性杂交方法进行育种。现在以工业上应用甚广的酿酒酵母（*Saccharomyces*）为例来加以说明。

酿酒酵母有其完整的生物史，从自然界中分离到的，或在工业生产中应用的酵母，一般都是其双倍体细胞。将不同生产性状的甲、乙两个亲本菌株（双倍体）分别接种到含醋酸钠等产孢子培养基斜面上，使其产生子囊，经过减数分裂后，在每个子囊内会形成4个子囊孢子（单倍体）。用蒸馏水洗下子囊，经机械法（加硅藻土和石蜡油，在匀浆管中研磨）或酶法（用蜗牛酶等处理）破坏子囊，再行离心，然后将获得的子囊孢子涂布平板，就可以得到由单倍体细胞组成的菌落。把两个不同亲本的不同性别的单倍体细胞通过离心等形式密集地接触，就有更多的机会出现种种双倍体的有性杂交后代。这种双倍体细胞与单倍体细胞有明显的差别，易于识别（表7-6）。有了各种双倍体的杂交子代后，就可进一步从中筛选出优良性状的个体。

表 7-6 酿酒酵母的双倍体和单倍体细胞的比较

项目	双倍体	单倍体
细胞	大，椭圆形	小，球形
菌落	大，形态均匀	小，形态变化较多
液体培养	繁殖较快，细胞较分散	繁殖较慢，细胞常聚集成团
在产孢子培养基上	形成子囊	不形成子囊

生产实践上利用有性杂交培育优良品种的例子很多。例如，用于酒精发酵的酵母和用于面包发酵的酵母虽属同一个酿酒酵母种，但两者是不同的菌株，表现在前者产酒精率高而对麦芽糖和葡萄糖的发酵力弱，后者则与其相反。通过两者间的杂交，就得到了既能生产酒精，又对麦芽糖和葡萄糖有很强发酵能力的新菌株，因此其残余菌还可综合利用作为面包厂和家用发面酵母的优良菌种。

2. 准性杂交

要了解准性杂交，先要介绍准性生殖（parasexual reproduction 或 parasexuality)。顾名思义，准性生殖是一种类似于有性生殖，但比它更为原始的一种生殖方式，它可使同种生物两个不同菌株的体细胞发生融合，且不以减数分裂的方式而导致低频率的基因重组并产生重组子。准性生殖常见于某些真菌，尤其是半知菌中。其主要过程见图 7-17。

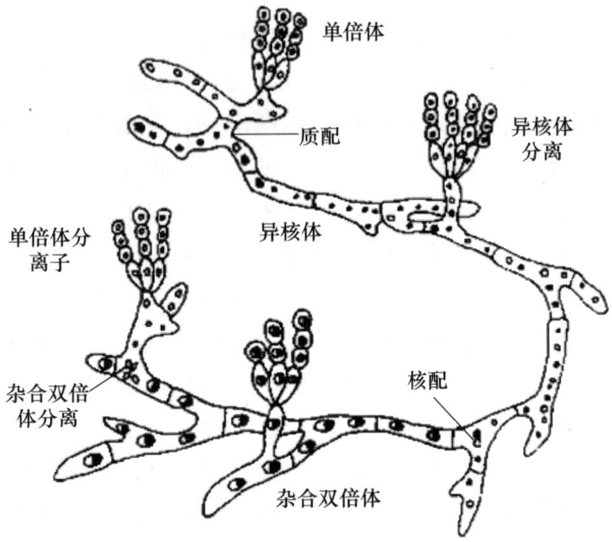

图 7-17 半知菌的准性生殖示意图

(1) 菌丝联结 (anastomosis) 它发生于一些形态上没有区别的，但在遗传性上有差别的同一菌种的两个不同菌株的体细胞（单倍体）间。发生联结的频率极低。

(2) 形成异核体 (heterocaryon) 两个体细胞经联结后，使原有的两个单倍体核集中到同一个细胞中，于是就形成了双相的异核体，异核体能独立生活。

(3) 核融合 (nuclear fusion) 或核配 (caryogamy) 在异核体中的双核，偶尔可以发生核融合，产生双倍体杂合子核。如构巢曲霉 (*Aspergillus nidulans*) 或米曲霉 (*A. oryzae*) 核融合的频率为 $10^{-7}\sim10^{-5}$。某些理化因素如樟脑蒸气、紫外线或高温等的处理，可以提高核融合的频率。

(4) 体细胞交换 (somatic crossing-over) 和单倍体化 体细胞交换即体细胞中染色体间的交换，也称有丝分裂交换 (mitotic crossing-over)。上述双倍体杂合子的遗传性状极不稳定，在其进行有丝分裂过程中，其中极少数核内的染色体会发生交换和单倍体化，从而形成了极个别的具有新性状的单倍体杂合子。如果对双倍体杂合子用紫外线、γ 射线或氯芥等进行处理，就会促进染色体断裂、畸变或导致染色体在两个子细胞中分配不均，因而有可能产生几种不同性状组合的单倍体杂合子。

从表 7-7 中，可以看出准性生殖与有性生殖间的主要区别。

表 7-7 准性生殖和有性生殖的比较

项目	准性生殖	有性生殖
参与接合的亲本细胞	形态相同的体细胞	形态或生理上有分化的性细胞
独立生活的异核体阶段	有	无
接合后双倍体的细胞形态	与单倍体基本相同	与单倍体明显不同
双倍体变为单倍体的途径	通过有丝分裂	通过减数分裂
接合发生的概率	偶然发现，概率低	正常出现，概率高

准性生殖对一些没有有性过程但有重要生产价值的半知菌育种工作来说，提供了一个重要的手段。国内在灰黄霉素生产菌——荨麻青霉 (*Penicillium urticae*) 的育种中，曾借用准性杂交的方法而取得了较好的成效。

二维码 7-7 灰黄霉素生产菌——荨麻青霉 (*Penicillium urticae*) 的选育

7.3.2 原核生物的基因重组

在原核微生物中，基因重组的方式主要有转化、转导、接合和原生质体融合几种形式，现分别加以介绍。

1. 转化 (transformation)

受体菌 (recipient) 直接吸收了来自供体菌 (donor) 的 DNA 片段，通过交换，把它整合到自己的基因组中，再经复制就使自己变成一个转化子 (transformant)。这种受体菌接受供体菌的 DNA 片段而获得部分新的遗传性状的现象，就称转化或转化作用。脱氧核糖核酸酶可以抑制转化作用的进行。转化现象的发现，尤其是转化因子 DNA 本质的证实，是现代生物学发展史上的一个重要里程碑，促进了分子生物学的建立和发展。

在原核生物中，转化是一个较普遍的现象，在肺炎链球菌（*Streptococcus pneumoniae*）嗜血杆菌属（*Haemophilus*）、芽孢杆菌属（*Bacillus*）、奈瑟氏球菌属（*Neisseria*）、根瘤菌属（*Rhizobium*）、葡萄球菌属（*Staphylococcus*）、假单胞菌属（*Pseudomonas*）和黄单胞菌属（*Xanthomonas*）尤为多见。在若干放线菌和蓝细菌以及少数真核微生物如酿酒酵母（*Saccharomces cerevisiae*）、粗糙脉孢属（*Neu-rosporacrassa*）和黑曲霉（*Aspergillus niger*）中，也有转化的报道。在细菌中，肠杆菌科的一些菌种很难进行转化，其主要原因，一方面由于外来 DNA 难以掺入到细胞中，另一方面还由于在受体细胞内常存在可溶解线形 DNA 的核酸菌。如果用 $CaCl_2$ 处理大肠杆菌的球状体，就可以使之发生低频率的转化。另外，已有若干利用霉菌的原生质体进行转化的报道

两个菌种或菌株间能否发生转化，与它们在进化过程中的亲缘关系有着密切的联系。但即使在转化率极高的那些种中，其不同菌株间也不一定都可发生转化。研究发现，能进行转化的受体细胞必须处于感受态（competence），亦即受体细胞最易接受外源 DNA 片段并实现其转化的一种生理状态。

例如，肺炎链球菌的感受态出现在生长曲线中的指数期后期，而芽孢杆菌属的一些菌种则往往出现在指数期末及稳定期。在外界环境因子中，环腺苷酸（cAMP）及 Ca^{2+} 等的影响最为明显：有人发现，cAMP 可使嗜血杆菌细胞群体的感受态水平提高一万倍。处于感受态高峰时，群体中呈感受态的细胞数也随菌种的不同而不同，如枯草杆菌（*Bacillus subtilis*）不超过 10%～15%，而肺炎链球菌和流感嗜血杆菌（*Haemophilus influenzae*）则达 100%。实现转化所需的 DNA 浓度是极低的，例如，在群体中含有 15%感受态细胞的情况下，每毫升细胞悬液只要有 0.1 μg DNA 即可有效地发生转化。

已知感受态因子是一种胞外蛋白，有人已把它从肺炎链球菌和芽孢杆菌属中分离出来了。它的分子质量为 5000～10000 u。据推测，这种蛋白质可能是细胞膜上的一种组成，它可以催化外来 DNA 片段的吸收或降解细胞表面某种成分，以让细胞表面的 DNA 受体显露出来；也可能是一种自溶酶。对不同的细菌而言，其每个细胞上可与 DNA 结合的位点数是不同的。有人计算，在流感嗜血杆菌上有 4～10 个，而在肺炎链球菌上则有 30～80 个。由肺炎链球菌所产生的感受态因子，可使同菌株的非感受态细胞变成感受态的，而枯草杆菌的感受态因子则没有这种作用。

在本章第一节中已介绍过，转化因子的本质是 DNA（包括高度提纯的或存在于微生物自溶物中的）。一般认为经过多次抽提操作后，每一转化 DNA 片段的分子质量都小于 1×10^7，即约占细菌核染色体组的 0.3%，在其上平均约含 15 个基因。而粗制的 DNA 则分子质量较大。每个感受态细胞约可掺入 10 个转化因子转化的频率往往是很低的、一般只有 0.1%～1%，最高时亦只达 10%左右。据研究，呈质粒形式（双链，共价闭合环状 DNA）的转化因子，其转化频率最高，因为它进入受体菌中后，可不必同受体染色体进行交换、整合即可进行复制和表达（“流产”性的转化例外）；一般的转化因子都是线状双链 DNA；也有少数报道认为线状单链 DNA 也有转化作用。转化的具体过程以革兰氏阳性菌肺炎链球菌研究得最多，主要过程可见图 7-18 和图 7-19。

从图 7-18 和图 7-19 可以看到转化过程可分以下几个阶段：①双链 DNA 片段与感受态受体菌细胞表面的特定位点（主要在新形成细胞壁的赤道区）结合，此时，一种细胞膜的磷脂成分——胆碱可促进这一过程。在吸附过程的前阶段。如外界加入 DNA 酶，就会减少转化子的产生。稍后，DNA 酶既无影响，说明此时该转化因子已进入细胞。②在吸附位点上的 DNA 被核酸内切酶分解，形成平均分子质量为（4～5）$\times10^6$ 的 DNA 片段。③DNA 双链中的一条单链被膜上的另一种核酸酶切除，另一条单链逐步进入细胞，这是一个耗能过程。分子质量小于 5×10^5 的 DNA 片段不能进入

细胞。这时如用低浓度溶菌酶处理，因它提高了细胞壁的通透性，故可提高转化频率。④来自供体的单链DNA片段在细胞内与受体细胞核染色体组上的同源区段配对，接着受体染色体组上的相应单链片段被切除。并被外来的单链DNA交换、整合和取代，于是形成了一个杂合DNA片段（heterozygous region）。在这一过程中。有核酸酶、DNA聚合酶和DNA连接酶的参与。⑤受体菌的染色体组进行复制，杂合区段分离成两个，其中之一获得了供体菌的转化基因（str，链霉素抗性基因），另一个未获str基因。⑥当细胞发生分裂后，一个子细胞含str基因，这就是转化子；另一细胞与原始受体菌一样，仍是链霉素敏感型（str）。

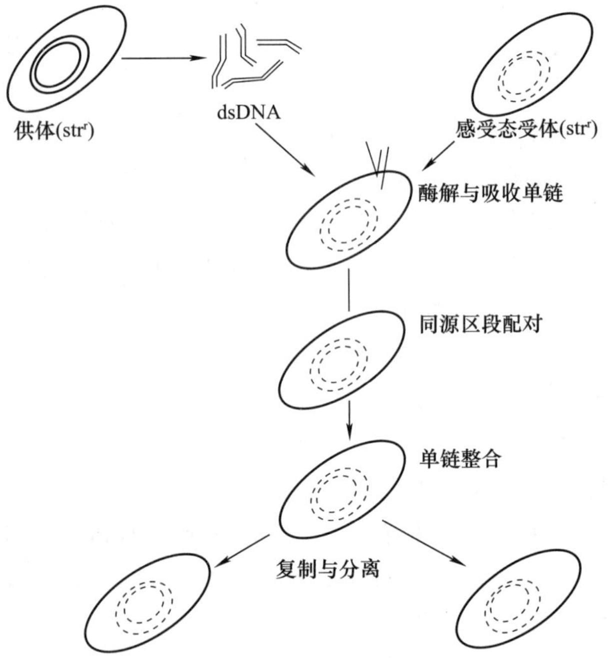

图7-18 转化过程示意图

用革兰氏阳性菌流感嗜血杆菌 *H. influenzae* 所得到的实验结果与上述情况基本相同，但有两个明显的差别：①它不像肺炎链球菌 *S. pneumoniae* 那样，能吸收非同源的DNA（如小牛胸腺DNA），而只能吸收其同源DNA；②外来DNA片段仍以双链形式进入受体菌内，它的单链化是与整合过程同时发生的。

如果把噬菌体或其他病毒的DNA（或RNA）抽提出来，让它去感染感受态的宿主细胞，并产生正常的噬菌体或病毒后代，这种现象称为转染（transfection）。它与转化不同之处是病毒或噬菌体并非遗传基因的供体菌，中间也不发生任何遗传因子的交换或整合，最后也不产生具有杂种性质的转化子。

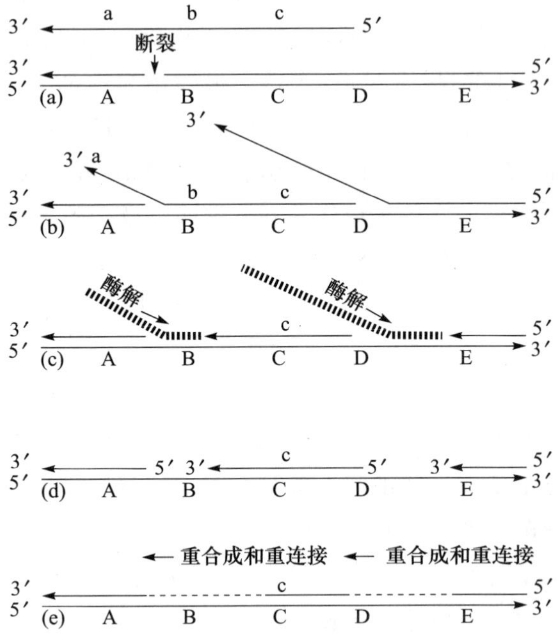

图7-19 转化中单链外基因组片段与双链内基因组间的交换与整合过程示意图

a. 带abc标记的单链外基因组的DNA片段靠拢带ABCDE标记的内基因组双链DNA分子，AB间出现裂口；b. 部分双链解开，单链与双链相互配对；c和d. 外切核酸酶从DNA分子的3-末端进行分解；e. 通过聚合酶和连接酶形成重组后的DNA分子，其中有一条链是带有ABCDE标记的新基因组合。

2. 转导（transduction）

通过完全缺陷或部分缺陷噬菌体的媒介，把供体细胞的DNA小片段携带到受体细胞中，通过交换与整合，从而使后者获得前者部分遗传性状的现象，称为转导。获得新遗传性状的受体细胞，就称转导子（transductant）。

转导现象是由J. Lederberg等（1952）在鼠伤寒沙门氏菌（*Salmonella typhimurium*）中发现的。之后在许多原核生物中都陆续发现，例如在大肠杆菌（*E. coli*）、芽孢杆菌属（*Bacillus*）、变形杆菌属（*Proteus*）、假单孢菌属（*Pseudomonas*）、志贺氏菌属（*Shigella*）、葡萄球菌属（*Staphylo-*

coccus)、弧菌属(*Vibrio*)和根瘤菌属(*Rhizobium*)中等。转导现象在自然界中比较普通,它在低等生物的进化过程中,很可能是一种产生新基因组合的重要方式。目前所知道的转导已有多种,现分别介绍如下。

1) 普遍转导(generalized transduction)

通过完全缺陷噬菌体对供体菌任何DNA小片段的"误包",而实现其遗传性状传递至受体菌的转导现象,称为普通转导。普遍转导又可分为以下两种。

(1) 完全普遍转导 简称完全转导(complete transduction)。在鼠伤寒沙门氏菌的完全普遍转导实验中,曾以其野生型菌株作供体菌,营养缺陷型突变株作受体菌,P22噬菌体作为转导媒介。当P22在供体菌内增殖时,宿主的核染色体组断裂,待噬菌体成熟与包装之际,极少数($10^{-8}\sim10^{-6}$)噬菌体的衣壳将与噬菌体头部DNA芯子相仿的一小段供体菌DNA片段(在P22情况下,约为供体菌核染色体组的1%)误包入其中,因此,形成了一个完全不含噬菌体自身DNA的假噬菌体——完全缺陷噬菌体。当供体菌裂解时,如把少量裂解物与大量的受体菌群体相混,使其感染复数(m.o.i)小于1,这种完全缺陷噬菌体就可将这一外源DNA片段导入受体细胞内。在这种情况下,由于一个受体细胞只感染了一个完全缺陷噬菌体,故受体细胞不会发生往常的溶源化,也不显示其免疫性,更不会裂解和产生正常的噬菌体;还由于导入的外源DNA片段可与受体细胞核染色体组上的同源区段配对,再通过双交换而整合到受体菌染色体组上,所以使后者成为一个遗传性状稳定的转导子(图7-20、图7-21),于是就实现了完全普遍转导。

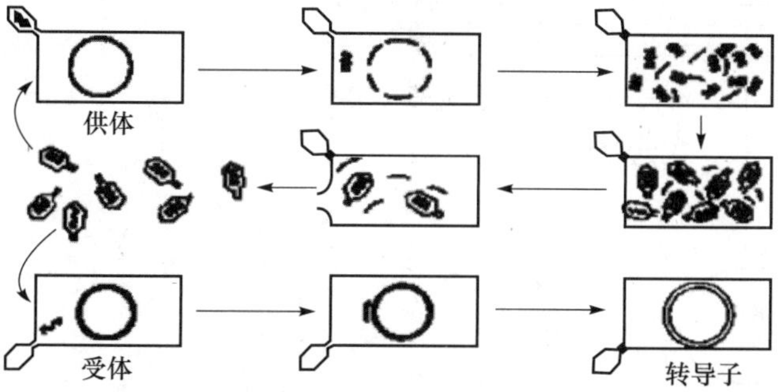

图7-20 由P22噬菌体引起的完全普遍传导

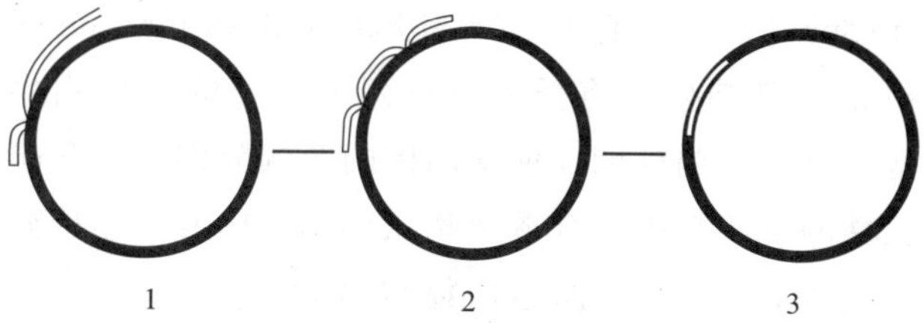

图7-21 外援染色体片段(双链DNA)通过双交换而形成一个稳定的传导子图示

除鼠伤寒沙门氏菌的P22噬菌体外,大肠杆菌的P1噬菌体和枯草杆菌的PBS1和SP10等噬菌体都能进行完全转导。

(2) 流产普遍转导 简称流产转导(abortive transduction)。经转导而获得了供体菌DNA片段的受体菌,如果外源DNA在其内既不进行交换、整合和复制,也不迅速消失,而仅进行转录、转译和性状表达,这种现象就称流产转导。发生流产转导的细胞在其进行分裂后,只能将这段外源DNA分配给一个子细胞,而另一子细胞仅获得供体基因经转录、转译而形成的少量产物——酶,因此在表型上仍可出现轻微的供体菌特征,每经过一次分裂,就受到一次"稀释"。所以,能在选择性培养基平板上形成微小菌落就成了流产转导子的特点。流产转导的示意图见图7-22。

2) 局限转导(restricted transduction)

局限转导最初于1954年在大肠杆菌K12中发现。指通过部分缺陷的温和噬菌体把供体菌的少数特定基因携带到受体菌中、并获得表达的转导现象。它有这样几个特点:①只能转导供体菌的个别特定基因(一般为噬菌体整合位点两侧的基因);②该特定基因由部分缺陷的噬菌体携带;③缺陷噬菌体是由于其在形成过程中所发生的低频率(可形成10^{-5}左右)"误切",或由于双重溶源菌的裂解而形成,在后一情况下可形成50%缺陷噬菌体。大肠杆菌K12的λ噬菌体可进行局限转导。根据转导频率的高低可把局限转导分成两类:

(1) 低频转导(low frequency transduction, LFT) 已知当温和噬菌体感染受体菌后,其染色体会开环,并以线状形式整合到宿主染色体的特定位点上,从而使宿主细胞发生溶源化,并获得对相同温和噬菌体的免疫性。如果该溶源菌因诱导而发生裂解时,就有极其少数(10^{-5})的前噬菌体

(prophage) 发生不正常切离 (abnormal excesion)，其结果会将插入位点两侧之一的少数宿主基因（如大肠杆菌 λ 前噬菌体的两侧分别为发酵半乳糖的 *gal* 基因或合成生物素的 *bio* 基因）连接到噬菌体 DNA 上（而噬菌体也将相应的一段 DNA 遗留在宿主的染色体组上），通过衣壳的"误包"，就形成了一种特殊的噬菌体——缺陷噬菌体 (defective phage)（图 7-23）。在大肠杆菌 K12 中，可形成 λ_{dgal} 或 λ_{dg}（带有供体菌 *gal* 基因的 λ 缺陷噬菌体，其中的"d"表示缺陷）或 λ_{dbio}（带有供体菌 *bio* 基因的 λ 缺陷噬菌体），它们没有正常 λ 噬菌体所具有的使宿主发生溶源化的能力。当它感染宿主细胞并整合在宿主的核基因组上时，可使宿主细胞成为一个局限转导子（即获得了供体菌的 *gal* 或 *bio* 基因），而不是一个溶源菌，因而对 λ 噬菌体不具有免疫性。由于宿主染色体上进行不正常切离的频率极低，因此在裂解物中所含的部分缺陷噬菌体的比例是极低 ($10^{-6}\sim10^{-4}$) 的，这种裂解物称 LFT（低频转导）裂解物。LFT 裂解物在低 *m.o.i*（感染复数）情况下感染宿主，就可获得极少量的局限转导子，这就是低频转导。

（2）高频转导 (high frequency transduction, HFT)　当大肠杆菌 gal^-（不发酵半乳糖的营养缺陷型）这种受体菌用高 *m.o.i* 的 LFT 裂解物进行感染时，则凡感染有 λ_{dgal} 噬菌体的任一细胞，几

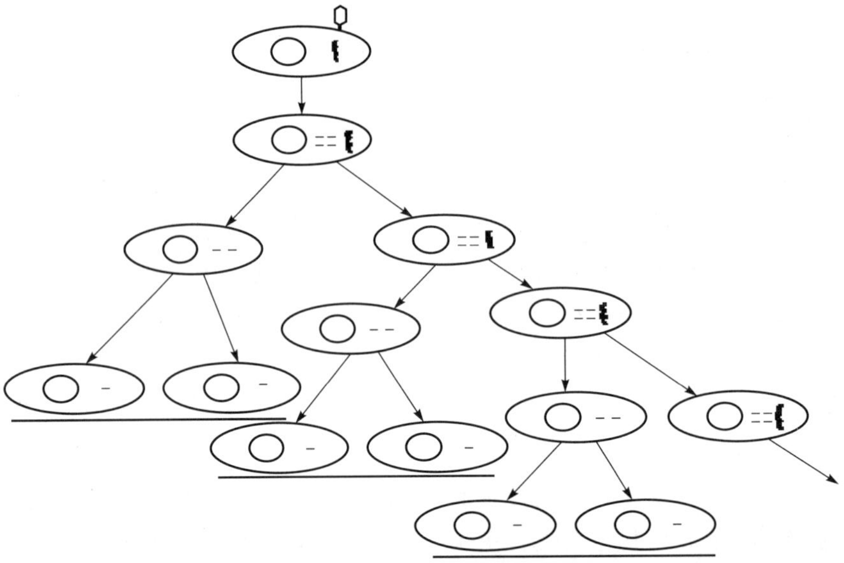

图 7-22　流产转导示意图

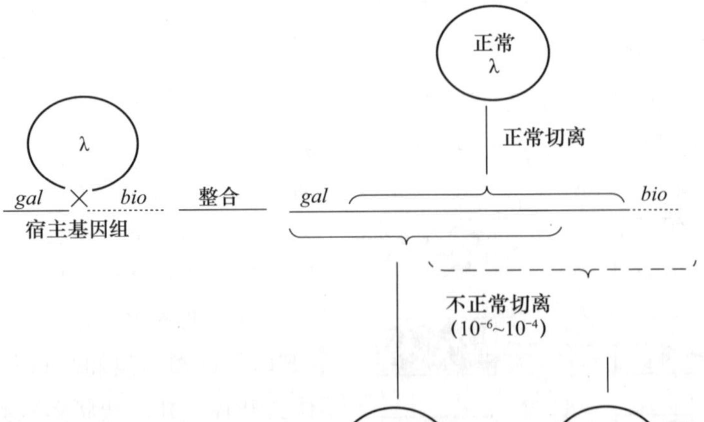

图 7-23　低频转导 (LFT) 裂解物的形成

乎同时都感染有正常的 λ 噬菌体。这时，λ 与 λ_{dgal} 两者同时整合在一个受体菌的核染色体组上，从而使它成为一个双重溶源菌（double lysogen）。当双重溶源菌被紫外线等诱导时，其中的正常 λ 噬菌体的基因可补偿 λ_{dgal} 所缺失的部分基因功能，因而两种噬菌体就同时获得复制的机会。所以，在双重溶源菌中的正常 λ 噬菌体被称为助体（或辅助）噬菌体（helper phage）。根据以上的特点可以知道，由双重溶源菌所产生的裂解物中，含有等量的 λ 和 λ_{dgal} 粒子，这就称 HFT（高频转导）裂解物。如果用低 *m. o. i* 的 HFT 裂解物去感染另一个大肠杆菌 gal^- 受体菌（不能发酵半乳糖的受体菌）的话，则可高频率地把它转化为能发酵半乳糖的大肠杆菌 gal^+ 转导子。这种方式的转导，就称高频转导。

3）溶源转变（lysogenic conversion）

这是一种表面上与转导相似本质上却不同的特殊现象。当温和噬菌体感染其宿主而使其发生溶源化时，因噬菌体的基因整合到宿主的核基因组上，而使后者获得了除免疫性以外的新性状的现象，称为溶源转变。当宿主丧失这一噬菌体时，通过溶源转变而获得的新性状也就同时消失。由此可以看出，溶源转变与转导有着本质的不同。第一，这种温和噬菌体并不携带任何来自供菌的外源基因，使宿主带来新性状的正是噬菌体本身的基因；第二，这种温和噬菌体是完整的，而不是缺陷的；第三，获得新性状的是溶源化的宿主细胞，而不是什么转导子；第四，获得的性状可随噬菌体的消失而同时消失。

溶源转变的典型例子是白喉棒杆菌（*Corynebacterium diphtheriae*）不产白喉毒素的菌株、它在被 β 温和噬菌体感染而发生溶源化时，就会变成产毒的致病菌株。肉毒梭菌（*Clostridium botulinum*）经其特定温和噬菌体感染而成为溶源菌时，就会产生 C 型或 D 型肉毒毒素。鸭沙门氏杆菌（*Salmonella anatun*）在用 E15 噬菌体感染而成为溶源菌时，细胞表面的多糖结构会发生相应的变化。不久前，国内也有人发现，在红霉素链霉菌（*Streptomyces erythreus*）中，其 P4 温和噬菌体也有溶源转变活性，由它决定了宿主的红霉素生物合成和形成气生菌丝的能力。

3. 接合（conjugation）

供体菌（“雄”）通过其性菌毛与受体菌（“雌”）相接触，前者传递不同长度的单链 DNA 给后者，并在后者细胞中进行双链化或进一步与核染色体发生交换、整合，从而使后者获得供体菌的遗传性状的现象，称为接合。通过接合而获得新性状的受体细胞，就是接合子（conjugant）。

由于在细菌和放线菌等原核生物中出现基因重组的机会极为稀少（如大肠杆菌 K12 约为 10^{-6}），而且由于较难找到重组子（recombinant）的形态指标，所以有关细菌接合大肠杆菌的两株营养缺陷型进行实验后，才奠定了方法学上的坚实基础，这一技术也为以后开展一系列其他微生物遗传学问题的研究创造了必要的条件。这一方法的基本原理见图 7-24。

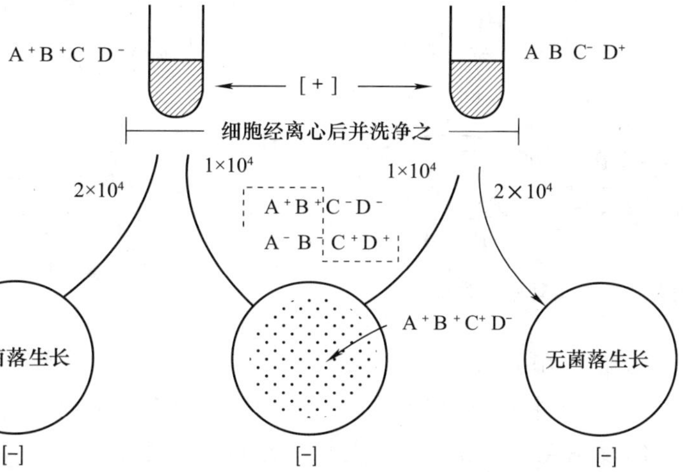

图 7-24　研究细菌接合方法的基本原理

在细菌和放线菌中都存在着接合现象，在细菌中，尤以革兰氏阴性细菌如大肠杆菌以及沙门氏菌属（*Salmonella*）、志贺氏菌属（*Shigella*）、沙雷氏菌属（*Serratia*）、弧菌属（*Vibrio*）、固氮菌属（*Azotobacter*）、克雷伯氏菌属（*Klebsiella*）和假单胞菌属（*Pseudomonas*）等生活在动物肠道内的一些种最为常见。在放线菌中、研究得最多的是链霉菌属（*Streptomyces*）和诺卡属（*Nocardia*）的一些种间，如大肠杆菌与鼠伤寒沙门氏菌（*Salmonellatyphimurium*）间或痢疾志贺氏菌（*S. typhimurium* 与 *Shigella dysenteriae*）间。

在细菌中，接合现象研究得最清楚的是大肠杆菌。根据对接合行为的研究，发现大肠杆菌有性别分化的。决定其性别的是一种质粒，即 F 因子。F 因子是一种属于附加体（episome）的质粒，亦即它既可脱离核染色体组而在细胞质内游离存在，也可插入即整合在染色体组上，它既可经过接合作用而获得，也可通过吖啶类化合物、溴化乙啶或丝裂霉素 C 等的处理，使其 DNA 的复制受抑制后而从细胞中消除；它是有关细菌性别的决定者，凡有 F 因子的细胞，在其表面就有相应的性菌毛存在。

根据细胞中是否存在 F 因子以及其存在方式的不同，可把大肠杆菌分成以下四种相互有联系的合型的菌株（图 7-25）。

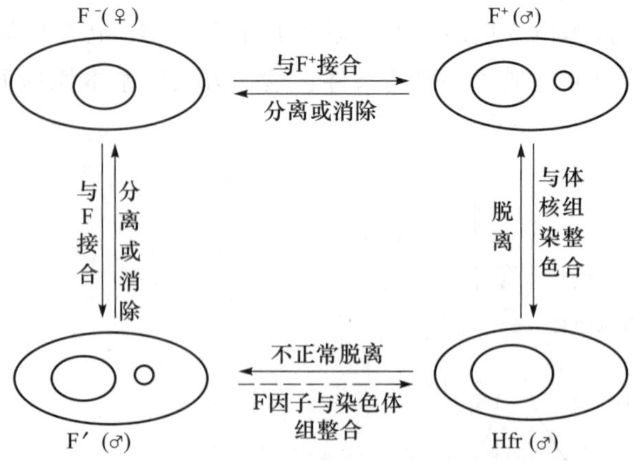

图 7-25　F 因子的存在方式及其相互联系

（1）F^+（“雄性”）菌株　在 F^+ 菌株的细胞中，存在着游离的 F 因子（1～4 个），在细胞表面还有与 F 因子数目相当的性菌毛。当 F^+ 菌株与 F^- 菌株相接触时，前者可通过性菌毛而将 F 因子转移到后者细胞内，因而使 F^- 菌株转变成 F^+ 菌株（一般可达到 100%）。F 因子的传递过程为：①F 因子的一条 DNA 单链在待定的位点上发生断裂；②断裂后的单链逐步解开，同时以另一条留存的环状单链作模板，通过模板的滚动，一方面，把上述解开的单链以 5′-端为先导通过性菌毛而推入到 F^- 细胞中；另一方面，又在供体细胞内，以滚动的环状 DNA 单链作模板，重新合成一条互补的环状单链，以取代已解开并传递至 F^- 中的那条单链，这一 DNA 复制机制即称“滚环模型”（rolling circle model）；③在 F^- 细胞中，在这条外来的供体 DNA 线状单链上也合成了一条互补的新 DNA 单链，并随之恢复成一个环状的双链 F 因子，因此，F^- 菌株变成了 F^+ 菌株（而原来的供体菌 F^+ 菌株仍为 F^+ 菌株）。

（2）F^-（“雌性”）菌株　在 F^- 菌株中不含 F 因子，细胞表面也没有性菌毛。但它可通过与 F^+ 菌株或 F′菌株的接合而接受供体菌的 F 因子或 F′因子，从而使自己转变成“雄性”菌株，也可接受来自 Hfr 菌株的一部分或全部遗传信息。如果是后一种情况，则它在获得一系列 Hfr 菌株的遗传性状的同时，还同时获得了处于转移染色体末端的 F 因子，从而使自己从原来的“雌性”菌株转变成“雄性”菌株。有人统计，从自然界分离到的 2000 个大肠杆菌菌株中，约有 30%的菌株是 F^-。

（3）Hfr（高频重组，high frequency recombination）菌株　因为 Hfr 菌株与 F^- 菌株接合后发生重组的频率要比 F^+ 与 F^- 接合后的重组频率高出数百倍，故名高频重组。在 Hfr 细胞中，其 F 因子已从游离状态转变成在核染色体组特定位点上的整合状态（产生频率约 10^{-5}）。当 Hfr 与 F^- 菌株发生接合时，Hfr 的染色体双链中的一条单链在 F 因子处发生断裂，由环状变为线状，F 因子则位于线状单链 DNA 的末端。整段线状染色体（单链）也以 5′-末端引导，等速地转移至 F^- 细胞。在没有外界干扰的情况下，这一转移过程的全部完成约需 100 分钟。实际上在转移过程中，使接合中断的因子很多，因此，这么长的线状单链 DNA 常常在转移过程中发生断裂。所以，越是处于 Hfr 染色体前端的基因，进入 F^- 的概率就越高，这类性状出现在接合子中的时间就越早，反之亦然。由于F因子位于线状DNA的末端，进入F^-细胞的机会最少，故引起F^-变成F^+（性别转变）的可能性也最小。因此，Hfr与F^-接合的结果其重组频率虽最高，转性频率却最低。

Hfr菌株的染色体转移与上述的F^+菌株的F因子转移过程基本相同，都是按滚环模型来进行的。所不同的是，进入F^-菌株的单链染色体片段经双链化后，形成部分合子（merozygote，即半合子），然后两种染色体的同源区段进行配对，再经过双交换后，就发生遗传重组（图7-26）。

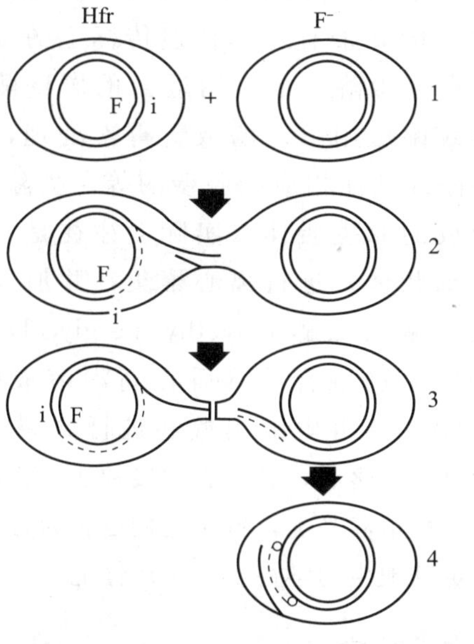

图7-26　Hfr与F^-菌株间的接合中断试验

图中的F因子用波线表示，虚线表示新合成的DNA单链，双环表示细菌染色体的DNA双链

根据图7-26可以将Hfr与F^-菌株间的接合中断试验分成几个过程，即：①Hfr与F^-菌株细胞配对。②形成接合管，即通过性菌毛使两个细胞相连。Hfr的染色体在起始子（i）部位开始复制，至F因子插入的部位才告结束。供体DNA的一条单链通过性菌毛进入受体细胞。③发生接合中断，使F^-成为一个部分双倍体，在那里，供体的单链DNA片段合成了另一条互补的DNA链。④外源双链DNA片段与受体菌的染色体DNA双链间进行双交换，从而产生了稳定的接合子。

由于上述DNA转移过程存在着严格的顺序性，所以，在实验室中可以每隔一定时间利用强烈搅拌（例如用组织捣碎器或杂交中断器）等措施，使接合细胞中断接合，以获得呈现不同数量Hfr性状的F^-接合子。根据这一原理，就可选用几种有特定整合位点的Hfr菌株，使其与F^-菌株进行接合，并在下同时间使接合中断，最后根据F^-中出现Hfr菌株中各种性状的时间早晚（用分钟表示），画出一幅比较完整的环状染色体图（chromosome map）。这就是由wollman和Jacob（1955）首创的接合中断法（interrupted mating experiment）的基本原理。同时，原核微生物染色体的环状特性也是从这里开始认识的（图7-27）。据报道，至1983年，在大肠杆菌染色体上已定位的基因数已多达1027个。

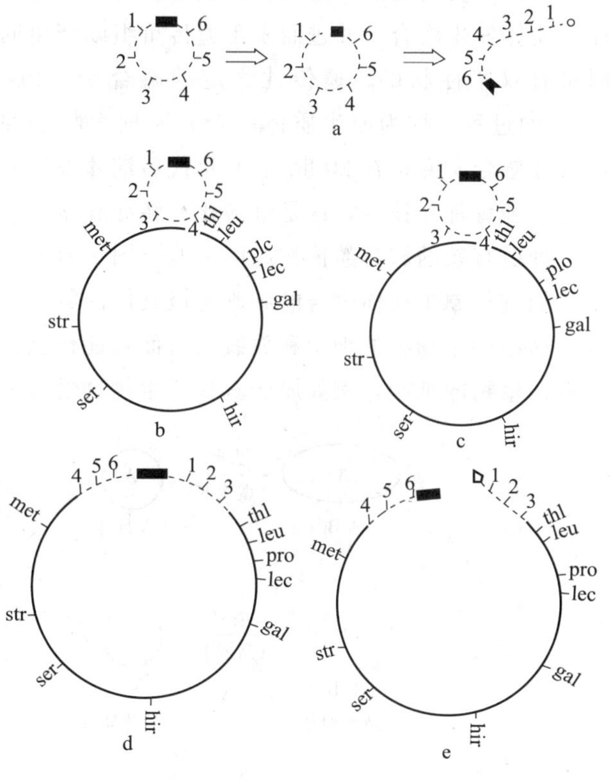

图7-27　Hfr菌株中F因子的整合Hfr菌株中F因子的整合、断裂和转移

a. 环状F因子，在1与6位间可以断裂，它以箭头所示方向转移入受体细胞；b. F因子在受体细胞核染色体组的特定位点（met与thr间）配对；c. F因子与受体核染色体组发生交叉而成环状；d. 两者整合，形成单环；e. 在F因子的特定位点上发生断裂，产生有定方向和基因顺序的可进行转移的线状染色体（注意在其末端的4、5、6基因表示在F因子中与形成性菌毛和转移有关的）

(4) F′菌株　当 Hfr 菌株内的 F 因子因不正常切离而脱离核染色体组时，可重新形成游离的但携带一小段染色体基因的特殊 F 因子，称 F′因子。携带了 F′因子的菌株，其遗传性状介于 F^+ 与 Hfr 菌株之间，这就是初生 F′菌株（primary F′-strain）。通过 F′菌株与 F 菌株间的接合，就可以使后者亦转变成 F′菌株，这就是次生 F′菌株（secondary F′-atrain），它既获得了 F 因子，同时又获得了来自初生 F′菌株的若干新的遗传性状（图 7-27），所以，次生 F′细胞是一个部分双倍体。以这种接合来传递供体基因的方式，称为 F 因子转导（F-duction）、性导（sexduction）或 F 因子媒介的转导（F-mediated transduction）。

4. 原生质体融合（protoplast fusion）

通过人为的方法，使遗传性状不同的两细胞的原生质体发生融合，并进而发生遗传重组以产生同时带有双亲性状的、遗传性稳定的融合子（fusant）的过程，称为原生质体融合。原核生物的原生质体融合研究是在 20 世纪 70 年代后期才发展起来的一种育种新技术，这是继转化、转导和接合之后一种更有效的转移遗传物质的手段（图 7-28）。

能进行原生质体融合的细胞是极其广泛的，不仅包括原核生物中的细菌和放线菌，而且还包括各种真核生物的细胞，例如属于真核微生物的酵母菌和霉菌以及高等动植物和人体的不同细胞。

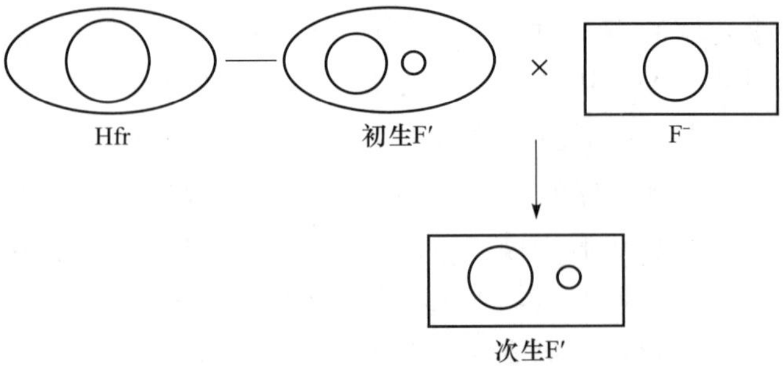

图 7-28　初生 F′菌株和次生 F′菌株的由来

原生质体融合的主要步骤是：先选择两个有特殊价值的并带有选择性遗传标记的细胞作为亲本，在高渗溶液中，用适当的脱壁酶（如细菌或放线菌可用溶菌酶或青霉素处理，真菌可用蜗牛酶或其他相应的脱壁酶等）去除细胞壁，再将形成的原生质体（实际上往往是些脱壁不完全的球状体）进行离心聚集，并加入促融合剂 PEG（聚乙二醇 polyethylene glycol）或通过电脉冲等促进融合，然后在高渗溶液中稀释，再涂在能使其再生细胞壁和进行分裂的培养基上。待形成菌落后，通过影印接种法，将其接种到各种选择性培养基上，鉴定它们是否为融合子，最后再测定其他生物学性状或生产性能（图 7-29）。

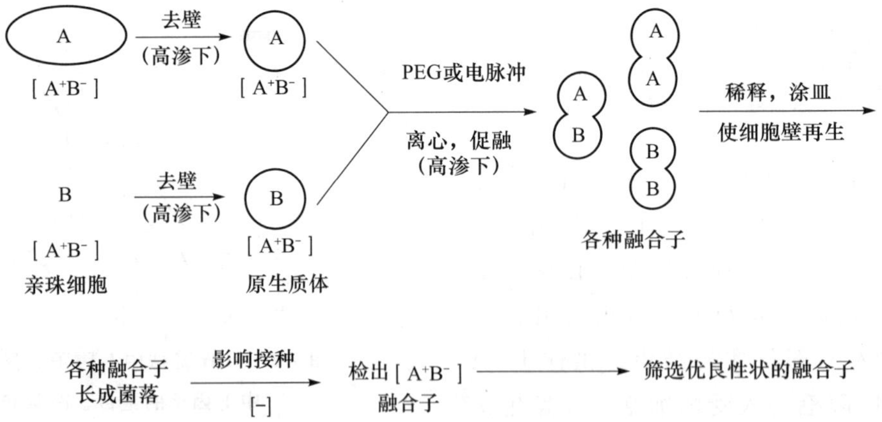

图 7-29　原生质体融合

当前，有关原生质体融合在育种工作中的研究甚多，成绩显著，在某些例子中，原生质体融合的重组频率已大于 10^{-1}（而诱变育种一般仅为 10^{-6}）；此外除不同菌株间或种间进行融合外，还能做到属间、科间甚至更远缘的微生物或高等生物细胞间的融合，以期达到生产性状更为优良的新物种。近年来，还发现用加热或紫外线灭活的原生质体也可作为原生质体的一方参与融合。有关原生质体融合的遗传机制，目前还在探索之中。

7.4　基因工程

7.4.1　基因工程的定义、意义及研究内容

1. 基因工程的定义

迄今为止，有关基因工程的定义颇多，表述不一。然而，就本质而言，它是指在分子水平上对基因进行操作的技术。因此一般认为，基因工程（gene engineering）是指运用限制性内切核酸酶、连接酶等酶类将不同DNA进行体外切割、连接构成重组DNA，再将重组DNA经生物介导或直接导入等转移方法引入受体细胞进行克隆、表达，从而改变生物遗传性以创造生物新种质，或通过大量扩增为人类提供有用产品的技术。

基因工程与遗传工程、重组DNA技术及分子克隆技术等相关但不相同。一般而言，遗传工程是指包括有性杂交、细胞融合、物理化学诱变、基因工程等在内的人工改造生物遗传性的全部技术；重组DNA技术（recombinant DNA technique）是指利用限制性内切核酸酶、连接酶等酶类将不同的DNA进行体外切割、连接构成新的DNA分子的技术；分子克隆技术（molecular cloning）是指将利用限制性内切核酸酶、连接酶等酶类将不同的DNA进行体外切割、连接构成的重组DNA引入宿主细胞进行复制扩增的技术。

2. 基因工程的意义

基因工程是现代生物工程的主体核心技术。基因工程的最大特点是可打破生物种属界限，进行生物种（属、科、目、纲、门、界）内外基因的重组、遗传信息的转移。因此，它是人工定向改变生物遗传性的根本技术。基因工程技术的建立和发展具有重大的理论意义和广泛的实际意义。在生物学基础研究领域，其从基因的结构与功能入手在分子水平上为细胞、组织、器官及个体的生长、发育、分化、进化等理论研究开辟了新途径；在医药学领域，它为采用基因疗法根治遗传性疾病及肿瘤等奠定了坚实的理论与技术基础，使传统技术难以或不能获得的许多珍贵药品得以大量生产从而实现商品化；在动植物生产、食品工业等领域，它已经得到了广泛的应用，并且还将发挥越来越大的作用。

3. 基因工程的研究内容

根据一般技术操作流程，基因工程的研究内容主要包括以下几个方面：①运用合适的方法从生物体中分离或通过化学合成制备目的基因；②采用合适的方法将目的基因与合适的载体进行体外连接，构建重组DNA；③利用合适的方法将重组DNA导入受体生物细胞以获得转化体；④采用合适的方法筛选出重组转化体阳性克隆；⑤运用合适的方法对重组转化体阳性克隆进行进一步的分析以及操作，使目的基因在受体生物细胞中高效表达，具体操作步骤如下。

1）目的基因的分离与制备

基因工程研究的第一步就是分离与制备目的基因。在完全未知基因的核苷酸序列的情况下，基因的分离策略大多比较复杂。一般分离基因的策略多基于基因以下几个基本特性中的至少一个：①具有特定的核苷酸序列；②存在于基因组中某一特定位置；③编码mRNA；④大多具有一定的功能。

在进行目的基因分离时，注意要点如下：①目前，应用广泛的有以基因表达产物蛋白质的纯化或表型突变体的分离为基础的基因分离策略。但是，采用该策略的主要限制因素如下：大多数基因的表达产物仍属未知；有时即使已知，也还不能纯化足够的蛋白质供氨基酸测序或抗体制备。②可通过植物细胞工程、物理和/或化学诱变等技术，从离体培养的细胞中筛选突变体，进而根据基因突变互补性分离相应植物基因。③可在cDNA文库中随机取一个克隆，测定其5-端的部分序列（约500 bp），并将所测序列所编码的可能被翻译蛋白质的氨基酸序列与数据库中已知蛋白质的氨基酸序列做比较，从而推断出这个克隆所含基因的可能功能。④可通过建立能表达反义mRNA的转基因植株以鉴定某一基因的功能。该策略的要点就是将某一感兴趣的基因序列通过克隆cDNA、利用反义技术进行构建，将其置于某一强启动子下游，再将其导入受体植物。因为反义mRNA能与受体植物中的靶mRNA配对结合，减少了具有翻译功能靶mRNA的量，所以降低或阻止了该基因表达产物蛋白质的生成。所谓反义技术是指根据碱基互补原理，以人工化学合成或从生物体中分离制备的特定互补的

DNA 或 RNA 片段（或其化学修饰产物）抑制或封闭靶基因表达的技术。⑤理论上，只要突变的基因被鉴定和定位，采用染色体步移（chromosomal walking）等方法就可将这个基因分离出来。利用 RFLP（restriction fragment length polymorphism）、RAPD（random amplified polymorphic DNA）、AFLP（amplified fragment length polymorphism）等分子标记方法将某一基因进行相对准确的定位；然后以包含所感兴趣染色体上下游的两个紧密连锁标记为探针分离这个片段；最后根据遗传突变互补性鉴定并分离这个基因。⑥许多植物基因可以根据其与细菌和酵母突变互补能力来分离。利用微生物与高等植物基因功能的互补特点来分离有关的植物基因是极其有效的。⑦许多有潜在利用价值的植物基因（包括控制一些重要的植物次生代谢产物的基因）都是在特定植物组织中表达的（具有组织特异性）。富集这些基因的方法多采用差别筛选法（differential screening）。也即从种植在不同条件下的相同植物，或从不同发育时期的相同植物，或从相同植物的不同组织等样品中提取 mRNA，然后由其制备带标记的 cDNA，再以其作探针对适当生物的 DNA 文库进行鉴定。这样，根据 DNA 标记的强弱就可确定某一基因在不同样品中的表达差异。该法对鉴定高效表达的基因有效。但利用 PCR 技术扩增稀有 cDNA 克隆，从而可以鉴定具特异性表达但表达能力弱的基因，许多基因具有相似的特异表达模式，限制了特定基因的鉴定工作。结合其他筛选方法，例如建立表达反义 mRNA 的转基因植株等，可克服上述困难。⑧除了上述策略外，还有其他一些分离基因的策略，例如以 DNA 插入诱变为前提的分离基因的策略等。

另外，在已知基因部分核苷酸序列或全部核苷酸序列的情况下，基因的制备方法主要可分为两大类：一类是基因化学合成法；另一类是基因生物制备法。一般又可将基因生物制备法分为基因组文库法、cDNA 文库法和 PCR 法等。

2）目的基因与载体的重组（重组体的构建）

（1）质粒 DNA 的分离纯化　一般含有单独目的基因的 DNA 片段即使进入了宿主细胞也不能进行增殖。通常它需要同适当的能自我复制的 DNA 分子（如质粒、噬菌体 DNA 等）结合后才能在通过转化或其他途径导入宿主细胞，像正常质粒或病毒一样增殖和易于检测。

分离质粒载体 DNA 有许多方法，但其共同步骤是先用溶菌酶处理含有质粒载体的宿主菌培养物，以除去其细胞壁，然后加入去污剂（例如 SDS），使其发生温和的溶菌作用。这样质粒 DNA、多聚核糖体、可溶性蛋白质、tRNA 等细胞内的大分子物质便逐步地释放出来，而核染色体的 DNA 则仍然附着在细胞的残渣碎片上，经过离心处理可使其同质粒分开。

将离心所得的含有质粒 DNA 的上清液加酚处理除去蛋白。剩下的 DNA 混合物中，质粒 DNA（cccDNA）呈超螺旋状态。为进一步纯化出 cccDNA 分子，可在含有溴化乙啶（ethidium bromide，EB）染料和氯化铯（CsCl）溶液中进行密度梯度离心。EB 是一种扁平分子，它能插入双链 DNA 分子的两个相邻碱基对之间，从而降低了 DNA 分子在氯化铯中的密度。又由于 cccDNA 同 EB 的结合能力比开环 DNA 和线性 DNA 低得多，这样在氯化铯密度梯度中便可容易地将 cccDNA 同其他两种类型的 DNA 分离开来。其他载体 DNA 分离纯化的原理与上述类似。

（2）目的基因与载体的连接　外源 DNA 片段与载体 DNA 分子的连接，即 DNA 分子的体外重组，主要依赖于限制性内切核酸酶及 DNA 连接酶的作用。在进行连接时，一般需要注意以下几点：①实验步骤尽可能简单容易；②在连接后，接点序列能被一定的限制酶重新酶切，以便回收插入片段；③对转录和转译过程中密码结构的阅读不发生干扰。

3）将重组体导入受体细胞（重组转化体的获得）

根据作用原理，一般可将重组体导入受体细胞的方法分为生物学方法、物理学方法及化学方法。根据受体微生物，一般可将重组体导入受体细胞的方法分为大肠杆菌转化法、酵母转化法。还要指出的是，由于选用大肠杆菌作为宿主细胞进行重组 DNA 分子的扩增，操作简便，效率较高，因此在将重组 DNA 分子导入真核细胞前，常借助于穿梭载体，先将其转化到大肠杆菌中使其扩增，后将其从大肠杆菌中提取出来，再将其转化到真核细胞中表达。

（1）大肠杆菌转化法

① 氯化钙转化法（狭义的转化）或转染。首先将对数生长期的大肠杆菌悬浮于冰预冷的低渗氯化钙溶液中处理，使细胞膜通透性增加，然后加入重组 DNA，使 DNA 与钙离子形成复合物，吸附于细胞表面，经 42℃ 短暂的热处理，促进外源 DNA 进入感受态细胞。对于受体细胞而言，氯化钙转化法，即狭义的转化（transformation）是感受态的大肠杆菌细胞接受及表达质粒 DNA 分子的生命过程；而转染（transfection）是感受态的大肠杆菌细胞接受及表达噬菌体 DNA 分子的生命过程。在本质上，两者并无根本差别。无论狭义的转化还是转染，其关键因素都是用氯化钙处理大肠杆菌细胞，以提高其细胞膜的通透性，从而使外源 DNA 分子能容易地进入细胞内，具有较高的转化率。但一般情况下，狭义的转化得到的是转化子菌落；而转染得到的是噬菌斑。所谓转化率是指每微克 DNA 转化受体细胞后所获得的转化子数。在习惯上，上述狭义的转化和转染均属广义的转化。广义的转化是指将外源 DNA 引入受体生物细胞的过程。

② 转导（transduction）。首先将重组的 λ 噬菌体 DNA 或柯斯质粒 DNA 体外包装成具有感染能力的 λ 噬菌体颗粒，然后经由在受体细胞表面的 λ 噬菌体接受器位点使这些重组体 DNA 注入大肠杆菌宿主细胞。由于转染是一个相对低效的过程，因此在基因工程中，λ 噬菌体 DNA 等的直接转染并不常用。而主要应用 λDNA 体外包装技术，即首先将 λ 噬菌体 DNA 或柯斯质粒 DNA 体外包装成具有感染能力的 λ 噬菌体颗粒，然后再以其转导受体细胞。这样，大大提高了 λ 噬菌体 DNA 等外源 DNA 片段导入大肠杆菌宿主细胞的效率。λDNA 的体外包装是指在试管中完成噬菌体在宿主细胞内的全部组装过程。其基本原理是，λ 噬菌体的头部和尾部的装配是分开进行的。头部基因发生了突变的噬菌体只能形成尾部，而尾部基因发生了突变的噬菌体只能形成头部。将这两种不同突变型的噬菌体提取物混合起来就能在体外装配成有生物活性的噬菌体颗粒。一般只要为重组 DNA 提供高浓度的噬菌体前体，包括包装蛋白、头部、尾部，就有可能形成完整的噬菌体颗粒。在用体外包装形成噬菌体颗粒的方法将重组 DNA 导入受体菌株时，每微克 DNA 可形成 10^6 个噬菌斑，比不包装的裸露 DNA 分子的效率高 $10^2 \sim 10^4$ 倍。

还要指出的是，在进行 λ 噬菌体 DNA 包装时，λ 噬菌体头部外壳蛋白容纳 DNA 的能力是有一定限度的，即其头部外壳蛋白包装 DNA 的容量控制在野生型 λDNA 长度的 75%～105%。在这个范围内，DNA 可以被包装成有活性的噬菌体颗粒，而超出这个范围的就不能形成正常大小的噬菌斑。这即为 λ 噬菌体的包装限制。一般 λ 噬菌体载体的包装容量在 15 kb 左右。

（2）酵母转化法

① 完整细胞转化法。该法首先利用乙酸锂或氯化锂处理对数生长期的酵母细胞，然后在运载 DNA（鲑精 DNA、小牛胸腺 DNA）、二甲基亚砜（dimethyl sulfoxide，DMSO）、聚乙二醇（polyethylene glycol，PEG）存在下，重组 DNA 经热冲击进入酵母细胞。在转化过程中，聚乙二醇的作用非常重要，因为 PEG 能将大分子 DNA 沉积于受体细胞表面。

② 原生质体转化法。酵母细胞经适当水解酶酶解消化细胞壁等处理后，也像大肠杆菌一样能够接受外源 DNA 重组体的导入。该法首先利用蜗牛酶处理对数生长期的酵母细胞，然后将经酶解去除了细胞壁的原生质体悬浮于山梨醇及氯化钙的溶液中，在运载 DNA 的存在下，用 PEG 使重组 DNA 分子进入酵母细胞。该法有利于 DNA 多拷贝整合到酵母染色体上。

4）重组转化体的筛选、鉴定

常用筛选、鉴定重组转化体的主要方法如下：

（1）利用表型特征进行筛选（遗传检测法） 表型（phenotype）是指机体遗传组成同环境相互作用所产生的外观或其他特征。供筛选用的表型特征来自两个方面：一是克隆载体提供的，这是主要的；一是外源 DNA 提供的，这是次要的。

（2）物理筛选鉴定法 其一为电泳检测法，根据 DNA 分子质量的大小，以凝胶电泳检测重组体。其二为 R-环检测法，R-环是指 RNA 通过取代与其序列一致的 DNA 单链而与另一单链 DNA 杂交，被取代的 DNA 单链与 RNA ：DNA 杂交双链所形成的环状结构。

(3) 利用限制性内切核酸酶酶切进行鉴定　选择适当的限制酶对重组体 DNA 进行酶切鉴定。

(4) 利用核酸杂交进行鉴定　所用的核酸杂交法就是常用的几种核酸杂交法，例如：Southern 杂交、Northern 杂交。

(5) 利用 PCR 技术进行鉴定　利用 PCR 技术可以对目的基因等特异核酸进行鉴定。

(6) 利用免疫学方法进行筛选鉴定　该类方法基本原理如下：以目的基因在受体细胞中的表达产物（多肽）作抗原，以该基因产物的免疫血清作抗体，根据抗原-抗体反应，即可筛选鉴定出目的基因克隆及其产物。

(7) 利用 Western 杂交进行鉴定　Western 杂交是将蛋白质电泳、吸印、免疫测定融为一体的特异蛋白质的检测方法。

该法的一般流程如下：从转外源目的基因的重组转化体中提取蛋白质→将所提取的蛋白质经 SDS-聚丙烯酰胺凝胶电泳，使蛋白质按分子大小分离→将分离的各蛋白质条带原位不变地转移到固相膜上→将膜在高浓度的蛋白质溶液中温育，以封闭非特异性位点→加入特异第一抗体，使特异第一抗体与转移到固相膜上的目的蛋白质（抗原）结合→加入能够与一抗专一结合的标记的第二抗体→根据二抗上标记化合物的性质进行检测。根据检测结果，可知被检重组转化体中外源目的基因表达与否、所表达蛋白质量的多少及其分子质量的大小。

(8) 利用核苷酸序列测定进行鉴定　利用核苷酸序列测定技术可以对目的基因等特异核酸进行鉴定。

(9) 转译筛选鉴定法　利用无细胞翻译系统（cell free translation system）检测经处理后的 mRNA 的生物学功能。其突出优点是能明确克隆的 DNA 与其编码的蛋白质之间的对应关系。根据对 mRNA 的处理，可将转译筛选鉴定法主要分为阻断转译杂交法和释放转译杂交法。常用的无细胞翻译系统有麦胚提取物系统和网织红细胞提取物系统。

5) 克隆基因的表达

基因工程研究的最终目的就是使外源基因在受体生物系统（原核生物系统或者真核生物系统）中高效表达，而基因表达一般包括转录和转译两个过程。

7.4.2　基因工程的工具酶

如上所述，基因工程的关键技术之一就是先将目的基因 DNA 从供体生物体中分离出来，再与合适载体 DNA 连接重组等。这些分子操作涉及多种不同的酶。基因工程的工具酶是基因工程中所用各种酶的统称。其种类繁多，作用各异，主要包括限制性内切核酸酶、DNA 甲基化酶、DNA 聚合酶、依赖于 DNA 的 RNA 聚合酶、连接酶、激酶、磷酸酶和核酸酶等。

7.4.3　基因工程的载体

基因工程的重要环节就是将外源基因导入受体生物细胞，并且使它得到复制、表达。然而单独外源 DNA 片段是很难进入受体细胞的；即使进入了受体细胞，一般也不能进行扩增复制和功能表达。这是因为所得到的单独外源基因 DNA 片段不带有复制系统及在受体生物细胞中进行功能表达的调控系统。在基因工程中，大多是利用某种合适运载工具将外源 DNA 片段送入受体生物细胞来克服上述困难的。这种携带外源基因进入受体细胞的运载工具被称作基因工程的载体（vector）。

基因工程的载体的本质是 DNA。经过人工构建的载体，不仅能与外源基因连接重组从而将外源基因导入受体细胞，而且还能利用受体细胞的有关调控系统，使导入的外源基因在受体细胞中得以扩增复制、功能表达。按照介导的作用目的，可将基因工程载体主要分为克隆载体和表达载体。一般克隆载体中都有一个松弛性复制系统，能使外源 DNA 在受体生物细胞中扩增复制；而一般表达载体中都有一个受体生物细胞所要求的包括启动子序列在内的调控系统，能使外源基因在受体生物细胞中进行功能表达。

按导入的受体微生物，可将基因工程载体分为大肠杆菌（原核细胞）载体、酵母载体等。

1. 大肠杆菌载体

大肠杆菌载体主要有以下几类：质粒载体、噬菌体载体、柯斯质粒（黏粒）载体。

1）质粒载体

（1）质粒的生物学特性

质粒（plasmid）是指细菌等生物细胞内一类独立于染色体外而能自我复制的遗传物质。一般为双链（double strand，DS）的共价闭合环状 DNA（covalently closed circular DNA，cccDNA）。质粒分子的长度一般为 1～200 kb。不同质粒的分子质量差异显著，小质粒的分子质量约为 10^6 u，仅能编码 2～3 种中等大小的蛋白质；而大质粒的分子质量可达 10^8 u。质粒依赖于宿主编码的酶和蛋白质进行复制和转录，是宿主的共生物。其也可编码宿主染色体所不具有的基因，表现出非染色体控制的遗传性状，赋予宿主细胞新的遗传特性，例如，抗抗生素、抗重金属、产生抗生素、产生细菌素、产生限制酶与甲基化酶、诱致植物结瘤等。

质粒的不亲和性（plasmid incompatibility），也称不相容性，是指在没有选择压力的情况下，两种亲缘关系密切的不同质粒不能在同一宿主细胞中稳定共存的现象。由于在进入同一单细胞后，两种亲缘关系较近的不同质粒的拷贝数并不总能保持相同，因此其中一种质粒在细胞增殖过程中会被逐渐排斥（稀释）掉。彼此不相容的质粒属于同一个不亲和群（incompatibility group），而彼此能够共存的亲和质粒则属于不同的不亲和群。

（2）质粒的分类

① 根据赋予宿主的遗传性状，一般大肠杆菌质粒可分为 F 因子（性因子）、R 质粒（抗药性因子）、Co 质粒（产生大肠杆菌素因子）等。F 因子可使宿主染色体部分基因随其一起转移至本不存在该质粒的宿主内，同时其自身部分基因亦可保留于原宿主染色体中；R 质粒可编码一种或数种抗生素抗性基因，并能转移至缺乏该质粒的适当宿主中，使后者获得同样抗性；Col 质粒编码大肠杆菌素基因，该基因的表达产物大肠杆菌素是一类可使不带 Col 质粒而亲缘关系密切的菌株死亡的蛋白质。

② 根据转移能力，一般可将大肠杆菌质粒分为接合型质粒和非接合型质粒。接合型质粒除可自我复制外，也编码细菌配对和质粒结合转移基因；而非接合型质粒不能自主转移，但当在宿主中同时存在接合型质粒和非接合型质粒时，非接合型质粒亦可被转移。通过与接合型质粒共存所引起的非接合型质粒的转移过程被称为迁移作用（mobilization）。从基因工程的安全方面考虑，利用非接合型质粒作为克隆载体更为合适。

③ 根据复制控制类型，一般可将大肠杆菌质粒分为严紧型复制控制质粒和松弛型复制控制质粒。一种质粒在一个细胞中存在的数目称为质粒拷贝数（plasmid copy number）。控制质粒拷贝数的基因位于质粒上一个包括 DNA 复制起点在内的 DNA 区域。通常一个质粒只含一个复制起始区。由融合产生的极少数质粒会含不止一个复制子，但是也只有一个复制子具有活性。

严紧型复制控制质粒的复制与宿主染色体的复制同步，并与宿主蛋白质合成有关，而与 DNA 聚合酶Ⅰ活性无关。如果宿主蛋白质的合成终止，那么质粒与宿主染色体的复制也停止。因此，每个宿主细胞中只能达到 1 至数个拷贝。然而，松弛型复制控制质粒的复制与宿主染色体的复制不同步，其与 DNA 聚合酶Ⅰ的活性有关，而与蛋白质的合成无关。当宿主蛋白质的合成终止时，质粒仍可复制。因此，每个宿主细胞中的质粒拷贝数可达 10～200 个。

一种质粒属于严紧型还是松弛型也不是绝对的，同宿主的状况有关。同一质粒在不同的宿主细胞中可能具有不同的复制控制类型。这也说明质粒的复制不仅受自身的制约，而且受宿主的控制。

在需提取松弛型复制控制质粒时，通常用氯霉素等蛋白质合成的抑制剂处理宿主，以阻止其蛋白质合成及染色体复制，从而可使宿主细胞中的质粒拷贝数增至数千个。因此，在基因工程中为提高工程菌表达效率，一般选用属于松弛型复制控制质粒的载体。

需要指出的是，质粒的转移能力、分子大小、复制控制类型之间有一定的相关性。在一般情况下，接合型质粒的分子质量大，拷贝数少（严紧型）；而非接合型质粒的分子质量小，拷贝数多

(松弛型)。

(3) 质粒载体的条件及选择　质粒克隆载体是指能将外源基因携带至宿主细胞并可在其中自主复制的质粒 DNA。理想的质粒克隆载体一般具备以下条件：①分子结构中具有多个单一限制酶切位点，具有易被检测的选择标记基因，且切点位于选择标记基因上；②能插入、运载一定大小的外源基因；③在携带外源基因前后在宿主细胞内均能自主复制；④在与外源基因构建重组质粒后具有转化功能；⑤分子质量小，易于操作，一般为松弛型复制控制；⑥容易控制，安全可靠。

在基因工程中，需根据具体情况选择适当质粒克隆载体。如果克隆的目的是获取大量高纯度的 DNA 片段，那么可选用属于松弛型复制控制质粒的载体，例如，ColEI；如果有些外源基因用高拷贝数质粒载体克隆后，其产物含量过高会干扰寄主细胞的新陈代谢活动，那么可选用属于严紧型复制控制的 pSC101 质粒派生的载体。现已通过 DNA 重组技术构建了许多质粒克隆载体供基因工程应用，例如：pBR322、pUC 系列（例如：pUC18、pUC19）、M13mp 系列等。

(4) 质粒载体例解　pBR322，它曾是一种应用最为广泛的克隆载体，现许多应用广泛的质粒载体都由其衍生而来。其带有氨苄西林抗性基因 amp^r，四环素抗性基因 tet^r 两个选择标记基因，属于松弛型复制控制质粒载体。

该质粒载体 DNA 分子由 4.363 kb 组成，现已知 27 种限制酶在其上有单一识别序列、切割位点。其中 8 种限制酶，即 EcoR V、Nhe Ⅰ、BamH Ⅰ、Sph Ⅰ、Sal Ⅰ、Xma Ⅲ、Nru Ⅰ和 BspM Ⅰ的单一切割位点位于四环素抗性基因 tet^r 之中，2 种限制酶，即 Cla Ⅰ和 Hind Ⅲ的单一切割位点位于该基因的启动区内。外源 DNA 在这 10 个限制酶切割位点上的任一插入都会导致 tet^r 基因的失活；4 种限制酶，即 Sca Ⅰ、Pvu Ⅰ、Pst Ⅰ和 Ppa Ⅰ的单一切割位点位于氨苄西林抗性基因之中。外源 DNA 在这 4 个限制酶切割位点上的任一插入都会导致 amp^r 基因的失活。

为方便起见，统一规定该环状质粒载体 DNA 分子中核苷酸的计数从 EcoR Ⅰ的识别序列开始。在该识别序列 GAATTC 中，以第一个 T 为核苷酸 1，然后沿着从 tet^r 基因到 amp^r 基因的方向顺序计数，如此画出该质粒的碱基序列结构图。在此基础上，任何两个识别序列间的距离均可准确地计算出。这也为其他未知 DNA 片段长度的测定提供了相应的标准分子质量。

2) 噬菌体载体

(1) 噬菌体的生物学特性　噬菌体是微生物病毒的总称。不同种类的噬菌体（颗粒）在外形上差别很大。大多数噬菌体颗粒由呈 20 面体的头部及尾部构成，例如 λ 噬菌体；还有一些噬菌体颗粒为线状体型，例如 M13。在结构上，噬菌体颗粒比质粒复杂。噬菌体颗粒的外壳是蛋白质，内部是核酸。该核酸最常见的构型是线状双链 DNA，此外，还有环状双链 DNA、线状单链 DNA、环状单链 DNA 等。在噬菌体 DNA 分子中，除具有复制起点外，还有编码外壳蛋白质等的基因。噬菌体的感染效率极高。如果在琼脂平板上感染生长着的细菌，那么感染以最初被感染的细胞所在位置为中心逐渐向四周均匀扩展，最后在琼脂平板上形成明显的噬菌斑，此即被感染的细菌细胞被噬菌体裂解之后留下的空斑。

噬菌体的生命周期可分为溶菌周期和溶源周期。溶菌周期是指噬菌体吸附到宿主细胞表面后注入 DNA，经过 DNA 复制及蛋白质合成，组装成子代噬菌体颗粒，最后使宿主细胞破裂，释放出子代噬菌体颗粒的生长周期。只具有溶菌周期的噬菌体被称作烈性噬菌体。溶源周期是指噬菌体在感染过程中不产生子代噬菌体颗粒，而将噬菌体 DNA 整合到宿主细胞染色体 DNA 中，成为其组成部分的生长周期。具有溶源周期的噬菌体被称作温和噬菌体。

具有一套噬菌体完整基因组的细菌被称作溶源性细菌（lysogen）。以温和噬菌体感染细菌培养物使之形成溶源性细菌的过程被称作溶源化（lysogenization）。整合的噬菌体 DNA 是指插入宿主细胞染色体 DNA 中的噬菌体 DNA；而以质粒 DNA 分子形式存在的噬菌体 DNA 被称作非整合的噬菌体 DNA。

经过许多世代之后，溶源性细菌也能开始溶菌周期。噬菌体基因组以单一 DNA 片段的形式从宿主细胞染色体上删除下来的过程被称作溶源性细菌的诱发。

(2) λ 噬菌体载体　如上所述，λ 噬菌体颗粒由头与尾两部分组成。头部装载了其整个基因组 λDNA。λDNA 为一长度约 48.5 kb 的线状双链 DNA 分子，可以分为三个区段：左臂、中央区、右臂。在左臂和右臂的 5-处各有一 12 个碱基长的互补单链（从而构成黏性末端）。当 λ 噬菌体感染宿主细胞时，λDNA 被注入宿主细胞后会迅速通过黏性末端的互补作用形成环状双链 DNA 分子。这种由黏性末端结合形成的双链区段称作 cos 位点 (cohesive-end site)。

λDNA 至少包括 61 个基因。其中大约半数基因参与噬菌体生命周期活动，因此这类基因称作 λ 噬菌体的必要基因，位于其左臂和右臂；另一部分基因在被外源基因取代后并不影响噬菌体的生命周期活动，因此这类基因称作 λ 噬菌体的非必要基因，位于其中央区。

λ 噬菌体在宿主细胞中繁殖时，复制的 DNA 必须被包装到先已组装好的头部，并再接上尾巴后才能成为成熟的噬菌体颗粒，才具备感染大肠杆菌细胞的能力。噬菌体要具有感染性，被包装的 DNA 必须具有一定的长度。野生型 λ 噬菌体 DNA 被包装的效率最高，并且所形成的噬菌体颗粒具有最强的感染性。如果被包装的 DNA 与 λ 噬菌体载体的总长度短于野生型 λDNA 长度的 78%或者长于野生型 λDNA 长度的 105%，那么就不能形成具有感染性的噬菌体颗粒。

λ 噬菌体载体中取代了非必要基因的外源基因，可随宿主细胞一起复制和增殖。λ 噬菌体载体是最早使用的克隆载体，其在基因工程中始终发挥着重要的作用。

λ 噬菌体载体的优点在于：a. 可携带较长的外源 DNA 片段；b. 重组后的 DNA 分子可在体外被包装成噬菌体颗粒。与用 DNA 直接转染细菌相比，包装成的噬菌体颗粒具有更强的感染宿主细胞的能力；c. 重组的噬菌体容易筛选和贮存。

① λ 噬菌体载体的分类。根据插入方式，一般可将 λ 噬菌体载体分为插入型载体和置换型载体。a. 插入型载体 (insertion vector) 是指在基因组的非必要基因区内有一种或不止一种限制酶的单一酶切位点可供外源 DNA 插入，而不缺失其本身任何片段的 λ 噬菌体载体。由插入型载体得到的重组 DNA 分子都比原载体长。插入型载体可容纳的外源 DNA 片段相对较小，一般在 10 kb 以内。λ 噬菌体插入型载体广泛应用于 cDNA 以及小片段 DNA 的克隆。常用的插入型载体有 λgt10、λgt11、λgt18～23 系列载体、λZAP 等。b. 置换型（取代型）载体 (replacement vector) 是指在基因组的非必要基因区内两个或两个以上的限制酶切位点间的 DNA 区段可被插入的外源 DNA 片段所置换的 λ 噬菌体载体。置换型载体容纳外源 DNA 片段大小的范围一般在 9～22 kb。常用的置换型载体有 EMBL 系列载体等。需要指出的是，有些 λ 噬菌体载体兼有插入和置换两种外源 DNA 片段的插入方式，这具体取决于载体与外源 DNA 末端匹配的限制酶切位点的种类和数目等。

② λ 噬菌体载体的选择。并没有一种可以适于克隆所有 DNA 片段的 λ 噬菌体载体。因此，必须在许多载体中选择一种更适合于特定研究目的的载体。在具体选择时，应该考虑以下几点：a. 如果要从染色体 DNA 来构建基因组文库，那么可以选择置换型的 λ 噬菌体载体，因其可容纳 DNA 较大片段。由于常用 *Sau*3A Ⅰ或 *Mbo* Ⅰ部分酶解染色体 DNA 以产生近随机切割的大片段，而这些片段的黏性末端序列结构要求选用含有 *BamH* Ⅰ位点的载体，因此常选用 λEMBL3、λEMBL4 及 Charon28 等置换型载体构建染色体基因组文库。b. 如果要从染色体 DNA 中分离某一基因，而又不需构建完整基因组文库，那么选择的自由度就较大。选择主要取决于酶解染色体 DNA 所用的限制酶种类，例如：如果某一待分离基因包含于染色体 DNA 的 *Eco*R Ⅰ的酶解产物中，那么首先确定选择含有 *Eco*R Ⅰ位点的载体，然后再根据含有待分离基因的 DNA 片段的大小确定选择置换型载体或插入型载体。c. 如果需要构建 cDNA 文库，那么常选 λgt10 或 λgt11 插入型载体；如果考虑选用抗体探针，那么常选 λgt11 这一有效表达载体。

③ λ噬菌体载体例解。

a. λgt10：该载体是专门为在其单一的*Eco*R Ⅰ限制酶切位点上克隆小的cDNA片段（约6 kb）而设计的。当外源DNA的量十分有限时，常用此载体，该载体克隆效率很高。

b. λgt11：该载体是一个可用于免疫学筛选的载体。外源DNA片段（可长达7.2 kb）插入其*lacZ*基因内的单一*Eco*R Ⅰ位点。如果该插入DNA片段的读框与其*lacZ*基因的读框吻合，那么就可表达融合蛋白，并可以用抗体进行筛选。

（3）M13噬菌体载体

① M13噬菌体的特性。M13是丝状噬菌体，含有长度为6407个核苷酸的闭合环状单链DNA基因组。当M13感染宿主大肠杆菌细胞时，侵入的单链噬菌体DNA转变为双链复制型（RF）。双链复制型在复制时产生大量的单链DNA。单链DNA再被外壳蛋白包装为成熟的噬菌体颗粒。在宿主大肠杆菌细胞生长过程中，子代噬菌体颗粒被释放出来。

② M13噬菌体载体的利用。M13噬菌体经改造后可作为单链DNA载体或双链DNA载体。将M13噬菌体改造成为克隆载体，主要利用M13基因组中一段507个核苷酸区域的基因间隔序列（IS）。由于IS区是M13基因组中唯一的非必要区，因此该区可接受外源DNA的插入而不影响M13活力。

M13噬菌体载体主要具有以下几点突出优点：a. 由于M13单链DNA的复制型呈双链环形，因此此时的DNA可同质粒DNA一样进行提取和体外操作；b. 不论是双链的还是单链的M13 DNA均能感染宿主细胞，产生噬菌斑或形成侵染菌落；c. 由于M13是丝状噬菌体，其长度不受外壳蛋白包装的限制，因此根据重组DNA的长度，被包装成的噬菌体颗粒可大可小。M13噬菌体载体主要用于为以Sanger双脱氧核苷酸末端终止法测定DNA序列制备单链DNA模板。

③ M13噬菌体载体例解。

M13mp7：该载体有单一的Pst Ⅰ位点，成对的*Eco*R Ⅰ、*Bam*H Ⅰ*Sal* Ⅰ、*Acc* Ⅰ、*Hinc* Ⅱ位点。单一的位点可供外源DNA的插入，成对的位点可供外源DNA的置换。

3）柯斯质粒载体

柯斯质粒载体（cosmid vector），也称黏粒载体，是指一类由人工构建的含有λDNA的cos位点和质粒复制子的特殊类型的质粒载体。其最初是为克隆和增殖基因组的大片段DNA而设计的。

（1）柯斯质粒载体的组成　柯斯质粒本身的分子质量较小，一般为4～6 kb。其基因组由以下部分组成：①1个质粒复制起始区域复制子；②至少1个抗药性选择标记基因；③至少1个限制酶的单一识别切割位点；④1个λ噬菌体黏性末端片段cos位点。

（2）柯斯质粒载体的特点　①具有质粒载体的特性。它带有质粒的复制子，因此能像质粒DNA一样在寄主细胞内复制，也能在氯霉素的作用下进行扩增，也带有抗生素抗性基因，有些还带有基因插入失活的克隆位点，为重组体的筛选提供了简便的标记。②具有λ噬菌体载体的特性。它在与适宜长度的外源DNA片段重组后，可在体外包装成噬菌体颗粒，并能高效地转入对λ噬菌体敏感的大肠杆菌宿主细胞。进入宿主细胞后，也能像λ噬菌体一样进行环化。但是，由于不含有λ噬菌体的全部基因，因此不能通过溶菌周期形成子代噬菌体颗粒。③具有高容量的克隆能力。质粒载体的克隆容量一般为10 kb，λ噬菌体载体的克隆容量理论极限值是23 kb，一般为15 kb左右，而柯斯质粒载体的克隆极限可达45 kb左右。因此，柯斯质粒载体比质粒载体和λ噬菌体载体的克隆能力都要大得多。但是由于包装限制，柯斯质粒载体的克隆能力也有一个最低极限值，例如，5 kb的柯斯质粒载体，只有插入至少30 kb长的外源DNA片段，才能包装成具有感染性的λ噬菌体颗粒。

（3）柯斯质粒载体例解　用于在细菌中增殖真核DNA的柯斯质粒载体主要有pJB8、c2RB、p-cos1EMBL等。

pJB8载体含有1个氨苄西林抗性基因amp^r、1个ColE Ⅰ复制起点、1个单一cos位点和4个可用于克隆的限制酶切位点（BamH Ⅰ、EcoR Ⅰ、Cla Ⅰ和Hind Ⅲ）。该载体长约5.4 kb，因此可容纳长度为 33～46.5 kb 的外源 DNA 片段。

2. 酵母载体

酵母是单细胞低等真核生物，其基因组大小仅为大肠杆菌基因组的 4 倍。酵母可人工培养，且繁殖迅速，并可像细菌一样进行实验操作。酵母的生命周期包括单倍体和二倍体两种形式，它对基因表达产物有完善的后加工系统。

1）酵母载体的特点

现已构建了许多质粒载体等用于将外源基因导入酵母细胞。酵母载体的共同特点主要有以下几点：①能在大肠杆菌中克隆，且具较高的拷贝数。因此可使外源基因先在大肠杆菌中扩增，再在其帮助下导入酵母细胞；②含有在酵母中便于选择的遗传标记，这些标记一般能与大肠杆菌相应的突变体互补，例如 Leu^+、His^+ 等；有些酵母载体还带有用于大肠杆菌的抗生素抗性标记；③含有合适的限制酶切割位点，以便外源基因的插入。

2）酵母载体的分类

根据复制方式，一般可将酵母载体分为整合型载体、复制型载体和附加体型载体。

（1）整合型载体（YIP） 该类载体由大肠杆菌质粒和酵母 DNA 片段构成。由于其酵母 DNA 片段提供的亮氨酸基因（$leuZ^+$）部分不含有自主复制起始区，而只作为选择标记，因此该类载体在酵母细胞中不能自主复制。该类载体可经转化作用导入受体酵母细胞。进入酵母细胞后的载体 DNA 通过与受体酵母染色体 DNA 的同源重组被整合到酵母染色体 DNA 上，并随酵母染色体 DNA 一起遗传。这样载体 DNA 可以单拷贝基因形式稳定地遗传。该类载体对酵母的转化率低（1～10 个转化子/μg DNA），拷贝数也低，但转化子稳定。其多用于遗传分析等工作。

（2）复制型载体（YRP） 该类载体是将酵母 DNA 片段插入到大肠杆菌质粒中构成的。其中酵母 DNA 片段不仅提供了选择标记，还携带来自酵母染色体 DNA 的自主复制顺序（ARS）。因为同时含有大肠杆菌和酵母的自主复制基因，所以该类载体能在这两种细胞中存在和复制。因此，该类载体属于穿梭载体。所谓穿梭载体（Shuttle vector）是指可在两种截然不同的生物细胞中复制的载体。各种穿梭载体在基因工程中有着广泛的应用。由于许多基因操作在大肠杆菌中进行更简便，因此可利用上述穿梭载体先在大肠杆菌中进行真核基因的大量扩增，然后再通过适当转化方法导入酵母细胞进行真核基因的进一步研究。该类载体对酵母的转化率很高（10^2～10^3 转化子/μg DNA），拷贝数也较高。由于该类载体质粒以 cccDNA 分子形式存在，因此可很容易将其从酵母中提取出来。但是，转化子稳定性较低。

（3）附加体型载体（YEP） 该类载体一般由大肠杆菌质粒、2 μm 质粒及酵母染色体的选择标记组成。2 μm 质粒是酿酒酵母中的一个能独立复制的天然环状双链 DNA 结构的内源质粒，其长度为 2 μm，大小为 6.3 kb。通常 2 μm 质粒 DNA 与蛋白质结合成复合物，存在于核区。2 μm 质粒含有自主复制起始区（ori）和 STB 区。STB 区序列能使质粒在供体细胞中维持稳定。该类载体对酵母的转化率极高（10^3～10^5 转化子/μg DNA），拷贝数也很高（25～100 分子/细胞），也较稳定。因此，该类载体是基因克隆中常用的载体。

如上所述，在酵母中使用的克隆载体在转化后拷贝数与转化子稳定性之间存在着一定的矛盾。拷贝数低的（例如 YIP），转化子稳定性高；而拷贝数高的（例如 YRP），转化子稳定性较低。因此，在基因操作中，要根据不同使用目的进行选择和改造载体。

7.4.4 基因工程中的一些主要分子生物学方法

1. 核酸分子探针的标记

探针（probe）是指在化学及生物学意义上能与特定的靶分子发生特异性相互作用、并可被特殊的方法所测定的分子。例如，抗体-抗原、抗生物素蛋白-生物素等的相互作用都可认为探针与靶分子的相互作用。核酸分子探针是指能与互补核酸序列复性杂交的特定已知核酸片段。根据来源性质，一般可将核酸分子探针分为基因组 DNA 探针、cDNA 探针、mRNA 探针、化学合成的寡核苷酸探针等。

在对基因组 DNA 探针作选择时，需要注意的是，在真核生物基因组中存在高度重复序列。因此，应尽可能选择基因的编码序列（外显子）作探针，避免使用内含子及其他非编码序列作探针。否则，可能会由于非特异性杂交而出现假阳性结果。

在对 cDNA 探针作选择时，需要注意的是，其 poly（dT）可能导致非特异性杂交而出现假阳性结果。

在对 mRNA 探针作选择时，需要注意大多数真核细胞 mRNA 的 poly（A）也可能导致非特异性杂交；②RNA 极易被环境中的核酸酶降解而不易操作等。

在对寡核苷酸探针作选择时，需要注意以下几点：①探针长度一般为 10～50 bp。如果太短，那么特异性降低；如果太长，那么杂交时间延长；②探针的 GC 含量应为 40%～60%。否则，非特异性杂交增加；③务必避免探针内部存在互补序列，即避免出现长于 4 bp 的碱基反向互补配对。否则，探针内部会形成发夹状结构；④避免同一碱基连续出现 4 次以上；⑤最好在计算机上与已知各基因序列进行同源性比较。避免其与非靶基因序列有 70%以上的同源性或连续 8 个以上的碱基序列相同。

在从蛋白质多肽序列推测寡核苷酸序列以合成寡核苷酸探针时，需要注意以下几点：①尽量选择那些只含有一种编码的氨基酸的多肽作为合成寡核苷酸探针的参照；②优先选用使用频率最高的密码子；③因为在真核基因中极少有 CG 序列的出现，所以当两个相邻氨基酸的最高频密码子相连会导致 CG 序列出现时，应将其中一种氨基酸的密码子换为次高频密码子。通常是将前一个密码子 NNC 换成 NNT；④参考同一基因家族的基因序列；⑤合成各种可能组合的寡核苷酸探针分别或混合进行探测。

然而，如果需要检测核酸分子探针，那么必须先用合适的方法对探针进行标记。标记的核酸分子探针是核酸分子杂交、DNA 序列测定等技术的基础，已被广泛应用于基因工程中的克隆筛选、酶切图谱制作、DNA 序列测定等。

2. 核酸分子的杂交

核酸分子杂交技术是基因工程及分子生物学领域中最常用的基本技术之一。核酸分子杂交技术是基于在适宜的温度及离子强度等条件下，具有一定同源性的两条核酸单链可按碱基互补原则复性杂交形成双链的原理建立的。杂交的两条核酸单链分别是核酸探针和待测核酸。根据待测核酸的提取处理，一般可将核酸分子杂交主要分为核酸原位杂交、菌落原位杂交、斑点狭缝杂交和膜上吸印杂交等。

3. 多聚酶链式反应

多聚酶链式反应（polymerase chain reaction，PCR）技术是指在模板 DNA、引物和 4 种脱氧核糖核苷酸存在的条件下，利用 DNA 聚合酶催化合成反应，体外扩增特异 DNA 片段的技术。在进行 PCR 扩增时，通常需要设计合成一对（两个）与目的 DNA 片段两侧翼序列分别互补的寡核苷酸引物。其中一引物与目的区段上游一条模板链的序列相互补，而另一引物与目的区段下游另一条模板链的序列相互补。将热变性后分开的两条模板链与摩尔数大为过量的两个引物共同温育复性产生的模板：引物杂交体作为作用底物，利用耐热的 Taq DNA 聚合酶催化延伸合成反应。在第一轮扩增完毕后，将反应混合物再加热使新构成的双链 DNA 变性，然后再度温育使模板链与引物复性，进入第二轮特异性合成。由于耐热的 Taq DNA 聚合酶在热变性步骤中不失活，因此可直接进入第二轮特异性合成而不需要另外补加 DNA 聚合酶等。如此变性、复性、延伸合成周而复始地循环进行，使两引物所限定区间的目的 DNA 片段得到指数式扩增。

如上所述，PCR 的每个循环包括三步：①变性（denaturation）。通过加热至一定温度使双链 DNA 两链间的氢键断裂，DNA 双链离解形成两条 DNA 单链；②复性（退火，annealling）。当反应体系温度突然降低时，由于模板 DNA 分子的结构比引物 DNA 分子复杂得多，而且在反应体系中引物的量大大多于模板，因此引物和与其互补的模板配对形成局部杂交双链，而变性后离解形成的两条模板 DNA 单链之间互补配对的机会则较少；③延伸（extension）。在 4 种脱氧核糖核苷三磷酸底物、Mg^{2+} 等存在的条件下，Taq DNA 聚合酶以模板：引物杂交体分别为模板和引物催化 DNA 链沿

5′→3′方向合成延伸。每个循环的扩增产物作为下一循环的模板。

7.4.5　基因工程新技术及其应用

1. 转基因食品

科学家发现DNA可以在不同物种间进行转移是在1946年，在1983年出现了第一株转基因植物，即抗生素抗性的烟草植株。1994年Monsanto公司经美国FDA批准，上市了第一个转基因番茄——Flavr Savr（flavor savor）；接着在20世纪90年代，重组凝乳酶也逐渐被多个国家允许在奶酪制作中使用。1995年，美国陆续开放了以下产品市场：转基因菜籽油、转入Bt基因的玉米、抗溴草腈的棉花、Bt棉花、Bt西红柿、抗草甘膦大豆等。2000年，科学家通过转基因技术增强了稻米的营养素，发明了转基因黄金大米。到2011年，美国已经带领多个国家生产了25类转基因作物，并进入商业市场流通。截至2013年，美国生产的玉米中的85%、大豆中的91%、棉花中的88%都为转基因产品。

二维码7-8　转基因食品

2. 基因治疗

基因治疗自从1989年French Anderson进行了基因标记物在人体内的试验的准备后，于1990年9月进行了第一例应用腺苷脱氨酶基因（ADA），经反转录病毒导入人自身T淋巴细胞，经扩增后输回患者体内，获得了成功。患者5年后体内10%造血细胞ADA阳性，除了还须应用部分剂量的ADA蛋白外，其他体征正常。这一成功标志着基因治疗的时代已经开始。基因治疗为什么具有诱人的前景？它和基因工程有什么异同？

（1）基因工程是将具有应用价值的基因，即“目的基因”，装配在具有表达所需元件的特定载体中，导入相应的宿主细胞，如细菌、酵母或哺乳动物细胞，在体外进行扩增。经分离、纯化后，获得其表达的蛋白产物。基因治疗是将具有治疗价值的基因，即“治疗基因”，装配于能在人体细胞中表达所必备元件的载体中，导入人体细胞，直接进行表达。它无须对其表达产物进行分离纯化，因为人细胞本身可以完成这一个过程。

（2）正由于以上原因，在基因工程中耗资最大的一部分器材与材料及其费用，在基因治疗中可以省却，从而使今后工业化的成本明显降低。

（3）基因工程的“目的基因”产物迄今为止尚限于可分泌的蛋白，如生长因子、多肽类激素、细胞因子、可溶性受体等。对于非分泌性蛋白，如受体、细胞内酶、转录因子、细胞周期调控蛋白、原癌基因及抑癌因子等，由于不能有效地进入细胞而不能应用于基因工程。但基因治疗不受以上限制。几乎所有的细胞基因，只要它具有治疗作用，理论上均可应用于基因治疗。因此，基因治疗具有更巨大的潜力。当然，随着蛋白质结构与功能的研究，今后对非分泌性蛋白，通过加上某些手段或进行某些加工，使其同样能进入细胞。例如，最近应用HIV的N端11肽，可使许多蛋白质能进入细胞就是一个例子。

（4）基因工程的操作全部在体外完成。基因治疗则必须将基因直接导入人体细胞。这不仅在技术上具有很大难度，且对其有效性与安全性方面提出了苛刻要求。基因工程的技术已经有近40年的历史，技术已比较成熟；基因治疗还仅有20年经历，不少技术依然不够成熟。

二维码7-9　基因治疗

3. 基因芯片

基因芯片技术是20世纪90年代发展起来的分子生物学技术，是各学科交叉综合发展的新产物。它是采用原位光刻或显微印刷技术在载体材料上形成DNA微矩阵，与标记的样品核酸分子进行杂交反应。样品DNA/RNA在PCR扩增或转录的过程中被标记，与微矩阵的芯片上的DNA/RNA（探针）杂交后经仪器扫描及计算机分析即可获得样品中大量基因的遗传信息。该技术可应用于新基因的发现、高通量基因表达平行分析、大规模序列分析、基因多态性分析、基因组研究、病原微生物检验、食品安全性检验等，也是基因功能研究的主要工具。生物芯片的主要特点是高通量、自动化、微型化。芯片上密集排列的分子微矩阵，使人们能够短时间内分析大量的生物分子，快速而准确地获取样品中的生物信息，极大地提高了传统检测手段的效率（图 7-30）。

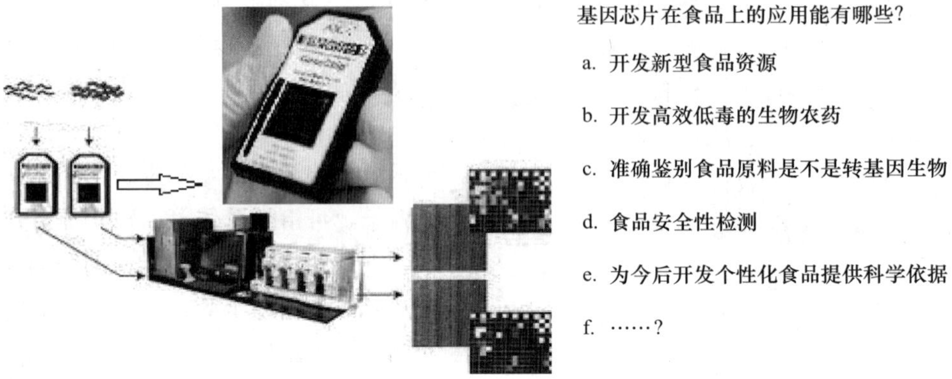

图 7-30　基因芯片及其检测系统

7.5　菌种的衰退、复壮和保藏

在生物进化过程中，遗传性的变异是绝对的，而其稳定性却是相对的；退化性的变异是经常性的、大量的，而进化性的变异却是个别的。在自然条件下，个别的适应性变异通过自然选择就可保存和发展，最后成为进化的方向。当人们筛选出一株适合于生产的优良菌种，并欲使菌种在长期生产中保持良好的生产性能，便于长期使用时，就必须适当地采用最佳保藏方法，减少菌种的衰退与死亡。掌握好菌种衰退的某些规律并采取相应的措施，能使衰退的菌种复壮。

7.5.1　菌种的衰退与复壮

1. 菌种的衰退

用于生产实践的优良菌种，如果不经常进行纯化、复壮和育种，大量自发突变株就会随之泛滥，最后导致菌种的衰退，造成持续的低产和产品质量不稳定。

1）衰退现象

衰退是指由于自发突变使某种微生物原有一系列生物学性状发生量变或质变的现象。如果群体细胞中衰退细胞在数量上占优势，则表现为菌种生产性能的下降。

（1）菌落和细胞形态改变　每一种微生物在一定培养条件下都有一定的形态特征，如果典型的形态特征逐渐减少，则表现为衰退。

（2）生长速度变慢或产生的孢子变少　某些放线菌或霉菌在斜面上多次传代后产生“光秃”型，出现孢子减少或不长孢子的衰退，从而造成生产上用孢子接种困难，同时也不利于菌种选育和保藏。

（3）生产性能下降　由于基因发生负突变，导致生产菌种代谢产物的生产能力下降。例如，黑曲霉的糖化力下降，抗生素生产的发酵单位降低，各种发酵代谢产物的产量降低，以及酸奶菌种乳酸菌的活力或产乳酸能力下降等，都是明显的菌种衰退现象，可直接影响有关产品的产量和质量。

（4）对生长环境的适应能力减弱　对外界不良条件包括低温、高温或噬菌体侵染等抵抗能力的下降。如抗噬菌体菌株变为敏感菌株，原来能利用某种物质的能力降低等。

2）衰退原因

菌种衰退的主要原因是有关基因的负突变，其次是培养条件的改变和育种后未经分离纯化。

（1）有关基因的负突变　菌种衰退是一个由量变到质变的逐步演化过程。即使在正常情况下，菌种也会发生低频率（一般 $10^{-9}\sim10^{-6}$）的自发突变。开始时群体细胞中只有个别细胞发生基因负突变，但是随着传代次数的增加，群体中这种负突变个体的比例就逐步增大，最后发展为优势群体，从而使整个细胞群体表现出严重的衰退。如果控制产量的基因发生负突变，则表现为产量下降；如果控制孢子生成的基因发生负突变，则产生孢子的能力下降。

（2）培养条件的改变　培养条件包括温度、pH、培养基组分等。如果菌种在不适宜的培养条件下长期生长，则不易保持其优良性状。

由此可见，菌种衰退的原因，不仅决定于有关基因的负突变，而且也决定于其所处的培养条件的改变。但必须指出，由培养条件的改变而导致菌种在形态和生理上的性状变异是不稳定的，属于非遗传的环境性变异，是一种饰变（指外表的修饰性改变，亦即一种不涉及遗传物质结构的改变，而只发生在转录、转译水平上的表型变化）。它们只是表型发生改变，而基因型并未改变。因此，当培养条件恢复正常，则菌种失去变异的性状，而恢复其正常的原有性能。例如，产生维生素 B_2 的阿舒假囊酵母（*Eremothecium ashbyii*），如果长期培养在不含豆渣的培养基上，其合成维生素 B_2 的能力就会衰退，若继续传代培养于豆渣培养基上又能得到恢复。

（3）育种后未经分离纯化　如果菌落是由一个以上的孢子或细胞繁殖而成，而其中只有一个是高产突变孢子或细胞，经传代后，会使高产细胞数逐渐减少，导致产量降低。即使菌落由一个孢子或细胞形成，但许多微生物为多核细胞，经诱变后，几个核的变异状态不相一致，传代过程中因核的分离会促使性状表现多样化，产量也会随之变化。即使是单核细胞，如果双链 DNA 上仅一条链上的某个位点发生突变，而另一条链未发生突变，在进一步传代后也会产生性状分离，形成不纯的菌株。如果其中有一个是负突变的孢子或细胞，则很快导致产量下降。

二维码 7-10　菌种的退化

2. 防止衰退的措施

采用下列几种方法防止菌种衰退或推迟衰退的时间。

（1）合理育种　出发菌株应选用单核细胞而避免使用多核细胞；合理选择诱变剂种类和剂量或增加突变位点，以减少分离回复；在诱变处理后进行充分的后培养及分离纯化，以保证保藏菌株的纯粹。

（2）控制传代次数　即尽量避免不必要的移种和传代，并将必要的传代次数降低到最低水平，以降低基因自发突变率。为此，任何较重要的菌种都应采用一套相应的良好菌种保藏方法，以减少传代次数，防止衰退细胞在群体中占优势。

（3）采用有效的菌种保藏方法　生产性能是发酵工业生产菌种的主要性状。即使在较好保藏条件下，这种性状仍容易衰退。因此有必要研究和采用更有效的菌种保藏方法以防止菌种的衰退。例如，利用低温 0～4℃（定期移植低温保藏法），－70℃（甘油悬液法），甚至－196℃（液氮保藏法）可有效防止基因自发突变。此外，对于不同种类的微生物应有各自的适用保藏方法，以提高其存活率，而降低其自发突变率。

（4）创造良好的培养条件　尽量创造适合原菌种生长的良好条件，能在一定程度上防止衰退。例如，在赤霉素生产菌的培养基中，加入糖蜜、天冬酰胺、谷氨酰胺、5′-核苷酸或甘露醇等丰富营养物时，有防止衰退效果。

（5）利用不易衰退的细胞类型接种传代　在放线菌和霉菌中，由于其菌丝细胞常含多个细胞核，甚至由异核体组成，因此若用菌丝接种易出现离异或衰退。而孢子一般是单核细胞，用之接种就不会发生此类现象。在实践中，用灭菌的棉团轻巧地对放线菌进行斜面移种，即可避免接入菌丝。

（6）防止诱变处理后的退化　①采用高剂量的紫外线处理出发菌株，有利于得到较多的纯菌落。这是因为高剂量处理可使 DNA 链中的一条链上某一位点发生突变的同时，对另一条链造成完全失活而不能复制，如此可提高纯种产生的概率。②筛选高产变异株的同时，配合分离纯化，及时淘汰低产的分离株。③选育不退化的稳定性较好的菌株。

3. 菌种的复壮

狭义的复壮是指在菌种已发生衰退的情况下，通过纯种分离和测定典型性状、生产性能等指标，从已衰退的群体中筛选出少数尚未退化的个体，以达到恢复原菌株固有性状的目的；而广义的复壮应是在菌种典型特征或生产性状尚未衰退前，就经常有意识地采取纯种分离和生产性状的测定工作，以期从中筛选到自发的正突变个体。

1）分离纯化

在衰退菌种的细胞群中，一般还存在着仍保持原有典型性状的个体。通过分离纯化，设法将这种细胞挑选出来即可恢复原菌株的典型性状，达到复壮效果。常用的分离纯化方法有以下两种。

（1）菌落纯　采用平板划线分离法、平板表面涂布法和琼脂培养基浇注法，在适宜条件下培养，可以获得单菌落。

（2）细胞纯　该法为较精细的单细胞或单孢子分离方法，可以达到菌株纯的水平。常用的方法有：①单胞（孢）直接挑取法。即采用显微镜操纵器直接挑取单细胞或孢子，移植到培养基上培养。②菌丝尖端切割法。对不产孢子的丝状菌用无菌小刀取菌落边缘的菌丝尖端或用无菌毛细管插入菌丝尖端，以截取单细胞进行分离移植。

2）宿主复壮

对于因长期在人工培养基上移种传代而衰退的病原菌，可接种到相应的昆虫或动、植物宿主体中，通过此种活的“选择性培养基”一至多次的选择，就可从典型的病灶部位分离到恢复原始毒力的复壮菌株。

3）淘汰已衰退的个体

研究发现，若对泾阳链霉菌（*Streptomyces jingyangensis*）“5406”农用抗生菌的分生孢子采用（－30～－10℃）的低温处理5～7 d，使其死亡率达到80%左右，结果会在抗低温的存活个体中留下未退化的个体，从而达到了复壮效果。

二维码7-11　菌种的复壮

7.5.2　菌种的保藏

菌种是一种极其重要而珍贵的生物资源，菌种保藏是一项十分重要的基础性工作。菌种保藏机构的任务是在广泛收集实验室和生产用菌种、菌株、病毒毒株（有时还包括动、植物的细胞株和微生物质粒等）的基础上，将它们妥善保藏，使之不死亡、不衰退、不污染、不降低生产性能，以供科研和生产单位之用。为此，国际上一些较发达国家都设有国家级的菌种保藏机构。例如，中国微生物菌种保藏委员会（CCCCM，1952年建于北京）、美国典型菌种保藏中心（ATCC）、英国的国家典型菌种保藏所（NCTC）以及日本的大阪发酵研究所（IFO）等都是有关国家的代表性菌种保藏机构。

1. 菌种保藏原理

用于长期保藏的原始菌种称保藏菌种或原种。菌种保藏的基本原理是：首先应挑选典型菌种或典型培养物的优良纯种，最好采用它们的休眠体（如芽孢、分生孢子等）；其次是根据微生物的生理生化特性，人工创造一个有利于休眠的良好环境条件，如低温、干燥、缺氧、缺乏营养素，以及添加保护剂或酸度中和剂等，使微生物处于代谢活动不活泼、生长繁殖受到抑制的休眠状态。干燥和低温是菌种保藏中的最重要因素。据试验，微生物生长温度的低限约在－30℃，而酶促反应低限在－140℃。因此，低温需与干燥结合才有良好保藏效果。细胞体积大小和细胞壁的有无影响细菌对低温的敏感性，一般体积大和无壁者较敏感。冷冻保藏前后的降温与升温速度对不同生物影响不同。细胞内的水分在低温下会形成破坏细胞结构的冰晶体，而速冻可减少冰晶体的产生。

2. 常用的菌种保藏方法

一种良好的菌种保藏方法，首先应保持原菌优良性状长期稳定，同时还应考虑方法的通用性、操作的简便性和设备的普及性。在国际上最有代表性的美国ATCC中，近年来仅选择最有效的冷冻干燥保藏法和液氮保藏法保藏所有菌种，两者结合既可最大限度减少不必要的传代次数，又不影响随时分发给全球用户，效果甚佳。我国CCCCM的菌种保藏规模目前为亚洲第一（有1.4万余株各种微生物），现采用斜面传代法、冷冻干燥保藏法和液氮保藏法进行保藏。

1）斜面传代保藏

斜面传代保藏是将菌种定期在新鲜琼脂斜面培养基上或穿刺培养，然后在低温条件下保存。它可用于实验室中各类微生物保藏，简单易行，且不要求任何特殊设备，但此法易发生培养基干枯、菌体自溶、基因突变、菌种退化、菌株污染等不良现象。因此要求最好在基本培养基上传代，目的是能淘汰突变株，同时转接菌株应保持在较低水平。斜面培养物应在密闭容器中于5℃保藏，以防止培养基脱水并降低代谢活性。此方法一般保存时间为3～6个月，不适宜用作工业菌种的长期保藏。放线菌于4～6℃保存，每3个月移接1次，酵母菌于4～6℃保存，每4～6个月移接1次。霉菌于4～6℃保存，每6个月移接1次。

2）矿物油中浸没保藏

此方法简便有效，可用于丝状真菌、酵母、细菌、放线菌的保藏。特别对难以冷冻干燥的丝状真菌和难以在固体培养基上形成孢子的担子菌等的保藏更为有效。将琼脂斜面或液体培养物或穿刺培养物浸入矿物油中，于室温下或冰箱中保藏。操作要点是首先让待保藏菌种在适宜培养基上生长，然后注入经160℃干热灭菌1～2 h或湿热灭菌后120℃烘去水分的矿物油，矿物油用量以高出培养物1 cm为宜，并以橡皮塞代替棉塞封口，这样可使菌种保藏时间延长至1～2年。以液体石蜡封存时，应对需保藏的菌株预先做试验，因为某些菌株如酵母、霉菌、细菌等能利用石蜡为碳源，还有些菌株对液体石蜡保藏敏感。保藏菌株一定时间内应做存活试验。

3）干燥载体保藏

此法适用于产孢子或芽孢微生物的保藏。将菌种接种于适当载体上，如河沙、土壤、硅胶、滤纸及麸皮等以保藏菌种。以沙土保藏用得较多，将河沙经24目过筛后用10%～20%盐酸浸泡3～4 h，除去其中所含有机物，用水漂洗至中性，烘干，然后装入高度约1 cm的河沙于小试管中，121℃间歇灭菌3次，用无菌吸管将孢子悬液滴入沙粒小管中，真空干燥8 h，于常温或低温下保藏均可，保存期为1～10年。土壤法以土壤代替沙粒，不需酸洗，经风干，粉碎，然后同法过筛、灭菌即可。一般细菌芽孢常用沙管保藏，霉菌的孢子多用麸皮管保藏。

4）冷冻保藏

冷冻保藏是指将菌种于－20℃以下温度保藏。冷冻使微生物代谢活动停止，冷冻温度越低，效果越好。为使保藏结果更加令人满意，通常在培养物中加入冷冻保护剂，还要掌握好冷冻速度和解冻速度。冷冻保藏的缺点是培养物运输较困难。

（1）普通冷冻保藏技术（－20℃）　将液体培养物或从琼脂斜面培养物收获的菌种培养在小试管或培养瓶斜面上生长适度，将试管或瓶口用橡胶塞严格封好，于低温冰箱（－30～－20℃，－80～50℃）中保存，或于－20～4℃普通冰箱中保存，可以维持活力1～2年。应注意的是经过1次解冻的菌株培养物不宜再用来保藏。这一方法虽简便易行，但不适宜多数微生物的长期保藏。

（2）超低温冷冻保藏技术　要求长期保藏的微生物菌种，一般都应在－60℃以下超低温冷藏柜中保藏。超低温冷冻保藏的一般方法是：先离心收获对数生长中期至后期的微生物细胞，再用新鲜培养基重新悬浮所收获的细胞，然后加入等体积的20%甘油或10%二甲亚砜冷冻保护剂，混匀后分装入冷冻指管或安瓿瓶中，于－70℃超低温冰箱中保藏。超低温冰箱的冷冻速度一般控制在1～2℃/min，一些细菌和真菌菌种可用此保藏方法保藏5年而活力不受影响。

（3）液氮冷冻保藏技术　大量有特殊意义和特征的高等动、植物细胞能够在液氮中长期保藏，并发现在液氮中保藏的菌种的存活率远比其他保藏方法高且回复突变的发生率极低。液氮保藏已成为工业微生物菌种保藏的最好方法。保藏时，先制备冷冻保藏菌种的细胞悬液，分装0.5～1 mL，放入玻璃安瓿瓶或液氮冷藏专用塑料瓶，玻璃安瓿瓶用酒精喷灯封口。然后以1～2℃/min的制冷速度降温，直到细胞冻结点（通常为－30℃）。待细胞冻结后，将制冷速度降为1℃/min，直到温度达到－50℃，将安瓿瓶迅速移入液氮罐中于液相（－196℃）或气相（－156℃）中保存。如果无控速冷冻机，可用如下方法代替：将安瓿或液氮瓶置于－70℃冰箱中冷冻4 h，然后迅速移入液氮罐中保存。在液氮冷冻保藏中，常用的冷冻保护剂是二甲亚砜和甘油，最终使用浓度一般为甘油10%、二甲亚砜5%。甘油一般用高压蒸汽灭菌，而二甲亚砜最好用过滤除菌。

5）真空冻干保藏

先将菌种培养到稳定期，一般培养放线菌和丝状真菌需 7～10 d，培养细菌需 24～28 h，培养酵母需 3 d。然后混悬于含有保护剂的溶液中，保护剂常选用脱脂乳、蔗糖、动物血清、谷氨酸钠等，菌液浓度为 10^{9} ～ 10^{19} 个/mL 以上，取 0.1～0.2 mL 菌悬液置于安瓿管中冷冻，再于减压条件下使冻结的细胞悬液中的水分升华至 1%～5%，使培养物干燥。最后将管口熔封，保存在常温下或冰箱中。大部分菌种可以在冻干状态下保藏 10 年之久而不丧失活力，而且经冻干后的菌株无须冷冻保藏，便于运输。

6）基因工程菌保藏

对于基因工程宿主细胞而言，质粒基因通常为生长非必需，故所携带外源 DNA 片段在遗传上不太稳定，其外源质粒复制子很容易丢失，且丢失后生长速度会加快。而由质粒编码的抗生素抗性在富集重组质粒的细胞群体时极为有用，当培养基中加入抗生素时，抗生素提供了有利于携带重组质粒的细胞群体的选择压力。而且在运用基因工程菌进行发酵时，抗生素的加入可帮助维持质粒复制与染色体复制的协调。由此看来，基因工程菌最好应保藏在含低浓度选择剂的培养基中。

思考题

1. 证明遗传物质是核酸的三大经典实验是什么？
2. 基因突变的类型有哪些？机理是什么？
3. 诱变育种的基本思路是什么？
4. 原核生物基因重组的方式有哪些？
5. 基因工程的定义和研究意义是什么？
6. 基因工程的研究内容和主要操作步骤是什么？
7. 菌种衰退的原因有哪些？如何采取措施复壮？
8. 简述菌种保藏的基本原理。
9. 常见的菌种保藏方法有哪些？

第8章 微生物的生态

教学目标：

1. 了解微生物在自然界的分布情况；
2. 掌握微生物菌种资源分离纯化的一般方法；
3. 掌握微生物与生物、环境间的关系。

重点难点：

1. 微生物菌种资源开发；
2. 微生物与生物、环境间的相互关系。

建议学时：

2学时。

微生物与环境密不可分，环境中的各种因素影响着微生物，同样，微生物通过新陈代谢等活动反过来影响着环境。在这种长期的相互作用过程中，微生物与其环境形成一个整体结构，即所谓的微生物生态系统。研究微生物与环境之间的关系，对于我们进一步认识微生物在自然界物质循环中的作用以及微生物对工农业生产、环境保护等方面的作用都有重大的意义。

食品可以看成是一个特殊的微生物生态系统。食品在原料、生产、加工、贮藏、运输、销售等各个环节，常不可避免地与微生物发生接触。因此，食品总是存在着多种微生物区系（microbial flora）。这些微生物与食品环境相互作用构成了一个具有特定功能的生态系。

8.1 微生物在自然界中的分布及资源开发

微生物种类繁多、繁殖迅速、适应环境能力强，因此在自然界中分布广泛，无论是陆地、水体、空气、食品、动植物以及人体的外表面和内部的某些器官，甚至在一些极端环境中都有微生物的存在。虽然自然界中微生物资源十分丰富，但要设法从中筛选到具有经济价值，有助于改善人类生活和生存环境的理想菌种也不容易。因此，需要采用特殊的方法及手段对野生菌种进行分离筛选。

二维码 8-1 人体内部的微生物含量

8.1.1 微生物在自然界中的分布

1. 土壤中的微生物

1）土壤是微生物的“大本营”

自然界中，土壤是微生物的天然培养基，它具有微生物生长繁殖所需要的一切营养物质和生命活动的各种条件。大多数微生物不能进行光合作用，土壤为微生物提供了丰富的有机营养；土壤矿质元素中，有微生物生长必需的磷、硫、钾、钙、铁、镁等大量元素，还有锰、硼、锌、钼等微量元素；土壤中含有微生物生长所需的水分，且渗透压能为微生物所适应；土壤的 pH 一般为中性，且缓冲性较强，适合大多数微生物生长；土壤的保温性能好，与空气相比，昼夜和季节温度变动幅度较小；土壤团粒间充满空气，为好氧和兼氧微生物的生长提供了良好的环境。在表土几毫米以下，微生物便可免于被阳光直射致死。这些都为微生物生长繁殖提供了有利的条件。所以说土壤是微生物的“天然培养基”，这里的微生物数量最大，类型最多，是人类最丰富的“菌种资源库”。

2）微生物种类和数量繁多

土壤中微生物的数量和种类都很多，包含细菌、放线菌、真菌、藻类和原生动物等类群。土壤中微生物的含量受到土壤类型、季节等的影响。一般来说，每克耕作层土壤中的微生物含量大体上有一个10倍系列的递减规律：细菌（$\sim 10^8$）＞放线菌（$\sim 10^7$）＞霉菌（$\sim 10^6$）＞酵母菌（$\sim 10^5$）＞藻类（$\sim 10^4$）＞原生动物（$\sim 10^3$）。

不同深度的土壤中微生物的分布也不相同。其主要原因是土壤不同层次中的水分、养料、通透性、温度等环境因子的差异及微生物的特性不同。在土壤表面，受紫外线照射及干燥等因素的影响，微生物不易生存；离地表 5～20 cm 土壤层中微生物数量最多，自 20 cm 以下，微生物数量随土层深度增加而减少。

2. 水体中的微生物

水体是微生物栖息生存的第二个天然环境。水生环境主要包括湖泊、池塘、溪流、河流、港湾和海洋。水体中微生物的数量和分布主要受到营养物水平、酸碱度、水压、温度、光照、溶解氧、渗透压等因素的影响。天然水体可大致区分为淡水和海水两大类型，在淡水和海水中，微生物的分布各有特点。

1）淡水型水体的微生物

地球上的淡水仅占地球水总贮量的 2.7%，并且绝大部分的淡水以冰川和雪山的形式存在。在江、河、湖、地下水和水库等的淡水中，按其中的有机质含量多少及与微生物的关系，可分为以下两类。

（1）清水型水生微生物　在有机质含量低的水体中，微生物数量很少，以化能自养微生物和光能自养微生物为主，如硫细菌、铁细菌、蓝细菌、绿硫细菌和紫细菌等。也有少量异养微生物可以生长，但都属于能在1～15 mg C/L低有机质含量的培养基上生长的贫营养细菌（*Oligotrophic bacteria*），例如寡养土壤单胞菌（*Agromonasoligotrophica*）、色杆菌属（*Chromobacterium*）、无色杆菌属（*Achromobacter*）和微球菌属（*Micrococcus*）。在低营养物浓度水体中，微生物倾向于生长在固体的表面和颗粒物上，它们要比悬浮和随水流动的微生物吸收利用更多的营养物，常常有附着器和吸盘，这有助于其附着在各种物体表面上。

（2）腐生型水生微生物　即在含有大量外来有机物的水体中生长的微生物。腐败的有机残体，动物和人类排泄物，生活污水和工业有机废物、废水大量进入水体，引起水质腐败，有机质含量大增，同时也加入了大量外来菌种。由于有机物和无机盐的浓度大大增加，致使水中微生物尤其是细菌和原生动物大量繁殖，微生物含量可达到10^7～10^8个/mL。这类微生物主要为各种肠道杆菌、芽孢杆菌、螺菌和弧菌等，原生动物有纤毛虫类、鞭毛虫类和肉足虫类。蓝细菌和藻类在腐生型水体中也大量繁殖，形成有机质丰富的微环境，从而使腐败微生物也随之大量繁殖。

在较深的湖泊和水库中，由于光线、温度和溶解氧的差异，微生物具有明显的垂直层次分布特点。在光线充足和溶氧量大的沿岸带（littoral zone）、浅水区（limnetic zone）分布着大量蓝细菌、光合藻类和好氧微生物，如假单胞菌（*Pseudomonas*）、噬纤维菌（*Cytophaga*）、柄杆菌（*Caulobacter*）、生丝微菌（*Hyphomicrobium*）等。深水区（profundal zone）位于光补偿水平面以下，光线微弱、溶解氧低和硫化氢含量较高，分布的微生物主要有紫色和绿色硫细菌及其他兼性厌氧菌。湖底区（benthic zone）是厌氧的沉积物，只有一些厌氧微生物才能生长，主要有脱硫弧菌属（*Desulfovibrio*）、甲烷菌（*methanobacteria*）、芽孢杆菌（*Bacillus*）、梭状芽孢杆菌（*Clostridium*）等。

2）海水型水体的微生物

海洋覆盖了地球表面的71%，是地球上最大的水体。一般海水的含盐量范围为3%～4%。海洋生境的特点是有机质含量低、含盐量高和温度低。海水的pH多为碱性（8.3～8.5），100 m以下的温度为0～5℃，表层的温度变化也不超过35℃。此外，深海底层还有很高的静水压力。阳光入射水体的深度一般为10～100 m，由于阳光中含的紫外光对表层微生物有致死作用，因而使海水中的微生物总量以表面稍下的层次最多，由此向上和向下时均减少，下至底层时又可因厌氧菌的生长而增加。

海洋微生物具有耐压、嗜冷和低营养要求等特点。海洋中的微生物主要是显微藻类，它们是初级生产者，多分布在浅海区和远洋表层，种类包括绿藻、褐藻、硅藻、裸藻和金藻等中的许多类群。海洋中的细菌以芽孢杆菌（*Bacillus*）、假单胞菌（*Pseudomonas*）、弧菌（*Vibrio*）和发光细菌为主，在海底污泥中主要有严格厌氧的脱硫弧菌（*Desulfovibrio*）和产甲烷细菌（*Methanobacteria*）等。

3）水体的自净作用

在自然水体尤其是快速流动的水体中，存在着水体对有机或无机污染物的自净作用。虽然物理性稀释、水解、氧化、光分解等起到了一定的作用，但自净作用的实质，主要是生物学作用。例如好氧微生物对有机质的降解作用，原生动物对细菌的吞噬作用，噬菌体对宿主细胞的裂解作用，微生物的次生代谢分泌物对污染物的吸附、沉降作用。一系列生物学和生物化学的作用是“流水不腐”的重要原因。

3. 空气中的微生物

空气中没有可供微生物生长繁殖所需要的营养物质和充足的水分，相反，日光中的紫外线对微生物的生命活动影响较大，因此，空气不是微生物生长繁殖的良好生境。然而，空气中仍能找到多种微生物，空气中的微生物主要来源于土壤、水体和其他生物源。进入空气的土壤尘粒，水面吹来的小水滴，动植物体表的干燥脱落物，污水处理厂曝气产生的气溶胶，人及动物呼吸道的排泄物等都是空气中微生物的来源。主要种类是霉菌和细菌，常见霉菌种类是曲霉、木霉、青霉、毛霉、白地霉等。细菌也多种多样，不乏病原菌。

空气中的微生物以气溶胶的形式存在，且分布很不均匀，所含微生物的种类和数量取决于所处环境的尘埃量。一般公共场所、医院、城市街道、宿舍的空气中微生物含量较高，在高山、森林、雪山、极地上空的空气中，微生物含量极少。空气是动植物病害传播、发酵工业污染及食品加工污染的重要根源之一。

4. 与食品相关的微生物

1）农产品上的微生物

农产品主要包括粮食、蔬菜和水果等，在农产品上存在着大量的微生物，由此引起的腐败及产生的微生物毒素，对人畜危害极大。据统计，每年全世界由于霉变而损失的粮食占总产量的2%左右。霉菌是粮食的主要污染微生物，其中有些霉菌还能产生真菌毒素。据调查，在目前已知的9万种真菌中，至少有200多个种可产生100余种真菌毒素，其中14种能致癌。已证实的可污染粮食并发现具有产毒菌株的霉菌包括以下属种。

（1）曲霉属　玉米、花生和棉籽最易受到黄曲霉毒素污染，其次是稻谷、小麦、大麦、豆类等。花生和玉米等粮食作物是产生黄曲霉毒素菌株适宜生长并产生黄曲霉毒素的基质。花生和玉米在收获前就可能被黄曲霉污染，使成熟的花生不仅污染黄曲霉而且可能带有毒素；玉米果穗成熟时，不仅能从果穗上分离出黄曲霉，并能够检出黄曲霉毒素。

（2）青霉属　青霉可引起水果、蔬菜、谷物及多种食品的腐败变质，有些种及菌株同时还可产生毒素。例如岛青霉、橘青霉、黄绿青霉、红色青霉、扩展青霉、展开青霉、斜卧青霉等。由青霉产生的真菌毒素主要有橘青霉毒素、岛青霉毒素、青霉酸、展青霉毒素等。

（3）镰刀菌属　镰刀菌属包括的种很多，其中大部分是植物的病原菌，能产生毒素，如禾谷镰刀菌、三隔镰刀菌、梨孢镰刀菌、串珠镰刀菌、拟枝孢镰刀菌、木贼镰刀菌等。

（4）交链孢霉属　交链孢霉广泛分布于土壤和空气中，有些是植物病原菌，可引起果蔬的腐败变质，产生毒素。

2）食品中的微生物

在食品的加工、包装、运输和贮藏等过程中，都不可能做到绝对的无菌操作，因此，食品可能会被各种微生物所污染，在适宜的条件下，就会迅速生长繁殖，引起食品变质。污染食品的微生物主要是曲霉属、青霉属、镰刀菌属、交链孢霉属、拟青霉属（*Paecilomyces*）、根霉属、毛霉属、大肠杆菌、金黄色葡萄球菌、枯草芽孢杆菌、巨大芽孢杆菌、沙门氏菌属、肠球菌属（*Enterococcus*）、铜绿假单胞菌、乳杆菌属、乳球菌属（*Lactococcus*）、梭状芽孢杆菌属和酿酒酵母等。因此，为防止食品的腐败，除在制造、包装环节尽量杀灭食品中存在的微生物和酶（或者钝化），还可以在食品中添加防腐剂。此外，还应采用适当的保藏方法，例如低温处理（冷冻）、脱水干燥（干藏、盐藏）、增加酸或碱浓度、气相置换等。

5. 极端环境下的微生物

极端环境下微生物的研究有三个方面的重要意义：①开发利用新的微生物资源，包括特异性的基因资源；②为微生物生理、遗传和分类乃至生命科学及相关学科许多领域，如功能基因组学、生物电子器材等的研究提供新的课题和材料；③为生物进化、生命起源的研究提供新的材料。

1）嗜热微生物

细菌是微生物中最耐热的，按它们耐热程度的不同又可以分成五个类群：耐热菌、兼性嗜热菌、专性嗜热菌、极端嗜热菌和超嗜热菌。

嗜热微生物生长的生态环境有热泉（温度高达100℃），高强度太阳辐射的土壤，岩石表面（高达70℃），各种堆肥、厩肥、干草、锯屑及煤渣堆，此外还有家庭及工业上使用的温度比较高的热水及冷却水。

嗜热微生物有远大的应用前景，高温发酵可以避免污染和提高发酵效率，其产生的酶在高温时有更高的催化效率，高温微生物也易于保藏。嗜热细菌的耐高温DNA聚合酶使DNA体外扩增的技术得到突破，为PCR技术的广泛应用提供基础支撑，这是嗜热微生物应用的突出例子。

2）嗜冷微生物

嗜冷微生物（psychrophilic microorganisms）能在较低的温度下生长，可以分为专性和兼性两类，前者的最高生长温度不超过20℃，可以在0℃

或低于0℃条件下生长；后者可在低温下生长，也可以在20℃以上生长。嗜冷微生物的主要生存环境有极地、深海、寒冷水体、冷冻土壤、阴冷洞穴、保藏食品的低温环境。从这些环境中分离到的主要嗜冷微生物有针丝藻（*Raphidonema*）、黏球藻（*Gloeocapsa*）、假单胞菌等。从深海中分离出来的细菌既嗜冷，又耐受高压。嗜冷微生物适应环境的生化机制是因为细胞膜脂组成中有大量的不饱和、低熔点脂肪酸。

嗜冷微生物低温条件下生长可以使低温保藏的食品腐败，甚至产生细菌毒素。研究开发嗜冷微生物特有的最适反应温度低的酶类，在工业和日常生活中都有应用价值。

二维码 8-2　嗜冷微生物——北极雪藻

3）嗜酸微生物

生长最适pH在3～4以下，中性条件不能生长的微生物称为嗜酸微生物（acidophilic microorganisms）；能在高酸条件下生长，但最适pH接近中性的微生物称为耐酸微生物（acidotolerant microorganisms）。

温和的酸性（pH 3～5）在自然环境较为普遍，如某些湖泊、泥炭土和酸性的沼泽。极端的酸性环境包括各种酸矿水、酸热泉、火山湖、地热泉等。嗜酸微生物一般都是从这些环境中分离出来，其优势菌是无机化能营养的硫氧化菌、硫杆菌（*Thiobacillus*）。酸热泉不但具有高酸度，而且还具有高温的特点，从这些环境中分离出独具特点的嗜酸嗜热细菌，如嗜酸热硫化叶菌（*Sulfolobusacidocaldarius*）等。嗜酸微生物的胞内pH从不超出中性大约2个pH单位，其胞内物质及酶大多数接近中性。

嗜酸微生物能在酸性条件下生长繁殖，需要维持胞内外的pH梯度，现在一般认为它们的细胞壁、细胞膜具有排斥H^+，对H^+不渗透或把H^+从胞内排出的机制。而嗜酸微生物的外被要高H^+来维持其结构。

4）嗜碱微生物

一般把最适生长pH在9以上的微生物称为嗜碱微生物（alkaliphilic microorganisms），其中，中性条件下不能生长的称为专性嗜碱微生物，中性条件甚至酸性条件都能生长的称为耐碱微生物（alkalitolerant microorganisms）或碱营养微生物（alkalitrophic microorganisms）。

地球上碱性最强的自然环境是碳酸盐湖及碳酸盐荒漠，极端碱性湖如肯尼亚的玛格达（Magadi）湖和埃及的Wadynatrun湖是地球上最稳定的碱性环境，那里pH达10.5～11.0。碳酸盐是这些环境中碱性的主要原因。人为碱性环境是石灰水、碱性污水。嗜碱微生物有两个主要的生理类群：盐嗜碱微生物和非盐嗜碱微生物。前者的生长需要碱性和高盐度（达33% NaCl和Na_2CO_3）。代表性种属有嗜盐碱杆菌（*Natronbacterium*）、嗜盐碱球菌（*Natronococcus*）等。虽然嗜碱微生物生长最适pH在9以上，但胞内pH都接近中性。细胞外被是胞内中性环境和胞外碱性环境的分隔，是嗜碱微生物嗜碱性的重要基础，其调控机制是具有排出OH^-的功能。

嗜碱微生物产生大量的碱性酶，包括蛋白酶（活性pH 10.5～12）、淀粉酶（活性pH 4.5～11）、果胶酶（活性pH 10.0）、支链淀粉酶（活性pH 9.0）、纤维素酶（活性pH 6～11）、木聚糖酶（活性pH 5.5～10）。这些碱性酶被广泛用于洗涤剂等用途。

5）嗜盐微生物

含有高浓度盐的自然环境主要是盐湖，如青海湖（中国）、大盐湖（美国）、死海（黎巴嫩）和里海（俄罗斯），此外还有盐场、盐矿和用盐腌制的食品。海水中含有约3.5%的氯化钠，是一般的含盐环境。根据对盐的不同需要，嗜盐微生物（halophilic microorganisms）可以分为弱嗜盐微生物、中度嗜盐微生物和极端嗜盐微生物。弱嗜盐微生物的最适生长盐浓度为0.2～0.5 mol/L，大多数海洋微生物都属于这个类群。中度嗜盐微生物的最适生长盐浓度为0.5～2.5 mol/L，从许多含盐量较高的环境中都可以分离到这个类群的微生物。极端嗜盐微生物的最适生长盐浓度为2.5～5.2 mol/L，它们大多生长在极端的高盐环境中，已经分离出来的主要有藻类、嗜盐球菌（*Halococcus*）和嗜盐杆菌（*Halobacterium*）。可以在高盐浓度下生长但最适生长盐浓度较低的称为耐盐微生物。

6）嗜压微生物

需要高压才能良好生长的微生物称为嗜压微生物（barophilic microorganisms）。最适生长压力为正常压力，但能耐受高压的微生物称为耐压微生物（barotoblerant microorganisms）。海洋深处和海底沉积物平均水压超过 4.05×10^7 Pa。从深海底部 1.01×10^8 Pa 处，分离到耐压假单胞菌（*Pseudomonas bathycetes*），从油井深部约 4.05×10^7 Pa 处，分离到耐压的硫酸盐还原菌。

8.1.2 菌种资源的开发

我国幅员辽阔，各地气候条件、土质条件、植被条件差异很大，这为自然界中各种微生物的存在提供了良好的生存环境。由于微生物无处不在，无孔不入，所以它们在自然界大多是以混杂的形式群居于一起的。而现代发酵工业是以纯种培养为基础，故采用各种不同的筛选手段，挑选出性能良好、符合生产需要的纯种是工业育种的关键一步。工业菌种分离筛选的主要步骤是：采样、增殖培养、分离培养和筛选。如果产物与食品制造有关，还需对菌种进行毒性鉴定。

1. 采样

以采集土壤为主。一般在有机质较多的肥沃土壤中微生物的数量最多，中性偏碱的土壤以细菌和放线菌为主，酸性红土壤及森林土壤中霉菌较多，果园、菜园和野果生长区等富含碳水化合物的土壤和沼泽地中酵母菌和霉菌较多。采样的对象也可以是植物、腐败物品、某些水域等。应充分考虑采样的季节性和时间因素，以温度适中、雨量不多的秋初为好。因为真正的原地菌群的出现可能是短暂的，如在夏季或冬季的土壤中微生物存活数量较少，暴雨后土壤中微生物会显著减少。采样方式是在选好适当地点后，用无菌刮铲、土样采集器等采集有代表性的样品，如特定的土样类型和土层，叶子碎屑和腐质，根系及根系周围区域，海底水，泥及沉积物，植物表皮及各部，阴沟污水及污泥，反刍动物第一胃内含物，发酵食品等。

采集土样时，就森林、旱地、草地而言，可先掘洞，由土壤下层向上层顺序采集；就水田等浸水土壤而言，一般是在不损土层结构的情况下插入圆筒采集。如果层次要求不严格，可取离地面 5～15 cm 处的土。将采集到的土样盛入清洁的聚乙烯袋、牛皮袋或玻璃瓶中。采好的样必须完整地标上样本的种类及采集日期、地点以及采集地点的地理、生态参数等。采好的样品应及时处理，暂不能处理的也应贮存于 4℃下，但贮存时间不宜过长。这是因为一旦采样结束，试样中的微生物群体就脱离了原来的生态环境，其内部生态环境就会发生变化，微生物群体之间就会出现消长。如果要分离嗜冷菌，则在室温下保存试样会使嗜冷菌数量明显降低。

在采集植物根际土样时，一般方法是将植物根从土壤中慢慢拔出，浸渍在大量无菌水中约 20 min，洗去黏附在根上的土壤，然后再用无菌水漂洗下根部残留的土，这部分土即为根际土样。

在采集水样时，将水样收集于 100 mL 干净、灭菌的广口塑料瓶中。由于表层水中含有泥沙，应从较深的静水层中采集水样。方法是：握住采样瓶浸入水中 30～50 cm 处，瓶口朝下打开瓶盖，让水样进入。如果有急流存在的话，应直接将瓶口反向于急流。水样采集完毕，盖上瓶盖，迅速取出采集瓶。水样不应装满采样瓶，采集的水样应在 24 h 之内迅速进行处理，或者 4℃下贮存。

2. 增殖培养

一般情况下，采集的样品可以直接进行分离。如果样品中分离所需要的菌类含量并不很多，而另一些微生物却大量存在，此时，为了容易分离到所需要的菌种，必须设法增加所要菌种的数量，以增加分离的成功概率。可以通过配制选择性的培养基（如营养成分、添加抑制剂等），选择一定的培养条件（如培养温度、培养基酸碱度等）来控制。例如，根据微生物利用碳源的特点，可选定糖、淀粉、纤维素或者石油等，以其中的一种为唯一碳源，那么只有利用这一碳源的微生物才能大量正常生长，而其他微生物就可能死亡或淘汰。对革兰氏阴性菌有选择性的培养基（如结晶紫营养培养基、煌绿胆汁琼脂等）通常含有 5%～10%的天然提取物。在分离细菌时，培养基中添加浓度一般为 50 μg/mL 的抗真菌剂，如放线菌酮和制霉素。在分离真菌时，利用低碳/氮比的培养基可使真菌生长菌落分散，利于计数、分离和鉴定；在分离培养基中加入一定的抗生素如氯霉素、四环素、卡那霉素、青霉素、链霉素等即可有效地抑制细菌生长及其菌落形成。

3. 培养分离

通过增殖培养，样品中的微生物还是处于混杂生长状态。因此还必须分离、纯化。在这一步，增殖培养的选择性控制条件还应进一步应用，而且要控制得细一些。同时必须进行纯种分离，常用的分离方法有稀释分离法、划线分离法和组织分离法。

（1）稀释分离法　将样品进行适当稀释，然后将稀释液涂布于培养基平板上进行培养，待长出独立的单个菌落，进行挑选分离。

（2）划线分离法　首先倒培养基平板，然后用接种针（接种环）挑取样品，在平板上划线。划线方法可用分步划线法或一次划线法，无论用哪种方法，基本原则是确保培养出单个菌落。

（3）组织分离法　主要用于食用菌菌种或某些植物病原菌的分离。分离时，首先用 10%漂白粉或 0.1%升汞液对植物或器官组织进行表面消毒，用无菌水洗涤数次后，移植到培养皿中的培养基上，于适宜温度培养数天后，可见微生物向组织块周围扩展生长。经菌落特征和细胞特征观察确认后，即可由菌落边缘挑取部分菌种进行移接斜面培养。

对于有些微生物如毛霉、根霉等，在分离时，由于其菌丝的蔓延性，极易生长成片，很难挑取单菌落。常在培养基中添加 0.1%去氧胆酸钠或在察氏培养基中添加 0.1%山梨糖及 0.01%蔗糖，利于单菌落的分离。

4. 筛选

经过分离培养，在平板上出现很多单个菌落，通过菌落形态观察，选出所需菌落，然后取菌落的一半进行菌种鉴定，对于符合目的菌特性的菌落，可将之转移到试管斜面纯培养。这种从自然界中分离得到的纯种称为野生型菌株。这只是筛选的第一步，所得菌种是否具有生产上的实用价值，能否作为生产菌株，还必须采用与生产相近的培养基和培养条件，进行小型发酵试验，以求得到适合于工业生产用菌种。如果此野生型菌株产量偏低，达不到工业生产的要求，可以留之作为菌种选育的出发菌株。

5. 毒性试验

自然界的一些微生物在一定条件下可能会产生毒素，为了保证食品的安全性，凡是与食品工业有关的菌种，除酿酒酵母、脆壁克鲁维酵母、黑曲霉、米曲霉和枯草芽孢杆菌无须作毒性试验外，其他微生物均需通过两年以上的毒性试验。

8.2　微生物与生物、环境间的关系

在自然界中，微生物极少单独存在，总是较多种群聚集在一起。当微生物的不同种类或微生物与其他生物出现在一个限定的空间内，它们之间互为环境，相互影响，既有相互依赖又有相互排斥，表现出相互间复杂的关系。但从总的方面来看，大体上可分为以下 5 种关系。

8.2.1　互生

互生是指两种可以单独生活的生物生活在一起时有利于对方。这是一种可分可合，合比分好的相互关系。在人和动物体内外生活着为数众多的微生物种类，数量惊人。生活在人体内外的微生物高达 10^{14} 个，约为人体细胞总数的 10 倍。生活在健康动物身体各部位的微生物种群，数量大、种类较稳定，一般能发挥有益作用，称为正常菌群。正常菌群与人和动物的关系多为互生关系。人和温血动物肠道中微生物从机体消化的食物中取得营养，进行生长繁殖，而它们合成的硫胺素、核黄素、烟酸、维生素 B_{12}、维生素 K、生物素等，则是人和动物维持正常生命活动所不可缺少的营养物质。

自然界中，微生物间的互生关系使复杂有机物得以彻底降解为简单的无机物。某些微生物的有毒代谢产物，也可由这种互生关系而得以消除，使高等生物不致受到危害。微生物间的互生现象也被应用于生产实践和环境保护中。例如，将自生固氮的芽孢杆菌接种于食用菌的培养基中，可提高培养基中的氮源含量，提高食用菌的产量和质量。维生素

C 也是利用微生物的互生关系，混菌培养发酵生产的。

8.2.2 共生

共生是指两种生物共居在一起相互分工协作，彼此分离就不能很好地生活。地衣就是微生物间共生的典型例子，它是真菌和蓝细菌或藻类的共生体。在地衣中，藻类和蓝细菌进行光合作用合成有机物，作为真菌生长繁殖所需的碳源，而真菌则起保护光合微生物的作用，在某些情况下，真菌还能向光合微生物提供生长因子和运输无机营养。

二维码 8-3　地衣

8.2.3 寄生

寄生是指一种小型生物生活在另一种较大型生物体内（包括细胞内）或体表，从中夺取营养并进行生长繁殖，同时使后者蒙受损害，甚至被杀死的一种相互关系。前者称为寄生物，后者称为宿主或寄主。

例如，微生物间的寄生有蛭弧菌（*Bdellovibrio*）寄生于大肠杆菌；微生物与植物间的寄生有白粉菌属（*Erysiphe*）及全部植物病毒专性寄生于植物，也有能生活在死植物上或人工配制的培养基中的兼性寄生物；寄生于动物的病原微生物种类极多，包括各种病毒、细菌和真菌。

8.2.4 拮抗

拮抗又称抗生，是指一种微生物在其生命活动中，产生某种代谢产物或改变环境条件，从而抑制其他微生物的生长繁殖，甚至杀死其他微生物的现象。例如，在制造泡菜时，乳酸杆菌产生大量乳酸，导致环境变酸，即 pH 下降，抑制了其他微生物的生长，这属于非特异性的拮抗关系。而可产生抗生素的微生物则能够抑制甚至杀死其他微生物，例如，某些乳酸菌产生的细菌素能够抑制其他细菌的生长繁殖，这些属于特异性的拮抗关系。

二维码 8-4　微生物的拮抗现象

8.2.5 捕食

捕食一般指一种较大型的生物直接捕捉、吞食另一种小型生物以满足其营养需要的相互关系。在微生物间的捕食关系主要是原生动物吞食细菌和藻类的现象。这种捕食关系在污水净化和生态系统的食物链中都具有重要的意义。

思考题

1. 什么是微生物生态？研究它有什么的意义？
2. 为什么说土壤是微生物资源的“大本营”？
3. 食品环境中的极端微生物包括哪些？
4. 举例说明微生物间的协同关系。
5. 什么是极端微生物，它们与食品生产有何关系？
6. 设计实验从自然界中分离乳酸菌。
7. 举例说明什么是互生、共生、寄生、拮抗和捕食？

HAPTER 9

第9章 微生物在食品工业中的应用

教学目标：

1. 掌握酒类、食醋、酱油、有机酸和单细胞蛋白生产的微生物学原理；
2. 了解酒类、食醋、酱油、有机酸和单细胞蛋白的生产工艺。

重点难点：

1. 酒类生产的微生物学原理；
2. 酱油生产的微生物学原理；
3. 食醋生产的微生物学原理。

建议学时：

4 学时。

微生物用于食品制造是人类利用微生物的最早、最重要的一个方面，在我国已有数千年的历史。人们在长期的实践中积累了丰富的经验，利用微生物制造了种类繁多、营养丰富、风味独特的食品。近现代随着微生物学研究的发展和科学技术的进步，微生物在食品工业中的应用范围也越发宽广。目前，食品工业中常用的微生物类群主要有细菌（如乳酸菌、醋酸菌等）、酵母和霉菌等。

9.1 微生物在发酵食品中的应用

发酵食品（fermented food）是指经过微生物或酶作用使加工原料发生许多十分重要的生物化学变化及物理变化后制成的食品。从原理上讲，世界各国的发酵食品独特的风味和风格都是建立在微生物生命运动的基础上。发酵食品的微生物学不仅仅是发酵食品生产的生物学基础和生产实践原理的源泉，而且是微生物学重要的组成部分。发酵食品的生产原料、生产工艺、地域文化的特异性本身就赋予了发酵食品微生物学丰富的内涵。微生物发酵产品数量达1000多种，但目前只有几十种大量生产。本节重点介绍目前发酵工业上常见而重要的发酵产品。

9.1.1 啤酒

啤酒是指以麦芽为主要原料，大米、酒花等为辅料，经过糖化、啤酒酵母发酵等工序酿制而成的一种含有 CO_2、低酒精浓度和多种营养成分的饮料酒。

啤酒最早出现于公元前3000年左右，于古埃及和美索不达米亚（今伊拉克）地区。当时啤酒的制作只是将发芽的大麦制成面包，再将面包磨碎，置于敞口的缸中，让空气中的酵母菌进入缸中进行发酵，制成原始啤酒。后由埃及传至欧洲乃至世界各地。

啤酒深受人们喜爱，它已经成为世界上产量最大的酒种。与葡萄酒、黄酒并称为世界三大酿造酒。

二维码 9-1 啤酒与吉尼斯世界纪录

1. 啤酒酿造的原辅料

（1）大麦　大麦是啤酒生产的主要原料，生产中先将大麦制成麦芽，再用来酿造啤酒。根据大麦籽粒生长的形态，可分为六棱大麦、四棱大麦和二棱大麦。其中二棱大麦的麦穗上只有两行籽粒，籽粒皮薄、大小均匀、饱满整齐，淀粉含量较高，蛋白质含量相对较低，浸出物含量高，是啤酒生产的好原料，啤酒生产中一般都采用二棱大麦。

（2）辅料　为降低生产成本，改善麦汁浸出物组成，提高啤酒发酵度，增强啤酒的保存性，啤酒生产中可适当地使用辅料。原则上凡富含淀粉的谷物均可作为辅料，但辅料的添加不能影响发酵、产品风味、卫生指标及其他工艺操作。谷类辅助原料用量一般在10%～50%，常用的比例为30%～50%，糖类或糖浆辅助原料用量为10%左右。国内常用大米作为辅料，而国外则多以玉米为辅料。

（3）啤酒花和酒花制品　啤酒花简称酒花（hops），作为啤酒工业的原料开始使用于德国。酒花的主要成分有苦味物质（α-酸和β-酸）、酒花油和多酚物质。因酒花球果运输、贮藏不便，且在麦汁煮沸中利用率低等原因，酒花粉、酒花颗粒和酒花浸膏等酒花制品越来越受到酿造师的欢迎。啤酒生产中使用酒花主要是利用其苦味、香味、防腐力和澄清麦汁的能力。

（4）酿造用水　啤酒酿造用水是指糖化用水、洗糟用水、啤酒稀释用水。啤酒生产中对酿造用水要求比较严格，其水质必须符合酿造用水质量要求。若水中杂质超过要求，应对酿造用水进行改良和处理。

2. 发酵菌种

酵母的种类很多，用于啤酒生产的酵母叫作啤酒酵母（*Saccharomyces cerevisiae*）。啤酒酵母在分类学上属于真菌，为子囊菌亚门、酵母属。酵母在酿造中的主要作用就是降糖，产生 CO_2 和酒精。

酵母根据发酵方式分为上面发酵酵母和下面发酵酵母。采用上面酵母发酵制得的啤酒称为上面（发酵）啤酒。发酵过程中，酵母随 CO_2 浮到发酵面上，发酵温度 15～20℃。因在较高的温度下进行发酵，起发快，啤酒的香味突出。发酵后期大部分酵母浮在液面，发酵期 4～6 d。生产周期短，设备周转快，啤酒有独特风味，但保存期较短。著名的上面发酵啤酒有爱尔淡色啤酒、司陶特黑啤酒、波特黑啤酒等。采用下面酵母发酵制得的啤酒称为下面（发酵）啤酒。下面酵母主发酵温度低（5～10℃，不超过 13℃），发酵过程缓慢（发酵期 5～10 d），后发酵期较长，酒液澄清良好，泡味细腻，风味好，保存期长。发酵完毕，酵母凝聚沉淀到发酵容器底部。世界上绝大部分国家采用下面酵母发酵啤酒。著名的下面发酵啤酒有比尔森淡色啤酒、多特蒙德淡色啤酒、慕尼黑黑啤酒等。

目前我国生产的啤酒所用菌株几乎都是下面发酵啤酒酵母。常用的菌株有沈啤 1 号、沈啤 2 号、青岛啤酒酵母、2579 号、2595 号、U 酵母（RasseU）、E 酵母（RasseE）和 776 号酵母（Rasse776）等。

3. 工艺流程

1）啤酒生产工艺流程

大麦→预处理→麦芽的制备→麦芽汁的制备→麦汁发酵→过滤、包装→成品

2）酿造主要工艺操作

（1）麦芽汁的制备　由原料大麦制成麦芽，称为制麦。制麦的目的在于使大麦发芽，产生各种酶，便于后续糖化中使淀粉和蛋白质得以分解，并在干燥过程中产生必要的色、香、味。麦芽制备的工艺流程如下：

原大麦→预处理（清洗、分级）→浸渍→发芽→干燥→除根→贮藏→成品麦芽

（2）麦芽汁的制备　麦芽汁制备主要包括原料粉碎、糖化、醪液过滤、麦汁煮沸、麦汁后处理等几个过程。其中糖化就是利用麦芽所含的各种水解酶，在适宜的条件下，将麦芽中不溶性高分子物质（淀粉、蛋白质、半纤维素及其中间分解产物）逐步分解成低分子可溶性物质的过程，主要包括淀粉分解、蛋白质分解、β-葡聚糖分解、酸的形成和多酚物质的变化。制备好的麦芽汁含有可发酵糖（葡萄糖、果糖、蔗糖、麦芽糖等）和多种氨基酸，可供啤酒酵母增殖和发酵。

（3）啤酒发酵。啤酒发酵分为主发酵和后发酵两个阶段。

① 主发酵。主发酵阶段酵母大量繁殖后，将可发酵性物质快速转化，形成代谢产物。主发酵分为以下 5 个时期：

a. 酵母繁殖期。麦汁接种酵母 8～16 h 以后，液面上逐渐形成白色的、乳脂状的泡沫，主要是由于酵母代谢发酵产生 CO_2 所致，酵母繁殖 20 h 后立即进入主发酵罐。

b. 低泡期。入罐 4～5 h 后，在麦汁表面逐渐出现更多的泡沫，由四周向中间逐渐扩散，泡沫洁白细腻，厚而紧密，如花菜状，有 CO_2 小气泡上涌，并且带出一些析出物。此阶段发酵液温度每天上升 0.5～0.8℃，日降糖 0.3～0.5°P，维持 1～2 d。

c. 高泡期。发酵后 2～3 d，泡沫增高，形成隆起，并因酒内酒花树脂和蛋白质-单宁复合物开始析出而逐渐变为棕黄色，进入发酵旺盛期，日降糖 1.5°P 左右，升温较快，需要人工降温，但应注意不能太剧烈，以免酵母过早沉淀，影响发酵。此阶段一般维持 2～3 d。

d. 落泡期。发酵 5 d 以后，发酵力逐渐减弱，CO_2 气泡减少，泡沫回缩，酒内析出物增加，泡沫变为棕褐色。此阶段品温每天下降 0.5℃ 左右，日降糖 0.5～0.8°P，维持 2 d 左右。

e. 泡盖形成期。发酵 7～8 d 后，泡沫回缩，形成泡盖，此时应撇去泡盖中析出的多酚复合物、酒花树脂、酵母细胞和其他杂质，以防沉入发酵液。此阶段可发酵性糖大部分已被分解，日降糖 0.2～0.4°P。发酵最后 1 d 应急剧降温，使酵母沉淀。

② 后发酵。主发酵结束后，嫩啤酒转入贮酒罐进行后发酵，此阶段又被称为啤酒贮酒期。嫩啤酒因 CO_2 含量不足，含有过量双乙酰、乙醛、H_2S 等挥发性物质，导致酒液的口感不成熟，不适合饮用。在贮酒期内，酵母菌继续完成残糖发酵，饱和 CO_2，消除双乙酰、乙醛、H_2S 等嫩酒味，并促进啤酒的成熟和澄清。

（4）啤酒的过滤与包装　经后发酵的啤酒，还有少量悬浮的酵母及蛋白质等杂质，需要通过过滤将这些杂质除去。过滤的效果直接影响到啤酒的生物学稳定性和品质。常见的过滤方法有硅藻土过滤法、纸板过滤法、离心分离法和微孔薄膜过滤等。目前使用最普遍的是硅藻土过滤法。啤酒经硅藻土过滤或离心分离粗滤后，再用微孔薄膜过滤除菌生产纯生啤酒。在啤酒过滤的过程中，啤酒的温度、过滤时的压力及后酵酒的质量是关键因素。

包装是啤酒生产的最后一道工序，对保证成品的质量和外观十分重要。啤酒包装以瓶装和罐装为主，包装容器应符合一定的质量标准。

9.1.2　葡萄酒

葡萄酒是以新鲜的葡萄或葡萄汁为原料，经发酵酿成的一种饮料酒。葡萄酒生产起源于国外，两千年前传入我国。葡萄酒是一种国际性饮料酒，产量在世界饮料酒中居第二位。葡萄酒种类繁多，产品风格各异，有各种不同的分类方法。其中，按酒的色泽分类，可分为红葡萄酒、白葡萄酒和桃红葡萄酒。

1. 葡萄酒酵母的特征

酿造葡萄酒的葡萄酒酵母（*Saccharomyces ellipsoideus*）在微生物分类学上属于子囊菌纲、酵母属、啤酒酵母种，也称为酿酒酵母。主要用于酿造葡萄酒和果酒，也可用于啤酒和白酒的酿造。国内外选育的优良菌株有中国张裕 7318 及 7448 酵母、法国香槟酵母、1203 号酵母、1450 号酵母、8562 号酵母、8567 号酵母等。随着生物技术的进步，葡萄酒酵母已经商品化，即葡萄酒活性干酵母。在使用葡萄酒活性干酵母时，需经活化制成酒母使用或复水活化后即可使用。

葡萄酒酵母常为椭圆形、卵圆形，一般大小为 (3～10) μm×(5～15) μm，细胞丰满，在葡萄汁琼脂培养基上，25℃培养 3 d，即形成圆形菌落，色泽呈奶黄色，表面光滑，边缘整齐，中心部位略凸出，质地为明胶状，易被接种针挑起，培养基无颜色变化。

2. 葡萄酒酵母的扩大培养

1）葡萄酒酵母的扩大培养工艺流程

斜面试管菌种→麦芽汁斜面试管培养（10 倍）→液体试管培养（12.5 倍）→三角瓶培养（12 倍）→玻璃瓶（或卡氏罐）培养（20 倍）→酒母罐培养→酒母

2）操作要点

（1）斜面试管菌种活化　将冷冻干燥保藏的菌种（细胞衰老）转接于麦芽汁斜面培养基上进行活化，25℃培养 4～5 d。

（2）液体试管培养　将新鲜的葡萄汁分装入试管中，每管约 10 mL，121℃灭菌 20 min，放冷备用。在无菌条件下接入斜面试管活化好的菌种于 25℃培养 18～24 h。

（3）三角瓶培养　将液体试管菌接种至灭菌冷却好的三角瓶（0.5～1 L）葡萄汁培养基中，25℃培养 2～3 d。

（4）卡氏罐培养　于卡氏罐（10～20 L）中加入新鲜的葡萄汁，100℃灭菌 1 h 以上，冷却后加入 H_2SO_3，使其 SO_2 含量达 80 mg/L，4～8 h 后接入 1%～3%三角瓶种子液，摇匀后换上发酵栓于 20～25℃培养 2～3 d，其间需经常开栓排除 CO_2。

（5）酒母罐培养　于 400 L 罐中装入约 300 L 的葡萄汁，经灭菌降温后，加入 100～150 mg/L 的 H_2SO_3，使其 SO_2 含量达 120 mg/L，2～5 h 后接入 1%～3%酵母菌种子液，25℃培养 4～5 h。培养好的酒母一般在葡萄醪中加 SO_2 4～8 h 后再加入，以减少游离 SO_2 对酵母的影响。

3）葡萄酒活性干酵母的应用

活性干酵母是由特殊培养的酵母经压榨干燥脱水后仍保持强的发酵能力的干燥酵母制品。活性干酵母的生产技术的发展，为社会提供了高质量、便于运输的活性干酵母产品，提高了产品质量，促进了酵母的流通和更为广泛的应用。活性干酵母可复水活化后直接使用，也可活化后扩大培养制成酒母使用。

3. 红葡萄酒生产工艺

1）红葡萄酒生产工艺流程

添加 SO_2　白砂糖、酸　葡萄酒酵母　皮渣

↓　↓　↓　↑

原料采收→原料挑选→除梗破碎→葡萄汁改良→前发酵→压榨分离→后发酵→陈酿→调配→澄清过滤→包装→成品

2）主要工艺操作

酿制红葡萄酒一般采用红葡萄品种。我国酿造红葡萄酒主要以干红葡萄酒为原酒，然后按标准调配成半干、半甜、甜型葡萄酒。

（1）原料前处理　包括葡萄采收、挑选、破碎及除梗。葡萄完全成熟后要进行采收，采收后应及时运到酒厂进行加工。采收标准：酸度为 6～10 g/L；糖度大于 120 g/L。为防止杂物对破碎、压榨等设备造成损害和对产品造成污染等，葡萄果实进入下一道工序前一定要进行挑选，将腐烂、不成熟的葡萄、杂枝叶、铁器、石块、泥土块及其他与葡萄无关的杂物剔除出去。

葡萄进入破碎机后将果实打碎，梗随之从机器中吐出，而皮、浆果、汁、籽的混合醪被泵入指定的发酵罐。

（2）葡萄汁的改良　葡萄汁的改良主要包括糖度和酸度的调整。葡萄汁的改良只能在一定程度上调整葡萄中某些组分的缺少或过多，对于未成熟或过熟的葡萄此法显得无能为力。因此不能依赖于葡萄成分的调整而过早或粗心大意地采摘葡萄。

（3）前发酵　葡萄酒前发酵主要目的是进行酒精发酵、浸提色素物质和芳香物质。前发酵进行的好坏是决定葡萄酒质量的关键。红葡萄酒发酵方式按发酵中是否隔氧可分为开放式发酵和密闭发酵。发酵容器过去多为开放式水泥池，目前基本采用带控温和外循环设施的新型葡萄酒发酵罐进行密闭式发酵。接入酵母 3～4 d 后发酵进入主发酵阶段。此阶段升温明显，一般持续 3～7 d，发酵温度 25～30℃。

（4）压榨　当残糖降至 5 g/L 以下，发酵液面只有少量 CO_2 气泡，“酒盖”已经下沉，液面较平静，发酵液温度接近室温，并且有明显酒香，此时表明前发酵已结束，可以出池。一般前发酵时间为 4～6 d。出池时先将自流原酒由排汁口放出，放净后打开入孔清理皮渣进行压榨，得压榨酒。自流原酒和压榨原酒成分差异较大，若酿制高档名贵葡萄酒应单独贮存。

（5）后发酵　后发酵主要是使残糖转化，诱发苹果酸—乳酸发酵，促进风味物质的形成，改善口感，并使酒体澄清。在后发酵过程中原酒需补加 SO_2，添加量（以游离计）为 30～50 mg/L；同时需要将温度控制在 18～25℃，温度过高不利于新酒的澄清。

（6）陈酿　在原料发酵结束获得原酒后，通常需要立即向酒液中添加一定量的 SO_2，以杀死乳酸菌、抑制酵母菌和防止氧化，同时便于酒液的沉淀、澄清，使酒液能安全地进入贮藏陈酿期。经过陈酿可以除去酒液中残存的 CO_2 气体、生涩味和某些异味，增加芳香物质，增强酒的深度、广度和复杂性，凸显葡萄酒的特殊风味。

陈酿后的葡萄酒经调配、澄清、过滤和罐装可得到成品酒。

9.1.3　酱油

酱油是以富含蛋白质的豆类和富含淀粉质的谷类为主要原料，经米曲霉等多种微生物共同发酵并经浸滤提取的调味汁液。酱油中含有多种调味成分，有酱油的特殊香味、食盐的咸味、氨基酸钠盐的鲜味、糖及其他醇甜物质的甜味、有机酸的酸味、酪氨酸等爽适的苦味，还有天然的红褐色色素，可谓咸、酸、鲜、甜、苦五味调和、色香具备的调味佳品。

我国是世界上最早利用微生物酿造酱油的国家，手工劳作的前店后厂式中国传统“酱园”在历史上存在了两千多年，对中国酱和中国酱油文化的历史影响重大。20 世纪中叶以后中国酱油生产的科学与技术发生了重大改变，取得了巨大发展。今天，中国酱油不仅真正成了中国大众家庭生活的必

不可少的调味品，而且越来越为全世界各种不同类型文化的人群所喜爱接受，成为世界范围内最受欢迎的调味品之一。

1. 酱油生产菌种

1）米曲霉

酱油发酵的动力来源于曲霉菌，曲霉菌是决定酱油性质的重要因素，而且会影响酱油的色香味以及原料利用率等。我国酱油生产主要用的是米曲霉。目前国内常用的菌株有：

（1）沪酿 3.042（AS 3.951） 以 AS 3.863 为出发菌株，用紫外线诱变育种得到的性能更高的优良菌株。蛋白酶活力比原菌株显著提高，用于酱油生产蛋白质利用率可达 75%。生长繁殖快，对杂菌抵抗力强，制曲容易且时间短，发酵后的酱油香气好。但该菌株的酸性蛋白酶活力低。

（2）中科 AS 3.860 蛋白酶活力较中科 3.863 提高 1 倍，生长繁殖速度快，制曲后生产的酱油香气好。

（3）沪酿 UE-328、UE-336 对 AS 3.951 进行诱变育种获得的优良新菌株，酶活力是原菌株的 170%～180%。UE-328 适用于液体培养，UE-336 适用于固体培养。UE-336 的蛋白质利用率为 79%，但制曲时孢子发芽较慢，制曲时间延长 4～6 h。

（4）渝 3.811 米曲霉 从 50 余年老曲室泥土中分离出菌株后，经紫外线 3 次诱变后得到的新菌株。孢子发芽率高，菌丝生长快速旺盛，孢子多，耐热性强，蛋白酶活力高，制曲易管理，酶活力高。

目前随着科学技术的发展，在酱油生产中常常是多菌种发酵，以提高原料蛋白质及碳水化合物的利用率，成品中还原糖、氨基酸、色素以及香味物质的水平。因此，生产中除了接种霉菌外，还有添加酵母菌、乳酸菌等微生物，它们对改善酱油的口感、促进香味的形成也起着十分重要的作用。

二维码 9-2 酱油曲霉的形态

2）酵母菌

酱油生产目前多采用低盐固态发酵，氮的含量比较高，活跃在此环境中的酵母一般为耐盐性强的酵母。从酱醅中分离出的酵母菌有 7 个属，23 个种，其中有的对酱油风味和香气的形成有重要作用，它们多属于鲁氏酵母（*Saccharomyces rouxii*）和球拟酵母（*Torulopsis*）。鲁氏酵母为嗜高渗透压酵母，由酱醅发酵中从空气中自然落入，亦可人工接种，能发酵生成酱油香气成分之一的糠醇，其中典型的鲁氏酵母是大豆接合酵母和酱醪接合酵母。球拟酵母的细胞为球形、卵圆形或略长形，在酱醅的发酵后期显示的作用最为明显，是产生酱油香味成分 4-乙基愈创木酚和 4-乙基苯酚等的主要菌种之一，其中典型的球拟酵母有易变球拟酵母和埃契氏球拟酵母等。

3）乳酸菌

从酱醅中分离出的乳酸菌有 6 个属，18 个种。乳酸菌和酱油的风味有很大关系，其中代表性的菌有嗜盐片球菌（*Pediococcus halophilus*）、酱油微球菌（*Tetracoccus sojae*）、植物乳杆菌（*Lactobacillus plantanum*）等。这些乳酸菌耐乳酸的能力不太强，因此不会因产过量乳酸使酱醅 pH 过低而造成酱醅质量变坏。适量的乳酸对酱油有调味和增香作用，与乙醇生成乳酸乙酯，增强酱油香气。

2. 酱油生产工艺

1）工艺流程

试管菌→扩大培养
↓
麸皮、面粉、水→混合蒸料→过筛冷却→接种→装盘→曲室培养→翻曲→种曲
↓
豆粕、麸皮→粉碎→加水润料→蒸料→冷却→接种→通风培养
↓
成品←调配加工←生酱油←浸提取油←发酵←拌和入池←粉碎←成曲

2）种曲的生产

（1）原料配比 制备种曲所用原料及配比酿造厂各有不同，目前一般采用的配比有3种：①麸皮80 kg，面粉20 kg，水70 kg左右；②麸皮100 kg，水95 kg，草木灰0.5 kg；③麸皮85 kg，豆饼15 kg，水90 kg左右。加水量应视原料的性质而定，使拌匀后的原料能捏之成团、触之即碎即可。

（2）原料处理 按配方将物料拌和均匀，过3.5目筛，堆积润水1 h，0.1 MPa蒸汽压下蒸料30 min，或常压蒸料1 h再焖30 min。要求熟料疏松，含水量达50%～54%。

（3）种曲培养 蒸好的物料温度降至40℃左右即可接种，接种量一般为0.5%～1%。接种完毕，曲料装入曲盘内，将曲盘柱形堆叠于曲室内，室温28～30℃，培养16 h左右。当曲料面层稍有发白、结块，品温达到34℃时，进行第一次翻曲。翻曲后，曲盘改为“品”字形堆叠，控制品温28～30℃，4～6 h后品温上升到36℃，即进行第二次翻曲。每翻毕一盘，盘上盖灭菌的草帘一张，控制品温36℃，再培养30 h后揭去草帘，继续培养24 h左右，种曲成熟。

3）成曲的生产

制曲是酱油酿制的关键技术，是生产的主要工序。制曲的目的是使米曲霉在曲料上充分生长发育，并大量产生和积蓄所需要的酶，如蛋白酶、肽酶、淀粉酶、谷氨酰胺酶、果胶酶、纤维素酶、半纤维素酶等。

（1）成曲原料 酱油的鲜味主要来源于原料中蛋白质分解产物氨基酸，香甜味来源于原料中淀粉分解产物糖及其发酵生成的醇、酯等物质。蛋白质原料普遍采取自大豆榨油后的豆饼，或溶剂浸出油脂后的豆粕，也可以花生饼、蚕豆代用，传统生产中以大豆为主；淀粉质原料普遍采用小麦及麸皮，也有以碎米和玉米代用，传统生产中以面粉为主。

（2）原料的处理

① 豆饼粉碎。豆饼粉碎后，便于润水和蒸熟。一般认为原料粉碎越细，表面积越大，曲霉繁殖接触面就越大，在发酵过程中分解效果就越好，可以提高原料利用率；但是粉碎过细，润水时容易结块，对制曲、发酵、浸出、淋油都不利，反而影响原料的正常利用。所以粉碎程度必须适当控制，只要大部分达到米粒大小就行。

② 润水。润水是使原料中含有一定的水分，以利于蛋白质的适度变性和淀粉的充分糊化，并为米曲霉生长繁殖提供一定水分。曲料润水的方式有三种：人工翻拌润水、螺旋输送机润水、旋转式蒸煮锅直接润水。常用原料配比为豆饼：麸皮＝100：（50～70）。加水量通常按熟料所含水分控制在45%～50%。

③ 蒸料。目的一是使原料中的蛋白质适度变性及淀粉糊化，便于酶分解及淀粉糖化；二是杀灭附在原料表面的微生物，以利于米曲霉的生长。目前国内蒸煮设备有3种类型，即常压蒸煮锅、加压蒸煮锅和连续管道蒸煮设备。目前国内酱油厂大多使用旋转式加压蒸煮锅。

（3）制曲工艺 当前国内大都采用厚层通风制曲。厚层通风制曲有许多优势性，如成曲质量稳定，制曲设备占地面积少；管理集中、操作方便；减轻劳动强度；便于实现机械化，提高劳动生产率等。

种曲与适量干热处理的新鲜麸皮充分拌匀，接入打碎并冷却好的物料中，种曲用量为原料总重量的0.3%左右，接种温度以40℃上下（夏季35～40℃，冬季40～45℃）为宜。

曲料接种后堆入曲池，厚度一般为20～30 cm，堆积疏松平整，并及时检查通风，调节品温至28～30℃，静止培养6 h（其间隔1～2 h通风1～2 min，以利于孢子发芽）。品温升至37℃左右，开始通风降温。以后根据需要，间歇或持续通风，使品温不高于35℃。入池11～12 h，品温上升很快，菌丝出现结块，此时进行第一次翻曲。以后再隔4～5 h，根据品温上升及曲料收缩情况，进行第二次翻曲，使品温保持在35℃左右。18 h后，曲料开始生孢子，仍应维持品温32～35℃，至孢子逐渐出现嫩黄绿色即可出曲。

4）发酵

发酵是利用成曲中的微生物酶对原料中的蛋白质、淀粉等进行分解，并产生醇类、酸类及醛类等物质的过程，目前以固态低盐发酵工艺居多。

（1）制醅　将准备好的11～13°Bé盐水（根据实际需要确定，一般发酵周期长，盐水浓度高些），加热至50～55℃，再将成曲和盐水充分拌匀入池。拌盐水时要随时注意掌握水量大小，待盐水全部吸入料内，再在醅面封盐。盐层厚3～5 cm，并在池面加盖。酱醅的含水量以52%～55%为宜，食盐含量为6%～7%。

（2）发酵　入池后，酱醅品温要求为42～50℃，发酵8～10 d，酱醅基本成熟，为了增加风味，通常延长发酵期为12～15 d。发酵温度如进行分段控制，则前期为40～48℃，中期为44～46℃，后期为36～40℃。分段控制有利于成品风味的提高，但成品色泽较浅。

5）酱油的浸提

按生产各种等级酱油的要求，酱醅成熟后，可先加入二油浸泡（预热至70～80℃），浸泡时间一般要求20 h左右，品温在60℃以上。酱醅经浸泡后，生头油可以从容器的假底下放出，溶加食盐，待头油降完，关闭阀门；再加入预热至80～85℃的三油，浸泡8～10 d，滤出二油；然后再加入热水，浸泡2 h左右，滤出三油备用。总之，头油是产品，二油套头油，三油套二油，最后用清水套三油，这种循环套淋的方法，称为“三套循环淋油法”。

6）酱油后处理

（1）加热　生酱油通过加热，可以达到灭菌、调和风味、增加色泽、除去悬浮物的目的，使成品质量进一步提高。加热多采用直接加热、二重锅或蛇形管加热以及热交换器加热的方法。加热温度一般为65～70℃，时间30 min，或采用80℃连续灭菌。

（2）配制　为了严格贯彻执行产品质量标准的有关规定，对于每批产成的酿造酱油，还必须进行适当的配制，使其达到相关的质量要求。

（3）澄清及包装　生酱油加热后，产生凝结物使酱油变得浑浊，必须在容器中静置3 d以上方能使凝结物连同其他杂质逐渐积累于器底，达到澄清透明的要求。

酱油包装分洗瓶、装油、加盖、贴标、检查、装箱等工序，最后作为产品出厂。

9.1.4　食醋

食醋，古称酢，别名醯，又有苦酒之称，是世界上最古老、最普及的调味品，几乎每个国家和地区都生产食醋。国人酿醋有3000多年的历史，早在公元前8世纪就已有了醋的文字记载。在长期的生产实践中劳动人民创造出多种富有特色的制醋工艺和品牌食醋，如山西老陈醋、镇江香醋、福建红曲老醋、四川保宁麸醋、江浙玫瑰醋、喀左陈醋、上海米醋、丹东白醋、四门贡醋等著名食醋。我国传统食醋的酿造工艺在选料和操作方面各具特色，但与国外制醋工艺相比有如下共同特点：以谷物类农副产品为主料（如高粱、糯米、麸皮等），以大曲或药曲为发酵剂，大多采用边糖化边发酵的（“双边发酵”）固态自然发酵工艺，发酵周期长，酸味浓厚，酯香浓郁，并采用陈酿或熏醅方法强化了食醋的色香味体。

食醋按加工方法可分为合成醋、酿造醋、再制醋三大类。其中产量最大且与我们关系最为密切的是酿造醋，它是以含淀粉、糖的物料或酒精为原料，经微生物制曲、糖化、酒精发酵、醋酸发酵等阶段酿制而成。其主要成分除醋酸（3%～5%）外，还含有各种氨基酸、有机酸、糖类、维生素、醇和酯等营养成分及风味成分，具有独特的色、香、味。它不仅是调味佳品，长期食用对身体健康也十分有益。

1. 生产原料

食醋酿造是在酒精发酵的基础上完成的，酿造过程中酵母菌在厌氧的条件下先将物料中的糖分经EMP途径转化为酒精，生成的酒精在醋酸菌所生成的乙醇脱氢酶和乙醛脱氢酶的作用下生成乙酸。

按照工艺要求，一般可将制醋原料分为主料、辅料、填充料和添加剂四大类。

1）主料

（1）淀粉质原料　中国传统的酿醋原料，长江以南以糯米和大米（粳米）为主，长江以北以高粱和小米为主。现多以碎米、玉米、甘薯、甘薯干、马铃薯、马铃薯干等代用，通常著名食醋的酿造多以此类原料为主。原料先经蒸煮、糊化、液化及糖化，使淀粉转变为糖，再用酵母使其发酵生成乙醇，然后在醋酸菌的作用下进行醋酸发酵，将乙醇氧化生成醋酸。

（2）糖质原料　以含糖质原料酿醋，可使用葡萄、苹果、梨、桃、柿、枣、番茄等酿制各种果汁醋，也可用蜂蜜及糖蜜为原料。它们都只需经乙醇发酵和醋酸发酵两个生化阶段。法国西北部奥利安以奥利安法酿造的葡萄酒醋，曾驰名于世。

（3）乙醇原料　以乙醇为原料，加醋酸菌只经醋酸发酵一个生化阶段。例如，以低度白酒或食用酒精加水冲淡为原料，应用速酿法制醋，只需 1～3 d 即得酒醋。

（4）冰醋酸原料　以食用冰醋酸加水配制成白醋，再加调味料、香料、色素等物，使之成为具有近似酿造醋的风味的食醋。

2）辅料

辅料一般采用谷糠、麸皮或豆粕，因为在谷糠、麸皮及豆粕中，不但含有碳水化合物，而且还含有丰富的蛋白质。辅料与食醋的色、香、味有密切的关系，在固态发酵中辅料还起着吸收水分、疏松醋醅及贮藏空气的作用。

3）填充料

固态发酵制醋和速酿法制醋都需要填充料，其主要作用是调整淀粉浓度，吸收酒精及液浆，保持料层有一定空隙使酵醅疏松，积存并使空气流通，以利于醋酸菌进行好氧发酵。常用的填充料有谷壳、稻壳、高粱壳、小米壳、玉米秸、玉米芯、高粱秸、花生皮、甘薯蔓、刨花、浮石以及多孔玻璃纤维等。填充料要求接触面积大，其纤维质具有适当的硬度和惰性，没有异味，表面积大。

4）添加剂

添加剂不仅能改善食醋的色泽和风味，还能改变食醋的体态，常用的添加剂有食盐、砂糖、芝麻、茴香、生姜和炒米色等。

二维码 9-3　两种酿醋工艺

2. 酿造微生物

传统工艺制醋是利用自然界中野生菌制曲、发酵，涉及的微生物种类繁多，如霉菌中的根霉、曲霉、毛霉、犁头霉；酵母菌中的汉逊氏酵母、假丝酵母，以及细菌中的芽孢杆菌、乳酸菌、醋酸菌、产气杆菌等。在众多的微生物中，有对酿醋有益的菌种，也有对酿醋有害的菌种。新法酿醋是采用经人工选育的纯培养菌株，经制曲、酒精发酵和醋酸发酵而成。其好处是酿醋周期短，原料利用率高，因此带来了显著的经济效益。

1）淀粉液化、糖化微生物

曲霉菌能产生丰富的淀粉酶、糖化酶、蛋白酶等酶系，因此在食醋酿造中常用曲霉制糖化曲。糖化曲作为水解淀粉质原料的糖化剂，其作用是将制醋原料中淀粉水解为糊精和葡萄糖；同时，制曲过程中形成的蛋白酶能够将蛋白质水解为肽和氨基酸，有利于下一步酵母菌的酒精发酵以及之后的醋酸发酵。

常用的曲霉有：

（1）黑曲霉　呈黑褐色，顶囊较大，呈球形。培养温度 30～35℃，最适 pH 为 4.5～5.0，生长繁殖需要足够的氧气。除分泌糖化酶、液化酶、蛋白酶、单宁酶外，黑曲霉还分泌果胶酶、纤维素酶、脂肪酶、氧化酶、转化酶等。适宜于酿醋的菌株有：甘薯曲霉 AS 3.324、邬氏曲霉 AS 3.758、东酒一号、黑曲霉 AS 3.4309（UV-11）等。

（2）米曲霉　其菌丝一般为黄绿色，最适培养温度为 37℃，最适 pH 为 5.5～6.0。该菌能产生较丰富的酶系，如液化酶、糖化酶和蛋白酶等。米曲霉中常用的菌株有：沪酿 3.040、沪酿 3.042（AS 3.951）、AS 3.863 等。

（3）黄曲霉　黄曲霉的分生孢子穗呈黄绿色，发育过程中菌丛先由白色转为黄色，最后变成黄绿色，衰老的菌落则呈黄褐色，孢子梗和孢子粗糙，最适培养温度为 37℃，最适 pH 为 5.5～6.0。黄曲霉群的菌株除有丰富的蛋白酶、淀粉酶外，还有纤维素酶、转化酶、菊糖酶、脂肪酶、氧化酶等。黄曲霉中的某些菌株会产生对人体致癌的黄曲霉毒素，为安全起见，必须对菌株进行严格检测，确证无黄曲霉毒素产生者方能使用。常用菌株为 AS 3.800 和 AS 3.384。

2）酒精发酵微生物

在食醋酿造过程中，淀粉质原料经曲的糖化作用产生葡萄糖，酵母菌则通过其酒精发酵酶系将葡萄糖转化为酒精和二氧化碳，完成酿醋过程中的酒精发酵阶段。在食醋酿造中酒精发酵一般由子囊菌亚门酵母属中的酵母菌来完成。因此，生产上所用菌株不仅要性能稳定，同时还要具有较强的酒精耐受能力。

酵母菌的最适培养温度为28～32℃，最适pH为4.5～5.5，在厌氧条件下发酵葡萄糖生成酒精和二氧化碳。酵母菌除酒化酶系外，还能产生麦芽糖酶、蔗糖酶、转化酶、乳糖分解酶和脂肪酶等。在酒精发酵中，除生成酒精外还有少量有机酸、杂醇油、酯类等物质生成，这些物质对形成醋的风味有一定作用。

生产上选择酵母菌种，一般根据不同原料来选择。常用的菌种有：使用淀粉原料的南阳五号（1300）、AS 2.399（德国12号啤酒酵母）或K字酵母、AS 2.109、AS 2.399；甘蔗糖蜜为原料的AS 2.1189、AS 2.1190。另外，为了增加食醋的香气，有的酿造厂还添加产酯能力强的酵母进行混合发酵，使用的菌株有AS 2.300、AS 2.338以及中国食品发酵研究所的1295和1312等产酯酵母。

3）醋酸发酵微生物

醋酸菌是醋酸发酵的主要菌种，醋酸菌不是细菌分类学名词，在细菌分类学主要分布于醋酸杆菌属（*Acetobacter*）和葡萄糖杆菌属（*Gluconobacter*），用于酿醋的醋酸菌种大多属于醋酸杆菌属。醋酸菌具有氧化酒精生成醋酸的能力，其形态为长杆状或短杆状细胞，单独、成对或排列成链状。不形成芽孢，革兰氏染色幼龄菌阴性，老龄菌不稳定，好氧，喜欢在含糖和酵母膏的培养基上生长。其生长最适温度为28～32℃，最适pH为3.5～6.5。

目前国内外在生产上常用的醋酸菌有：

（1）恶臭醋酸杆菌（*A. rancens* AS 1.41） 此菌株是我国食醋生产中的主要菌株，它在固体培养基上培养，菌落隆起，平坦光滑，成灰白色；在液体培养基中，沿管壁上升，在表面生长，有淡青色的极薄的平滑菌膜，溶液微浑浊。最适培养温度28～33℃，最适pH为3.5～6.0，耐受酒精浓度为8%（体积分数）。最高产醋酸为7%～9%，产葡萄糖酸力弱，能氧化分解醋酸为CO_2和H_2O。

（2）奥尔兰醋酸杆菌（*A. orleanense*） 属葡萄酒醋酸杆菌属，是法国奥尔兰地区由葡萄酒生产醋酸的主要菌株。它产酸能力较弱，为2.9%，能产生少量酯，有较强的耐酸能力，最适培养温度30℃。

（3）产醋酸杆菌 是德国哈斯雷醋厂使用的菌株，为速酿醋酸菌。此菌株能产生大量的乙酸乙酯，赋予食醋和葡萄酒的芳香。但该菌株产酸量较低，可氧化醋酸为CO_2和H_2O，最适培养温度为33℃。

（4）沪酿1.01醋酸杆菌 为上海酿造科学研究所从丹东醋厂速酿醋中分离得到的，是我国食醋工厂常用的菌种之一。该菌细胞呈杆形，常呈链状排列，菌体无运动性，不形成芽孢。在含酒精的培养液中，常在表面生长，形成淡青灰色薄层菌膜。在不良的条件下，细胞会伸长，变成线状或棒状，有的呈膨大状、分支状。该菌具有产酸较快的特点，由酒精生成醋酸的转化率平均高达93%～95%。

（5）许氏醋杆菌（*A. schutzenbachii*） 它是国外有名的速酿醋菌种，也是目前制醋工业较重要的菌种之一。在液体中生长的最适温度为25～27.5℃，固体培养的最适温度为28～30℃，最高生长温度37℃。该菌产酸高达11.5%，且对醋酸没有氧化作用。

3. 固态法食醋生产

食醋制造工艺中固态发酵工艺已独领风骚数千年，至今在我国食醋工业仍占有一席之地。

1）工艺流程

麸曲、酵母（加入"接种"）

薯干（或碎米、高粱等）→粉碎→加麸皮、谷糠混合→润水→蒸料→冷却→接种→入缸糖化、酒化→拌糠接种→醋酸发酵→翻醅→加盐后熟→淋醋→贮存陈醋→配兑→灭菌→包装→成品

醋酸菌、粗谷壳（加入"拌糠接种"）

2）工艺操作

（1）原料配比及处理　甘薯或碎米、高粱等100 kg，细谷糠80 kg，麸皮120 kg，水400 kg，麸皮50 kg，砻糠50 kg，醋酸菌种子40 kg，麸曲20～30 kg，食盐3.75～7.5 kg（夏多冬少）。

将薯干或碎米等粉碎，加麸皮和细谷糠拌和，加水润料后用扬料机打散，装入蒸锅中。以常压蒸煮1 h，停火焖1 h或在0.15 MPa压力下蒸煮40 min，出锅冷却至30～40℃。

（2）糖化及酒化　熟料出锅后，立即用扬料机打散过筛、摊晾降温。冬、春季晾至30～32℃，夏季晾至比室温低1～2℃，加入麸曲和酒母，拌和均匀，加入冷水25%～30%，使料醅含水量达65%～68%。

原料入缸后，压实，用无毒塑料布密封缸口发酵。糖化和酒化应做到低温下曲、低温入缸、低温发酵。冬季入缸温度控制在18～25℃，夏季入缸温度不超过28℃。入缸第二天后，品温升至38～40℃时，应进行第一次倒缸翻醅，酒精发酵期间采用降低室温和倒缸的方法使发酵温度控制在28～32℃进行糖化和酒精发酵。入缸后5～7 d酒精发酵基本结束，醅中可含酒精7%～8%。

（3）醋酸发酵　酒精发酵结束后的料醅拌入谷壳、麸皮和醋酸菌种子液（或醋酸发酵旺盛的醋醅），拌和均匀的料醅松装入缸或池中进行醋酸发酵。醋酸发酵室温控制在20～30℃，品温最高不得超过42℃。每天定温定时翻醅倒缸，经过12～15 d的发酵，品温开始下降，当醋酸含量达到7%～8%、品温降至36℃以下时，醋酸发酵基本结束。

（4）加盐后熟　醋酸发酵结束后要及时加盐，防止成熟的醋醅过度氧化。通常加盐量为醋醅的1.5%～2%，夏季稍多，冬季稍少。

（5）淋醋　淋醋工艺采用三套循环法。先用二醋浸泡成熟醋醅20～24 h，淋出来的是头醋，剩下的头渣用三醋浸泡，淋出来的是二醋，缸内的二渣再用清水浸泡，淋出三醋。如以头淋醋套头淋醋为老醋；二淋醋套二淋醋3次为双醋，较一般单淋醋质量为佳。

（6）陈酿　陈酿是醋酸发酵后为改善食醋风味进行的贮存、后熟过程。陈酿有两种方法，一种是醋醅陈酿，即将成熟醋醅压实盖严，封存数月后直接淋醋。或用此法贮存醋醅，待销售旺季淋醋出厂。另一种是醋液陈酿，即在醋醅成熟后就淋醋，然后将醋液贮入缸或罐中，封存1～2个月，可得到香味醇厚、色泽鲜艳的陈醋，高级名醋多采用此种方法陈酿。用作陈酿的醋液醋酸度应在5%以上，否则容易败坏。有时为了提高产品质量，改善风味，则将部分醋醅用文火加热至70～80℃，24 h后再淋醋，此过程称熏醋。

（7）澄清、配兑和煎醋　陈酿醋或新淋出的头醋都还是半成品，醋进入澄清池沉淀，得到澄清醋，调整其浓度、成分，使其符合质量标准。除现销产品及高档醋外，一般要加入0.1%苯甲酸钠防腐剂后进行包装。陈醋或新淋的醋液应于85～90℃维持30～40 min杀菌，但灭菌后应迅速降温后方可出厂。

4. 液态深层发酵制醋

随着发酵生产规模的不断扩大，发酵工业技术的不断发展，出现了不少新型发酵罐。自吸式充气发酵罐于20世纪50年代初期的西德被首次用于制醋生产，并在1969年首先取得了专利，以后在日本、欧洲等国先后被采用。

空气自吸式罐液体深层发酵制醋是将淀粉质原料经液化、糖化、酒精发酵后，在空气自吸式发酵罐中完成液体深层醋酸发酵的新工艺。具有原料利用率高、机械化程度高、生产周期短（7 d）、产品质量稳定等优点，但缺点是醋的风味较差。该工艺自20世纪70年代起在我国应用，目前生产工厂已达80余家，国外则更为普遍。

1）工艺流程

α-淀粉酶、氯化钙、碳酸钠（↓调浆）　糖化酶（↓糖化）　酒母（↓酒精发酵）　醋酸菌（↓醋酸发酵）

碎米→浸泡→磨浆→调浆→液化→糖化→冷却→酒精发酵→酒醪→醋酸发酵→醋醪→压滤→配兑→灭菌→陈醋→成品

2）工艺操作

（1）调浆　淀粉加水调成12°Bé粉浆，同时加入碳酸钠调pH 6.2～6.4，再按原料淀粉总重量0.1%加入氯化钙，B.F.7658淀粉酶0.4%，充分搅匀。淀粉酶制剂用量以按效价单位计算为好，一般每克干淀粉约加酶制剂80～100 U。

（2）液化、糖化　先在液化罐内加少量底水，升温至85℃，再用泵将粉浆打入，控制浆温85～90℃，维持10～15 min。用碘液检查呈棕黄色，即为液化完全。再升温至100℃，维持10 min，灭菌，然后打入糖化罐（原罐也可），降温至60～65℃。加入糖化酶（1 g淀粉加入100 U糖化酶制剂），糖化1～1.5 h，糖液浓度可达13～14°Bé。

（3）酒精发酵　将糖液泵入酒精发酵罐，调整糖液浓度为8.5°Bé，并使温度降至30℃左右。向醪液中接种10%的酵母种子液，并添加占酒母量2%的乳酸菌液及20%的生香酵母，共同进行酒精发酵，发酵温度30～32℃，2～3 d时，发酵结束时酒醪中的酒精含量可达6%以上。

（4）醋酸发酵　将酒精发酵液打入醋酸发酵罐，按规定接种量接入醋酸菌种子液，控制品温33～37℃。发酵前期通风量为1∶0.1，中期48 h内为1∶0.15，后期为1∶0.1。经6 h左右，醋酸可达6%以上，待酒精耗尽，醋酸不再上升时即可放罐。发酵液经过滤、配制、加热、灭菌后送入成品贮罐澄清。

（5）连续发酵　完成醋酸发酵后，放出醋液1/3，加入酒精1/5，继续进行发酵，经24 h左右，醋酸又可升至5%以上。如此反复连续发酵可达多次。

（6）产品后处理　经过滤得到澄清醋液，添加适量糖液等配兑合格后，75～80℃灭菌，输入成品罐，储存陈酿后包装得到成品。

9.1.5 发酵乳制品

发酵乳制品是指良好的原料乳经过杀菌作用，接种特定的微生物进行发酵，产生具有特殊风味的食品。通常具有良好的风味、较高的营养价值，还具有一定的保健作用。深受消费者的欢迎。常见发酵乳制品有酸奶、乳酸菌饮料、干酪、酸奶油、马奶酒等。现仅简要介绍一下双歧杆菌酸奶的生产工艺。

（1）工艺流程　原料乳→标准化→调配→均质→杀菌→冷却→接种→灌装→发酵→冷藏后熟→成品

（2）生产工艺　接种量：两歧双歧杆菌6%、嗜热链球菌3%及适量维生素C；发酵温度及时间：38～40℃，6 h。双歧杆菌产酸能力低，凝乳时间长，需18～24 h，且由于其属于异型发酵，最终产品的口味和风味欠佳。因而，生产上常选择一些对双歧杆菌生长无太大影响，但产酸快的乳酸菌，如嗜热链球菌、保加利亚乳杆菌、嗜酸乳杆菌、乳脂明串珠菌等与双歧杆菌共同发酵。这样既可以使制品中含有足够量的双歧杆菌，又可以提高产酸能力，大大缩短凝乳时间，缩短生长周期，并改善制品的口感和风味。

二维码9-4　酸奶生产工艺

9.2 微生物酶制剂及其应用

酶制剂是指从生物中提取的具有酶特性的一类物质。酶催化剂作为生物进化的高级形式，通过酶（尤其是固定化酶）的催化作用，可以简化生产工艺、降低生产成本、改善操作环境，其经济效益是非常可观的。

微生物酶制剂就是从微生物中提取的蛋白质。随着人们对环境保护和生活质量要求的提高，酶在医药、食品、纺织、环保等领域的应用日益广泛。每个微生物细胞有产生2500种以上酶的能力。现在开发的只是以水解酶类为主的很小一部分，而且在生产上使用的菌种数也很有限。因此，在酶的种类和剂型上都很有开发的潜力。在技术上，除诱变育种外，已开始采用融合、杂交等细胞工程和基因工程等技术来培育性能更优良的新型菌种。目前在生产中广泛应用的有淀粉酶、蛋白酶、果胶酶、脂肪酶、纤维素酶、葡萄糖异构酶等多种微生物酶。

9.2.1 产酶微生物

在酶制剂生产中，常用的微生物为细菌、霉

菌、酵母菌三大类群，主要是用好气性菌。

1. 细菌

酶制剂工业中常用的细菌主要是芽孢杆菌属和埃希氏菌属。如生产淀粉酶的常用菌种是枯草芽孢杆菌和地衣形芽孢杆菌；生产蛋白酶的菌种常为短小芽孢杆菌。大肠杆菌常作为天冬氨酸酶、谷氨酸脱羧酶、多核苷酸磷酸化酸化酶的生产菌种。此外，放线菌中的链霉菌用于深层发酵生产中性蛋白酶和曲霉酸性蛋白酶。

2. 霉菌

酶制剂工业中常用的霉菌主要是曲霉属、根霉属、青霉属。如黑曲霉常作为淀粉酶、纤维素酶、果胶酶、葡萄糖氧化酶、过氧化氢酶、脂肪酶、乳糖酶、花青素酶等酶制剂的生产菌株。米曲霉可用于淀粉酶、蛋白酶、核糖核酸酶的生产。根霉可以用作葡萄糖淀粉酶、脂肪酶、半纤维素酶的生产菌种。

3. 酵母菌

酶制剂工业中常用的酵母主要集中在假丝酵母属、酵母属。如产朊假丝酵母、解脂假丝酵母和热带假丝酵母可用作脂肪酶、转化酶、脲酶、富马酸酶的生产菌种。

9.2.2 微生物酶制剂的发酵生产

1. 菌种的选择

任何生物都能在一定的条件下合成某些酶，但并不是所有的细胞都能用于酶的发酵生产。一般来说，能用于酶发酵生产的细胞必须具备如下几个条件：

（1）酶的产量高、易培养　高产是优良的产酶细胞首先应具备的特性，可以通过筛选、诱变或采用基因工程、细胞工程等技术而获得。此外，还要求产酶细胞容易生长繁殖，适应性较强，易于控制，便于管理。

（2）遗传稳定性好　在通常的生产条件下，能够稳定地用于生产，不易退化。在生产中一旦发现细胞退化，要经过细胞复壮，使其恢复良好的产酶性能。

（3）酶易于分离纯化　发酵结束后，发酵液中的酶需经分离纯化才能得到所需要的酶，因此要求产酶细胞及其他杂质易于和酶分离开。

（4）安全可靠　要求细胞及代谢物安全无毒，不能使用产毒素的菌株或它们的近缘种。

2. 酶制剂的生产工艺

1）酶制剂生产工艺流程

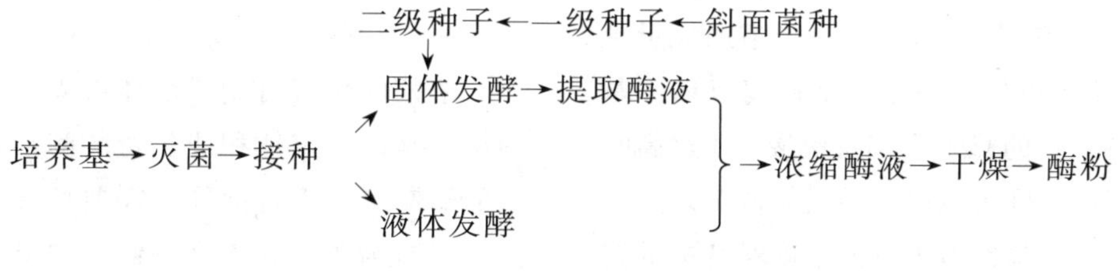

2）产酶培养

酶的发酵生产是以获得大量所需的酶为目的。为此，除了选择性能优良的产酶细胞以外，还必须满足细胞生长、繁殖和发酵产酶的各种工艺条件，并要根据发酵过程的变化进行优化控制。微生物发酵生产酶制剂方式主要有固体发酵法和液体发酵法。

（1）固体发酵法　固体发酵是以麸皮或米糠为主要原料，另外添加谷糠、豆饼等为辅助原料，加水搅拌成半固体状态，在一定的培养条件下微生物进行生长繁殖代谢产酶。固体发酵法比液体发酵法产酶量高。同时还具有原料简单、不易污染、操作简便、酶提取容易、节省能源等优点。

（2）液体发酵法　液体发酵法又分液体表面发酵法和液体深层发酵法两种。其中液体深层发酵法是现在普遍采用的方法。它不仅适合于微生物细胞，也适用于植物、动物和工程菌的发酵。我国酶制剂、抗菌素、氨基酸、有机酸和维生素等发酵产品均采用此种方法。液体发酵法机械化程度较高，生产效率高，发酵条件易于控制，不易污染，酶的产量较高。

3）产酶条件的控制

（1）培养基　培养基的营养成分是微生物发酵产酶的原料，主要是碳源、氮源，其次是无机盐、生长因子和产酶促进剂等。

（2）培养条件

① 发酵温度。发酵温度的变化主要随着微生物代谢反应、发酵中通风、搅拌速度的变化而变化的。微生物生长繁殖和产酶的最适温度随着菌种和酶的性质不同而异，生长繁殖和产酶的最适温度往往不一致。一般细菌为 37℃，霉菌和放线菌为 28～30℃，一些嗜热微生物需在 40～50℃下生长繁殖，如红曲霉生长温度 35～37℃，而生产糖化酶的最适温度为 37～40℃。

在酶生产中，为了有利于菌体生长和酶的合成，也有进行变温生产的。例如，以枯草杆菌 AS l.398 进行中性蛋白酶生产时，培养温度必须从 31℃逐渐升温至 40℃，然后再降温到 31℃进行培养，蛋白酶产量比不升温者高 66%。据报道，酶生产的温度对酶活力的稳定性有影响，例如用嗜热芽孢杆菌进行 α-淀粉酶生产时，在 55℃培养所产生的酶的稳定性比 35℃好。

② pH。种子培养基和发酵培养基的 pH 直接影响酶的产量和质量。一般来说，培养基成分中 C/N 高，发酵液倾向于酸性，pH 低；C/N 低，发酵液倾向于碱性，pH 高。pH 的这些变化情况，常常引起细胞生长和产酶环境的变化，对产酶带来不利的影响。因此生产中常采用一些控制 pH 的方法，通常有：添加缓冲液维持一定的 pH；调节通风量维持发酵液的氧化还原电位于一定范围；调节培养基的初始 pH，保持一定的 C/N；当发酵液 pH 过高时用糖或淀粉来调节，pH 过低时，通过氮调节。

③ 通风量。通风量的多少应根据培养基中的溶解氧而定。一般来说，在发酵初期，虽然幼细胞呼吸强度大，耗氧多，但由于菌体少，相对通风量可以少些；菌体生长繁殖旺盛期时，耗氧多，要求通风量大些；产酶旺盛时的通风量因菌种和酶种而异，一般需要强烈通风；但也有例外，通风量过多反而抑制酶的生成。因此，菌种、酶种、培养时期、培养基和设备性能都能影响通风量，从而影响酶的产量。目前用于酶制剂生产的微生物都为好气性微生物，生产上普遍采用自动测定和记录溶解氧的仪表。

④ 搅拌。对于好气性微生物的深层发酵，除了需要通气外，还需要搅拌。搅拌有利于热交换、营养物质与菌体均匀接触，降低细胞周围的代谢产物，从而有利于新陈代谢。同时可打破空气气泡，使发酵液形成湍流，增加湍流速度，从而提高溶氧量，增加空气利用。但搅拌速度主要因菌体大小而异，由于搅拌产生剪切力，易使细胞受损。同时搅拌也带来一定机械热，易使发酵液温度发生变化。搅拌速度还与发酵液黏度有关。

⑤ 泡沫。发酵中往往产生较多的泡沫。泡沫的存在阻碍了 CO_2 的排出，影响溶氧量，同时泡沫过多影响补料，也易使发酵液溢出罐外造成跑料。因此，生产上必须采用消泡措施。一般除了机械消泡外，还可利用消泡剂。消泡剂主要是一些天然的矿物油类、醇类、脂肪酸类、胺类、酰胺类、醚类、硫酸酯类、金属皂类、聚硅氧烷和聚硅酮，其中以聚甲基硅氧烷最好。我国常用聚氧丙烯甘油醚或泡敌（聚环氧丙环氧乙烷甘油醚）。理想的消泡剂其表面相互作用力应低，而且应难溶于水，还不能影响氧的传递速率和微生物的正常代谢。

4）分离提纯

微生物酶的提取方法，因酶的结合状态与稳定性的不同，应用部门对产品的纯度要求不同，而有一定的区别。主要提取方法有：盐析法、有机溶剂沉淀法、吸附法（白土及活性氧化铝吸附法、淀粉吸附 α-淀粉酶）。

5）酶制剂化和稳定化处理

浓缩的酶液可制成液体或固体酶制剂。酶制剂的出售是以一定体积或重量的酶活计价，所以生产出的酶制剂在出售前往往需要稀释至一定的标准酶活。同时为改进和提高酶制剂的储藏稳定性，一般都要在酶制剂中加入一种以上的物质，它们既可作酶活稳定剂，又可作抗菌剂及助滤剂，它们若制成干粉，则可起到填料、稀释剂和抗结块剂的作用。可用作酶活稳定剂的物质很多，如辅基、辅酶、金属离子、底物、整合剂、蛋白质等，最常用的有多元醇（如甘油、乙二醇、山梨醇、聚乙二醇等）、糖类、食盐、乙醇及有机钙。

二维码 9-5　酶制剂生产设计

9.2.3　酶制剂在食品工业中的应用

1. 酶与淀粉糖的生产

由于淀粉糖良好的口感、特殊性能和特有的保健功能，已被广泛地应用在糖果、罐头、糕点、饮料等的生产中。如葡萄糖的生产方法有酸法、酸酶法、双酶法等。其中，双酶法工艺，特别是耐高温α-淀粉酶和高转化率的液体糖化酶的使用，不仅能制造各种不同规格的高质量结晶葡萄糖和各种不同DE值的液体淀粉糖浆，而且糖的转化率高，可直接使用，从而降低生产成本。在麦芽糖生产中，原料的液化与葡萄糖生产一样，均采用耐高温的α-淀粉酶。所不同的是在糖化处理阶段，根据生产的最终产品不同采用的酶不同。如在麦芽糖浆生产中采用米曲霉产生的真菌淀粉酶，可以快速水解胶凝淀粉、直链淀粉和支链淀粉溶液，在产生可溶性糊精的同时产生少量的葡萄糖和麦芽糖。果葡糖浆是利用葡萄糖异构酶将淀粉液化、糖化所得的葡萄糖转化为果糖。

2. 酶与食品检验分析

自1962年，英国人Clark发明了最早的生物传感器-酶电极以来，生物传感器发展迅猛，同时以其微型化、集成化、智能化、实用化等特点广泛地应用于食品工业、环境监测、发酵工业、医学等领域。生物传感器在食品工业中的应用包括食品成分、食品添加剂、有害毒物及食品鲜度等的测定分析等方面。

在食品工业中，葡萄糖的含量是衡量水果成熟度和贮藏寿命的一个重要指标。已开发的酶电极型生物传感器可用来分析白酒、苹果汁、果酱和蜂蜜中的葡萄糖。其他糖类如果糖，啤酒、麦芽汁中的麦芽糖，也有测定成熟的传感器；采用亚硫酸盐氧化酶为敏感材料制成的电流型二氧化硫酶电极可用于测定食品中的亚硫酸盐含量；Albareda等用戊二醛交联法将乙酰胆碱酯酶固定在铜丝碳糊电极表面，制成一种可检测浓度为10^{-10} mol/L的对氧磷和10^{-11} mol/L的克百威的生物传感器，可用于直接检测自来水和果汁样品中两种农药的残留；Kramerr等研究的光纤生物传感器可以在几分钟内检测出食物中的病原体（如大肠杆菌O157：H7）等。

3. 酶与酿造工业

啤酒以其特有的“麦芽的香味、细腻的泡沫、酒花的苦涩、透明的酒质”而深受各国消费者的喜爱。大麦的好坏是决定啤酒质量的关键。生产过程中常常会由于麦芽质量不佳，出现液化不彻底、糖化不完全、过滤速度慢、收率低等现象。液化酶和糖化酶的添加弥补了麦芽质量不好带来的不足，增加了辅料的比例，改善了啤酒的风味，降低了生产成本。

啤酒在贮藏和货架期间常常会出现浑浊，出现这种现象的原因主要是生物浑浊和非生物浑浊两种。解决非生物浑浊可以通过添加木瓜蛋白酶或菠萝蛋白酶分解蛋白质，添加方式通常是在后发酵开始时添加。另外，通过在生产中添加中性蛋白酶可以将麦芽、大麦及辅料中的蛋白质成分分解成可溶性的缩氨酸和氨基酸，不仅为酵母提供适量的营养，并使啤酒具有良好的泡沫、香味及生物稳定性。但蛋白酶的添加量必须严格控制，否则会对啤酒的持泡能力产生不良影响。

在生产黄酒的过程中，配合使用多种酶制剂代替部分麦曲和活性干酵母对原料进行糖化发酵，经酿造后的新工艺黄酒保留了微生物酿造的天然品质和较丰富的营养成分，氨基酸含量丰富，香气醇和，爽适协调，苦涩味减轻，酒质稳定性高，出品率高达300%～310%（酒精体积分数为14.5%），提高糖化率和液化率，减少用曲量，提高出酒率，节约粮食，降低成本等。

果酒酿制过程中，如果在果浆或果汁中加入一定量的果胶酶和蛋白酶，果胶酶能水解果胶物质破坏细胞结构，蛋白酶则能破坏液泡膜，从而释放出花青素等色素物质。用于红葡萄酒的酿造时可在发酵时将果胶酶和蛋白酶与酵母一起加入，可增加色素提取，改善果酒的色泽。

在酱油的酿造过程中添加纤维素酶可使大豆类原料的细胞膜膨胀软化破坏，使包藏在细胞中的蛋白质和碳水化合物释放，这样既可提高酱油浓度，改善酱油质量，又可缩短生产周期，提高生产率，并且使其各项主要指标提高3%。

4. 酶与畜产品加工

（1）酶在肉制品加工中的应用　由Swift有限

公司生产的食品级蛋白酶，在屠宰前 10～30 min 把酶的浓缩液注射到动物颈静脉血管中，通过血流循环，酶在鸡肉中可均匀分布，可以达到肉嫩化的效果。或者是在动物屠宰后将其浸泡在木瓜蛋白酶、菠萝蛋白酶或无花果蛋白酶溶液中，也可达到嫩化的效果。目前使用的嫩化酶以木瓜蛋白酶为主。在肉制品加工中添加转谷氨酰胺酶可提高制品中凝胶网络的稳定性，即使在温度变化及机械冲击下仍有强的持水能力，从而避免制品在贮藏期间发生干缩脱水的现象。

（2）酶在肉制品保鲜中的应用　研究表明，溶菌酶、氯化钠和亚硝酸盐联合应用到肉制品中可延长肉制品的保质期，其防腐效果比单独使用时效果更好。

（3）酶在乳制品加工中的应用　奶酪生产时添加凝乳酶，不仅促进乳蛋白的凝固、提高产品的得率，而且在奶酪的生产和成熟期间，酶对奶酪的组织结构、风味和营养价值的提高也都起着非常重要的作用。另外，微生物产的脂肪酶的添加不仅能促进奶酪成熟，还能使奶酪形成特有的风味。这两种酶在奶酪香精的生产中也有应用。

（4）酶在蛋制品加工中的应用　蛋白粉、全蛋粉等是糖果和糕点生产的原料。由于蛋白粉中含有少量的葡萄糖，因此在蛋粉生产中常因为美拉德褐变而影响产品的色泽和质量。采用葡萄糖氧化酶和过氧化氢酶的“偶”联反应可以去除蛋白质中的葡萄糖，提高了产品的营养价值，保障了产品的质量。在产品中添加一定量的溶菌酶可以防止微生物污染。

（5）酶与焙烤工业　脂肪酶（lipase）又叫甘油酯水解酶，能催化甘油三酯水解生成甘油二酯、甘油一酯或甘油。它对面团有强筋作用，能够提高面包的入炉急胀，增大面包体积，且对面包芯有二次增白作用。脂肪酶与葡萄糖氧化酶、真菌 α-淀粉酶复配有更好的协同增效作用，能使面包体积更大，急胀更好，组织更细腻。在饼干生产中，添加蛋白酶可有效软化面筋，使面筋链被蛋白酶水解，面粉便变为弱力粉，可降低面粉筋力，降低面团弹性，使生产的饼干疏松、易干燥、并可防止饼干收缩变形。

（6）酶与果蔬加工业　果胶是植物细胞的间隙物质，具有很高的黏稠度，它的存在给榨汁、过滤和澄清带来困难。果胶酶在果蔬汁中应用能快速澄清果汁，从而使果汁加工过程变短，通过降低果浆黏度，极大地提高了压榨量和产量，获得更高的果汁产量和颜色更好的提取物，尤其在浓缩苹果汁应用使果汁浓缩 6 倍成为现实，从而减少贮存体积、降低运输费用和提高浓缩液的稳定性。葡萄糖氧化酶可用于除去果蔬汁、罐头食品、果蔬干制品中的氧气，防止产品氧化变色，延长商品保存期。绿原酸酯酶应用在果汁、蔬菜汁可以防止褐变，同时也可以减少为防止褐变的维生素 C 添加量，形成了更接近于自然的原有风味，市场发展顺利。

9.3 微生物发酵生产有机酸

9.3.1 柠檬酸

柠檬酸是生物体内主要的代谢产物之一，在植物如柠檬、柑橘、菠萝等果实和动物的骨骼、肌肉、血液中都含有柠檬酸。1784 年瑞典化学家 C. W. Scheel 首先从柑橘中提取柠檬酸。直到 20 世纪初，这种有机酸仍然绝大多数是从柠檬中提取获得的，主要产地以意大利的西西里岛最为著名。发酵法制取柠檬酸始于 19 世纪末。1893 年 C. Wehmer 发现青霉（属）能积累柠檬酸。1913 年扎霍斯基报道黑曲霉能生成柠檬酸。1916 年汤姆和柯里以曲霉属菌进行试验，证实大多数曲霉菌如泡盛曲霉、米曲霉、温氏曲霉、绿色木霉和黑曲霉都具有产柠檬酸的能力，而黑曲霉的产酸能力更强。1923 年美国菲泽公司建造了世界上第一家以黑曲霉浅盘发酵法生产柠檬酸的工厂。随后比利时、英国、德国、苏联等相继研究成功发酵法生产柠檬酸。这样，依靠从柑橘中提取天然柠檬酸的方法逐渐为发酵柠檬酸所取代。直到 1952 年，美国 Miles 公司首先采用深层发酵法大规模生产柠檬酸，此后，深层发酵法逐渐建立起来，现已成为柠檬酸生产的主要方法。

我国发酵法生产柠檬酸的研究始于 1942 年，随后无锡轻工学院、轻工业部发酵工业研究所、天津市工业微生物研究所、上海市工业微生物研究所等多家单位进行了相关研究。1968年，以薯干粉为原料，黑曲霉深层发酵柠檬酸的成功，确定了中国柠檬酸生产的主要工艺路线。薯干粉深层发酵柠檬酸，原料丰富，工艺简单，不需添加营养盐，产率高，是中国独特的先进工艺。

1. 柠檬酸在食品工业中的应用

1）饮料与冰激凌

柠檬酸广泛用于配制各种水果型的饮料以及软饮料。柠檬酸本身是果汁的天然成分之一，不仅赋予饮料水果风味，而且具有增溶、缓冲、抗氧化等作用，能使饮料中的糖、香精、色素等成分交融协调，形成适宜的口味和风味；添加柠檬酸可以改善冰激凌的口味，增加乳化稳定性，防止氧化作用。

2）果酱与酿造酒

柠檬酸在果酱与果冻中同样可以增进风味，并有抗氧化作用。由于果酱、果冻的凝胶性质需要一定范围的pH，添加一定量的柠檬酸可以满足这一要求。当葡萄或其他酿酒原料成熟过度而酸度不足时，可以用柠檬酸调节，以防止所酿造的酒口味单薄。柠檬酸加到这些果汁中还有抗氧化和保护色素的作用，以保护果汁的新鲜感和防止变色。

3）腌制品

各种肉类和蔬菜在腌制加工时，加入或涂上柠檬酸可以改善风味，除腥去臭，抗氧化。

4）罐头食品

加入柠檬酸除了调酸作用之外，还有螯合金属离子的作用，保护其中的抗坏血酸，使之不被金属离子破坏。柠檬酸添加到植物油中也有类似的作用。

5）豆制品及调味品

用含有柠檬酸的水浸渍大豆，可以脱腥以便于后续加工。柠檬酸可以用于大豆等豆类蛋白、葵花子蛋白的水解，生产出风味别致的调味品，也可以用于成熟调味品（酱油等）的调味。

6）其他

柠檬酸在医药、化学等其他工业中也有一定的作用。柠檬酸铁铵可以用作补血剂；柠檬酸钠可用作输血剂；柠檬酸可制造食品包装用薄膜及无公害洗涤剂。

2. 柠檬酸发酵微生物

在自然界中能够积累和分泌柠檬酸的微生物有很多，包括黑曲霉、温氏曲霉、梨形毛霉、淡黄青霉、橘青霉、拟青霉、棒曲霉、泡盛曲霉、芬曲霉、丁烯二酸曲霉、斋藤曲霉、绿色木霉等。目前采用糖质原料生产柠檬酸的菌株均为黑曲霉，有黑曲霉N-558、r-144、川柠19-1、G2B8、D353、5016、3008，近年来又有T419、C0817等菌种。这些菌种不但能利用淀粉，而且还对蛋白质、纤维素、果胶物质等均有一定分解能力，同时它的产酸能力也较高，在生产上比应用其他微生物有更多优点，故常是生产上使用的菌种。

3. 柠檬酸发酵机理

自1940年克雷伯斯提出三羧酸循环学说以来，柠檬酸的发酵机理逐渐被人们所认识。已经证明，糖质原料生成柠檬酸的生化过程中，由糖变成丙酮酸的过程与酒精发酵相同，亦即通过EMP途径（磷酸戊糖途径）进行酵解，然后丙酮酸进一步氧化脱羧生成乙酰辅酶A，乙酰辅酶A和丙酮酸羧化所生成的草酰乙酸缩合成为柠檬酸并进入三羧酸循环途径。

柠檬酸是代谢过程中的中间产物。在发酵过程中，当微生物的乌头酸水合酶和异柠檬酸脱氢酶活性很低，而柠檬酸合成酶活性很高时，才有利于柠檬酸的大量积累。

4. 柠檬酸发酵原料

目前用于柠檬酸发酵生产的原料主要分为糖质原料和石油烷烃原料两大类。糖质原料主要包括甘薯、薯干、木薯、木薯干、马铃薯等薯类，玉米、小麦、面粉、大米等谷物，各种淀粉、淀粉水解糖、砂糖、糖蜜等；石油烷烃原料包括正烷烃、乙酸、乙醇等。我国柠檬酸发酵主要采用薯类原料。

发酵法生产柠檬酸受发酵原料的影响很大，使用前往往需要预处理，如去杂质、去霉块、粉碎以及取出金属离子等。因此，原料的产地、品种、质量等级和加工处理的方法差异，都将不同程度地影响着柠檬酸生产的水平。

5. 柠檬酸发酵工艺

柠檬酸发酵可分为固体发酵和液体发酵两大类。液体法又分浅盘发酵法和液体深层发酵法。目前世界各国多采用液体深层发酵法进行生产。

1）柠檬酸深层发酵工艺流程（以薯干粉为原料）

斜面菌种→种子菌
↓
薯干粉→调浆→灭菌→冷却→发酵→发酵液→过滤→柠檬酸钙→柠檬酸→脱色→离子交换→蒸发结晶→成品
↑ 无菌空气（发酵） ↑ 碳酸钙（过滤） ↑ 硫酸（柠檬酸钙）

2）种子的扩大培养

（1）将活化后的斜面种子接种至三角瓶中（约40 g/1000 mL，含水量60%～65%），34℃培养，培养1 d后要翻曲一次。

（2）种子的扩大培养。将蒸煮糊化后的浓度为12%～15%薯干粉浆液泵入种子罐中，按照一定的比例接种麸曲，34℃通风培养16～24 h，即可作为发酵用种子。

3）柠檬酸的发酵生产

培养基投料浓度视原料的淀粉含量而定，一般为含总糖13%～15%。50～100 m^3 的发酵罐，搅拌转速90～110 r/min，35℃的条件下通风搅拌发酵4 d，当产酸不再上升，残糖降至0.2%以下时结束发酵。

4）发酵产物的提取

在柠檬酸发酵液中，除了主要产物外，还含有其他代谢产物和一些杂质，如草酸、葡萄糖酸、蛋白质、胶体物质等，成分十分复杂，必须通过物理和化学方法将柠檬酸提取出来。大多数工厂仍是采用碳酸钙中和及硫酸酸解的工艺提取柠檬酸。除此之外，还有采用萃取法、电渗析法和离子交换法提取柠檬酸。

9.3.2 苹果酸

L-苹果酸是生物体三羧酸的循环中间体，口感接近天然果汁并具有天然香味，与柠檬酸相比，产生的热量更低，口味更好，更易被人体吸收，因此广泛应用于酒类、饮料、果酱、口香糖等多种食品中，并有逐渐替代柠檬酸的势头，是目前世界食品工业中用量最大和发展前景较好的有机酸之一。因此，国际市场上需求量快速增加，近年来需求量保持在年均10%左右的高速度。目前世界苹果酸主要生产国有美国、加拿大、日本等，世界总产量每年约为10万t，其中*L*-苹果酸产量每年约为4万t，而世界市场潜在需求量达到每年6万t。

苹果酸的生产方法有化学合成法、发酵法和酶转化法，而发酵法生产的都是*L*-苹果酸。

1. 一步发酵法

以葡萄糖类物质为原料通过霉菌直接发酵产生苹果酸称为一步发酵法。

（1）发酵菌种　一步发酵法采用黄曲霉A-114作为发酵菌种。

（2）种子培养　将保存在麦芽汁琼脂斜面上的黄曲霉孢子用无菌水洗下并移接到装有100 mL种子培养基的500 mL三角瓶中，在33℃下静置培养2～4 d，待长出大量孢子后，将其转入种子罐扩大培养，接种量为5%。种子罐的培养基与三角瓶培养基的组成相同，只是另外添加0.4%（体积分数）泡敌。种子罐的装液量为70%，罐压0.1 MPa，培养温度33～34℃，通风量0.15～0.3 $m^3/(m^3 \cdot min)$，培养时间18～20 h。

（3）发酵　发酵罐的装液量为70%，接种量10%，罐压0.1 MPa，培养温度33～34℃，通风量0.7 $m^3/(m^3 \cdot min)$，搅拌转速180 r/min，发酵时间40 h左右。发酵过程中由自动系统控制滴加泡敌，防止泡沫产生过多。当残糖在1%以下时终止发酵，产苹果酸7%。

2. 两步发酵法

以糖类为原料，先由华根霉6508将其发酵生成富马酸（延胡索酸）和苹果酸的混合物，然后接入产氨短杆菌或黄色短杆菌，将混合物中的富马酸转化为苹果酸，这种发酵模式称为两步发酵法。

3. 苹果酸的提取与精制

1）从发酵醪液中提取苹果酸

（1）工艺流程　发酵液→酸解→过滤→滤液→中和→过滤→沉淀→酸解→过滤→滤液→精制→浓缩→结晶→干燥→成品

（2）操作方法 在发酵醪液中边搅拌边加入无砷硫酸，将 pH 调节至 1.5 左右；过滤除去沉淀后，在滤液中加入碳酸钙，直到不再有 CO_2 放出，此时生成苹果酸钙；用石灰乳将体系的 pH 调至 7.5，静置 6～8 h。过滤，收集苹果酸钙沉淀，并用少量冷水洗去沉淀中的残糖和其他可溶性杂质；在苹果酸钙盐中加入近 1 倍量的温水，搅拌成悬浊液，接着加入无砷硫酸，使 pH 达到 1.5 左右，继续搅拌 30 min，最后静置数小时，使石膏渣沉淀充分析出；过滤，制得粗制苹果酸溶液，其中含有微量富马酸、Fe^{2+}、Ca^{2+}、Mg^{2+} 和色素；从联合柱流出的高纯度苹果酸溶液，在 70℃下减压浓缩到苹果酸浓度为 65%～80%，然后冷却至 20℃，添加晶种析晶，晶体于 40～50℃下真空干燥，得苹果酸成品。

2）从混杂富马酸发酵醪液中提取苹果酸

（1）工艺流程 发酵醪液→浓缩→析出富马酸结晶→过滤→滤液→浓缩→析出富马酸结晶→过滤→滤液→冷却，加晶种→苹果酸结晶→干燥→成品。

（2）操作方法 将发酵醪液浓缩到苹果酸浓度为 50%并冷却至 20～30℃，使富马酸结晶析出；过滤除去富马酸后，母液在 70℃下减压浓缩到苹果酸浓度为 65%～80%，再冷却至 20℃使富马酸结晶再次析出。为了防止苹果酸与富马酸同时析出，造成苹果酸提取收率下降，结晶温度不宜低于 20℃；将过滤除去富马酸结晶后的苹果酸溶液冷却至 20℃，投入苹果酸晶种，缓慢搅拌，使苹果酸结晶析出。

9.3.3 谷氨酸

氨基酸是蛋白质的基本构成单位，它在有机体内具有特殊的生理功能，是生物体不可缺少的营养成分之一，广泛应用于医药、食品及其调味剂、动物饲料、化妆品的制造。

谷氨酸非人体必需氨基酸，参与许多代谢过程，具有较高的营养价值。谷氨酸钠盐即味精具有强烈的鲜味，是一种重要的调味品。最早是由日本味之素公司的创造人——菊地重雄在实验室中偶然发现的：他在海带浸泡液中提取出一种具有强烈鲜味的白色针状结晶物，化学分析结果表明它是谷氨酸的一种钠盐，菊地将其命名为“味之素”并沿用至今。为寻找适合“味之素”工业化生产的廉价原料，菊地及其助手做了无数次实验，最后终于找到一种工业化生产味之素的新途径：即利用小麦粉加工淀粉后剩下的谷朊（俗名“面筋”）为原料，首先用盐酸将其水解得到麸酸（谷氨酸），然后加入纯碱中和即可得到食品级的麸酸钠（谷氨酸钠）。麸酸（谷氨酸）是世界上第一个工业化生产的氨基酸单一产品。

在 20 世纪 60 年代确立的工业微生物发酵法使氨基酸工业开始起飞。目前 60%以上的氨基酸是采用生物发酵法进行生产的，其中产量最大的是谷氨酸，其次是赖氨酸。到 90 年代末，全球氨基酸总产量已逾 200 万 t，品种多达数十种，广泛地用于医药保健、食品添加剂、日用化工、农药等。随着生物工程技术产业逐步成为 21 世纪全球的主导产业之一，氨基酸产业的发展也日新月异。

1. *L*-谷氨酸发酵菌种

L-谷氨酸发酵生产菌种主要有棒状杆菌属、短杆菌属、小杆菌属的细菌。以上菌属中有许多菌种适用于糖质原料的谷氨酸发酵。我国 *L*-谷氨酸发酵生产所用菌种大部分是从自然界土壤中分离得到的野生型菌株通过诱变育种筛选的谷氨酸棒杆菌，主要有北京棒状杆菌 AS 1.299、钝齿棒状杆菌 AS 1.542、HU 7251 及 7338、B9 等。

2. *L*-谷氨酸发酵机理

谷氨酸学名 α-氨基戊二酸，是由里索逊 1856 年发现的，大量存在于谷类蛋白质中，是生物机体内氮代谢中重要的氨基酸之一，是连接糖代谢与氨基酸代谢的中间产物。谷氨酸生物合成途径主要有糖酵解途径、磷酸己糖途径、三羧酸循环、乙醛酸循环、CO_2 固定反应等。葡萄糖经过酵解途径（EMP）和己糖单磷酸途径（HMP）生成丙酮酸。一方面，丙酮酸氧化脱羧生成乙酰 CoA；另一方面，经 CO_2 固定作用生成草酰乙酸；两者合成柠檬酸进入三羧酸循环（TCA 循环），由三羧酸循环的中间产物 α-酮戊二酸，在谷氨酸脱氢酶的催化下，还原氨基化合成谷氨酸。

3. *L*-谷氨酸发酵原料

谷氨酸发酵的主要原料有淀粉、甘蔗糖蜜、甜菜糖蜜、醋酸、乙醇、正烷烃（液体石蜡）等。目前已知的所有谷氨酸生产菌都不能直接利用淀粉或糊精，只能以葡萄糖或糖蜜等作为碳源。因此，淀粉原料（山芋淀粉、玉米淀粉、大米或木薯淀粉）需要经过水解制成葡萄糖（水解糖）才能用于谷氨酸发酵。根据原料性质的不同，制取水解糖的方法有酸解法和酶解法。

4. *L*-谷氨酸钠发酵工艺

种子扩大培养流程如下：

保藏菌种→斜面活化→一级种子培养→二级种子培养→发酵生产→提取精制→成品

（1）一级种子培养（摇瓶种子培养） 将活化后的斜面种子接种至液体培养基中（装液量 200 mL/1000 mL），32℃振荡培养 12 h 左右。要求菌体形态正常，革兰氏阳性，排列整齐，呈“八”字形，pH 为 6.5～6.8，光密度 1.0 左右。采用的液体培养基，由葡萄糖、玉米浆、尿素、磷酸氢二钾、硫酸镁、硫酸铁及硫酸锰等组成。

（2）二级种子培养（种子罐培养） 培养基除用水解糖代替葡萄糖外，其他与一级种子培养基相仿。种子罐的接种量通常为 1%～5%，罐压 0.1 MPa，32℃通气培养 7～10 h，搅拌通气比（VVM）为 1∶(0.25～0.5) 即可移种或冷却至 10℃备用。

（3）发酵生产 发酵初期，菌体生长迟滞，2～4 h 后即进入对数生长期，此时由于代谢旺盛，糖耗快，因此须以流加的方式添加尿素，以供给氮源并调节培养液的 pH 至 7.5～8.0，同时保持温度为 30～32℃。本阶段主要是菌体生长，几乎不产酸，体内生物素含量由丰富转为贫乏，时间约 12 h。随后转入谷氨酸合成阶段，此时菌体浓度基本不变，糖与尿素分解后产生的 *α*-酮戊二酸和氨主要被用来合成谷氨酸。这一阶段应及时流加尿素以提供氨及维持谷氨酸合成，最适 pH 7.2～7.4，需大量通气，并将温度提高到谷氨酸合成最适温度 34～37℃。发酵后期，菌体衰老，糖耗慢，残糖低，需减少流加尿素量。当营养物质耗尽、谷氨酸浓度不再增加时，及时放罐，发酵周期约为 30 h。

（4）提取精制 谷氨酸提取有等电点法、离子交换法、金属盐沉淀法、盐酸盐法和电渗析法，以及将上述方法结合使用的方法。国内多采用的是等电点-离子交换法。谷氨酸的等电点为 3.22，这时它的溶解度最小，所以将发酵液用盐酸调节到 pH 3.22，谷氨酸就可结晶析出。晶核形成的温度一般为 25～30℃，为促进结晶，需加入 *α* 型晶种育晶 2 h。等电点搅拌之后静置沉降，再用离心法分离得到谷氨酸结晶。等电点法提取了发酵液中的大部分谷氨酸，剩余的谷氨酸可用离子交换法，进一步分离提纯和浓缩回收。谷氨酸是两性电解质，故与阳性或阴性树脂均能交换。当溶液 pH 低于 3.2 时，谷氨酸带正电，能与阳离子树脂交换。目前国内多用国产 732 型强酸性阳离子交换树脂来提取谷氨酸，然后在 65℃左右用 6% NaOH 溶液洗脱，pH 3～7 的洗脱液作为高流液的返回等电点法提取。

9.4 微生物发酵生产食品添加剂

9.4.1 黄原胶

1. 黄原胶概况

黄原胶，称黄胶、汉生胶、黄单细胞多糖，是野油菜黄单胞杆菌以碳水化合物（如玉米淀粉等）为主要原料，经发酵工程生产的一种用途广泛的微生物胞外多糖，简称 XC。1952 年由美国农业部伊利诺伊州皮奥里尔北部研究所分离得到的甘蓝黑腐病黄单胞菌，并使甘蓝提取物转化为水溶性的酸性胞外杂多糖而得到。它是一种白色或浅黄色可以自由流动的粉末，可溶于热水或冷水，是目前国际上性能较为优越的生物胶，具有高耐酸、碱、盐特性、高耐热稳定性等独特的理化性质，集增稠、悬浮以及乳化稳定等功能性质于一身。目前被广泛应用于食品、石油、地矿、陶瓷、纺织、印染、医药、造纸、灭火、涂料、化妆品等 20 多个行业。

2. 黄原胶的生产

1）黄原胶生产工艺流程

斜面菌种→扩大培养→发酵原料配比→发酵→分离→提纯→干燥

2）黄原胶生产菌种

黄原胶生产有广泛的微生物来源，黄单胞菌属的许多种类菌株都能产生黄原胶。目前，国内外用于生产黄原胶的菌种大多是从甘蓝黑腐病病株上分离到的甘蓝黑腐病黄单胞菌，也称野油菜黄单胞菌

(*X. campestris*)。另外生产黄原胶的菌种还有菜豆黄单胞菌(*X. phaseoli*)、锦葵黄单胞菌(*X. malvacearum*)和胡萝卜黄单胞菌(*X. carotae*)等。我国目前已开发出的菌株有南开-NK01、山大S-152、008、江苏食品发酵所选育的N-49-8、中科院微生物研究所选育的L4和L5等菌株。

黄单胞菌是目前黄原胶生产的理想菌株，但其最大的缺点就是遗传性状不稳定，易发生自发突变。

3) 黄原胶的发酵生产

(1) 发酵培养基　培养基对黄单胞菌合成黄原胶的影响非常显著。培养基中的碳源一般是糖类、淀粉等碳水化合物。氮源主要由蛋白胨、酵母膏、玉米浆和一些无机氮源，如钾、钠、铵的硝酸盐和硫酸盐。一般来说，黄单胞菌容易利用有机氮源，而不易利用无机氮源。因此生产上多采用鱼粉蛋白胨、大豆蛋白胨、豆饼粉等，其中以鱼粉蛋白胨最佳，它对产物的生成有明显的促进作用。某些无机离子和微量元素对黄原胶的合成也有重要的影响，如磷、硫、镁、钙、钾、锌等对菌体和产物的合成具有明显的促进作用。另外，表面活性剂对黄原胶的发酵生产也具有重要的影响。

(2) 发酵生产　摇瓶发酵条件是接种量1%～5%，旋转式摇床转速220 r/min，培养温度28℃，发酵72 h左右。发酵结束，黄原胶产酸能力为20～30 g/L，对碳源的转化率在60%～70%。工业化生产条件为接种量为5%～8%；由于培养基的高黏度，黄原胶生产属高需氧量发酵，需大通风量，一般为1～0.6 m^3/min；发酵温度为25～28℃；碳源的起始浓度一般在2%～5%。

黄原胶的收率取决于碳、氮源的种类和发酵条件。目前收率一般在起始糖量的40%～75%。黄单胞菌容易利用有机氮源，而不易利用无机氮源。有机氮源包括鱼粉蛋白胨、大豆蛋白胨、鱼粉、豆饼粉、谷糠等。其中以鱼粉蛋白胨为最佳，它对产物的生成有明显的促进作用，一般使用量为0.4%～0.6%。在氮源浓度较低时，随氮源浓度的提高，细胞浓度也增加，黄原胶的合成速率加快，黄原胶得率也相应提高。起始氮源在中等浓度时，细胞浓度和黄原胶的合成速率均有提高，发酵时间缩短，但黄原胶的得率却降低，这是因为细胞生长过快，使用于细胞生长及维持细胞生命的糖量增加，用于合成黄原胶的糖反而减少，导致黄原胶得率下降。如果采用发酵后期流加糖的方法，使糖浓度始终维持在一定的水平，那么，由于补加的糖只用于细胞维持生命及合成黄原胶，而没有生长的消耗，从而得率就可比间歇发酵有较大提高。若起始氮源的浓度再提高，虽然细胞浓度有所增加，但黄原胶得率及合成速率却降低了。其主要原因是“氧限制”，高浓度细胞随着发酵的进行，发酵液黏度不断增大，体积传质系数降低，造成氧供应能力逐渐下降，合成速率变慢，得率降低。

黄原胶发酵培养基的起始pH一般控制在6.5～7.0，这有利于初期的细胞生长和后期的黄原胶合成。

4) 黄原胶的下游加工

黄原胶生产包括发酵和下游加工两部分。比较而言，对黄原胶生产的下游加工(分离、纯化和制成成品)研究较少，而下游加工所需费用占生产成本50%～60%。高品质黄原胶如澄清型黄原胶、速溶型黄原胶(这些产品进口价格均为国内食品级黄原胶价格的2倍以上)等，其下游加工费用更高。因此，下游加工过程直接决定黄原胶的质量和生产成本，下游加工技术已成为黄原胶生产的关键工序。

黄原胶下游加工工艺流程如下：

黄原胶发酵液→预处理(调pH、加热、稀释等)→固液分离(过滤、超滤、离心分离等)→初步纯化(超滤、沉淀、离心分离等)→高度纯化(溶解、超滤、沉淀、离心分离等)→制成成品(干燥、粉碎等)

(1) 发酵液除菌体　黄原胶发酵液是复杂的多相系统。发酵液中除有黄原胶外，还有菌体细胞、尚未耗尽的各种培养基成分和色素等。虽然黄原胶在发酵液中含量不高，但黏度大，直接从发酵液中分离黄原胶是困难的。黄原胶发酵液下游加工可分为4个阶段：发酵液预处理(调pH、加热、稀释等)和固液分离(除去菌体)；初步纯化(提取)；高度纯化(精制)；制成成品。发酵液预处理、除菌体是下游加工的第一步，预处理时可先用水稀释，再加硅藻土过滤除去菌体；调 pH 6.3～6.9，加热至 80～130℃保持 10～20 min 杀死菌体，再用中性蛋白酶分解菌体，除去菌体后可以降低黄原胶产品的总氮含量。

（2）初步纯化　黄原胶发酵液经预处理除去菌体后，可用超滤法进行浓缩，提高发酵液中黄原胶的浓度（特别是对用稀释过滤后的发酵液）。通常将发酵液浓缩至黄原胶浓度为 6%左右，再用乙醇沉淀法提取，此法将比直接用乙醇沉淀提取黄原胶节约 3～4 倍乙醇。当然，发酵液经硅藻土过滤后也可直接用乙醇沉淀法提取，或用盐酸沉淀法提取工业级品。

（3）高度纯化　高品质的黄原胶，在经过初步纯化后，还需要进一步精制（高度纯化）才能得到符合质量要求或市场需求的产品。精制可采用溶解、超滤、沉淀和分离等方法；黄原胶精制尚没有找到一种经济实用的方法。

（4）制成成品　根据黄原胶质量国家标准（GB 1886.41—2015）或用户对黄原胶质量的要求，黄原胶经提取、精制后，还需要进一步加工，如干燥、粉碎和包装等工序制成各种黄原胶产品。黄原胶黏度大，干燥操作困难，常用的方法有真空干燥法、喷雾干燥法、盘式连续干燥法、滚筒干燥法和沸腾干燥法等。真空干燥法简便易行，可用于生产各种等级的黄原胶产品；喷雾干燥法不预处理发酵液、不除菌体，直接进行喷雾干燥，所得产品杂质含量多、颜色深，黏度较小，产品通常为工业级；滚筒干燥法、沸腾干燥法等用于生产食品级黄原胶。

4. 黄原胶在食品工业中的应用

黄原胶作为食品添加剂，已被许多国家接受。这种多糖通过控制产品的流变学行为而显著改善食品的质地、口感、外观品质，提高其商业价值，已在饮料、糕点、果冻、罐头食品、海产品、肉制品加工等领域作为重要的稳定剂、悬浮剂、乳化剂、增稠剂、黏合剂及具高附加值、高质量的加工原料。具体可概括为以下几个方面：

（1）作为耐酸、耐盐的增稠稳定剂，应用于各种果汁饮料、浓缩果汁、调味料（如酱油、蚝油、沙拉调味汁）的食品中。黄原胶的稳定效果明显优于其他胶，具有较强的热稳定性，一般的高温杀菌对其不会有影响，可用于各种果汁饮料、果肉饮料、植物蛋白饮料等，用量为 0.08%～0.3%。

（2）作为乳化剂用于各种蛋白质饮料、乳饮料等中，防止油水分层和提高蛋白质的稳定性，防止蛋白质沉淀，也可利用其乳化能力作为起泡剂和泡沫稳定剂，如用于啤酒制造等。在以豆类蛋白为主的乳化体系中加入黄原胶后，乳化性明显提高，并使混合体系具有高的剪切率和热诱导的高黏特性。同时，作为乳化稳定剂应用于冷冻食品，在冰激凌、雪糕中黄原胶能调整混合物黏度，使其具有均匀稳定的组成，组织滑软。

（3）作为稳定的高黏度填充剂，可广泛应用于各类点心、面包、饼干、糖果等食品的加工，在不改变食品的传统风味的前提下，使食品具有更优越的保形性，更长的保质期，更良好的口感，有利于这些食品多样化和工业化规模生产。在各种冷冻食品生产中，黄原胶具有防止其失水、延缓老化、延长保质期的作用。

（4）黄原胶可广泛应用于各种肉制品的加工，可明显提高制品的嫩度、色泽和风味，还可以提高肉制品的持水性，从而提高出品率。

（5）黄原胶可广泛应用于水果、蔬菜的保鲜加工处理，可防止果蔬失水、褐变等现象的发生，从而延长产品保质期。黄原胶可应用于罐头食品的加工，有利于保持产品的外观，而且利用黄原胶的假塑性，能控制装罐时的黏度，易于灌注。

（6）黄原胶在面食制品中，是很好的值得推广的添加剂。在面条、拉面、方便面生产中，加入黄原胶，增强了面团的筋力，压出的面片有韧性，烘干时降低断条率，同时改善产品口感，吃口有劲，清新爽滑，对油炸方便面还可节省用油，降低成本。在速冻饺子、馄饨皮中加入黄原胶，能提高产品的口感，减少烂皮和混汤度；在馅类产品中加入总量 0.05%～0.1%的黄原胶，可以有利于汤汁的保水，保证产品在开水中煮透，汤汁香味浓郁，并可提高和改善口感；黄原胶用作面包、蛋糕等的填充剂成分，可延长这些产品松软的时间，延长产品的货架寿命。

9.4.2 红曲色素

1. 红曲色素与红曲菌

红曲又称红曲米，其发明至今已有1000多年的历史，它是以稻米蒸熟后接种红曲菌（*Monascus*）发酵制成的，其中的红曲色素是红曲菌的次级代谢产物，是一种优质的天然食用色素，红曲米可直接作为食品添加剂来使用，安全性高。红曲有库曲、轻曲、色曲三个品种。库曲主要用于酿制黄酒、果酒、药酒；轻曲主要用于酿制腐乳、酱菜、果酒、药酒，食品着色；色曲主要用于食品着色。它们生产的不同之处主要是菌种、发酵周期等的区别。

红曲菌是目前世界上唯一生产食用色素的微生物，属腐生真菌，生长的最适pH为3.5～5，能耐pH 3.5，尤嗜乳酸。生长温度为26～42℃，最适温度为32～35℃；能耐10%乙醇。能合成生物素、泛酸、烟酸硫胺素、核黄素等。还能产生色素、乙醇、琥珀酸及少量乳酸、醋酸等。红曲菌的液化型α-淀粉酶的活性弱，而糖化型β-淀粉酶的活性较强，故可用来生产红色麦芽糖。红曲菌的蛋白酶的活性较高，故可用红曲腌渍鱼、肉、豆腐等高蛋白食品。

2. 红曲色素的生产

1）生产工艺流程

大米或大豆→接种红曲菌液体培养发酵→提取 ⎫
红曲米→萃取 ⎭ →浓缩→精制→红曲色素

2）生产方法

多数红曲色素的生产是利用传统的固体发酵法，先用红曲菌发酵产生红曲米，再从红曲米中提取红曲色素。近年来也开始采用培养期短的液体培养法，利用纯种红曲菌，采用液体发酵法生产红曲色素，另外在培养方法上还可采用液体、固体两步法生产红曲，即红曲菌菌种经过液体培养成种子，再移植到固体大米上繁殖而成红曲，其色素含量也比传统工艺高。

3. 红曲色素的应用

1）天然红色素的性质

红曲色素长期作为食品着色剂，它与合成色素相比具有性质稳定、耐热性强（100℃色调保持不变）、耐光性和对蛋白质着色性极好等特点。而且红曲色素通过急性、亚急性、慢性毒性实验和致畸性实验，证明红曲色素没有毒性和致畸作用，安全性极高。此外，红曲及其相关产品含有抑菌因子（桔霉素、橙色素红斑素和红曲红素），对细菌、酵母菌、丝状真菌有抗菌活性，还可以抑制枯草芽孢杆菌和伪热带念珠菌。

2）在食品工业中的应用

红曲易培养，产色素能力强，安全性高，国外尤其是日本已广泛将其作为肉类、鱼、面、糖、果酱、果汁等食品着色剂。目前我国红曲主要应用于红曲酒配制、发酵食品（红曲腐乳、酱油、红曲糟制品等）、食品色素等。

肉制品工业：形成较稳定的红色，以刺激人们的食欲；同时还能起到防腐和增加风味的作用。

调味品工业：酿造酱油中使用的糖化增香曲就是以红曲为出发菌种而制得的复合红曲菌种，可使原料全氮利用率明显提高，质量优于普通工艺酱油。

酒类工业：红曲酒保留了发酵过程中的粗蛋白、醋液、矿物质及少量的醛、酮等物质，具有香气浓郁、酒味甘醇、风味独特、营养丰富等特点。

蔬菜腌制：红曲色素可以作为腌制蔬菜中外加色素。蔬菜细胞在腌制加工过程中，细胞膜变成全透性膜，蔬菜细胞就能吸附其他辅料中的色素而改变原来的颜色。

焙烤制品：如生产红曲饼干、红曲面包、红曲面条等。在面包生产中，添加红曲水浸提液时，其颜色有所加深变红。与直接添加红曲粉相比，各方面均有较大改观，尤其在香味方面，与不加红曲提取液制成的面包相比，更加清新独特。

9.5 微生物菌体蛋白

微生物菌体蛋白，亦称单细胞蛋白（single cell protein，简称SCP），主要是指酵母、细菌、真菌和某些低等藻类生物等微生物，在其生长过程中利用某种基质在适宜条件下，培养单细胞或丝状微生物的个体而获得的菌体蛋白。无论是分离出的细胞蛋白还是全部细胞物质都称为SCP。

随着世界人口的不断增长和动植物资源的短缺，从微生物中获得蛋白质（单细胞蛋白）是解决人类蛋白质食物资源的一条重要而有效的途径。此外，我国动物蛋白的生产量很低，甚至不及日本。要提高动物蛋白水平，关键是饲料。然而可利用的常规饲料资源日渐减少，尤其是蛋白质资源更为匮乏。因此，人们不得不寻找非常规蛋白质饲料，在保证充分发挥家畜最大生产性能的前提下，尽量降低饲料成本，节约资源。

9.5.1 单细胞蛋白的特征

1. 营养价值高

单细胞蛋白所含的营养物质极为丰富，其中蛋白质含量高达40%～80%，比大豆高10%～20%，比鱼、肉、奶类高20%以上，还含有多种维生素、碳水化合物、脂类、矿物质以及丰富的酶类和生物活性物质，如辅酶A、辅酶Q、谷胱甘肽、麦角固醇等，氨基酸的组成较为齐全，含有人体必需的8种氨基酸，尤其是谷物中含量较少的赖氨酸。

2. 原料来源广泛

农业副产品（糖渣、果渣、淀粉渣、饼粕）、工业废液（酿酒工业、淀粉工业、味精工业、柠檬酸工业副产品）、微型藻类（螺旋藻、小球藻）等都可以作为生产原料，利用这些原料来生产SCP，不但变废为宝，增加经济效益，而且还净化和保护了环境。

3. 培育时间短

单细胞蛋白与其他蛋白相比的一大优点就是其较短的细胞培育时间。菌体以分裂或芽殖方式繁殖按指数增长。

4. 收率高

微生物有机体蛋白产品的收率比其他传统蛋白产率要高。如果蛋白培育没有其他任何限制，SCP与传统蛋白相比具有不受环境和气候的影响，原料易得、可连续生产、易于控制、污染小等优势。

5. 不受季节和气候等条件影响

单细胞蛋白的生产不受季节、气候、土壤和自然灾害的影响，利用大型发酵罐立式培养，占地面积少，与传统的农业生产方式相比，过程易于控制，可以节省耕地、人力和能源。年产10万t单细胞蛋白的工厂，一年可产蛋白质45000 t。

9.5.2 生产SCP微生物的种类

1. 细菌

利用细菌发酵生产SCP具有菌体生长快、蛋白质含量高的优点，但亦有菌体个体小、分离困难，分离的蛋白质不易消化的缺点。如甲烷单胞菌属、甲基球菌属为甲烷专性营养菌，可利用甲醇原料生产SCP；甲烷假单胞菌，嗜甲烷单胞菌可利用甲烷原料生产SCP；氢单胞菌可利用CO_2为碳源、氢为能源生产SCP；单细胞藻类的小球藻、螺旋藻属、光合细菌可利用太阳光能生产SCP。但藻类的纤维质细胞壁不易被人体消化，可富集重金属，作为食品需进行加工。

2. 酵母菌

酵母细胞中含有蛋白质、脂肪、糖类、维生素和无机盐等，其中蛋白质含量特别丰富，如啤酒酵母蛋白质含量占细胞干重的42%～53%，产假丝酵母为50%左右。糖类除糖原外，还发现有海藻糖、去氧核糖、直链淀粉等。蛋白质中氨基酸的含量除蛋氨酸比动物蛋白低外，苏氨酸、赖氨酸、组氨酸、苯丙氨酸等含量均较高，氨基酸组成比较完全，人体必需的8种氨基酸多数也都比小麦中的含量高；维生素在14种以上。因此，它具有较高的营养价值，是良好的蛋白质资源，可作为食用和饲用。

利用酵母菌发酵生产SCP具有菌体大，易于分离回收，分离的蛋白质较细菌易于消化等优点，因此目前生产上采用酵母菌较多。酿酒酵母、假丝酵母可利用糖质原料（葡萄糖、蔗糖、戊糖）生产SCP；假丝酵母属的假单胞菌为甲醇兼性营养，可利用石油原料生产SCP。

3. 丝状真菌-霉菌

利用霉菌发酵生产SCP具有易于回收，质地良好等优点，但生产速度较慢，蛋白质含量低。其中，木霉、青霉利用纤维素为碳源生产SCP；曲霉属菌体可利用乙醇原料生产SCP。

9.5.3　SCP生产的工艺技术

1. 单细胞蛋白生产的一般工艺流程

水、基质、营养物质
↓
发酵罐培养→培养液分离→菌体 ↗ 洗涤→干燥→动物饲料
菌体 ↘ 水解分离→蛋白质抽提→纯化→干燥→食品
↑
种子扩大培养←斜面种子

2. 发酵方法

（1）液体深层发酵法　是将糟液分离得到的废糟水，添加营养盐和适当玉米浆，调节 pH 至 4.4，接种假丝酵母等多株菌种混合发酵，再经分离、干燥得到成品。液体深层发酵法产量大，机械化程度高，易于监控，适合于工业化生产，但投资大、生产成本较高。

（2）固体发酵法　是指微生物在没有或几乎没有游离水的固态的湿培养基上的发酵过程。固态的湿培养基一般含水量在 30%～70%，而无游离水流出，此培养基通常是“手握成团，落地能散”。一般只在麦麸、棉菜粕、次粉、玉米蛋白粉及其他非常规饲料中加适量废渣水，适度灭菌后，接种假丝酵母、黑曲霉、米曲霉等进行发酵，烘干后制成。

9.5.4　SCP的应用

1. 在食品工业中的应用

SCP含有丰富的蛋白质及多种维生素和无机盐，是一种营养较为全面的理想蛋白质来源，可将它用作人类食品，亦是食品工业的重要蛋白质来源。如将 SCP 添加至饼干、饮料、奶制品等中，可提高此类传统食品的营养价值；以食品蛋白质组分添加到汤料或饮料中，可起到强化营养、增加食品强度的作用；利用 SCP 的蛋白质组织形式可用于制造“人造肉”等新食品；用于肉制品和焙烤食品的制作中，可保持食品水分、口感和风味等；酵母浓缩蛋白因其显著的鲜味还可广泛用于食品的增鲜剂等。

2. 在饲料工业中的应用

单细胞蛋白作为饲料蛋白，已被世界广泛应用。例如，用假丝酵母及产朊酵母作为菌种，利用亚硫酸废液或石油生产酵母菌体，可用于牲畜饲料。用它喂养家禽、家畜，效果好、生长快，奶牛产奶多，鸡产蛋率增高，并能增强机体免疫力等。

任何一种新型食品原料的问世，都会产生可接受性、安全性等问题。单细胞蛋白也不例外。例如，单细胞蛋白的核酸含量在 4%～18%，食用过多的核酸可能会引起痛风等疾病。此外，单细胞蛋白作为一种食物，人们在习惯上一时也难以接受。但经过微生物学家的努力，相信这些问题会得到圆满解决。

思考题

1. 列表说明微生物在食品制造方面的作用。
2. 微生物在食品制造应用中，菌种扩大培养有哪些共同特点？
3. 食醋生产常用的微生物菌种有哪些？
4. 说明微生物酶制剂在食品加工制造中的应用情况。
5. 柠檬酸在食品中的作用有哪些？
6. 简述黄原胶的性质及在食品中的应用情况。
7. 啤酒酿造的主要原辅料有哪些？
8. 简述啤酒生产的整个工艺过程。
9. 在发酵生产葡萄酒过程中应注意的问题有哪些？
10. 在酱油生产中对生产原料有什么要求？
11. 为什么新葡萄酒要进行陈酿？
12. 何为SCP？简述SCP的应用。

HAPTER 10

第10章 食品腐败变质与食品保藏

教学目标：

1. 了解食品腐败变质的机理；
2. 掌握微生物引起食品变质的基本条件；
3. 掌握食品腐败变质的感官鉴定方法；
4. 熟悉常见食品的腐败变质及其防止措施；
5. 掌握罐藏食品的腐败变质及其微生物分析；
6. 掌握菌落总数、大肠菌群的含义及其食品安全学意义；
7. 熟悉霉菌产毒的特点及其食品安全学意义；
8. 掌握污染食品的微生物来源及其途径；
9. 了解食品保藏的方法及进展。

重点难点：

1. 食品腐败变质特征及其微生物分析。
2. 根据微生物污染食品的有关原理来分析实际案例。

建议学时：

4 学时。

10.1　食品的腐败变质

食品受到自然界中存在的一定类型和数量的微生物的污染且环境条件适宜时，微生物就会迅速生长繁殖，造成食品的腐败变质。食品的腐败变质不仅降低了食品的营养价值和卫生质量，而且还可能危害人体的健康。

食品腐败变质（food spoilage），是指食品受到各种内外因素的影响，造成其原有化学性质或物理性质发生变化，降低或失去其营养价值和商品价值的过程。如鱼肉的腐臭、油脂的酸败、水果蔬菜的腐烂和粮食的霉变等。

食品的腐败变质原因较多，有物理因素如高温、高压和放射性物质的污染等，化学因素如重金属盐类的污染等，生物因素如昆虫、寄生虫以及微生物的污染及动、植物食品组织内酶的作用等。其中由微生物污染所引起的各类食品的腐败变质最为重要和普遍，故本章主要讨论由微生物引起的食品腐败变质问题。

10.1.1　微生物引起食品变质的基本条件

食品在原料收购、运输、加工和保藏等过程中不可避免地受到环境中微生物的污染。微生物污染食品后，能否导致食品的腐败变质，以及变质的程度和性质如何，是受多方面因素影响的。食品发生腐败变质与食品本身的性质、污染微生物的种类和数量以及食品所处的环境条件等因素有关，而它们三者之间又是相互作用、相互影响的。图 10-1 显示了影响微生物生长的内部和外部因素。

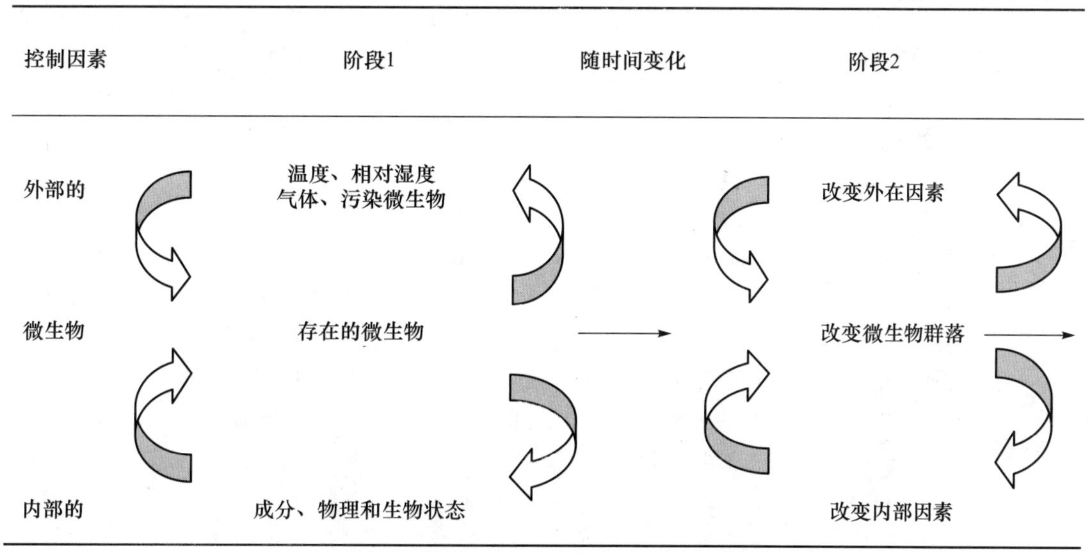

图 10-1　影响微生物生长的内部和外部因素

（引自：何国庆，贾英民，丁立孝．食品微生物学．3 版．2016.）

1. 食品的基质特性

1）食品的营养成分

食品除含有一定的水分之外，主要含有蛋白质、碳水化合物、脂肪、无机盐、维生素等，其丰富的营养成分是微生物的良好培养基，因而微生物污染食品后很容易迅速生长繁殖造成食品的变质。来自动物或植物不同原料的食品，上述各种成分含量差异很大，见表 10-1。因各种微生物分解各类营养物质的能力不同，只有当微生物所具有的酶所需的底物与食品营养成分相一致时，微生物才可以引起食品的迅速腐败变质，这就导致了引起不同食品腐败的微生物类群也不同，如肉、鱼等富含蛋白质的食品，容易受到对蛋白质分解能力很强的变形杆菌、青霉等微生物的污染而发生腐败；米饭等含糖类较高的食品，易受到曲霉属、根霉属、乳酸菌、啤酒酵母等对碳水化合物分解能力强的微生物的污染而变质；而脂肪含量较高的食品，易受到黄曲霉和假单胞杆菌等分解脂肪能力很强的微生物的污染而发生酸败变质。

表 10-1　食品原料营养物质组成的比较　%

食品原料	蛋白质	碳水化合物	脂肪
水果	2～8	85～97	0～3
蔬菜	15～30	50～85	0～5
鱼	70～95	少量	5～30
禽	50～70	少量	30～50
蛋	51	3	46
肉	35～50	少量	50～65
乳	29	38	31

（引自：何国庆，贾英民，丁立孝. 食品微生物学. 3版. 2016.）

2）食品的氢离子浓度

根据不同食品 pH 范围，可将食品分为两大类：酸性食品和非酸性食品。一般规定 pH 在 4.5 以上者，属于非酸性食品；pH 在 4.5 以下者为酸性食品。几乎所有的动物性食品和蔬菜都属于非酸性食品；几乎所有的水果为酸性食品，见表 10-2。

食品的酸度不同，引起食品腐败变质的微生物类群也不同。各类微生物都有其最适宜的 pH 范围，绝大多数细菌最适生长的 pH 是 7.0 左右，所以非酸性食品最适合绝大多数细菌的生长。当食品 pH 在 5.5 以下时，腐败细菌基本上被抑制，只有少数细菌，如大肠杆菌和个别耐酸细菌（乳杆菌属）尚能继续生长。由于酵母菌生长的最适 pH 是 3.8～6.0，霉菌生长的最适 pH 是 4.0～5.8，因此酸性食品的腐败变质主要是酵母和霉菌的生长。

表 10-2　不同食品的 pH

动物食品		蔬菜		水果	
牛肉	5.1～6.2	卷心菜	5.4～6.0	苹果	2.9～3.3
羊肉	5.4～6.7	花椰菜	5.6	香蕉	4.5～4.7
猪肉	5.3～6.9	芹菜	5.7～6.0	柿子	4.6
鸡肉	6.2～6.4	茄子	4.5	葡萄	3.4～4.5
鱼肉（多数）	6.6～6.8	莴苣	6.0	柠檬	1.8～2.0
蛤肉	6.5	洋葱（红）	5.3～5.8	橘子	3.6～4.3
蟹肉	7.0	菠菜	5.5～6.0	西瓜	5.2～5.6
牡蛎肉	4.8～6.3	番茄	4.2～4.3	无花果	4.6
小虾肉	6.8～7.0	萝卜	5.2～5.5	橙	3.6～4.3
金枪鱼	5.2～6.0	芦笋（花与茎）	5.7～6.1	李子	2.8～4.6
大马哈鱼	6.1～6.3	豆（青刀豆）	4.6～6.5	葡萄柚（汁）	3.0
火腿	5.9～6.1	玉米（甜）	7.3		
牛乳	6.5～6.7	菠菜	5.5～6.0		
奶油	6.1～6.4	南瓜	4.8～5.2		
酪乳	4.5	马铃薯	5.3～5.6		
奶酪	4.9；5.9	荷兰芹	5.7～6.0		
稀奶油	6.5	西葫芦	5.0～5.4		

（引自：江汉湖，董明盛. 食品微生物学. 3 版，2010.）

微生物在食品中生长繁殖也会引起食品的 pH 发生改变，当微生物生长在含糖与蛋白质的食品基质中，微生物首先分解糖产酸使食品的 pH 下降；当糖不足时，蛋白质被分解，pH 又回升。由于微生物的活动，使食品基质的 pH 发生很大变化，当酸或碱积累到一定量时，反过来又会抑制微生物的继续活动。

有些食品对 pH 改变有一定的缓冲作用，一般来说肉类食品的缓冲作用比蔬菜类食品大，因肉类中蛋白质分解产生的氨类物质能与酸性物质起中和作用，从而保持一定的 pH。

3）食品的水分

微生物的生命活动离不开水，这不仅因为水是细胞的重要组成成分，还因为它是一种起着溶剂和运输介质作用的物质，参与细胞内水解、缩合、氧化和还原等反应。因此，水对微生物的影响深远。

食品中水分以游离水和结合水两种形式存在。微生物在食品上生长繁殖，能利用的水是游离水，因而微生物在食品中的生长繁殖所需水不是取决于总含水量，而是取决于水分活度（A_w）。因为一部分水是与蛋白质、碳水化合物及一些可溶性物质如氨基酸、糖、盐等结合，这种结合水对微生物是无用的。因而通常使用水分活度来表示食品中可被微生物利用的水。表 10-3 是食品中主要微生物类群生长的最低 A_w 值范围。

表 10-3 食品中主要微生物类群生长的最低 A_w 值范围

微生物类群	最低 A_w 值	微生物类群	最低 A_w 值
大多数细菌	0.99～0.94	嗜盐性细菌	0.75
大多数酵母菌	0.94～0.88	耐高渗酵母	0.60
大多数霉菌	0.94～0.73	干性霉菌	0.65

（引自：何国庆，贾英民，丁立孝. 食品微生物学. 3版. 2016.）

4）食品的渗透压

渗透压（osmotic pressure）与微生物的生命活动有一定的关系。如将微生物置于低渗溶液（如 0.1 g/L 氯化钠）中，菌体吸收水分发生膨胀，甚至破裂；若置于高渗溶液中（如 200 g/L 氯化钠），菌体则发生脱水，甚至死亡。一般来讲，微生物在低渗透压的食品中有一定的抵抗力，较易生长，而在高渗食品中，微生物常因脱水而死亡。不同微生物种类对渗透压的耐受能力大不相同。绝大多数细菌不能在较高渗透压的食品中生长，只有少数种能在高渗环境中生长，如盐杆菌属（*Halobacterium*）中的一些种，在 20%～30%的食盐浓度的食品中能够生活；肠膜明串珠菌（*Leuconostoc mesenteroides*）能耐高浓度糖。而少数酵母菌和多数霉菌一般能耐受较高的渗透压，如异常汉逊氏酵母（*Hansenula anomala*）、蜂蜜酵母、鲁氏酵母（*Saccharomyces rouxii*）、膜毕赤氏酵母（*Pichia membranae faciens*）、意大利酵母、汉氏德巴利酵母（*Debaryomyce shansenii*）等能耐受高糖，常引起糖浆、果酱、果汁等高糖食品的变质。一般霉菌的耐盐能力比酵母和细菌强很多，如灰绿曲霉（*Aspergillus glaucus*）、青霉属、芽枝霉属（*Cladosporium*）、匍匐曲霉（*Aspergillus repens*）等。

食盐和糖是形成不同渗透压的主要物质。在食品中加入不同量的糖或盐，可以形成不同的渗透压，所加的糖或盐越多，则浓度越高，渗透压越大，食品的 A_w 值就越小。通常为了防止食品腐败变质，常用盐腌和糖渍方法来较长时间地保存食品。

5）食品的完好状态

完好无损的食品，一般不易发生腐败，如没有破碎和伤口的马铃薯、苹果等，可以放置较长的时间。如果食品组织溃破或细胞膜碎裂，则易受到微生物的污染而发生腐败变质。

2. 引起食品变质的微生物种类

能引起食品发生腐败变质的微生物种类很多，主要有细菌、酵母和霉菌。一般情况下细菌常比酵母菌占优势。在这些微生物中，有病原菌和非病原菌，有芽孢菌和非芽孢菌，有嗜热性菌、嗜温性菌和嗜冷性菌，有好氧菌或厌氧菌，有分解蛋白质、糖类、脂肪能力强的微生物。对容易引起不同食品腐败变质的微生物概括为表 10-4。

表 10-4 部分食品腐败变质类型和引起腐败的微生物

食品	腐败类型	微生物
面包	发霉	黑根霉（*Rhizopus nigricans*）、青霉属（*Penicillium*）、黑曲霉（*Aspergillus niger*）
	产生黏液	枯草芽孢杆菌（*Bacillus subtilis*）
糖浆	产生黏液	产气肠杆菌（*Enterobacter aerogenes*）、酵母属（*Saccharomyces*）
	发酵	接合酵母属（*Zygosaccharomyes*）
	粉红色发霉	玫瑰色微球菌（*Micrococcus roseus*）、青霉属、曲霉属
新鲜水果和蔬菜	软腐	根霉属（*Rhizopus*）、葡萄孢属（*Botrytis*）
	灰色霉菌腐烂	欧文氏杆菌属（*Erwinia*）
	黑色霉菌腐烂	黑曲霉、假单胞菌属（*Pseudomonas*）

续表 10-4

食品	腐败类型	微生物
泡菜酸菜	表面出现白膜	红酵母属（*Rhodotorula*）
新鲜的肉	腐败变黑	产碱菌属（*Alcaligenes*）、梭菌属（*Clostridium*）、普通变形菌（*Proteus vulgaris*）、荧光假单胞菌（*Pseudomonas fiuorescens*）、腐败假单胞菌（*Pseudomonas putrefaciens*）
	发霉	曲霉属、根霉属、青霉属
	变酸	假单胞菌属、微球菌属（*Micrococcus*）、乳杆菌属（*Lactobacillus*）
	变绿色、变黏	明串珠菌属（*Leuconostoc*）
鱼	变色	假单胞菌属、产碱菌属、黄杆菌属（*Flavobacterium*）
	腐败	腐败桑瓦拉菌（*Shewanella putrefaciens*）
蛋	绿色腐败 褪色腐败 黑色腐败	荧光假单胞菌、假单胞菌属、产碱菌属、变形菌属
家禽	变黏、有气味	假单胞菌属、产碱菌属
浓缩橘汁	失去风味	乳杆菌属、明串珠菌属、醋杆菌属（*Acetobacter*）

（引自：何国庆，贾英民，丁立孝. 食品微生物学. 3版. 2016.）

1）分解蛋白质类食品的微生物

分解蛋白质而使食品变质的微生物，主要是细菌、霉菌和酵母菌。它们多数是通过分泌胞外蛋白酶来完成的。

细菌都有分解蛋白质的能力，其中芽孢杆菌属、梭状芽孢杆菌属、假单胞菌属、变形杆菌属、链球菌属等分解蛋白质能力较强，即使无糖存在，它们在以蛋白质为主要成分的食品上生长良好；肉毒梭状芽孢杆菌分解蛋白质能力很微弱，但该菌为厌氧菌，可引起罐头的腐败变质；小球菌属、葡萄球菌属、黄杆菌属、产碱杆菌属、埃希氏杆菌属等分解蛋白质较弱。

许多霉菌都具有分解蛋白质的能力，霉菌比细菌更能利用天然蛋白质。常见的有青霉属、毛霉属、曲霉属、木霉属、根霉属等。尤其是沙门柏干酪青霉（*Penicillium camemberti*）和洋葱曲霉（*Aspergillus alliaceus*）能迅速分解蛋白质。当环境中有大量碳水化合物时，更能促进蛋白酶的形成。多数酵母菌对蛋白质的分解能力极弱。

2）分解碳水化合物类食品的微生物

细菌中能强烈分解淀粉的为数不多，主要是芽孢杆菌属和梭状芽孢杆菌属的某些种，如枯草芽孢杆菌、巨大芽孢杆菌（*Bacillus megaterium*）、马铃薯芽孢杆菌（*Bacillus mesentericus*）、蜡样芽孢杆菌（*Bacillus cereus*）、淀粉梭状芽孢杆菌（*Clostridium amylobacter*）等，它们是引起米饭发酵、面包黏液化的主要菌株；能分解纤维素和半纤维素的细菌仅有少数种，即芽孢杆菌属、梭状芽孢杆菌属和八叠球菌属（*Sarcina*）的一些种；但绝大多数细菌都具有分解某些单糖或双糖的能力，特别是利用单糖的能力极为普遍；某些细菌能利用有机酸或醇类；能分解果胶的细菌主要有芽孢杆菌属、欧氏植病杆菌属（*Erwinia*）、梭状芽孢杆菌属中的部分菌株，它们参与果蔬的腐败。

多数霉菌都有分解简单碳水化合物的能力；能够分解纤维素的霉菌并不多，常见的有青霉属、曲霉属、木霉属等中的几个种，其中绿色木霉（*Trichoderma viride*）、里氏木霉（*Trichoderma reesei*）、康氏木霉分解纤维素的能力特别强。分解果胶质的霉菌活力强的有曲霉属、毛霉属、蜡叶芽枝霉等；曲霉属、毛霉属和镰刀霉属等还具有利用某些简单有机酸和醇类的能力。

绝大多数酵母不能使淀粉水解，少数酵母如拟内胞霉属（*Endomycopsis*）的酵母能分解多糖；极少数酵母如脆壁酵母（*Saccharomyces fragilis*）能分解果胶；大多数酵母有利用有机酸的能力。

3）分解脂肪类食品的微生物

分解脂肪的微生物能产生脂肪酶，使脂肪水解为甘油和脂肪酸。一般来讲，对蛋白质分解能力强的需氧性细菌，同时大多数也能分解脂肪。细菌中的假单胞菌属、无色杆菌属、黄色杆菌属、产碱杆菌属和芽孢杆菌属中的许多种，都具有分解脂肪的特性。其中分解脂肪能力特别强的是荧光假单胞菌。

能分解脂肪的霉菌比细菌多，在食品中常见的有曲霉属、白地霉、代氏根霉、娄地青霉和芽枝霉属等。

酵母菌分解脂肪的菌种不多，主要是解脂假丝酵母（*Candida lipolytica*），这种酵母对糖类不发酵，但分解脂肪和蛋白质的能力却很强。因此，在肉类食品、乳及其制品中脂肪酸败时也应考虑到是否因酵母而引起。

3. 食品的环境条件

从某种意义上讲，引起食品变质，环境因素也是非常重要的。食品中污染的微生物能否生长繁殖造成食品的腐败变质，还要看环境条件。最重要的几个环境因素有温度、湿度和气体。

1）温度

根据微生物生长的最适温度，可将微生物分为嗜冷、嗜温、嗜热3个生理类群。每一类微生物都有最适宜生长的温度范围，但这3群微生物又都可以在20～30℃生长繁殖，当食品处于这种温度的环境中，各种微生物都可生长繁殖而引起食品的变质。

在低温条件下，有些微生物虽然能生长，但其新陈代谢活动极为缓慢，它们分解食品引起腐败的能力已经非常微弱，甚至完全丧失。这也正是低温可以保持食品品质的原因或者说是低温保藏的基础。一般认为，－10℃可抑制所有细菌生长，－12℃可抑制多数霉菌生长，－15℃可抑制多数酵母菌生长，－18℃可抑制所有霉菌与酵母菌生长。因此，为了防止微生物的生长，建议食品的冻藏温度应≤－18℃。

而在高温条件下，仍然会有少数微生物能够生长的，如高温微生物或嗜热微生物。与其他微生物相比，嗜热微生物的生长曲线独特，延滞期、对数期都非常短，进入稳定期后，迅速死亡。在高温条件下，嗜热微生物的新陈代谢活动加快，所产生的酶对蛋白质和糖类等物质的分解速度也比其他微生物快，因而使食品发生变质的时间缩短，比一般嗜温细菌快7～14倍。由于它们在食品中经过旺盛的生长繁殖后，很容易死亡，所以在实际中，若不及时进行分离培养，就会失去检出的机会，高温微生物造成的食品变质主要是酸败，分解糖类产酸而引起。

前面章节已经讨论了温度变化对微生物的影响，故不再重复。

2）湿度

空气中的湿度对于微生物生长和食品变质起着重要的作用，尤其是未经包装的食品，例如把含水量少的脱水食品放在湿度大的地方，食品则易吸潮，表面水分迅速增加。长江流域梅雨季节，粮食、物品容易发霉，就是因为空气湿度太大的缘故（相对湿度70%以上）。当含水量较高的食品置于湿度较小的贮藏环境时，食品的 A_w 就会降低直至与周围环境建立平衡为止。

A_w 值反映了溶液和作用物的水分状态，而相对湿度则表示溶液和作用物周围的空气状态。当两者处于平衡状态时，$A_w \times 100$ 就是大气与作用物平衡后的相对湿度。每种微生物只能在一定的 A_w 值范围内生长，但这一范围的 A_w 值要受到空气湿度的影响。

3）气体

微生物与氧气有着十分密切的关系。一般来讲，在有氧的环境中，微生物进行有氧呼吸，生长、代谢速度快，食品变质速度也快；缺乏氧气条件下，由厌氧性微生物引起的食品变质速度较慢。氧气存在与否决定着兼性厌氧微生物是否生长和生长速度的快慢，兼性厌氧微生物在有氧环境中引起的食品变质也要比在缺氧环境中快得多。

新鲜食品原料中，由于组织内一般存在着还原性物质，如植物组织常含有维生素C和还原糖，动物原料组织内含有巯基，因而具有抗氧化能力。在食品原料内部生长的微生物绝大部分应该是厌氧性微生物；而在原料表面生长的则是需氧微生物。食品经过加工，物质结构改变，需氧微生物能进入组织内部，食品更易发生变质。

另外，氢气和二氧化碳等气体的存在，对微生物的生长也有一定的影响，它可防止好氧性细菌和霉菌所引起的食品变质，但乳酸菌和酵母等对二氧化碳有较大耐受力，实际应用中可通过控制它们的浓度来防止食品变质。目前，我国已经将气调保鲜广泛应用在果蔬采后包装、鲜切果蔬包装、花草、乳制品、巧克力、鸡蛋以及肉禽等领域，满足消费者在品质、方便、健康以及环保等方面日益增长的需求，但仍然存在一些问题亟待解决。

二维码 10-1　气调保鲜在果蔬贮藏上应用的现状

10.1.2　食品腐败变质的机理

食品腐败变质的过程实质上是食品中蛋白质、碳水化合物、脂肪等被污染微生物的分解代谢作用或自身组织酶进行的某些生化过程。例如，新鲜的肉、鱼类的后熟，粮食、水果的呼吸等可以引起食品成分的分解、食品组织溃破和细胞膜碎裂，为微生物的侵入与作用提供条件，结果导致食品的腐败变质。当然，由于食品成分的分解过程和形成的产物十分复杂，因此，建立食品腐败变质的定量检测尚有一定的难度。

1. 食品中蛋白质的分解

肉、鱼、禽蛋和豆制品等富含蛋白质的食品，主要是以蛋白质分解为其腐败变质特征。由微生物引起蛋白质食品发生的变质，通常称为腐败（spoilage）。蛋白质在动、植物组织酶以及微生物分泌的蛋白酶和肽链内切酶等的作用下，首先被水解成多肽，进而裂解形成氨基酸。氨基酸通过脱羧基、脱氨基、脱硫等作用进一步分解成相应的氨、胺类、有机酸类和各种碳氢化合物，食品即表现出腐败特征。

蛋白质分解后所产生的胺类是碱性含氮化合物质，如胺、伯胺、仲胺及叔胺等具有挥发性和特异性的臭味。各种不同的氨基酸分解产生的腐败胺类和其他物质各不相同，甘氨酸产生甲胺，鸟氨酸产生腐胺，精氨酸产生色胺进而又分解成吲哚，含硫氨基酸分解产生硫化氢和氨、乙硫醇等。这些物质都是蛋白质腐败产生的主要臭味物质。

氨基酸主要是通过脱氨基、脱羧基等作用被分解的。①脱氨反应：在氨基酸脱氨反应中，通过氧化脱氨生成羧酸或a-酮酸，直接脱氨则生成不饱和脂肪酸，若还原脱氨则生成有机酸；②脱羧反应：氨基酸脱羧基生成胺类；③胺的分解：腐败中生成的胺类通过细菌的胺氧化酶被分解，最后生成氨、二氧化碳和水；④甲胺的生成：鱼、贝、肉类的正常成分三甲胺氧化物可被细菌的三甲胺氧化还原酶还原生成三甲胺；⑤硫醇的生成：硫醇是通过含硫化合物的分解而生成的。例如，甲硫氨酸被甲硫氨酸脱硫醇脱氨基酶进行分解产生了甲硫醇和α-酮酸。

2. 食品中脂肪的分解

脂肪经光、热、湿和空气的作用，或者经微生物的作用，可产生酸和刺激的“哈喇”气味，这种变质称为酸败（rancidity）。

食品中油脂酸败的机理，主要是油脂自身氧化过程，其次是加水水解。油脂的自身氧化是一种自由基的氧化反应；而水解则是在微生物或动物组织中的解脂酶作用下，使食物中的中性脂肪分解成游离脂肪酸、甘油及其不完全分解的产物，如甘油一酯、甘油二酯。脂肪酸可进而断链而形成具有不愉快味道的酮类或酮酸；不饱和脂肪酸的不饱和键可形成过氧化物；脂肪酸也可再氧化分解成具有特臭的醛类和醛酸，即所谓的“哈喇”气味。这就是食用油脂和含脂肪丰富的食品发生酸败后感官性状改变的原因。但油脂酸败的机理目前仍在研究中，过程较复杂，有些问题尚待澄清。

脂肪自身氧化以及加水分解所产生的复杂分解产物，使食用油脂或食品中脂肪带有若干明显特征：首先是过氧化值上升，这是脂肪酸败最早期的指标；其次是酸度上升，碳基（醛酮）反应阳性。脂肪酸败过程中，由于脂肪酸的分解，其固有的碘价（值）、凝固点（熔点）、比重、折光指数、皂化价等也会发生相应的变化。

食品中脂肪及食用油脂的酸败程度受多种因素的影响，主要包括脂肪的饱和度、紫外线、氧、水分、天然抗氧化剂以及铜、铁、镍离子等触媒的影响。油脂中脂肪酸不饱和度高、有氧存在、油料中动植物残渣等，均有促进油脂酸败的作用；而油脂中维生素C、维生素E等天然抗氧化物质及芳香化合物含量高时，则可减慢油脂的氧化和酸败。

3. 食品中碳水化合物的分解

食品中的碳水化合物包括纤维素、半纤维素、淀粉、糖原以及双糖和单糖等。含这些成分较多的食品主要是粮食、蔬菜、水果和糖类及其制品。在微生物及动植物组织中的各种酶及其他因素作用下，这些食品组成成分被分解成单糖、醇、醛、酮、羧酸、二氧化碳和水等简单化合物。由微生物引起糖类物质发生的变质，习惯上称为发酵或酵解（fermentation）。

碳水化合物含量高的食品变质的主要特征为酸度升高、产气和稍带有甜味、醇类气味等。食品种类不同，也表现为糖、醇、醛、酮含量升高或产生二氧化碳气体，有时常带有这些产物特有的气味。水果中的果胶可被微生物所产生的果胶酶分解。

10.1.3　食品腐败变质的鉴定

食品腐败变质一般可以从感官、物理、化学和微生物4个方面确定其合适指标来进行鉴定。

1. 感官鉴定

感官鉴定是以人的视觉、嗅觉、触觉、味觉来查验食品腐败变质的一种简单而有效的方法。食品腐败变质初期，会产生腐败臭味；发生颜色的变化，如褪色、变色、着色、失去光泽等；口味上出现变酸、变苦等现象；组织软化、变黏、拉丝等现象。

1）色泽

食品本身具有一定的色泽。当微生物生长繁殖引起食品变质时，有些微生物产生色素，分泌至细胞外，色素不断累积就会造成食品原有色泽的改变，如食品腐败变质时常出现红色、橙色、黄色、绿色、青色、紫色、褐色和黑色等不同颜色的斑。另外，由于微生物代谢产物的作用促使食品发生化学变化时也可引起食品色泽的变化。例如肉及肉制品的绿变就是由于硫化氢与血红蛋白结合形成硫化氢血红蛋白所引起的；腊肠由于乳酸菌增殖过程中产生了过氧化氢促使肉色素褪色或绿变。

2）气味

食品本身具有一定的气味。动植物原料及其制品因微生物的繁殖而开始发生腐败变质时，就会散发出不正常的气味，如氨、三甲胺、乙酸、硫化氢、乙硫醇、粪臭素等具有腐败臭味，这些物质在空气中浓度为10^{-18}～10^{-11} mol/L时，人们的嗅觉就可以察觉到。此外，其他的胺类物质、甲酸、乙酸、己酸、酮、醛、醇类、酚类、靛基质、粪臭素等也可被人们的嗅觉察觉到。

食品中产生的腐败臭味，通常是多种臭味混合而成的。有时也能分辨出比较突出的不良气味，如霉味臭、醋酸臭、胺臭、粪臭、硫化氢臭、酯臭等。但有时产生的有机酸及水果变坏产生的芳香味，人的嗅觉习惯不认为是臭味。因此判断食品是否发生腐败变质不是以香、臭味来划分，而是应该按照正常气味与异常气味来判定。

3）口味

微生物造成食品腐败变质时也常引起食品口味的变化。而口味改变中比较容易分辨的是酸味和苦味。一般碳水化合物含量多的低酸食品，变质初期产生酸是其主要的特征。但对于原来酸味就高的食品，如番茄制品，微生物造成酸败时，酸味稍有增高，辨别起来就不那么容易。另外，某些假单胞菌污染消毒乳后可产生苦味；蛋白质类食品被大肠杆菌、小球菌等微生物污染也会产生苦味。

从食品卫生的角度看，这种口味的评定是不符合卫生要求的，而且不同的人其味觉敏感程度存在比较大的差异，因此不同的人评定的结果往往不尽一致，甚至分歧较大。从科学的角度上讲，口味的评定应该借助仪器来进行更为准确和卫生。

二维码10-2　食品腐败变质感官鉴定的有关仪器设备

4）组织状态

固态食品变质时，由于微生物酶的作用，可使组织细胞破坏，造成细胞内容物外溢，这样食品的性状即出现变形、软化；鱼肉类食品则呈现肌肉松弛、弹性差，有时组织体表出现发黏等现象；糕点、乳粉、果酱等粉碎后加工制成的食品，变质后常引起黏稠，结块等现象。

液态食品变质后，一般会出现浑浊、沉淀、表面浮膜、变稠等现象，有时还会产生气体。

2. 化学鉴定

微生物污染食品后，微生物的代谢可引起食品化学组成的变化，并产生多种腐败性产物，因此，直接测定这些腐败性产物就可作为判断食品是否发生腐败变质的依据。

一般氨基酸、蛋白质类等含氮高的食品，如鱼、虾、蟹、贝类及肉类等，常以测定挥发性盐基氮含量的多少作为判断的化学指标；对于含氮量少而含碳水化合物丰富的食品，在缺氧条件下腐败则常以测定有机酸的含量或 pH 的变化作为判断指标。

1）挥发性盐基总氮

挥发性盐基总氮（total volatile basic nitrogen，TVBN）是指肉、鱼类样品浸液在弱碱性下能与水蒸气一起蒸馏出来的总氮含量，主要是氨和胺类（三甲胺和二甲胺），常用蒸馏法或康威氏（conway）微量扩散法进行定量测定。该指标现已列入我国食品安全标准。例如，一般在低温有氧条件下，鱼类挥发性盐基氮的量达到 30 mg/100 g 时，即认为是变质的标志。

2）三甲胺

由于在挥发性盐基总氮构成的胺类中，主要的是三甲胺，它是季胺类含氮物经微生物还原生成的产物，可以用气相色谱法进行定量，或者三甲胺制成碘的复盐，用二氯乙烯抽取测定。新鲜鱼、虾类水产品及鲜肉中没有三甲胺，在其腐败变质初期，三甲胺的含量可达 4～6 mg/100 g。

3）组胺

鱼、贝类等水产品可以与细菌分泌的组氨酸脱羧酶发生作用，使组氨酸脱羧生成组胺而发生腐败变质。组胺的含量通常采用圆形滤纸色谱法（卢塔-宫木法）进行定量测定。当鱼肉中的组胺达到 4～10 mg/100 g，人食用后就会发生变态反应样的食物中毒现象。

4）*K* 值

K 值（*K* value）是指 ATP 分解的肌苷（HxR）和次黄嘌呤（Hx）等低级产物占 ATP 系列分解产物 ATP＋ADP＋AMP＋IMP＋HxP＋Hx 的百分比，*K* 值主要适用于鉴定鱼类的早期腐败。若 $K \leqslant 20\%$，说明鱼体绝对新鲜；若 $K \geqslant 40\%$ 时，鱼体开始有腐败变质。

5）pH 的变化

食品中的微生物进行生长繁殖，分解食品中的营养成分，产生代谢产物，会导致 pH 的变化；同时，食品原料自身的酶解作用，也使食品中 pH 发生改变。一般食品在腐败变质初期，食品的 pH 通常有所下降，随后开始上升，因此，多呈现“V”形变动。例如，牲畜和一些青皮红肉的鱼类在死亡之后，肌肉中的碳水化合物被分解，造成乳酸和磷酸在肌肉中积累，引起 pH 下降；其后又因腐败微生物的生长繁殖，肌肉组织被分解，造成氨的积累，促使 pH 上升。因此，借助于 pH 计测定法可以初步判断食品腐败变质的程度。但由于食品的种类、加工方法以及污染的微生物种类不同，食品 pH 的变动差异较大，故一般不以 pH 作为判断食品初期腐败变质的指标。

3. 物理指标

食品腐败变质时，食品中的大分子物质被分解，生成小分子物质，食品中浸出物的含量，浸出液的电导度、折光率、冰点、黏度等指标均会发生改变。其中肉浸液的黏度变化比较明显，所以，测定黏度可以反映出肉类食品腐败变质的程度。

4. 微生物检验

由于微生物污染而造成的食品腐败变质，食品中的微生物会大量生长繁殖，导致其中微生物的数量明显增加。因此，对食品进行微生物菌数测定，可以反映食品被微生物污染的程度及是否发生腐败变质。同时，微生物指标也是判断食品生产的卫生状况以及食品卫生质量的一项重要依据。在国家食品安全标准中常用菌落总数和大肠菌群的近似值来评定食品卫生质量，一般食品中的活菌数达到 10^8 CFU/g 时，则可判断食品已经处于初期腐败变质阶段。

二维码 10-3　食品微生物检验的常用国家标准

10.1.4 腐败变质食品的卫生学意义及处理原则

食品发生腐败变质后，不但会改变食品的感官性状，如产生刺激性气味，颜色异常，口味变酸、变苦，组织软化、溃烂、产生黏液等，而且食品中的营养成分被分解，营养价值严重降低。腐败变质食品由于微生物污染严重，菌体数量增多，同时致病菌和产毒菌也会生长繁殖并产生毒素，容易引起食物中毒。而食品腐败变质分解产物对人体的直接危害，至今尚不完全清楚。因此，对食品的腐败变质要及时准确地加以鉴定，并严格加以控制，有效防止各类微生物对食品造成的污染。

但对这类食品的处理还必须充分考虑具体情况。如轻度腐败的肉、鱼类，通过煮沸可以消除异常气味，部分腐烂的水果蔬菜可拣选分类处理，单纯感官性状发生变化的食品可以加工复制等。人体虽有足够的解毒功能，但在短时间内摄入量不可过大。因此应强调指出，一切处理的前提，都必须以确保人体健康为原则。

10.1.5 各类食品的腐败变质

食品在原料的收购、运输、加工和保藏等过程中随时都有被微生物污染的可能，这些污染的微生物在适宜条件下生长繁殖，分解食品中的营养成分，使食品失去原有的营养价值，成为不符合卫生要求的食品。由于各类食品基质条件不同，因而引起各类食品腐败变质的微生物类群及腐败变质后所呈现的现象也不尽相同。下面仅就各大类食品的腐败变质加以介绍。

1. 乳及乳制品的腐败变质

1）鲜乳中的微生物

自然界中多种微生物可以通过不同途径进入鲜乳中，占优势的微生物主要是一些细菌、酵母菌和少数霉菌。①乳酸菌。乳酸菌在鲜乳中普遍存在，能利用乳糖进行乳酸发酵，产生乳酸。乳酸菌种类很多，有些还具有一定的分解蛋白质的能力，常见的有乳酸链球菌、嗜热链球菌、乳脂链球菌、粪链球菌、液化链球菌、嗜酸乳杆菌等。此外，从鲜乳中还可分离到干酪乳杆菌、乳酸乳杆菌等。②胨化细菌。胨化细菌可使不溶解状态的蛋白质消化成为溶解状态。由于乳酸菌发酵鲜乳中的乳糖产酸，可使乳中蛋白质凝结，细菌产生的凝乳酶也可以使乳中蛋白质凝结。而胨化细菌能够产生蛋白酶，使已经凝结的蛋白质消化，重新成为溶解状态。鲜乳中常见的胨化细菌主要包括枯草芽孢杆菌、地衣芽孢杆菌、蜡样芽孢杆菌、荧光假单胞菌及腐败假单胞菌等。③脂肪分解菌。主要是一些 G^- 无芽孢杆菌，如假单胞菌属和无色杆菌属等。④酪酸菌。是一类能分解碳水化合物产生酪酸、CO_2 和 H_2 的细菌。⑤产气细菌。是一类能分解糖类产酸又产气的细菌，如大肠杆菌和产气杆菌。⑥产碱菌。主要是 G^- 好氧性细菌，如粪产碱杆菌、黏乳产碱杆菌。这类细菌能够分解乳中的有机酸、碳酸盐和其他物质，并产生碱性物质，使鲜乳的 pH 上升，还可使牛乳变得黏稠。⑦酵母菌和霉菌。鲜乳中常见的酵母菌有脆壁酵母、霍尔姆球拟酵母、高加索酒球拟酵母、拟园酵母等。常见的霉菌有乳卵孢霉、乳酪卵孢霉、黑丛梗孢霉、变异丛梗孢霉、蜡叶芽枝霉、乳酪青霉、灰绿青霉、灰绿曲霉和黑曲霉等。⑧病原菌。鲜乳中有时会含有一些病原菌。患结核病或布氏杆菌病的乳牛分泌的乳液中会含有结核分枝杆菌或布氏杆菌，患乳腺炎的乳牛分泌的牛乳中会含有金黄色葡萄球菌和致病性大肠杆菌等。

2）鲜乳微生物污染的途径

乳房内微生物的污染：乳在乳房内不是处于无菌状态，在健康乳畜的乳房内，仍然可能存在一些细菌。因此，即使严格按照无菌操作要求挤出的乳汁，在每毫升中至少也含有数百个细菌。乳房中的正常菌群主要是小球菌属、链球菌属和乳杆菌属，这些细菌能适应乳房的环境而生存，称为乳房细菌。但是，一旦乳畜感染病原菌后，病原菌便可以通过乳房进入乳汁，从而引起人类传染病。常见的引起人畜共患疾病的致病性微生物主要有结核分枝杆菌、布氏杆菌、炭疽杆菌、葡萄球菌、溶血性链球菌、沙门氏菌等。

挤乳过程中微生物的污染：污染乳的微生物种类、数量还直接受畜体表面卫生状况、畜舍的空气、挤奶用具、容器及操作人员的个人卫生等情况的影响挤出的奶在处理过程中，如不及时进行加工或冷藏，不仅会增加新的污染机会，还会使原来存在于鲜乳内的微生物数量增多，很容易导致鲜乳变质。因此，挤出的奶要及时进行过滤、冷却等处理。

3）鲜乳腐败变质的过程

鲜乳中含有溶菌酶、抗体等多种抑菌活性物质，因此自身具有一定的抗菌特性，但这种抑菌活性时间的长短受鲜乳贮存的温度和微生物污染程度的影响，通常新挤出的鲜乳，迅速冷却到0℃可保持48 h，5℃可保持36 h，10℃可保持24 h，25℃可保持6 h，30℃仅能保持2 h。在这段时间内，鲜乳内的微生物受到抑菌活性物质的抑制作用，无法进行生长繁殖。随着时间的延长，鲜乳中存在的抑菌活性物质的活性逐渐消失，此时，若将鲜乳静置于室温下，便可观察到鲜乳所特有的菌群交替现象，其腐败变质过程一般可分为以下5个阶段。

（1）抑制期　鲜乳中含有多种抑菌活性物质，在一定时间内能够有效抑制微生物大量生长繁殖，鲜乳可保持其良好的特性。

（2）乳酸链球菌期　当鲜乳中的抑菌物质减少或消失后，存在于鲜乳中的各种微生物开始生长繁殖。其中，乳酸链球菌率先生长繁殖，占据优势，分解乳糖产生乳酸，使鲜乳的酸度增加，pH下降，从而抑制腐败菌、产碱菌等其他细菌类的生长。当pH降到4.5左右时，乳酸链球菌自身的生长也受到抑制，菌体数量开始逐渐减少，此时开始有乳凝块出现。

（3）乳杆菌期　在最初鲜乳的pH降至6左右时，乳酸杆菌也开始变得活跃起来，当pH下降至4.5时，乳酸链球菌因为耐酸性比较差，因此在鲜乳中的生长繁殖受到一定程度的抑制，而乳酸杆菌由于耐酸能力较强，仍然能够继续生长繁殖并且产生乳酸。此时鲜乳中可出现大量乳凝块，并析出大量乳清。

（4）真菌期　当酸度继续下降，pH降至3.0～3.5时，绝大多数细菌的生长受到抑制或死亡；而能够适应高酸环境的霉菌和酵母菌开始生长繁殖，并且利用乳酸及其他有机酸作为营养来源；由于酸被分解利用，鲜乳的pH开始回升，逐渐接近至中性。

（5）腐败分解期（陈化期）　经过以上4个阶段，鲜乳中的乳糖已经被大量消耗，而蛋白质和脂肪含量相对较高。蛋白分解菌和脂肪分解菌开始变得活跃起来，乳凝块逐渐被消化，pH向碱性转化，同时伴有芽孢杆菌属、假单胞杆菌属、变形杆菌属等腐败细菌的生长繁殖，牛奶出现腐败臭味。鲜乳腐败变质时还会出现产气、发黏和变色等现象。气体主要是由细菌及少数酵母菌产生的，细菌主要为大肠菌群、梭状芽孢杆菌属、芽孢杆菌属，异型发酵的乳酸菌类、丙酸细菌等。这些微生物分解鲜乳中的糖类产酸，同时产生CO_2和H_2。鲜乳发黏主要是产荚膜的细菌生长繁殖所造成的，如产碱杆菌属、肠杆菌属和乳酸菌中的某些种。鲜乳变色主要是由假单胞菌属、黄色杆菌属和酵母菌中的某些种造成的。

在菌群交替现象结束时，鲜乳可产生各种异色、苦味、恶臭味及有毒物质，外观上呈现黏滞的液体或清水。

4）防止鲜乳腐败变质的措施

防止鲜乳腐败变质的措施，主要是对鲜乳进行净化、消毒与灭菌。

（1）鲜乳的净化　净化是除去鲜乳中被污染的非溶解性杂质，因为杂质上常带有一定数量的微生物，杂质污染鲜乳后，附着在上面的微生物便可扩散到乳中，通过净化可以减少微生物数量。净化的方法主要包括过滤法和离心法。过滤法的过滤效果取决于过滤器孔隙大小，一般使用3～4层纱布过滤；离心法借助于离心机强大的离心力作用，使鲜乳达到净化的目的。净化只能降低微生物的含量，无论哪种净乳方法都无法达到完全除菌。

（2）消毒与灭菌　鲜乳消毒和灭菌是为了杀灭鲜乳中的致病菌和部分腐败菌，消毒与灭菌的效果与鲜乳被污染的程度有关。鲜乳的消毒既要考虑杀死微生物，又要考虑鲜乳的风味和营养，因此，鲜乳消毒的温度与持续时间应保证最大限度杀死微生物和最大限度保留鲜乳的营养与风味。鲜乳的消毒灭菌方法有多种，以巴氏消毒法最为常见。巴氏消毒的方法有多种，其消毒的设备、温度和时间各不相同，但是都能达到消毒效果，目前鲜乳的消毒灭菌方法主要有以下几种：

① 低温长时消毒法。该法最早由法国科学家

巴斯德提出，将鲜乳加热至 62～63℃，保持 30 min。此法由于消毒时间长，杀菌效果不太理想，目前许多乳品厂已不再使用，适用于家庭消毒牛乳。

② 高温短时间消毒法。此法在传统的巴氏消毒法基础上进行了改进，生产效率有所提高，它将牛乳加热至 72～75℃，保持 4～6 min，或加热至 80～85℃，保持 15～30 s。此法可对鲜乳连续消毒，但如果污染严重，则难以达到良好的消毒效果。

③ 高温瞬时消毒法。目前许多大城市已采用高温瞬时消毒法。其控制条件为 85～95℃，保持 2～3 s，其消毒效果比前两种方法要好，但是，对鲜乳的质量有一定的影响。例如，容易出现乳清蛋白凝固、褐变或加热臭等现象。

④ 超高温瞬间杀菌法。此法是将鲜乳加热至 120～150℃，保持 2～3 s，该方法生产的液态奶保质期可达半年以上，但有时会出现褐变等不良现象。此法最大的优点是生产效率显著提高，但生产成本也相应增加。

5）乳制品的腐败变质

一般情况下，含水量合格的奶粉不适宜微生物的生长繁殖。但是，原料奶污染严重、加工又不当的奶粉中可能会出现沙门氏菌和金黄色葡萄球菌等病原菌。这些病原菌可产生毒素而引起食物中毒。

微生物引起淡炼乳腐败变质时，可使淡炼乳凝固成块或使淡炼乳产气，使罐膨胀爆裂；另外，由于一些分解酪蛋白的芽孢杆菌的作用，淡炼乳也会产生苦味。

微生物引起甜炼乳腐败变质时，由于微生物分解甜炼乳中的蔗糖，会产生大量气体而发生胀罐现象；微生物产生的凝乳酶会使甜炼乳变稠；霉菌污染时会形成各种颜色的纽扣状干酪样凝块，使甜炼乳呈现金属味和干酪味等。

2. 肉与肉制品的腐败变质

各种肉及肉制品含有丰富的蛋白质和脂肪等，很容易受到微生物污染，引起食品腐败变质，如果污染病原菌，还可使人发生食物中毒现象，并引起传染病的发生。

1）肉类中常见的微生物

引起肉类腐败的微生物种类比较多，一般可归纳为两大类，即腐败菌和病原菌。腐败菌主要包括细菌、酵母菌和霉菌，它们具有较强的分解蛋白质的能力。细菌主要包括需氧性 G^+ 菌，如蜡样芽孢杆菌、枯草芽孢杆菌和巨大芽孢杆菌等；需氧性 G^- 菌，如假单胞杆菌属、无色杆菌属、产碱杆菌属、黄色杆菌属、埃希氏杆菌属、变形杆菌属、芽孢杆菌属、乳杆菌属、链球菌属等；此外，还有厌氧梭状芽孢杆菌等。酵母菌主要包括假丝酵母菌属、丝孢酵母属、球拟酵母菌属、红酵母菌属等。霉菌主要包括交链孢霉属、毛霉属、根霉属、青霉属、曲霉属和芽枝霉属等。患病的畜、禽肉类可能还带有各种病原菌，如沙门氏菌、大肠杆菌、肉毒杆菌、葡萄球菌、结核分枝杆菌等，它们不但能引起肉类腐败变质，而且可以传播疾病，造成食物中毒现象的发生。

2）微生物污染肉类的途径

屠宰前微生物污染：健康的畜禽在屠宰前具有健全而完整的免疫系统，能够有效防御和阻止外界微生物的侵入及其在肌肉组织内进行扩散。所以正常机体组织内部理论上应该是无菌的，然而畜禽体表、被毛、上呼吸道、消化道等器官却不可避免地存在多种微生物，例如，未经清洗的动物被毛、皮肤微生物数量可达 10^5～10^6 个/cm^2。如果被毛和皮肤污染了粪便，微生物的数量会更多。刚排出的家畜粪便微生物数量可多达 10^7 个/g。患病的畜禽器官及组织内部可能会有微生物存在，例如，病牛体内可能带有结核分枝杆菌、口蹄疫病毒等病原菌，这些病原菌能够冲破机体的防御系统，扩散至机体的其他部位。倘若动物皮肤发生破损或化脓感染时，淋巴结也会有细菌存在。其中一部分细菌会被机体的防御系统吞噬或消除，而另一部分细菌可能会存留下来导致机体发生病变。畜禽感染病原菌后，有一部分会呈现出相应的临床症状，但也有相当一部分为无症状带菌者，这部分畜禽在运输和圈养过程中，由于受到拥挤、疲劳饥饿、惊恐等刺激，机体免疫力下降而呈现临床症状，并向外界传播病原菌，从而导致畜禽相互感染。

屠宰后微生物污染：屠宰后的畜禽由于丧失了先天的防御机能，微生物侵入组织后便开始迅速生长繁殖。在屠宰过程中，涉及放血、脱毛、拉肠、切割等操作，如果卫生管理不当，操作不规范，则可能造成微生物扩散，增加污染面积。最初的微生物污染是在使用非灭菌的刀具放血时，将微生物引入血液中，随着血液短暂微弱的循环而扩散至机体的各个部位。随后，在畜禽的屠宰、分割、加工、贮存和肉的配销过程中，都有可能发生微生物的污染。

3）肉类的腐败变质过程

健康动物的血液、肌肉和内部组织器官一般是没有微生物存在的，但由于屠宰运输、保藏和加工过程中的污染，肉体表面污染了一定数量的微生物。这时，肉体若能及时通风干燥，使肉体表面的肌膜和浆液凝固形成一层薄膜，可阻止微生物侵入内部，从而延缓肉的变质。通常鲜肉保藏在0℃左右的低温环境中，可存放10 d左右而不变质。当保藏温度上升时，表面的微生物就会迅速繁殖，其中以细菌的繁殖速度最为显著，沿着结缔组织、血管周围或骨与肌肉的间隙蔓延到组织的深部，最后使整块肉发生变质。屠宰后畜禽的肌肉组织由于自身酶的作用，会产生自溶现象，使蛋白质分解产生蛋白陈和氨基酸，这样更有利于微生物的生长繁殖。

随着保藏条件的变化与变质过程的发展，细菌由肉的表面逐渐向深部侵入，与此同时，细菌的种类也发生变化，呈现菌群交替现象。这种菌群交替现象一般分为3个时期，即需氧菌繁殖期、兼性厌氧菌繁殖期和厌氧菌繁殖期。①需氧菌繁殖期：分解开始前3～4 d，细菌主要在表层蔓延，先是各种球菌开始生长繁殖，继而出现大肠杆菌、变形杆菌、枯草芽孢杆菌。②兼性厌氧菌繁殖期：腐败分解3～4 d后，细菌已在肉的中层出现，能见到产气荚膜杆菌等。③厌氧菌繁殖期：在腐败分解的7～8 d以后，深层肉中已有细菌生长，主要是腐败杆菌。

4）肉类腐败变质的特征

肉类腐败变质时，通常在肉的表面产生明显的感官变化，主要表现为：①发黏。微生物在肉表面大量繁殖后，使肉体表面有黏液状物质出现，这是微生物繁殖后所形成的菌落和微生物分解蛋白质的产物。主要由G^-细菌、乳酸菌和酵母菌产生。当肉的表面有发黏、拉丝现象时，其表面含菌数一般为10^7个/cm^2。②变色。肉类发生腐败变质，常在肉的表面出现各种颜色变化。最常见的是绿色，这是由于微生物分解蛋白质产生的H_2S与肉中的血红蛋白结合形成硫化氢血红蛋白（H_2S-Hb），这种化合物积累于肌肉或脂肪表面，即呈现暗绿色斑点。另外，黏质赛氏杆菌在肉表面产生红色斑点。深蓝色假单胞杆菌产生蓝色，黄杆菌产生黄色。一些发磷光的细菌，如发磷光杆菌的许多种能产生磷光。有些酵母菌能产生白色、粉红色或灰色等斑点。③霉斑。肉体表面有霉菌生长时，往往形成霉斑。特别是一些干腌制肉制品更为多见。如美丽枝霉和刺枝霉在肉表面产生羽毛状菌丝；白色侧孢霉和白地霉产生白色霉斑；草酸青霉产生绿色霉斑；蜡叶芽枝霉在冷冻肉上产生黑色斑点。④不良气味。肉体腐烂变质，除上述肉眼观察到的变化外，通常还伴随一些不正常或难闻的气味，例如，微生物分解蛋白质产生恶臭味，在乳酸菌和酵母菌的作用下产生挥发性有机酸的酸味，霉菌生长繁殖产生霉味，放线菌产生泥土味等。

5）防止肉类腐败变质的措施

肉类含有丰富的营养成分，一旦遭受微生物的污染，微生物的生长繁殖便很难被完全抑制。因此，防止微生物污染的最好方法是在严格的卫生管理条件下进行屠宰、加工、贮存和运输，这也是获取高品质肉类及其制品的重要措施。对已遭受微生物污染的胴体，抑制微生物生长的最有效方法则是迅速冷却并及时冷藏。刚屠宰的胴体，其温度一般为38～41℃，此温度范围正适合微生物的生长繁殖和肉中酶的活性，对肉的贮藏保鲜极为不利。通常把肉温迅速冷却到0℃左右，并在此温度下进行短期贮藏，可以使微生物在肉表面的生长繁殖减弱到最低限度，并在肉表面形成一层皮膜，减弱酶活性，延缓肉的成熟时间，减少肉内水分蒸发，从而延长肉的保存时间。将屠宰后的胴体进行深度冷冻，使肉温降到－18℃以下，肉中大部分水分（80%以上）冻结成冰，这种肉就称为冷冻肉或冻结肉。由于肉中大部分水分变成冰晶，抑制了微生物生长繁殖和酶的活性，延缓了肉中各种生化反应，因此冷冻肉贮藏时间较长。

3. 水产品的腐败变质

一般情况下，水产品比肉类更易腐败变质。因为通常水产品在捕获后，不是立即清洗处理，而是直接进行运输，这样就容易引起腐败变质。另外，水产品本身含水量高，肌肉组织脆弱，尤其是鱼类，鱼鳞容易脱落，细菌容易从受伤部位侵入，而鱼体表面的黏液又是细菌良好的培养基，因而鱼类死后很快就会发生腐败变质现象。

1）鲜鱼中常见的微生物

新捕获的健康鱼类，其组织内部和血液中应该是无菌的，但在鱼体表面的黏液中、鱼鳃及其肠道内存在着大量的微生物。当然由于季节、渔场、种类的不同，鱼体表所附细菌数有所差异。存在于海水鱼中并能引起鱼体腐败变质的细菌主要有：假单胞菌属、无色杆菌属、黄杆菌属、摩氏杆菌属、弧菌属等。一般淡水鱼所带的细菌通常为产碱杆菌属、气单胞杆菌属和短杆菌属。另外，芽孢杆菌、大肠杆菌、棒状杆菌等也有报道。

2）微生物污染鱼类的途径

微生物污染鱼类的途径主要有两个方面。①活鱼体液最初是无菌的，但与外界接触的部分，如体表、鳃、消化系统等已经存在着许多细菌。当鱼死亡后，这些细菌由鳃经过血管侵入肌肉组织内部，同时也可以由表皮和消化道通过皮肤和腹膜进入肌肉组织内部并开始生长繁殖。②鱼体本身含水量高，为70%～80%，组织脆弱，鱼鳞容易脱落，细菌容易从受伤部位侵入，而鱼体表面的黏液又是细菌良好的培养基，再加上鱼死后体内的酶解作用，因此鱼类死亡后，僵直持续时间短，很快就会发生腐败变质。

3）鱼类腐败变质过程及特征

鱼类等新鲜水产品死亡后会发生僵直现象，随后又出现解僵，与此同时微生物开始进行生长繁殖，鱼体腐败逐渐加快。到僵直期将要结束时，微生物的分解变得更加活跃起来，不久，随着自溶作用的进行，水产品原有的形态和色泽发生劣变，并伴有异味，有时还会产生有毒物质。归纳起来，鱼类等新鲜水产品腐败变质的过程，主要包括僵直、自溶和腐败变质3个阶段。①僵直。僵直鱼具有新鲜鱼的良好特征，即手持鱼身时尾不下垂、手指按压肌肉不凹陷、口不张、鳃紧闭、体表有光泽、眼球闪亮等。②自溶。鱼体的自溶是蛋白质分解的结果，可使肌肉逐渐变软、失去弹性。③腐败变质。侵入鱼体的细菌在其产生的酶的作用下引起一系列的变化。主要表现在：体表结缔组织松软，鳞易脱落，黏液蛋白呈现浑浊，并有臭味；眼睛周围组织分解，眼球下陷，浑浊无光；鳃由鲜红色变为暗褐色，并有臭味；肠内微生物大量生长繁殖产气，腹部膨胀，肛管自肛门突出，放置水中，腹部向上露出水面；细菌侵入脊柱，使两旁大血管破裂，致周围组织发红。若微生物继续作用，即可导致肌肉脆裂并与鱼骨分离，此时，鱼体已达到严重腐败变质阶段。

4）防止鱼类腐败变质的措施

防止鱼类腐败变质的措施主要是利用低温抑制微生物的生长繁殖，达到保鲜的目的。主要保鲜方法包括以下几种。

（1）冰藏保鲜　这是历史最悠久的传统鱼类防腐保鲜方法，也是最接近鲜鱼生物特征的保鲜方法。冰藏保鲜在目前渔船作业中最为常用。具体操作是在容器或船舱底部铺上碎冰，壁部也垒起一定厚度的冰墙，将捕获的鲜鱼等水产品整齐、紧密地铺盖在冰层上，然后在鱼层上均匀地撒上一层碎冰，如此一层冰一层鱼，直至铺到船舱顶部。这样处理的水产品可被冷却到0～1℃，一般可保持7～10 d。

（2）冷海水保鲜　把水产品保藏在－1～0℃的冷海水中，从而达到贮藏保鲜目的，这种方法适合于围网作业捕捞所得的中上层鱼类，这些鱼大多是红肉鱼，活动能力较强，即使捕获后也活蹦乱跳，很难做到一层鱼一层冰的贮藏，但若不立即将其冷却降温，其体内的酶就会很快作用，造成鲜度迅速下降。具体操作方法是将捕获物装入隔热舱内加冰和盐，冰的用量与冰藏保鲜时一样，盐的作用是使冰点下降，用量为冰重的3%；待满舱时，注入海水，并启动制冷设备进一步降温和保温，使温度保持在－1～0℃，加入海水的量与捕获量之比为3∶7；此方法的优点是鱼体降温速度快，操作简单快速，劳动强度低，渔获物新鲜度好；不足之处是需要配备制冷装置并随着贮藏时间（5 d以上）的增加，鱼体开始逐渐膨胀、变咸和变色。

(3) 微冻保鲜　这是一种将渔获物保藏在其细胞汁液冻结温度以下（−3℃左右）的轻度冷冻方法。在此温度下，微生物生长繁殖和酶活力能够得到有效抑制；鱼及微生物体内的部分水分均发生了冻结，从而改变了微生物细胞的生理生化反应，部分细菌开始死亡，其他细菌的活动也受到明显抑制，几乎不能进行繁殖，这就能使鱼体在较长的时间内保持鲜度而不发生腐败变质，可保鲜 20～27 d。

(4) 冻结保鲜　将鱼体的温度降低到其冰点以下，温度越低，贮藏的时间就越长；在−18℃时可贮存 2～3 个月，在−30～−25℃时可贮存 1 年，贮藏时间的长短也与原料的新鲜度、冻结方式、冻结速度、冻藏条件等有关；经过冻结，鱼体内的液体成分 90%左右变成固体，水分活度降低，微生物本身产生生理干燥，造成不良的渗透条件，使微生物无法利用周围的营养物质，也无法排出代谢产物；而且，鱼体内大部分生理生化反应不能正常进行；因此，冻结保鲜能维持较长的保鲜期。

(5) 超冷保鲜　将捕获后的鱼立即用−10℃的盐水处理，根据鱼体大小不同，可在 10～30 min 内使鱼体表面冻结而急速冷却，这样缓慢致死后的鱼处于鱼舱或集装箱内的冷水中，其体表解冻时要吸收热量，从而使鱼体内部初步冷却，然后再根据不同贮藏目的及用途确定贮藏温度；此方法通过超级快速冷却将鱼杀死，抑制了鱼体死后的生物化学变化，可最大限度地保持鱼体原本的鲜度和品质。

4. 鲜蛋及其制品的腐败变质

健康禽类所产的鲜蛋内部一般是无菌的，这是由于鲜蛋本身具有一套防御系统。新蛋壳表面有一层黏液胶质层，具有防止水分蒸发，阻止外界微生物侵入的作用；在蛋壳膜和蛋白中，还存在具有抑菌活性的溶菌酶，可以将侵入蛋壳内的微生物杀灭；鲜蛋的蛋白 pH 为 7.4～7.5，一周内会上升到 9.4～9.7，如此强碱环境并不适合微生物的生存。因此，通常情况下鲜蛋可以保存较长的时间而不发生腐败变质。然而鲜蛋也会遭受微生物的污染，当母禽患病，机体防御机能下降时，外界的微生物便可趁机侵入输卵管，甚至上行至卵巢，在蛋壳未形成前已经污染。而禽蛋产下后，蛋壳立即受到禽类粪便、空气等环境中微生物的污染，如果胶质层被破坏，污染的微生物就会透过气孔进入蛋内，当环境的温度和湿度过高时，侵入的微生物就会大量生长繁殖，从而造成鲜蛋的腐败变质。

1) 鲜蛋中的微生物

引起鲜蛋腐败变质的微生物主要有大肠菌群、无色杆菌属、假单胞菌属、产碱杆菌属、变形杆菌属、青霉属、芽枝霉属、枝孢霉属、毛霉属、枝霉属、交链孢霉属、葡萄孢霉属等，有时也含有病原菌如沙门氏菌、金黄色葡萄球菌等。

2) 微生物污染鲜蛋的途径

鲜蛋的微生物污染主要有两条途径。①产前污染：家畜被病原菌感染时，生殖器官的生物杀菌作用减弱，来自肠道的致病菌如沙门氏菌可以侵入蛋黄内，使蛋液中带有致病菌。②产蛋后污染：禽类泄殖腔内含有一定数量的微生物，当蛋从泄殖腔排出体外时，由于蛋遇冷收缩，附在蛋壳上的微生物可穿过蛋壳进入蛋内；鲜蛋蛋壳的屏障作用有限，蛋壳上有许多大小为 4～40 μm 的气孔，外界的微生物可能透过气孔或蛋缝侵入蛋内，特别是贮藏期长或经过洗涤的蛋，在高温、潮湿的条件下，环境中的微生物更容易借水的渗透作用侵入蛋内。

3) 鲜蛋腐败变质的过程

鲜蛋营养丰富，营养价值高，由于上述诸多原因，鲜蛋也容易发生腐败变质，其腐败变质的类型主要有两种。①腐败。主要是由细菌引起的鲜蛋变质。禽蛋被微生物污染后，侵入蛋中的细菌不断生长繁殖，并产生各种酶，分解蛋内的各组成成分，使鲜蛋发生腐败，并产生难闻气味，这主要由荧光假单胞菌所引起的。首先蛋黄膜破裂，蛋黄不能固定而发生位移，随后蛋黄膜被分解而使蛋黄散乱，并与蛋白逐渐相混在一起，这种蛋称为散黄蛋。如果进一步发生腐败，蛋黄中的蛋白质和卵磷脂也被分解，产生恶臭的硫化氢气体和其他有机物，使整个内含物变为灰色或暗黑色，这种黑腐病主要是由变形杆菌属及某些假单胞菌和气单胞菌引起的，这种蛋称为黑腐蛋。②霉变。外界的霉菌菌丝经过蛋壳气孔侵入后，首先在蛋壳膜上生长起来，形成深色霉斑，造成蛋液黏壳，蛋内成分分解，并伴有不愉快的霉变气味产生，这种蛋称为黏壳蛋。

4）防止鲜蛋腐败变质的措施

（1）保持蛋壳和壳外膜的完整性　蛋壳是蛋本身具有的一层天然保护屏障，分布在蛋壳上的壳外膜可以将蛋壳上的气孔封闭，在一定程度上可以有效防止外来微生物入侵，但这层膜很容易被水溶解而失去作用。因此，无论采用什么方法贮存鲜蛋，都应尽量保持蛋壳和壳外膜的完整性。

（2）抑制微生物繁殖　鲜蛋在贮存过程中不可避免地会被各种微生物污染，污染过程受包装容器和库房清洁程度影响，因此应保持贮藏环境清洁卫生。在鲜蛋贮藏时，应尽量设法抑制污染微生物的生长繁殖，常采用的方法是对蛋壳进行消毒或低温贮藏。

（3）防止微生物入侵　在贮藏中要防止外界微生物继续侵入蛋内，通常采用具有抑菌作用的涂料涂抹蛋壳，如液体石蜡、明胶等，也可采用多种成分进行配制；或将蛋浸入具有杀菌作用的溶液中，如用生石灰、石膏和白矾配成一定比例的混合液，使蛋与空气隔绝。

（4）保持蛋的新鲜状态　禽蛋在产出后，会不断发生物理、化学或生物学变化，消耗一部分热量、释放一定量 CO_2、损失一部分水分；由于水分的损失和能量的消耗，加上蛋内 CO_2 的逸出和 O_2 的渗入，蛋液 pH 会升高，蛋白变稀，蛋黄膜弹性降低，气室增大，蛋品质下降，更易遭受微生物污染。因此，在鲜蛋的贮藏过程中应尽可能减缓这些变化，通常对鲜蛋采用低温或气调贮藏的方法，效果良好。

5. 罐藏食品的腐败变质

罐藏食品是将食品原料经一系列处理后，再装入容器，经密封、杀菌而制成的一种特殊形式的保藏食品，一般情况下，罐藏食品可保存较长时间而不发生腐败变质。但是由于受一些因素的影响，罐藏食品有时也会出现变质现象。

1）罐藏食品腐败变质的原因

导致罐藏食品发生腐败变质的原因是多方面的，但主要由化学因素和生物因素两个方面，或者由二者共同作用所引起。

（1）化学因素　由于食品中的酸和马口铁相互作用而产生氢气，引起罐藏食品氢膨胀，从而使食品发生变质。食品和马口铁的相互作用，能产生下面的后果：①罐内侧变色；②食品中产生不良的气味；③金属腐蚀或产生穿孔；④食品丧失营养价值等。

（2）生物因素　有时罐藏食品由于杀菌不彻底或密封不良，也会遭受微生物的污染而导致其腐败变质。罐藏食品中污染的微生物主要来自下列几个方面：①灭菌之后残留的微生物，这是由灭菌不彻底造成的。在食品工业中，罐藏食品的灭菌并非严格意义上的灭菌，只是一种商业灭菌（commercial sterilization）。它允许罐内有极少数的非致病微生物残留。这些残留下来的微生物，实际上是一个隐患。一旦外界环境条件合适，它们就会生长繁殖而导致食品发生腐败变质。一般罐藏食品经过高温灭菌后，残留的微生物均是耐热性的芽孢杆菌。②漏罐。罐藏食品经过杀菌后，由于密封性能不良，发生漏罐现象，很容易造成外界环境中的微生物侵入。重要的污染源是冷却水，罐藏食品在热处理后要通过冷却水进行冷却。这样冷却水中的腐败菌就有可能随着冷却水通过漏洞而进入罐内。另外空气也是一个污染源，空气中的微生物也可能通过漏洞、缝隙而进入罐内。通过漏罐污染的微生物不一定是耐热性微生物，种类比较多。

2）罐藏食品中的微生物

引起罐藏食品腐败变质的微生物主要包括以下几大类微生物。

（1）芽孢杆菌　主要有嗜热脂肪芽孢杆菌、枯草芽孢杆菌、巨大芽孢杆菌和蜡样芽孢杆菌等，它们引起罐头平酸腐败。也有少数中温芽孢细菌引起罐头腐败变质时伴随有气体产生。TA 菌（如嗜热解糖梭菌）是分解糖、专性嗜热、产芽孢的厌氧菌。在厌氧条件下，肉毒梭状芽孢杆菌在食品中生长繁殖能产生肉毒毒素，毒性非常强。因此，罐藏食品灭菌是否彻底常以能否杀死肉毒梭状芽孢杆菌的芽孢作为衡量标准。罐藏食品发生由芽孢杆菌引起的腐败变质，一般都是由杀菌不彻底造成的。

（2）非芽孢细菌　主要有肠杆菌，如大肠杆菌、产气杆菌、变形杆菌等；还有球菌，如乳链球菌、粪链球菌和嗜热链球菌等，它们能分解糖类产酸，同时也会产生气体，造成罐藏食品出现胀罐现象。不产芽孢细菌生物耐热性不如产芽孢细菌，一般情况下，正常杀菌完全可以将其杀死。如果在罐藏食品中发现有不产芽孢的细菌，这通常是由于罐藏食品密封不良，漏气而造成的，或者是由于杀菌温度过低，杀菌时间过短而造成的。

(3) 酵母菌　引起罐藏食品腐败变质的酵母菌主要包括球拟酵母属、假丝酵母属和啤酒酵母属等。由于罐藏食品加热杀菌不充分，或包装容器密封不良，均会导致酵母菌残存于罐内。罐藏食品因酵母引起的腐败变质，绝大多数发生在酸性或高酸性罐头食品中，如水果、果浆、糖浆及甜炼乳等制品。酵母菌多为兼性厌氧菌，可以发酵糖，产生二氧化碳气体，从而造成罐藏食品出现胀罐。

(4) 霉菌　霉菌具有嗜酸性，由霉菌引起的罐藏食品腐败变质，常见于高酸（pH 4.5 以下）的罐藏食品中。霉菌多为好氧菌，并且一般不耐热，如果罐藏食品中污染有霉菌，主要是由于罐藏食品真空度不够、漏气或杀菌不充分而导致了霉菌的残留。

3）罐藏食品常见的腐败变质现象

罐藏食品常见的腐败变质现象主要有以下 4 种：

(1) 膨罐　罐藏食品腐败变质以后，底盖不像正常情况下那样呈平坦状或凹状，而是出现外凸的现象，形成胖罐。根据底盖外凸的程度，又可分为隐胀、轻胀和硬胀 3 种情况。

(2) 平酸腐败　平酸是指食品发生酸败，而罐的外观仍属正常，盖和底不发生膨胀，呈平坦或内凹状。这是由于产酸不产气。

(3) 黑变现象　在某种细菌活动下，含硫蛋白质被分解，并产生硫化氢。硫化氢气体又与罐内壁铁质发生化学反应形成黑色化合物（FeS），沉积于罐内、罐壁或食品上，以致食品发黑并呈臭味。黑变又称硫化物腐败。这类腐败的罐藏食品外观一般正常，有时也会出现隐胀或轻胀。

(4) 发霉　由霉菌污染引起的罐藏食品的腐败变质现象并不太常见。只有在包装容器裂漏或罐内真空度过低的情况下，才有可能在低水分和高浓度糖分的食品表面出现霉变现象。

对于因微生物污染而发生腐败变质的罐藏食品，必须根据腐败变质的现象进行微生物学分析。例如，是否产气胀罐，是否浑浊沉淀，是否变酸或 pH 上升等，以便做出正确判断，避免腐败变质的进一步发生。

6. 果蔬及其制品的腐败变质

1）新鲜果蔬的腐败变质

果蔬在采收、加工和贮运过程中，直接与外界环境接触，因此在其表面附有大量的微生物，其中除大量的腐生微生物外，还有植物病原菌、来自人畜粪便的肠道致病菌和寄生虫卵等。但是，一般情况下，正常的果蔬内部组织是无菌的。因为水果和蔬菜的表皮及表皮外覆盖着的一层蜡质状物质均有助于防止微生物侵入果蔬内部，对果蔬有很好的保护作用。但是，有时即使外观正常的果蔬，其内部组织中也可能存在微生物。例如，有人从苹果、樱桃等组织内部分离出酵母菌，番茄组织中分离出酵母菌和假单胞菌属的细菌等。这些微生物是在果蔬开花期侵入果实内部的。此外，植物病原微生物可在果蔬的生长过程中通过根、茎、叶、花、果实等不同途径侵入组织内部，或在收获后的贮藏期侵入组织内部。另外，当果蔬表皮组织受到昆虫的刺伤或其他机械损伤时，微生物也会趁机从破损处侵入并开始生长繁殖，从而引起果蔬的腐烂变质，尤其是成熟度高的果蔬更容易受到损伤。水果和蔬菜的共同特点是含水量高，蛋白质和脂肪含量低，含有较丰富的维生素 C、胡萝卜素、有机酸、芳香物、色素、纤维素和半纤维素等。这是果蔬容易由于微生物侵染而导致腐败变质的一个重要因素。另外，水果的 pH 大多数在 4.5 以下，而蔬菜的 pH 一般为 5.0～7.0，这决定了能在水果蔬菜中进行生长繁殖的微生物的类群。引起水果腐败变质的微生物，一般是酵母菌、霉菌；引起蔬菜变质的微生物是霉菌、酵母菌和少数细菌。

果蔬腐败变质最常见的现象是霉菌在果蔬表皮损伤处繁殖或者在果蔬表面有污染物黏附的区域繁殖。侵入果蔬组织后，组织壁的纤维素首先被破坏，进而分解果胶、蛋白质、淀粉、有机酸、糖类，继而酵母菌和细菌开始繁殖。由于微生物的繁殖，果蔬外观上表现出深色的斑点，组织变得松软、发绵、凹陷、变形，并逐渐变成浆液状甚至是水液状，并产生了各种不同的味道，如酸味、芳香味、酒味等。

果蔬在低温（0～10℃）的环境中贮藏，可减缓酶的作用，对微生物活动也有一定的抑制作用，可有效地延长果蔬贮藏时间，但通过温度调节只能减缓微生物生长速度，并不能完全控制微生物。因此，贮藏温度、微生物污染程度、表皮损伤情况、果蔬种类和成熟度等是贮藏的主要影响因素。气调、低温贮藏效果较好。

2）果汁的腐败变质

新鲜水果原料中带有一定数量的微生物，果汁是以新鲜水果或蔬菜为原料，经压榨或浸提等方法加工后制成的。因此在果汁生产过程中，不可避免地会受到微生物的污染，果汁中肯定会存在一定数量的微生物，但是，这些微生物进入果汁后能否生长繁殖，主要取决于果汁的 pH 和果汁中糖分含量的高低。由于果汁的酸度多为 pH 2.4～4.2，且含糖量较高，因而在果汁中生长的微生物主要是酵母菌、霉菌和极少数的细菌。

不同果汁所含酵母菌的种类有一定的差异。如苹果汁中的主要酵母菌有假丝酵母属、圆酵母属、隐球酵母属和红酵母属；葡萄汁中的酵母菌主要是柠檬形克勒克氏酵母、葡萄酒酵母、卵形酵母、路氏酵母等；柑橘汁中常见的是越南酵母、葡萄酒酵母和圆酵母属等。浓缩果汁由于糖度高，细菌的生长受到抑制，只有一些耐渗酵母菌和霉菌生长，如鲁氏酵母和蜂蜜酵母等，这些酵母菌生长的最低 A_w 值为 0.65～0.70，比一般酵母的 A_w 值要低得多。由于这些酵母细胞相对密度小于它所生活的浓糖液，因此往往浮于浓糖液的表层，当果汁中糖被酵母转化后，相对密度下降，酵母就开始沉至下面。当浓缩果汁置于 4℃条件保藏时，酵母菌的发酵作用减弱甚至停止，可以防止浓缩果汁变质。

果汁中的细菌主要是植物乳杆菌、乳明串珠菌和嗜酸链球菌。它们可以利用果汁中的糖、有机酸生长繁殖，并产生乳酸、CO_2 和少量丁二酮、3-羟基-2-丁酮等香味物质。乳明串珠菌可产生黏多糖等增稠物质而使果汁变质；当果汁的 pH＞4.0 时，酪酸菌容易生长而进行丁酸发酵。其他细菌一般不容易在果汁中生长。

霉菌引起果汁变质时会产生难闻的气味。果汁中存在的霉菌以青霉属最为多见，如扩张青霉、皮壳青霉；其次是曲霉属的霉菌，如构巢曲霉、烟曲霉等。这是由于霉菌的孢子有较强的抵抗力，可以保持较长时间的活力。但霉菌一般对 CO_2 敏感，故充入 CO_2 的果汁可以防止霉菌的生长繁殖。

微生物引起果蔬汁变质的表现主要有以下几种：①浑浊。造成果汁浑浊的原因除了化学因素之外，主要是由于酵母菌进行乙醇发酵作用而造成的，有时也可能是霉菌生长繁殖所造成的。一般引起果汁浑浊的是圆酵母属中的某些种及一些耐热性的霉菌，如雪白丝衣霉菌、纯黄衣霉菌和宛氏拟青霉等，只是霉菌在果汁中少量生长时，并不发生浑浊，仅使果汁的风味变坏，产生霉腐味和臭味等，因为霉菌能够产生果胶酶，对果汁起到澄清的作用，只有霉菌大量生长时才会造成果汁浑浊。②乙醇发酵。引起果汁产生乙醇而变质的微生物主要是酵母菌。常见的酵母菌有葡萄汁酵母菌、啤酒酵母菌等。酵母菌能耐受 CO_2，当果汁含有较高浓度的 CO_2 时，酵母菌虽不能明显生长，但仍能保持活力，一旦 CO_2 浓度降低，即可恢复生长繁殖的能力。此外，少数霉菌和细菌也可引起果汁产生乙醇而变质。如甘露醇杆菌、明串珠菌、毛霉、曲霉、镰刀霉中的部分菌种。③有机酸发酵。果汁中含有酒石酸、柠檬酸和苹果酸等多种有机酸，这些有机酸以一定的含量形成了果汁特有的风味。当微生物在果汁中生长繁殖后，分解或合成了某些有机酸，从而改变了它们的含量和比例，从而使果汁原有的风味遭到破坏，甚至产生令人不愉快的异味，如解酒石酸杆菌、琥珀酸杆菌、黑根霉、曲霉属、青霉属、毛霉属、葡萄孢霉属、丛霉属和镰刀霉属等均具有这种作用。④颜色改变。变色也是果汁变质的一个特征。当霉菌污染果汁时，霉菌所产生的色素可以扩散到果汁中，从而掩饰了果汁的本色；有的微生物可将果蔬中的色素分解，使果蔬汁颜色消退。常见的色变有变白、变绿和变褐等。⑤滋味和气味改变。不同的果蔬类制品具有特征性的滋味和气味，当果汁中的糖、有机酸和香气成分被微生物分解后，其原有的特征性滋味和气味就会发生异常变化。果蔬中的糖类物质经酵母菌发酵作用，可

产生大量 CO_2 或醇类物质，也可以被细菌，尤其是乳酸菌、产乙酸菌转化为乙醇、乳酸、乙酸等挥发性物质。酒石酸、柠檬酸、苹果酸可被乳酸菌、霉菌和细菌分解利用，产生乳酸、乙酸等成分。

7. 粮食及其制品的腐败变质

1）粮食的腐败变质

粮食在田间生长的过程中，会受到土壤、空气和水中微生物的影响，其表面附着一定数量的微生物，主要为细菌、霉菌和酵母菌。通常情况下，这些微生物对粮食作物是无害的，但是，一旦遭受病原菌污染，粮食作物就会减产。

粮食采收后，要经过充分的晾晒，使其水分含量降低，并且在通风干燥的良好条件下贮藏。如果原来附着的微生物数量不多，则它们对粮食不会有太大的影响。但是，如果粮食微生物污染比较严重，或粮食含水量比较高，贮藏条件不当，温度、湿度比较高，则粮食很容易发生腐败变质现象。

粮食发生腐败变质后，常会出现以下几种情况：①变色。由于微生物在粮食中进行新陈代谢作用，产生了色素，另外粮食组织坏死后也会呈现一定的颜色。因此，粮食腐败变质时，一般会失去原有的色泽，发生颜色的改变。②发热。由于微生物在进行呼吸作用的过程中会产生能量，并且有一部分能量以热的形式散发到周围环境中，粮食腐败变质时会产热，用手触摸会有温热的感觉。③霉变。由于霉菌的生长繁殖，粮食表面会出现霉斑，并伴有霉腐味。

2）糕点的腐败变质

糕点类食品由于含水量较高，糖、油脂含量较多，在阳光、空气和温度等因素的作用下，容易发生霉变和酸败现象。引起糕点腐败变质的微生物类群主要有细菌和霉菌，如沙门氏菌、金黄色葡萄球菌、粪肠球菌、大肠杆菌、变形杆菌、黄曲霉、毛霉、青霉、镰刀霉等。

糕点腐败变质主要是由于生产原料不符合质量标准、制作过程中灭菌不彻底和糕点包装贮藏不当等原因引起的。①生产原料不符合质量标准。糕点食品的加工原料主要有糖、奶、蛋油脂、面粉、食用色素、香料等，市售糕点往往不再经过加热处理而直接入口。因此对糕点原料的选择、加工、贮存、运输、销售等都应严格遵守卫生要求，防止微生物污染现象的发生。例如，糕点加工的原料奶及奶油如果未经过巴氏杀菌，奶中便会有较高数量的细菌及其毒素；蛋类在打蛋前未洗涤，便不能有效地去除微生物。所以为了防止糕点的霉变及油脂和糖的酸败，应对生产糕点的原料进行严格消毒和灭菌，利用新鲜的加工原料，对于已有霉变和酸败迹象的原料绝对不能使用。②制作过程中灭菌不彻底。各种糕点食品生产时，都要经过高温处理，这既是食品熟制的过程，又是杀菌的过程。在这个过程中，大部分的微生物都能被杀死，但是，耐热性较强的细菌芽孢和霉菌孢子往往残留在食品中，一旦外界环境条件适宜，就会生长繁殖，引起糕点食品的腐败变质。③糕点包装贮藏不当。糕点类食品在生产过程中，由于包装及环境等方面的原因也会使糕点食品污染多种微生物。烘烤后的糕点，必须冷却后才能包装。所使用的包装材料应无毒、无味，并经消毒处理，否则会造成二次污染。

10.2 引起食品腐败变质的生物因素及其特性

引起食品腐败变质的生物因素主要有细菌、酵母菌、霉菌、害虫和啮齿动物等。

10.2.1 细菌

细菌是污染食品和引起食品腐败变质的主要微生物类群，因此食品安全的微生物学标准更多的是针对食品中的细菌制定的。

1. 细菌污染的特点

细菌可通过内源和外源两条途径污染食品，内源性污染带有一定的选择性和特异性。例如，许多动植物体的病原微生物。同时内源性污染也带有很大程度的随机性和非特异性。例如，作为食品原料的动植物体表及畜禽的消化道、上呼吸道存在的许多细菌。这些细菌污染食品或食品原料后，能否生长繁殖或长期存活下来，还取决于食品或食品原料本身的性质（如营养成分、水分活度、pH 等）和所处的环境条件（如温度、湿度、氧气等）。

而外源性污染具有非特异性和随机性。通常食品中存活的细菌只有自然界细菌中的一部分种类，在这部分细菌中，一些细菌在适宜的条件下会迅速生长繁殖，而另一些细菌由于条件不适宜只能缓慢生长，或只是长期存活。细菌污染食品后可引起食品的腐败变质，同时有些细菌还会产生毒素。

2. 引起食品腐败变质的细菌科属

引起食品腐败变质的细菌来自内源和外源的污染，包括致病菌、条件致病菌和非致病菌。它们既是评价食品卫生质量的重要指标，也是食品腐败变质的原因。在《伯杰氏系统细菌学手册》(*Bergey's Manual of Systematic Bacteriology*)(1984—1989)中，污染食品后可引起腐败变质、造成食物中毒和引起疾病的常见细菌分为以下科属。

1）革兰氏阴性需氧或微需氧、能运动的螺旋形或弯曲细菌

主要是弯曲杆菌属（*Campylobacter*）。

2）革兰氏阴性需氧杆菌和球菌

（1）假单胞菌科（*Pseudomonadaceae*） 最常见的是假单胞菌属（*Pseudomonas*）。

（2）盐杆菌科（*Halobacteriaceae*） 盐杆菌属（*Halobacterium*）和盐球菌属（*Halococcus*）。

（3）醋酸杆菌科（*Acetobacteriaceae*） 醋酸杆菌属（*Acetobacter*）和葡糖杆菌属（*Gluconobacter*）。

（4）所属科未定的属 与食品关系较密切的是产碱杆菌属（*Alcaligenes*）。

3）革兰氏阴性兼性厌氧杆菌

（1）肠杆菌科（*Enterobacteriaceae*） 埃希氏菌属（*Escherichia*）、志贺氏菌属（*Shigella*）、沙门氏菌属（*Salmonalla*）、肠杆菌属（*Enterobacter*）、柠檬酸细菌属（*Citrobacter*）、欧文氏菌属（*Erwinia*）、克雷伯氏菌属（*Klebsiella*）、沙雷氏菌属（*Sarratia*）、变形菌属（*Proteus*）、哈夫尼菌属（*Hafnia*）和耶尔森氏菌属（*Yersinia*）。

（2）弧菌科（*Vibrionaceae*） 弧菌属（*Vibrio*）和气单胞菌属（*Aeromonas*）。

4）革兰氏阳性球菌

（1）微球菌科（*Micrococcaceae*） 微球菌属（*Micrococcus*）和葡萄球菌属（*Staphyloctxcas*）。

（2）所属科未定的属 链球菌属（*Streptococcus*）、明串珠菌属（*Leuconostoc*）、片球菌属（*Pediococcus*）和气球菌属（*Aerococcus*）等。

5）革兰氏阳性芽孢杆菌和球菌

芽孢杆菌属（*Bacillus*）和梭菌属（*Clostridium*）。

6）革兰氏阳性规则无芽孢杆菌

该类群中与食品关系最为密切的是乳杆菌属（*Lactobacillus*）。

7）革兰氏阳性不规则无芽孢杆菌

这一类群在食品中常见的属有棒杆菌属（*Corynebacterium*）、节杆菌属（*Arthrobacterium*）、短杆菌属（*Brevibacterium*）、微杆菌属（*Microbaterium*）、丙酸杆菌属（*Propionibacterium*）和双歧杆菌属（*Bifidobacterium*）。

二维码 10-4 引起食品腐败变质的细菌科属及其特性

3. 食品中菌落总数及其食品安全学意义

食品中的微生物数量，通常是以每克或每毫升食品中或每平方厘米食品表面积上所含有的微生物个数来表示。在我国的食品安全标准中，采用的测定食品中微生物数量的方法，是在严格规定的培养方法和培养条件（样品处理、培养基种类及其pH、培养温度与时间、计数方法等）下进行的，使适应这些条件的每一个活菌细胞能够生成一个肉眼可见的菌落，所生成的各类微生物菌落的数量即是该食品中的菌落总数。用此法测得的结果，常用菌落形成单位（colony forming unite，CFU）表示。

食品中细菌的种类很多，它们的生理特性和所需要的培养条件不尽相同。如果要采用培养的方法计数食品中所有的细菌种类和数量，必须采用不同的培养基及培养条件，其工作量很大。然而尽管食品中细菌种类很多，但其中是以异养、中温、好氧或兼性厌氧的细菌占绝对多数，同时它们对食品的影响也最大，所以在食品的菌落总数检测时采用国家标准规定的方法是可行的，而且已得到公认。

食品中菌落总数的安全学意义主要有两个方面。第一个方面是可作为食品被微生物污染程度的标志。食品中菌落总数越多，说明食品被污染的程

度越重、越不新鲜、对人体健康威胁较大。相反，食品中菌落总数越少，说明食品被污染的程度越轻，食品安全质量越好。在我国的食品安全标准中，针对各类不同的食品分别制定出了不允许超过的数量标准，借以控制食品污染的程度。第二个方面是可以用来预测食品可存放的期限。食品中菌落总数越少，食品可存放的时间就越长。相反，食品可存放的时间就越短。如菌数为 10^5 个/cm^2 的牛肉在 0℃时可存放 7 d；而菌数为 10^2 个/cm^2 时，在同样条件下可存放 18 d；在 0℃时菌数为 10^5 个/cm^2 的鱼可存放 6 d，而菌数为 10^3 个/cm^2 时，则存放时间可延长至 12 d。

由于食品的性质、处理方法及存放条件的不同，以致对食品卫生质量具有重要影响的微生物种类和相对数量也不尽相同，因而目前在食品菌落总数和腐败变质之间还难以找出适用于任何情况的对应关系。同时，用于判定食品腐败变质的界限数值出入也较大。

4. 大肠菌群及其食品安全学意义

大肠菌群主要包括肠杆菌科中的埃希氏菌属、柠檬酸细菌属、克雷伯氏菌属和肠杆菌属。这些属的细菌均来自人和温血动物的肠道，需氧与兼性厌氧，不形成芽孢，在 35～37℃条件下，48 h 内能发酵乳糖产酸产气，革兰氏阴性的杆状菌。大肠菌群中以埃希氏菌属为主，埃希氏菌属被俗称为典型大肠杆菌。大肠菌群都是直接或间接地来自人和温血动物的粪便。本群中典型大肠杆菌以外的菌属，除直接来自粪便外，也可能来自典型大肠杆菌排出体外 7～30 d 后在环境中的变异。所以食品中检出大肠菌群，表示食品受到人和温血动物的粪便污染，其中典型大肠杆菌为粪便近期污染，其他菌属则可能为粪便的陈旧污染。

大肠菌群最初作为肠道致病菌而被用于水质检验，现已被我国和国外许多国家广泛用作食品卫生质量检验的指示菌。大肠菌群的食品安全意义是作为食品被粪便污染的指示菌，食品中粪便含量只要达到 10^{-3} mg/kg 即可检出大肠菌群。一般认为，作为食品被粪便污染的理想指示菌应具备以下特征：①仅来自人或动物的肠道，并在肠道中占有极高的数量。②在肠道以外的环境中，具有与肠道病原菌相同的对外界不良因素的抵抗力，能生存一定时间，生存时间应与肠道致病菌大致相同或稍长。③培养、分离、鉴定比较容易。大肠菌群比较符合以上要求。然而由于大肠菌群在低温条件不适宜生长，特别是在冷冻条件下容易死亡，所以用大肠菌群作为冷冻食品的粪便污染指示菌并不理想。由于肠球菌对冷冻条件有很强的抵抗力，因而有人主张以它作为冷冻食品的粪便污染指示菌更为合适，但由于肠球菌的培养较难，加之检验方法比较复杂，而且还没有统一的检验方法，因而该主张尚未得到采用。

肠道致病菌如沙门氏菌属和志贺氏菌属是引起食物中毒的重要致病菌，然而对食品经常进行逐批逐件地检验又不可能，鉴于大肠菌群与肠道致病菌来源相同，而且一般在外环境中生存时间也与主要肠道病原菌一致，所以大肠菌群的另一个重要食品安全学意义是作为肠道病原菌污染食品的指示菌。当然食品中检出大肠菌群，只能说明有肠道病原菌存在的可能性，两者并非一定平行存在，但只要食品中检出大肠菌群，则说明有粪便污染，即使无病原菌，该食品仍可被认为是不卫生、不安全的。

保证食品中不存在大肠菌群实际上并不容易做到，重要的是其污染程度。

10.2.2 酵母菌

酵母是污染含糖量较高及偏酸性食品并引起腐败变质的主要微生物类群之一。

1. 酵母污染的特点

在自然界，酵母菌分布很广，主要生长在偏酸性的含糖环境中，在水果、蜜饯的表面和果园土壤中最为常见。酵母菌生长的 pH 范围为 3.0～7.5，多数酵母菌适合于中温（25～30℃）条件下生长，少数酵母可在低温（<10℃）条件下生长。酵母菌一般适宜生活在含糖量较高或含一定盐分的食品上，但不能利用淀粉。大多数酵母具有利用有机酸的能力，但是分解利用蛋白质、脂肪的能力很弱，只有少数较强。

2. 食品中酵母数量及其食品安全学意义

酵母菌在发酵食品工业的应用十分广泛，但有些种也是食品工业的污染菌，能使发酵产量降低或产生不良气味。例如，毕赤氏酵母属（*Pichia*）耐高浓度酒精，并能使其氧化，可在酒类表面形成白色干燥的菌膜，降低产量和产生不良气味，影响产品质量，是酒类的污染菌；此菌也会在酱油表面形成同样的菌膜。汉逊氏酵母菌属（*Hansenula*）大多数能以酒精作为碳源，可在饮料表面生长形成干皱的菌膜，故是酒类及酒精发酵工业的有害菌。酵母菌也是果汁中所含的微生物数量和种类比较多的一类微生物，它们是从鲜果中带来的或是在压榨过程中环境污染的。污染果汁、果酱、蜂蜜、酒类、肉类等食品后可导致腐败变质。例如，耐高渗酵母鲁氏酵母（*Saccharomyces rouxii*）、蜂蜜酵母（*Saccharomyces mellis*）可使糖浆、蜂蜜、果酱和蜜饯等食品腐败变质。红酵母属（*Rhodotorula*）中的有些种可在肉类及酸性食品上，如泡菜和酸菜等食品上产生色素，形成红斑；也可出现在不正常的发面中，产生红色菌膜；在过期的酸奶中也常出现。酵母菌污染食品后不仅可造成腐败变质，失去使用价值，少数酵母也具有致病性。

我国目前在碳酸饮料、乳酸饮料等食品中制定了酵母菌的限量标准。如 GB 7101—2015《食品安全国家标准 饮料》中酵母菌限量数为≤20 CFU/mL，硬质干酪 GB 5420—2010 中酵母菌限量数为≤50 CFU/g。

10.2.3　霉菌

1. 霉菌污染的特点

霉菌在自然界分布很广，同时由于其可产生各种微小的孢子，因而很容易污染食品。霉菌污染食品后不仅可造成腐败变质，而且有些霉菌还可以产生毒素，人畜误食会造成霉菌毒素中毒。霉菌毒素是霉菌产生的一种有毒的次生代谢产物，自从 20 世纪 60 年代发现强致癌的黄曲霉素以来，霉菌与霉菌毒素对食品的污染日益引起重视。霉菌毒素通常具有耐高温、无抗原性、主要侵害实质器官的特性，而且霉菌毒素多数还具有致癌作用。霉菌毒素的作用包括减少细胞分裂，抑制蛋白质合成和 DNA 的复制，抑制 DNA 和组蛋白形成复合物，影响核酸合成，降低免疫应答等。

主要霉菌毒素有 200 多种，目前按产毒的霉菌来分类。霉菌毒素对热不敏感，一般烹调加热处理不能将毒素破坏去除，没有抗原性，是小分子化学物质，不能引起机体产生抗体或抗毒素。人和动物一次性摄入含大量霉菌毒素的食物常会发生急性中毒，而长期摄入含少量霉菌毒素的食物会导致慢性中毒和癌症。因此，粮食及食品由于霉变不仅会造成经济损失，有些还会造成误食人畜急性或慢性中毒，甚至导致癌症。

2. 霉菌产毒的特点

（1）霉菌产毒仅限于少数的产毒霉菌，而且产毒菌种中也只有一部分菌株产毒。同一霉菌中存在产毒能力不同的菌株主要取决于菌株本身生物学特性还是取决于外界环境，或两者兼有，还不十分清楚。

（2）产毒株的产毒能力还表现出可变性和易变性，产毒菌株经过多代培养可以完全失去产毒能力，而非产毒菌株在一定条件下可出现产毒能力。因此，在实际工作中应该随时考虑这一问题。

（3）一种菌种或菌株可以产生几种不同的毒素，而同一霉菌毒素也可由几种霉菌产生。

（4）产毒菌株产毒需要一定的条件，主要是基质种类、水分、温度、湿度及空气流通情况。如粮食水分为 17%～18% 在湿热的南方天气下，是霉菌最适宜的繁殖产毒条件。

3. 霉菌及其毒素的食品安全学意义

霉菌可造成食品的腐败变质，有的霉菌还可以产生毒素，因此，霉菌也是评价食品安全的指示菌，通常以霉菌的计数来判定食品被污染的程度。我国目前在罐头食品、饮料、硬质干酪、粮食及其制品中都制定了霉菌的限量标准。如 GB 7101—2015《食品安全国家标准　饮料》中霉菌限量数为≤20 CFU/mL（固体饮料中霉菌限量数为≤50 CFU/mL），硬质干酪 GB 5420—2010 中霉菌限量数为≤50 CFU/g。

霉菌及其毒素污染食品后从食品安全学角度应该考虑两方面的问题，即霉菌及其毒素通过食品引起食品腐败变质和人类中毒的问题。

1）霉菌污染引起食品腐败变质

霉菌最初污染食品后，在基质及环境条件适宜时，首先可引起食品的腐败变质，不仅可使食品呈现异样颜色、产生霉味等异味，食用价值降低，甚至完全不能食用，而且还可使食品原料的加工工艺品质下降，如出粉率、出米率、黏度等降低。所以，即使是一些非产毒霉菌污染食品也应该加以重视。粮食类及其制品被霉菌污染而造成的损失非常严重，据估算每年全世界平均至少有2%的粮食因污染霉菌发生霉变而不能食用。

2）人类霉菌毒素中毒

许多霉菌污染食品及其食品原料后，不仅可引起腐败变质，而且可产生毒素引起误食者霉菌毒素中毒。霉菌毒素中毒是指霉菌毒素引起的对人体健康的各种损害。人类霉菌毒素中毒大多数是由于食用了被产毒霉菌菌株污染的食品所引起的。食品受到产毒菌株污染有时不一定能检测出霉菌毒素，这种现象比较常见，这是因为产毒菌株必须在适宜产毒的特定条件下才能产毒。但也有时从食品中检验出有某种毒素，而分离不出产毒菌株，这往往是食品在贮藏和加工中产毒菌株已经死亡，而毒素不易破坏的缘故。一般来说，产毒霉菌菌株主要在谷物粮食、发酵食品及饲草上生长产生毒素，直接在动物性食品，如肉、蛋、乳上产毒的较为少见。而食入大量含毒饲草的动物同样可引起各种中毒症状或残留在动物组织器官及乳汁中，致使动物性食品带毒，被人食用后仍会造成霉菌毒素中毒，并且一般的烹调加热处理不能将霉菌毒素破坏去除。霉菌引起的毒素中毒无传染性。

霉菌毒素中毒与人群的饮食习惯、食物种类和生活环境条件有关，所以霉菌毒素中毒常常表现出明显的地方性和季节性，甚至有些还具有地方疾病的特征。例如，黄曲霉毒素中毒、黄变米中毒和赤霉病麦中毒即具有此特征。再者，霉菌毒素中毒的临床表现较为复杂，有急性中毒，也有因少量长期食入含有霉菌毒素的食品而引起的慢性中毒，也有的诱发癌肿、造成畸形和引起体内遗传物质的突变。

霉菌污染食品，特别是霉菌毒素污染食品对人类危害极大，就全世界范围而言，不仅造成很大的经济损失，而且可以造成人类的严重疾病甚至大批的死亡，20世纪60年代英国发现黄曲霉毒素污染饲料，一次性造成19万只火鸡死亡的事件，开始引起了人们对霉菌及霉菌毒素污染食品问题的重视和研究。癌症是当今人类社会的一大杀手，癌症发病率与人们是否食入了含有霉菌毒素的食物以及食入的食品所含霉菌毒素量的多少有很大的关系。因此从一定意义上讲，不食用霉变及含有霉菌毒素的食物就可以在很大程度上降低癌症发病率，避免癌症的发生。

10.2.4 害虫和啮齿动物

干制农产品及冷藏品等食品，常受害虫和老鼠等的侵害而变质。

1. 害虫

害虫对于食品储藏的危害性很大，它不仅是某些食品储藏损耗加大的直接原因，而且由于害虫的繁殖、迁移，以及它们所遗弃的排泄物、皮壳和尸体等，还会严重污染食品，使食品丧失商品价值。害虫的种类多，分布广，并且躯体小，体色暗，繁殖快，适应性强，多隐居于缝隙、粉屑或食品组织内部，所以一般食品的仓库中都有可能有害虫存在。目前对食品危害性大的害虫主要有甲虫类、蛾类、蟑螂类和螨类。如对禾谷类粮食及其加工品、水果蔬菜的干制品等危害最大的害虫主要是象虫科的米象、谷象、玉米象等甲虫类。防治害虫的方法，一是加强食品仓库和食品本身的清洁卫生管理，消除害虫的污染和匿藏滋生的环境条件；二是通过环境因素中的某些物理因子（如温度、水分、氧、放射线等）的作用达到防治害虫的目的，如高温、低温杀虫，高频加热或微波加热杀虫，辐射杀虫，气调杀虫等；三是可以利用机械的力量和振动筛或风选设备，使因振动呈假死状态的害虫分离出来，达到机械除虫和杀虫的目的；四是利用高效、低毒、低残留的化学药剂或熏蒸剂杀虫。

2. 啮齿动物

主要以鼠类对食品危害最大。鼠类是食性杂、食量大、繁殖快和适应性强的啮齿动物，有咬啮物品的特性，对包装食品及其他包装物品均有危害。鼠类还能传播多种疾病。鼠类排泄的粪便、咬食物品的残渣也能污染食品和储藏环境，使之产生异味，影响食品卫生，危害人体健康。防治鼠害须将防鼠和灭鼠相结合。

防鼠的方法有：建筑防鼠法，即利用建筑物本身与外界环境的隔绝性能，防止鼠类进入库内使食品免受鼠害；食物防鼠法，是通过加强食品包装和储藏食品容器的密封性能等，断绝鼠类食物的来源，达到防鼠的目的；药物及仪器防鼠法，是利用某些化学药物产生的气味或电子仪器产生的声波，刺激鼠类的避忌反应，达到防鼠的目的。

灭鼠的方法有：①化学药剂灭鼠法，利用灭鼠毒饵的灭鼠剂、化学绝育剂、熏蒸剂等毒杀或驱避鼠类；②器械灭鼠法，利用力学原理以机械捕杀鼠类，如捕鼠器等。

二维码10-5 啮齿动物简介

10.3 污染食品的微生物来源及其途径

食品的微生物污染是指食品在加工、运输、贮藏、销售过程中被微生物及其毒素污染。研究并阐明食品的微生物污染源和途径及其在食品中的消长规律，对于切断污染途径、控制其对食品的污染、延长食品保藏期、防止食品腐败变质与食物中毒的发生都有非常重要的意义。

10.3.1 污染食品的微生物来源

一方面微生物在自然界中分布十分广泛，不同的环境中存在的微生物种类和数量不尽相同；另一方面食品从原料生产、加工、贮藏、运输、销售到烹调等各个环节，常常与环境发生各种方式的接触，进而导致微生物污染。污染食品的微生物来源可分为土壤、空气、水、操作人员、动植物、加工设备、包装材料等方面。

1. 土壤

土壤中的微生物数量可达 10^7～10^9 个/g，种类十分庞杂，其中细菌占 70%～80%，放线菌占 5%～30%，其次是真菌、藻类和原生动物。不同土壤中微生物的种类和数量有很大差异，在地面下 3～25 cm 是微生物最活跃的场所，肥沃的土壤中微生物的数量和种类较多，果园土壤中酵母的数量较多。土壤中的微生物除了自身发展外，分布在空气、水和人及动植物体的微生物也会不断进入土壤。许多病原微生物就是随着动植物残体以及人和动物的排泄物进入土壤的。因此，土壤中的微生物既有非病原的，也有病原的。通常无芽孢菌在土壤中生存的时间较短，而有的芽孢菌在土壤中生存时间较长。例如，沙门氏菌只能生存数天至数周，炭疽芽孢杆菌却能生存数年或更长时间。同时土壤中还存在着能够长期生活的土源性病原菌。霉菌及放线菌的孢子在土壤中也能生存较长时间。

2. 空气

空气中不具备微生物生长繁殖所需的营养物质和充足的水分条件，加之室外经常接受来自日光的紫外线照射，所以空气不是微生物生长繁殖的场所。然而空气中也确实含有一定数量的微生物，这些微生物是随风飘扬而悬浮在大气中或附着在飞扬起来的尘埃或液滴上。这些微生物可来自土壤、水、人和动植物体表的脱落物和呼吸道、消化道的排泄物。

空气中的微生物主要为霉菌、放线菌的孢子和细菌的芽孢及酵母。不同环境空气中微生物的数量和种类有很大差异，公共场所、街道、畜舍、屠宰场及通气不良处的空气中微生物的数量较高。空气中的尘埃越多，所含微生物的数量也就越多。室内污染严重的空气微生物数量可达 10^6 个/m^3，海洋、高山、乡村、森林等空气清新的地方微生物的数量较少。空气中可能会出现一些病原微生物，它们直接来自人或动物呼吸道、皮肤干燥脱落物及排泄物或间接来自土壤，如结核杆菌、金黄色葡萄球菌、沙门氏菌、流感嗜血杆菌和病毒等。患病者口腔喷出的飞沫小滴含有 1 万～2 万个细菌。

3. 水

自然界中的江、河、湖、海等各种淡水与咸水水域中都生存着相应的微生物。由于不同水域的有机物和无机物种类和含量、温度、酸碱度、含盐量、含氧量及不同深度光照度等的差异，因而各种水域中的微生物种类和数量呈明显差异。通常水中微生物的数量主要取决于水中有机物质的含量，有机物质含量越多，其中微生物的数量也就越大。

4. 人及动物体

人体及各种动物如犬、猫、鼠等的皮肤、毛发、口腔、消化道、呼吸道均带有大量的微生物，未经清洗的动物被毛、皮肤微生物数量可达 10^5～10^6 个/cm^2。当人或动物感染了病原微生物后，体内会存在有不同数量的病原微生物，其中有些菌种是人畜共患病原微生物，如沙门氏菌、结核杆菌、布氏杆菌（*Bacterium burgeri*）。这些微生物可以通过直接接触或通过呼吸道和消化道向体外排出而污染食品。

蚊、蝇及蟑螂等各种昆虫也都携带有大量的微生物，其中可能有多种病原微生物，它们接触食品同样会造成微生物的污染。

5. 加工机械及设备

各种加工机械设备本身没有微生物所需的营养物质，但在食品加工过程中，由于食品的汁液或颗粒黏附于内表面，食品生产结束时机械设备没有得到彻底的灭菌，使原本少量的微生物得以在其上大量生长繁殖，成为微生物的污染源。这种机械设备在后来的使用中会通过与食品接触而造成食品的微生物污染。

6. 包装材料

各种包装材料如果处理不当也会带有微生物。一次性包装材料通常比循环使用的材料所带有的微生物数量要少。塑料包装材料由于带有电荷会吸附灰尘及微生物。

7. 原料及辅料

原料和辅料本身带有微生物是影响食品品质的主要原因。健康的动植物原料表面及内部都不可避免地带有一定数量微生物，如果在加工过程中处理不当，容易使食品变质，有些来自动物原料的食品还有引起疾病传播的可能。辅料如各种佐料、淀粉、面粉、糖等，通常仅占食品总量的一小部分，但往往带有大量微生物。原辅料中的微生物一是来自生活在原辅料表面与内部的微生物，二是在原辅料的生长、收获、运输、贮藏、处理过程中的二次污染。

1）动物性原辅料

动物性和禽类食品在正常情况下，它们的消化道、呼吸道、泌尿生殖道、乳房导管以及皮肤、蹄、毛发、羽毛中自身就带有很多种类的微生物。取决于特定的器官，它们的数量可能很高（例如大肠内容物细菌数可高达 10^9 CFU/g）。作为载体，很多组织都带有致病菌而并无症状表现出来，例如沙门氏菌各血清型、致病性大肠杆菌、空肠弯曲杆菌、小肠结肠炎耶尔森氏菌、李斯特氏菌。禽类在排卵过程中，在卵巢和受污染的蛋黄也带有肠炎沙门氏菌。动物在生病状况下，例如牛患有的乳腺炎，以及肠道、呼吸道、子宫感染和受伤都会改变其正常微生物菌群的生态。与此相似地，动物身体表面（皮肤、毛发、羽毛、乳房）被粪便污染以及供应受污染（如沙门氏菌污染）的水和饲料，也会改变其正常的微生物菌群。

鱼类及贝类动物的鱼鳞、皮肤、消化道中也存在正常的微生物群落。水的品质、饲养方式、动物患病等都会改变其正常微生物的种类和数量。致病菌，如副溶血性弧菌、创伤弧菌、霍乱弧菌，是这些原辅料的主要关注点。牛乳有可能受到乳房表面排泄物的污染，蛋壳在产卵过程中可能被排泄物污染，畜禽类有可能在屠宰过程中被肠道内容物污染，水产类有可能在加工过程中被肠道内容物污染，由于这些原因，排泄物引起的动物性原辅料污染受到了关注（可能存在肠道致病菌）。

2）植物性原辅料

健康的植物在生长期与自然界广泛接触，其体表存在有大量的微生物，所以收获后的粮食一般都含有其原来生活环境中的微生物。据测定，每克粮食含有几千个以上的细菌。这些细菌多属于假单胞菌属、微球菌属、乳杆菌属和芽孢杆菌属等。此外，粮食中还含有相当数量的霉菌孢子，主要是曲霉属、青霉属、交链孢霉属、镰刀霉属等，还有酵母菌。植物体表还会附着有植物病原菌及来自人畜粪便的肠道微生物及病原菌。染病后的植物组织内部会存在大量的病原微生物，如果制成的果蔬汁中必然存在大量微生物，主要是酵母菌，其次是霉菌和极少数的细菌。

粮食在加工过程中，经过洗涤和清洁处理，可除去籽粒表面上的部分微生物，但某些工序可使其受环境、机具及操作人员携带的微生物再次污染。多数市售面粉的细菌含量为每克几千个，同时还含有 50～100 个的霉菌孢子。

10.3.2 微生物污染食品的途径

作为食品原料的动植物体在生活和生长过程中及后来的食品生产加工、运输、贮藏、销售以及食用过程中都可能受到微生物的污染，其污染的途径可分为以下两大类。

1. 内源性污染

凡是作为食品原料的动植物体在生活过程中，由于本身带有的微生物而造成食品的污染称为内源性污染，也称第一次污染。如禽畜在生活期间，其消化道、上呼吸道和体表总是存在一定类群和数量的微生物。当受到沙门氏菌、布氏杆菌、炭疽杆菌等病原微生物感染时，畜禽的某些器官和组织内就会有病原微生物的存在。当家禽感染了鸡白痢、鸡伤寒等传染病，病原微生物可通过血液循环侵入卵巢；在蛋黄形成时被病原菌污染，使所产卵中也含有相应的病原菌。

2. 外源性污染

食品在生产加工、运输、贮藏、销售、食用过程中，通过水、空气、人、动物、机械设备及用具等而使食品发生微生物污染称作外源性污染，也称第二次污染。

1）通过水污染

在食品的生产加工过程中，水既是许多食品的原料或配料成分，也是清洗、冷却、冰冻不可缺少的物质，设备、地面及用具的清洗也需要大量用水。各种天然水源包括地表水和地下水，不仅是微生物的污染源，也是微生物污染食品的主要途径。自来水是天然水净化消毒后而供饮用的，在正常情况下含菌较少，但如果自来水管出现漏洞、管道中压力不足以及暂时变成负压时，则会引起管道周围环境中的微生物渗漏进入管道，使自来水中的微生物数量增加。在生产中，即使使用符合卫生标准的水源，由于方法不当也会导致微生物的污染范围扩大。如在屠宰加工场中的宰杀、除毛、开膛取内脏的工序中，皮毛或肠道内的微生物可通过用水的散布而造成畜体之间的相互感染。罐藏食品灭菌后进行冷却时，如果发生漏罐或密封不严，则冷却水或空气中的微生物会由此进入。生产中所使用的水如果被生活污水、医院污水或厕所粪便污染，就会使水中微生物数量骤增，水中不仅会含有细菌、真菌、钩端螺旋体，还可能会含有寄生虫。用这种水进行食品生产会造成严重的微生物污染，同时还可能造成其他有毒物质对食品的污染，所以水的卫生质量与食品的卫生质量有密切关系。食品生产用水必须符合饮用水标准，采用自来水或深井水。循环使用的冷却水要防止被畜禽粪便及下脚料污染。

2）通过空气污染

空气中的微生物可能来自土壤、水、人及动植物的脱落物和呼吸道、消化道的排泄物，它们可随着灰尘、水滴的飞扬或沉降而污染食品。人体的痰沫、鼻涕与唾液的小水滴中所含有的微生物包括病原微生物，当有人讲话、咳嗽或打喷嚏时均可直接或间接污染食品。人在讲话或打喷嚏时，距人体 1.5 m 内的范围是直接污染区，大的水滴可悬浮在空气中达 30 min 之久，小的水滴可在空气中悬浮 4～6 h。因此食品暴露在空气中被微生物污染是不可避免的。

3）通过人及动物接触污染

从事食品生产的人员，如果他们的身体、衣帽不经常清洗，不保持清洁，就会有大量的微生物附着其上，通过皮肤、毛发、衣帽与食品接触而造成污染。在食品的加工、运输、贮藏及销售过程中，如果被鼠、蝇、蟑螂等直接或间接接触，同样会造成食品的微生物污染。试验证明，每只苍蝇带有数百万个细菌，80%的苍蝇肠道中带有痢疾杆菌，鼠类粪便中带有沙门氏菌、钩端螺旋体等病原微生物。

4）通过加工设备及包装材料污染

在食品的生产加工、运输、贮藏过程中所使用的各种机械设备及包装材料，在未经消毒或灭菌前，总是会带有不同数量的微生物而成为微生物污染食品的途径。在食品生产过程中，通过不经消毒灭菌的设备越多，造成微生物污染的机会也越多。已经过消毒灭菌的食品，如果使用的包装材料未经过无菌处理，则会造成食品的二次污染。

10.3.3 食品中微生物的消长

食品受到微生物污染后，其中的微生物种类和数量会随着食品所处环境和食品性质的变化而不断地变化。这种变化所表现的主要特征就是食品中微生物的数量增多或减少，即称为食品中微生物的消长。食品中微生物的消长通常有以下规律及特点。

食品加工前，无论是动物性原料还是植物性原料都已经不同程度地被微生物污染，加之运输、贮藏等环节，微生物污染食品的机会进一步增加，因而使食品原料中的微生物数量不断增多。虽然有些种类的微生物污染食品后因环境不适而死亡，但是从存活的微生物总数看。一般不表现减少而只有增加。这一微生物消长特点在新鲜鱼肉类和果蔬类食品原料中表现明显，即使食品原料在加工前的运输和贮藏等环节中曾采取了较严格的卫生措施，但早在原料产地已污染而存在的微生物，如果不经过一定的灭菌处理，它们仍会存在。

在食品加工的整个过程中，有些处理工艺如清洗、加热消毒或灭菌对微生物的生存是不利的。这些处理措施可使食品中的微生物数量明显下降，甚至可使生物几乎完全消除。但如果原料中微生物污染严重，则会使加工过程中微生物致死率降低，在食品加工过程中的许多环节也可能发生微生物的二次污染。在生产条件良好和生产工艺合理的情况下，污染较少，食品中所含有的微生物总数不会明显增多；如果残留在食品中的微生物在加工过程中有繁殖的机会，则食品中的微生物数量就会出现骤然上升的现象。

经过加工制成的食品，由于其中还残存有微生物或再次被微生物污染，在贮藏过程中如果条件适宜，微生物就会生长繁殖而使食品变质。在这一过程中，微生物的数量会迅速上升，当数量上升到一定程度时，不再继续上升，相反，活菌数会逐渐下降。这是由于微生物所需营养物质的大量消耗，使变质后的食品不利于该微生物继续生长，而逐渐死亡，此时食品不能食用。如果已变质的食品中还有其他种类的微生物存在，并能适应变质食品的基质条件而得到生长繁殖的机会，这时就会出现微生物数量再度升高的现象。加工制成的食品如果不再受污染，同时残存的微生物又处于不适宜生长繁殖的条件，那么随着贮藏日期的延长，微生物数量则会日趋减少。

由于食品的种类繁多，加工工艺及方法和贮藏条件不尽相同，致使微生物在不同食品中呈现的消长情况也不可能完全相同，充分掌握各种食品中微生物消长规律的特点，对于指导食品生产具有重要的意义。

10.4 食品腐败控制技术

引起食品腐败变质的因素是多方面的，主要影响因素有组织内源酶、微生物、食品的特性、食品所处的环境条件等。防止微生物引起的食品腐败，首先要加强食品原材料的管理，杜绝内源性污染，其次是控制食品生产、加工、运输、销售的各个环节，降低外源性污染，最大限度地降低食品中存在的微生物数量，然后采用合适的杀菌、抑菌方式降低食品中活体微生物数量。

通过各种方法杀灭和抑制食品中有害微生物生长、繁殖及代谢产物产生，以延长食品保存期的方法称为食品保藏法，常规保藏技术有低温保藏、干制保藏、食品罐藏、高渗保藏、发酵保藏、保鲜剂保藏等。保藏新技术有超高压杀菌保藏、脉冲光杀菌保藏等技术。综合保藏技术有食品栅栏保藏，它通过多种保藏技术的协同作用，可以更好地延长食品保藏期。

10.4.1 常规保藏技术

1. 低温保藏

低温保藏是指使用制冷技术，降低食品温度并维持低温或冻结状态，利用低温抑制微生物生长繁殖及组织酶的活性，以延长食品保藏期的一种保藏方法，这种方法广泛地运用于果蔬、鱼类、肉类、蛋类等食品的保鲜，是一种简便易行、行之有效的方法。低温保藏又分为低温冷藏、冰鲜保藏及冷冻保藏等方法。

低温冷藏是指食品在不结冰状况下的冷藏，一般冷藏温度为食品冰点以上、10℃以下，家庭冰箱即可满足需要，食品的短时间保藏多采用此方式，如禽蛋在4℃冰箱，保藏期一般为40 d。

对于果蔬类食品的保藏，不仅要考虑致腐微生物、食物内源酶，还要考虑食品的呼气强度、乙烯的产生量、冷害、冻害等因素，因此，对于北方产的果蔬在冰箱冷藏也会延长保藏期，但个别南方产水果，如香蕉，10℃以下低温贮藏会产生冷害，因此，保藏温度为15℃左右。

冰鲜保藏是指食品在0℃到组织冻结点之间保藏，在此温度带，食品处于将冻而又未冻状态，食品内微生物生长及内源酶活力被抑制，因此，这种保藏方法可以保持食品原有品质，避免冷冻细胞结晶造成的汁液大量流失和组织损伤。食品种类不同，性质不同，冰鲜温度也不同，如牛肉的冰温温度为－2.5℃，在此温度下，其保鲜期为24 d；而牛肉0℃贮藏，保藏期为9 d。

冷冻保藏是指－18℃以下低温环境保藏食品，一般认为，－10℃可抑制细菌生长，－12℃可抑制多数霉菌生长，－15℃可抑制多数酵母菌生长，－18℃可抑制绝大多数霉菌与酵母菌生长，因此，冷冻保藏的贮藏期长于前两者。如在短时间内，将鱼及鱼制品迅速降温至－30～－18℃，并在－18℃保藏，鱼的保藏期为23个月。这种方法的缺点是冷冻产生的冰晶会造成组织细胞损伤，解冻后会有汁液渗出，同时也会不同程度上影响食品的品质。

冷冻保藏虽然可以抑制绝大多数微生物的生长，延长食品的保藏期，但个别种类的微生物在低温环境下也可以生存，如从保存在－70℃环境的食品中分离出了微球菌。引起低温食品腐败的微生物主要有假单胞杆菌属、黄色杆菌属、无色杆菌属、希瓦氏菌属等革兰氏阴性无芽孢杆菌；小球菌属、乳杆菌属、小杆菌属、芽孢杆菌属和梭状芽孢杆菌属等革兰氏阳性细菌；假丝酵母属、隐球酵母属、圆酵母属、丝孢酵母属等酵母菌；青霉属、芽枝霉属、葡萄孢属和毛霉属等霉菌。这些细菌中能生成生物膜及具有群体感应因子的细菌具有较强的致腐能力。因此，低温保藏食品也要经常检查，以确保食品安全。

2. 干制保藏

干制保藏是指通过一定的途径，降低食品中的水分含量，由于高渗透压和缺水导致食品中的微生物生长速率及组织酶的活力降低，从而延长食品保藏期的一种方法。粮食的贮藏、各种果蔬干、奶粉、蛋粉的制作等多采用这种方法。

食品内水的存在形式主要有两种，结合水与游离水。游离水与食品腐败直接相关，水分活度值（A_w）是表示食品中游离水含量的高低的一个指标，不同微生物生长对基质水分活度值的要求也存在差异，一般细菌要求A_w值为0.90～0.98；真菌要求A_w值为0.80～0.87，酵母菌要求A_w值为0.87～0.91，食品防腐就是通过人工或自然的方式，降低食品中的水分活度值，使其低于微生物生长的最低限值，达到抑菌、延长食品保藏期的目的。如食品的A_w值由0.80～0.85降低到0.72，食品的保藏期由几天延长到2～3个月；一般认为食品的A_w值在0.64～0.70，是食品安全贮藏的防霉含水量。日常生活中，我们也经常用食品水分的百分比含量来表示食品中游离水的含量，如水果干含水量为15%～25%，蔬菜干为4%以下，肉干为5%～10%，奶粉为2.5%～3.5%，蛋粉为5%以下，大米、豆类为13%、15%以下等。

3. 食品罐藏

食品罐藏是一种传统的食品保藏方法，它是指将处理好的食品放入容器，经杀菌达到商业无菌的状态，然后调整容器内的真空度，密封容器，进行食品保藏，这种方法处理的食品可以在室温下比较长时间的保藏。食品的罐藏原理有三个方面：一是利用真空排氧造成厌氧环境抑制好氧菌生长；二是利用密封减少环境微生物污染；三是利用高温杀菌杀灭食品中的微生物，同时使食品组织内源酶失活。鱼类、肉类、果蔬等食品采用此方法保藏。这种方法的保藏效果取决于原材料的含菌量、微生物种类，罐装食品的杀菌程度、容器内的真空度、产品的密封性以及产品的贮藏温度。

4. 食品高渗保藏

食品高渗保藏是通过高浓度糖、盐等物质，创造高渗环境，杀灭或抑制食品中的有害微生物，防止食品腐败变质的一种保藏方法。常用方法是盐腌、糖渍。果脯、咸菜、腌鱼等都采用这种保藏方法。

微生物生长需要一定的渗透压，一般微生物适宜在0.85%～0.9%食盐浓度下生长，过高、过低的渗透压对微生物生长都不利。食品防腐即在食品中添加食盐或糖，造成食品的高渗环境，以抑制食品中腐败微生物的生长，如腌制鸭肉制品、黄瓜、发酵鱼时，食盐浓度为1%～6%，有的腌制食品盐浓度更高，达到10%以上。不同微生物耐盐性不同，当食物中食盐浓度达到1%～3%时，大多数腐败性细菌的生长被抑制；当食盐添加量达到6%～8%时，沙门氏菌、大肠杆菌、肉毒杆菌生长被抑制；当食品中含盐量达到10%以上时，丁酸菌、变形杆菌生长被抑制。糖的添加量要高于食盐，才能达到抑菌效果，如糖的添加量达到50%时可以抑制大多数细菌的生长。酵母、霉菌耐盐、耐糖性较高，是高渗保存食品的主要腐败菌。

5. 发酵保藏

发酵保藏是利用微生物发酵过程中产生的代谢产物本身或由于代谢产物改变环境条件，不利于腐败微生物的生长，达到抑菌、防腐的一种保藏方法。常见的保藏方法有酵母菌的酒精发酵，食品中酒精含量>10%，乙醇有杀菌作用；醋酸菌的醋酸发酵，醋酸含量达到3%～5%；乳酸菌的乳酸发酵，酸奶中乳酸含量>0.7%，由于醋酸、乳酸的产生降低了环境的pH，抑制了不耐酸的腐败微生物的生长，延长了食品保藏期。

6. 保鲜剂保藏

保鲜剂保藏是指在食品中加入具有抑菌、杀菌或抗氧化作用的物质，以延长食品保藏期的一种保藏方法。保鲜剂已经广泛应用于食品加工保藏，常用的保鲜剂、抑菌范围、作用机理及使用限量见表10-5。除了传统的保鲜剂外，新的保鲜剂及复合保鲜剂不断出现。

Choi和Beuchat发现乳酸片球菌产生的细菌素，能抑制朝鲜泡菜发酵时单增李斯特菌的生长；龙超安等发现，柠檬形克勒克酵母菌对柑橘青、绿霉病菌有强烈的拮抗作用；范青等发现丝孢酵母对苹果采后灰霉病和青霉病的抑制效果较好。Vasantha Rupasinghe发现12 mmol /L的香草醛对鲜切苹果中嗜温菌有明显的抑制作用；孟晶岩等发现地肤子、苦参、鸡血藤、雷公藤、地榆、杠柳和黄芩等物质的水、石油醚提取物对苹果腐烂病病菌有抑制作用。Ghaouth等发现壳聚糖对草莓病原体灰霉菌有显著抑制作用。除了单一生物抑菌物质用于保鲜外，复合保鲜剂也在不断地出现，如用质量分数1.0%的海藻酸钠与浓度为0.1 g/mL的生姜提取液（姜辣素含量为0.725 mg/mL）制成的复合膜处理苹果，其贮藏期可延长到105 d。用可食性乳清蛋白膜（WPC）同$CaCl_2$、维生素C或半胱氨酸制成的复合保鲜剂可使鲜切苹果的感官品质保持2周。

表10-5　常见保鲜剂特性

物质名称	抑菌范围	作用机理	使用浓度
SO_2	0.01%～0.2%对霉菌、好氧性细菌有较强抑制作用，0.3%以上对酵母菌产生抑制作用	破坏微生物细胞中蛋白质中的二硫键，使蛋白质、酶失活	0.03%～0.2%
苯甲酸及其盐类	pH为3.0时，对细菌的抑制作用最强，对霉菌的抑制效果较弱	抑制微生物细胞呼吸酶的活性，特别是对乙酰辅酶缩合反应有很强的抑制作用	(0.2～1) g/kg
对羟基苯甲酸酯	对大肠杆菌、肠炎沙门菌、枯草芽孢杆菌、金黄色葡萄球啤酒酵母、热带假丝酵母、黑曲霉、黑根霉等都有明显的抑制作用	与苯甲酸相同，但防腐效果更好	(10～1500) mg/kg
山梨酸及其钾盐	对霉菌、酵母菌和好氧性细菌均有抑制作用，但对厌氧性芽孢菌与嗜酸杆菌无效	与微生物酶系统中巯基结合，破坏细胞内许多重要酶系，达到抑菌作用	(0.2～1) g/kg
丙酸盐（丙酸钙、丙酸钠）	对霉菌、枯草芽孢杆菌等有较强的抑制作用，可以抑制黄曲霉毒素产生，对酵母菌无效	丙酸分子在微生物细胞外形成高渗透压，使微生物细胞内脱水，它还可穿透微生物细胞壁，抑制细胞内酶活性，达到抑菌作用	(0.25～2.5) g/kg

续表 10-5

物质名称	抑菌范围	作用机理	使用浓度
双乙酸钠	对黑曲霉、黑根霉、黄曲霉、绿色木霉等有较好的抑制作用	可形成分子态的乙酸，降低食品的pH，同时，它能渗过微生物的细胞壁，使细胞内蛋白质变性，达到抗菌作用	（0.04～3）g/kg
乳酸链球菌肽（Nisin）	单一 Nisin 对大多数 G^+ 菌有抑制作用，对酵母、G^- 菌抑菌效果不明显，但 Nisin 与螯合剂 EDTA 或抗生素联用可抑制沙门菌、志贺菌和大肠杆菌等 G^- 菌的生长	抑制细菌细胞壁中肽聚糖的生物合成，同时阻碍细胞膜和磷脂化合物的合成，使细胞内物质外泄，达到抑菌作用	（0.1～0.5）g/kg
壳聚糖	广谱抗菌物质，0.4%壳聚糖对大肠杆菌、金黄色葡萄球菌、枯草芽孢杆菌等均有很好的抑制作用	由于电荷作用在细菌表面形成一层致密的膜，阻碍物质的跨膜运输。同时，与微生物细胞膜表面的脂蛋白及细胞内的蛋白结合，使其变性	6 g/kg

10.4.2 保藏新技术

1. 超高压杀菌保藏技术

超高压杀菌技术是指食品在常温或低温状态下，由于100～1000 MPa的压力作用，食品中酶失活，微生物死亡，从而延长食品保藏期的一种冷杀菌食品保藏技术。由于它是一种冷杀菌技术，因此可以避免高温造成的食品营养及品质改变，与热处理杀菌方法相比，这种方法可以更好地保持食品的营养成分及产品特性。刘康玲报道，用600 MPa/5 min处理鲜驼乳，乳品色泽无明显变化，鲜味、咸味增加，涩味、苦味降低。姜雪研究结果显示生鲜乳在300 MPa压力下处理5 min，具有巴氏消毒同样的杀菌效果，但可以保留牛奶中的维生素C、维生素B1、维生素B2等营养成分。

超高压杀菌的机理包括多个方面：①改变微生物形态及结构；②增大微生物细胞膜透性；③破坏蛋白质结构造成蛋白质不可逆变性；④影响其遗传物质等。

不同微生物对压力的抗性不同，陈复生、Behzad N报道，灭活病毒需要200～300 MPa高压，灭活酵母菌与霉菌，需要300～400 MPa高压，灭活细菌芽孢需要800～1000 MPa高压。靳烨研究结果显示，在100～600 MPa的压力下处理鲜肉5～10 min，可使鲜肉中的细菌、酵母、霉菌数大量减少，鲜肉保鲜期可达3个月。

2. 脉冲光杀菌保藏技术

杜艳等报道，脉冲光产生装置由两部分组成，一部分是提供高电压、高电流脉冲能量的装置；另一部分是惰性气体氙灯，惰性气体灯在能量装置的作用下，发出波长为200～1000 nm的紫外线到红外线区域的高能量白光。

其杀菌机理有三个方面：一是波长260～280 nm的光属于紫外光范围，被照射的微生物吸收此波段光后，会造核酸变性，形成胸嘧啶二聚体，影响微生物遗传物质复制；二是靠近红外区域的光，可以产生辐射能量，使微生物细胞局部温度达到50～150℃，高温对微生物有杀菌作用；三是脉冲光具有强大的机械冲击力，可以破坏微生物的细胞结构，因此，脉冲光可以杀灭食品、包装材料表面和透明饮料中的微生物，用它处理食品可以达到杀菌保鲜的目的。

目前脉冲光在果蔬、水产、食品包装材料等物质的杀菌方面得到了应用，获得了较好的效果。Haughton利用脉冲光对鸡肉包装材料上的弯曲弧菌进行了处理，发现：照射距离 14 cm，处理时间为 5 s，材料上的弯曲弧菌全部死亡。Jun 等用脉冲光处理粮食上的黑曲霉孢子，发现：照射时间为 100 s，照射距离为 3 cm 时，黑曲霉孢子数量减少 4.93 lg CFU/mL。该方法有杀菌时间短、无污染的优点，但会造成蛋白质变性、脂肪氧化、产生异味。

10.4.3 综合保藏技术

栅栏技术是目前应用较广的食品综合保藏技术。该技术由 Leistner 提出，其作用机理是利用可防止腐败菌生长繁殖的各个因素及其交互作用来抑制腐败微生物生长、繁殖，进而保证食品的可贮性及卫生安全。

控制食品腐败变质的因素有多方面，如贮藏温度、环境氧气含量、保鲜剂等，每一个控制因素我们称之为一个栅栏因子，如低温保藏、气调保藏、保鲜剂保藏等，通常单一栅栏因子（保藏条件）的作用是一定的，多个栅栏因子协同作用会有更好的效果，这就是栅栏效应。基于栅栏效应，食品保鲜提出了栅栏技术，这项技术，栅栏因子的选择是关键，不是任意两个栅栏因子都有协同作用，在一种食品上有协同作用的两个栅栏因子，并不一定适用于另外一种食品，这些都需要不断的试验探索完成。

目前，栅栏技术原理已被界内认可，该技术已经广泛应用于食品保藏的各个方面，并取得了一定的成果，如王满生针对草鱼贮藏，选择鱼体初始菌量、样品 pH、生物保鲜剂为栅栏因子，单因素试验研究了单一栅栏因子对草鱼保鲜的影响，通过正交试验对栅栏因子的协同作用进行了筛选，最终得到一套由减菌方式、pH 调整方法、保鲜剂种类及用量、保鲜剂使用方法等多个栅栏因子集成的草鱼保鲜技术，显著延长了草鱼肉的保鲜期。

思考题

1. 分析奶粉中微生物数量超标的可能原因。
2. 说明焙烤食品制作过程中污染微生物的主要来源，并分析产品卫生质量不合格的原因。
3. 说明鲜禽蛋在低温、干燥的环境下可保持较长时间不变质的原因。
4. 食品中菌落总数和大肠菌群的食品安全学意义是什么？
5. 作为食品被粪便污染的理想指示菌应具备哪些特征？
6. 霉菌及其毒素的食品安全学意义是什么？
7. 食用某民族品牌的冰激凌而导致沙门氏菌病的暴发，受害消费者超过 50000 人，据报道这一事件同热处理的冰激凌与新鲜的蛋液（蛋液中含有致病菌）混合有关。这两种原料在不同的时间使用相同的货车运输导致交叉污染，简述怎样避免这种情况的发生。
8. 某批火鸡卷（大约每个 4.5 kg）制作时，袋内部温度达到 73.8℃，然后打开、切片、真空包装，并在 4.4℃进行贮藏。产品的预期冷藏货架期为 50 d，但是 40 d 后，包装袋中含有气体，并且肉中细菌细胞含量约 10^7 CFU/g，其中，与腐败有关的细菌的种为明串珠菌，但在 73.8℃加热可以杀死这种细菌。简述这类熟食制品中该细菌的来源。
9. 食用真空包装的冷藏热狗频繁引发李斯特氏杆菌病，但原料制作的内部温度（71℃）已经足以杀死该致病菌。试讨论致病菌的可能来源。
10. 某儿童在餐厅食用西瓜后，随即感染大肠杆菌 O157：H7。相关调查表明，用来切瓜的刀也用于切生牛肉（然后清洗）。试述应该采取什么措施来防止这种情况的发生？
11. 鲜乳腐败过程中微生物的变化规律是什么？如何控制鲜乳的微生物腐败？
12. 鲜肉腐败过程中主要致腐微生物和可能出现病原微生物有哪些？如何控制鲜肉的微生物腐败？
13. 鲜蛋腐败过程中主要致腐微生物和可能出现病原微生物有哪些？如何控制鲜蛋的微生物腐败？
14. 新鲜果蔬腐败过程中主要致腐微生物和可能出现病原微生物有哪些？如何控制新鲜果蔬的微生物腐败？
15. 试述食品保藏方法有哪些？其微生物学原理是什么？
16. 查阅文献设计方案证明一种微生物是否具有致腐能力。
17. 什么是食品保藏的栅栏技术，如何应用？
18. 查阅文献写一篇针对某种食品腐败微生物的研究进展，针对该食品设计研制保鲜剂的方案。

HAPTER 11

第11章 微生物与免疫

教学目标：

1. 掌握免疫学的基本概念和特点；
2. 掌握免疫学技术的应用方式；
3. 了解免疫技术的进展和动态。

重点难点：

1. 免疫学反应的概念和原理；
2. 免疫学技术的研究与应用。

建议学时：

4 学时。

11.1 免疫学概述

免疫系统（immune system）是由具有免疫功能的器官、组织、细胞和分子组成，是机体免疫机制发生的物质基础。免疫系统内的各种淋巴样器官和细胞在机体的免疫功能中分别担负着不同的角色，根据其功能不同可将免疫系统分成三个组织层次：①中枢免疫器官；②外周免疫器官；③免疫细胞。各层次不同类型的组织与细胞又有着不同的作用，通过淋巴细胞再循环和各种免疫分子将各部分的功能协调统一起来。与机体的其他系统一样，免疫系统虽有着一系列的内部调节机制，但不是完全独立运行，而是与其他系统互相协调，尤其是受神经体液调节，又可通过反馈机制相互影响，共同维持机体的生理平衡。

11.1.1 免疫器官

免疫器官（immune organ）是指完成免疫功能的器官或组织。根据发生的时间顺序和功能差异，可分为中枢免疫器官（central immune organ）和外周免疫器官（peripheral immune organ）两部分。

1. 中枢免疫器官

中枢免疫器官又称一级免疫器官，包括骨髓、胸腺、鸟类法氏囊或其同功能器官，中枢免疫器官主导免疫活性细胞的增殖和分化成熟，对外周淋巴器官发育和全身免疫功能起调节作用。

1）胸腺

（1）胸腺组织结构　胸腺位于前纵隔、胸骨后。胸腺分为左右两叶，外包结缔组织被膜；被膜伸入胸腺实质内形成隔膜，将胸腺分成许多小叶，小叶的外周部分称为皮质，中央部分称为髓质；相邻的小叶髓质彼此相连。

二维码 11-1　胸腺及结构

胸腺的细胞分为淋巴细胞和非淋巴细胞两类。淋巴细胞包括原始 T 细胞向成熟 T 细胞分化过程中各种不同阶段的细胞，统称为胸腺细胞，胸腺细胞是胸腺内的主体。非淋巴细胞包括上皮细胞、巨噬细胞、树突状细胞、抚育细胞、皮纤维细胞和网状细胞等。这些细胞一方面构成胸腺组织的支架；另一方面构成胸腺细胞营养和分化的微环境，统称为基质细胞。胸腺皮质的毛细血管内皮细胞连接紧密，与网状细胞共同形成血液胸腺屏障，使循环中的抗原物质不能进入胸腺。血液胸腺屏障是体内为数不多的几个生理屏障之一，其意义目前尚不清楚。胸腺髓质的毛细血管内皮细胞之间有间隙，抗原性物质可进入髓质，在髓质内还可见多层扁平上皮细胞呈同心圆状排列成 Hassal 小体，或称胸腺小体。直径 25～50 μm，其功能尚不清楚。

（2）胸腺的免疫功能　①驯化 T 细胞。在骨髓初步发育的淋巴细胞经由血液循环迁移至胸腺，定位于胸腺的皮质外层，这些形体较大的细胞为双阴性（$CD4^-/CD8^-$）细胞，约占胸腺细胞总数的 10%。外层细胞在胸腺微环境中迅速增殖，并推动细胞不断向内层迁移，个体形态逐渐变小；内层细胞为双阳性（$CD4^+/CD8^+$）细胞，约占胸腺细胞总数的 75%。双阳性细胞为过渡态细胞，其中 90%以上在皮质内凋亡或被巨噬细胞吞噬，死亡细胞可能是针对自身抗原进行应答的细胞。少数胸腺细胞继续发育并迁移至髓质，成为单阳性（$CD4^+$ 或 $CD8^+$）细胞，约占胸腺细胞总数的 15%。只有这些单阳性细胞才是成熟的 T 细胞，通过髓质小静脉进入血循环。②分泌胸腺激素。胸腺上皮细胞能产生多种激素，如胸腺素、胸腺生成素和胸腺体液因子等。这些激素可以诱导活化未成熟胸腺细胞的末端脱氧核苷转移酶，促进 T 细胞的分化成熟，不同的激素作用于不同的细胞发育阶段，有选择地发挥免疫调节功能。胸腺激素的作用没有种属特异性，所以目前临床应用的胸腺素都是从动物胸腺中提取出来的。③其他功能。胸腺还可促进肥大细胞发育，调节机体的免疫平衡，维持自身的免疫稳定性，新生动物摘除胸腺，可引起严重的细胞免疫缺陷和总体免疫功能降低。

2）腔上囊

腔上囊又称法氏囊（bursa of fabricius），是鸟类动物特有的淋巴器官，位于胃肠道末端泄殖腔的后上方。与胸腺不同，腔上囊驯化B细胞成熟，主导机体的体液免疫功能，将孵出的雏鸡去掉腔上囊，会使血中免疫球蛋白缺乏，且没有浆细胞，注射疫苗亦不能产生抗体。

人类和哺乳动物没有腔上囊，其功能由相似的组织器官代替，称为腔上囊同功器官，曾一度认为同功器官是阑尾、扁桃体和肠集结淋巴结，现在已证明是骨髓。

3）骨髓

骨髓是成年人和动物所有血细胞的唯一来源，各种免疫细胞也是从骨髓的多能干细胞发育而来。

骨髓的主要功能是产生血细胞，近年来证明骨髓还是腔上囊同功器官。在骨髓异常时，受影响的不单是体液免疫，其他免疫功能也发生障碍。

2. 外周免疫器官

外周免疫器官包括淋巴结、脾和黏膜相关淋巴组织（mucosa associated lymphoid tissue，MALT）等，是免疫细胞聚集和免疫应答发生的场所。

1）淋巴结

（1）淋巴结的结构　淋巴结为近乎圆形的网状结构，表面有一层结缔组织被膜，略凹陷处为门，有输出淋巴管和血管出入。被膜向外延伸有许多输入淋巴管，向内伸入实质形成许多小梁，将淋巴结分成许多小叶。淋巴结的外周部分为皮质，中央部分为髓质。皮质深层和滤泡间隙为副皮质区，因富含T细胞又称胸腺依赖区，此区是淋巴细胞再循环的门户，有大量T细胞和巨噬细胞分布在滤泡周围，是传递免疫信息的场所。髓质区的B细胞、浆细胞和网状细胞集结成索状，称髓索，在髓索之间为髓窦，是滤过淋巴液的场所，淋巴结结构图见二维码11-2。

二维码11-2　淋巴结的结构

（2）淋巴结的功能　①滤过和净化作用。淋巴结是淋巴液的有效滤器，通过淋巴窦内吞噬细胞的吞噬作用以及体液抗体等免疫分子的作用，可以杀伤病原微生物，清除异物，从而起到净化淋巴液、防止病原体扩散的作用。②免疫应答场所。淋巴结中富含各种类型的免疫细胞，利于捕捉抗原、传递抗原信息和细胞活化增殖。FDCs表面有丰富的Fc受体，具有很强的捕获抗原抗体复合物的能力，通过这种方式可将抗原长期保留在滤泡内，这对形成和维持B细胞记忆、诱导再次免疫应答很有意义。B细胞受刺激活化后，快速分化增殖，生成大量的浆细胞形成生发中心，T细胞也可在淋巴结内分化增殖为致敏淋巴细胞。不管发生哪类免疫应答，都会引起局部淋巴结肿大。③淋巴细胞再循环基地。正常情况下，只有少数淋巴细胞在淋巴结内分裂增殖，大部分细胞是再循环的淋巴细胞。血中的淋巴细胞通过毛细血管后静脉进入淋巴结副皮质，然后再经淋巴窦汇入输出淋巴管，众多的淋巴结是再循环细胞的重要补充来源。

2）脾

（1）脾的组织结构　脾是体内体积最大的淋巴器官之一，结构类似淋巴结。脾的表面有结缔组织被膜，实质比较柔脆，分为白髓和红髓。白髓是淋巴细胞聚集之处，沿中央小动脉呈鞘状分布，富含T细胞，相当于淋巴结的副质区。白髓中还有淋巴小结，是B细胞居留之处，受抗原刺激后可出现生发中心。脾中T细胞占总淋巴细胞数35%～50%，B细胞占50%～65%。红髓位于白髓周围，可分为脾索和血窦。脾索为网状结缔组织形成的条索状分支结构，血窦为迂曲的血管，其分支吻合成网。红髓与白髓之间的区域称为边缘区，中央小动脉分支由此进入，是再循环淋巴细胞入脾之处。与淋巴结不同，脾没有输入淋巴管，只有一条平时关闭的输出淋巴管与中央动脉并行，发生免疫应答时，淋巴细胞由此进入再循环池。

（2）脾的功能　脾在胚胎期是重要的造血器官，出生后造血功能停止，但仍然是血细胞尤其是淋巴细胞再循环池的最大储库和强有力的过滤器。①与淋巴结相似，脾还是发生免疫应答的重要基地。此外，脾还有两个显著的特点：产生抗体，脾富含B细胞和浆细胞，因此是全身最大的抗体产生器官，尤其是产生IgM和IgG，其数量对调节血清抗体水平起很大作用。所以当自身抗体产生过多导致严重疾病时，曾用切除脾的办法进行缓冲治疗，但脾切除后机体的抗感染能力显著降低；②分泌体液因子，脾可以合成补体（C5 和 C8 等）和备解素等重要的免疫效应分子，还能产生一种白细胞激肽，促进粒细胞的吞噬作用。

3）黏膜相关淋巴组织

在各种腔道黏膜下有大量的淋巴组织聚集，称为黏膜相关淋巴组织（MALT），其中最重要的是胃肠道黏膜相关淋巴组织（GALT）和呼吸道黏膜相关淋巴组织（BALT）。GALT 包括阑尾、肠集合淋巴结和大量的弥散淋巴组织；BALT 包括咽部的扁桃体和弥散的淋巴组织，构成呼吸道和消化道入口处的防御机构。除了消化道和呼吸道外，乳腺、泪腺、唾液腺以及泌尿生殖道等黏膜也存在弥散的 MALT。

与淋巴结和脾不同，黏膜相关淋巴组织没有包膜，不构成独立的器官，通过广泛的直接表面接触和体液因子与外界联系。MALT 中的 B 细胞多为 IgA 产生细胞，受抗原刺激后直接将 SIgA 分泌到附近黏膜，发挥局部免疫作用，黏膜靠一种特殊的机制吸引循环中的淋巴细胞，MALT 中的淋巴细胞也可输入到淋巴细胞再循环池，某一局部的免疫应答效果可以普及到全身的黏膜。

11.1.2 免疫细胞

1. 造血干细胞

在人和动物外周血中，存在形态不同、功能各异的多种血细胞。它们是红细胞、粒细胞、单核细胞、淋巴细胞及血小板。其生命周期亦各不同，如人红细胞生命周期约 120 d，粒细胞 20～62 h，血小板为 5～10 d，单核细胞存在于骨髓者约为 50 d，存在于周围血者可超过 200 d，而淋巴细胞可存活数月至数年。这些血细胞可不断死亡与新生，以维持血细胞的动态平衡，如有异常可使血细胞数量和质量发生改变，将会引起各种血液病或免疫性疾病。各种血细胞都起源于共同的祖先细胞，即造血干细胞。

1）造血干细胞的起源

造血干细胞（Hemopoietic stem cell，HSC）是存在于造血组织中的一群原始造血细胞而不是组织固定细胞，可存在于造血组织及血液中。造血干细胞在人胚胎 2 周时可出现于卵黄囊，第 4 周开始转移至胚肝，妊娠 5 个月后，骨髓开始造血，出生后骨髓成为干细胞的主要来源。在造血组织中，造血干细胞所占比例甚小，

2）造血干细胞的形态

干细胞是一种嗜碱性单核细胞，其大小约为 8 μm，呈圆形，胞核为圆形或肾形，较大，具有 2 个核仁，染色质细而分散，胞浆呈浅蓝色，不带颗粒，在形态上与小淋巴细胞极其相似，但淋巴细胞体积较小，染色质浓染，核仁不明显且有细胞器。很难从形态学识别干细胞，并与其他独核细胞相区别。

造血干细胞分化水平可包括三级，即多能干细胞（pluripotent stem cell）、定向干细胞（committed stem cell）及其成熟的子代细胞。

关于造血干细胞的功能分析，长期以来仅限于对小鼠干细胞的研究，而对人造血干细胞的存在只是来自间接证据，因为不能在人体内进行如鼠体内那样的功能分析法。20 世纪 70 年代以来，由于建立了新的体外细胞培养技术，大大促进了对人造血干细胞的直接研究

3）造血干细胞的表面标志

由于造血组织中造血干细胞在形态学方面无法与其他单核细胞区别，而且数量极少，这为造血干细胞的分离纯化、功能分析和分化的研究造成极大困难。近年来，由于单克隆抗体技术的进步，流式细胞仪（FACS）的应用，以及对小鼠和人造血干细胞表面标志的研究，取得了很大进展，为造血细胞的分离纯化及鉴定创造了条件。

（1）Thy-1 与丝裂原　小鼠骨髓中造血干细胞对丝裂原（WGA）有高亲和性。利用这一特性，应用 FACS 自骨髓中分离造血干细胞以及核系（Mac-1）等谱系抗原与 WGA 反应性相结合，即可自骨髓中 Lin/WGA$^+$ 细胞群中分离造血干细胞，获得良好结果。也有学者发现正常小鼠骨髓细胞中，也能表达低密度 Thy-1 抗原（Thy-1 抗原是 1964 年用血清学方法鉴定的小鼠 T 淋巴细胞的同种异体抗原，25～35 ku，已命名为 CDw90）。

（2）干细胞抗原　有学者制备一种抗原前 T 细胞杂交瘤的单克隆抗体，用这种单抗检出的抗原分子称为干细胞抗原 1（Sca-1）。其后有人对来自

骨髓细胞群中，可分离人造血干细胞。

（3）ckit 分子　可高频率表达于多能干细胞表面，但骨髓中 $ckit^+$ 细胞可分化为各种血细胞，而胸腺中 ckit 细胞可分化为淋巴细胞，不能分化为髓系细胞，所以胸腺内 $ckit^+$ 细胞，可能是淋巴样干细胞。

（4）CD34　对人体造血干细胞表面标志的研究，是用单克隆抗体 CD34 证明的。CD34 单克隆抗体检测的抗原即为 CD34 分子。自人骨髓细胞中应用 FACS 可分离纯化 CD34 细胞群，如与造血因子共同体外培养可获得含有各种血细胞的混合集落，所以 CD34 细胞为骨髓中造血干细胞，CD34 抗原可视为骨髓造血细胞标志之一。

4）造血干细胞的分化

多能干细胞是由 Till 和 Mcculloch 等在 20 世纪 60 年代初，应用脾集落形成细胞定量法，首先在小鼠体内证明的。他们给经射线照射的小鼠输入同系鼠骨髓细胞，在 10～14 d 后在脾内形成可见的结节，它是由单一骨髓细胞发育分化而成的细胞集落，称为脾集落形成单位（colony forming unit-spleen，CFU-S）。集落数与输入的细胞数成正比，它可分化发育为红细胞、粒细胞及巨核细胞。CFU-S 长期以来用体内集落法进行检测。20 世纪 70 年代后 Johnson 和 Metcalf 等应用鼠胚胎干细胞体外培养法，证明具有 CFU-S 性质的干细胞可在体外培养成功，这是在研究干细胞方法学上的重大改进。其后，Haral 等用小鼠骨髓细胞在甲基纤维素中加入红细胞生成素及脾细胞培养上清液，进行体外培养，可形成含有红细胞、巨核细胞以及巨噬细胞的集落，称为混合集落形成单位（CFU-Mix）。即由多能干细胞可进一步分化为定向髓系多能干细胞和淋巴系干细胞。淋巴系干细胞是 T 细胞和 B 细胞的共同祖先细胞，但目前尚不能用脾集落实验证明其存在。

（1）单能干细胞　是一类具有向特定细胞系分化能力的干细胞，也称为祖细胞（progenitor）。如进行体内移植不能形成脾集落，但在一定造血因子的存在下，可在体外培养并形成细胞集落，称为体外培养集落形成单位（CFU-C），因此它与多能干细胞不同，它可包括分化为红细胞的红系干细胞，可分化为粒细胞和单核细胞的粒、单核细胞干细胞系及可分化为血小板的巨核干细胞系。

（2）红系干细胞　应用骨髓细胞加甲基纤维素在大量 EPO 存在下，进行体外培养可产生大型红细胞集落，可含有 1000 个以上的细胞，形成如爆发火花样的集落，称此干细胞为爆发式红细胞集落形成细胞（BFU-E）。如用小剂量 EPO 则产生小型集落，由 8～50 个细胞组成，称此干细胞为红细胞系集落形成细胞（CFU-E），BFU-E 是更早期的红系干细胞，而 CFU-E 则为较晚期的红系干细胞。

（3）粒细胞单核细胞系干细胞　此系细胞在功能上与 BFU-E 或 CFU-E 属同级干细胞，应用软琼脂法将骨髓细胞进行体外培养，在集落刺激因子（CFS）存在下，可产生粒细胞和单核细胞集落，称此集落形成细胞为体外培养集落形成细胞。将 CFU-C 进行体内移植不能产生脾集落，所以 CFU-D 不具有 CFU-S 的特性，仅具有前驱细胞和前驱单核细胞的特征。

（4）巨核干细胞系　由巨核细胞集落形成细胞，Metcalf 及其分泌的细胞因子和细胞外基质组成，因此对造血干细胞发育分化过程的体外研究，有很大局限性，它不一定能真实反映体内情况，分析实验结果时，必须注意这种局限性。目前仍有很多关于造血干细胞发育分化的问题有待阐明。

5）造血干细胞与淋巴细胞的发生

用脾集落法未能证明淋巴细胞的发生，所以造血干细胞与淋巴细胞在发生学的关系，直到 20 世纪 60 年代 Wu 等建立了放射诱导染色体标记技术后才逐步得到阐明。

Wu 等用照射诱导小鼠骨髓干细胞染色体发生一定程度的畸变，作为标记，但又不影响其细胞分裂。将这种细胞输入另一照射小鼠体内后，可以重建其造血和免疫功能。在照射宿主体内。任何两种细胞只要有共同的标记染色体，表明它们是来自同一干细胞。由于在照射诱导条件下，骨髓细胞中分化程度不同的干细胞，可以产生不同类型的染色体畸变，所以通过核型分析就能检查不同细胞的共同前体细胞。Abramson 等在 20 世纪 70 年代，用上述方法，在受体小鼠骨髓细胞、脾集落形成细胞以及经植物血凝素（PHA）和脂多糖（LPS）等丝裂原刺激的体外培养脾细胞中，都发现了一种共同的标记染色体，这证明它们都是从供体骨髓中的多能干细胞分化而来，从而有力地证明了无论是髓系干细胞还是淋巴细胞，都是来自共同的造血干细胞。

目前已证明在小鼠骨髓中存在T祖细胞（pro-T）和B祖细胞（pro-B）。pro-T进入胸腺后可发育分化为成熟T细胞，Pro-B则在骨髓内发育分化为成熟B细胞。但尚未直接证明在小鼠骨髓中存在有淋巴系干细胞。虽然如此，多数学者认为淋巴系干细胞可能是存在的，其检测困难可能是由于数量太少，或是由于对照射过于敏感，在照射过程中被选择地排除了。

2. 淋巴细胞系

淋巴细胞是具有特异免疫识别功能的细胞系，人和哺乳类动物的淋巴细胞系是由形态相似、功能各异的不均一细胞群所组成。按其个体发生、表面分子和功能的不同，可将淋巴细胞系分为T细胞和B细胞两个亚群，每个亚群又可分为不同的亚类。另外还有一群单核细胞，其来源可能与淋巴细胞相关，但不具有特异识别功能，称为自然杀伤细胞（natural killer cell，NK），可归类为第三群淋巴细胞。其他还有抗体依赖性细胞毒细胞、双重阳性细胞以及裸细胞等。

1）T细胞

起源于造血干细胞，随血循环到胸腺，在胸腺激素等的作用下成熟。

2）B细胞

B细胞则在脾或腔上囊发育成熟，随血循环到周围淋巴器官，在各自既定的区域定居、繁殖。受抗原激活即分化增殖，产生效应细胞，行使其免疫功能。

3）第三群淋巴细胞

在淋巴细胞中，除T细胞和B细胞外，还发现一群没有T细胞和B细胞表面标志的淋巴样细胞。目前认为它们是来源于其他细胞系，有待深入研究后才能确定其归属。

（1）NK细胞　自然杀伤细胞特性。NK细胞来源于骨髓，主要存在于血液和淋巴样组织，特别是存在于脾中。由于其胞浆中含有较大颗粒，故又称为大颗粒淋巴细胞（large granular lymphocyte，LGL）。

从系统发生看，NK细胞被认为是原始杀伤T细胞，但它没有抗原识别受体，能杀伤肿瘤细胞和病毒感染细胞，所以是非特异杀伤作用，无MHC分子的限制性，故名自然杀伤细胞。

虽然NK细胞对靶细胞的作用范围远大于杀伤T细胞，但其杀伤作用也不是随机的，而是有一定范围的。NK细胞可以杀伤某些病毒感染细胞，但对正常未感染细胞无杀伤作用。NK细胞可杀伤某些肿瘤细胞株，特别是对造血细胞来源的肿瘤细胞更为敏感，但不是对所有肿瘤细胞均有作用。

NK细胞的表面标志。从细胞表型来看，NK细胞既不是T细胞也不是B细胞。NK细胞没有Ig或TCR基因重排，也不表达CD3分子。但NK细胞可表达CD2分子和低亲和性的IgG-Fc受体FcRⅢ（CD16）。如使CD2或CD16交联可促使NK细胞增殖和分泌细胞因子。值得注意的是，尽管NK细胞缺乏CD3分子，但它能表达CD3的同二聚体链分子，并与CD16连在一起。当IgG与CD16结合后，它在信号传递中也发挥重要作用。

NK细胞的杀伤作用。当IgG与靶细胞结合并与NK细胞的CD16结合时，即可引起NK细胞对靶细胞的杀伤作用，称这种作用为抗体依赖性细胞介导的细胞毒性作用（ADCC）。NK细胞是ADCC的重要介导细胞。但NK细胞能否识别敏感靶细胞上的分子尚未明确。

（2）淋巴因子活化的杀伤细胞　近年来，有人将分离自正常人或小鼠的淋巴细胞加入白细胞介素-2（IL-2）在体外培养使之活化增殖，发现经IL-2活化增殖的淋巴细胞在体外能杀伤自体和异体新鲜肿瘤细胞，但对自体和异体外周血淋巴细胞无杀伤作用，称这种细胞为淋巴因子活化的杀伤细胞（lymphokine activated killer cells，LAK）。证明LAK细胞与NK细胞和Tc（TCL）不是同一细胞群。LAK细胞对肿瘤的治疗具有重要意义。

LAK细胞的前体细胞也属于大颗粒淋巴细胞（LGL），但不是NK细胞和T细胞，LAK的前体细胞不仅存在于人外周血中，也存在于人的骨髓和胸导管中，表明其分布较为广泛。对这种前体细胞的特性和起源有待深入研究。

（3）肿瘤浸润淋巴细胞　美国学者 Rosenberg 把动物肿瘤组织中分离出的淋巴细胞，加入 IL-2 在体外培养，证明这种活化增殖的肿瘤浸润淋巴细胞（tumor infiltrating lymphocyte，TIL）具有比 LAK 细胞更强的杀伤瘤细胞的作用。LAK 细胞具有广谱杀瘤作用，而 TIL 细胞有特异杀瘤作用。TIL 前体细胞为 $Lyt\text{-}2^{+}$，与杀伤 T 细胞的表面标记相同、TIL 细胞对肿瘤的过继免疫治疗更具有应用前景。

3. 单核吞噬细胞系统

游离于血液中的单核细胞（monocyte）及存在于体腔和各种组织中的巨噬细胞（macro-phage，Mp）均来源于骨髓干细胞，它们具有很强的吞噬能力，且细胞核不分叶，故命名为单核吞噬细胞系统（mononuclear phagocyte system，MPS）。单核巨噬细胞是一类主要的抗原递呈细胞，在特异性免疫应答的诱导与调节中起着关键的作用。

1）单核吞噬细胞系统的来源与分化发育

MPS 细胞起源于骨髓，其分化与更新受细胞因子复杂网络的调控。在某些细胞因子，如多集落刺激因子（multi-colony stimulating factor，multi-CSF）、巨噬细胞集落刺激因子（macrophage-CSF，GM-CSF）等的刺激下，骨髓中的髓样干细胞经原单核细胞（monoblast）、前单核细胞（pre-monocyte）分化发育为单核细胞并进入血流。外周血单核细胞占白细胞总数的 1%～3%，它在血流中仅存留几小时至数十小时，然后黏附到毛细血管内皮，穿过内皮细胞结合处，移行至全身各组织并发育成熟为巨噬细胞。组织损伤和炎症可加速单核细胞向组织移行。巨噬细胞在组织中的寿命可达数月至数年。在不同组织中存留的巨噬细胞由于局部微环境的差异，其形态及生物学特征均有所不同，名称也各异，一般认为除少数单核细胞或低分化的巨噬细胞外，成熟的巨噬细胞很少有或没有增殖能力，并不断被骨髓前体细胞分化的细胞所补充。另外，单核吞噬细胞系统细胞的分化发育还可受各种细胞因子如 IL-2、IL-4 以及干扰素等影响。

2）单核吞噬细胞系统的解剖学特征

单核细胞一般为圆形，直径 10～20 μm，巨噬细胞大小不等，直径 10～30 μm 或更大，常有伪足，呈多形性。单核巨噬细胞有圆形或椭圆形的核，胞浆中富含溶酶体及其他各种细胞器。

3）单核吞噬细胞系统的表面分子

表面受体：MPS 细胞表面有多达 80 种以上受体分子，它们与相应的配体结合，分别表现感应与效应功能。包括捕获病原异物，加强调理、趋化、免疫粘连、吞噬、介导细胞毒作用等。例如，免疫球蛋白 Fc 受体和补体受体可以分别与 IgG 的 Fc 片段及补体 C3b 片段结合，从而促进单核巨噬细胞的活化和调理吞噬功能。此外，单核巨噬细胞还表达各种细胞因子、激素、神经肽、多糖、糖蛋白、脂蛋白及脂多糖的受体，从而可感应多种调控其功能的刺激信号。

表面抗原：MPS 细胞表面具有多种抗原分子，它们对 MPS 细胞的鉴定与功能有重要意义。例如，MPS 细胞表达 MHC 抗原，尤其 MHC-Ⅱ类抗原是巨噬细胞发挥抗原递呈作用的关键性效应分子，单核巨噬细胞还表达多种黏附分子，如选择素 L、细胞间黏附分子和血管细胞黏附分子等。它们介导 MPS 细胞与其他细胞或外基质间的黏附作用，从而参与炎症与免疫应答过程。近年来应用单克隆抗体鉴定出许多单核吞噬细胞的表面分化抗原，如 OKM1、Mac120、MO1～4 等，但这些抗原也可能表达在其他起源于髓样干细胞的细胞（如中性粒细胞）表面。另外，成熟的单核细胞可表达高密度的 CD14，这是一种相对特异的单核细胞表面标志。

4）单核吞噬细胞系统的生理特点

一般特性：MPS 细胞又称大吞噬细胞，它具有吞噬细胞的一般特征，如可通过吞饮摄入液体异物，也可通过吞噬摄取颗粒性异物，还可识别某些化学刺激物，表现出定向运动的能力，即具有趋化性。MPS 细胞在吞噬异物后，细胞内会发生一系列代谢改变，如糖代谢增强，能量产生增加，活性氧生成增多等。MPS 细胞胞浆中还含有非特异性酯酶、碱性磷酸二酯和过氧化物酶等。在细胞分化和激活过程中，这些酶的量及细胞内的定位均可发生改变。由于 MPS 细胞表达丰富的黏附分子，对玻璃与塑料制品具有强的黏附性，故又被称为黏附细胞，借助这个特性可将 MPS 细胞与淋巴细胞分离。

分泌活性：MPS 细胞是一类重要的分泌细胞。在许多组织和器官中，MPS 细胞是分泌性蛋白的主要来源，其分泌物种类之多在体内仅肝细胞才能与之相比。通常活化的 MPS 细胞才有活跃的分泌能力。现已知 MPS 细胞可分泌多达 100 种以上的酶类和其他生物活性物质。这些物质的分子质量不一，从分子质量仅 32 ku 的超氧阴离子至分子质量达 440 ku 的纤维粘连蛋白，功能也各异，参与细胞生长到细胞死亡的全部活动。此外，由于 MPS 细胞的体内分布广泛、可以移动，以及其分泌产物作用的多样性，这种分泌活性具有重要的生理与病理意义。

5）单核吞噬细胞系统的功能

MPS 细胞具有重要的生物功能，不仅参与非特异性免疫防御，而且是特异性免疫应答中一类关键的细胞，广泛参与免疫应答、免疫效应与免疫调节。

免疫防御功能：病原微生物侵入机体后，在激发免疫应答以前即可被 MPS 细胞吞噬并清除，这是机体非特异免疫防御机制的重要环节。由于其吞噬能力较强，故有人将 MPS 细胞称为机体的清道夫。在致病微生物激发机体产生特异性抗体后，覆盖于病原体表面的 IgG 及补体激活片段 C3b 可与 MPS 细胞表面的 FcR 及 CR1 结合，发挥调理作用，使病原体更易被吞噬。被吞入的病原体可被细胞内的某些酶类或活性氧所杀灭；另一方面，在对异物颗粒的吞噬、杀灭过程中，可能出现酶体外漏现象，从而造成对邻近正常组织的损伤。

免疫自稳功能：机体生长、代谢过程中不断产生衰老与死亡的细胞以及某些衰变的物质，它们均可被单核吞噬细胞吞噬、消化和清除，从而维持内环境稳定。

免疫监视功能：MPS 细胞构成机体肿瘤免疫的重要一环。一般认为，只有激活的巨噬细胞才能有效地发挥杀瘤效应，其机制可能是：①吞噬肿瘤细胞；②借助抗瘤抗体的 ADCC 作用杀伤瘤细胞；③产生 TNF 及 IL-1 等细胞因子直接或间接地发挥杀瘤作用；④产生某些酶及活性氧分子直接杀伤或抑制肿瘤细胞生长。

抗原递呈功能：MPS 细胞是最重要的一类抗原递呈细胞。外来抗原经单核吞噬细胞系统处理后递呈给 T 细胞，这是诱发免疫应答的先决条件。此外，在抗原递呈过程中 MPS 细胞产生的 IL-1 也是 TH 活化不可缺少的刺激信号。

免疫调节功能：MPS 细胞在免疫调节中发挥重要的作用。由于激活程度及分泌产物的不同，MPS 细胞的免疫调节作用具有双向性；另一方面，体内各种因素也可通过影响单核吞噬细胞的膜分子表达等途径调节 MPS 细胞功能状态。一是正向调节作用，MPS 细胞可通过下列途径启动和增强免疫应答，包括：①抗原递呈作用，诱导免疫应答启动；②分泌具有免疫增强作用的各类生物活性物质，如 IL-1、TNF-a、补体成分、各类生长因子等。二是负向调节作用，巨噬细胞过度激活，可成为抑制性巨噬细胞，后者可分泌多种可溶性抑制物如前列腺素、活性氧分子等，抑制淋巴细胞增殖反应或直接损伤淋巴细胞。三是体内因素的调控，通过调控 MPS 细胞功能状态而发挥免疫调节作用的多种神经肽及激素样物质，如 P 物质、皮质激素、性激素等，均可通过相应受体而调控巨噬细胞的功能状态；另外，某些神经肽与细胞因子（如 IL-1、TNF-a、IFN-y）可诱导巨噬细胞 MHC-Ⅱ类抗原的表达，从而调控其抗原递呈功能。

6）其他功能

MPS 细胞还广泛参与炎症、止血、组织修复、再生等过程。

4. 其他抗原递呈细胞

除了 MPS 细胞外，体内还有其他细胞具有抗原递呈功能。

1）树突状细胞

树突状细胞（DC）是体内不同于 MPS 细胞的另一类重要的抗原递呈细胞，其共同的生物学特性是细胞表面有许多树枝状突起，胞内具有丰富的线粒体，但粗面内质网、溶酶体与核糖体不发达，细胞表面无绵羊红细胞受体。DC 在混合淋巴细胞反应中是重要的刺激细胞。一般认为，DC 无吞噬功能，但由于其表面表达较高密度的 MHC-Ⅱ分子，且具有树突状突起，表面积较巨噬细胞更大，有利于接触抗原并递呈给 T 细胞，故 DC 在抗原递呈中发挥重要作用。来源于骨髓前体细胞的 DC 分布于外周血或各类淋巴组织中，一般只占所在器官全部细胞的1%以下。由于所居留的组织部位不同或处于不同的发育阶段，DC可有不同的名称，并表现出某些特有的生物学特征。一是滤泡树突状细胞（FDC），FDC定居于淋巴结浅皮质区淋巴滤泡生发中心内。FDC与抗原抗体复合物有高度亲和力，能够捕获和滞留抗原，并在记忆B细胞发育中起重要作用，是参与再次免疫应答的抗原提呈细胞（antigen presenting cell，APC）。二是淋巴样树突状细胞（LDC）。LDC主要分布在淋巴结和脾内，在移植排斥反应中起重要作用。三是并指状细胞，并指状细胞（IDC）主要定位于淋巴组织胸腺依赖区，可能由皮肤朗罕（langerhans）细胞移行而来。在淋巴组织中，IDC的星状突起插入其他细胞之间，故命名为并指状细胞。它可能是淋巴结中主要的APC，并对抗原特异性T细胞具有很强的刺激作用。

2）朗罕细胞

朗罕细胞（LC）位于表皮和胃肠上皮，其特征性胞内结构是胞浆中的柱状Birbeck颗粒，该颗粒参与LC抗原递呈作用的各个环节。LC是定居在皮肤中的APC，占皮肤细胞总数的5%～10%，在介导接触性皮肤超敏反应中起关键作用。

3）B细胞

正常B细胞及B淋巴瘤细胞系均表达MHC-Ⅱ类抗原，也属于抗原递呈细胞。与B细胞抗原递呈功能相关的膜分子是SmIg，后者与抗原具有高亲和力，从而可以高度特异性地浓缩非己抗原，并与MHC-Ⅱ类分子结合成复合体的形式将抗原递呈给TH。故尤其对低丰度的抗原，B细胞是一类有效的APC。

4）内皮细胞及其他抗原递呈细胞

人的内皮细胞也表达MHC-Ⅱ类抗原并可与TH细胞相互作用，故也是一种APC，它在介导迟缓型超敏反应中发挥重要作用。此外，某些上皮细胞、神经胶质细胞、间质细胞等在静止状态下或在γ干扰素的诱导下可表达MHC-Ⅱ类抗原，并具有APC的功能。病毒感染的细胞以及肿瘤细胞等作为细胞免疫效应的靶细胞可将非己抗原递呈给细胞毒性T细胞，因此从广义上讲这些靶细胞也属于APC。

5. 淋巴细胞再循环

各种免疫器官中的淋巴细胞并不是定居不动的群体，而是通过血液和淋巴液的循环进行有规律的迁移，这种规律性的迁移为淋巴细胞再循环（lymphocyte recirculation）。通过再循环，可以增加淋巴细胞与抗原接触的机会，更有效地激发免疫应答，并不断更新和补充循环池的淋巴细胞，淋巴细胞再循环示意图见二维码11-3。

二维码11-3 淋巴细胞再循环

1）再循环的细胞

淋巴干细胞从骨髓迁移至胸腺和腔上囊或其功能器官，分化成熟后进入血液循环的定向移动过程不属于再循环范畴。再循环是成熟淋巴细胞通过循环途径实现淋巴细胞不断重新分布的过程。再循环中的细胞多是静止期细胞和记忆细胞，其中80%以上是T细胞。这些细胞最初来源于胸腺和骨髓，成年以后，再循环池的细胞主要靠外周免疫器官进行补充。受抗原刺激而活化的淋巴细胞很快定居于外周免疫器官，不再参加再循环。

2）再循环的途径

血液中的淋巴细胞在流经外周免疫器官（以淋巴结为例）时，在副皮质区与皮质区的连接处穿过高内皮毛细血管后静脉（HEV）进入淋巴结，T细胞定位于副皮质，B细胞主要定位于皮质区，以后均通过淋巴结髓窦迁移至输出淋巴管，进入高一级淋巴结，经过类似的路径，所有外周免疫器官输出的细胞最后都汇集于淋巴导管，身体下部和左上部的汇集到胸导管，从左锁骨下静脉角返回血循环，右侧上部的汇集到右淋巴管，从右锁骨下静脉返回血循环。再循环1周需24～48 h。

11.1.3 抗原

能被B细胞免疫球蛋白受体（BCR）识别或与MHC结合后被T细胞受体（TCR）识别的物质称为抗原。B细胞通过BCR识别抗原被活化，产生抗体，而抗体与抗原特异性结合，达到中和与清除抗原的目的。

1. 抗原的基本特性

自然界中有各种各样的物质，但并非每种物质都是抗原。抗原物质具有两个基本特性：一是免疫原性，即该物质在免疫动物后能刺激机体产生免疫应答（动物产生抗体或效应性 T 淋巴细胞）的特性；二是抗原性（又称为反应原性），指该物质能够与抗体结合的特性。根据这两种特性，抗原物质分为完全抗原和半抗原，完全抗原既具有免疫原性又具有抗原性，而半抗原只具有抗原性。

2. 抗原表位

抗原表位（epitope）又称为抗原决定簇（determinant），是抗原分子存在的能与 TCR、BCR 或抗体 Fab 部分特异性结合的特殊化学基团，是引起免疫应答的物质基础。由于抗原分子的结构复杂性不同，形成抗原表位的类型也不相同，如前所述，抗原表位又称为抗原决定簇，根据结构分为顺序决定簇和构象决定族，顺序决定簇（sequence determinant）指序列相连续的氨基酸短肽片段构成的决定簇；构象决定簇（conformational determinant）是由分子空间构象形成的决定簇，其序列呈不连续性。根据功能，抗原决定族又分为隐蔽性决定簇和功能性决定簇。隐蔽性决定簇指存在于抗原内部的决定簇；功能性决定簇指能被 B 细胞识别或与抗体结合的决定簇。隐蔽性决定簇通过处理（如酶消化降解）可以暴露出来成为功能性决定簇。对于一个大分子抗原，分子表面所含有的抗原表位免疫原性可能会有强弱差异，免疫原性较强的抗原表位起主导作用，在实践中经常发现针对某些复合抗原的血清中，存在不同浓度、不同亲和力的多种抗体。

3. 半抗原与完全抗原

一些小分子化合物，如某些化合物、重金属离子、激素等，本身不具有免疫原性，但如果与大分子物质结合后就可能具有免疫原性，该大分子物质称为载体，而小分子物质通常称为半抗原。半抗原分子一般很小，仅有一个抗原表位，但如果与大分子结合后就会成为完全抗原，刺激机体产生抗体，而该半抗原却能够与抗体发生特异性结合。因此，完全抗原也可以理解为载体与半抗原的复合物。能与抗体分子结合的功能性抗原表位数目称为抗原的结合价，因此半抗原是单价抗原，单价抗原不能直接活化 B 细胞。有些药物及其代谢产物，由于与血浆蛋白结合成为完全抗原，如青霉素，某些磺胺类药物，具备了诱导免疫应答的能力，所以会引起过敏反应。

完全抗原既具有免疫原性又具有反应原性，影响抗原免疫原性的因素包括抗原的异源性、分子大小、化学组成、空间结构等。如上所述，半抗原需要与载体结合才具有免疫原性，免疫系统在对半抗原产生免疫应答的同时也对载体部分产生免疫应答。

4. 影响免疫原性的因素

异源性：免疫系统通过识别异源物质产生免疫应答，区分自我和非我是免疫系统功能的前提。由于在发育过程中，能够识别自身抗原的 B 细胞克隆被清除，所以成熟的 B 细胞只识别外来抗原。一般来说，抗原物质和动物亲缘关系相差越远，免疫原性越好，如用牛血清白蛋白（BSA）免疫牛，不会诱导免疫应答，即 BSA 对牛没有免疫原性，但如果免疫羊就会有一定的免疫原性，而免疫小鼠或禽类则免疫原性更好，因为小鼠和禽类与牛亲缘关系更远。

分子大小（molecular size）：免疫原性与分子大小有相关性，通常情况下大于 100 kd 的分子具有较好的免疫原性，5～10 kd 的分子免疫原性较弱，但个别小于 1 kd 的分子仍然有免疫原性。

化学组成和结构（chemical composition and structure）：免疫原性不仅与异源性和分子大小有关，还与分子的化学组成和结构有关，如简单重复的氨基酸序列及单糖类物质的免疫原性较差，而含有多个氨基酸的复杂蛋白分子免疫原性好，蛋白分子的一级、二级、三级、四级等结构都与免疫原性有关。又如，某些化合物虽然结构成分相同，但分子结构不同，也会形成不同的抗原性，在 20 世纪初，对小分子抗原性进行广泛研究时，就发现了这种特性。苯胺和苯胺酸细微的结构差异都会导致抗原性的不同。

11.1.4 抗体

抗体是存在于 B 细胞表面或由浆细胞分泌的能

与抗原结合的免疫球蛋白（immunoglobulin，Ig）。某种特定抗原进入体内后会被相应的特异性B细胞识别，这种识别就是通过B细胞受体（BCR）完成的。识别抗原的特异性B细胞被活化后，通过增殖、分化为浆细胞分泌抗体，该抗体能特异性结合被B细胞识别的抗原，达到中和和清除抗原的目的。这是抗体免疫应答的基本过程，然而应明确三个问题：①每个B细胞表面含有多个BCR，但对于同一个B细胞而言，其BCR是完全一样的，只识别一种抗原表位；②BCR只识别抗原表位，由于常见的抗原通常存在多个抗原表位，即复合抗原，因此这种抗原往往同时活化多个B细胞克隆（起源于同一个B细胞的一群完全相同的B细胞称为B细胞克隆），因此产生的抗体是多克隆抗体，具有不均一性；③浆细胞是短命的、不能长久存活，因此在清除抗原后抗体水平会下降，最终消失。

1. 抗体的基本结构

抗体存在于体液中（血液、淋巴液、黏膜表面分泌液等），通过血液循环到达全身各处。哺乳动物抗体的基本结构包括两条重链和两条轻链，重链与轻链以及重链与重链之间由二硫键结合。两条重链和两条轻链组合在一起形成可变区（V-region）和恒定区（C-region），抗体结构见二维码11-4。

二维码 11-4 抗体结构

2. 抗体的种类

目前了解比较深入的是人和小鼠的抗体，同种型指每个个体都具有的免疫球蛋白抗原特异性，其抗原决定簇主要存在于抗体的C区。常见的5个同种型抗体为IgG、IgD、IgE、IgA和IgM。免疫球蛋白以膜型（mIg）和分泌型（sIg）两种形式存在，mlg存在于B细胞膜表面，是IgM的单体结构，是B细胞识别抗原的受体（BCR）。另外有少量的IgD也存在于成熟的B细胞。分泌型Ig是浆细胞分泌到体液（血液，淋巴液以及分泌液）中的抗体，介导体液免疫应答，这些抗体主要有IgG、IgM、IgA、IgE和IgD。

3. 单克隆抗体

通常情况下，一个完全抗原往往具有多个不同的抗原表位，一个大分子抗原可被数个B细胞识别。在辅助性T细胞帮助下，识别不同抗原表位的B细胞被活化、增殖并分化为浆细胞，产生抗体。由一个B细胞活化后增殖成的细胞群为单个克隆，由多个B细胞活化增殖成的细胞群为多克隆。单克隆抗体是由一个B细胞克隆分泌的抗体，具有完全一致的均质性；由多个B细胞克隆分泌的抗体为多克隆抗体，具有异质性。所以动物体内的抗血清都是多克隆抗体，这些抗体除了抗原结合部位不同外，其他都相同或相似，无法直接用生物化学的方法将多克隆抗体分为单克隆抗体，因此获得单克隆抗体成为人们的梦想。随着细胞生物学技术的发展，细胞融合技术使单克隆抗体的制备成为现实。1975年英国科学家George Kohler和Cesar Milstein在Nature杂志发表一篇题为“Continuous culture of fused cells secreting antibody of predefined specificity”的研究论文，该论文报道了建立B细胞与骨髓瘤细胞融合获得杂交瘤生产单克隆抗体技术（二维码11-5）。通过该技术可获得高纯度单克隆抗体。该技术成为免疫学技术发展的里程碑，对整个生命科学研究起到重大推动作用，为此Koler和Milstein荣获1984年诺贝尔医学奖。

二维码 11-5 单克隆抗体的制备

11.2 血清学反应

11.2.1 血清学反应的基本概念

1. 血清的概念及其作用

血清，一般是指血液凝固后，在血浆中除去纤维蛋白原分离出的淡黄色透明液体。其主要作用是提供基本营养物质、提供激素和各种生长因子、提供结合蛋白等。

血清根据其应用范围的不同，发挥不同的作

用。在食品微生物检测中，血清的作用是提供检测用的抗原或抗体。在细胞工程中，血清提供促接触和伸展因子使细胞贴壁免受机械损伤、对培养中的细胞的起到某些保护作用。

2. 血清学反应

血清学反应（serologic reactions）是指相应的抗原和抗体在体外进行的结合反应。由于抗体主要存在于血清中，进行这类反应时一般都要用含有抗体的血清作为实验材料。因此，把体外进行的抗原、抗体反应称为血清学反应。这类反应是根据抗原、抗体具有高度特异性的原理进行的，即用已知的抗原或抗体检测抗体或抗原的存在。既可以定性，又可以定量。可以用已知抗体检测未知抗原，鉴定食品中对人有致病性的微生物，例如肠出血性大肠杆菌 O157：H7、布鲁氏杆菌、狂犬病毒等；也可以用已知抗原检测未知抗体，鉴定食用型动物中是否感染过对人有致病性的微生物。

11.2.2 血清学反应的一般特点

血清学反应的一般特点包括以下几个方面：

（1）抗原与抗体的结合具有特异性，特定的抗原只与特定的抗体发生反应，如新城疫病毒的抗体只能与新城疫病毒的抗原结合，而不能与禽流感病毒结合。因此，可以根据已知的抗原或抗体，判断未知的抗体或抗原。

（2）抗原与抗体的结合具有敏感性，微量的抗原抗体即可发生特异性结合反应。因此，血清学反应需要的样品量很少，只需要几微升的血清，即可进行食品中致病性微生物的检测。

（3）抗原与抗体的结合具有交叉性，这主要是由于抗原具有共同的抗原决定簇，刺激机体产生相同的抗体。一般抗原的亲缘关系越近，交叉反应的程度也越高。因此，为了保证抗原抗体反应的特异性，即食品中病原微生物检测结果的准确性，需要制备特异性的单克隆抗体。例如，检测纯净水中是否存在甲型肝炎病毒的污染，必须使用甲型肝炎病毒的单克隆抗体。若使用甲型肝炎病毒的多克隆抗体，检测的结果具有不确定性，可能是甲型肝炎病毒、乙型肝炎病毒或丙型肝炎病毒。

（4）抗原体的结合是分子表面的结合，这种结合虽相当稳定，但是可逆的。因此，可以利用抗原、抗体结合的特异性和可逆性分离抗原或抗体，建立抗体或抗原的检测方法。

（5）抗原与抗体的结合是按一定比例进行的，只有比例适当时，才能出现可见反应，并且这种可见反应是特异的。例如，检测鸡肉中是否污染有肠出血性大肠杆菌 O157：H7，使用的是免疫学检测方法中最常用的酶联免疫吸附实验（Enzyme linked immunosorbent assay，ELISA），需要按照国家标准（SNT 0973—2010）的要求处理、稀释样品进行检测。

（6）血清学反应大体分为两个阶段进行，两个阶段无严格界限。第一阶段为抗原与抗体特异性结合的阶段，反应速度很快，只需几秒至几分钟即可完成反应，但不出现肉眼可见的现象。第二阶段为抗原与抗体反应的可见阶段，表现为凝集、沉淀、补体结合反应等，这个反应阶段的反应速度慢，需几分钟、几十分钟甚至更长时间。在第二阶段反应的过程中，电解质、pH、温度等环境因素的变化，都直接影响血清学反应的结果。

11.2.3 影响血清学反应的因素

影响血清学反应的因素主要有电解质、温度、pH 等。

（1）电解质　特异性的抗原和抗体具有对应的极性基团（羧基、氨基等），两者互相吸附后，电荷和极性被中和因而失去亲水性，变为憎水系统。抗原和抗体易受电解质作用失去电荷互相凝聚、发生凝集或沉淀反应。因此，需在适当浓度电解质参与下，才出现可见反应。血清学反应一般用生理盐水作稀释液，例如，利用血凝和血凝抑制实验检测禽流感病毒和禽流感病毒的抗体效价，用生理盐水做稀释液。除了一般的生理盐水，血清学实验也利用磷酸盐缓冲生理盐水（phosphate buffered saline，PBS）作稀释液。例如，标记抗体技术用 PBS 作稀释液，这体现在用 ELISA 试剂盒检测禽流感病毒，试剂盒中使用的稀释液是 PBS。

（2）温度　一定温度下，将抗原抗体保温一定时间，可促使两个阶段的反应。较高温度可增加抗原抗体分子的运动，增加分子碰撞的机会，使反应速度加快，加速反应出现，但是温度过高会使抗原抗体解离、变性，影响反应的准确性。温度太低，反应速度变慢。抗原、抗体反应通常在37℃，也可以在室温下进行；56℃水浴反应更快。有的抗原或抗体系统在低温长时间（4℃冰箱过夜）结合反应更充分。此外，适当震荡（Western blot抗原抗体反应的进行）或搅拌也可促使抗原抗体分子的接触，加速反应的进行。但某些抗原-抗体反应有其独特的适合温度，如冷凝集素在4℃左右与红细胞结合效果好，20℃以上反而发生解离。

（3）pH　蛋白质具有两性电离的性质，抗原抗体的反应必须在合适的pH环境中进行。血清学反应常用pH为6～8，过高或过低的pH可使抗原抗体复合物重新解离。当pH降至抗原或抗体的等电点时，可以引起非特异性的酸凝集，造成假象，出现假阳性。

11.2.4 血清学反应的基本类型

1. 血清学反应的概述

免疫血清学技术自19世纪建立了最早和最简单的凝集试验开始，不断发展，尤其是近20年来，各种新方法、新技术层出不穷，应用范围也日益扩大，已深入生命科学的各个研究领域。

免疫血清学技术按抗原抗体反应性质不同，可分为凝聚性反应（包括凝集试验和沉淀试验）、标记抗体技术（包括荧光抗体、酶标抗体、放射性同位素标记抗体、化学发光标记抗体技术等）、有补体参与的反应（补体结合试验、免疫黏附血凝试验等）、中和反应（病毒中和试验等）等已普遍应用的技术，以及免疫复合物散射反应（激光散射免疫测定）、电免疫反应（免疫传感器技术）、免疫转印以及建立在抗原抗体反应基础上的免疫蛋白质芯片技术等新技术。

2. 血清学反应的基本类型及反应原理

习惯上将经典的血清学反应分三种类别：凝集反应、沉淀反应和补体结合反应。

1）凝集反应

颗粒性抗原（细菌、红细胞等）与相应抗体结合，在电解质参与下所形成的肉眼可见的凝集现象，称为凝集反应（agglutination reaction）。其中的抗原称为凝集原，抗体称为凝集素。在该反应中，由于单位体积抗体量大，做定量实验时，应稀释抗体。凝集反应分为直接凝集和间接凝集。

（1）直接凝集反应　颗粒性抗原与相应抗体直接结合所出现的反应，称为直接凝集反应（direct agglutination reaction）。

① 玻片凝集法。这是一种常规的定性试验方法，原理是利用已知抗体检测未知抗原。食品微生物检测中常用于鉴定菌种和病毒。例如，检测食品中是否含有霍乱弧菌或副溶血性弧菌，将含有霍乱弧菌或副溶血性弧菌抗体的血清与食品混悬液各一滴，在玻片上混匀，数分钟后若出现肉眼可见的凝集块，即为阳性反应，说明该菌是霍乱弧菌或副溶血性弧菌，不能食用该食品，否则容易导致人食物中毒。此方法快速、简便，但不能进行定量测定。具体操作方法参考国家标准SNT 1022—2010和GB 4789.7—2013。由于标准阳性血清的成本、无法准确定量和被检菌株的多种血清型，更多的研究和国家标准将霍乱弧菌和副溶血性弧菌的检测方法确定为分子生物学的方法。

二维码11-6　玻片凝集反应

② 试管凝集法。这是一种定量实验方法，通常多用已知抗原检测血清中有无相应的抗体及其含量。由于要测定抗体的含量，故将待检查的血清用等渗盐水倍比稀释成不同浓度，然后加入等量抗原，37℃或56℃，2～4 h观察，血清最高稀释度仍有明显凝集现象的，为该抗血清的凝集效价。例如，从牛初乳中分离高纯度、高活性的IgG用于食品添加剂，并且进行含量的测定利用的就是此方法。另外，此方法在食品微生物检测中常用于协助玻片凝集法诊断某些致病性菌，例如霍乱弧菌。当参考国家标准SNT 1022—2010检测食品混悬液中的菌，玻片凝集反应不典型的菌株，应做试管凝集进一步鉴定菌株类型。另外，国家标准SN/T 1088—2010关于布鲁氏杆菌的检测也使用了试管凝集试验。

二维码11-7　试管凝集反应

一些病毒或病毒的血凝素能选择性地使某种或某几种动物的红细胞发生凝集，这种凝集红细胞的现象称为血凝（hem agglutination，HA）。正黏病毒和副黏病毒是最主要的红细胞凝集性病毒；其他病毒包括披膜病毒、细小病毒、某些肠道病毒和腺病毒等也有凝集红细胞的作用，但反应条件要求比较严格，例如一定的 pH 范围等。各种病毒的血凝素性质不尽相同，某些病毒可在很广的 pH 条件下呈现血凝作用，某些病毒则只在很窄的 pH 范围内才能凝集红细胞。某些病毒的血凝作用具有温度依赖性，即只在一定温度范围内才出现血凝现象；另一些病毒却可在 4℃、室温和 37℃呈现同样的血凝作用。病毒凝集的红细胞种类，也随病毒种类而不同，例如某些病毒主要对人和禽的红细胞呈现凝集作用，另一些病毒则可凝集豚鼠或大鼠等的红细胞。

当病毒的悬液中先加入特异性抗体，且这种抗体的量足以封闭病毒颗粒或其血凝素时，则红细胞表面的受体就不能与病毒颗粒或其血凝素直接接触，这时红细胞的凝集现象就被抑制，称为红细胞凝集抑制（hem agglutination inhibition，HI），也称为血凝抑制反应。血凝的原理因病毒而有所不同，如痘病毒对鸡红细胞发生凝集作用并非是病毒的本身，而是痘病毒的产物类脂蛋白的作用。流感病毒的血凝作用是病毒囊膜上的血凝素与红细胞表面的受体糖蛋白相互吸附而发生的。病毒的血凝现象大致可以分为可逆转型、不可逆转性、凝集条件严格型三类。

血凝和血凝抑制试验有常量法和微量法两种，目前国内外广泛使用的都是微量法，各要素用量均为 25 μL，微量法省时、省料、高效，详细内容参见各国标（GB/T 14926.53—2001）。

（2）间接凝集反应　将可溶性抗原（抗体）先吸附在一种与免疫无关的、颗粒状微球表面，然后与相应抗体（抗原）作用，在有电解质存在的条件下，即可发生凝集，称为间接凝集反应（indirect agglutination）。由于载体增大了可溶性抗原的反应面积，当载体上有少量抗原与抗体结合，就出现肉眼可见的反应，敏感性很高。

2）沉淀反应

可溶性抗原与相应抗体结合，在有适量电解质存在下，经过一定时间，形成肉眼可见的沉淀物，称为沉淀反应（precipitation）。反应中的抗原称为沉淀原，抗体为沉淀素。由于在单位体积内抗原量大，为了不使抗原过剩，故应稀释抗原，并以抗原的稀释度作为沉淀反应的效价。

（1）环状沉淀反应　是一种定性实验方法，可用已知抗体检测未知抗原。将已知抗体注入特制小试管中，然后沿管壁徐徐加入等量抗原，如抗原与抗体对应，则在两液界面出现白色的沉淀圆环。

（2）絮状沉淀反应　将已知抗原与抗体在试管（如凹玻片）内混匀，如抗原抗体对应，而又二者比例适当时，会出现肉眼可见的絮状沉淀，此为阳性反应。

（3）琼脂扩散试验　又称免疫扩散反应或凝胶沉淀反应，基本原理是可溶性抗原和相应抗体在含有电解质的琼脂凝胶中扩散相遇，特异性地结合形成肉眼可见的线状沉淀物的一种免疫血清学技术。

琼脂扩散实验利用可溶性抗原或抗体在半固体琼脂内扩散，若抗原、抗体对应，且二者比例合适，在其扩散的某一部分就会出现白色的沉淀线。每对抗原抗体可形成一条沉淀线，有几对抗原抗体，就可分别形成几条沉淀线。琼脂扩散可分为单向扩散和双向扩散两种类型。单向扩散是一种定量实验，可用于免疫蛋白含量的测定。双向扩散多用于定性实验。由于方法简便易行，常用于测定分析和鉴定复杂的抗原成分。

由于琼脂凝胶的含水量极大，常用琼脂凝胶（1%～1.5%）含水 98%以上，可使分子质量 20 万以下的大分子物质自由通过。由于大多数抗原和抗体的分子质量都在 20 万以下，因此抗原和抗体能在琼脂凝胶中自由扩散。当抗原和抗体相应且比例适当，两者相遇就会出现一条沉淀线。一对抗原和抗体，形成一条沉淀线，故可应用琼脂扩散试验鉴定抗原和抗体成分、抗体的纯度、抗原或抗体的相对效价等。接触和扩散于其中者，称为单相扩散，也称辐射扩散或环状沉淀实验；使抗原和抗体双方同时在琼脂凝胶中扩散而相遇成线者，称为双向扩散。由于琼脂扩散试验的操作简便，不需要特殊设备，且有较好的特异性和检出率，已成为一种广泛应用的免疫学技术。在动物病毒学中广泛用于检测病毒抗原和毒型鉴定。由于家禽免疫球蛋白的特殊性，琼脂凝胶中的 NaCl 含量应为 8.5%，而不是通常的 0.85%，使用这样的浓度可以使得抗原抗体在琼脂中扩散，从而取得更好的结果。

3）补体结合反应

（1）补体的概念　补体（complement，C）是存在于正常人和动物血清与组织液中的一组经活化后具有酶活性的蛋白质。19 世纪末 Bordet 证实，新鲜血液中含有一种不耐热的成分，可辅助和补充特异性抗体，介导免疫溶菌、溶血作用，故称为补体。补体是由 30 余种可溶性蛋白、膜结合性蛋白和补体受体组成的多分子系统，故称为补体系统（complement system）。根据补体系统各成分的生物学功能，可将其分为补体固有成分、补体调控成分和补体受体（complement receptor，CR）。

（2）补体结合反应（complement fixation reaction）的原理及应用　是在补体参与下，以绵羊红细胞和溶血素作为指示系统的抗原抗体反应。补体无特异性，能与任何一组抗原抗体复合物结合而引起反应。如果补体与绵羊红细胞、溶血素的复合物结合，就会出现溶血现象，如果与细菌及相应抗体复合物结合，就会出现溶菌现象。因此，整个实验需要有补体、待检系统（已知抗体或抗原、未知抗原或抗体）及指示系统（绵羊细胞和溶血素）五种成分参加。其实验原理是补体不单独和抗原或抗体结合。如果出现溶菌，是补体与待检系统结合的结果，说明抗原抗体是相对应的，如果出现溶血，说明抗原抗体不相对应。此反应操作复杂，敏感性高，特异性强，能测出少量抗原和抗体，应用范围较广。在国家标准中，补体结合反应用于检测禽衣原体（SN/T 1395—2015）、衣原体（SN/T 1161—2010）、布鲁氏杆菌（SN/T 1088—2010）等。

11.3 免疫反应及应用

11.3.1 酶联免疫吸附测定

1. 酶联免疫吸附测定原理

这是目前应用最广泛的生物免疫技术之一。在 96 孔聚苯乙烯微孔板上，首先将抗原（病原菌或毒素）与一抗结合，然后使用酶标二抗进行定量检测。常用的酶是辣根过氧化物酶和碱性磷酸酶。添加显色底物如邻苯二胺或四甲基联苯胺（分别是过氧化物酶和碱性磷酸酶的底物），阳性呈色，反应可通过分光光度计测量颜色的深浅进行定量。酶量可以由颜色深浅估计，而酶量又反映了受检抗原的数量。三种最常用的 ELISA 方法是间接法、双抗体夹心法（三明治夹心法）和竞争法（图 11-1）。

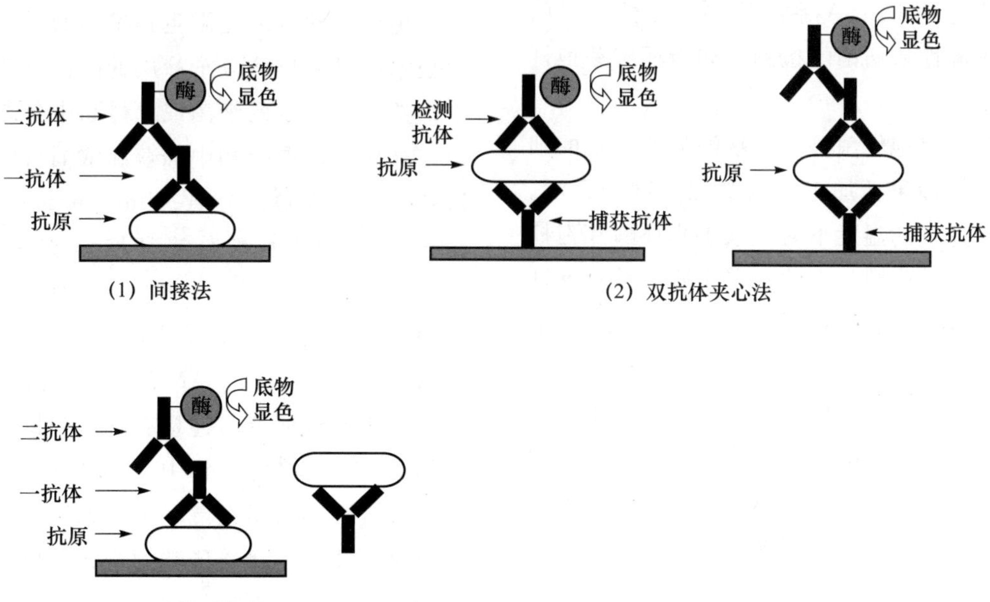

图 11-1　不同形式的 ELISA 示意图

（引自：Bibek Ray，Arun Bhunia．基础食品微生物学．4 版．江汉湖，主译．北京：中国轻工业出版社，2014）

1）间接法

抗原首先被固定在聚苯乙烯板上，然后与一抗反应；充分洗涤后，加入酶标二抗，与固相复合物中的一抗结合，然后加入底物显色。

2）双抗体夹心法

抗体首先被包被固定于反应板上，然后与微生物抗原反应而将其捕获，然后加入微生物特异性酶标抗体形成典型的夹心式复合物，抗原至少要有两个与两种抗体结合的位点。

3）竞争法

菌体细胞或抗原首先固定在小孔中，在另外的反应管中，一抗与不同稀释度的菌体（或抗原）混合，然后加入到含有固定化抗体的微量反应板小孔中。只有那些没有结合的游离抗体会与固定化抗原结合，冲洗后，加入酶标二抗及底物并显色。抗原最高的稀释度表明最低的反应或等同于对照，而认为是阳性。

2. 酶联免疫吸附测定在微生物快速检测中的应用

一般来说，ELISA 方法的检测限为 $10^6 \sim 10^7$ 个菌细胞数/mL。现在已经有了一些商业的 ELISA 试剂盒用于从富集后的食品样品中检测食源性致病菌。对于在属或种的水平上检测和鉴定真菌，基于 ELISA 的方法也是可用的。霉菌毒素也可以使用商业化的 ELISA 系统检测。这种方法已应用到许多食源性致病菌的检测，如脂环酸芽孢杆菌、大肠杆菌等。

酸土脂环酸芽孢杆菌是一种嗜酸的产芽孢的细菌，它能够在酸性果汁加工中耐受热处理而存活。当果汁储存在适宜的温度下时，酸土脂环酸芽孢杆菌可以增长，导致腐败。因此，酸土脂环酸芽孢杆菌正在吸引食品工业特别是果汁生产厂的大量关注。

酸土脂环酸芽孢杆菌的传统检测方法是平板培养和计数，它需要 5 d 才能得到结果。因此，迫切需要一种快速、有效的方法，以便更好地控制这种腐败微生物。RT-PCR 方法曾被用于检测酸性饮料中的酸土脂环酸芽孢杆菌，在 15 h 的富集后，最初以 2～3 CFU/mL 酸土脂环酸芽孢杆菌接种的样品，通过 RT-PCR 测定法被鉴定为阳性。后来，一种基于 RT-PCR 的检测方法被开发，该方法能在 5 h 之内检测酸土脂环酸芽孢杆菌。定量竞争 PCR 方法在 4～5 h 就可以完成酸土脂环酸芽孢杆菌的检测，其检测限为 5×10^3 CFU/mL。其他的快速检测方法还包括检测酸土脂环酸芽孢杆菌代谢物的顶空固相微萃取气质联用（SPME-GCMS）技术、疏水性格栅滤膜（hydrophobic grid membrane）和衰减全反射红外光谱法（attenuated total reflectance infrared spectroscopy）、电子鼻以及作为检测酸土脂环酸芽孢杆菌的脂肪酶和酯酶指纹图谱的工具的高效液相色谱（HPLC）。然而，这些方法都有缺点。例如，PCR 方法不易操作，还存在假阳性问题；其他的快速检测方法仍处于初步研究阶段。那些方法都因设备昂贵及检测时间较长而不适于实际应用。在检测之前，必须将耐热细菌培养至对数期或 24～48 h。

二维码 11-8　酶联免疫吸附测定在微生物快速检测中的应用进展

11.3.2　免疫磁性分离技术

1. 免疫磁性分离技术原理

免疫磁性分离是微生物检测的一种强有力的辅助技术。具有抗体分子涂层的磁性小珠能够从样品中筛选一种特定的细菌或从样品中分离一种目标细菌，被用于从混合物中捕获和浓缩目标菌，这种方法被称为免疫磁性分离（immunomagnetic separation，IMS）技术，通常又称免疫磁珠分离技术（immunomagnetic beads separation techniques，IMB），或称磁场激活的细胞分选法（magnetic activated cell sorting，MACS）。其分离细胞是基于细胞表面抗原能与连接有磁珠的特异性单克隆抗体相结合，在外加磁场中，通过抗体与磁珠相连的细胞被吸附而滞留在磁场中，无该种表面抗原的细胞由于不能与连接着磁珠的特异性单克隆抗体结合而没有磁性，不在磁场中停留，从而使细胞得以分离（图 11-2）。该方法被设计为从一种样品中分离目标微生物。

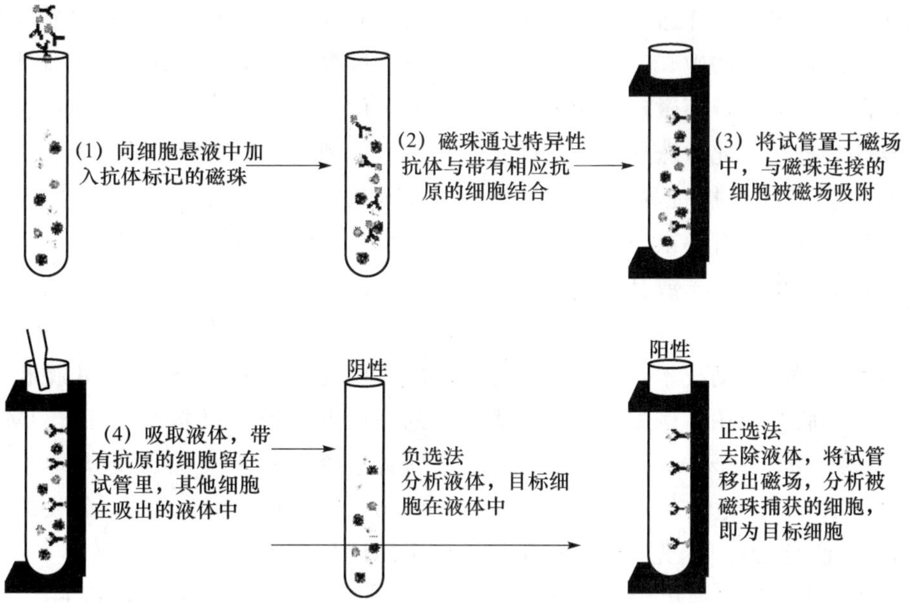

图 11-2　免疫磁珠法分离细胞的原理

（引自：冯仁青，郭振泉，宓捷波．现代抗体技术及其应用．北京：北京大学出版社，2006）

用于免疫磁性分离技术的磁珠具有超顺磁性，也就是说，它们只有在外部磁场中才表现出磁性。最常见的磁珠是磁性纳米颗粒，直径为 28～45 μm，这是一些聚丙乙烯包被的铁氰化物。通过磁性分离器，它们很容易从悬液中移除掉。由于没有磁性剩余，粒子不会互相吸引，因此，在没有外部磁场存在时很容易形成均质混悬液（图 11-3）。

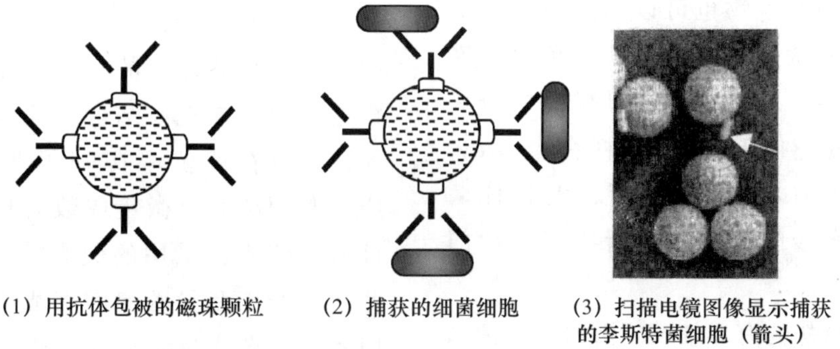

图 11-3　磁珠颗粒显示抗体捕获的细菌

（引自：Bibek Ray，Arun Bhunia．基础食品微生物学．4 版．江汉湖，主译．北京：中国轻工业出版社，2014）

免疫磁性分离分为两个步骤。第一步，一份涂覆有一种特定抗体的磁珠被加入一个含有目标微生物的样品中，此处，样品通常为液体培养物。样品被保温处理 30～60 min，以促进目标细胞与抗体的结合。然后，将含有磁性复合物的反应管放置在一个磁性分离器（磁铁）中，倾倒掉液体。第二步，将磁性复合物用缓冲液洗涤几次，以除去那些无关的污染物，从样品中分离出复合物，做进一步分析。

免疫磁性分离技术分为正选法和负选法。正选法即磁珠结合的细胞就是所要分离获得的细胞；负选法即磁珠结合不需要的细胞，游离于液体的细胞为所需细胞。一般而言，负选法比正选法的磁珠用量大。

正选法又可以分为直接法和间接法。在直接法中，磁珠表面涂覆着一层目标微生物的特异性抗体

（一抗），使它们连接在一起，这样通过一抗，菌体细胞便吸附到磁珠上。在间接法中，一抗被加入悬液中，使其与目标微生物结合，而磁珠表面涂覆的是针对一抗的特异性二抗，将此磁珠加入反应体系中，一抗和二抗结合。二抗是抗特异种的异种抗体，也就是说，如果一抗是来自小鼠，那么二抗是使用小鼠产生的一抗免疫兔、山羊或其他动物而产生的抗体。

作为一种微生物检测的辅助技术，免疫磁性分离技术经常与一些技术联合使用，例如选择性琼脂平板、酶联免疫吸附测定（enzyme-linked immunosorbent assays，ELISA）、化学发光检测、DNA杂交、基于PCR的测定法、激光细胞计量仪（laser cytometry）、质谱法和生物传感分析等，用来检测细菌病原体。

免疫磁性分离方法的缺点是：对非目标菌的非特异性捕获，以及介于10%～70%的不稳定的捕获率，这与抗体或目标微生物有关。

2. 免疫磁性分离技术在微生物快速检测中的应用

免疫磁珠已用于环境中不同微生物的浓缩和分离，食品中的各种微生物也可以通过免疫磁珠直接或间接地分离和浓缩。已经证实，免疫磁珠分离系统已经可以用于从一系列食品样品中分离副溶血性弧菌、酸土脂环酸芽孢杆菌（*alicyclobacillus acidoterrestris*）、耶尔森菌、大肠杆菌O157：H7、鼠伤寒沙门氏菌、李斯特菌和沙门氏菌等。

革兰氏阴性、嗜盐的海洋细菌副溶血性弧菌已经成为与全球食源性疾病暴发相关的海产品的一个重要污染菌。贝类，尤其是牡蛎，经常涉及副溶血性弧菌污染。为了防止受污染食品的消费，已经建立了很多方法来检测食品和环境中的副溶血性弧菌。使用常规的培养和以生化为基础的测定法进行检测费时费力。近年来，分子技术如PCR、实时PCR（real-time PCR）和环介导等温扩增（loop mediated isothermal amplification，LAMP）测定法已经得到了发展。其中，环介导等温扩增测定法尤其操作简便、反应迅速和检测容易。然而，只有细菌细胞被浓缩至一个适当的量用于反应，分子方法才能进行。此外，当总的细菌DNA是从食物中被直接提取时，使用分子技术检测受污染样品中的细菌可能会受到食物成分、选择性富集培养基或大量的非靶DNA的抑制。而免疫磁性分离（IMS）技术就可以用来避免这些问题并提高海产品中副溶血性弧菌的回收和检测。

IMS可以有效地消除样品中的聚合酶抑制剂，减少富集所需要的时间，提高检测限。起初，用于副溶血性弧菌的IMS是使用微米尺寸的磁珠进行的；最近，纳米材料已经用于IMS。使用纳米材料替代微珠的主要优点是其具有较高的捕获效率（capture efficiency，CE）、较快的反应动力学和最小的样品制备量。

二维码11-9 免疫磁性分离技术在微生物快速检测中的应用进展

11.3.3 免疫荧光法

1. 免疫荧光法原理

在免疫荧光（immuno fluorescence，IF）法中，荧光物质标记的检测抗体（抗菌体抗原或抗鞭毛抗原）同抗原结合成免疫复合物后会发射荧光。通过在载玻片或96孔聚苯乙烯微孔板上反应，利用荧光显微镜或数码相机或荧光分光光度计检测荧光。采用的荧光标记物有罗丹明B、异氰酸荧光素和异硫氰酸荧光素。在直接法中，抗原直接与荧光标记的特异性抗体进行反应。在间接法中，一抗不用荧光标记，但是，具有种属特异性的二抗上偶联荧光素分子；荧光标记的二抗可以检测一抗与抗原形成的免疫复合物，从而消除了必须为每一种待测微生物制作荧光标记抗体的麻烦。

2. 免疫荧光法在微生物快速检测中的应用

免疫荧光法已应用到许多食源性致病菌的检测，如大肠杆菌O157：H7等。肠出血性大肠杆菌血清型O157：H7是最危险的食源性病原菌之一，它能够产生一种或多种类志贺毒素（shiga-like toxin）或维罗细胞毒素（vero cytotoxin）。这些毒素可以引起严重的胃肠道感染。大肠杆菌O157：H7已经在全球涉及与摄入各种污染食物相关的食源性疾病的暴发。为了预防普遍暴发的发生，需要使用快速和灵敏的方法以鉴定这种有害的细菌。病原菌检测的传统方法包括如下基本步骤：预富集、选择性富集、生化筛选和血清学验证，这一过程费力费时。为此，已经发展了许多方法用于快速检测致病菌，包括 PCR、ELISA、荧光标记和电流型免疫传感器等。其中，荧光标记是一种使生物细胞可见的常用方法，用于检测病原菌存在的各种技术已经在该方法的基础上进行。但是，由于其较差的光稳定性，基于传统的有机荧光染料的探针并不适宜。纳米颗粒技术方面的进步已经产生了比传统荧光染料更加稳定和灵敏的荧光探针。加入染料的二氧化硅纳米颗粒（nanoparticles，NPs），相比于传统的荧光染料，展示了重要的优点，如高发光性和光稳定性，已经被广泛应用于生物成像和超灵敏生物分析，包括细胞染色、DNA 检测、细胞表面受体定位和细菌的超灵敏检测。每一个纳米颗粒在保护性的二氧化硅基质中包裹了数以千计的荧光染料分子，为基于荧光的生物分析提供了高度放大和可再生的信号。在传统的免疫测定中，一个抗体分子仅仅与一些染料分子相连，而生物结合的纳米颗粒使分析信号显著放大，因为大量的染料分子被包裹在单个的纳米颗粒中。

11.3.4　侧流免疫层析法

1. 侧流免疫层析法原理

侧流免疫层析分析（lateral-flow immunochromatographic assay，LFIA）又称试纸条分析，是一种夹心分析技术。它是在膜上进行的（图 11-4）。首先，将捕获抗体固定于膜上预先划定的一个区域，用胶体金或乳胶颗粒预先标记的检测抗体也包埋在硝酸纤维素试纸条上；将含有特异性抗原（微生物）的样品加到样品孔中，并与试纸条检测抗体相结合，该免疫复合物依靠毛细管虹吸作用向多孔膜的另一端迁移。在试纸条上有两条捕获带，一条特异性捕获病原菌；另一条特异性捕获没有与抗原结合的游离抗体，被称为对照线。如果膜上只有对照线一条捕获带显色，表明这是一个阴性样品；如果两条捕获带都显色，说明结果呈阳性。侧流分析技术在 5～10 min 内可以得到结果，简便易行，经济节约，适用于初筛试验（图 11-4）。

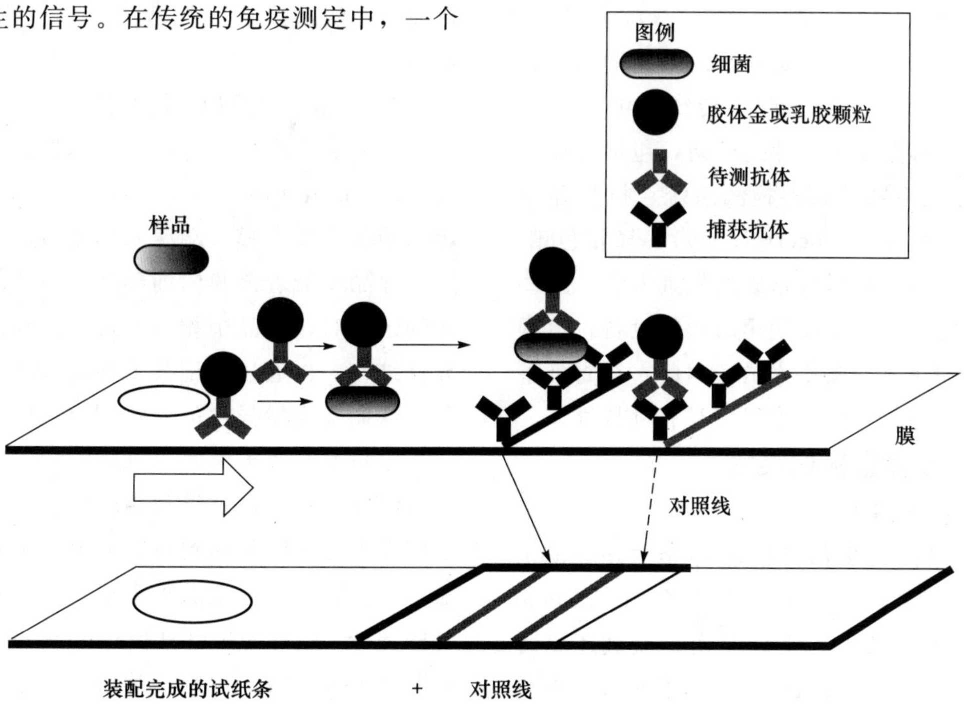

图 11-4　侧流免疫层析试验

（引自：Bibek Ray，Arun Bhunia. 基础食品微生物学. 4 版. 江汉湖，主译. 北京：中国轻工业出版社，2014）

2. 侧流免疫层析法在微生物快速检测中的应用

侧流免疫层析测定法（LFIA）是用于检测样品中的目标的简单和小型的装置。自从 20 世纪 80 年代出现血清学侧流检验以来，由于其快速响应、成本低和简单，该技术已被广泛应用于医学诊断、生物防御、食品安全及其他领域。这项技术结合了薄层层析法和免疫反应。捕获蛋白（抗体或抗原），通常由胶体金标记，结合其目标物，然后通过毛细管力沿一条色谱带流动。当层析完成时，蛋白质-目标物的复合物和游离的捕获蛋白积聚在条带的两个不同区域，分别形成了测试线（test line）和对照线（control line）。通过肉眼或借助便携式设备，可以评估各种分析物的定性或定量检测。近年来，许多新的标记，如量子点（quantum dot）、磁性颗粒/碳纳米颗粒和荧光生物缀合物（fluorescent bioconjugate）已经被用于侧流免疫层析法，提高了检测的灵敏度。然而，侧流免疫层析法主要用于检测蛋白质、药物和其他小分子，并且总是受到测试样品中的颗粒状成分的干扰。侧流免疫层析法也已应用到一些食源性致病菌的检测，如炭疽芽孢杆菌、金黄色葡萄球菌、鼠疫耶尔森菌等。

炭疽芽孢杆菌（*Bacillus anthracis*），一种革兰氏阳性的好氧细菌，由于是炭疽的病原体而臭名昭著，属于 A 类生物威胁。除了传统的细菌学检验，许多技术能够鉴定炭疽芽孢杆菌，包括免疫测定、DNA 测序、生物传感器检测系统、拉曼显微光谱技术（raman microspectroscopy）、气相色谱-质谱法及其他以纳米材料为基础的先进方法。这些方法往往检测时间长，需要使用昂贵的设备，流程复杂或需要经验丰富的操作人员。因此，在野外条件下检测炭疽芽孢杆菌的芽孢仍然具有挑战性。

11.3.5 胶体金标记技术

1. 胶体金技术原理

胶体金标记技术又称免疫胶体金（immunocolloidal gold，ICG）技术。胶体金（colloidal gold）也称金溶胶（gold sol），是由金盐被还原后形成的金颗粒悬液。一般的胶体金是表面带负电荷的疏水性颗粒。不同大小的胶体金具有不同的颜色，最小的胶体金（2～5 nm）呈橙黄色，中等大小的胶体金（10～20 nm）呈酒红色，较大颗粒的胶体金（30～80 nm）呈紫红色。对于电镜而言，胶体金颗粒具有很高的电子密度，比其他颗粒易于辨认，而且对于电镜包埋剂的非特异性吸附很低，是一种良好的标记物。对于光镜而言，较大的胶体金颗粒（直径大于 20 nm）因呈现紫红色，可以被轻易地观测到；而采用免疫金银法后，大量银颗粒的吸附使金颗粒周围出现黑褐色，从而使较小直径的金颗粒也可以在光镜下清晰分辨。因此，利用胶体金的呈色性质进行适当的标记，是免疫反应中的一种有效手段。

胶体金可以用于标记蛋白质等各种大分子物质，两者的结合是通过物理性吸附进行的。胶体金颗粒带有一层表面阴性电荷，可以与蛋白质表面的阳性电荷通过静电作用相互吸附。免疫胶体金技术有许多种，目前在病原体抗原检测中应用的主要有两种：胶体金快速免疫层析法和快速斑点免疫金渗滤法。这两种方法的基本原理都是以微孔滤膜为载体，包被已知抗体，加入待检标本后，经滤膜的毛细管作用或渗滤作用使标本中抗原与膜上包被的抗体结合，再用胶体金结合物标记而达到检测目的。目前，在病原体抗原检测方面，应用胶体金日趋增多。

2. 胶体金快速免疫层析法的应用

免疫层析法是将特异的抗体先固定于硝酸纤维素（nitrocellulose，NC）膜的某一区带，当该干燥的硝酸纤维素膜一端浸入样品后，由于毛细管作用，样品将沿着该膜向前移动，当移动至固定有抗体的区域时，样品中相应的抗原即与该抗体发生特异性结合，再通过标记技术使该区域显示一定的颜色，从而实现特异性的免疫测定（图 11-5）。

该技术类似于酶联免疫吸附测定，基本原理是间接法或夹心法，只是利用胶体金为标记物，并将反应发生的场所转移到特定的渗滤装置里。一般方法为：扁形小盒中充满吸水垫料，小盒分底部和盖部两部分。盖部中央有直径 0.5 cm 的小孔，小孔下紧贴的吸水垫料上放置一片硝酸纤维素膜，紧闭盒盖。实验时，将标本和金标结合物先后滴加在膜上，通过渗滤使抗原抗体在膜上发生免疫反应并显色。

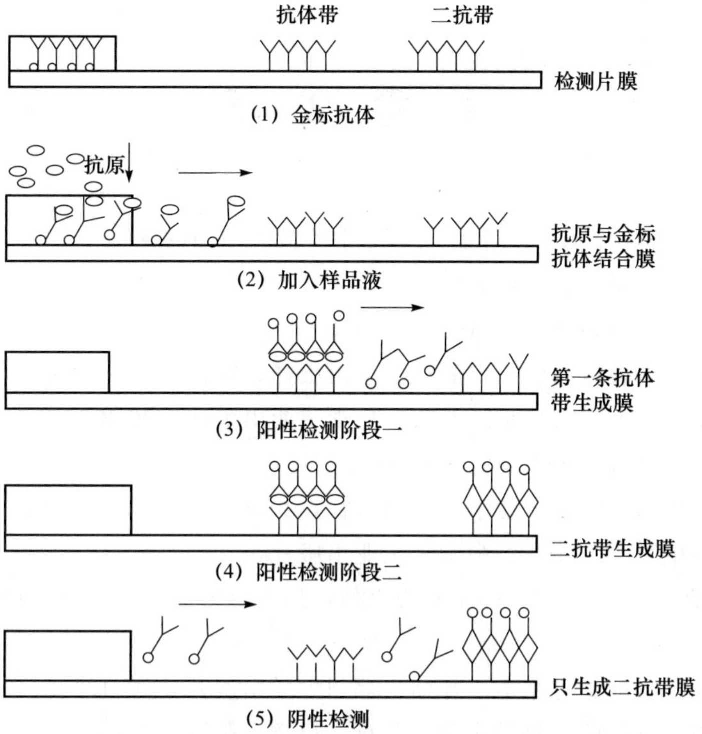

图 11-5 胶体金快速免疫层析技术的基本原理

（引自：冯仁青，郭振泉，宓捷波. 现代抗体技术及其应用. 北京：北京大学出版社，2006）

思考题

1. 免疫系统由哪些部分组成？
2. 免疫器官和免疫细胞有哪些？并简述其功能。
3. 为什么从机体血清中提取的抗体不是单一类型的抗体？
4. 简述单克隆抗体的制备过程。
5. 什么是凝集反应和沉淀反应，各有哪些类型？
6. 市场上的羊肉串和牛肉串深受消费者欢迎，采用哪种血清学检测方法可以保证这些牛羊肉的安全？

参考文献

岑沛霖，蔡谨．工业微生物学．2 版．北京：化学工业出版社，2012.
常重杰．基因工程．北京：科学出版社，2012.
车振明．微生物学．武汉：华中科技大学出版社，2008.
陈江萍．食品微生物检测实训教程．杭州：浙江大学出版社，2011.
陈红霞，李翠华．食品微生物及实验技术．北京：化学工业出版社，2008.
陈向东．微生物学．北京：高等教育出版社，2016.
丁立孝，赵金海．酿造酒技术，北京：化学工业出版社，2008.
董明盛，贾英民．食品微生物学．北京：中国轻工业出版社，2013.
段霞，黄欣，黄岭芳，等．双抗夹心 ELISA 方法检测食品中单核细胞增生李斯特氏菌．食品科学，2010，31（24）：272-276.
樊明涛，赵春燕，雷晓凌．食品微生物学．郑州：郑州大学出版社，2011.
樊明涛，赵春燕，朱丽霞．食品微生物学实验．北京：科学出版社，2015.
郭桂环，纪金言．美国转基因食品强制标签立法及对我国的启示．食品科学，2018，39(9)：305-309.
韩北忠，童华荣．食品感官评价．北京：中国林业出版社，2009.
郝林，孔庆学，方祥．食品微生物学实验技术．北京：中国农业大学出版社，2016.
贺稚非．食品微生物学．北京：中国质检出版社，2013.
何国庆．食品发酵与酿造工艺学，北京：中国农业出版社，2001.
何国庆，贾英民，丁立孝．食品微生物学．3 版．北京：中国农业大学出版社，2016.
胡树凯，李彦宏．食品微生物学．北京：北京交通大学出版社，2012.
黄文林．分子病毒学．3 版．北京：人民卫生出版社，2015.
贾洪锋．食品微生物．重庆：重庆大学出版社，2015.
贾金滏，杨立风，刘光鹏．微生物在食品加工中的应用．食品研究与开发，2018，39（11）：214-219.
江汉湖，董明盛．食品微生物学．3 版．北京：中国农业出版社，2010.
金伯泉，曹雪涛，医学免疫学．6 版．北京：人民卫生出版社，2013.
金风燮．应用微生物代谢调控理论的进展．微生物学杂志，1982（3）：57-67.
金圣才．微生物学知识精要与真题详解．北京：中国水利水电出版社，2011.
[美] 雷伊（Ray，B.），布恩亚（Bhunia，A.）．基础食品微生物学．4 版．江汉湖，译．北京：中国轻工业出版社，2014.
李金亭，段红英．现代生命科学基础．2 版．北京：科学出版社，2016.
李平兰．食品微生物学教程．北京：中国林业出版社，2011.
李胜．植物组织培养．北京：中国林业出版社，2015.
李松涛．食品微生物学检验．北京：中国计量出版社，2005.
李雪，张眉眉，马景宏，等，辽宁省食源性副溶血性弧菌 PFGE 分子分型及血清型、耐药谱．中国微生态学杂志，2017，29（11）：1269-1304.
李宗军．食品微生物学原理与应用．北京：化学工业出版社，2014.

林稚兰，罗大珍．微生物学．北京：北京大学出版社，2011.
刘冬，张学仁．发酵工程．北京：高等教育出版社，2007.
刘慧．现代食品微生物学．北京：中国轻工业出版社，2006.
刘吉华．中药生物技术．北京：中国医药科技出版社，2015.
陆兆新．现代食品生物技术．北京：中国农业出版社，2015.
吕阳，尹平，Mohamed K M，等．噬菌体在食品安全控制中的研究进展．食品科学，2018，39（15）：240-246.
马长伟，曾名湧．食品工艺学导论．北京：中国农业大学出版社，2002.
孟宪军．食品工艺学概论．北京：中国农业出版社，2006.
闵伟红．微生物工程实验技术．长春：吉林大学出版社，2009.
牛天贵，贺稚非．食品免疫学．北京：中国农业大学出版社，2010.
潘力．食品发酵工程，北京：化学工业出版社，2006.
钱存柔，黄仪秀．微生物学实验教程．北京：北京大学出版社，2008.
秦静远．植物组织培养技术．重庆：重庆大学出版社，2014.
桑亚新，李秀婷．食品微生物学．北京：中国轻工业出版社，2017.
沈萍．微生物学实验．北京：高等教育出版社，2008.
沈友明，聂继云，李志霞．果品中真菌毒素的污染、毒性、生物合成及影响因素研究进展．食品科学，2018，39（9）：294-299.
石琦．我国克雅氏病监测及两例遗传型克雅氏病病例特征的研究．北京：中国疾病防控中心，2010.
苏宁，杨丽，刘娟，等．基因芯片技术的国内应用研究进展．生物技术通讯，2016，27(2)：289-292.
孙军德，杨幼慧，赵春燕．微生物学．福州：东南大学出版社，2009.
武耀康．动态调控元件及其在微生物代谢工程中的应用．化工学报，2018，69(1)：272-281.
吴祖芳．现代食品微生物学．杭州：浙江大学出版社，2017.
无锡轻工大学，天津轻工业学院．食品微生物学．北京：中国轻工业出版社，2008.
谢梅英，别智鑫．发酵技术．北京：化学工业出版社，2007.
徐清萍．酱类制品生产技术．北京：化学工业出版社，2009.
杨民和．微生物学．北京：科学出版社，2010.
杨文博，李明春．微生物学．北京：高等教育出版社，2010.
杨玉红．食品微生物学．北京：中国轻工业出版社，2011.
杨玉红，陈淑范．食品微生物学．2 版．武汉：武汉理工大学出版社，2014.
伊恩·蒂萨德．兽医免疫学．8 版．张改平，崔保安，周恩民，主译．北京：中国农业出版社，2012.
殷文政，樊明涛．食品微生物学．北京：科学出版社，2015.
岳春．食品发酵技术．北京：化学工业出版社，2008.
岳晓禹，杨玉红．食品微生物学检验．北京：中国农业科学技术出版社，2008.
王伟东．微生物学．北京：中国农业出版社，2015.
张吉斌．免疫学．北京：中国农业出版社，2016.
张慜，过志梅．生鲜果蔬食品保鲜品质调控技术专论．北京：科学出版社，2016.
张茜茜，周向梅，赵德明．传染性海绵状脑病污染环境引发的风险．中国兽医杂志，2018，54（4）：75-78.
张文治．新编食品微生物学．北京：中国轻工业出版社，2009.
郑玉玺．盒装豆腐腐败菌多样性及品质研究．广州：华南理工大学，2018.

周德庆．微生物学教程．3 版．北京：高等教育出版社，2011.

Alan J Cann. Principles of Molecular Virology. 5th ed. Waltham，MA：Academia Press，2012.

Amend AS，Oliver TA，Amaral-Zettler LA，et al. Macroecological patterns of marine bacteria on a global scale. Journal of Biogeography，2012，40：800-811.

Amagliani G，Omiccioli E，Brandi G，et al. A multiplex magnetic capture hybridisation and multiplex real-time PCR protocol for pathogen detection in seafood. Food Microbiol，2010，27（5）：580-585.

Aouadhi C，Mejri S，Maaroufi A. Inhibitory effects of nisin and potassium sorbate alone or in combination on vegetative cells growth and spore germination of Bacillus sporothermodurans in milk. Food Microbiology，2015，46（101）：40.

Aparecida de Oliveira M，Abeid Ribeiro EG，Morato Bergamini AM，et al. Quantification of Listeria monocytogenes in minimally processed leafy vegetables using a combined method based on enrichment and 16S rRNA real-time PCR. Food Microbiology，2010，27（1）：19-23.

Bibek Ray，Arun Bhunia. Fundamental Food Microbiology. 5th edition. CRC Press Inc，2013.

Calo JR，Crandall P G，O′Bryan C A，etal. Essential oils as antimicrobials in food systems-A review. Food Control，2015，54：111-119.

Eldor A. Paul Soil Microbiology，Ecology and Biochemistry，4th Edition. Academic Press，2014.

James M. Jay，Martin J. Loessner，David A. Golden. 现代食品微生物学．7 版．何国庆，丁立孝，宫春波，译．北京：中国农业大学出版社，2008.

Jones J G. Advances in Microbial Ecology. Springer-Verlag，New York Inc，2012.

Peter J Taormina. Microbiological Research and Development for the Food Industry. CRC Press Inc，2012.

Richard A. Harvey，Cynthia Nau Cornelissen，Bruce D. Fisher. 微生物学．3 版．北京：北京大学医学出版社，2013.

Pinto L，Ippolito A，Baruzzi F. Control of spoiler *Pseudomonas* spp. on fresh cut vegetables by neutralelectrolyzed water. Food Microbiology，2015，50：102-108.

Tao Xiqin，Wang Mingli. Study on the optimal composition of chitosan /nano-TiO_2 composite film and its application in the preservation of Jinqiu pear. 农业生物技术：英文版，2015（3）：20-23.

Van der Zijpp A J，Jan D van Elsas，Frans J de Bruijn. Molecular Microbial Ecology Manual. Springer-Verlag New York Inc，2012.

Wang D，Zhang G，Lu C，et al. Rapid detection of Listeria monocytogenes in raw milk with loop-mediated isothermal amplification and chemosensor. Food Science，2011，76（9）：611-615.

Wu R，Liu X，Guo B，et al. Development of double loop-mediated isothermal amplification to detect Listeria monocytogenes in food. Curr Microbiol，2014，69（6）：839-845.

Wu T，Wu C，FU S，et al. Integration of lysozyme into chitosan nanoparticles for improving antibacterial activity. Carbohydrate Polymers，2017，155：192-200.